Contraste insuffisant

NF Z 43-120-14

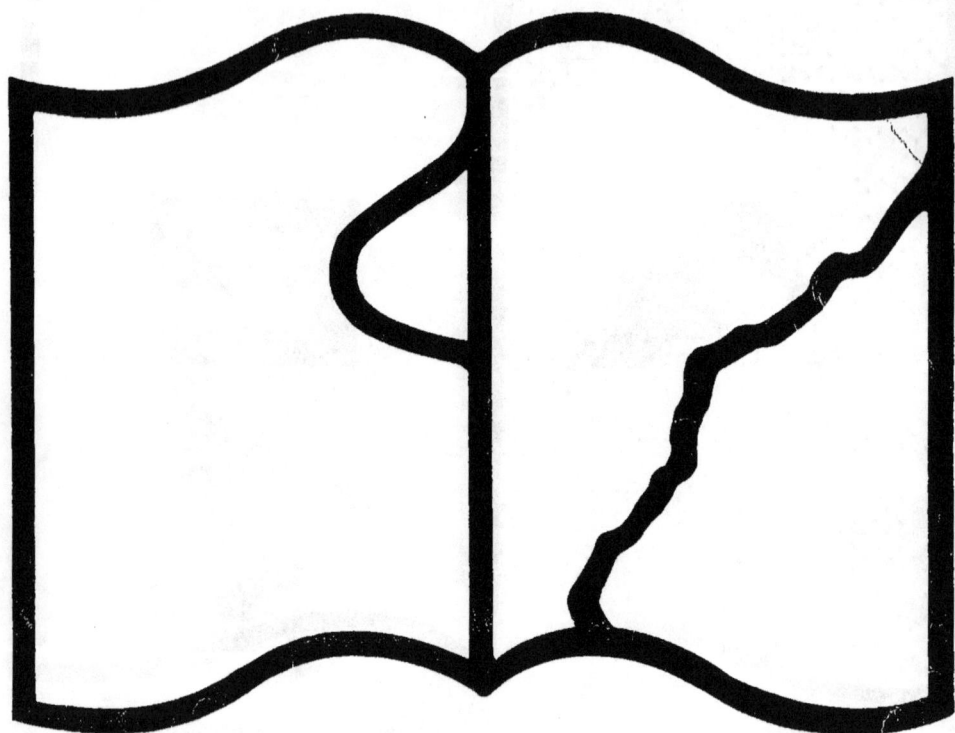

Texte détérioré — reliure défectueuse

NF Z 43-120-11

ENCYCLOPÉDIE-RORET

FERBLANTIER

ET

LAMPISTE

AVIS.

Le mérite des ouvrages de l'*Encyclopédie-Roret* leur a valu les honneurs de la traduction, de l'imitation et de la contrefaçon. Pour distinguer ce volume, il porte la signature de l'Editeur.

MANUELS-RORET.

NOUVEAU MANUEL COMPLET

DU

FERBLANTIER

ET DU

LAMPISTE,

Ou l'art de confectionner en fer-blanc tous les ustensiles possibles,
les Appareils récemment inventés, comme Augustines, Cafetières,
Caléfacteurs, etc.; l'Etamage, le travail du Zinc, l'art de
fabriquer les Lampes d'après tous les systèmes anciens
et nouveaux; tous les Appareils d'éclairage, depuis
les Lustres jusqu'aux Briquets; enfin de faire
tous les ornements des produits du Ferblantier et du Lampiste;

SUIVI

D'UN VOCABULAIRE DES TERMES TECHNIQUES,

ET ORNÉ D'UN GRAND NOMBRE DE FIGURES ET DE MODÈLES
PRIS DANS LES MEILLEURS ATELIERS.

Par MM. LEBRUN et F. MALEPEYRE.

Nouvelle Edition entièrement refondue.

PARIS,

A LA LIBRAIRIE ENCYCLOPÉDIQUE DE RORET,

RUE HAUTEFEUILLE, 10 BIS.

1849.

PRÉFACE.

———

L'art du Ferblantier est un de ceux que réclame encore à juste titre la collection des Manuels, car cet art, dont les produits sont si usuels, si nombreux, n'a jamais été convenablement traité. La mise du fer-blanc en œuvre ne comporte point par elle-même beaucoup de développements, et lorsqu'on ne veut donner qu'une connaissance sommaire de la ferblanterie, un article de dictionnaire peut suffire à la rigueur; mais il en est tout autrement quand il s'agit d'apprendre à fabriquer. En ce cas, les applications sont innombrables. Qu'on songe, en effet, à cette multitude d'ustensiles en fer-blanc qui servent dans nos ménages, dans les arts. Tous ces ustensiles, il faut les voir confectionner, en parler avec détails; décrire les perfectionnements qu'ils ont reçus, ceux qu'ils peuvent recevoir encore. C'est la tâche que je me suis imposée, plus encore que dans mes précédents ouvrages.

Le *Manuel du Ferblantier et du Lampiste* est divisé en quatre parties : la première traite des outils, des procédés généraux de fabrication; la seconde, des applications à tous les ustensiles possibles, depuis le moindre cylindre en fer-blanc jusqu'aux objets les plus compliqués, depuis les plus anciens jusqu'aux plus

Ferblantier.

modernes appareils ; de l'étamage, de l'emploi du zinc. La troisième partie concernera les travaux du lampiste, et tout ce qui se rattache aux appareils d'éclairage. La quatrième partie, enfin, contiendra la description de tous les ornements que peuvent recevoir les lampes et autres produits dus à l'industrie du ferblantier.

Cette quatrième partie étant elle-même un traité à part, à raison des développements particuliers qu'elle exige, j'ai cru devoir la faire précéder de considérations qui auraient trouvé place ici sans l'importance de l'art du lampiste.

Un Vocabulaire explicatif des termes techniques termine l'ouvrage, qui, parfaitement au courant des découvertes actuelles, ne pourra manquer d'être utile. Non-seulement les ferblantiers de province, les commerçants, le consulteront avec fruit, mais encore les ouvriers expérimentés, les fabricants de Paris ; car ces derniers seront guidés par ce Manuel dans les tentatives de perfectionnement auxquelles ils se livrent chaque jour avec une si louable émulation.

NOUVEAU MANUEL COMPLET

DU

FERBLANTIER.

PREMIÈRE PARTIE.

FABRICATION.

CHAPITRE PREMIER.

DES MATÉRIAUX ET DES OUTILS DU FERBLANTIER.

Tout ce qui est relatif à la fabrication du fer-blanc ayant été traité avec beaucoup de succès dans le *Manuel du Maître de forges* (1), nous n'avons à nous occuper ici que de la mise en œuvre ; néanmoins nous parlerons des diverses sortes de fer-blanc, des défauts qu'on y rencontre, de la manière dont on le livre au commerce ; toutes choses qui éclaireront le ferblantier dans le choix de ses matériaux.

Choix du fer-blanc. Le fer-blanc d'Allemagne (pays où la ferblanterie a pris naissance), celui de la Bohême, de la Silésie, et surtout de l'Angleterre, sont réputés les meilleurs. Il faut donc s'approvisionner dans les manufactures qui suivent les procédés en usage dans ces contrées. Et en effet, aux dernières expositions de l'industrie française, on a admiré du fer-blanc qui se rapproche beaucoup de ce que les Anglais ont produit de mieux en cette partie. Les fabricants de ce beau fer-blanc ont été récompensés par l'obtention de médailles et par un très-grand débit.

Les feuilles de fer-blanc se trouvent quelquefois d'une teinte jaune : elles doivent cette couleur désagréable, 1° à ce que.

(1) De l'*Encyclopédie-Roret*.

Ferblantier.	1

l'étain est mélangé de cuivre; 2° à la température trop élevée du bain d'étamage; 3° à la trop vive chaleur du bain graisseux. Quand, au contraire, le bain d'étain est trop froid, les feuilles retiennent une trop forte quantité d'étain.

Le ferblantier prendra garde aussi que les feuilles de fer-blanc ne soient ni ternies ni *réticulées*, ce qui arrive lorsqu'elles demeurent trop longtemps dans l'eau acidulée.

La presque généralité des feuilles de fer-blanc que l'on trouve dans le commerce portent une rayure à laquelle les ouvriers ont donné le nom de *lisière*. En voici la raison : les feuilles étamées se placent sur des châssis, de manière que l'étain coule sur leur surface, et vient former un bourrelet sur le bord inférieur de chacune. On fait disparaître ce bourrelet qui, en tombant, ne laisse qu'une trace légère sur la place où il adhérait, et cette trace est la *lisière*. Souvent aussi, au lieu de s'étendre longitudinalement sur le bord inférieur de la feuille, la marque ne se montre qu'à l'angle inférieur, parce qu'alors les feuilles ont été posées sur leur diagonale, et que l'étain en coulant n'a laissé qu'un bouton. Lorsque les feuilles étamées sont placées sur une plaque de fonte chauffée, elles n'offrent ni bouton ni bourrelet, et par conséquent aucune trace. Ce procédé, en usage chez les fabricants de fer-blanc qui perfectionnent leur industrie, doit faire rechercher leurs produits, cette marque étant désagréable en beaucoup de cas, surtout pour les ouvrages soignés.

Lorsque les feuilles de fer-blanc sont achevées sans passer dans le bain de graisse, elles retiennent trop d'étain, et ce métal produit, sur la surface des feuilles, des ondulations plus ou moins fortes, que le ferblantier doit remarquer avec soin.

Voici maintenant de quelle manière on livre le fer-blanc au commerce, en France, en Allemagne, en Silésie et en Angleterre.

Marques du fer-blanc. En France, les caisses de fer-blanc se composent de 300 feuilles, dont le poids varie suivant le format et l'épaisseur. Le fer mince pèse 61 kilog. (125 livres) la caisse; le fer moyen, 73,40 kilog. (150 livres); le fer fort, 85,6 kilog. (175 livres), lorsque le format est de 32 centimètres (12 pouces); celui de 35 centimètres (13 pouces) pèse 105,25 kilog. (215 livres), et n'est que d'une épaisseur, ainsi que celui de 38 centimèt. (14 pouces), qui pèse 132,15 kilog. (270 livres). Le format du fer-blanc à 41 centimètres (15 pouces) pèse 149,30 kilog. (305 livres); celui de 48 centimètres (18 pouces) ne s'encaisse pas ordinairement. Les poids soit indépendants de la caisse. Autrefois tous les fabricants de fer-blanc (et aujourd'hui quelques-uns encore) marquaient d'une croix les fonds des barils qu'ils remplissaient de feuilles. Cette marque désignait la plus forte et la plus chère marchandise : on l'imprime avec un fer chaud. Par suite, on distinguait le fer-blanc à simple, double et triple croix.

On désigne en Allemagne le fer-blanc par les lettres *xx*, *x*, *f*, *s* et *a*, qu'on écrit sur les caisses : la lettre *a* désigne la qualité inférieure, le rebut; les deux lettres *f* et *s* désignent le fer-blanc mince; les lettres *x x*, *x* sont la marque des feuilles épaisses. Les caisses portant ces deux derniers caractères contiennent 225 feuilles; celles marquées *f* et *s*, 300 : il faut deux caisses pour faire un tonneau. Les feuilles ont communément 32 centimètres (12 pouces 1/2) sur 25 centimètres (9 pouces 1/4) du Rhin [31 centimètres (12 pou.) sur 24 centimètres (8 pouces 11 lignes)].

On fait trois espèces de fer-blanc en Silésie : les petits échantillons marqués *f* ont 32 centimètres (12 pouces 1/4) sur 25 centimètres (9 pouces 1/4) du Rhin; la seconde espèce a 36 centimètres (13 pouces 1/8) sur 25 centimètres (9 pouces 1/4); la troisième, appelée *fer-blanc des pontons*, et qui porte la lettre *d*, a 40 centimètres (15 pouces) sur 31 centimètres (11 pouces 1/2) (1).

En Angleterre, les subdivisions sont bien autrement nombreuses; elles sont toutes basées sur les différences de poids indiquées dans la note; elles sont calculées avec le plus grand soin. Voici les dénominations des trois sortes de caisses le plus généralement placées dans le commerce :

1° *Cuisse de* 100 *feuilles*, 45 centimètres (16 pouces 3/4) sur 33 centimètres (12 pouces 1/2).

	Hundred.	Quarters.	Pounds.
Double common, pesant.	0	3	14
Idem *x*.	1	0	14
Idem *x x*.	1	1	7
Idem *x x x*.	1	2	00
Idem *x x x x*.	1	2	21

(1) 1. Le pouce du Rhin égale 2,615446 centimètres; le pouce français égale 2,706995; un pouce du Rhin égale 11,594 lignes de France.
2. Le pied anglais (foot) égale 0,305 mètre, égale 11 pouces 3,07 lignes de France.
3. Le pound, ou livre anglaise, égale 453,025 grammes.
4. Le hundred anglais égale 4 quarters, ou 50,78 kil.; le quarter, ou 2 stones, égale 28 punds, ou 12,690 kil.

2° *Caisse de* 200 *feuilles*, 40 centimètres (15 pouces) s r
30 centimètres (11 pouces).

	Hundred.	Quartors.	Pounds.
s d small double common, pes.	1	1	2
s d x.	1	2	20
s d x x.	1	3	13
s d x x x.	2	0	27

3° *Caisse de* 225 *feuilles*, 35 centimètres (13 pouces 3/4)
sur 27 centimètres (10 pouces).

	Hundred.	Quarters.	Pounds.
1 x cours, pesant.	1	1	00
1 x x.	1	1	21
1 x x x.	1	2	14
1 x x x x.	1	3	7
h cours heavy.	1	0	7
h x.	1	1	7
2 cours 13 1/4 sur 9 1/4.	0	3	21
2 x.	1	0	21
3 cours 12 1/4 sur 9 1/4.	0	3	14
3 x.	1	0	14
Mixted wasters (rebuts).	1	0	12

Le ferblantier travaille souvent la tôle, ou fer noir : celle-
ci se vend, comme le fer-blanc, chez les marchands de fer.

Le ferblantier devra s'approvisionner de fer-blanc de toutes
dimensions et de toutes épaisseurs, afin de n'être jamais arrêté dans la confection de ses produits. Par le même motif,
il fera sagement de se pourvoir d'étain, de poix-résine, pour
la soudure des pièces; de fil-de-fer de différentes grosseurs
pour faire les rebords de beaucoup de vases.

Il y a divers accessoires de ces ouvrages que le ferblantier doit nécessairement confier au serrurier, au tourneur,
etc.; tels sont les manches de cafetières et de casseroles faits
en fer et en bois, les petits boutons, également de bois, servant de poignées, les petites chaînettes propres à retenir les
bouchons des becs de cafetière, les verres de lanterne, etc.
Tous ces objets devront être commandés à l'avance et en quantité, parce qu'alors ils se paieront moins cher, et qu'ils seront
toujours prêts à l'achèvement des opérations. Cette pré-
voyance n'est pas moins utile aux grands ateliers des ferblan-
teries qu'à l'ouvrier isolé, dans la capitale que dans les provinces; seulement, les provisions sont plus ou moins fortes,

relativement à la consommation. Un conseil que ne doit point oublier le ferblantier, c'est de maintenir dans le plus grand ordre ces différents objet : un tiroir, ou un rayon de planche, fixé le long de la muraille sera consacré à chaque espèce, qu'une étiquette désignera ; on évite, par ce moyen bien simple, les pertes d'objets et de temps. Il faudra aussi ranger par ordre d'emploi et de grosseur tous les outils, dont nous allons donner la description.

Des outils. Les instruments du ferblantier sont nombreux, mais peu compliqués ; leur figure, comme leur usage, se comprend avec beaucoup de facilité. On peut les diviser en huit espèces : 1º les outils à polir le fer-blanc ; 2o à tracer les différentes pièces ; 3o à couper ; 4o à emboutir ; 5º à percer ; 6º à souder ; 7º à canneler ; 8o à replier.

Outils à polir. La première division comprend :

1º Le tas à dresser (*fig.* 1) ; cet instrument, en acier trempé et parfaitement poli, a 10 centimètres (4 pouces) en carré. On voit en *a* cette partie, et en *b* le pied qui entre dans une large mortaise pratiquée dans l'établi du ferblantier ou dans le billot.

2º Le marteau à deux côtés, ou à deux têtes planes, également en acier trempé et bien poli (*fig.* 2). Il est long de 16 à 20 centimètres (6 à 8 pouces), rond des deux pans, et gros dans sa circonférence de 4 centimètres (1 pouce 1/2) environ. Il sert à la fois à planer et à dresser ; aussi le désigne-t-on sous le double titre de ces opérations, qui, au reste, ont à peu près le même but.

3º Le billot. C'est un gros cylindre de bois, haut de 1 mètre (3 pieds) sur 1 mètre (3 pieds) de circonférence. Les deux faces de dessus et de dessous sont également planes ; mais la première est percée de plusieurs trous ronds ou carrés, qui servent à recevoir les tas et les bigornes.

4º Le tas à planer. Il ressemble assez au tas à dresser ; aussi nous nous dispenserons d'en donner la figure : c'est un morceau de fer carré, dont la surface de dessus est fort unie et parfaitement polie ; la face de dessous, ayant la forme de queue, entre dans le billot.

5º Le maillet de bois (*fig.* 3) à pans arrondis. Le ferblantier préfère souvent ce marteau de bois au marteau de fer, parce qu'il produit moins d'inégalités sur l'ouvrage.

Outils à tracer. Le grand art du ferblantier consiste à économiser beaucoup la matière, et par conséquent à la mesurer avec soin. Pour tracer la figure dés pièces qu'il doit ensuite découper, il établit ordinairement des patrons en fer-blanc ou en carton qu'il appose sur une feuille de fer-blanc, étendue à cet effet sur une table. Cette méthode est bonne, elle est même indispensable pour profiter des moindres rognures, par exemple, pour tracer les becs de lampe, de cafetière, les tous petits couvercles de ces derniers becs, et beaucoup d'autres articles; mais elle rend le ferblantier timide, routinier; elle apporte de la lenteur dans une foule d'opérations. Ainsi, pour tracer le fond d'une casserole, d'un cylindre, ou boîte quelconque, il faut chercher le patron, l'appliquer sur la feuille de fer-blanc, prendre la précaution de le bien maintenir pour qu'il ne vacille pas; enfin, il faut tracer avec la pointe autour de la rondelle qui sert de modèle. Or, il est infiniment plus court de prendre un compas, d'appliquer une de ses pointes sur le fer-blanc, d'ouvrir cet instrument selon la grandeur du cercle que l'on veut obtenir, et de le tourner. Par ce simple mouvement on trace et mesure à la fois avec la plus grande précision.

Toutes les bandes qui forment les cylindres avec lesquels se font presque tous les vases, seraient avantageusement tracées à la règle, au mètre, à l'équerre. Je recommande donc au ferblantier l'emploi de ces instruments.

Le mètre est en fer (*fig* 4), ou du moins en bois dur. Cette mesure est pourvue d'un index *a* de quelques centimètres de longueur. Il importe que cet index puisse glisser facilement par la pression du pouce, mais non qu'il glisse de lui-même. Ce mètre sera divisé en millimètres. Il servira beaucoup dans la réduction d'échelles proportionnelles.

L'équerre, de même matière, est à deux côtés inégaux *d, e, f, g* (*fig*. 5); *f g* est de 3 millimètres (1 ligne 1/2) à peu près plus épais que *d e*, et forme un épaulement au moyen duquel elle s'assujettit mieux sur les bords du fer-blanc. Les deux surfaces sont parfaitement unies. Elle sert à couper à angle droit. Le côté *d e* est égal en longueur à la règle plate que doit avoir aussi le ferblantier. Cette règle, en fer, dont nous croyons ne pas devoir donner la figure, a au moins 65 centimètres (2 pieds) de longueur et 27 millimètres (1 pouce) de largeur. Si l'atelier est monté en grand, ces deux instruments devront être en nombre relatif à celui des ouvriers.

Le ferblantier se sert ordinairement de l'équerre représentée par la figure 6, pour mesurer et arrondir des angles;

elle est plate, très-ouverte. On voit en *q* la tête, en *rr* les branches, en *f* le quart de cercle.

La figure 7 désigne un compas ordinaire ; les pointes *h i* doivent être fort aiguës ; la tête se voit en *j*. La *pointe*, qui devient inutile avec cet instrument, mais qui sert à tracer le long de la règle et de l'équerre, est représentée figure 8. C'est un poinçon fixé dans un manche de bois tourné ; il est un peu allongé pour ne point se rencontrer avec les patrons, la règle ou l'équerre.

Quant aux patrons, on sent qu'il nous est impossible de les indiquer tous ; nous ne pouvons en donner qu'une idée. C'est ce que nous allons faire en présentant quelques modèles : la figure 9 montre le développement d'une feuille de fer-blanc taillée pour un couvercle (*fig.* 9 *bis*) ; la figure 10, le développement du corps de l'entonnoir, que représente la figure 11.

L'usage des instruments ci-dessus indiqués diminue considérablement le nombre des patrons ; mais, malgré cette réduction, les patrons seront toujours très-multipliés ; aussi faut-il apporter un ordre minutieux dans leur arrangement, surtout lorsqu'il s'agit d'ouvrages compliqués, comme la cafetière Capy, la lampe Sinombre à colonne formant un vase, etc. On sait que cette dernière n'a pas moins de quinze à dix-huit morceaux. Toutes les pièces ou calibres d'un même objet sont percés d'un trou fait avec le poinçon, et enfilés ensemble par un fil-de-fer, afin qu'aucune ne s'égare ; les deux bouts de ce fil-de-fer sont réunis, et le paquet qu'il forme est étiqueté et accroché après la muraille. Comme il faut autant de calibres différents que la forme ou la grandeur des objets varie, il suit qu'il faut rapprocher l'un de l'autre, et distinguer par des numéros les paquets différents du même ustensile. On fait ordinairement trois grandeurs, petite, moyenne, grande. Ainsi l'on aura. par exemple, *cafetière Gaudet* calibres n° 1 ; *ibid.*, n° 2 ; *ibid.*, n° 3. Lorsqu'il s'agit de vases que l'on travaille rarement, il est bon d'étiqueter en détail les calibres (au moins les principaux), afin de s'éviter des tâtonnements.

Outils à couper. L'ouvrage tracé, on le découpe avec divers instruments ; les plus simples sont les cisailles : il y en a de deux sortes ; les *cisailles à main*, figure 12. Leur nom indique leur usage. Cette espèce de gros ciseaux est trop connue pour que nous en donnions la description, la figure étant suffisante :

a a sont les branches; *b b* les tranchants. La figure 13 montre une autre cisaille nommée *cisailles à banc*, parce qu'on l'appuie fortement sur l'établi pour s'en servir. Une de ses branches est plus courte. Elle est beaucoup plus forte, et d'un usage plus fréquent que la précédente. Toutes les deux doivent être affilées et bien tranchantes. Mais, selon moi, elles ne dispensent pas l'ouvrier d'avoir l'instrument suivant :

Cisaille à un seul couteau circulaire. Cette machine est formée d'un bâti en fonte de forme rectangulaire, dont les deux petites traverses supérieures portent les tourillons de deux cylindres horizontaux et parallèles, en fer, bien dressés et tournés, le long desquels un charriot portant la feuille de métal que l'on veut partager en bandes plus ou moins larges, opère un mouvement horizontal de va-et-vient, à l'aide d'un pignon placé sur l'axe d'une manivelle, et engrenant une crémaillère pratiquée en dessous du charriot. Dans le mouvement de ce charriot, la feuille de métal est présentée à l'action du couteau circulaire qui se trouve placé au-dessus du charriot, et dont le biseau est appliqué contre une règle bien dressée. Lorsqu'un homme fait tourner la manivelle, le pignon qui est monté sur l'axe de cette manivelle fait avancer le charriot, et, par conséquent, la feuille de métal, sur le couteau circulaire, qui coupe cette feuille en même temps qu'il tourne sur son axe; de cette manière, la coupe s'opère sur le métal sans former de bavure. Cette cisaille expéditive, assez puissante pour couper la tôle de 2 millimètres (1 ligne) d'épaisseur, convient parfaitement au ferblantier.

On voit le ciseau, *fig.* 14. Cet instrument aura au moins 6 à 8 centimètres (2 pouces 1/2 à 3 pouces) de largeur. Son tranchant devra être droit et parfaitement coupant. Le manche, prolongement du ciseau lui-même, est en fer; il a plusieurs centimètres de longueur, et le haut très-plat, afin qu'on puisse frapper dessus avec un maillet. Il faut avoir plusieurs ciseaux.

Outils à percer. Lorsque le ferblantier veut former des jours dans ses ouvrages, il se sert d'instruments tranchants appelés *poinçons à découper*, ou *emporte-pièces*. Ces outils sont longs de 8 centimètres (3 pouces) et gros de 8 centimètres (3 pouces) environ. Les figures 15, 16, 17, 18 et 19 en représentent de diverses sortes. Tous sont en fer brut, arrondis dans toute leur longueur; leurs manches ont la tête plane, pour recevoir les coups du maillet; il est plein, la base est creuse; celle-ci est plus ou moins renflée, et porte un bord très-tranchant. Il faut de temps à autre frotter ce bord avec un peu de savon sec, afin de le maintenir bien coupant. Il y a des emporte-pièces ronds pour les passoires, et représentant divers dessins pour donner des jours aux lanternes, etc. *Le voinçon à râpes* est une pointe d'acier très-aiguë. On doit en avoir de toutes grosseurs, depuis celui qui sert aux plus fines râpes jusqu'au poinçon qui perce la mitre fumifuge de M. Millet. La gouge, figure 20, est un poinçon de fer se terminant par le bas en demi-cercle tranchant. Elle sert à découper et à festonner le fer-blanc.

On fait usage des poinçons et emporte-pièces sur un plateau ou une table de plomb, que l'on place sur l'établi. Il serait bon d'avoir un appareil particulier pour cela, et d'apporter quelques améliorations à cet égard. Premièrement, le plomb ayant trop de mollesse, on emploierait des plateaux formés de neuf parties de plomb et d'une demi-partie de régule : je dis *les plateaux*, parce qu'il est indispensable d'en avoir plusieurs, non-seulement pour que les ouvriers n'attendent point après cet outil, mais encore pour n'être point obligé d'interrompre un ouvrage souvent pressé. En voici la raison : en perçant la feuille de fer-blanc étendue sur la plaque de plomb, l'emporte-pièce laisse son empreinte sur cette dernière, tellement qu'après un certain temps il faut aplanir toutes ces marques avec un marteau à tête plane. Il est aisé de prévoir qu'en beaucoup de cas, cette nécessité deviendra fort importune, et qu'il est avantageux de laisser à faire ce replanissage à quelque apprenti ou à des ouvriers peu habiles. On aura donc des plateaux de plomb de rechange. Ces plateaux ont 32 centimètres (1 pied) en carré, et de 6 à 8 centimètres (2 à 3 pouces) d'épaisseur.

Les coups résonnants du marteau sur les emporte-pièces seraient de beaucoup amortis si la plaque de plomb *b* était placée sur un paillasson *a* : élevé de 10 à 16 centimètres (4 à 6 pouces), il s'étend de manière que sa largeur dépasse de 6 à 8 centimètres (2 à 3 pouces) la circonférence du banc *c*, haut de 48 centimètres (18 pouces), qui sert à le soutenir. Il est composé de chaînes de paille très-serrées, qui sont liées entre elles au moyen de fortes ficelles, et revêtues d'une très-grosse toile fortement tendue. On voit cet appareil, figure 21, ainsi que le tronçon d'arbre ou billot *e*, qui remplace souvent le banc D, figure 22; il est aussi haut de 48 centimètres

(18 pouces), et formé d'orme, dit *tortillard*. On voit en E le plateau de plomb dans sa coupe verticale et séparé de l'appareil.

Instruments à emboutir. Comme le marteau est le principal instrument, pour ne point dire le seul, qui serve à fabriquer les pièces rondes et demi-rondes, le ferblantier est nécessairement pourvu d'une assez grande quantité de marteaux différents, assortis à la dimension des objets. Le premier d'entre eux est le *marteau à emboutoir*, figure 23, courbé en dedans; il forme un quart de cercle, au milieu duquel est un œil qui reçoit un manche de bois dur arrondi, et long de 32 centimètres (1 pied) environ. Les gorges ou pans de ce marteau sont toutes rondes, et ont les faces faites en tête de diamant uni et rond. La figure 23 *bis* représente un marteau analogue, mais beaucoup moins courbé, et ayant les pans à faces longues et plates. Il ressemble un peu au *marteau à réparer*, figure 24. Voyez encore, figure 25, le *martelet*. Sa grosseur est de 27 millimètres (1 pouce); il a un pan rond, dont la surface est parfaitement unie. L'autre pan, plat et carré, est un peu mince; il sert à différents usages. La figure 26 nous montre un marteau dont les pans sont inégaux en longueur. Ce marteau est un peu plus plat et plus mince que l'outil indiqué figure 24. Le marteau dessiné figure 27 est plus caractérisé, car il y a un pan carré, à surface très-unie, et l'autre pan terminé en pointe. C'est le *marteau à emboutir en boudin*. La figure 28 présente un marteau qui, au milieu, forme une assez forte saillie : un pan est rond, et l'autre obtus.

Beaucoup de maillets, qui servent à donner au fer-blanc une forme cylindrique, doivent être mis à la suite des marteaux qui sont propres à l'arrondir.

Les bigornes ne sont pas moins utiles au ferblantier que les marteaux. On voit, figure 29, cet instrument : c'est une sorte de forte barre de fer montée par le milieu sur un pivot de même métal, de manière que la bigorne forme deux bras, dont l'un est rond, et l'autre à vive arête, c'est-à-dire aplati. Quelquefois elle a un bras long et un bras si court, comme on peut le reconnaître dans la figure 30, qu'elle semble n'en avoir qu'un seul, c'est la *bigorne à chante pure*. Son bras ou gouge, ayant environ 35 à 40 centimètres (14 à 15 pouces) de longueur, est à sa base de la grosseur de 27 millimètres (1 pouce), et se termine en pointe. Le ferblantier emploie cette bigorne pour arrondir et former en cône la queue d'une chante pure.

Quelquefois les gouges de la bigorne, toutes deux d'égale longueur, sont terminées en pointe, ainsi que l'indique la figure 31. Deux caractères accessoires se remarquent alternativement dans les bigornes : l'un consiste en plusieurs entailles *a* un peu creuses, disposées vers la partie carrée et supérieure, elles se trouvent toujours dans la largeur de l'instrument, du côté plat ou à vive arête, et servent pour plier les bords d'une pièce de fer-blanc. Uu trou carré percé au milieu de la bigorne, et dans sa partie large, est destiné à river ; c'est là le second accessoire qui se voit en *b*, figure 29.

Les figures 32 et 33 sont encore consacrées aux bigornes. La figure 32 donne l'idée de la *bigorne à goulot*, beaucoup moins massive que les autres : la figure 33 concerne la *grosse bigorne*, ainsi nommée à raison de son épaisseur : sa gouge est grosse de 16 centimètres (6 pouces) et longue de 65 centimètres (2 pieds) ; elle sert à forger en cône les marmites et grandes cafetières : aussi la désigne-t-on souvent par le nom de *bigorne à cafetière*.

Instruments à souder. Le premier et le plus simple instrument de cette série est une marmite à feu en fonte ; sa circonférence est de 48 centimètres (1 pied 1/2). On la remplit de cendre et de charbon de bois, qui sert à chauffer les fers à souder. Cet outil, que l'on voit figure 34, se compose d'une tige de fer *h* de 24 à 27 centimètres (8 à 10 pouces) de longueur, et de la grosseur d'un doigt ; elle est emmanchée, à son extrémité supérieure, dans un morceau de bois, long de 8 à 10 centimètres (3 à 4 pouces) et gros à proportion : ce manche *i* est arrondi, et ressemble à tous ceux que l'on voit aux outils ayant une verge de fer, tels que mandrins à fleuriste, fers à gaufrer de repasseuse, etc. A son extrémité inférieure, la tige *h* est percée d'un trou parallélogrammique, dans lequel on introduit à force un morceau de cuivre rouge *j* de 8 à 10 centimètres (3 à 4 pouces) de long, 27 millimètres (1 pouce) de large au moins, et 14 millimètres (6 lignes) d'épaisseur ; mais comme cette bande de cuivre est amincie par le bout, elle n'a qu'environ 4 millimètres (2 lignes) à ce point ; elle est solidement rivée. Un morceau de feutre accompagne toujours le fer à souder, pour le nettoyer chaque fois que celui-ci est chauffé.

Pour verser la soudure, le ferblantier fait usage de la *cuillère à souder* : elle est en fer, demi-sphérique, assez profonde et de médiocre grandeur ; elle doit être pourvue d'un bec pour verser le métal fondu. Cet objet est trop simple et trop connu pour que nous ayons besoin d'en donner la figure.

Vient ensuite le *rochoir*, figure 35 : c'est une sorte de boîte ronde en fer-blanc, portant un couvercle ; elle sert à contenir de la poix-résine en poudre, que l'ouvrier répand sur les objets à souder, à l'aide du bec *l* dont le rochoir est muni. H est le bec séparé.

Le dernier instrument propre à souder est l'*appuyoir*, figure 36 : c'est un morceau de bois plat de forme triangulaire, ainsi nommé parce qu'on appuie dessus les feuilles de fer-blanc que l'on veut rapprocher par la soudure.

Instruments à canneler. Lorsque le ferblantier veut former quelques cannelures sur ses ouvrages, il se sert des *tas à canneler*, qui tiennent à la fois des tas ordinaires et des bigornes, comme on en peut juger par les figures 37, 38 et 39. Le *pied* est un morceau de fer massif monté par le milieu sur un pivot aussi de fer, mais dont les bords dentelés sont extrêmement unis et polis. Les autres instruments à canneler sont des marteaux ordinaires.

Outils à replier. Pour disposer des plis ou faire des rebords, le ferblantier se sert d'une sorte de tas nommé *pied-de-chèvre* : c'est un arbre en fer assez semblable, pour la forme, à un tas ordinaire, mais infiniment plus élevé, moins large ; la face supérieure, en acier trempé, est très-unie. La figure 40 montre cet instrument, que l'on appelle aussi *grand tas*.

Le *tas à soyer* est encore employé pour faire les rebords ou ourlets de casseroles, cafetières, etc. ; il présente assez l'aspect d'une bigorne pour que nous pensions devoir en omettre la figure. Les deux pans sont carrés, et forment une espèce de demi-cercle en dedans ; la face supérieure de ce tas est garnie, dans sa largeur, de plusieurs fentes inégales, car les unes sont un peu plus larges et plus profondes que les autres.

Les autres outils employés par le ferblantier sont trop usuels pour que la description n'en soit pas ici superflue. C'est d'abord, figure 41, des tenailles ; figure 42, une pince plate ; figure 43, une pince ronde ; figure 44, un soufflet ; et, figure 45, un seau en bois, mais souvent en fer-blanc épais. Les pinces et tenailles servent à saisir les bords, les petites pièces, le fil-de-fer ; les tenailles, en outre, servent à rompre celui-ci. Nous n'avons rien à dire sur l'emploi des deux derniers instruments. Des lingotières sont encore utiles au ferblantier pour fondre et mouler ensemble l'étain et le plomb, dont la soudure est composée.

Les outils que nous venons de décrire sont ceux qu'emploient ordinairement les ferblantiers; ils sont suffisants, mais nous devons indiquer comme moyen d'amélioration, les instruments suivants.

Nouvelles cisailles à main, à levier brisé. On sait que les cisailles se composent de deux branches maintenues exactement appliquées l'une contre l'autre par un axe commun, qui les traverse perpendiculairement à leur plan, et autour duquel elles sont libres de se mouvoir dans des limites déterminées : ces deux branches, lorsque la cisaille est ouverte, présentent la forme d'un X dont les jambages se prolongeraient plus d'un côté que de l'autre. Le tranchant se trouve au-dedans de l'angle, du côté des branches les plus courtes; les plus longues servent de leviers, au moyen desquels on fait agir la cisaille. Le levier inférieur est ordinairement fixé dans un étau ou sur un banc, tandis que l'autre est mobile seulement autour de son axe, dans un plan vertical, soit à bras d'homme, soit par une force motrice.

Dans la nouvelle cisaille, que nous devons à M. Molard, l'action, au lieu de s'exercer directement sur le couteau, au moyen d'un levier droit, se transmet par l'intermédiaire d'un levier brisé; ce qui permet de découper des tôles fort épaisses sans développer un grand effort. Cette disposition est représentée figure 46 : on voit en *a* le levier du couteau supérieur, qu'on fixe sur un appui solide au moyen du talon pointu et coudé *b*. On peut aussi, au lieu de *b*, donner à l'extrémité de cette branche la forme convenable pour pouvoir la fixer entre les mâchoires d'un étau. Le levier du couteau inférieur *c* est brisé vers le tiers de sa longueur, où il reçoit une articulation *d*, attachée à un levier droit *e*, armé d'une poignée, et mobile sur la vis *f*, qui traverse une pièce faisant corps avec le levier *a*. La branche *d* est mobile sur deux vis *g g* formant charnière. On conçoit qu'en baissant le levier *e*, il amène la branche *d*, laquelle tire la queue du couteau *c* avec une force qui est en raison de l'angle plus ou moins ouvert que forment entre elles les pièces *c* et *d*. Il en résulte que le plus grand effort, au lieu de s'exercer sur le talon des couteaux, comme dans les cisailles ordinaires, agit dans celles-ci à la pointe du tranchant.

Ferblantier.   2

Le découpage de ces cisailles ne se faisant que par reprises successives, ne convient pas à tous les objets ; il est, du reste, assez lent, et laisse les marques des reprises le long du corps découpé. La machine suivante est préférable en beaucoup de cas.

Cisailles à couteaux circulaires en forme de viroles, dont M. Molard est aussi l'inventeur. Ces cisailles sont principalement composées de deux arbres en fer (*fig.* 47) *ab*, montés dans une cage *cde*, composée de quatre piliers comme celle d'un laminoir, et assujettie par des boulons sur un fort bâtis de bois *fgh*, qui sert de pied à la machine.

A l'une des extrémités de l'arbre inférieur *b* sont fixées deux grandes roues dentées *ik*, de différents diamètres. La plus grande roue *i* reçoit le mouvement de rotation d'un pignon *j* dont l'axe, porté par les deux poupées *lm*, est muni d'une manivelle *o* qui sert de premier moteur. La roue de moyenne grandeur *k* engrène une roue *p*, ayant un même nombre de dents, fixée à l'extrémité de l'arbre supérieur *a*, de telle sorte que les deux arbres *ab* tournent avec une égale vitesse toutes les fois qu'agit le premier moteur.

Les deux arbres *ab* portent, à leurs extrémités opposées aux roues dentées, deux couteaux circulaires *q* en forme de viroles, d'acier trempé, dont le diamètre excède d'environ 1 centim. (5 lignes) l'espace qui sépare les deux arbres *ab*, de manière qu'ils se joignent par les bords : la vis butante *s* sert à les maintenir assez rapprochés pour qu'ils coupent net.

Les cisailles étant ainsi disposées, on place la tôle à découper sur la table *t*, puis on la fait avancer entre les deux couteaux, qui s'en emparent aussitôt qu'on tourne la manivelle, et la découpent suivant le trait qu'on a formé, ou dans les largeurs comprises entre les couteaux et un coulisseau contre lequel la tôle s'appuie en glissant, à mesure qu'elle se découpe.

Lorsque le fer-blanc ou la tôle a un peu trop d'épaisseur par rapport au diamètre des couteaux, elle passe plus difficilement entre les deux tranchants ; alors, au lieu d'avoir recours à des couteaux d'un plus grand diamètre, qui exigeraient le déplacement des arbres *ab*, on aura soin seulement de pratiquer sur le bord des couteaux, avant la trempe, une denture peu profonde, qui, sans nuire à la solidité du tranchant, donne aux cisailles la propriété de s'emparer de la planche métallique qu'on veut découper, quelle que soit son épaisseur et sans qu'il soit nécessaire d'exercer sur elle la moindre pression.

Nous croyons devoir ajouter, pour la facilité de la construction de l'instrument, que le bord tranchant de chaque couteau peut être formé d'une simple virole d'acier, qu'on ajuste sur le nez de chacun des arbres *ab*, disposé pour la recevoir.

Machine pour percer régulièrement un grand nombre de trous à la fois. M. Larivière, mécanicien de Genève, est parvenu à percer dans des feuilles métalliques des trous tellement fins, que l'œil peut à peine les apercevoir. Il est inutile de démontrer l'avantage qui en résulte pour les cribles de cafetières, les tamis, passoires, filtres, lanternes, etc. Ce mécanicien a pris en Angleterre une patente pour la machine dont suit la description.

Elle consiste en une presse à balancier, munie d'un plateau qui monte et descend entre deux jumelles, de manière à conserver toujours un mouvement parfaitement vertical; ses dimensions sont proportionnées à celles des feuilles métalliques à percer. La surface intérieure de ce plateau, qui doit être bien plane et exactement nivelée, reçoit la plaque porte-poinçon, qu'on y fixe absolument à l'aide de plusieurs vis. Cette plaque, garnie d'une ou plusieurs rangées de poinçons espacés entre eux d'après la nature des objets à confectionner, est percée d'un nombre correspondant de trous plus ouverts à leur sommet qu'à leur base, et dans lesquels on fait entrer les têtes des poinçons. Ceux-ci sont composés de fil d'acier, et pour que leurs pointes ne se cassent ou ne s'émoussent pas, elles sortent de la plaque de la quantité justement nécessaire pour perforer la feuille métallique, et sont reçues dans un plateau servant de matrice, criblé d'un nombre de trous correspondants, et établi à demeure sur le sommier de la presse. Cette matrice est disposée de telle façon, que, lorsque le plateau supérieur est descendu, les poinçons rencontrent exactement les trous destinés à les recevoir, après avoir percé le fer-blanc. Ce fer-blanc étant en même temps fortement pressé entre les deux plateaux, les barbes qu'aurait pu laisser le poinçon sur le bord des trous s'effacent.

La partie de l'appareil portant la feuille à percer est formée de deux coulisses horizontales en fonte, dans lesquelles glisse un charriot ou châssis mobile, sur lequel la feuille est solidement fixée par des brides ou tenons; des vis directrices, disposées de chaque côté, empêchent que le charriot ne puisse dévier. Son mouvement de va-et-vient s'opère à l'aide d'une longue vis de rappel placée en dessous et passant dans un écrou du charriot; elle repose de distance en distance sur des coussinets, afin d'éviter son ballottement. Une roue à rochet, montée sur la tête de la vis, et dans les dents de laquelle s'engage un cliquet, règle son degré d'avancement, et, par suite, celui du charriot et de la feuille métallique. Ce mécanisme doit être construit avec beaucoup de précision pour produire l'effet désiré, c'est-à-dire pour faire avancer le charriot exactement de l'intervalle à laisser entre chaque rangée de trous. Quand le charriot est arrivé au-dessous de la matrice, il est arrêté par un butoir : on tourne alors le levier de la presse, et tous les trous se font à la fois, si les poinçons garnissent toute la surface du plateau, ou successivement s'il n'y en a qu'une ou plusieurs rangées.

Lorsqu'on a des ouvrages très-délicats à exécuter, on remplace le rochet par un engrenage, au moyen duquel on obtient des rangées de trous extrêmement rapprochés.

S'agit-il de perforer des feuilles circulaires, les poinçons sont alors disposés en rayons partant du centre, ou par segments composés du quart ou du huitième de l'aire totale. Dans ce cas, la feuille tourne sur un pivot central, de telle sorte que les différentes sections de trous soient percées successivement : ici la grande vis devient inutile, mais l'auteur la remplace par un cercle denté, sur lequel on fixe la feuille, et dont le mouvement est réglé à l'aide d'une vis sans fin. Il va sans dire que, pour chaque espèce de cribles qu'on veut fabriquer, il faut se servir de poinçons de différents calibres, qu'il est toujours facile de remplacer.

Fourneau pour faire chauffer les fer à souder. Le corps de cet instrument est en forte tôle, et muni d'une grille comme à l'ordinaire; mais au lieu de mettre les fers immédiatement en contact avec le feu, et de les exposer à l'action combinée de la chaleur et de l'oxygène, ce qui oblige à les limer continuellement pour enlever les parties oxydées et renouveler la surface de la soudure, on les chauffe dans une boîte de tôle ou de fonte, et, par ce moyen, on évite de les limer plus d'une fois par semaine. Ce fourneau est en outre sain et économique; il aère l'atelier, et s'alimente avec du coke, au lieu de charbon de bois.

Son inventeur, M. Hobbins, l'a rendu propre à aérer en fermant le cendrier, et en obligeant l'air qui alimente la combustion à passer dans un tuyau latéral qui s'élève jusqu'au plafond, et pénètre dans le cendrier en formant un coude. La figure 48 indique cette disposition : on y voit un couvercle plat f recouvrant le tuyau vertical e, et qui est suspendu par une corde passant sur deux poulies; ce couvercle est maintenu à la hauteur désirée par un contrepoids g; on peut régler ainsi à volonté l'accès de l'air dans le foyer, et se débarrasser en même temps des vapeurs malsaines qui se rassemblent à la partie supérieure de l'atelier, et qui sont entraînées au dehors par le tirage de la cheminée. L'auteur se propose d'ajouter à son appareil un tube communiquant avec le tuyau principal, et passant à travers l'établi; des soupapes régulatrices seront destinées à y admettre ou interdire l'accès de l'air.

Le combustible est introduit par une porte à coulisse a, et, en laissant celle-ci entr'ouverte, on peut diminuer la rapidité du courant d'air au point d'entretenir seulement la combustion, pour que le feu ne s'éteigne pas durant les heures de repas des ouvriers : b est la boîte en tôle ou de fonte dans laquelle se placent les outils qu'on veut chauffer; elle est fermée par son fond et repose sur une barre de fer, qui passe à travers les parois latérales du fourneau; c est la grille, d la porte du cendrier. Le fourneau porte sur trois pieds, afin de permettre de placer au-dessous une boîte pour recevoir les cendres, qu'on vide de temps en temps. Le fourneau est dessiné sur l'échelle d'un huitième de la grandeur naturelle.

Instruments pour les étampages à l'usage des ferblantiers. Voici comment M. M. G. Altmuetter, inventeur de cet instrument, en explique l'usage :

« Lorsqu'il s'agit, dit-il, de pratiquer sur un anneau de ferblanc ou un cercle ou cerce large et cylindrique, pour en décorer la surface convexe, soit de gouttières, des congés, etc., soit des moulures comme décoration tout autour de parties déjà creuses et enfoncées, de baguettes, de doucines, de boudins continus, simples, uniques ou en plus grand nombre, cette opération est, d'après les anciens procédés, assez difficile et exige en général beaucoup de temps. Dans les travaux du ferblantier, ce travail s'exécute en frappant avec de petits marteaux sur un tas qui est approprié à ces objets, qu'on nomme dans les ateliers *tas à soyer*, et qui consiste en une longue pièce d'acier trempé, creusée de plusieurs sillons ou gouttières obliques, et portant par-dessous et au milieu une soie qui, comme une bigorne, sert à le fixer dans un billot de bois. Le cercle, l'anneau ou le tube, placé sur la portion horizontale de la gouttière qu'on a choisie, acquiert, en le travaillant avec un petit marteau et en le tournant constamment, la moulure exigée, et après cette façon peut, sur d'autres gouttières, en recevoir une seconde, puis une troisième sur d'autres, entre lesquelles se trouvent des élévations en forme de baguettes, filets, boudins, etc.

» On conçoit qu'il faut beaucoup plus de propreté et de fini qu'on n'en exige dans les travaux du fer-blanc et du laiton quand il s'agit du travail des métaux précieux, et surtout de ceux qui sont employés à la fabrication des objets de goût, de mode et de parure. Le travail devient, dans ce cas, plus difficile et plus chanceux, et on ne peut guère obtenir des moulures ou décorations régulières de ce genre que sur des plaques ou lames planes qui, avant de recevoir la courbure, sont, suivant le dessin, frappées ou soumises à la pression entre des étampes d'acier ou bien tirées au banc. Or on sait que la courbure consécutive qu'il faut ensuite donner à ces plaques minces, sans altérer en aucune façon leurs formes, est un nouveau sujet de difficultés, de travail et de perte de temps.

» Tous ces inconvénients disparaissent complètement quand on fait usage de l'instrument suivant, dont le principe n'est peut-être pas bien neuf, mais qui, par les excellents services qu'il rend, mérite d'être plus connu et plus fréquemment appliqué, d'autant mieux qu'il convient très-bien pour appliquer les profils les plus variés aux anneaux et cercles déjà soudés.

La figure 242, Pl. IV, représente une élévation latérale de l'appareil.

La figure 243 est une élévation de face, mais d'où l'on a supprimé le pied.

Cet instrument est en fer, à l'exception de l'étampe supérieure et de celle inférieure qui sont en acier trempé. Pour s'en servir, on en fiche solidement la soie B, tout comme une bigorne, dans un billot de bois. Entre la potence m, qui est légèrement arrondie et la tête A', il existe un espace vide de forme rectangulaire pour y loger l'étampe n et pour le jeu de la contre-étampe f, F. On a désigné par la lettre H, et indiqué faiblement au pointillé le cercle qu'on veut travailler. Cette pièce peut présenter des diamètres variables et être plus petite que H, ou avoir une dimension telle, que tout en portant d'un côté sur la potence A, elle descende jusqu'à la soie B. De même, la largeur peut être très-variable, ainsi qu'on l'expliquera plus loin en détail.

La tête A' n'est massive que jusqu'à la ligne ponctuée qu'on voit à droite de la lettre L ; en avant, elle est percée d'un trou carré pour recevoir la contre-étampe f, F, ainsi qu'on la représente avec détail dans la figure 244. A l'intérieur des trois parois en fer L, R, M, qui sont d'une seule pièce, s'en trouvent insérées trois autres, comme N par exemple, qui sont en laiton. La pièce W est rivée solidement sur la face antérieure, les deux autres sur les côtés de A'. Au lieu d'une quatrième paroi ou paroi antérieure en laiton, il existe entre le fer et la contre-étampe un ressort mobile en acier E, pourvu d'un talon droit et saillant X, qui s'insère sur le bord inférieur de la paroi R, et dont la partie supérieure, recourbée en crochet, butte sur le bord supérieur coupé en biseau de R. Ce ressort s'oppose à ce que la contre-étampe f, F ressaute après chacun des coups de marteau qu'on fait tomber sur sa tête, et assure la chute régulière et efficace de celui-ci.

Pour porter l'étampe n, la potence m présente une partie dressée correspondante, au milieu de laquelle on a percé un trou carré qui reçoit la queue de même forme de cette étampe, ainsi qu'on peut le voir à l'inspection des figures 242 et 243. Au niveau même de la face supérieure de la potence m, on a arrondi transversalement, ou sur la largeur de l'étampe, tous les filets, boudins, moulures, etc., que présente le profil de l'étampe, attendu que des arêtes vives s'imprimeraient dans le fer-blanc ou même le perceraient en ces points.

Il faut apporter un soin tout particulier à l'ajustage de la pièce de guide a, et à celle des parties qui la composent. Pendant l'opération, c'est sur elle que doit porter continuellement le bord de la cerce H, parce que c'est le seul moyen pour que le profil frappé par l'étampe possède la régularité et la position relative convenables, et parce que, sans ces pièces, les extrémités des baguettes pourraient bien se rapprocher entre elles, et même chevaucher les unes sur les autres.

Afin de pouvoir travailler avec la même facilité les cerces tant larges qu'étroites, et les anneaux en ronde-bosse ou ceux qui sont creux, ou enfin d'un profil donné quelconque, tantôt dans le voisinage de l'un de ses bords, tantôt à des distances plus ou moins considérables du bord, la pièce a, toujours indispensable pour servir de guide, peut se rapprocher ou s'éloigner à volonté de l'étampe au moyen d'une vis de rappel qui est pourvue d'un anneau pour tourner à la main. Cette vis est insérée de telle manière dans l'étrier D (*fig.* 245), qu'elle ne peut que tourner rond sur son axe et sans changer de place. La portion non filetée de cette vis, qui traverse et dépasse en dehors l'étrier D, est creusée sur le tour d'un collier dans lequel pénètrent les extrémités de deux petites vis 2 et 3 qui s'opposent à tout mouvement de translation, suivant la longueur, tandis qu'elles n'opposent aucun obstacle à celui de rotation. Le pivot, à son extrémité, est logé dans une partie creusée sur la face postérieure de A, et c'est également sur cette face que sont fixés les deux retours d'équerre de l'étrier D, au moyen de deux vis e, e. Le guide a ne forme, avec les trois autres côtés b, c et y, qu'une seule pièce; les côtés b et c peuvent glisser sur les faces latérales de A; y est taraudé et remplit les fonctions d'un écrou pour la vis d. Quand on tourne cette dernière, l'écrou, suivant le sens dans lequel on opère, marche alors en avant ou en arrière, entraînant avec lui dans son mouvement le guide a dans le même sens. Ce guide se trouve donc forcé de marcher en ligne droite et sans éprouver d'oscillation, d'une part en s'appuyant sur la face inférieure bien dressée de la tête A, et de l'autre sur celle supérieure de la potence a qui est arrondie, ainsi qu'on l'a dit plus haut.

D'après ce qui vient d'être dit, il est facile de comprendre la manière dont l'instrument fonctionne. Nous n'ajouterons donc ici que quelques observations.

Il n'y a aucune difficulté à ajuster le tube, cerce ou anneau pour qu'il s'adapte sur la partie profilée de l'étampe. Pour cela, il suffit que son bord postérieur soit en contact avec le guide a, ce qui s'opère en avançant ou reculant celui-ci à l'aide de la vis d. Quant à la contre-étampe F, elle n'a pas besoin d'un ajustement à la main, parce que, après chaque coup de marteau, elle se relève légèrement par suite de l'élasticité de la potence m et du fer-blanc lui-même. Mais quand cette circonstance ne se présenterait pas avec certains modèles, il n'en résulterait aucun inconvénient, attendu que pour faire avancer la cerce, on n'a jamais à surmonter qu'un frottement, puisque le fer-blanc n'adhère jamais à l'étampe.

La tête ou partie supérieure de l'étampe F doit aussi, après la trempe, être bien revenue, car autrement le marteau se détériore, ou bien le coup frappe trop à fond.

Il est nécessaire, après chaque coup de marteau, de faire avancer, mais toujours sans cesser de toucher le guide, la pièce qu'on travaille, de manière que le modèle se profile peu à peu; c'est la seule opération qui, dans le travail au marteau, exige quelque pratique.

Il n'y a nul avantage à procéder à ce travail par grands coups de marteau; quand le fer-blanc est épais, l'ouvrage n'avance pas beaucoup plus, et lorsqu'il est mince et peut résistant, il se déchire facilement ou ne fournit plus qu'un profil incorrect, car ce n'est que par des extensions et des dilatations successives que le fer-blanc s'adapte peu à peu aux formes de l'étampe. Il y a donc beaucoup plus de sécurité dans le travail à ne frapper le fer-blanc que de coups moyens, ou même de coups faibles quand il est mince, et en même temps à ne faire avancer ou tourner la cerce que très-peu à la fois, et dans le cas où le dessin ne vient pas encore pur et parfaitement modelé, à continuer l'opération encore quelque temps, et enfin à terminer par quelques coups frappés plus fort jusqu'à ce qu'on ait obtenu le résultat désiré. La cerce peut avoir une forme ovale, et on peut même travailler ainsi une bande tout-à-fait droite; toutefois cette bande prend toujours par ce travail une courbure sensible, qu'on peut du reste faire disparaître en la redressant avec soin avec un maillet de bois sur un bloc de même matière ou de plomb.

Afin de donner une idée plus complète de cet instrument, et en même temps pour qu'on puisse facilement le reproduire, nous présenterons la description et les figures d'un couple d'étampes représenté moitié de la grandeur naturelle.

Figure 244, étampe vue de côté.

Figure 245, la même vue de face.

Figure 246, plan de cette même pièce.

Figure 247, contre-étampe de ce couple dont on a représenté au pointillé et de face l'application sur son étampe en f, figure 245.

a est la queue ou soie de cette étampe qui est en forme de pyramide tronquée rectangulaire, et s'adapte dans une mortaise de même forme, percée dans la partie m de l'instrument. Les portions en relief du dessin, qui ont une courbure convexe dans le sens transversal, sont de plus abattues en biseau des deux côtés r, s, afin de pouvoir presser vivement chacune d'elles sur le fer-blanc sans y faire remarquer les reprises. La courbure de u ou du filet le plus profond est plus basse que celle de tous les autres, et placée sur un même plan avec la face supérieure arrondie de la potence *m*, ou plutôt forme, à proprement parler, le prolongement de cette face. Du reste, ce filet n'est jamais frappé par la contre-étampe, et n'appartient pas en conséquence au dessin qui résulte uniquement sur le fer-blanc des élévations ou portions dégagées et en saillie de l'étampe.

La contre-étampe *f*, F présente naturellement le dessin ou profil dans un état inverse, c'est-à-dire que les portions creuses dans l'étampe correspondent à celles en relief dans la contre-étampe et réciproquement. Néanmoins il n'existe pas entre ces deux pièces une coïncidence parfaite et rigoureuse sous deux rapports différents. Les membres de cette contre-étampe ne sont pas concaves, mais entièrement rectilignes; seulement on a légèrement abattu leurs arêtes sur les deux bords, de façon que la contre-étampe, toujours pour éviter les déchirures et les reprises, frappe principalement au milieu de son épaisseur ou de son profil sur le fer-blanc : de cette manière il y a moins de rapidité, et par conséquent moins de violence, mais plus de sécurité dans le travail.

Il est surtout nécessaire que le profil de la contre-étampe soit un peu plus grand, ou, ce qui est la même chose, que celui de l'étampe soit plus petit, et cela suivant le rapport de l'épaisseur du fer-blanc qu'on veut travailler, attendu qu'autrement celui-ci ne trouverait pas à se loger entre elles, et serait immédiatement percé et déchiré. Il en résulte naturellement, sous le rapport de la préparation de l'étampe, qu'il serait inutile de tremper l'une des pièces qui la composent, et de frapper ou imprimer par pression le dessin sur l'autre qu'on aurait portée à la température rouge afin de reproduire ce dessin en creux ou en relief. Une pareille marche suffirait tout au plus pour donner les linéaments du modèle. Mais comme ce modèle n'est jamais très-compliqué, on fera beaucoup mieux d'ajuster à la lime, par des applications successives, une des pièces sur l'autre. L'étampe et la contre-étampe ainsi profilées sont ensuite, comme on l'a dit, trempées à la couleur jaune paille; la queue ou soie, tant de la première que de la seconde, seront revenues ou soumises à un recuit, et enfin la surface du dessin sera nettoyée et polie avec soin.

CHAPITRE II.

DES PROCÉDÉS GÉNÉRAUX DE FABRICATION.

Maintenant que nous connaissons les instruments du ferblantier, nous allons décrire les opérations auxquelles il se livre pour confectionner en fer-blanc tous les ustensiles qu'on peut fabriquer en argent. Par la description des outils, nous connaissons déjà la série de ces opérations, auxquelles il faut ajouter la manière de *monter*, de *border* et d'*agrafer* l'ouvrage. Ce chapitre, rempli de tous les détails relatifs au travail, se terminera par une courte instruction sur les moyens de le diviser avec ordre, économie et célérité.

Manière de polir le fer-blanc. Dès qu'il a fait ses achats de fer-blanc, le fabricant en met les caisses à l'abri de toute humidité ; en même temps il distingue, par quelque marque apparente, le fer-blanc qui, moins avantageux, sera employé brut, c'est-à-dire tel qu'il arrive des manufactures. Le fer de meilleure qualité est destiné à recevoir le polissage qui lui donnera l'éclat de l'argent ; mais, pour l'ordinaire, on ne prépare ainsi le fer-blanc qu'après l'avoir tracé et découpé d'après les pièces que l'on veut faire. Ce retard a pour but de se dispenser de polir des morceaux qui, plus tard deviendront rognures, et de s'éviter l'embarras que fait sur les tas une feuille d'une certaine étendue : cependant, quand les pièces sont petites, comme les bandes propres à entourer certains filtres de cafetières, à former des anses de très-courts cylindres, il vaut mieux commencer par polir la feuille dans laquelle on les coupera toutes ensuite, en économisant la matière le plus qu'il se peut.

Pour polir le fer-blanc, l'ouvrier pose chaque feuille ou chaque pièce sur le *tas à dresser*; il l'y maintient ou le tourne de la main gauche, et de la main droite, armée du marteau à dresser, il frappe sur la pièce de fer-blanc, qui se polit parfaitement et prend l'éclat de l'argent ; il emploie souvent le maillet à cet effet. On ne peut fournir beaucoup de détails sur la manière de polir ; on sent qu'elle dépend de l'adresse de l'ouvrier à donner les coups de marteau d'aplomb, à ne point trop les multiplier, à éviter de produire des inégalités sur la surface du fer-blanc : quelque peu d'habitude fait bientôt complètement réussir.

Manière de tracer et de couper. Que le ferblantier trace et coupe la matière avant ou après le polissage, il s'y prend toujours comme il suit : il étend la feuille sur l'établi ou sur une table que rien n'embarrasse ; il applique sur cette feuille les calibres des pièces qu'il veut confectionner, après toutefois avoir tracé à la règle et au compas toutes les pièces qu'il peut mesurer ainsi. L'intérêt bien entendu de l'ouvrier est de ne point passer d'un calibre à un autre, parce qu'il perd le temps à les échanger et ne peut aussi bien économiser le fer-blanc. Par exemple, s'il a à faire un certain nombre de cafetières ordinaires, il commence par tracer au compas, sur la même feuille, tous les fonds, autant qu'elle en peut tenir : après cela, il place dans les rognures que laissent les intervalles entre les fonds les patrons des pièces, pour l'élargissement du bas de la cafetière, ou bien les bandes propres à faire le bord du couvercle, la charnière. etc. De cette manière il emploie jusqu'aux moindres morceaux. S'il reste des rognures, il fera bien de ne les point jeter indistinctement, mais de recueillir les plus grandes et de les serrer dans une boîte ou un tiroir qui portera le mot *Rognures* : alors, quand il aura besoin de tout petits morceaux, par exemple pour des vases de jouets d'enfants, des petits couvercles que l'on ouvre sur le couvercle des très-grandes cafetières, etc., il se servira de ces rognures : par ce moyen, il n'y aura absolument rien de perdu.

Il va de soi que je n'ai rien à dire sur la manière de couper le fer-blanc, tout le monde sachant comment on emploie des cisailles. Je me bornerai donc à recommander de suspendre celles-ci à la muraille, pour qu'elles ne soient point salies par le contact de divers objets ; de les maintenir bien coupantes à l'aide d'un corps gras ou d'un peu de savon sec.

Les pièces étant découpées et polies, il faut songer à leur donner les diverses préparations qu'elles réclament : par exemple, s'il s'agit d'un objet qui doive être cannelé, bordé, percé à l'emporte-pièce ou au poinçon, on fait toutes ces opérations avant de monter l'ouvrage. Pour le premier cas, on examine d'abord sur quelle partie de l'ouvrage doit porter la cannelure, car c'est tantôt transversalement, et sur le bord de l'ouverture, comme dans quelques cafetières, la plupart des boîtes, etc.; tantôt sur le bord inférieur, comme dans quelques lampes et flambeaux grossiers, tantôt longitudinalement et dans tous les sens, comme pour les moules à pâtisserie; au reste, rien n'est plus arbitraire et la nature de l'objet, le goût de l'ouvrier, déterminent ce genre d'ornements, que l'on obtient de la manière suivante :

Manière de canneler. On commence à tracer à la règle ou au compas, en se servant pour cela de la pointe ou du poinçon, les lignes le long desquelles on veut canneler ; on appuie ensuite la pièce de fer-blanc ainsi préparée sur un tas à canneler ; on prend l'un des marteaux à deux têtes planes que l'on juge le plus commode et le mieux assorti à la pièce, puis on frappe sur la partie appuyée sur le tas et par conséquent sur la ligne. La suite des coups fait prendre au fer-blanc l'empreinte du tas, et produit les cannelures ; les premiers coups donnés, on fait un peu reculer la pièce placée en face de soi, et l'on recommence à frapper, à reculer de la même façon jusqu'à ce que les cannelures soient achevées. Il va sans dire que la grandeur et la profondeur des dents des tas à canneler déterminent la force des cannelures, et qu'on doit choisir en conséquence les tas qui, pour cette raison, doivent avoir de trois à quatre sortes de dents.

Manière de replier et de border. Il n'y a pas d'ustensile, ni de partie d'ustensile, qui n'exige cette opération, puisque c'est par elle que l'on assemble toutes les pièces, au moyen d'un rebord. Supposons que nous ayons à faire un rebord à un fond de tasse. Nous commençons par tracer sur la feuille de fer-blanc un cercle de 5 millim. (2 lig.) de diamètre plus grand que ne doit être le vase : ces 5 millim. formeront le rebord. Pour l'opérer, nous prenons une bigorne qui porte sur son côté plat, ou à vive arête, dans sa largeur, plusieurs entailles un peu creuses ; nous appuyons le bord du fond sur l'une de ces entailles, de telle sorte que l'entaille soit immédiatement au-dessous du cercle qui marque les deux lignes excédantes ; ensuite, avec un marteau de bois, nous plions ce rebord tout autour à angle droit avec le fond. Nous faisons absolument la même chose pour border le fer-blanc dans toutes les parties qui ne doivent pas être soudées, comme toutes les ouvertures de vases, les gorges de boîtes, les bords de cafetières, qui, sans cette précaution, seraient tranchants et manqueraient de solidité. En ce cas, lorsque le repli est formé sur la bigorne, on introduit au-dessous un fil-de-fer cru, dont la grosseur est relative à celle du bord que l'on veut obtenir : sans déranger l'ouvrage, on rabat parfaitement le repli du fer-blanc de manière qu'il cache entièrement le fil-de-fer. A cet effet, on emploie le marteau plane, ou ceux qu'indiquent les figures 27

Ferblantier.   3

et 28. Le tas à soyer est d'un usage très-avantageux pour faire les replis et rebords.

Lorsqu'il s'agit ensuite de souder les deux bouts du contour d'une casserole, d'un col de bouteille, etc., on plie en rond la bande qui forme ce contour, et lorsque le cercle est ainsi disposé, on fait entrer le bout du fil-de-fer qu'on a laissé dépasser d'un côté (de 14 mill. (172 pouce) environ, ou de quelques lignes, suivant la longueur de l'objet à border), dans le tuyau que présente de l'autre côté le bord à l'extrémité duquel n'arrive pas le fil-de-fer, et on le fixe solidement là. Il est bon de limer un peu les deux extrémités du fil-de-fer, lorsque celui-ci est d'une certaine grosseur. Cette précaution empêche que le rebord ne présente au point de jonction une saillie désagréable. Ce bord se nomme *ourlet*.

Manière de monter l'ouvrage. Faire les replis, border, ajuster les pièces ensemble, toute cette suite d'opérations constitue l'action de monter l'ouvrage. On le monte de deux manières, 1° au *repli*, 2° en *agrafe*. Il ne nous reste que bien peu de chose à ajouter à ce que nous venons de dire pour indiquer la première manière de monter.

Le contour bordé, arrondi, et le fond convenablement replié, on place sur un tas plus ou moins large le fond, de telle sorte que la face au bord de laquelle est creusé le repli, soit posée sur le tas : on ajuste dans le sillon de ce repli le bord inférieur du contour, c'est-à-dire celui qui n'offre point d'ourlet. Cela fait, on tourne successivement sur le tas tous les points de cette jonction, et on les frappe à mesure avec le marteau *à réparer* ou *à planer*; on relève ainsi le bord du fond sur l'extrémité du contour, de manière à ce qu'ils fassent corps ensemble. Auparavant, on a réuni par le même procédé les deux bouts du contour.

Manière d'agrafer. Les vases qui ne doivent pas supporter la chaleur du feu se montent sans inconvénient de cette manière ; mais elle devient insuffisante quand les ustensiles sont destinés à supporter une très-haute température, qui les dessouderait en fondant l'étain, qui consolide toujours le *montage* des pièces, comme nous allons l'expliquer ci-après. Pour opposer à l'action du feu une résistance suffisante, il est nécessaire d'*agrafer* les vases, et le ferblantier le fait ainsi :

Au lieu de donner au cercle du fond 5 millim. (2 lig.) en sus du diamètre de l'ustensile, il met 9 mil. (4 lig.), et forme le repli:

d'autre part, il donne au contour ou bande des parois 2 millim. (1 ligne) de plus que sa hauteur ne l'exige, et rabat cette ligne de manière à former aussi un rebord. Il place ce contour au centre du cercle du fond, de sorte que ce fond déborde de 2 millim. (1 ligne) tout autour : alors il rabat cette partie qui déborde sur l'autre, et déjà les deux pièces se tiennent. Il termine par relever les deux pièces ensemble contre les bords du contour, et soude le tout avec soin.

Manière de souder. Quel que soit le montage de l'ouvrage, on soude toujours comme il va être dit : La soudure est formée de deux parties d'étain et une de plomb fondues ensemble et moulées en plaque dans une lingotière. L'ouvrier, ayant bien rapproché les pièces à souder, répand sur les jointures de la poix-résine pulvérisée, contenue dans le rochoir figure 35 ; il met préalablement chauffer le fer à souder, figure 34, dans la marmite à feu, ou dans un réchaud analogue, qui, par parenthèse, devra être construit de manière à ne pas entraîner une si grande déperdition de chaleur. Le fer étant chaud, on le frotte avec un morceau de feutre, afin de le nettoyer, puis l'ouvrier le passe sur de la résine, et se sert de cet instrument pour prendre un peu de soudure dans la lingotière. Il la porte tout de suite sur la raie ou dans la jointure des pièces qu'il applique l'une sur l'autre, aussi exactement qu'il lui est possible. Pour y réussir, il comprime l'objet à souder avec l'appuyoir, figure 36 (1). Pour prévenir la rouille, le ferblantier doit mettre soigneusement de la soudure sur toutes les coupures.

Manière d'emboutir. La confection d'une boîte carrée ne demande pas d'autre travail ; mais dès qu'il s'agit de donner au fer-blanc une forme ovoïde ou sphérique, ce qui arrive presque toujours, il faut emboutir avant de replier et de monter. Pour obtenir la figure cylindrique que l'on voit à toutes les cafetières, aux tasses, bouteilles, etc., on fait tourner la pièce sur une bigorne ronde, tandis qu'on frappe des-

---

(1) L'*Encyclopédie méthodique*, au mot ferblantier, donne une autre soudure, et indique un autre moyen de l'appliquer. Pour ne rien laisser à désirer, je vais transcrire textuellement ces procédés particuliers, et en faire l'objet d'une note ; on comparera.

« La soudure se compose d'étain, de plomb, de sel ammoniac et d'alun, le tout fondu avec de la résine et du suif. Pour souder les jointures, il faut seulement les mouiller avec un peu d'eau, puis y répandre aussi un peu de colophane en poudre : on prend ensuite, avec le fer à souder bien chaud, quelques gouttes de soudure, et on les fait tomber sur les jointures ; on repasse ensuite le fer à souder sur celles-ci. Pour faire pénétrer la soudure jusqu'à ce qu'il n'aperçoive aucun intervalle vide, l'ouvrier enlève le surplus de la colophane et de la soudure avec un morceau d'étoffe de laine. Cette soudure convient pour tous les ouvrages étamés. »

sus avec le maillet. Ce marteau de bois est préféré à cet effet au marteau de fer. On obtient aussi la figure demi-sphérique ou en demi-boule en employant le marteau, mais avec quelque différence, car les marteaux sont assortis au plus ou moins de concavité ou de convexité qu'exigent les pièces. On sait que le premier marteau de ce genre est le marteau à emboutir ; le second, le marteau à emboutir en boudin ; le troisième, le marteau à emboutir à tête de diamant.

Manière de percer. Il ne me reste plus qu'à dire comment s'y prend le ferblantier pour travailler à jour les ouvrages qui nécessitent cette disposition, comme les passoires, les filtres, etc., ou bien les râpes de toutes grosseurs. Il coupe la pièce à percer, il l'étend sur la plaque de plomb, figure 21, et, choisissant un emporte-pièce convenable, il l'appuie sur la pièce en le tenant de la main gauche, tandis que la main droite, armée d'un marteau à tête plane, frappe sur la tête également plane de l'emporte-pièce : le coup de marteau donné, le trou est fait : on enlève l'emporte-pièce, et on le replace selon le dessin qu'on veut exécuter et d'après les mesures que l'on a préalablement prises. Quand on perce sur des *fleurs*, c'est-à-dire sur les feuilles de fer-blanc battu les plus minces, que l'on nomme ainsi, on peut placer deux feuilles ensemble sur le plateau de plomb, parce que l'emporte-pièce les découpe à la fois. Il serait très-bon d'avoir des emporte-pièces doubles, triples, et même quadruples, parce que d'un seul coup on obtiendrait plusieurs ouvertures. Ordinairement, surtout pour les passoires, après avoir achevé les jours sur une surface, on plane l'autre avec le marteau à planer : cette manœuvre, qui rapetisse beaucoup les trous, est surtout employée pour les filtres de cafetière à préparer le café. La machine de M. Larivière dispense de ce travail.

On l'omet toujours quand on fait les râpes, parce que la bavure que laisse le poinçon doit subsister ; par conséquent, c'est la surface opposée à celle sur laquelle on appuie le poinçon qui fait l'extérieur de la râpe. Pour obtenir la régularité des trous, on commence par les tracer avec soin en quinconces non interrompues, ou bien, ce qui est beaucoup plus court et plus sûr, on prend une vieille râpe qui sert de modèle ; on l'appuie sur la pièce à percer, et on entre le poinçon dans chaque trou. Cette pièce, si l'on veut, devient modèle à son tour. Je conseille au ferblantier d'empiler autant qu'il pourra de pièces à râpes, tandis qu'il enfonce son poinçon. Sans doute il ne les percera pas toutes, mais il les marquera, ce qui simplifiera beaucoup son travail, en le dispensant de recourir au modèle. Ce conseil s'applique à tous les ouvrages à jour.

Manière de river. Cette opération est du ressort de l'art du chaudronnier; mais elle doit trouver place dans le *Manuel du Ferblantier*, puisque le ferblantier rive presque tous les manches de casseroles, les poignées de marmites, cuisinières, etc. Pour bien river, on perce les deux pièces l'une sur l'autre. Le chaudronnier se sert à cet effet d'un balancier, et agit ainsi avec beaucoup d'exactitude et de vitesse; mais si le ferblantier veut se dispenser d'avoir ce dernier appareil, il lui suffira d'employer un fort emporte-pièce. Comme l'action de river n'est pour lui qu'un accessoire, il le peut sans inconvénient. Le trou fait, on introduit dedans un clou plat en cuivre ou en fer, que l'on rive en dedans à coups de marteau, pendant qu'un ouvrier en-dehors tient fixement le *chasse-rivet*, c'est une sorte de marteau dont la tête est percée d'un trou peu profond : le clou entre dans ce trou, moins profond que la longueur du bout qui excède la plaque : il se refoule, et la rivure est parfaite.

On ne négligera point non plus de brosser les emporte-pièces avec une petite brosse rude, de les savonner de temps en temps à sec, et de les maintenir bien à l'abri de la rouille.

Division du travail. « Le principe suivant est reconnu comme » incontestable dans les arts industriels : *diviser le travail*, » c'est l'abréger; *multiplier les opérations*, c'est les simplifier; » *attacher exclusivement* un ouvrier *particulier à chacune* » *d'elles*, c'est obtenir à la fois vitesse et économie. » Ces paroles, que nous empruntons à M. Séb. Lenormant, peuvent s'appliquer à toutes les industries, mais spécialement au ferblantier.

Plus il peut donner ses ouvrages à bas prix, plus il augmente son débit et par conséquent ses bénéfices. Il aura un certain nombre d'ouvriers, il connaîtra leur force, il les paiera selon leur degré d'habileté, et le travail n'en souffrira point, parce que les occupations de chacun seront en rapport avec ce qu'il pourra faire. Par la description des procédés de fabrication, on a pu voir que la théorie est bien peu de chose, et que le succès dépend en grande partie de l'adresse et de l'habileté des ouvriers. Or, la division du travail est l'immanquable moyen d'assurer le succès et de l'accroître chaque jour. Nous savons aussi que l'art d'économiser la matière est, avec la célérité, l'aplomb des opérations, la véritable source du gain. D'après cela , si le chef d'atelier prend les moyens convenables pour profiter du moindre morceau de fer-blanc ; si, comme nous l'avons conseillé, il fait simultanément usage des instruments à mesurer et de patrons bien établis; si, continuellement occupé de ce soin, il ne fait que mesurer et couper ses pièces, pour les livrer ensuite aux ouvriers; s'il est à la fois éloigné de la routine, et de la prétention de *perfectionner* d'excellents ustensiles, en les rendant moins simples et plus coûteux , le maître ferblantier peut être certain que son industrie deviendra de jour en jour plus productive.

DEUXIEME PARTIE.

APPLICATIONS.

CHAPITRE PREMIER.

DES OUVRAGES EN FER-BLANC ENTRANT DANS LA CONSTRUCTION DES MAISONS, TRAVAIL DU ZINC.

Les détails qui composent cette seconde partie sont excessivement multipliés ; ils ont peu de rapports entre eux ; aussi leur classification est-elle à la fois indispensable et très-difficile à établir. L'ordre alphabétique eût tranché la difficulté ; mais il aurait eu le grave inconvénient de rapprocher des choses fort différentes, et surtout de faire passer la description des ustensiles composés avant celle des ustensiles simples. Nous avons donc cru devoir lui préférer une division relative aux usages des objets fabriqués en fer-blanc. Ainsi nous traiterons, dans *ce premier chapitre*, *des ouvrages en fer-blanc entrant dans la construction des maisons*. Dans le second, *des ustensiles de cuisine*, et le *travail du zinc*. Dans le troisième, des *cafetières*, depuis les plus simples jusqu'aux plus composées. Dans le quatrième chapitre, nous décrirons tous les *petits meubles* dus à l'art du ferblantier. Le cinquième concernera les *baignoires*. Le sixième, les instruments de *physique amusante*. Le septième et dernier chapitre comprendra l'*étamage* et le *travail de la tôle*.

Chéneaux. L'ouvrier, pour les faire, commence par couper une bande de fer-blanc dont la largeur est relative à la grosseur que doivent avoir les chéneaux. Afin de n'éprouver aucune perte, il doit choisir ses feuilles de fer-blanc d'une largeur telle qu'il puisse les diviser justement en deux ou trois morceaux. Quand il a coupé le nombre de pièces nécessaires à la longueur et à la quantité de chéneaux à préparer, le ferblantier leur donne la forme demi-cylindrique au moyen du maillet et de la bigorne ronde, comme nous l'avons vu précédemment : il les borde ensuite des deux côtés ; puis il soude ensemble deux des extrémités jusqu'à ce qu'il ait obtenu la longueur désirée.

L'un des bouts des chéneaux se forme avec un morceau de fer-blanc de grandeur convenable, en ajustant et en soudant ce morceau à l'ouverture du bout; l'autre extrémité se termine de deux manières : tantôt le tuyau ouvert que forment les chéneaux se recourbe, et, de la position horizontale qu'il a, prend une position verticale à la longueur de 33 centimètres (1 pied) environ. Cette position verticale de chéneaux se termine par un bec un peu évasé, afin que l'eau s'écoule mieux. Tantôt le tuyau demi-cylindrique des chéneaux ne change pas de situation; il demeure placé horizontalement, et son extrémité fort évasée représente une gueule d'animal, de dragon, etc. Au moyen d'emporte-pièces ayant le dessin voulu, du tas à canneler, et d'une cisaille bien tranchante, le ferblantier imite aisément ces diverses représentations. Cette seconde manière de préparer les chéneaux est moins avantageuse que la première, parce que l'eau lancée au loin, et vivement, inonde la place où elle tombe.

Tuyaux de conduite d'eau. Pour éviter autant que possible la répétition des soudures, l'ouvrier prend les feuilles de ferblanc les plus longues; il les coupe en morceaux, d'après les observations faites au commencement de la description des chéneaux; il donne à chaque pièce la forme cylindique, en frappant d'abord avec le maillet, puis ensuite avec un marteau plus petit, jusqu'à ce que les deux côtés se rapprochent et se rejoignent d'eux-mêmes. Préalablement il les a, non bordés, mais repliés, afin de les ajuster ensemble : ce repli doit être fait avant d'emboutir, ainsi que le repli *du bout*, parce qu'en le faisant après, on aurait beaucoup plus de peine. J'ai souligné le mot *bout*, afin d'indiquer qu'on ne replie qu'une des extrémités des pièces, puisqu'il suffit de former un bord à un seul bout pour le relever en angle droit avec l'autre bout. Il est inutile d'agrafer les parties d'un semblable ouvrage.

On soude longitudinalement toutes les pièces avant de les souder circulairement, c'est-à-dire de les réunir entre elles. Avant de les souder, le ferblantier prend bien ses mesures pour savoir s'il doit leur présenter des coudes, s'il doit les faire aboutir à cette espèce de large entonnoir destiné à recevoir les eaux d'un tuyau, et à les introduire dans un tuyau inférieur. Cet entonnoir, qui porte la dénomination de *plomb*, se fait très-souvent en fer-blanc. Comme sa préparation diffère très-peu de l'entonnoir ordinaire, nous renvoyons à la description de celui-ci.

Girouettes. Bien que la plupart des girouettes soient en fer, comme il y en a beaucoup en fer-blanc, je pense qu'il convient d'indiquer la manière de les confectionner. Le dessin en est très-variable : quel qu'il puisse être, il s'obtient par les moyens ordinaires ; c'est-à-dire qu'on emploie les emporte-pièces à représenter les figures à jour qu'on y désire ; qu'on emboutit certaines pièces qui les composent, et qui doivent être concaves ou convexes ; qu'enfin on peint et on vernit les girouettes par les moyens ordinaires.

Supposons que l'ouvrier doive fabriquer une girouette représentant une bannière, découpée comme le petit drapeau des lanciers, et qu'il y ait divers dessins à jour sur cette banderolle métallique. Il commence par prendre une feuille de fer-blanc légère, et d'une grandeur assortie à celle de la girouette ; il trace transversalement les dentelures qu'il découpe avec la cisaille ; il obtient les jours à l'emporte-pièce ; puis il forme un large bord roulé sur le côté opposé aux dentelures. Cet ourlet se pratique dans la longueur de la feuille découpée. On ne passe point un fil-de-fer dans ce repli, comme à l'ordinaire, mais une forte tige de fer, terminée par un ornement en fer-blanc, ou une boule quelconque qui puisse empêcher la bande de quitter la branche qui la soutient. Ce repli entoure librement la tige de fer, de telle sorte que la girouette tourne avec la plus grande facilité au moindre souffle du vent. L'autre extrémité de la branche métallique est fixée dans la partie du toit au-dessus de laquelle doit s'élever la girouette.

Vasistas. Cet appareil, destiné à combattre la fumée d'une cheminée ou bien à amener de l'air pur dans un appartement, se fabrique en fer-blanc pour l'ordinaire, et par conséquent est exécuté par le ferblantier. Il en est de même pour les mitres fumifuges, que l'on fait en tôle ; mais ces deux objets sont commandés au ferblantier par le poêlier-fumiste, qui dirige leur exécution. Afin de ne pas empiéter sur l'industrie de ce dernier, nous croyons devoir renvoyer au *Manuel du Poêlier-Fumiste* (1). Nous serons obligé de répéter souvent ces renvois, à raison de la multitude d'objets différents confiés à l'ouvrier en ferblanterie, car autrement nous ferions d'inconvenantes excursions dans presque tous les arts technologiques.

Tuyaux porte-voix pour les appartements. Ce titre, qui doit paraître un peu singulier aux lecteurs français, ne le sera

(1) De l'*Encyclopédie-Roret*.

nullement pour quiconque connaît les habitudes anglaises.
Au lieu de se servir de sonnettes pour appeler les domestiques, on fait usage, en Angleterre, d'un longs tuyaux en fer-
blanc, de 27 millimètres (1 pouce) de diamètre et d'une longueur convenable. Ces tuyaux, qui partent de l'endroit le
plus commode pour les maîtres, comme le coin d'une cheminée, d'une table, le chevet d'un lit, etc., traversent la muraille, et donnent dans la cuisine ou l'antichambre, à l'endroit où se tiennent ordinairement les domestiques. Ils se
ferment, à leurs extrémités, par de petites portes arrondies,
semblables à celles dont on se sert pour fermer les bouches
de chaleur d'un poêle. Quand le maître désire quelque chose,
il ouvre le tuyau, parle sans élever nullement la voix, qui
parvient très-distinctement au domestique, placé souvent à
d'assez grandes distances. Dans les cabinets des gens d'affaires,
ces tuyaux sont très-usités; ils vont du bureau de l'avoué, de
l'avocat, du négociant, etc., dans l'étude des clercs, des
commis, du secrétaire, et, selon que le patron ouvre ou ferme le
tuyau, il entend ou non ce qui se passe dans la pièce voisine.

La description de cette sorte de porte-voix suffit pour indiquer au ferblantier la manière de l'exécuter. Couper en bande
de largeur convenable du fer-blanc bien poli; choisir pour
cela les feuilles les plus grandes, afin de rendre les soudures
plus rares; ajuster les joints, sans jamais agrafer; border les
petites portes, et les faire tenir et mouvoir comme un couvercle
de cafetière (voyez plus bas) : tel est le travail que le ferblantier devra faire à cet égard. Nous croyons devoir terminer ce
chapitre par l'instruction suivante.

Manière de travailler le zinc.

Les ferblantiers de province sont très-souvent appelés à
travailler le zinc, et il serait fort avantageux à ceux de la
capitale de ne point ignorer la mise en œuvre de ce métal.
En beaucoup de cas, son usage est préférable à celui du fer-
blanc, notamment pour les tuyaux de descente d'eaux, destinés à conduire les eaux du toit ou des différents étages jusqu'au
rez-de-chaussée. Le fer-blanc est rempli de soudures de 40
en 40 centimètres (15 pouces en 15 pouces); il se rouille, dure
peu, et quand il est brisé, les morceaux n'ont aucune valeur.
Les tuyaux en zinc, au contraire, n'ont de soudures que tous
les 2m,50 à 3m,24 (8 ou 10 pieds), et, lorsqu'ils viennent à se
briser par vétusté ou par accident, les débris ne perdent pas

toute leur valeur, en prenant en échange du zinc neuf la-
miné. Le zinc, au reste, n'est pas plus cher que le fer-blanc.
D'après cela, nous croyons devoir enrichir ce Manuel d'une
instruction sur le travail du zinc (1).

On peut donner à ce métal plus ou moins de douceur, ou
le disposer plus ou moins à être travaillé sous le marteau, en
lui donnant un recuit sur un feu doux. On le fait chauffer à
une température de 90 degrés environ, qui est un peu supérieure à celle de l'eau bouillante, ou jusqu'à ce que le soufre
d'une allumette qu'on y applique puisse y prendre feu : alors
on le travaille facilement, et il est devenu facile à emboutir
et à rétreindre sous le marteau. Après ce recuit, on peut aussi
le laisser refroidir et le travailler à froid; il a acquis par là
plus de douceur, et, en cet état, il est propre à beaucoup
d'ouvrages de ferblanterie. Si l'ouvrier a besoin de le con-
tourner avec un pli double ou une vive arête, et s'il est obligé
de faire cela sur un toit, où il ne peut, comme dans son atelier, passer la feuille sur le fourneau, il a cependant, comme
tous les plombiers, un outil à souder et son réchaud : il suffit
alors qu'il échauffe avec son fer à souder la ligne du métal
sur laquelle il veut faire un pli, en frottant deux ou trois fois
le fer échauffé sur cette ligne, successivement sur une longueur
de 32 centim. (1 pied) environ, à mesure qu'il forme l'arête.
Quelques ouvriers ne manqueront pas d'ajouter qu'il est plus
aisé de tourner une feuille de plomb sur un toit. il est vrai
que ce métal est si mou, qu'à peine est-il nécessaire de se
servir quelquefois du marteau, la pression des mains étant
souvent suffisante; mais aussi l'ouvrage est d'autant plus sujet
à de fréquentes réparations.

Si l'on voulait travailler dans un atelier un tuyau de zinc,
on le ferait plus aisément en le traversant par une barre de
fer un peu chauffée. Toutefois les gros tuyaux d'un diamètre
au-dessus de 54 millimètres (2 pouces) se travaillent aisément à froid, si le zinc a été recuit à un feu doux.

Manière de souder le zinc. La soudure se fait à l'étain pur.
Il convient que l'ouvrier se serve d'un outil à souder en acier,

(1) Ce métal est si malléable et si propre à se réduire en feuilles minces, qu'on
l'emploie aujourd'hui à la couverture des toits au lieu du plomb, et qu'on en fait des
fils.
Pour l'employer aux vases de cuisine, il faudrait un étamage spécial et très-fort,
parce que l'action que ce métal éprouve, même à froid, de la part de tous les liquides,
le rend dangereux. En 1813, le ministre de l'intérieur défendit de se servir de zinc
pour aucune mesure de capacité.

pareil à celui que les ferblantiers ont en cuivre. Quand la soudure est bien faite, elle a une adhérence plus forte que celle du métal même.

Pour l'opérer solidement, il faut commencer par nettoyer les deux places qui doivent être soudées l'une sur l'autre; les gratter avec un racloir, et les découvrir à blanc de telle sorte que la surface soit métallique, brillante, et qu'elle ne présente aucune crasse ni aucune partie étrangère : on étame ensuite les deux parties avec de l'étain pur : dans cet état, on les rapproche l'une de l'autre, et avec une plume faisant office de pinceau, ou bien un petit pinceau même, on étend sur le joint une goutte du fondant dont nous allons indiquer la composition. On prend ensuite l'outil à souder, qu'on a fait chauffer sur le réchaud; on le passe sur le joint une ou deux fois; la soudure coule, les deux parties étamées s'unissent entre elles avec une force telle que souvent on fait des efforts inutiles pour séparer les pièces à l'endroit de la soudure : le métal se rompt plutôt à côté.

Voici la composition propre à faire couler la soudure : on fait dissoudre dans de l'eau du sel ammoniac et de la poix-résine ou colophane dans l'huile; on mêle ensemble ces deux dissolutions, et l'on se sert de ce mélange comme fondant.

CHAPITRE II.

DES USTENSILES DE CUISINE.

Casseroles. Le ferblantier doit d'abord considérer le nombre de casseroles qu'il doit faire, afin de les tracer et couper dans toutes leurs parties, suivant les conseils que nous lui avons donnés dans le chapitre premier de la première partie. A mesure qu'il taille les fonds, il les empile ensemble, en les triant toutefois d'après leur dimension et l'espèce de fer-blanc qu'il emploie; car, pour les casseroles petites, communes, non agrafées, et qui doivent se vendre à très-bas prix, on se sert de fer-blanc léger, et le plus souvent brut. On empile de la même manière les parois ou contours. A mesure qu'ils sont bordés, on en fait une nouvelle pile, comme aussi à mesure qu'ils reçoivent la forme cylindrique sous le marteau de l'emboutisseur.

Les pièces destinées à être agrafées sont empilées à part pour recevoir leurs préparations spéciales, après chacune desquelles on les empile de nouveau. Cet ordre active beaucoup l'opération de monter l'ouvrage, ce que l'on fait d'après les indications données dans la *première partie*.

Quand la casserole doit être soignée, il faut, après avoir relevé le bord du fond sur le bord du contour, limer la vive arête un peu saillante que forme le premier, surtout si le fer-blanc est fort. Cette observation s'applique, au reste, à tous les ouvrages travaillés avec soin. Lorsqu'on veut que la casserole s'élargisse à la base, ce qui est rare, on met au contour un gousset, comme nous l'expliquerons en parlant des cafetières. Presque toujours, à la distance de 81 à 108 millimètres (3 à 4 pouces) d'un bout du contour, on donne à la casserole un bec ou goulot une fois plus large à la base qu'au sommet qui se trouve sur l'ourlet. On emboutit cette partie pour obtenir ce bec.

On prend un fond convenablement préparé, puis un contour auquel il ne manque plus que d'être soudé. On a soin d'y enfoncer un gros poinçon, à chaque bout, à la distance de 14 millimètres (6 lignes) de l'ourlet, et de 9 millimètres (4 lignes) environ des bouts destinés à la jointure. Les deux trous que l'on obtient ainsi sont destinés à porter les clous qui servent à maintenir le manche. Avant de souder les deux bouts l'un sur l'autre, on s'assure bien que le cercle qu'il décrit entre juste dans le bord qu'on a élevé sur le fond. On rejoint les deux bouts du fil-de-fer de la bordure, puis on soude à l'étain les deux bouts du contour : on fait entrer juste le cercle dans le bord du fond, et on le soude également. On songe ensuite à river le manche, s'il est en fer, et à l'introduire, s'il est en bois, dans un petit tuyau préparé à cet effet. Comme ce dernier manche est spécialement usité pour les cafetières, nous renvoyons sa description au commencement du chapitre III. Le manche de fer s'élargit toujours à la base, et porte deux trous. (Voyez *fig.* 49, *Pl.* I : *a* est la base, *b* le manche.) Le milieu de *a* se place toujours sur la jointure de la casserole, de manière que la naissance de *b* se trouve au bord du vase, auquel il est très-fortement fixé.

Les petites casseroles élégantes en fer-blanc poli, et ayant un manche tourné en bois noirci et ciré à l'encaustique, sont ordinairement un peu resserrées par le bas : cette disposition s'obtient en taillant légèrement en diagonale les deux bouts du cercle des parois de la casserole. Il est rare qu'on leur donne un couvercle, car c'est, à proprement parler, une tasse de fer-blanc à manche.

Ferblantier.

. *Couvercle.* Ils ne sont point dépendants des casseroles, car il arrive souvent qu'on achète ces vases sans couvercles, et souvent aussi les couvercles seuls, pour les faire servir à couvrir des casseroles de terre ou de cuivre ; comme ils sont légers, peu coûteux, et qu'ils ne craignent pas la casse, on les emploie de préférence à tout autre dans beaucoup de maisons. Le ferblantier, ayant égard à cet usage, en préparera de toutes les dimensions. Il en fera de trois sortes : 1° à manche de fer, disposé comme le manche de la casserole, sur lequel il s'appuie lorsqu'il est de service ; sa base est également élargie, mais moins haute : elle porte aussi deux trous pour recevoir les deux clous qui entreront dans le couvercle ; 2° avec une poignée placée au centre, comme le bouton des couvercles de soupière ; 3° disposés comme il a été dit premièrement, mais portant au centre une ouverture circulaire de 27 à 40 millimètres (1 pouce à 1 pouce 1/2) de circonférence. Cette ouverture se ferme à volonté au moyen d'un petit couvercle de mêmes forme et grandeur, qui se meut sur une charnière. Le but de ce petit appareil est de voir, sans découvrir la casserole, quel est le degré de la température ou de l'ébullition de ce qu'elle contient. Ce dernier couvercle, moins usité que les deux autres, a pourtant beaucoup de commodité.

. Le ferblantier taille ses couvercles comme des fonds de casserole ; il les borde, mais plus largement, car souvent le rebord a de 6 à 10 millimètres (3 à 5 lignes) : il est plus plat que les ourlets ordinaires, et souvent, au lieu d'un fil-de-fer, on introduit dans le repli une bandelette de fer-blanc ou de tôle, exactement pliée en deux et bien aplatie au marteau. Il va sans dire qu'elle doit être entièrement cachée par le rebord du couvercle, que l'on plane sur elle complètement et circulairement. Le ferblantier ne manque pas de faire deux trous près du bord, afin qu'ils correspondent à ceux du manche : celui-ci se place toujours sur la surface extérieure du couvercle ; il se termine par une large boucle, pour suspendre l'ustensile à un clou. Il en est de même pour le manche des casseroles. Si l'ouvrier veut faire un couvercle bien soigné, il pratique des cannelures circulaires immédiatement après le rebord, ou bien il replie circulairement le couvercle, tout près du bord, puis introduisant un fil-de-fer dans ce repli, pratique ainsi une côte saillante, qu'il répète aussi plusieurs fois. Mais cet embellissement n'a lieu que pour les objets très-

soignés, comme le couvercle de la casserole placée sur la ca-
fetière-Lemare, etc., et généralement pour les vases de fer-
blanc que l'on met sur la table, aux repas.

Le plus communément, les couvercles sont plats; néanmoins, il serait utile que souvent ils fussent bombés. La cuisson de grosses pièces de viande ou de masses de légumes s'élevant au-dessus du niveau de la casserole, nécessite un couvercle concave, et, faute d'en avoir, on laisse les casseroles
découvertes, au grand préjudice des substances. Le ferblantier qui aurait le bon esprit de faire des couvercles dans le
genre de ceux à tourtières, mais plus légers, serait assuré
d'en trouver un grand débit. Pour y réussir, il lui suffirait
d'emboutir sur une grosse bigorne les couvercles ordinaires,
auxquels il donnerait un peu plus de dimension, à raison de
la hauteur. Lorsqu'il voudrait confectionner de grands couvercles en ce genre, il commencerait par tailler une bande
de 27 millimètres (1 pouce) environ de hauteur, et d'une largeur assortie à la circonférence de la casserole sur laquelle
le couvercle devrait s'emboîter. Cette bande, destinée à faire
les parois ou le support du couvercle, serait bordée sur son
bord inférieur, et soudée au bord supérieur avec le bord du
couvercle. Suivant le principe indiqué précédemment, il
faudrait en ajuster et coller les deux bouts, avant de souder
circulairement cette bande au couvercle. Celui-ci serait préalablement embouti, de manière à présenter à l'intérieur une
surface concave. La poignée sera placée au centre, et sur le
sommet du couvercle. Ce serait une bandelette de fer-blanc,
bordée sur les deux bords, roulée à chaque bout, large d'à
peu près 13 millimètres (1/2 pouce), et assez longue pour
qu'étant fixée sur le couvercle, de manière à présenter une
petite arcade, on pût y passer facilement les doigts. La
figure 49, en D, indique cette poignée, que l'on peut remplacer par une forte virole en bois noirci. Dans ce dernier
cas, le couvercle bombé est un très-grand couvercle de cafetière.

Au lieu d'avoir une forme demi-sphérique, les couvercles
bombés peuvent être emboutis de telle sorte qu'à la hauteur
du bord de 13 à 18 millimètres (6 à 8 lignes) $a\,a$, ils offrent
une bandelette verticale légèrement inclinée $b\,b$, marquée
par une vive arête $c\,c$, au-dessus de laquelle s'élève le couvercle à peine bombé, et quelquefois plat d. La figure 50
montre cette disposition, dont nous traiterons encore au cha-

pitre des cafetières. Ce couvercle peut, à volonté, recevoir un manche ou une poignée.

Il n'est pas nécessaire que le fer-blanc employé à préparer les couvercles soit bien épais; mais il importe beaucoup que les parties en soient agrafées, lorsqu'il y a lieu.

Couvercles pour traiteurs. Pour porter à leurs pratiques les plats tout préparés, les traiteurs se servent de couvercles qui sont, à proprement parler, une casserole renversée et sans manche : aussi ce couvercle se fait-il comme une casserole, si ce n'est que le cercle de fer-blanc qui forme le dessus est légèrement bombé, afin de ne point toucher le sommet des pièces. Comme ce couvercle n'est jamais exposé à une forte chaleur; il est inutile de l'agrafer. Il porte souvent au centre du dessus une plaque circulaire, en fer-blanc léger, cannelée sur toute sa surface et dentelée sur les bords, de manière à imiter une rosace de 27 à 40 millimètres (1 pouce à 1 pouce 1/2) de circonférence. Cet embellissement se fixe avec la soudure; il ne se rencontre pas toujours. Il n'en est pas de même pour une boucle en fer, semblable à une grande boucle de rideau, que l'on place au bord du contour, et, pour l'ordinaire, à la jointure de cette partie. On place cette boucle de deux manières : tantôt on perce le bord avec un poinçon, de façon à ouvrir le bout de la paroi; on introduit la boucle dans cette ouverture, que l'on ferme en soudant les deux bouts du contour; tantôt, et plus souvent, on fait embrasser un point de la boucle, par une petite languette de fer-blanc bordée, dont on réunit ensemble les deux extrémités, que l'on soude au bord du contour. Cette boucle sert à la fois à saisir et à suspendre le couvercle. On doit employer pour faire cet ustensile, du fer-blanc bien poli, et limer convenablement les jointures.

Cuisinières. Cet instrument, qui remplace si avantageusement les rôtissoires, est un peu plus compliqué que les ustensiles précédents, mais il n'est point pour cela d'une exécution bien difficile. On le fait de toute dimension ; mais, pour mettre plus de clarté dans notre description, nous allons indiquer la grandeur moyenne : le ferblantier n'aura ensuite qu'à diminuer ou augmenter nos mesures pour faire cet instrument sur une moindre ou plus grande échelle. La cuisinière se compose de trois parties principales (voyez *fig.* 51 et 52, *Pl.* 1) : 1° le bas ou derrière *ce*, portant de longues anses étroites, ou pieds *ff* ; 2° le milieu où se trouve la porte *g* ; 3° le de-

vant pp. Pour faire le bas ee, l'ouvrier prend une feuille de
fer-blanc épais, long de 40 centimètres (15 pouces) et bien
battu. Il donne un très-fort ourlet à l'un des bouts, qui sera
l'extrémité inférieure, et un ourlet beaucoup plus petit à l'extrémité supérieure, qui recevra la porte gg. Cet ourlet ne se
fait pas dans toute la longueur de la feuille, car, à partir de
chaque bord, on laisse l'intervalle de 54 millimètres (2 pouces)
non bordé, cette partie devant être soudée à la bande des parois uu, placées à droite et à gauche de la porte. A la distance
de 27 mill. (1 pouce) du point où commence ce petit ourlet à
droite, le ferblantier fait un trou avec un poinçon de moyenne
grosseur, et répète ce trou à la distance d'environ 81 millimètres (3 pouces) et sur la même ligne. Il répète la même
chose de l'autre côté, à gauche : cette mesure a pour but de
préparer la place que doivent occuper les pieds repliés ff. Il
perce encore de chaque côté un trou semblable, à quelques
lignes du petit ourlet, et à 41 millimètres (1 pouce 1/2) du point
où il commence : ces deux autres trous recevront les clous des
charnières zz. Cela fait, l'ouvrier marque le bord de 2 mill.
(une ligne) pour agrafer les deux bords de la partie ee, puis
il lui donne au maillet la forme cylindrique. Après cela, il
taille les deux bandes des parois uu à la hauteur d'environ
54 millimètres (2 pouces); et d'une longueur de 24 centimètres (9 pouces) environ. Il les ourle ensuite sur un des bords,
de manière à faire rentrer complètement l'ourlet à l'intérieur,
afin qu'on ne l'aperçoive pas sur la surface extérieure des
parois; l'autre bord reçoit le repli nécessaire pour agrafer,
et ce repli est rentrant vers la face extérieure. Pour terminer
ces parois uu, on leur donne légèrement la forme cylindrique
sur la face intérieure; mais, auparavant, on perce un trou à
quelques lignes de l'un des bouts, et à une distance égale de
chaque bord de la bande. Pour ne point se tromper sur le
bout qui doit être percé, il faut appuyer les parois $u\,u$ sur la
partie non ourlée de ee, qui doit, comme nous l'avons vu,
être soudée à ce bout de $u\,u$: dans cette position, les deux
bords garnis d'ourlets rentrants doivent être vis-à-vis l'un de
l'autre.

L'ouvrier va maintenant s'occuper de faire le devant pp;
cette partie a une longueur égale à celle de ee, et sa largeur
est d'au moins 95 millimètres (3 pouces 1/2). L'un des bouts,
que nous nommerons bout intérieur, reste non ourlé, à partir
de la ligne ponctuée; la partie tranchante qui en résulte a

54 millimèt. (2 pouces), comme la partie non ourlée de *e e*, ce qui est égal à la hauteur des parois qui se joindront à l'une et l'autre partie. L'intervalle compris entre la ligne reçoit un ourlet rentrant de la même manière, et sur la même face que *u u* : ce que l'on rabat de la bande *p p* pour faire cet ourlet rentrant, la rend plus large vers la ligne. Le bout extérieur de *p p*, qui est le bord de la cuisinière, est garni d'un fort ourlet de 14 à 18 millimètres (6 à 8 lignes) de diamètre. De chaque côté du bord, à la hauteur de 54 millimèt. (2 pouces), il ne faut presque pas battre l'ourlet, parce qu'à ce point on introduira l'extrémité des poignées *i i*. La bande *p p* ne doit point être emboutie au milieu, et sur le bord du bout intérieur on y pratique deux trous à 23 millimètres (10 lignes) de distance l'un de l'autre : ces trous recevront la partie saillante de la fermeture *k*.

Occupons-nous maintenant de la porte *g g* : sa longueur est d'environ 30 centimètres (11 pouces), et sa largeur de 24 centimètres (9 pouces) : à raison des ourlets saillants qui la bordent tout autour, elle porte sur la face extérieure la figure *h*, que l'on obtient en appuyant à l'intérieur le dessin qui la représente, en le retraçant au poinçon, en cannelant sur cette trace, et enfin en emboutissant légèrement avec le marteau à tête de diamant. Les ourlets saillants de la porte sont d'une grosseur égale aux ourlets rentrants de l'ouverture qui la reçoit, ouverture formée par toutes les parties que nous venons de décrire ; *g g* reçoit à l'extérieur une assez forte convexité. L'ouvrier taille après cela une bandelette de fer-blanc, large de 30 millimètres (1 pouce et quelques lignes), et longue de 54 centimètres (1 pied 8 pouces) environ. Cette bande, ourlée sur les deux bords, et divisée en deux parties, fera les pieds repliés *f f* ; les ourlets doivent être rentrants ; une bande semblable, mais longue de 27 centimètres (10 pouces) seulement, servira à faire les poignées *i i*. Voilà tous les morceaux nécessaires au dessus et au derrière de la cuisinière. Voyons maintenant les côtés *v' v*, figure 52.

L'un, côté à gauche *v'*, en regardant l'intérieur de la machine, est une pièce demi-circulaire, un peu allongée par le haut. Au centre, elle porte un trou propre à passer le doigt, trou entouré d'un bourrelet formé par une rondelle surnuméraire de fer-blanc que l'on soude autour. Ce trou ou anneau *o* est ouvert du côté où la forme circulaire de *v'* est tronquée par un sillon longitudinal ou canal *a* qui se termine

à l'ourlet de la partie tronquée; les deux bords de *n* sont ourlés également. Autour du bourrelet, à la distance de 13 à
15 millimètres (6 à 7 lignes), est un cercle de dix trous *y*
percés à égale distance de 54 millimètres (1 pouce) environ
et seulement interrompu par le canal *n*; ces trous ont pour but
le changement de position de la broche, dont la tête est introduite dans *o*. Le côte de droite *v* a la même forme que *v*';
mais l'anneau qu'il porte au centre *m* n'a d'autre entourage
que son bourrelet; il sert à porter la pointe de la broche. Au
bas de *v*' et au-dessous de *m*, est un bec haut de 54 millimèt.
(2 pouces), élargi à sa base et resserré à son extrémité : le tuyau
qui forme ce bec a près de 68 millimètres (2 pouces 1/2) à la
base, et seulement 30 millimètres (un pouce et quelques lig.)
à son ouverture. Il sert à verser le jus que le rôti a répandu
dans l'intérieur de la cuisinière. A l'exception de la partie tronquée de *v*' et *v* qui est ourlée, tous les bords reçoivent seulement un repli pour agrafer.

Les parties ainsi préprées, le ferblantier songe à monter:
d'abord il a laissé, de 54 millimètres (2 pouces) environ par
le bas, le fil-de-fer dépasser l'ourlet de *v*' et de *v* : la moitié de
ce fil-de-fer, et la plus voisine de *v*, reçoit une bandelette de
fer-blanc, qui, roulée autour d'elle, sert d'ourlet : le reste est
nu, et forme les pieds de devant de la cuisinière *ss*. Dans l'espace compris entre ces deux pieds, et par conséquent tout le
long du fort ourlet de *ee* (*fig.* 51), est une bande de tôle *r*
(*fig.* 52), dont la hauteur égale 54 millimètres (2 pouces) à raison des ourlets rentrants qu'elle porte sur ses deux bords, et
la longueur égale à celle de *ee* : cette bande, placée verticalement, est attachée après le faux ourlet de *ss*, au moyen d'un
fil-de-fer tournant en spirale autour de cet ourlet, et passant
dans des trous qui se trouvent aux deux bouts de la plaque de
tôle. Les extrémités opposées de *ss* forment deux boucles
propres à passer le bout du petit doigt. Ces boucles *tt* servent à accrocher la cuisinière au cadre de la batterie de cuisine.

Les côtés *v*' *v* maintenus verticalement par les pieds *ss*, on
y ajuste 1° le devant *pp*; puis les parois *uu* (*fig.* 51); puis
le derrière *ee* : on agrafe, on soude fortement toutes ces parties; cela fait, on place les poignées *ii* et les pieds repliés *ff*,
afin de pouvoir soulever et poser aisément la cuisinière sans
la gâter. Les premières forment une arcade carrée, dont un
bout tient dans l'ourlet extérieur de *pp*, et l'autre bout, s'ap-

puyant d'environ 14 millimètres (6 lignes) sur la ligne ponctuée, est rivé au moyen d'un clou que l'on aplatit bien en
dessus et en dessous. Quant à ff, placés sur la partie supérieure du derrière ee, ils décrivent une arcade pointue, si
l'on peut s'exprimer ainsi. C'est une sorte d'anse, penchée
du côté de la porte et en droite ligne de l'autre côté. Les
deux extrémités en sont rivées, comme la seconde extrémité
de ii.

Il ne nous reste plus qu'à parler des charnières de la porte
zz, et de la fermeture hk'. Pour faire les premières, on prend
une bandelette de fer-blanc mince, d'une largeur de 18 millimètres (8 lignes) et d'une longueur de 30 millimètres
(1 pouce et quelques lig.); on la coupe en pointe ou en double
diagonale par un bout, et l'autre se roule en manière d'ourlet sur le fil-de-fer de l'ourlet longitudinal de la porte, qui
doit se trouver à nu. Cette partie nue est d'une largeur égale
à celle de z, et située à 40 millimètres (1 pouce 1/2) à peu
près du bout de la porte. En faisant le premier ourlet de
celle-ci, le ferblantier a retranché le rebord à ce point aux
deux bouts de la porte. Le bout appointé de zz se rive et se
soude fortement sur la partie correspondante et supérieure
de ee. Quant à la fermeture k, on prend une bandelette de
fer-blanc, large d'environ 13 millimètres (6 lignes), et longue
de moins de 81 millimètres (3 pouces); on la redouble en
rabattant les extrémités l'une sur l'autre ; on bat bien, puis
on écarte et on redresse horizontalement ces extrémités en réservant un repli vertical haut de 13 millimètres (6 lignes):
alors on applique la bande de telle sorte que le repli s'élève
entre les deux trous de k, auxquels correspondent les trous de
la bande que l'on rive par deux clous. Quant à k' qui tient
au-devant de la porte, c'est une bande large de 18 millimètres (8 lignes) et longue de 66 millimètres (2 pouces 1/2):
une moitié est roulée en spirale, l'autre reçoit à l'emporte-
pièce un trou semblable à une boutonnière, pour entrer dans
le repli de k, et son extrémité est roulée sur le second ourlet de la porte : le ferblantier avait eu soin de laisser à ce
point le fil-de-fer à nu. On termine la cuisinière en plaçant
aux quatre angles de l'ouverture (voyez qq, fig. 52) quatre
morceaux de fer-blanc égaux qui arrondissent les angles. Ces
morceaux sont ordinairement les rognures d'un morceau carré
dans lequel on a taillé un cercle. Il sont soudés de deux côtés, et pourvus sur le troisième d'un ourlet rentrant.

Les cuisinières à *coquilles* se font de même, si ce n'est qu'on
met encore plus de solidité à leur confection. Le ferblantier
achète les broches en fer et les coquilles en fonte qui sont
nécessaires à l'assortiment des *cuisinières*.

La figure 54, *Pl.* I, indique, par une coupe verticale, la
forme du caléfacteur ; *a b c d* montre un vase cylindrique en
fer-blanc, soudé à un autre vase cylindrique semblable qu'il
enveloppe de tous côtés. Cette sorte de vase double est ouvert à
sa partie supérieure, et le double disque qui forme son fond
est percé d'un trou *h* qui sert à la communication de l'intérieur
du petit cylindre avec l'air extérieur. Un registre permet de
supprimer à volonté cette communication. La capacité comprise entre ces deux enveloppes n'a que trois petites ouvertures : l'une, à la partie supérieure *k*, destinée à verser l'eau
dans la double enveloppe ; la seconde *z*, que la première peut
suppléer, puisqu'elle est destinée seulement à conduire la vapeur au dehors, à l'aide d'un tube recourbé *l m*, et la troisième *e* pour l'évacuation de l'eau.

Un vase cylindrique *i* entre dans le vase indiqué ci-dessus ;
il lui est concentrique, laisse seulement 5 millimètres (2 lig.)
d'intervalle, et, s'appuyant par ses bords supérieurs sur les
bords de l'autre, il ne descend que jusqu'à une certaine profondeur. On donne à ce vase intérieur le nom de *marmite*. Le
reste de l'espace libre contient un disque troué, en tôle, *c g*,
dont les bords relevés arrivent très-près de la paroi intérieure
du grand vase. Ce disque, que l'on distingue par le titre de
foyer, est maintenu à 14 millimètres (6 lignes) du fond par ses
trois pieds qui posent sur le fond même. Un troisième vase
p, également cylindrique, fermé par un couvercle à recouvrement, entre d'une petite partie de sa hauteur dans le second vase, et le couvre hermétiquement. On enlève le tout
au moyen d'une anse *a f d* ; puis enfin un tissu ouaté *r s t u*
enveloppe à volonté tout cet appareil.

D'après cette description, le ferblantier jugera quels sont
les travaux qu'exige le caléfacteur, et il appliquera facilement à sa construction les procédés de son industrie. Notre
tâche à cet égard semble donc achevée ; cependant il nous
reste beaucoup à faire, car le ferblantier doit pouvoir rendre
compte aux acheteurs du jeu et des avantages du caléfacteur.
Il doit en outre connaître tous les perfectionnements dont cet
ingénieux instrument est susceptible.

L'ouvrier, par exemple, décrira la manière de préparer le

bouillon dans cet ustensile ; on remplit, dira-t-il, le vase extérieur d'eau froide, et la marmite, ou vase intérieur, de
viande et d'eau ; puis on allume des morceaux de charbon sur
le foyer cg, figure 54 ; quand on descend la marmite dans
son enveloppe, elle doit d'abord être placée de telle sorte
que ses bords ne s'appliquent pas exactement sur ceux du
grand vase, et pour cela il suffit qu'elle soit placée de manière que trois petites saillies, ménagées sous le rebord, ne
correspondent pas aux trois entailles du bord de l'enveloppe.
Le passage qui reste suffit pour le dégagement des gaz produits par la combustion. On laisse le tout en cet état jusqu'à
ce qu'un petit jet de vapeur que l'on aperçoit à l'extrémité
m du tube lm annonce que l'ébullition s'établit dans l'enveloppe, puis dans la marmite. Ce signe se montre ordinairement au bout d'environ 40 minutes. Alors on découvre la
marmite, on écume, on ajoute le sel, les légumes ; puis on
fait porter les bords des vases intérieur et extérieur l'un sur
l'autre, en tournant les saillies de la marmite, en sorte
qu'elles correspondent aux entailles du bord de l'enveloppe ;
parce qu'alors il s'agit de fermer hermétiquement ; on replace le vase supérieur p, dont l'eau a déjà été chauffée par
la première ébullition ; on pousse le registre dh : tout accès de l'air est alors interrompu ; on couvre le tout avec l'enveloppe ouatée, et la combustion s'arrête en diminuant peu
à peu. Il n'y a plus à s'en occuper jusqu'à la fin de l'opération, qui a lieu au plus au bout de 6 heures. Alors le bouillon est fait, la viande et les légumes sont parfaitement cuits,
et l'on a de plus une assez grande quantité d'eau chaude
dans les vases extérieurs.

Les avantages du caléfacteur sont faciles à saisir.

La double enveloppe du grand vase $abcd$, le vase intérieur i,
et enfin le vase-couvercle p étant remplis d'eau, et la capacité de l'eau pour la chaleur étant très-grande, en échauffant
cette masse, on a une provision de chaleur assez considérable.
En outre, à l'aide de l'enveloppe ouatée, on évite la plus
grande partie de la déperdition de la chaleur par les parois
extérieures des vases ; par conséquent la température acquise
par cet appareil se maintient longtemps. Le charbon brûlant
au milieu des surfaces propres à absorber puissamment toute
la chaleur, il faut infiniment peu de combustible.

Le bouillon qu'on obtient avec le caléfacteur est d'une qualité supérieure, parce qu'il ne bout qu'à peine, l'appareil

conservant, pendant tout le temps nécessaire, la température près du degré de l'ébullition. La viande et les légumes sont toujours cuits *à propos* ; ils peuvent, ainsi que le bouillon, se conserver suffisamment chauds, pendant plusieurs heures, après leur préparation. Pendant l'été, on n'est point incommodé par la chaleur du foyer ou d'un fourneau, car l'on peut mettre le caléfacteur dans un endroit reculé, un cabinet, une cour même. Cela indique que le pot-au-feu se fait presque sans aucun soin ; en effet, il suffit d'écumer, puis on peut entièrement abandonner le caléfacteur à lui-même, avantage qu'apprécieront les malades, les ouvriers, les petits commerçants, et généralement toutes les personnes de la classe peu aisée.

Le premier perfectionnement que peut recevoir le caléfacteur est dû à une observation de M. Thénard. Ce savant, qui se sert habituellement de l'appareil Lemare, a remarqué qu'en opérant suivant la manière précédemment indiquée, il fallait, vers les deux tiers de l'opération, ranimer les charbons, et, pour cela, laisser un peu d'accès à l'air et d'issue au gaz ; en sorte que l'ébullition se manifestait de nouveau, et à l'instant pousser le registre ; que, si l'on voulait s'épargner ce soin, il fallait, après avoir écumé, laisser, pendant tout le cours de la coction, un passage de quelques millimètres (lignes) entre l'extrémité du registre et le trou circulaire, et que l'on pourrait encore se dispenser de mesurer cette distance en perçant quelques très-petits trous au bout du registre.

Le caléfacteur *pot-au-feu* peut servir, tel que nous venons de le décrire, à cuire les légumes, les daubes, à préparer les crêmes, les œufs au lait, etc, etc. On peut encore, dans le même appareil, préparer ou tenir chauds à la fois quatre mets différents ; il suffit de le diviser en quatre, par deux lames verticales de fer-blanc qui se croisent, et sont convenablement soudées.

Caléfacteur-rôtissoir. Veut-on transformer l'appareil en un caléfacteur-rôtissoir ; on substitue aux vases *i p* de la figure 54 les pièces indiquées par la figure 54 *bis*. On pose le morceau à rôtir sur le plat en tôle battue *l'* : ce plat est supporté dans l'appareil, à une distance de 81 millimètres (3 pouces) du foyer *eg*, à l'aide des anses à tiges *e' e'.*

Le vase *p'*, 55 *ter*, dans lequel passent les poignées des anses *e' e'* au moyen des entailles *h*, est pourvu d'un fond et d'un tuyau vertical destiné au passage des gaz de la combustion. Ce vase sert à plusieurs usages, comme le vase *p* de la figure 54 : on le divise également par des compartiments, si l'on veut y préparer plusieurs mets ensemble.

Disposé de cette manière, le caléfacteur réverbère assez la chaleur pour rôtir les morceaux placés sur le plat *l'*. Lorsque la viande est cuite à point, on ferme le registre *h* et le petit obturateur ; le charbon s'éteint alors complètement, et néanmoins le rôti se conserve assez chaud pour être servi une ou deux heures après.

M. Lemare destinait son instrument à la production de la vapeur ; mais, pour l'appliquer à cet usage, il y a quelques dispositions particulières à indiquer. Quel que soit l'emploi que l'on fasse du caléfacteur, il arrive souvent qu'il sort de la double enveloppe une certaine quantité de vapeur : on peut facilement accroître cette quantité en laissant une légère ouverture au registre *h*; et tirer parti de cet excès de vapeur, que l'on peut ainsi augmenter à volonté, en introduisant le tuyau de dégagement *l m* dans un fourneau *l' m'*, figure 53, qui est posé sur un vase cylindrique en fer-blanc *v*. Le fourneau débouche dans le vase par sa partie inférieure, et la vapeur portée au fond est introduite dans le vase *v*, en passant par l'ouverture *n*; elle chauffe ou fait cuire, dans ce vase, tous les légumes que l'on soumet à l'action de l'eau, tels qu'artichauts, épinards, asperges, pommes de terre, etc. L'eau qui se conserve chaude dans la double enveloppe, sert à laver la vaisselle après le repas. Cet appareil est donc réellement une cuisine économique et complète.

M. Lemare, en établissant des caléfacteurs de toutes dimensions, en a fixé le prix de la manière suivante, en supposant que l'on emploie 1 litre d'eau pour 1/2 kilogramme (1 livre) de viande, ce qui est le taux ordinaire. Ces appareils sont numérotés suivant leur contenance.

N° 1 — 1/2 kilog. de viande et 1 litre d'eau. . . 15 fr.
N° 2 — 1. . . . . . . 2. 18
N° 3 — 1 1/2. . . . . 3. 22
N° 4 — 2. . . . . . . 4. 27
N° 5 — 2 1/2. . . . . 5. 32

Lèchefrite. Quand on se sert d'un rôtissoir pour rôtir les viandes, il faut placer au-dessous de celles-ci un vase long et plat pour recevoir le jus qui en dégoutte : ce vase est une *lèchefrite.* Pour le confectionner, on prend une feuille de fer-

blanc non battu et très-épais : on l'emboutit de trois côtés,
sur les bords, de manière à former un repli aussi haut que le
bord d'une assiette à soupe ; on évase ce bord en l'inclinant
un peu en arrière, et on pince les angles de manière à rapprocher le fer-blanc des deux bords à leur extrémité. Le bord
non replié doit se trouver longitudinalement au fond de la
lèchefrite : ce bord doit être soudé et agrafé au bord semblable d'une feuille également disposée. Au niveau de ce rejoint
on place d'un côté, sur le bord, le manche de la lèchefrite. Pour
cela, on prépare un tuyau avec une bande large d'environ 8,1
millim. (3 pouces) par le haut ; elle doit avoir par le bas quelques millimètres (lignes) de plus, parce qu'à ce point le tuyau
s'évase. Ce tuyau, d'une longueur de 108 millimètres (4 pou.),
reçoit trois cannelures circulaires sur son bord avant d'être
soudé, et, à chaque bout, sur la seconde et troisième cannelure (à partir du bord), un trou propre à introduire un clou
d'épingle ou une pointe de Paris. Le tuyau, soudé fortement
au bas du rebord, reçoit, dans toute sa longueur, un manche
de bois tourné, qui le dépasse d'environ 8,1 millimètres (3
pouces). Au bord opposé, et vis-à-vis le manche, on donne
la forme d'un goulot, comme on le pratique pour les casseroles : cependant beaucoup d'ouvriers s'en dispensent, et l'on
verse le jus par l'un des angles de la lèchefrite. L'usage du
goulot vaut bien mieux. Cet ustensile est si simple, que nous
n'avons pas cru devoir en donner la figure. On le fabrique souvent en tôle.

Brûle-lard. Cet instrument a la forme d'un éteignoir tronqué et porté par un long manche en gros fil-de-fer. Il est assez resserré par le haut, afin de retenir le lardon qu'on y
introduit, et qui fond et tombe, en s'enflammant, sur le rôti.
Cet instrument doit être agrafé ; les deux bords sont ourlés ;
le manche doit se terminer par une boucle pour que l'on
puisse l'accrocher. (Voyez *fig.* 55, *Pl.* I : *a*, le brûle-lard ; *b*, le
manche.)

Assiettes et plats. La vaiselle de fer-blanc faite à la main est
peu en usage, parce que la mécanique la produit aujourd'hui
à bon marché. Sa confection est très-facile, et se fait de deux
façons, à l'emboutissure ou à la soudure. Dans le premier cas,
on prend un morceau de fer-blanc de grandeur suffisante
pour faire entièrement l'assiette que l'on désire, on trace la
hauteur du bord, puis, en employant successivement les trois
marteaux à emboutir, on obtient l'assiette voulue. Cette ma-

nière expéditive est la plus usuelle : toutefois, quand les vases sont grands, tels que les plats allongés, on coupe le fond d'une part, puis une bande de l'autre, pour faire le bord; on emboutit légèrement les bords du fond et la bande du bord elle-même; ensuite on monte, et l'on soude ordinairement sans agrafer.

Ecuelles et tasses. Pour faire les premières, le ferblantier coupe un petit cercle pour le fond; il taille, pour les parois, une bande bien plus longue qu'il ne le faut pour entourer le cercle du fond; il emboutit cette bande transversalement, au milieu, ou lui donne une forme convexe; il lui donne en même temps la forme cylindrique, et rapproche ainsi les deux bouts. Il ourle l'un des bords seulement, l'autre reçoit un pli, si l'on veut agrafer, ce qui est rare. A partir de ce bord non ourlé jusqu'au point où commence circulairement la convexité, l'ouvrier retranche un morceau, de manière à présenter une ligne plus ou moins diagonale, suivant le resserrement inférieur de l'écuelle. Il soude ensuite les deux bouts, dont la partie inférieure est ainsi disposée, puis il joint les parois au fond. Il termine par souder en regard, à la jointure et au point opposé, un morceau de fer-blanc agréablement cannelé et à bords rentrés, représentant ordinairement une feuille de chêne, poirier, etc., ou toute autre chose propre à remplacer les oreilles de l'écuelle. Quant aux tasses, elles se font comme une petite casserole dont le fond serait étroit, la bande du contour très-haute, sans manche et sans goulot: on y met quelquefois une anse formée d'une bandelette à ourlet rentrant, repliée sur elle-même et présentant une saillie plus ou moins forte: pour l'ordinaire, il va en s'arrondissant.

Marmites et pots. On en fait très-rarement, et les procédés employés sont les mêmes que pour les casseroles.

Cuillère à pot. Cet ustensile, assez peu usité, mériterait de l'être davantage à raison de sa commodité. La première chose à faire, pour le confectionner, est de tailler une bande haute de 30 millimètres (1 pouce et quelques lignes) environ; la longueur est déterminée par la dimension à donner à la cuillère: on ourle cette bande sur un seul bord, et on lui fait prendre la forme cylindrique. On coupe ensuite un carré long de fer-blanc de grandeur relative à celle de la bande, dont on a soudé les deux bouts, puis on emboutit ce carré fortement, de manière à le creuser le plus possible, on arrondit ses angles, et on le soude solidement (après l'avoir ajusté) après le bord non ourlé de la bande. On termine l'opération par river à celle-ci, au point de sa jonction, un manche de fer de la longueur du bras, et qui porte une boucle à son extrémité.

Boudinoir. C'est l'entonnoir particulier dont on se sert pour introduire le sang ou du hachis de porc dans les intestins de cet animal. Cet instrument ressemblerait assez à une bobèche de chandelier pourvue d'une anse, si le petit cylindre inférieur n'était plus allongé, si les bords n'en étaient beaucoup moins larges. Le cylindre, long de 27 à 54 millimètres (1 à 2 pouces), doit être d'un diamètre tel, que l'ouverture des intestins puisse facilement l'entourer; il doit avoir un petit ourlet rentrant afin de ne les point déchirer. L'anse, d'un largeur de 9 à 13 millimètres (4 à 6 lignes), est soudée au point de jonction du boudinoir. On fait le bord en l'emboutissant de manière à l'évaser quelque peu.

Lardoires. On sait que tout ce qui se fait en argent peut aussi se faire en fer-blanc, et que les lardoires fabriquées avec ce précieux métal s'oxydent de manière à ce que l'usage en devienne dangereux. Le ferblantier fera donc sagement d'en préparer pour remplacer les lardoires de fer ordinaire, souvent dédaignées dans les maisons riches. Il prendra une languette de fer-blanc de 40 centimètres (15 pouces) environ de longueur, et de 13 à 18 millimètres (6 à 8 lignes) de largeur : il coupera un peu en diagonale, de telle sorte que, par le bas, la languette aille en biais et ait 2 ou 5 millimètres (1 ou 2 lignes) de moins. Il fendra en quatre parties égales le haut de la lardoire, et donnera à cette fente une longueur de 54 millimètres (2 pouces) : cela terminé, il roulera la languette sur elle-même comme l'extrémité d'un cornet de papier et rendra le bout très-aigu au moyen du ciseau. En frappant sur le joint, il terminera la lardoire, dont nous ne croyons pas plus devoir indiquer la figure que celle du boudinoir et autres petits instruments de ce genre. Chacun sait que les lardoires servent à introduire les lardons dans les viandes.

Nous allons maintenant passer à la description des ustensiles à jour employés dans les cuisines.

Écumoires. Ces ustensiles si connus, dont le nom indique l'emploi, consistent dans une plaque de fer-blanc à jour, emmanchée par un morceau de fer plat, et terminé par un crochet pour accrocher l'instrument. Les écumoires sont

circulaires ou carrées, légèrement concaves ou tout-à-fait
plates : on ne les borde jamais, et on les confectionne de toutes
dimensions. L'ouvrier qui veut agir sûrement et rapidement
emploie le procédé que nous lui avons recommandé (1re partie, chap. 11, *Manière de percer*). Avant de commencer à faire
agir l'emporte-pièce, il remarque de quelle nature est le manche qu'il doit river sur l'écumoire. Si ce manche s'élargit à la
base et porte deux trous placés transversalement, comme les
manches de casseroles, il fait, sur la plaque de l'écumoire,
deux trous assez forts et correspondant à ceux du manche,
par conséquent un peu près du bord. Si, au contraire, le manche, après s'être arrondi au point où il doit être rivé au bord
de la plaque, diminue ensuite de largeur, puis forme à son extrémité une seconde rondelle un peu moins forte que la première,
mais comme elle percée d'un trou, alors le ferblantier pratique
sur la plaque deux forts trous correspondant à ceux-ci, c'est-à-
dire au centre, et près du bord de la plaque. Pour creuser un
peu l'écumoire, il suffit d'emboutir légèrement au centre :
plus les écumoires sont larges, moins on songe à les emboutir, parce qu'alors on ne craint point qu'elles laissent échapper l'écume. Les écumoires à carré parfait ou à carré long
sont ordinairement plates.

Ecumoire à écrevisses. On se sert de cette espèce d'écumoire pour retirer les écrevisses de la *braise*, et les laisser
égoutter : elle est large, carrée, et porte près du manche une
sorte de petit vase en fer-blanc.

Passoires. Le ferblantier les fabrique en coupant un grand
carré de fer-blanc, qu'il emboutit de manière à lui donner
une forme demi-sphérique ; il fait un fort ourlet sur le bord
circulaire. A partir de ce bord, il laisse une hauteur de 41
à 54 millimètres (1 pouce 1/2 à 2 pouces), qui ne doit point recevoir de trous : cet intervalle gardé, avec un poinçon et une
règle circulaire haute de 5 à 9 millimètres (2 à 4 lignes), il
marque une suite de raies ou tracés sur lesquels il perce ensuite à l'emporte-pièce, ne laissant à peu près qu'un intervalle de 5 millimètres (2 lignes) entre chaque trou. L'ouvrier
avancera bien plus son travail en agissant comme je l'ai indiqué pour percer les écumoires. Parvenu au centre, il laisse
non percée une rondelle de la grandeur d'une pièce de 1 fr. ;
quelquefois il ne laisse qu'une place large comme la tête
d'un gros clou. Quand les passoires sont de forte dimension,
le manche, toujours rivé comme celui des casseroles, porte à
sa base trois clous au lieu de deux.

Les trous des passoires sont toujours ronds et planés au marteau; ils sont de différentes grandeurs et plus ou moins ouverts. Quelques ferblantiers soudent après un bord d'une grandeur égale à la partie non percée 41 à 54 millimètres (1 pouce 1/2 à 2 pouces) le fond de la passoire, qu'ils ont d'abord percé, puis embouti. Il me paraît, en effet, préférable de terminer l'opération par emboutir.

Filtres. Cet instrument, auquel on a souvent recours dans la préparation des gelées, confitures, etc., est un cône d'environ 22 centimètres (8 pouces 1/2) de hauteur et de 32 centimètres (1 pied) de circonférence sur son bord, assez évasé : ces dimensions sont celles d'un filtre de moyenne grandeur. Ce cône (*fig.* 56, *Pl.* I) est naturellement divisé en deux parties, la partie supérieure non percée *a*, et la partie inférieure *b*, semée de trous comme ceux d'une passoire ; cette seconde partie a quelques millimètres de plus en longueur que la première. Le ferblantier commence par tailler séparément celle-ci, large de 32 millimètres (1 pied) et à peine coupée en diagonale, parce qu'elle ne s'étend pas tout-à-fait à la moitié du cône, qu'elle est fort évasée, et que, du reste, en soudant les deux bouts, l'ouvrier les croise, selon que l'exige le resserrement, presque insensible alors, de la forme conique. Le bord ou la bande, dans toute sa largeur, reçoit un ourlet saillant en dehors du cône ; l'autre bord ou bord inférieur sera soudé à la partie percée, quand la bande formant la partie supérieure aura reçu légèrement la forme cylindrique, et aura été soudée par les deux bouts.

Assez communément, le filtre se fait tout d'une pièce, à moins que l'on ne veuille faire servir des morceaux de ferblanc coupés à l'avance ; mais, dans tous les cas, la séparation des deux parties est marquée par un chapeau *c*, placé horizontalement au milieu du cône, dont la position est nécessairement verticale. Une bande large d'un peu plus de 27 millimètres (1 pouce), et d'une longueur suffisante pour embrasser le cône à ce point, est ce qu'il faut pour faire le chapeau. On lui donne, sur un des bords, un ourlet de moyenne grosseur, et on en soude ensemble les deux bouts. Néanmoins, ce dernier mode d'opérer est peu en usage, le ferblantier préférant, avec raison, prendre un cercle de grandeur convenable (tout semblable au fond d'une casserole moyenne), dont il enlève le centre, de manière à obtenir une bande circulaire large de 30 millimètres (1 pouce et quelques lignes).

Il la soudera ensuite au milieu du cône, quand celui-ci sera achevé.

La partie *b* est percée de trous semés à la distance de 9 millimètres (4 lignes) à peu près : tout le long de la jointure il reste ordinairement un intervalle de 13 millimètres (6 lignes) non percé. Le cône a un trou à son extrémité supérieure pour favoriser l'écoulement du liquide à filtrer.

L'anse *d* est bordée à plat, c'est-à-dire que sous le repli de cet ourlet, on n'introduit point de fil-de-fer; cet ourlet rentre vers la surface de dessous de l'anse. Celle-ci est cannelée dans toute sa longueur et sa largeur : elle est soudée comme à l'ordinaire, à la jointure (ce que, dorénavant, nous ne répéterons plus); elle est fixée par le bas, à 13 millimètres (6 lignes) au-dessus de *c*.

Râpes. Les râpes sont ou cylindriques, ou demi-cylindriques; dans le premier cas, l'ouvrier coupe un morceau de fer-blanc d'une largeur double que dans le second; il en borde à plat les deux bords, et marque souvent le bord de cet ourlet par une ou plusieurs cannelures. Il perce ensuite avec un poinçon pointu, comme nous l'avons expliqué *chapitre II de la première partie;* pour laisser subsister la bavure qu'a donnée le poinçon, il frappe avec le maillet du côté où il a percé, afin de donner la forme cylindrique au morceau de fer semé de trous. A chaque bout, il a évité d'appliquer le poinçon l'espace d'environ 13 millimètres (6 lignes), qui a été ainsi réservé pour la jointure. Comme cet instrument, destiné à réduire le sucre en poudre, n'est jamais exposé au feu, et n'exige pas un grand effort, on se dispense non-seulement de l'agrafer, mais même de l'ajuster et de le souder; un clou fixé aux deux extrémités, un ou deux pour tenir le milieu, voilà tout ce qu'on a coutume de faire pour joindre les deux bouts des râpes.

J'ai omis de dire qu'au-dessous de la cannelure de l'ourlet, pratiquée aux deux bords des râpes, on laisse un intervalle de quelques millimètres non percé. Dans les râpes circulaires, cet intervalle devrait être au moins de 27 millimètres (1 pouce) au bord supérieur, afin qu'on pût les saisir sans être exposé à se déchirer les mains, inconvénient que ne prévient pas entièrement l'anse en forme d'anse de panier que l'on met à ces râpes, car on les prend habituellement par le cylindre lui-même. Cette anse, large de 18 millimètres (8 lignes) environ, bordée d'un ourlet plat et rentrant, se soude par les deux extrémités à droite et à gauche de la râpe, de manière à présenter une arcade plus ou moins élevée, mais suffisamment pour passer la main. On n'applique jamais cette anse sur la jointure.

Les râpes demi-cylindriques ont beaucoup moins de travail, puisqu'elles s'appuient sur une tablette de bois brut, *d*, figure 57, *Pl.* I, après laquelle tient une poignée *e*, percée d'un trou pour recevoir une boucle de ficelle qui servira à suspendre l'instrument. Il va sans dire que le ferblantier ne fait point ces tablettes, et qu'il en a dans son magasin un assortiment de toutes grandeurs. Il prépare, du reste, cette demi-râpe de la même façon que la râpe entière, ou cylindrique ; seulement, à chaque bout, il y forme un repli ou plutôt un tracé d'au moins 5 millimètres (2 lignes) *ff;* cet intervalle reste plat, sur le bord de la tablette, tandis que tout le reste du fer-blanc a la forme cylindrique, et s'élève par conséquent par gradation au-dessus du bois. Un clou d'épingle à chaque extrémité de chaque bout suffit pour fixer la râpe sur *d.* Quand la râpe est grande, on ajoute un ou deux clous à distance égale, le long de *ff.* Ces clous ne doivent point faire de saillie sous la tablette.

CHAPITRE III.

DES CAFETIÈRES.

Ce chapitre est le plus important de cette partie ; car, après la confection des lampes, celle des cafetières est la plus fertile en ingénieuses applications de l'art du ferblantier ; aussi nous allons le traiter avec tout le soin qu'il mérite. Pour suivre la règle constante qui veut que l'on passe du simple au composé, nous commencerons par décrire les cafetières les plus faciles à fabriquer.

Cafetières cylindriques sans couvercles. Préparez un cylindre plus ou moins allongé, d'une circonférence plus ou moins grande, suivant la dimension voulue de votre cafetière : agrafez-en les jointures, ourlez-en le bord ; mettez-lui une anse ou une poignée d'après les détails donnés ci-après, et vous aurez une cafetière commode et propre, quoique infiniment simple.

Cafetières à pièces. Presque toujours l'on veut que les cafetières soient plus resserrées à l'ouverture que vers le fond, et cela pour deux raisons : parce que, sans être sensiblement plus grandes, elles tiennent beaucoup plus de liquide ; parce qu'elles chauffent plus rapidement. Voyons comment l'on s'y prend pour obtenir ces deux avantages.

Vous commencez par tailler un cylindre ordinaire, et selon les dimensions convenues. Si votre cafetière a 19 centimètres (7 pouces) de hauteur, vous fixez l'extrémité conique de la pièce, à 108 millimètres (4 pouces), à partir du bord pourvu d'un ourlet. Cette longueur de 108 millimètres (4 pouces) doit être ajustée et même soudée avant la mise en place de la pièce. La figure 58, *Pl. I*, qui représente la cafetière en question, marque en *a a* par une ligne les deux diagonales que le gousset décrit à droite et à gauche. Ces diagonales se soudent à la partie inférieure des deux bouts de la cafetière, en commençant par introduire le point conique à l'endroit où finit la soudure de la partie supérieure. On agrafe ensuite et l'on soude le fond avec solidité. Cette pièce se met d'ailleurs à toute espèce de cafetières qui sont plus ou moins compliquées à raison de leurs accessoires.

Cafetière à goulot. C'est une cafetière au bord de laquelle on pratique un goulot dans le genre de celui des casseroles, mais beaucoup plus allongé, puisqu'il se prolonge au moins les deux tiers de la longueur de la cafetière. Il se pratique toujours à gauche, et sur le côté du vase. C'est une saillie longitudinale, qui s'élargit insensiblement et diagonalement, à mesure qu'elle s'éloigne du bord sur lequel elle fait un pli plus ou moins profond, arrondi ou pointu. (Voy. *b*, figure 58).

Cafetière à bec ou à tuyau. Quand le goulot manque et que la cafetière est soignée, elle porte un bec que la même figure indique en *c*. Ce bec, qui, dans une cafetière haute de 19 centimètres (7 pouces), commence à 30 millimètres (1 pouce et quelques lignes), à partir du fond, est assez long pour s'élever au niveau du couvercle. Il fait avec la cafetière un angle plus ou moins grand, beaucoup plus resserré à son extrémité supérieure qu'à sa base *d*, qui s'élargit considérablement, et forme une ouverture tellement disposée que le tuyau, qui a un peu plus de 108 millimètres (4 pouces) en dedans (c'est-à-dire à la jointure et près de la cafetière), a plus de 16 centimètres (1/2 pied) en dehors, c'est-à-dire dans sa partie extérieure. Sa base entoure une ouverture circulaire pratiquée dans la cafetière, et toujours à gauche, sur le côté, comme les goulots. On ne borde jamais l'orifice de ce tuyau.

Petit couvercle du bec. Lorsque la cafetière est remplie, et qu'on la penche quelque peu, il arrive souvent que le liquide s'échappe par le bec ; pour obvier à cet inconvénient, on fait usage d'un couvercle recouvrant juste le bec. On voit en *e'*, figures 64 et 74, ce couvercle formé d'un très-petit cylindre ou bord supportant un dessus : en *f'* est la chaînette de laiton qui, fixée au bord de la cafetière, soutient le petit couvercle lorsqu'il n'est plus sur le bec. Cette chaînette se met toujours dans la direction du tuyau.

Coquemar. C'est une ancienne cafetière, n'ayant qu'un très-petit fond soudé, et souvent même n'en ayant pas, car sa base, qui a la forme d'une gourde, est formée d'une pièce de fer-blanc embouti de manière à faire le fond. Au-dessous de la cafetière, il n'y a de partie plane que ce qui est rigoureusement nécessaire pour le maintenir en équilibre. Au-dessus de cette partie intérieure si renflée, est un gros col terminé par un ourlet. Le coquemar est pourvu d'une anse plate et d'un couvercle. Il se fait tout d'un seul morceau.

Cafetières à poignées. Les poignées s'enfoncent dans un court tuyau de fer-blanc cannelé *h*, figure 58, placé quelquefois à moitié de la hauteur de la cafetière, mais, pour l'ordinaire, un peu plus rapproché du bord : c'est toujours, et dans tous les cas, sur la jointure. La poignée, ou manche de bois tourné *g*, noirci, ou seulement de la couleur du bois, entre à frottement dur dans ce court tuyau, où elle est fixée par de petits clous imperceptibles, et que l'on se dispense souvent de mettre dans les trous pratiqués deux à deux, à droite et à gauche de la jointure du tuyau. Le manche tient assez par le repli du bord, et les trous paraissent vides. La longueur du manche est de 16 centimètres (1/2 pied), y compris la partie enfoncée dans le tuyau de 14 millimètres (6 lignes).

Ce manche, ainsi disposé, ne manque ni de solidité ni d'agrément ; cependant quelques ferblantiers l'accompagnent d'un demi-tuyau, qui, à partir de la naissance de *h*, descend tout le long de la jointure de la cafetière, qu'il recouvre jusqu'à 2 ou 5 millimètres (1 ou 2 lignes) du fond. S'il y a une pièce, il la partage en deux parties, en la traversant dans sa longueur. A mesure que ce demi-tuyau descend, il se rétrécit de telle sorte qu'il a exactement la forme d'un demi-cône. Ses côtés sont plats et forment un angle droit avec les parois de la cafetière ; mais après 14 millimètres (6 lignes) à droite et à gauche, le demi-tuyau est embouti de manière à présenter un renflement longitudinal, que marquent deux raies saillantes depuis le haut jusqu'en bas.

Souvent encore, un autre demi-tuyau, mais beaucoup plus plat, s'étend depuis le bord de la cafetière jusqu'au manche : au contraire, le tuyau inférieur s'amincit à mesure qu'il s'approche du manche, car vers le bord il offre une largeur de 18 millimètres (8 lignes), et de 5 millimètres (2 lignes) seulement à l'extrémité opposée : ses côtés, de 5 millimètres (2 lignes) au plus, sont coupés par une vive arête formée par une cannelure. Ce demi-tuyau aplati n'est pas un simple ornement, car il aide à faire la charnière en recevant un fil-de-fer dans l'ourlet qui termine son extrémité supérieure, ainsi que nous allons l'expliquer.

Charnières et couvercles de cafetières. Pour faire les charnières de toute sorte de couvercles de cafetières, on prend une bande de fer-blanc de 13 à 27 millim. (6 lignes à 1 pouce) de largeur, suivant les dimensions du vase. La longueur doit être telle que, roulée de manière à présenter un cylindre sur la jointure duquel est un ourlet, cette bande offre une ouverture où l'on puisse passer entièrement l'index ou le petit doigt, selon la force du couvercle. Ce cylindre, que l'on voit en *k* (*fig.* 58), est placé horizontalement sur le bord du couvercle et ouvert des deux bouts. On introduit dans son ourlet un fil-de-fer, dont les deux bouts doivent entrer dans l'ourlet, au milieu duquel ils se rejoignent : aussi est-il bon de ne terminer cet ourlet qu'après avoir fini la charnière. Le cylindre *k* est ourlé quelquefois ; mais plus communément, il reçoit sur les deux bords une cannelure qui figure l'ourlet.

Il y a quatre sortes de couvercles de cafetières : 1° les couvercles plats avec un fort ourlet, ce sont les moins usités ; 2° les couvercles à forme sphérique avec un bord plat, ils sont assez semblables à un chapeau de paysan ; 3° les couvercles à triple bord, ou portant de vives arêtes circulaires ; 4° ceux qui présentent au milieu un tout petit couvercle pour que, sans découvrir la cafetière entièrement, on puisse juger de l'état de ce qu'elle contient. Les détails que nous avons donnés à ce sujet au chapitre des *Casseroles*, doivent être rappelés ici, en y ajoutant quelques spécialités relatives aux cafetières.

Les couvercles de casseroles se posent à plat sur celles-ci ; mais il n'en est pas de même pour ceux des cafetières, qui doivent pénétrer dans l'orifice ; à cet effet, ils ont toujours un bord de 9 à 14 millimètres (4 à 6 lignes) de hauteur, non bordé et d'une circonférence un peu moindre que celle de la cafetière, puisqu'ils doivent entrer facilement dedans. Ce bord est toujours placé verticalement, figure 59, *a a*, et, pour cette raison, nous le nommerons *bord vertical* : il supporte un second bord, tantôt placé horizontalement, tantôt seulement à demi, parce qu'il s'élève insensiblement et reprend la position verticale, par l'emboutissure, comme nous l'avons indiqué figure 59, *bb*. Le sommet du couvercle, aplati et reprenant la position horizontale, se voit aussi en *d*. De quelque manière que l'on fasse le couvercle, le second bord *b* ne dépasse jamais *a* que de ce qu'il faut pour être égal à l'ourlet de la cafetière lorsqu'elle est fermée : s'il la dépasse, c'est de bien peu : 2 ou 5 millimètres (1 ligne ou 2) au plus suffisent pour emboîter parfaitement l'orifice du vase.

La charnière se pose toujours sur *b*; elle monte jusque sur la partie emboutie quand le dessus du couvercle est demisphérique. Elle ne dépasse jamais *b*, et sa vive arête *c* (*fig.* 58), quand il s'agit du couvercle que dessine cette figure. Il serait maintenant superflu d'ajouter quelques autres indications.

Cafetières à anses. Les cafetières soignées, comme celles que l'on destine spécialement à la préparation du café, n'ont ordinairement point de poignées; elles sont pourvues d'anses toujours bordées d'un ourlet rentrant, et très-souvent cannelées; ces anses, dont nous voyons la disposition dans les figures 64, 69, 71, etc., en *p d k*, sont soudées sur le bord de l'ouverture du vase, sur les joints, et descendent plus ou moins, mais, pour l'ordinaire, jusqu'aux deux tiers de la longueur de la cafetière; elles se rétrécissent un peu à la base, et décrivent un arc renflé par le haut et resserré par le bas. Nous verrons à l'article de la cafetière *à la de Belloy*, figures 60 à 63, *Pl.* IV, comment l'anse s'accompagne quelquefois d'une petite soupape.

Cafetières à la chausse. Avant de décrire les ingénieuses cafetières inventées depuis ces derniers temps pour faire parfaitement le café, pour le préparer surtout avec rapidité, avec élégance, nous dirons un mot de l'ancienne et modeste cafetière *à la chausse*, qui ouvrit en quelque sorte la route à nos modernes inventions. C'était une cafetière semblable, pour la forme, au vase inférieur de la cafetière à la de Belloy, mais recevant à frottement sur son bord un cerceau de ferblanc large de 10 à 14 millimètres (4 à 6 lignes); le bord supérieur de ce cerceau était pourvu d'un rebord pour se maintenir à recouvrement sur le bord de la cafetière ; l'autre avait une rangée de trous gros comme la tête d'une épingle, et percés à égale distance les uns des autres. On cousait dans ces trous le bord supérieur d'un petit sac en étamine, dans lequel on mettait d'abord la poudre de café, puis, ensuite, on y versait l'eau nécessaire à l'infusion. Le cerceau avait un diamètre suffisant pour l'introduire dans la cafetière.

Cafetières à la de Belloy. Ces cafetières commencent la série des vases qui servent uniquement à la préparation du café. Elles sont les plus anciennes, les plus simples ; et quoiqu'on ait inventé, depuis, beaucoup de cafetières de différents genres, celles-ci ne sont pas moins fort recherchées. Le ferblantier fera donc bien de les fabriquer en certain nombre et de les travailler avec soin.

Les cafetières à la de Belloy sont : 1° ou à un seul filtre ; 2° ou pourvues d'un double filtre ; 3° ou enfin d'une soupape. Nous parlerons de ces accessoires après avoir détaillé les formes principales de ces vases.

Ils sont composés d'une cafetière inférieure *a*, figure 60, *Pl.* V, et d'un cylindre supérieur *b*, plus resserré et plus allongé que la précédente, ordinairement renflée. Néanmoins le couvercle *c*, que porte le vase *b*, doit fermer exactement l'orifice du vase *a*. Pour y parvenir, on resserre graduellement la cafetière depuis sa base ; ou bien on la forme avec un cylindre semblable au vase *b*, et l'on environne ce cylindre d'une enveloppe renflée, comme nous le dirons plus bas. Le couvercle *c* sert ainsi aux deux vases, parce qu'après avoir terminé la filtration du café, on enlève *b*, qui n'est plus d'aucun usage ; on place le couvercle sur *a*, qui alors ne se trouve plus qu'une cafetière ordinaire.

Ce vase inférieur est pourvu d'un bec allongé, très-renflé à sa base, placé tantôt en face du manche, et par conséquent au-devant de la cafetière ; tantôt sur le côté. Assez communément ce bec porte un petit couvercle cylindrique, maintenu par une chaînette scellée sur le bord de la cafetière, au point qui correspond au bec. Le manche est de deux façons : souvent on le fait en bois noirci, introduit à force dans un court tuyau de fer-blanc ; quelquefois aussi on le prépare avec une lame de fer-blanc, repliée par le haut en manière d'anse *p*.

Le cylindre *b* est toujours muni, à quelques lignes de sa

base, d'un anneau de fer-blanc convenablement soudé : le but de cet anneau est d'empêcher le cylindre de glisser trop profondément dans l'ouverture de la cafetière. On laisse depuis le bord inférieur jusqu'à cet anneau un intervalle de plusieurs millimètres, d'après la dimension du vase. Quand la cafetière est grande, l'intervalle dépasse souvent de 14 millimètres (1⁄2 pouce).

À 2 ou 5 millimètres (1 ligne ou 2) du bord, à l'intérieur de la base de *b*, on place un filtre percé d'une infinité de très-petits trous. C'est une rondelle en fer-blanc, de grandeur convenable, percée à l'emporte-pièce sans interruption ; quelquefois cependant, au centre, on laisse une rondelle épaisse de 8 à 10 millimètres (4 à 5 lignes) de circonférence, tandis que le reste est à jour. C'est sur ce filtre que l'on place le café en poudre. Le cylindre *b* porte toujours une anse formée d'une lame de fer-blanc. L'une des extrémités de cette anse est soudée sur l'anneau inférieur dont j'ai parlé plus haut ; l'autre est soudée au rouleau que forme le bord du cylindre, replié sur lui-même. Ce rouleau, ou anneau supérieur, sert à soutenir le couvercle *c*. L'anse, large par le bout de 14 à 20 millimètres (6 à 9 lignes) et plus, suivant la dimension du vase, s'amincit graduellement, de manière à ne présenter que 7 à 11 millimètres (3 à 5 lignes) par le bas. Elle se place toujours sur la jointure du cylindre.

Le couvercle *c* est composé d'un cercle de 7 à 11 millimètres (3 à 5 lignes), selon que le dessus est plus ou moins étendu, plus ou moins embouti. On perce le centre de ce dessus, et l'on introduit dans le trou, ainsi qu'il va être dit, une petite poignée en bois noirci *d*, ayant la forme d'un vase. Une ouverture longitudinale traverse cette poignée ; on y introduit une sorte de brochette en fer, au bout de laquelle on met une tête ronde en étain, de manière à ce que cette tête porte sur le haut de la poignée ; l'autre bout entre dans le trou du couvercle, et se soude fortement en dessous.

Les cafetières à la de Belloy ont toujours un fouloir pour tasser le café sur le filtre (*fig.* 62). Ce fouloir se compose d'une rondelle de fer-blanc mince, emboutie très-légèrement au centre. Comme cet ustensile doit entrer librement dans le cylindre, au fond duquel il doit presser la poudre de café, il convient de le couper un peu moins grand que l'ouverture du cylindre. Pour faire agir la rondelle, on lui donne un manche d'une longueur relative à celle du cylindre, de telle

Ferblantier. 6

sorte qu'enfoncé dans celui-ci, le fouloir s'élève jusqu'aux
deux tiers de sa hauteur. Le manche est formé d'une lame de
fer-blanc repliée sur elle-même, et se terminant en pointe,
comme le tuyau d'un soufflet ordinaire, mais non percé : *e*
est la rondelle, *f* le manche.

Presque toutes les cafetières qui nous occupent sont pourvues d'un second filtre mobile, et dont les trous sont éloignés
et grands comme ceux d'une passoire ; il sert à diviser l'eau
bouillante que l'on verse sur le café ; car, sans cette précaution, l'eau tomberait toute au même endroit, et ne l'humec-
terait pas également. Ce filtre doit être exactement de la
grandeur du cylindre dans lequel il s'emboîte, de manière à
faire corps avec lui, et à fermer son orifice. La figure 61 représente ce filtre, composé d'un bord G, dont l'extrémité supérieure est légèrement recourbée en dehors. Ce rebord est
destiné à retenir le filtre sur le bord du cylindre, bord terminé par un petit rouleau qu'embrasse à demi le rebord du
filtre. A l'extrémité inférieure de ce bord est soudée la rondelle *h* de grandeur convenable, trouée comme une passoire,
et portant au centre une poignée de hauteur égale à celle du
bord *i*. Une languette de fer-blanc entourant un clou compose cette poignée, soudée intérieurement au centre de la
rondelle trouée. Quand le filtre est de petite dimension, on
se contente de replier la languette et de la terminer d'une
boulette d'étain. Le filtre ne doit en rien gêner le couvercle C.
Le bord doit être assez élevé pour que l'eau qu'on y introduit
ne puisse retomber sur le cylindre : cette hauteur varie de
11 à 27 millimètres (5 lignes à 1 pouce) environ.

Il ne nous reste plus qu'à décrire la soupape qui accompagne quelquefois les cafetières à la de Belloy : c'est la partie
la plus compliquée de leur fabrication. Ce perfectionnement
porte uniquement sur la cafetière *a* (*fig.* 63), formée alors
d'un cylindre semblable, quant à la circonférence, à celui du
vase *b*, et garni pareillement d'un rebord roulé pour soutenir
tour-à-tour le vase *b* et le couvercle *c*. A quelques millimètres
(lignes) du bord supérieur du cylindre (*fig.* 60), on soude
une lame de fer-blanc, placée horizontalement *m* (*fig.* 63) ;
puis, au bord opposé, on place une rondelle qui ferme exactement le cylindre par le bas. On forme ensuite un autre cylindre, d'une largeur égale à la circonférence donnée par la
lame *m*, et l'on soude solidement l'un des bords de ce cylindre
extérieur *n* au bord de la lame ; *n* alors enveloppe le cylindre

en se renflant, et le dépasse d'environ 27 mill. (1 pouce), suivant la dimension de la cafetière. Un fond de grandeur convenable termine *n*. Ce cylindre extérieur est destiné à contenir de l'eau chaude propre à réchauffer le café que contient le cylindre avec lequel il n'a aucune communication. Voici comment on introduit cette eau : *n* porte sur la couture une anse très-courbée en arrière à son extrémité supérieure, qui est soudée à plus de 14 mill. (6 lignes) au-dessous de la jonction de *m* et de *n*. Cet intervalle est rempli par une soupape *o*, ayant un petit couvercle qui s'ouvre à charnière du côté de l'anse. Immédiatement au-dessous du couvercle *p*, et dans l'intérieur de la soupape, *n* est percé d'un trou assez grand pour recevoir le bout du petit doigt. L'eau pénètre librement dans l'intervalle qui se trouve entre le cylindre intérieur et le cylindre extérieur. Au-dessous de sa courbure, l'anse porte souvent une lame renflée, longue de 27 à 40 mill. (1 pouce à 1 pouce 1/2) *q* : c'est seulement un ornement que nécessite l'extrême courbure de l'anse, qui, sans cela, paraîtrait trop mince.

La face de son anse *n* porte un bec renflé; mais ce bec ne doit avoir aucune communication avec le cylindre extérieur, parce qu'il ne doit servir qu'à verser le café; quelques précautions sont donc ici nécessaires : il faut qu'une ouverture soit pratiquée au cylindre intérieur, en face du bec auquel la joint parfaitement un tuyau bien soudé. Cette ouverture est grande, car elle a nécessairement une largeur égale à celle de la base du bec. On sent que le café serait versé avec trop de vitesse si cette ouverture n'était pas resserrée. On y parvient en plaçant devant elle une petite plaque en fer-blanc carrée, mais échancrée latéralement. Cette plaque, soudée à ses deux extrémités, est libre par ses côtés, et c'est par là que le café s'écoule.

On reproche à toutes les cafetières en fer-blanc de communiquer au café un goût d'encre désagréable, parce que l'acide gallique que contient cette substance dissout le métal lorsqu'elle le trouve à nu. Les petits trous du filtre sont la principale cause de ce mauvais goût : aussi conseillerais-je au ferblantier d'imiter le procédé de M. Harel, qui fait préparer le crible en étain fin, pour ses cafetières en terre rouge de Sarreguemines. On ajusterait exactement le crible à l'ouverture du cylindre, et on le maintiendrait solidement au moyen d'un rebord.

Cafetière à sifflet ou à la Laurens. Les longs détails que

nous avons fait entrer dans la description de la cafetière précédente nous dispenseront de parler, dans l'indication de celle-
ci, de l'anse, des petites poignées du couvercle et du filtre,
car nous serions forcé de nous répéter. Nous allons donc
parler de la cafetière *Laurens*, sans tous ces accessoires, qui
seront sous-entendus.

Nᵒ 1. Cette cafetière, indiquée figure 64, *Pl.* I, présente
un vase à peu près cylindrique, contenant deux cavités. On
voit en *c* le couvercle, en *a* le bec, en *e'* le petit couvercle de
celui-ci, en *f'* la chaînette qui le soutient. Un diaphragme
A (nᵒ 2), qui ne laisse absolument aucune communication
entre elles, sépare la cavité inférieure B de la cavité supérieure F. Celle-ci contient juste l'eau nécessaire pour préparer le nombre de tasses de café suivant la grandeur de la cafetière. Deux petits tuyaux ronds, contigus, longent les parois
du vase. L'un descend jusqu'à 2 millimètres (1 ligne) du fond
de la cavité inférieure, l'autre est soudé au diaphragme; il
sert à donner issue à l'air, lorsqu'à l'aide d'un petit entonnoir on verse l'eau dans la cavité inférieure par le tuyau long.
Ainsi que la cafetière à la de Belloy, celle-ci est pourvue d'un
filtre percé d'une multitude de petits trous N (nᵒ 2) et N
(nᵒ 3); mais ce filtre est soudé après un cylindre très-court,
ce qui lui donne la forme d'une boîte. On l'introduit dans
le haut de la cafetière, sur le bord supérieur de laquelle on
le fait porter, au moyen d'un recouvrement ou rebord que
l'on pratique au bord du filtre. Un autre filtre semblable et
mobile M (nᵒ 4), mais dont les parois ont nécessairement un
peu moins de longueur, doit entrer à frottement au-dessus
de la poudre de café que l'on place sur le filtre inférieur. Ce
second filtre a pour objet de diviser l'eau et d'empêcher la
poudre de s'élever au-dessus de la place qui lui est assignée.
Par là on ne peut jamais se tromper sur la dose de café à
mettre. On termine par surmonter les deux tuyaux d'un petit
tube à équerre D (nᵒ 5'), qui ferme hermétiquement le tube
à air et continue la communication avec le long tube. Ce tube
à équerre en fer-blanc, comme tout le reste de la cafetière,
porte un sifflet. Ce tube, ou tuyau coudé D, dont l'orifice
est en F, porte au coude *g* un bouchon qui ferme le tuyau *e*,
et un tuyau *h* qui établit la communication entre B et F. Il
présente une issue à l'eau bouillante lorsqu'elle monte par
le moyen que nous allons décrire.

L'eau nécessaire à la préparation du café ayant rempli la

cavité inférieure, on place la cafetière sur le feu. Aussitôt qu'elle est échauffée, il se forme de la vapeur, qui passe sur la surface de l'eau et la pousse en la faisant sortir par le tube coudé, elle se répand sur le filtre, passe à travers le café en poudre et se rend dans la première cavité. Lorsque toute l'eau est sortie de cette manière, la vapeur qui reste, et qui est comprimée, sort avec force, et fait résonner le sifflet dont le bruit avertit que le café est fait. On retire tout de suite la cafetière du feu, de crainte que le fond ne se dessoude, puisqu'il ne s'y trouve plus d'eau. On voit, nº 6, un vase conique intérieur, reposant par son rebord sur la cafetière. Il porte en K, nº 3, un grillage ou filtre percé de petits trous, ou une toile métallique en argent, très-fine; plus un morceau de percale fine qu'on ôte et remet à volonté et que fixe le cercle L. Le nº 4 montre en M le diaphragme, ou filtre supérieur, pour diviser l'eau. Le nº 7 indique en o un petit entonnoir pour diviser l'eau en a par b; il montre aussi en N' une petite mesure d'une tasse. Quand on veut faire du café à la crême, on met celle-ci en Q nº 2. Les partisans de la cafetière Laurens prétendent qu'avec un tiers de moins de café en poudre, on obtient par son mécanisme de meilleur café qu'avec toute autre cafetière; ils disent que la température de l'eau y étant plus élevée que 100º centigrades, à cause de la pression, elle dissout mieux les principes aromatiques du café; cependant d'habiles chimistes, et entre autres M. Robiquet, ont prouvé que le café bien savoureux ne peut s'obtenir qu'à une température au-dessous de celle de l'eau bouillante, parce que le principe résinoïde, âcre et amer du café, ne se dissout bien qu'à la faveur d'une température élevée. La seule difficulté qu'offre l'emploi de l'eau tiède est la lenteur. Le ferblantier qui voudra apporter des perfectionnements aux appareils que nous avons indiqués et à ceux qui suivront, devra avoir égard à l'avis de M. Robiquet. La mode des cafetières à sifflet est un peu tombée maintenant; toutefois le ferblantier fera bien d'en avoir quelques-unes dans son assortiment.

Cafetières Morize. Ce genre de cafetière a subi plus encore l'empire de la mode; car d'abord on les a louées, recherchées beaucoup au-delà de leur mérite, et maintenant on les déprécie trop. Comme elles ont encore des amateurs en province, qu'enjolivées et munies d'un fourneau, elles sont agréables et permettent de préparer le café sur la table, le ferblantier ne dédaignera point leur construction.

Une cafetière tout-à-fait semblable à la cafetière inférieure de l'appareil à la de Belloy (mais sans soupape) forme également la cafetière inférieure de l'appareil Morize. Cette première cafetière reçoit l'eau nécessaire pour le café à préparer. Au lieu de couvercle, on pose sur ce vase une boîte dont le fond est un filtre semé de petits trous. Cette boîte entre à frottement et se pose à recouvrement; elle reçoit le café en poudre dans la proportion convenable. Un second filtre, semblable au premier quant au fond, mais ayant les parois beaucoup moins longues, se pose sur le premier filtre, comme un couvercle sur une boîte, si ce n'est que le bord entre en dedans, au lieu de poser en dehors de la gorge, c'est-à-dire, du bord du premier filtre. Cette disposition est prescrite par le bord à recouvrement.

Une troisième partie est exigée pour compléter l'appareil : c'est une cafetière de moins grande dimension que la cafetière inférieure, mais d'ailleurs exactement semblable. On ajuste l'orifice de cette cafetière supérieure sur la boîte à filtres, de manière à ce que le fond se trouve en l'air, et que les deux becs des deux cafetières soient en regard l'un au-dessus de l'autre. On place cet appareil sur le feu ou sur un réchaud à lampe dont nous allons bientôt donner la description. Lorsque l'eau commence à bouillir, on renverse les deux cafetières, de telle sorte que la cafetière supérieure se trouve dessous et la cafetière inférieure dessus. Cette dernière, contenant l'eau bouillante, dans cette position lui permet de traverser la boîte aux deux cribles, et le café tout fait se trouve filtré dans la cafetière inférieure, qui était précédemment la cafetière supérieure. Dès que l'eau est écoulée, on ôte la cafetière qui la contenait d'abord, et l'on place un couvercle ordinaire sur la cafetière qui contient le café, et par conséquent sur la boîte à filtrer qui demeure sur cette dernière cafetière.

Voyons maintenant le réchaud. Placez sur trois petits pieds en bois noirci un plateau circulaire d'une circonférence un peu plus étendue que le fond de la plus grande cafetière. Ce plateau a tout-à-fait la forme de ceux qui supportent les vases de cheminée, etc. Il est entouré d'une grille en fer-blanc travaillée à l'emporte-pièce. Au centre du plateau se trouve un petit vase contenant un peu d'alcool, auquel on met le feu. On peut faire le réchaud en tôle vernie.

On reproche deux inconvénients à la cafetière en question : 1° celui de souffrir risque de se brûler en renversant les deux cafetières; 2° celui de tasser tout d'un côté la poudre de café en les tournant; ce qui fait que l'eau passe à côté sans sé charger des parties aromatiques : cependant, en agissant avec adresse, on peut éviter ces deux inconvénients.

Passons maintenant à l'indication des cafetières plus nouvelles, qui n'ont encore été décrites nulle part.

Cafetière Gaudet. Le vase inférieur de la cafetière à la de Belloy donne exactement la figure de la cafetière Gaudet, si ce n'est que celle-ci est toujours de plus forte dimension. On peut la faire avec ou sans soupape : plus ordinairement on préfère le dernier cas; le bec, l'anse, le couvercle, la forme, tout est semblable à ces deux cafetières; mais l'intérieur diffère beaucoup.

Un cylindre mobile, ayant un peu moins de diamètre que l'orifice de la cafetière dans lequel il doit pénétrer, ressemble encore assez au filtre de la cafetière Morize, car c'est également une boîte ayant pour fond un crible semé d'une quantité de trous, un peu moins petits que ceux que l'on remarque pour l'ordinaire aux filtres à café. Ce filtre s'introduit jusqu'aux deux tiers de la cafetière (figure 65, *Pl.* I *a a*); il entre à frottement et s'applique à recouvrement sur le bord. C'est sur ce filtre inférieur que l'on place la poudre de café. Un filtre supérieur vient ensuite : il ne ressemble en rien à ce que nous avons vu jusqu'ici.

Cet instrument (*fig.* 66) se compose d'une rondellle de ferblanc, de circonférence convenable, percée de trous un peu plus gros que le filtre inférieur : quatre ouvertures placées à distance égale paraissent sur le bord; elles servent à introduire quatre morceaux de fil-de-fer étamé, dont les bouts forment quatre petits pieds *a a a*, au-dessous de la rondelle *b b b*. Au-dessus, ces quatre fils-de-fer se réunissent et présentent une poignée c. On saisit par c le filtre, et on implante dans la poudre de café les pieds *a, a, a*, qui à cet effet sont pointus. On verse l'eau sur ce second filtre, qui, comme l'autre, ne dépasse pas le bord de la cafetière, sur lequel, à l'aide d'un rebord, il se place à recouvrement. Le couvercle ferme le tout.

Cette cafetière a l'avantage d'offrir beaucoup de simplicité dans ses détails; mais elle a un inconvénient sur lequel j'appellerai l'attention du ferblantier : le cylindre ou filtre inférieur, pénétrant assez avant dans la cafetière, ne laisse

que peu de capacité pour le café filtré; par conséquent
on ne peut préparer qu'une petite quantité de liqueur. Si
l'on veut l'augmenter, il faut soulever le cylindre, qui, entrant à frottement, se maintient de lui-même au point où
on veut le fixer; mais l'usage tend à diminuer la force du
frottement, et le poids de l'eau pourra enfoncer tout-à-coup le
filtre dans la cafetière, et par conséquent faire jaillir de
côté et d'autre le café brûlant.

Cafetière Gaudet à tube d'ascension. Les perfectionnements
qu'a reçus la cafetière Gaudet en font un ustensile tout nouveau; rien de différent toutefois à l'extérieur, ni même à
l'intérieur du vase proprement dit, puisque, avant l'introduction des filtres, il est absolument le même. Représentée en
coupe verticale par le milieu, figure 67, *Pl.* I, cette cafetière se
compose intérieurement d'un cylindre creux *a*, dont le fond
repose sur une bague soudée à l'extrémité d'un tube qui sert
d'enveloppe au cylindre *a a a*. Ce tube porte à son bout supérieur un rebord sur lequel pose le couvercle *b* de la cafetière; *c*, filtre inférieur; *e*, filtre supérieur, muni aussi d'un
tuyau conique dans lequel entre le bout du tuyau du filtre
inférieur. Le café est renfermé en ces deux filtres, où il n'a
d'issue que pour communiquer sa vapeur à l'eau par les filtres.

Voici comment on se sert de cette cafetière pour faire le
café : On ôte le couvercle, on retire le filtre supérieur *e*, on
verse l'eau dans le cylindre *a*, jusqu'à ce qu'il en soit entré
dans la cafetière une quantité assez considérable pour s'é-
lever de 14 millimètres (6 lignes) au-dessus du filtre inférieur *c*.
Lorsqu'on veut mettre le café, on bouche le tube du filtre
avec un bouchon, qui sert aussi à fermer le goulot *f* de la
cafetière; alors on introduit le café, on enlève le bouchon,
que l'on replace au goulot *f*, et l'on ferme la cafetière, que
l'on met sur le feu.

Le café se trouve ainsi dans l'eau, qui, lorsqu'elle entre en
ébullition, traverse le café, passe en vapeur à travers le filtre
supérieur, et se rend dans la capacité du cylindre *a*, qu'elle
remplit bientôt en passant par le cercle de trous *g* pratiqués
près de la partie supérieure de ce cylindre. Cette vapeur,
aromatisée par le café, qu'elle traverse, finit par donner à
l'eau le degré de force que l'on désire.

On peut repasser plusieurs fois le café sur le marc, en mettant à chaque fois la cafetière sur le feu, et faisant bouillir
on augmente ainsi la force du café. Les filtres sont couverts

d'une toile qui, empêchant le passage du marc dans le café, fait que la liqueur est toujours limpide. On voit en *d'* le manche de la cafetière.

Cafetière Lemare. L'ingénieux et savant inventeur des *calé-facteurs* et d'une multitude d'instruments propres à l'économie domestique, a, depuis quelques années, enrichi l'industrie du ferblantier d'une cafetière dont les dispositions, à la fois originales, agréables, économiques, en rendront le débit presque assuré.

La figure 68, *Pl.* I, représente la coupe de la cafetière Lemare; *a a* est la partie inférieure, semblable au vase inférieur de la cafetière à la de Belloy. Comme dans cette dernière, un cylindre de moindre diamètre est encastré dans la partie inférieure qu'il surmonte. Cette partie supérieure est beaucoup moins élevée dans la cafetière qui nous occupe que dans l'autre. Ce n'est point là l'unique différence; car, au lieu d'un fond filtré, ce cylindre porte un fond non percé, à l'exception du centre, où l'on voit un seul trou du diamètre d'une plume de pigeon. Ce trou correspond à celui d'un robinet *b* en cuivre étamé, entrant dans son boisseau également en cuivre *c*. Ce robinet est fixé au bas du cylindre. Le cylindre, où vase supérieur *dd*, est mobile : à sa base est soudée une rigole en fer-blanc, présentant la forme du bord d'une soucoupe *ee* ; elle est destinée à contenir une petite quantité d'esprit-de-vin auquel on met le feu pour échauffer l'eau que contient le cylindre. Cette rigole est disposée de manière à contenir juste la dose d'alcool nécessaire à la préparation du café. Au lieu de porter un couvercle, le cylindre reçoit, à son extrémité supérieure, une casserole en fer-blanc *ff*, dont le pied entre exactement dans l'orifice du vase. Cette casserole doit contenir le lait pour ajouter au café, lait que chauffe l'eau chaude renfermée dans le cylindre. La casserole est munie d'un couvercle ayant au centre une poignée : il y a une anse de chaque côté de la casserole. La cafetière intérieure est aussi pourvue d'une anse.

A raison de la pression atmosphérique, l'eau contenue dans le cylindre ne s'écoulerait point par le trou du robinet, si l'air ne circulait dans ce vase : aussi un petit tuyau *i* en fer-blanc est-il pratiqué le long du cylindre. Il est soudé de manière à correspondre à un trou *j*, placé au-dessous de la rigole *e*.

On devine comment fonctionne cette cafetière. Lorsqu'on

veut s'en servir, on la démonte; on place en *k*, dans la cafetière inférieure, des filtres semblables à ceux de la cafetière de Belloy, quant aux cribles, c'est-à-dire que l'on a un filtre inférieur à très-petits trous, et un filtre supérieur à trous plus gros; mais tous les deux sont portés par un bord formant une boîte cylindrique; tous deux entrent à frottement, et se maintiennent à recouvrement. Ils ont très-peu de longueur, à raison du peu d'espace qui leur est laissé dans la cafetière, et n'ont de poignée ni l'un ni l'autre. Après avoir entré le filtre inférieur, on le couvre de la poudre de café, on place le second filtre, puis on ajuste sur la cafetière inférieure ainsi garnie le cylindre supérieur. Le robinet de celui-ci doit être alors tourné de telle sorte que le trou du cylindre et celui du robinet ne se rencontrent point, parce qu'autrement l'eau que l'on a dû placer dans le cylindre tomberait avant d'être chauffée. Le cylindre étant plein d'eau, et la casserole du lait le couvrant, on verse dans la rigole *ee* l'alcool que l'on enflamme. Cette flamme monte le long des parois du cylindre, échauffe l'eau, et par suite le lait. Alors on ouvre le robinet, en faisant correspondre les deux trous: l'eau tombe sur le filtre supérieur qui la divise, puis de là sur la poudre de café, et enfin dans le fond de la cafetière, où le café se trouve tout filtré. Cette ingénieuse cafetière n'offre qu'un inconvénient, que l'on peut éviter avec un peu de soin et d'adresse. Le voici: si l'on ne met que la quantité déterminée d'alcool, et que l'air vienne à agiter la flamme produite par cette liqueur, la dose pourra être insuffisante, et par conséquent ni l'eau ni le lait n'auront le degré de chaleur convenable. Si l'on met plus que la dose, ce sera un surcroît de dépense, et cette flamme excitée ne sera point sans danger.

Cafetière Capy. Cet instrument, objet de luxe, est composé, 1° d'un réchaud de tôle vernie, le plus souvent bronzée; 2° d'une cafetière en fer-blanc, ayant à peu près la forme du vase inférieur de la cafetière à la de Belloy; 3° d'une boîte en étain portant un tuyau capillaire. Passons maintenant aux détails de ces parties.

1° Le réchaud. La figure 69, *Pl.* I, qui montre l'extérieur de la cafetière Capy, représente en *a* ce réchaud: le pied *b* est formé d'une plaque de tôle, qui se voit en *c* dans la figure 70 représentant la coupe verticale de la cafetière Capy. Cette plaque forme deux cavités *s s*, qui contiennent un ressort à boudin; entre *s s* on voit en *e* la mèche qui échauffe le four-

neau : la mèche est de niveau avec la plaque de tôle. Trois
tringles verticales *a a* glissent dans les anneaux *o o*; auprès
est un couvercle arrondi *i h*. Ce couvercle est montré relevé
contre la paroi du fourneau, mais il tombe de son poids sur
la mèche, qu'il éteint subitement dès que le ressort ne le
soutient plus. C'est donc la pression du ressort à boudin
par les trois tringles qui maintient le couvercle levé : cette
pression s'opère par l'instrument que l'on voit figure 70.

C'est une boîte en plomb *jj*, dans la gorge de laquelle on
introduit à vis le couvercle *kk*. Au centre de ce couvercle
passe le tuyau *l m* : l'extrémité inférieure *l* est ouverte, ainsi
que celle des deux crochets *n n* que forme l'extrémité supérieure *m* en se tournant en bec à droite et à gauche. Ce tuyau
ou tube d'ascension se voit dans la figure 70 en *p q r*. La cafetière est percée au fond d'un trou ovale, auquel est soudée
intérieurement l'extrémité d'un tuyau de fer-blanc, de grosseur relative à celle du tube d'ascension *l m*, qui doit s'y introduire. Afin de les faire entrer dans cette ouverture ovale,
on tourne l'un après l'autre les deux crochets *nn*. Ce tuyau
s'élève jusqu'au point où doit descendre le filtre inférieur,
qui lui-même est pourvu d'un tuyau, ainsi que le filtre supérieur.

Voici maintenant comment on se sert de cette cafetière : on
garnit d'un peu d'alcool la cavité où se trouve la mèche ; on
remplit d'eau le réservoir que la boîte *j* forme à cet effet; on
ferme ce réservoir avec le couvercle *k*; on allume la mèche et
on pose de suite sur le fourneau la cafetière garnie de la boîte
et de son tube d'ascension, comme nous l'avons vu. L'eau
chauffe ; pendant ce temps on introduit dans la cafetière le
filtre inférieur destiné à porter la poudre de café : ce filtre
est fixé après un cylindre mobile qui entre à frottement dans
la cafetière, et tient à recouvrement à l'aide d'un rebord. Au
centre du fond, percé à petits trous, est un tuyau pour recevoir le tube d'ascension. Au-dessus du filtre inférieur, on en
met un second, dont le fond est percé à trous plus gros, parce
qu'il a pour but de diviser l'eau. Ce filtre se compose de la
rondelle percée, ou du crible, qui porte trois petits pieds
pointus en fil-de-fer étamé, destinés à être implantés dans le
café en poudre. Au centre du crible s'élève le tuyau par où
doit passer le tube d'ascension qui le surmonte. On voit (*fig.*
70) en *n n* ce filtre supérieur, et en *k k* le filtre inférieur. Les
filtres posés, on ferme avec soin le couvercle, qui couvre

exactement les deux filtres. On peut ne poser la cafetière sur le fourneau qu'après l'avoir garnie de ses filtres.

L'eau, chauffée en *b*, pressée par la vapeur, monte par le tube d'ascension, et redescend, par *p r*, sur le filtre supérieur *n n*; de là, elle tombe sur la poudre de café, qu'elle pénètre, et devient enfin du café tout filtré dans le fond de la cafetière où elle arrive. Ce jeu se continue tant qu'il y a de l'eau dans le réservoir; dès qu'elle est épuisée, les tringles, cessant d'être pressées, lâchent le ressort; le couvercle *i h* tombe sur la mèche : ce léger bruit avertit que le café est terminé.

On peut substituer au ressort à boudin dont nous avons parlé, un ressort plus simple encore : il s'agit seulement de pratiquer à l'une des parois du fourneau, au niveau de la mèche, un petit support *a*. Les tringles verticales *a a* de la figure 70 soutiennent le couvercle, comme il a été exposé plus haut; lorsque leur pression cesse, le couvercle *b* retombe sur le support *a*, et par conséquent éteint aussitôt la mèche. On voit ce ressort figure 71 *bis*, Pl. IV, en A B.

Les trois dernières cafetières que nous venons de décrire sont ornées avec soin; elles ont toutes le bec fermé par un couvercle à chaînette. Le bord supérieur du réchaud est surmonté d'une grille en cuivre doré; on peut aussi faire ce grillage en fer-blanc, travaillé à jour et doré, ou argenté, ou verni, suivant les embellissements adoptés.

Cafetière Zanon. Les *Annales universelles de Technologie*, publiées en Italie, ont donné la description de la cafetière suivante :

La figure 71, *Pl.* I, représente, en A, cet instrument, muni à l'extrémité supérieure d'un couvercle qui ferme hermétiquement. A la partie opposée au manche se trouve une ouverture, qui se ferme et s'ouvre au moyen d'une sorte de cheville de bois; cette cheville et le couvercle sont liés par deux chaînes. En B, figure 72, est le vase qui sert au bain, lequel est complètement recouvert par la pièce *c f*. Une deuxième figure (73) offre, au milieu, une ouverture ronde capable de contenir la partie A, qui, par cette disposition, rend l'appareil D (*fig.* 74) complet.

Rien de plus simple que la préparation du café au moyen de cette cafetière : il suffit d'introduire la quantité suffisante de café en poudre et d'eau dans la cafetière, et de placer celle-ci dans le vase B, plein d'eau; on met celui-ci sur des charbons allumés pour faire bouillir cette eau. Au bout de quelques minutes, on retire le vase du feu, on le laisse en repos, et dans un moment le café se trouve préparé; il est, à la vérité, peu chargé de matière colorante, mais il contient le principe aromatique. Cette cafetière, que l'on pourrait nommer *au bain-marie*, est faite tout entière en fer-blanc, ou bien le vase A est formé de ce métal, et le vase B est en cuivre.

Le rédacteur du journal cité ajoute à la description de cette cafetière celle de l'appareil suivant, dont il est l'auteur. On verra qu'il a presque copié, à son insu, la cafetière Lemare.

« J'ai fait construire, dit-il, pour la préparation du café,
» un petit appareil qui se compose de deux vases, comme
» sont ceux pour la filtration. Il y a un petit canal circulaire
» autour de l'extrémité inférieure; et, sous le fond, est ap-
» pliquée une espèce de soupape, qui s'ouvre et se ferme à
» volonté. Lorsqu'on veut en faire usage, on met deux peti-
» tes mesures, de 3 gros chacune, de café torréfié et moulu
» dans le petit crible, que l'on attache au vase supérieur,
» lequel s'adapte très-bien au vase inférieur. On verse dans
» le premier deux tasses d'eau, et l'on couvre de suite; on
» met alors environ une demi-once d'alcool dans le canal
» circulaire dont nous avons parlé, on l'allume, et aussitôt la
» flamme entoure toute la paroi externe de l'appareil: en cinq
» minutes l'eau est portée à l'ébullition. On ouvre alors la
» soupape, et l'eau tombe sur le café placé dans le crible :
» afin que l'eau soit divisée également, il faut placer au-des-
» sous de la soupape une plaque de fer-blanc criblée de
» trous. »

Depuis les premières éditions de ce Manuel, on a inventé et fait connaître aussi un grand nombre de cafetières nouvelles, dont nous allons donner une description en nous appuyant sur celles fournies par les brevetés eux-mêmes.

La première cafetière de ce genre que nous décrirons est celle pour laquelle MM. Wiesnegg et Turmel ont été brevetés le 24 mars 1840, et qu'on trouve décrite à la page 56 des *Brevets d'invention.*

Cafetière Weisnegg et Turmel. L'invention peut se diviser en deux parties, qui, bien que concourant au même but, sont cependant distinctes. La première se compose d'une nouvelle disposition de lampe destinée à chauffer le liquide; la seconde, du vase qui sert à confectionner la boisson. Décrivons

Ferblantier.

d'abord la première en exposant son principe; sa construction pouvant varier, selon que l'huile ou l'alcool sont employés comme combustible.

Pour l'alcool, elle se compose d'une espèce de cloche renversée, figure 199, Pl. V, ouverte à son sommet *a*, ayant une ouverture *b* correspondant à son fond *cc*. Cette ouverture *b* est formée d'une douille qui fait saillie en dedans, cette douille peut aussi, comme dans la figure 199, saillir en dehors en s'évasant, mais cette disposition n'est point indispensable. Enfin, au bord inférieur de la cloche *abc* est adapté un petit entonnoir *d* qui sert à y introduire une quantité d'alcool proportionnée à la quantité de liquide à chauffer. On met le feu à l'alcool par l'une des ouvertures *a* ou *b*, la flamme, activée par le courant d'air qui se dirige de *b* en *a*, forme un effet d'une grande intensité, et qui a pour diamètre l'ouverture *a*.

Dans le dessin figure 199, la cloche *abc* est représentée fixée aux poids d'un support qui ne fait qu'un tout avec elle : on conçoit qu'elle peut en être séparée, pour être placée sur un autre, dont la forme peut varier à volonté, pourvu, toute fois, qu'il laisse à l'air un libre accès par l'ouverture *b*.

La figure 200 représente une lampe d'une autre forme, qui peut indistinctement être alimentée par de l'huile ou de l'alcool.

Le corps de la lampe en lui-même ne présente rien de nouveau et n'offre que les mêmes dispositions que la lampe de Berzélius, employée dans les laboratoires de chimie. Mais on y a ajouté les dispositions représentées en *a, cc, dd*, fondées sur le même principe que la cloche *abc* de la figure 199.

On y voit en effet une cloche renversée, mais sans fond, *acc*, placée au-dessus du bec de la lampe, et dont l'ouverture *a* correspond à l'ouverture *b* du bec pour déterminer le courant d'air nécessaire à la combustion de l'huile ou de l'alcool. Cette cloche *acc* est adaptée, par son sommet *a*, à une calotte *dd* reposant sur des supports *cc* et fixée sur le corps de la lampe, de manière à laisser un libre passage à l'air pour établir un courant latéral autour de la flamme et activer la combustion.

Cette disposition de la calotte *d* est importante en ce que l'air contenu entre son sommet et le bas de la cloche *acc* étant mauvais conducteur du calorique, la cloche *acc* perd très-peu de calorique par le rayonnement, et que la plus grande partie de celui produit par la flamme reste appliquée à l'échauffement du liquide : aussi peut-il être bon d'appliquer, selon les cas, cette calotte à la cloche *a b c*, figure 1re, au bas de laquelle on perce aussi quelquefois une série de trous latéraux destinés à déterminer un courant d'air autour de la flamme.

On conçoit que la figure 200 peut également se placer dans un support semblable à celui de la figure 199, faire corps avec lui, ou en être séparée.

La disposition de la figure 200 présente, sur celle de la figure 199, l'avantage de ne pas obliger à connaître d'avance la quantité d'alcool à employer pour une quantité de liquide donnée ; si on en met trop dans la figure 199, ce trop est nécessairement perdu ; si au contraire on n'en a pas mis assez, il faut en ajouter après coup ; et, comme la quantité nécessaire varie selon le degré de l'alcool que l'on emploie, il sera toujours très-difficile de fixer exactement la dose. Aussi doit-on donner la préférence à la lampe de la figure 200, qui, outre sa propriété de pouvoir brûler de l'huile, ne laisse perdre aucune partie du combustible qu'elle contient, puisqu'on en peut empêcher l'évaporation, quand la lampe n'est pas allumée, en fermant le bec avec un couvercle.

La première partie de cette invention consiste donc dans l'application, au-dessus de la flamme, d'un combustible liquide, d'une cloche renversée qui donne à la flamme une plus grande intensité comme calorique, quelles que soient les dispositions nécessaires qu'on y ajoute.

La seconde partie de l'invention se compose d'une cafetière ou théière dont les dispositions, suivant la description, sont représentées figure 201. La forme extérieure de ce vase *a b c d* est sans importance et peut être celle d'une cafetière ordinaire. Il faut insister cependant sur la concavité extérieure du fond *a b*, qui, outre qu'elle présente une plus grande surface à la chaleur, a des propriétés spéciales que nous allons signaler plus loin.

Un peu au-dessous de la moitié de la hauteur de la cafetière, est une cloison ou anneau *e* dont le bord intérieur, recourbé en dedans, est parfaitement circulaire et légèrement conique. Cette ouverture reçoit un tampon métallique *f f* de même forme, et qui s'y ajuste parfaitement. Ce tampon est surmonté d'un tube *g* qui lui sert de tige pour l'enlever et le placer à volonté. Ce tube *g* porte à ses deux extrémités deux

petits trous *h* et *i* qui mettent la capacité inférieure *k* de la cafetière en communication avec l'air extérieur. Enfin, à l'extrémité supérieure du tube *g*, est un petit couvercle *l* portant une
ouverture latérale *m*, à travers laquelle passe une goupille
fixée au tube *g* pour limiter la course du couvercle *l* et l'empêcher de quitter le tube *g*. Lorsque le couvercle *l* est tiré en
haut, son ouverture latérale, dépassant le sommet du tube *g*,
met la capacité *k* en communication avec l'air extérieur par
l'intermédiaire des trous *h, i*, et cette communication est interceptée quand le couvercle *l* est abaissé; enfin, cet abaisse-
sement a lieu de lui-même quand le couvercle *o* de la cafetière est mis en place par la pression qu'il exerce sur le petit
couvercle *l*.

Le haut du corps de la cafetière reçoit un autre vase *pp*
de même hauteur et de diamètre convenable pour y être
facilement introduit, sans laisser trop d'intervalle entre leurs
parois.

Au centre du vase *pp* est un tuyau *qq*, ouvert par les deux
bouts, et qui enveloppe le tuyau *g*; enfin son fond est formé
d'un filtre *rr*, qui doit également laisser peu d'intervalle entre
lui et la cloison *cc* ou le tampon *ff*.

Au bas de la capacité *k*, et débouchant dans le goulot *tt*,
est un trou *s* dont le bord supérieur doit affleurer le niveau
du sommet de la courbe convexe intérieure du fond *a b*. Un
petit trou *u*, s'ouvrant également dans le goulot *t*, débouche
au-dessus de la cloison *c* sous le filtre *r*. L'extrémité *v* du
goulot *t* reçoit un bouchon rodé *x* qui le ferme hermétiquement. Ce bouchon *x* pourrait aussi bien être intérieur
qu'extérieur; et, dans le premier cas, il pourrait être remplacé par un bouchon de liège qui entrerait dans le bout *v*
rendu légèrement conique. Enfin, une petite soupape *y* est
placée sur un trou du couvercle *o*, pour avertir par son
clapotement du moment où la boisson est confectionnée.

Voici maintenant quelles sont les fonctions de cet appareil;
nous supposerons qu'il s'agit de faire du café : le vase *pp* et
le tampon *ff* étant enlevés, on verse dans la capacité *k* la
quantité d'eau nécessaire, on replace le tampon *f* puis le
vase *p*, dans lequel on a mis la dose convenable de café
moulu, et l'on recouvre le tout du couvercle *o*, dont l'enfoncement détermine celui du petit couvercle *l* et intercepte
la communication entre la capacité *k* et l'air extérieur; puis

on bouche l'orifice *v* du goulot *t* avec le bouchon *x*, et on met la cafetière sur la lampe ou sur un foyer quelconque.

Lorsque l'eau entre en ébullition, la force élastique de la vapeur qui s'en élève dans la capacité *k*, l'oblige à passer par le trou *s* dans le goulot *t* et de là par le tuyau *u*, sous le filtre *r*, qu'elle traverse enfin pour inonder le café.

Ce passage ascensionnel de l'eau se continue jusqu'à ce que son niveau se soit abaissé dans la cafetière *k* au-dessous du bord supérieur du trou *s*, ou lorsque l'eau cesse de couvrir le sommet convexe du fond *a*, *b*. Après ce moment, il ne passe plus que de la vapeur, qui, continuant à traverser la masse de café, détermine le clapotement de la petite soupape *y*, par le trou du couvercle *d*.

On peut aussi laisser sortir en vapeur presque tout le liquide de la capacité *k*. Si on retire alors la cafetière de dessus le feu, la vapeur qui occupe la capacité *k* se condense; le vide s'y fait, et la pression atmosphérique devenant prépondérante, refoule tout le liquide dans la capacité *k* à travers la masse de café, le tuyau *u*, le goulot *t*, le trou *s*, et le café est fait. Pour le servir, on enlève le couvercle *o*, on soulève le petit couvercle *l* pour mettre la capacité *k* en communication avec l'air extérieur, on débouche l'orifice *v* du goulot et l'on verse.

L'emploi des trous *h*, *i* et du couvercle *l* n'est nécessaire que parce que le trou *s* est trop petit pour permettre à l'air extérieur d'entrer dans la capacité *k* en même temps que le liquide en sort. On pourra éviter cet assujettissement au moyen des dispositions suivantes qui simplifient d'ailleurs l'appareil.

Supprimer les trous *h* et *i* et par conséquent le petit couvercle *l* ainsi que le tuyau *u*, puis employer un tuyau *z*, dessiné d'une couleur différente, pour servir à l'ascension de l'eau sous le filtre *r* et à son retour dans la capacité *k*; et, comme le vase *pp* laisse un certain vide entre ses parois et le corps de la cafetière, la communication entre la capacité *k* et l'air extérieur sera plus que suffisante pour permettre le libre écoulement du liquide par le goulot *t*.

On peut également, pour rendre plus complet le mélange de l'eau et du café, percer de petits trous comme ceux du filtre, le bas de la paroi verticale du vase *p*.

On a dit plus haut qu'on pouvait laisser s'échapper en vapeur presque toute l'eau restée au-dessous du bord supérieur du trou *s*, ou si l'on veut maintenant, au-dessous du bord inférieur du trou z; on peut aussi faire le contraire, et deux préparations qui en résultent diffèrent, mais sont également acceptables, suivant le goût des consommateurs. Dans le premier cas, celui où l'on laisse s'échapper en vapeur presque toute l'eau, ce qui prolonge le contact du liquide bouillant avec le café et lui donne le temps d'en dissoudre la partie amère, il sera préféré par les personnes qui aiment le café très-coloré. Si, au contraire, on retire la cafetière de dessus le feu aussitôt que les clapotements de la soupape avertissent que la vapeur a commencé à passer, l'eau bouillante restant moins de temps en contact avec le café, n'en extraira que l'arôme que beaucoup de personnes aiment à trouver seul dans leur café. La petite quantité d'eau qui, dans ce cas, reste dans l'espace annulaire formé par la convexité du fond ab et le bord inférieur de cafetière, est peu importante, surtout en employant le nouveau tuyau z, qui peut descendre assez bas pour réduire à presque rien le liquide resté au fond de la capacité k, tandis que dans l'autre disposition il reste toujours dans le goulot t une quantité d'eau notable, ce qui présente un inconvénient assez grave lorsque l'on fait servir, ce qui arrive souvent, une cafetière de plusieurs tasses à la confection d'une seule.

Au lieu de faire déboucher le nouveau tuyau z à travers la cloison c, on peut également l'adapter au tampon f, de manière à le faire déboucher sous le filtre r. On a aussi employé une manière différente dans la figure 44, pour représenter cette nouvelle position du tuyau z.

Enfin, on peut substituer à la soupape y un sifflet ou un appeau dont le son plus distinct avertirait du moment où la vapeur seule commence à passer.

L'avantage que présente surtout cette nouvelle cafetière sur toutes celles qui ont pour principe l'ascension de l'eau, est de pouvoir se démonter dans toutes ses parties, et par conséquent être nettoyée très-facilement et par tout le monde.

Cafetière à pression par le vide. La cafetière à pression de MM. Tiesset et Moussier-Fièvre (Brevets expirés, T. LX, page 112), comprend :

1° Un principe nouveau dans toute l'étendue que l'on puisse donner à ses applications, sous le rapport commercial; 2° l'application de ce principe, comme exemple, à une cafetière.

Le principe consiste à faire le vide au moyen d'une pompe pneumatique, ou tout autre moyen, dans un ou plusieurs vases qui contiennent un liquide à filtrer, et à faire agir la pression atmosphérique pour obtenir la filtration instantanée du liquide : c'est ce principe général qui est l'objet spécial de notre demande, et nous le revendiquons dans toute son étendue.

Figure 207, Pl. V. Cette cafetière, représentée en élévation extérieure, se compose de deux vases *a b* superposés et réunis à fermeture hermétique. Le vase supérieur *a* est destiné à recevoir le liquide à filtrer. Le vase inférieur *b* le reçoit après l'opération. Sur la partie supérieure de ce vase se place une grille mobile *c*, destinée à soutenir le papier, la peau, la pierre, le sable, l'étoffe, de toute matière enfin, à travers lesquels on veut faire passer le liquide sur lequel on opère.

La pompe pneumatique *e* se prolonge par un tube *d* placé contre la paroi intérieure du vase *b*, et l'orifice de ce tube est placé à l'extrémité supérieure de ce même vase, bien que dans le dessin il soit figuré, pour plus d'intelligence, au-dessous du robinet *g*. Le robinet *g* est destiné à donner l'air nécessaire pour faciliter l'écoulement du liquide après l'opération. Le robinet *h* est ouvert pour le service de la cafetière.

Manière d'opérer. On place sur le vase *b* la grille *c*, que l'on recouvre avec l'étoffe ou la matière servant de filtre ; puis on place dessus le vase supérieur *a* qui se réunit hermétiquement au vase *b* par l'interposition des rebords de l'étoffe à filtre ; on ouvre ensuite le robinet *g* et on ferme le robinet *h*, puis on jette de l'eau bouillante dans la partie supérieure pour l'échauffer, et on la laisse écouler par le robinet *h*. Dans cet état on ferme les deux robinets *g h*; on place le café en poudre dans le vase supérieur *a*, on ajoute la quantité d'eau bouillante convenable et on ferme le vase *a* avec le couvercle *i*. On laisse alors le tout ainsi disposé pendant environ trente secondes ; puis on opère le vide dans le vase *b*, en agissant, sans se presser, avec la pompe *e*, et le café liquide, sollicité par la pression atmosphérique qui, au moyen des trous conservés au-dessus du couvercle *i*, agit sur ce liquide, se précipite immédiatement dans le vase inférieur *b*, pour de là être servi au besoin en ouvrant le robinet *h*.

L'expérience prouve que, au moyen de cet appareil, une minute à peine suffit pour filtrer, selon sa grandeur, de 1/2 à 5 kilogrammes de café, qui est parfaitement limpide et réunissant toutes les qualités que les consommateurs recherchent dans cette boisson d'un usage si général.

Cafetière hydropneumatique. (Brevet du 23 juin 1841. Brevets-expirés, T. 60, page 515.) Le but de l'appareil représenté en coupe verticale *fig.* 202, *Pl. V*, et désigné par son inventeur, M. L. O. Malepeyre, sous la dénomination de *cafetière hydropneumatique*, est de remplacer avantageusement, sous le double rapport de l'économie et de la promptitude, les cafetières employées jusqu'à ce jour, pour obtenir d'une même quantité de matière en poudre, une plus grande quantité de café, et d'une qualité supérieure sous le rapport de l'arôme.

La manière de faire fonctionner cet appareil, qui se compose de deux récipients mis en communication par un canal commun, consiste à mettre en ébullition, par l'action de la flamme à esprit-de-vin renfermé dans un réservoir *a*, l'eau contenue dans un ballon *b*, pour que cette eau puisse s'élever dans un récipient *c*, et traverser ou s'infiltrer à travers la masse de café en poudre que l'on y a introduit; après une double ébullition, et par suite une double ascension de liquide, la café redescend à la partie inférieure, dans le ballon *b*, où il se trouve alors parfaitement clarifié, chargé de tout son arôme et possédant toute la chaleur convenable. A cet état on enlève le récipient *c*, on desserre la vis de pression *d* placée à l'extrémité de la tringle *e*; puis on enlève le ballon *b*, dont on se sert comme d'une cafetière. Tel est le résumé de la composition et de la fonction de la cafetière hydropneumatique; mais la disposition de cet appareil était vicieuse dans sa construction, en ce sens qu'on avait toujours établi, d'une manière fixe, la fonction du filtre au tube *i* avec le tube plongeur en verre *j*. Il résultait, en effet, de cet assemblage invariable, qu'on ne pouvait jamais nettoyer l'espace entre le filtre et le liège, et que, à la longue, il s'y formait un dépôt qui produisait un engorgement et s'opposait à la fonction régulière de l'appareil.

Mais là ne se bornait pas l'inconvénient de cette fixité d'assemblage; car l'appareil nécessitait, par sa nature, l'emploi de récipients en verre, et la colonne d'air ne pouvait agir par suite de l'engorgement; l'explosion d'un récipient ou de plusieurs en était la suite.

Pénétré de ce vice de construction de l'appareil, résultant de la fixité d'assemblage du filtre avec le tube plongeur, et des inconvénients qui en découlaient comme conséquence fâcheuse, l'auteur a cherché à y remédier, et y est parvenu en mobilisant la fonction du filtre avec le tube plongeur.

Ainsi le filtre *i* à tube *h*, dessiné à part *fig.* 203 et 204, se termine à la partie supérieure sous la forme de vis; quant au tube plongeur en verre *j*, représenté *fig.* 205 et 206, il est ajusté dans un téton en métal *m*, taraudé intérieurement de telle manière que lorsque l'appareil est monté, la fonction du filtre avec le tube plongeur a lieu par le vissage de la partie inférieure du filtre avec le tube plongeur.

Il résulte de cette disposition, la facilité de nettoyer le filtre, et de s'opposer à toute cause d'obstruction et d'engorgement; il suffit, dans ce cas, d'enlever le récipient *c*, de sortir le filtre *i*; aussitôt, après le nettoyage, on opère le remontage du filtre avec le tube, et l'appareil fonctionne de nouveau.

L'avantage de cette mobilité du filtre, qui paraît une disposition pleine de simplicité, est cependant capital comme résultat, puisque cette mobilité éloigne toute cause d'obstruction, par suite toute cause d'explosion, et rend bien plus commode le service de l'appareil.

Cafetière Galy-Cazalat. Cette cafetière a été brevetée en 1842, et décrite dans le T. LXIV, page 376, des Brevets expirés. En voici d'abord une idée sommaire :

Figure 208, Pl. V, *a*, *b*, *c*, *d*, *e*, *f*, vase de cristal sur lequel est assemblée, à frottement hermétique, une lampe *g*, *h*, *k*, *l*, *m*, *n*, de plaqué ou de fer-blanc. La flamme de cette lampe fait bouillir, dans le ballon *t v*, l'eau que la vapeur force à descendre par le tube *o p*, à travers le thé ou le café dans le tuyau *p s r*, fermé par un filtre *r s*. Pour faire avec cet appareil du café, par exemple, on le dispose comme l'indique la figure, en opérant comme il a été dit ci-dessus.

Montage. 1° Les pièces intérieures de la cafetière étant désassemblées, on remplit d'eau le ballon *t v* par son orifice *a b*; 2° on ferme cet orifice au moyen d'un bouchon *z z*, faisant corps avec le réservoir à café *p r s*, qui est ainsi fixé au-dessus du ballon; 3° on verse la quantité convenable de café en poudre dans le réservoir, qu'on ferme ensuite au moyen d'un couvercle ou filtre d'argent *r s*, percé de trous capillaires qui doivent retenir le marc et laisser passer l'infusion; 4° on retourne le ballon uni au porte-café, et on introduit ce dernier par le tuyau central de la lampe, dans le vase de cristal, comme l'indique la figure 208; 5° on remplit la lampe en versant l'alcool dans la concavité de la base supérieure, et on allume la mèche qui entoure le tuyau central *h k*.

Pour que le feu ne se transmette point dans l'intérieur de la lampe au mélange tonnant d'air et de vapeur d'alcool, la base *g l* est emboutie de manière à former au centre une virole qui descend de 5 millimètres (2 lignes) environ au-dessous de la flamme.

Fonctionnement. La flamme qui entoure le col *a, b, e, f* du ballon, élève graduellement l'eau à la température de l'ébullition. La portion liquide qui est au-dessus de l'orifice *o* de la queue *o p* du réservoir, s'écoule graduellement à travers le café retenu par le filtre *r s*, tandis que l'eau saturée s'élève dans le vase *c d*, d'où l'air s'échappe par le tube *m x*; quand le niveau supérieur s'est abaissé au-dessous de l'orifice *o*, la vapeur emprisonnée dans le ballon s'échappe à travers le café, elle se sature de son arôme qu'elle abandonne, ainsi que sa chaleur, à l'eau qu'elle doit traverser et qui la liquéfie. Quand l'infusion emprisonnée, dans le vase *c, d, b, a* est devenue bouillante, la vapeur développée dans le ballon n'étant plus condensée par l'infusion qu'elle traverse, s'écoule par le tuyau *m x* dans l'intérieur de la lampe, d'où elle s'échappe en entourant la flamme qu'elle éteint. Ainsi l'extinction s'opère naturellement avant que le niveau se soit abaissé dans le ballon, au-dessous de la partie supérieure de la flamme qui ferait casser le verre à sec. Le feu éteint, la température générale baisse et la vapeur se condense dans les capacités qu'elle remplit; alors la partie supérieure du ballon se remplit d'air qui s'y introduit par l'ouverture capillaire *y*, ménagée dans le réservoir *p r s*, par lequel l'infusion s'élancerait dans le vide s'il ne s'emplissait d'air.

Robinet d'écoulement. Pour verser le café, on a disposé un robinet *l l* au pied du vase de cristal : ce robinet se compose d'un tuyau de verre *l l* percé latéralement en *t*, et formant la clef ; le boisseau du robinet est tout simplement un bouchon de liège *m m, p p* percé au centre *n*. Quand on tourne la tête de la clef *q r*, de manière que l'orifice *t* communique avec *n*, le café s'écoule dans une tasse que l'on présente à l'ouverture *l*. En enlevant le ballon, on enlève le réservoir qui contient le marc qu'on vide à part, ce qui permet de rincer facilement toutes les parties de l'appareil.

Deuxième application. Si on veut avoir un volume d'infusion plus grand que l'eau contenue dans le ballon, il suffit de mettre dans le vase *a, b, c, d* l'eau supplémentaire avant d'y introduire le porte-café.

Troisième application. Si on veut avoir du café au lait, on met la crême dans le vase a, b, c, d, tandis que l'eau qui doit se charger de café et fournir la vapeur pour échauffer le lait est contenue dans le ballon *tv*. Avant l'ébullition, l'eau saturée de café descend à travers le filtre pour s'élever au-dessous du lait, de manière à former deux couches distinctes que la vapeur mélange quand on veut que la lampe s'éteigne d'elle-même. Si on veut que les deux liquides demeurent distincts, il faut éteindre la lampe avant que le niveau, dans le ballon, se soit abaissé jusqu'à l'orifice o, par lequel la vapeur se dégagerait. Dans ce cas, on pourra verser d'abord le café et ensuite le lait par le même robinet. Enfin, quand on voudra pouvoir verser alternativement de la crême et du café, il suffira d'avoir un robinet à deux voies; alors le bouchon qui forme le boisseau portera un canal normal *n*, et formé d'un tube qui s'élèvera jusqu'à la couche de crême ; on pourra faire écouler alors le café ou le lait, selon que l'orifice de la clef sera tourné vers l'ouverture *n* ou vers l'orifice répondant au tuyau qui monte jusque dans la crême.

Quatrième application. Enfin, pour les personnes qui voudront du café contenant très-peu d'eau, il faudra mettre la crême dans le vase a, b, c, d, et ne remplir le ballon d'eau que jusqu'à l'orifice o ; dans ce cas, il ne tombe presque plus d'eau dans le café, qui cependant est dépouillé de sa saveur par la vapeur qui le traverse et qui la transmet au lait qu'elle échauffe en s'y liquéfiant.

Couvercle de la lampe à alcool. Pour empêcher l'évaporation de l'alcool qui n'a pas été brûlé, on peut employer une sorte de couvercle pouvant à volonté servir d'éteignoir ; à cet effet, le couvercle est cylindrique et composé de deux moitiés portées chacune par un levier mobile sur la lampe et tournant autour d'un pivot. Quand on allume, les deux leviers sont écartés l'un de l'autre, et la mèche est à découvert ; quand on les rapproche comme les deux branches des mouchettes, les deux moitiés du cylindre vont embrasser hermétiquement la mèche, dont elles empêchent la combustion et l'évaporation.

Deuxième disposition qu'on peut donner à l'appareil. La café-théière à vapeur est de verre ou de cristal, afin qu'on puisse voir les phénomènes qui s'y passent; ces phénomènes sont plus nombreux quand on donne à l'appareil la disposition suivante : a, b, c, d, e, c, f (*fig.* 209) vase à deux capacités communiquant par le col *cd*; ce dernier est hermétiquement bouché par un tuyau de cristal a', b', c', d', e', f', muni d'un bouchon g' h', qu'on pourra supprimer en rodant le tuyau dans le col rétréci. La partie a' b' c' f' fait corps avec une enveloppe de métal rs, percée d'ouvertures capillaires destinées à retenir le marc.

Supposons qu'on ait tassé des feuilles de thé ou de la poudre de café autour de l'enveloppe dans la partie a, b, c, d du vase ; on ferme alors ce dernier avec un couvercle g, l, m, n disposé, comme il a été dit précédemment, pour servir de lampe à alcool ; la lampe étant préparée, on remplit d'eau le ballon tv, qu'on ferme ensuite par un bouchon ab, traversé par le tuyau plongeur op ; enfin on établit le ballon au-dessus de la lampe en introduisant le tuyau op dans le tuyau e',f', a', b' (*fig.* 209). Quand on allume la mèche portée par hk, la flamme qui entoure le col du ballon échauffe graduellement l'eau supérieure ; cette dernière descend graduellement dans la partie inférieure c, d, e, f du vase, d'où l'air s'échappe par une ouverture capillaire y. Dès que le niveau dans le ballon s'est abaissé au-dessous de l'orifice o, la vapeur développée dans t, v, s'échappe par o p, en se liquéfiant dans le liquide inférieur qu'elle traverse et qu'elle finit par élever à la température de l'ébullition ; alors la vapeur emprisonnée dans c, d, e, f, ne pouvant s'échapper assez rapidement par y, qu'on peut d'ailleurs faire assez bas pour qu'il plonge dans le liquide, presse l'eau inférieure, qu'elle force à monter par a', b', e',f' ; cette pression fait dégorger l'eau bouillante par les ouvertures c' d' à travers le filtre, et par $e'f'$, d'où elle tombe sur le café. Quand le niveau m' n' est descendu au-dessous de $a'b'$, la vapeur monte par cet orifice et va remplir la partie supérieure $abcd$ du vase ; alors la vapeur que la flamme continue à produire dans le ballon s'écoule par mx dans l'intérieur de la lampe et de là dans l'atmosphère, en entourant la mèche qu'elle éteint. Dès-lors le refroidissement général commence ; il se fait dans le ballon un vide que l'air atmosphérique va remplir en s'introduisant par yo ; d'un autre côté, la pression de l'atmosphère fait descendre rapidement l'infusion du café à travers le filtre rs, et, par les ouvertures c' d', dans le réservoir inférieur c, d, e, f, où il s'est fait un vide par la condensation de la vapeur.

Le café ainsi préparé est versé dans les tasses au moyen d'un robinet tp n' l' analogue à celui précédemment décrit. Pour rincer l'appareil, on enlève le ballon, la lampe, le tuyau *e' f'* avec son filtre *r s* ; le vase vidé est aussi facile à rincer qu'une carafe.

Troisième disposition. Toutefois il est plus commode d'enfermer le café dans un réservoir particulier, comme dans le premier appareil, de manière que le marc ne communique pas avec le vase *a, b, c, d.* A cet effet le tuyau *e' f' a' b'* et le filtre *r s* qu'il porte, sont remplacés par le réservoir à café figure 210. La poudre de café est placée entre deux disques, dont l'un sert de couvercle. Ces disques *r r, s s,* percés d'ouvertures capillaires qui retiennent le marc, portent chacun un tuyau central *s s, r r,* à travers lequel doit passer le tube plongeur *o p,* faisant corps avec le ballon *t v.* Si on substitue ce porte-café au tuyau *e' f' a' b'* et au filtre *r s,* le café se fera comme précédemment. La vapeur emprisonnée au-dessus du niveau *m' n'* de l'eau bouillante fera monter cette dernière par *a' b',* figure 210. L'eau bouillante ainsi élevée s'élancera, en partie, par une petite ouverture *r',* tandis qu'une portion beaucoup plus considérable devra s'élever à travers le café jusqu'au filtre supérieur *r r,* qu'elle traverse pour retomber dans la capacité *ab cd.* Dès que la lampe se sera éteinte, l'infusion pressée par le poids de l'atmosphère s'écoulera dans la capacité vide *c, d, e, f,* en passant par l'ouverture *z'* avec une grande vitesse.

Plus tard cette cafetière a reçu des perfectionnements représentés dans la figure 211. Elle se trouve réduite à une carafe *s s,* contenant le café en poudre et servant de support à un ballon renversé *c, c,* dont la queue *g, g,* munie d'un robinet *x, y,* porte le réservoir d'alcool *o e,* qui doit faire bouillir l'eau renfermée dans le ballon.

Instruction pour le service de cette café-théière. 1° Enlevez le ballon fixé sur la carafe pour introduire dans cette dernière le café en poudre ; 2° tenez d'une main le col *n n* du ballon, pour verser, de l'autre, dans l'entonnoir *h h,* la quantité d'eau convenable qui tombe, par le tube *m p q,* dans le ballon *c c,* d'où l'air s'échappe par le robinet ouvert *x y* ; 3° fermez le robinet *x y* et introduisez dans l'entonnoir *m, h, h* le filtre *a, a, b, b,* dont le contour est percé de plusieurs rangées d'ouvertures capillaires ; 4° renversez le ballon, d'où l'eau ne saurait s'échapper, et introduisez le col *n* dans le goulot de la carafe sur l'orifice de laquelle vient s'appuyer le couvercle *l l,* soudé à la queue *g g n n* du réservoir d'eau. La café-théière ainsi préparée d'avance et dans la disposition de la fi-

Ferblantier. 8

gure 211, on verse dans la coupe *e g g o* de l'alcool que l'on allume quand on veut faire l'infusion.

. *Explication physique du jeu de l'appareil.* Aussitôt que l'eau bout dans le ballon, elle descend, par le siphon *q p m*, dans la carafe, où elle mouille le café en le soulevant; quand le niveau du liquide supérieur s'est abaissé au-dessous de l'orifice *q* de la courte branche du siphon, la vapeur s'échappe par les trous *b b* du filtre, à travers l'infusion, qui la condense en s'échauffant et dont les agitations submergent toute la poudre du café. Dès que la température du liquide parfaitement saturé est convenable, le feu s'éteint, parce que tout l'alcool qu'on a mis dans *o q* s'est brûlé; dès-lors, le refroidissement condensant la vapeur emprisonnée dans *c c*, l'air atmosphérique, qui presse le liquide descendu dans la carafe, le fait remonter dans le ballon, par le tube *m p h*, à travers les trous du filtre *b b*, qui retient le marc. Pour verser le café, il suffit de présenter successivement chaque tasse à l'orifice *x* du robinet *y x*, dont la clef, ouverte ou fermée, laisse couler ou intercepte le liquide emprisonné dans le ballon. Pour rincer l'appareil, quand il est froid, on enlève le réservoir d'eau porté par la carafe, ce qui permet de les nettoyer séparément avec la plus grande facilité.

Il est inutile de dire que les réservoirs *c c*, *s s* peuvent avoir une forme quelconque, que le ballon peut être opaque ou transparent, et que le robinet *x y y* peut être disposé verticalement, comme dans l'appareil dessiné en petit, figure 212.

Dans cette disposition, le boisseau du robinet est soudé au bas d'un tube *z z*, soudé lui-même au sommet du ballon, la tige *y* est terminée supérieurement par un bouton de bois *y*, qui sert à la tourner lorsqu'on veut ouvrir le robinet, dans lequel le café du ballon entre par le bas, pour s'élancer dans la tasse par le tuyau latéral *x*.

Au reste, la description précédente s'applique à la figure 212, dans laquelle les mêmes lettres indiquent les mêmes parties de l'appareil dessinées dans la figure 211. La lampe qui fait bouillir l'eau étant à la partie supérieure, le vase inférieur s'échauffe graduellement, ce qui l'empêche de casser, lui permet de servir de support, et distingue cet appareil de toutes les cafetières de verre qu'on chauffe par-dessous.

Cafetière pneumatique Tiesset. En examinant attentivement les diverses combinaisons de la nouvelle cafetière, qui est décrite dans le T. LV des brevets expirés, on pourra reconnaître facilement qu'elle n'a de commun avec celle qui a été décrite ci-dessus, que le principe de filtrage par le vide et à pression atmosphérique, et qu'elle renferme des perfectionnements notables.

La figure 213 représente la coupe verticale d'une première combinaison de la nouvelle cafetière. Le corps de cet appareil, quoique composé de deux parties distinctes A, B, forme cependant un tout inséparable, ces deux parties se trouvant réunies entre elles, après leur confection séparée, par une soudure au point de jonction C. La capacité supérieure A, rétrécie à sa base, se prolonge en D dans la capacité inférieure B. La pompe pneumatique E, qui s'adapte au prolongement F du manche G de la cafetière, communique avec un tube H placé contre la paroi intérieure de la capacité B. L'orifice I du tube H est placé, à la partie supérieure de la partie B, dans l'espace libre ménagé entre les parois B, D. Le bec K de la cafetière est fermé hermétiquement par un bouton à vis J, garni de liège à l'intérieur (Voir. *fig.* 218)

Dans l'intérieur de la capacité D, et sur son rebord inférieur, repose, en remplissant exactement le vide, la boîte à café M. Cette boîte, représentée à part dans tous ses détails (Voir *fig.* 214, 215, 216 et 217), porte une disposition particulière; sa capacité est de forme légèrement conique pour s'ajuster parfaitement dans la capacité D; elle est fermée à sa base supérieure par une toile métallique très-fine, figure 217, ou par une étoffe servant de filtre, comme l'indique la figure 218, et que l'on peut renouveler ou changer au besoin. La base supérieure de cette même boîte à café M est en deux parties, l'une fixe et l'autre s'ouvrant à charnière. La partie fixe *o* et la partie mobile *p* sont percées de petits trous pour le passage du liquide; cette base métallique est surmontée d'une anse *s*, pour faciliter le déplacement de la boîte à filtre M.

Manière d'opérer. On ferme le bec de la cafetière avec le bouchon à vis J; on place la pompe pneumatique E sur le prolongement du manche, on introduit la quantité de café nécessaire dans la boîte à filtre M, puis on la place dans la partie rentrante B, en forçant un peu pour opérer la fermeture hermétique; on remplit d'eau bouillante la capacité A, et, pour obtenir immédiatement le café filtré, il suffit de faire le vide en aspirant l'air avec la pompe E; on retire alors la pompe et le bouchon à vis, et on peut servir le café comme avec les cafetières ordinaires. Les caractères distinctifs que présente la première combinaison ci-dessus décrite de la nouvelle cafetière sont les suivants : 1° réunion, en un seul et même vase, des deux parties mobiles de l'ancien appareil; 2° suppression du robinet à air et de celui d'écoulement, remplacés par un bec ordinaire fermé d'un bouchon à pression; 3° adjonction d'une boîte à filtre avec charnière.

Or, l'avantage qui résulte du premier caractère distinctif de cette nouvelle cafetière, c'est-à-dire de la réunion, en un seul vase, des deux capacités mobiles de l'appareil primitif, réside surtout dans la jonction hermétique que l'on obtient complètement par la soudure, sans aucune difficulté, tandis que, dans le système primitif, il fallait beaucoup de soins pour y arriver, et encore avait-on souvent l'inconvénient de voir ces deux parties se disjoindre par une pression intérieure ou se fausser. La combinaison de la boîte à filtre avec charnière pour l'introduction du café, est un perfectionnement très-important : en effet, on voit déjà qu'il n'est plus nécessaire, comme dans l'ancien appareil, de disjoindre les deux capacités pour enlever le filtre; il suffit d'ôter le couvercle supérieur R, puis de saisir l'anse de la boîte à café. Cette disposition permet de nettoyer ou changer le filtre au besoin, d'alimenter le café avec la plus grande facilité. Le filtre peut, d'ailleurs, être en toile métallique, en papier filtre ou en toute matière ou étoffe propre à cette opération. Cette mobilisation nouvelle de la boîte à filtre est très-commode pour enlever les résidus en totalité et sans craindre qu'il en tombe quelques parties dans le liquide filtré.

Outre ces avantages, la nouvelle cafetière se distingue encore par ses formes gracieuses et la grande commodité du service. On peut observer aussi que la pompe se dissimule sous le manche de la cafetière pour former la poignée; de cette manière, on ne risque pas de détériorer la pompe par un choc. Le dessin représente, figure 219, la coupe intérieure d'une deuxième combinaison de la cafetière.

Les parties distinctes A et B, travaillées séparément, sont, comme dans le précédent, réunies par une soudure pour former un seul vase. La capacité supérieure A est destinée à contenir la même boîte à filtre M, décrite ci-dessus, dans laquelle se placent le café ainsi que l'eau nécessaire à sa confection; elle n'a de communication avec la capacité B, que par l'ouverture d'un robinet D fixé à la base servant de dou-

ble fond. A la jonction des capacités A et B est disposée extérieurement une gouttière E, destinée à recevoir une quantité
donnée d'esprit-de-vin, qui, par sa combustion, chauffe jusqu'à ébullition l'eau contenue dans la capacité R. Au-dessus
de cette gouttière E, se trouve fixée contre la paroi B la
pompe C, servant aussi de manche ou poignée à la cafetière;
cette pompe aspire l'air par un trou presque imperceptible,
percé à la paroi extérieure, contre laquelle elle est fixée à vis.
Du côté opposé à la pompe sort le bouton extérieur d'un robinet D fixé à l'intérieur de la partie B, contre le double fond
A. La construction de ce robinet est telle, que son effet est
double, il sert simultanément, quand il est fermé, à retenir
l'eau dans la partie supérieure A, pendant le temps de la combustion de l'esprit-de-vin, et à donner de l'air dans la partie
inférieure B par les ouvertures a, a, qui se trouvent alors en
rapport. Lorsqu'il est ouvert, il donne passage au liquide contenu dont la capacité A par les ouvertures b, b, et intercepte
la communication de l'air extérieur avec la partie B, dans laquelle on fait le vide pour accélérer le filtrage. Le bec de la
cafetière est fermé aussi par un bouchon à vis F; la boîte à
filtre se place dans la partie a de l'appareil, et doit descendre
en forçant un peu sur l'épaulement ménagé exprès h.

Autre manière d'opérer. On ferme le bec de la cafetière avec
le bouchon à vis F; on ferme également le robinet D. Après
avoir mis la quantité nécessaire de café dans la boîte à filtre
M, au moyen du demi-couvercle à charnière, on la place
dans la capacité A, en l'enfonçant jusqu'à ce qu'elle s'appuie
sur l'épaulement h; on remplit d'eau froide, à 1 ou 2 centim.
(5 à 9 lig.) près, la partie supérieure A; on verse dans la gouttière E la quantité d'esprit-de-vin que contient la mesure;
aussitôt qu'il est consommé, on ouvre le robinet D, et on agit
comme il est indiqué précédemment; enfin, pour verser le
café, on fermera le robinet D, et on enlèvera le bouchon F.

Outre la réunion des deux capacités pour former un
même vase, et la disposition de la boîte à filtre mobile, cette
deuxième combinaison présente les caractères distinctifs suivants: 1° suppression du tube d'aspiration; 2° suppression
du manche, qui est utilement remplacé par la pompe pneumatique; 3° application d'un robinet à double effet; 4° effet
nouveau obtenu de l'emploi de la gouttière comme moyen de
chauffage. Cette gouttière à esprit-de-vin est un moyen de
chauffage connu, il est vrai, mais l'effet que j'en obtiens dans

cette cafetière est différent de tout ce qui a été produit dans celles où on l'employait. On peut remarquer sur le dessin que, dans cette seconde cafetière, le café en poudre est renfermé dans la boîte à filtre M, qui descend un peu plus bas que le niveau supérieur de la gouttière E, lorsqu'elle est placée dans la capacité A. Il résulte de cette disposition que l'eau ne peut que très-faiblement pénétrer la superficie du café pendant la durée du chauffage; car l'air, comprimé d'abord dans le petit espace laissé libre entre le fond de la boîte à filtrer M et le double fond des capacités A, B, puis dilaté par la chaleur, s'oppose à ce que l'eau s'y introduise avant l'ouverture du robinet D : la chaleur que produit la flamme de l'esprit-de-vin en combustion, agissant alors directement sur le café, en développe les principes aromatiques et en facilite l'extraction par l'eau bouillante au moment du filtrage. C'est à cette circonstance toute nouvelle que j'attribue le résultat obtenu d'économiser, par mon procédé, près d'un tiers de la quantité de café généralement employée, l'extraction des principes aromatiques étant aussi prompte que complète.

L'appareil représenté sur le dessin, figure 220, est une troisième combinaison, destinée à fabriquer le café dans les établissements publics : cet appareil comprend, outre les deux capacités A, B, une troisième capacité C, servant de bain-marie. Cet appareil est transportable au moyen de deux poignées g g; il est muni, comme les précédents, d'une pompe E, d'une boîte à filtre avec charnière pour le chargement du café, et de deux robinets H, I servant, l'un à vider ou puiser dans le bain-marie C, et l'autre à verser le café.

Cafetière Cordier. La cafetière perfectionnée de M. L. H. Cordier, décrite dans le T. LXI des *Brevets d'invention expirés*, représentée dans la figure 221, Pl. V, se compose d'un vase en métal quelconque; on peut lui donner toutes les formes possibles, et il en sera de même par les autres vases indiqués aux mêmes dessins.

1° Tube à l'extrémité duquel, par le haut, sont pratiquées des ouvertures qui donnent passage au liquide venant de la partie inférieure de ce tube; à ce tube est soudé un filtre en métal, et ce filtre est fixé dans le vase sur une embase; un deuxième filtre en métal est destiné à être placé sur la poudre de café placée dans l'intervalle qui sépare ces deux filtres; le vide qui se trouve entre le couvercle et le deuxième filtre est reservé pour recevoir le liquide que doit saturer le café.

2° Couvercle en métal qui s'adapte au vase par un taraud à l'intérieur du couvercle ; ce taraud se visse sur un pas de vis établi à l'embouchure du vase, de sorte que, quand ces deux parties sont serrées le plus possible, la fermeture est d'autant plus hermétique que le couvercle vient se fixer sur une embase ; entre ces deux parties est placée une rondelle en cuir ou caoutchouc ; ce couvercle pourra être remplacé par celui du vase figure 222, en supprimant le robinet 4.

3o Soupape en métal garnie à l'intérieur de cuir ou caoutchouc ; elle s'ouvre en faisant pression sur le bouton qui est à l'extrémité de la tige qui la retient ; quand on veut que cette soupape soit fermée, on lâche le bouton, et le ressort à boudin qui retient cette tige par le haut s'ouvre dans l'espace qui lui est réservé et tient ainsi cette soupape constamment fermée, et, pour que la vapeur ne s'échappe pas par le trou par lequel passe la tige qui retient cette soupape, il existe une boîte contenant des étoupes sur le couvercle de laquelle vient se fixer le ressort en question.

4° Robinet simple : il peut être remplacé par le robinet 4, du vase figure 222, ou par tout autre moyen analogue.

5° Autre robinet simple.

Voici comment on fait fonctionner cette cafetière :

On met de l'eau dans le vase jusqu'à l'endroit où est fixé le premier filtre ; ensuite on met en place ce filtre, on fixe dessus une flanelle de même dimension que le filtre, puis ensuite la poudre de café, par-dessus une autre flanelle et le filtre en métal déjà indiqué ; enfin le couvercle ; et, tout cela terminé, on allume un foyer sous le vase, et, quand l'eau est en ébullition, on ferme le robinet 4 ; alors la vapeur fait pression sur le liquide et le fait monter par le tube s ; le liquide vient se précipiter dans le vide qui existe entre le couvercle et le deuxième filtre. Pour saturer le café, on ouvre la soupape, la vapeur monte par un tube placé extérieurement à l'appareil, et, comme il communique avec le réservoir supérieur, la vapeur vient faire pression sur le liquide qui traverse le café et en enlève l'essence. On peut répéter plusieurs fois cette opération, et quand on a saturé suffisamment le café, on ouvre le robinet 4 pour donner passage à la vapeur : si on a besoin de café, on ouvre le robinet 5, et on obtient un liquide chaud et parfaitement limpide.

Figure 222, 1, fil rond métallique à l'extrémité duquel, par le bas, est soudé un filtre en métal : ce filtre vient se reposer sur une embase fixée autour du vase, à l'intérieur ; il est indiqué un vide au-dessus de ce filtre ; dans ce vide doit être placée la poudre de café, et par-dessus, le deuxième filtre en métal.

2, couvercle en métal ; il doit être garni d'un cuir ou caoutchouc dans la partie creuse qui sert à l'enclaver dans la bordure du vase ; ce cuir ou caoutchouc est aussi fixé au couvercle, en le plaçant au fond et venant y fixer par-dessus une plaque en métal avec des vis.

3, bride en métal garnie d'une vis au milieu ; cette bride est fixée sous l'embase qui reçoit le couvercle, et, quand elle est ainsi placée bien au milieu du couvercle, on serre la vis avec le plus de pression possible ; alors le vase se trouve très-hermétiquement fermé. Je puis remplacer ce couvercle par celui du vase figure 223.

4, robinet à soupape, qui se trouve ouvert à l'aide d'un ressort formant crochet qui maintient l'extrémité d'une bascule fixée à la boîte qui contient le ressort.

Quant aux détails de cet appareil, ils sont les mêmes qu'à la boîte 3 de la figure 221, sauf que le tube est disposé pour laisser échapper la vapeur hors du vase ; je puis remplacer ce robinet par celui 4 de la figure 221, ou par tout autre remplissant les mêmes conditions.

5, tube donnant les liquides : je puis donner à ce tube toutes les formes qu'il me conviendra ; je puis également adapter à ce tube un robinet simple ou tout autre.

Voici comment on fait fonctionner cet appareil ou vase :

On place le filtre 1 sur son embase, puis on met un filtre en laine par dessus, ensuite le café, et sur le café, un filtre en métal, puis l'eau ; après cela le couvercle 2, et on fixe la bride 3 ; cette opération faite, on allume un foyer sous le vase, et quand l'eau est en ébullition et qu'elle a suffisamment bouilli avec le café, on ferme le robinet 4, et la vapeur se concentre et fait pression sur le liquide, qui vient se précipiter tout clarifié par le tube 5.

Figure 223, 1, tube qui est soudé par le bas à un filtre en métal ; ce tube dépasse le filtre par le bas, et à la partie supérieure de ce tube il y en a un autre qui est courbé ; ils se fixent ensemble par une vis ; à ce dernier tube courbé en est fixé ou soudé un autre sur lequel sont percés des trous de-

vant prendre la vapeur dans le vase et communiquant avec un
robinet placé dans le couvercle. Le filtre en métal auquel est
fixé le tube est lui-même fixé ou soudé à la boîte 5; ce filtre
pourrait ne pas être soudé, et on le ferait poser sur une embase
placée à l'intérieur de la boîte 5 : cette boîte pourra se fixer,
dans le vase, sur une embase qui sera à la partie supérieure
du cercle soudé au vase; alors, comme à la partie inférieure
de la boîte 5, il y aura une autre boîte dans laquelle se pré-
cipitera le liquide pour remonter ensuite par le tube 1, cette
boîte, étant plus étroite que celle 5, tiendra cette dernière bien
fixe; par cette raison, on pourrait faire passer le tube 1 par
les parois extérieures de la boîte recevant les liquides et le
faire monter jusqu'en haut du vase, sans être obligé de faire ce
tube courbe.

2, couvercle fermant comme celui de la figure 221 : on
peut également le remplacer par le couvercle de la figure 222
ou par tout autre moyen de fermeture hermétique.

3, robinet simple en métal adapté au couvercle : ce robinet peut être remplacé par celui de la figure 222.

4, robinet simple en métal donnant les liquides.

5, vase devant contenir la poudre de café : la partie supérieure de cette boîte est mobile et est fixée à ce vase intérieurement : cette boîte, qui est mobile, est suceptible de varier,
pour sa hauteur, en raison de la quantité d'eau qu'on veut
saturer.

Voici la manière de faire usage de cette cafetière :

On retire de dedans la cafetière la boîte 5, on place, sur
le filtre en métal qui est en bas de la boîte, une flanelle ou
filtre, on met le café par dessus, puis un second filtre en
laine, ensuite celui en métal; on replace la boîte dans la cafetière, ensuite on met le tube courbe, puis le liquide; que
l'on verse environ jusqu'à l'endroit où sont joints les deux
tubes; après cela on fixe le couvercle sur le vase, et on laisse
ouvert le robinet 3 : cela fait, on allume le foyer sous le vase,
et, quand l'eau est en ébullition, on ferme le robinet 3; et,
par la pression de la vapeur sur le liquide, l'eau se sature de
toute l'essence du café : quand on juge que cette saturation
est suffisante, on ouvre le robinet 4, et l'on retire du vase la
partie du liquide qui dépasse par-dessus la boîte 5: ce liquide retiré, on ferme le robinet 4, et la vapeur, faisant pression sur ce qui peut rester de liquide dans la boîte 5, le fait
sortir de dedans cette boîte, et le jette dehors cette boîte en

le faisant sortir par le tube 1 : cela terminé, on ouvre le robinet 3 et la vapeur s'échappe ainsi.

Figure 224. Ce vase est le même que celui de la figure 221, le seul changement est que l'on peut séparer du vase contenant les liquides, l'appareil dans lequel est placée la poudre de café ; ces deux vases s'unissent ensemble au moyen d'un taraud pratiqué à l'intérieur de l'embouchure du vase supérieur, et d'un pas de vis établi sur l'entrée de l'autre vase ; alors on visse ces deux parties l'une sur l'autre, et quand elles sont vissées, le vase supérieur se trouve placé sur une embase garnie de cuir, et cette embase est fixée au vase inférieur.

On établit sur cette cafetière un cylindre mobile qui vient s'adapter sur le vase, figure 224, au moyen d'une embase qui est établie autour du vase ; ce cylindre ou tambour est creux à l'intérieur et est disposé pour recevoir un liquide quelconque ; ce tambour est indiqué par le chiffre 6, et le robinet qui est disposé pour donner le liquide, par le chiffre 7, ainsi qu'on le voit figure 224 ; ce cylindre peut être chauffé par le foyer qui doit alimenter le vase, sans augmentation de combustible.

Le vase de la figure 224 doit être alimenté par un foyer à l'esprit-de-vin ; on pourrait également le chauffer par tout autre combustible en disposant l'appareil au genre de chauffage qu'on établit ; on pourrait également établir un réchaud régulateur, dont les moyens sont déjà connus ; et aussi fixer le cylindre 6 à tous les vases de cette figure, et à chacun de ces vases adapter le réchaud qu'il conviendra.

Figure 225, 1, tube auquel est fixé, par le bas, un filtre en métal maintenu dans le vase sur une embase qui est soudée autour du vase ; la partie supérieure de ce tube est ouverte et correspond avec le robinet 3 : un peu plus bas sont des trous qui sont destinés à donner passage au liquide venant du bas du tube ; au-dessus des trous dont je viens de parler existe une partie qui est bouchée, afin que le liquide ne monte pas plus haut ; dans ce même vase est un second filtre en métal destiné à contenir le café entre le filtre du bas et ce dernier.

2, même couvercle que celui indiqué par le même chiffre à la figure 223 ; on peut remplacer ce couvercle par celui de la figure 222, y compris le robinet, ou bien en conservant le robinet 3 de la figure 225, ou tout autre robinet.

3, même robinet que celui indiqué par le même chiffre figure 223 ; on peut remplacer ce robinet par celui portant le chiffre 4, figure 222, ou par tout autre moyen analogue.

4, robinet simple donnant les liquides.

Voici comment on fait fonctionner cette cafetière.

On met en sa place, dans le vase, le filtre du bas, on adapte dessus un autre filtre en laine, puis le café et, par-dessus le café, un troisième filtre en laine, et sur ce filtre, celui de métal ; ensuite on verse le liquide par-dessus le café, on met le couvercle et on ouvre le robinet 5 : cela fini, on place la cafetière sur un foyer, et, quand le liquide est en ébullition, on ferme le robinet 3 ; alors, par la pression de la vapeur, le liquide se sature de lui-même, et, quand on le croit suffisamment saturé, on ouvre le robinet 4, et on obtient un café parfaitement limpide.

On peut substituer aux divers robinets qui ont pour objet de donner passage, hors du vase, à la vapeur, lesquels sont indiqués aux dessins, la soupape 1. Voici la manière dont elle fonctionne :

Le tampon est garni de cuir ou caoutchouc à l'intérieur ; la boîte qui le contient est percée de divers petits trous à sa naissance ; dans cette boîte est un ressort à boudin qui, d'une part, fait pression sur le tampon, et de l'autre, est arrêté par le couvercle de cette boîte : ce couvercle est percé dans le milieu, pour que par ce trou on puisse faire passer une tige qui tiendra au tampon et qui, par ce moyen, le maintiendra fixe ; au-dessus de cette tige, on placera un timbre ou tout autre moyen d'avertissement, de sorte que, quand la vapeur fera remonter la soupape, on soit averti que le liquide est à l'état d'ébullition. Il en sera de même pour les autres robinets, dont on a parlé précédemment, devant servir au même usage que cette soupape ; on pourrait de même se servir de cette soupape et supprimer le ressort à boudin, en le remplaçant par un ressort en acier qui sera fixé, avec une vis, sur l'endroit de l'appareil où il sera convenable de placer cette soupape.

On pourrait également remplacer les robinets dont on vient de parler par la soupape 2 ; cette soupape est garnie d'un cuir ou caoutchouc conique à l'endroit qu'il doit occuper dans l'issue ou trou rond qui est pratiqué pour le recevoir, afin d'ôter toute issue à la vapeur, jusqu'à ce que cette vapeur soit assez forte pour soulever le tampon, qui, du reste, est fixé au vase par un ressort en acier et une vis qui maintient ce ressort.

Voici maintenant quelques perfectionnements apportés à ces appareils.

Le premier de ces perfectionnements consiste en ce que le filtre qui doit être mis par-dessus le café y soit superposé par tel moyen que ce soit, de sorte que, quand la vapeur fait pression sur le liquide, le filtre supérieur reste fixe, et, par ce moyen, le liquide aura la possibilité de passer à travers la poudre du café ou toute autre infusion.

Le vase de la figure 226, est le même que celui indiqué figure 225, et les dispositions intérieures en sont également les mêmes; seulement on a perfectionné le filtre qui est placé dans le bas de l'appareil et destiné à recevoir la poudre de café; ce filtre est en métal, et par-dessus on place une flanelle, et sur cette flanelle un autre filtre, qu'on fixe à la tige qui maintient le premier par une vis ou tout autre arrêt. Le filtre qui doit être superposé par-dessus la poudre de café est disposé de la même manière que le précédent; il est maintenu ou superposé au-dessus de la poudre de café au moyen d'un pas de vis pratiqué sur le tube qui est fixé au premier filtre et d'un taraud pratiqué dans un noyau fixé à ce deuxième filtre.

Le deuxième perfectionnement apporté consiste d'abord en un robinet adapté au tube qui traverse les filtres de la cafetière indiquée au dessin, *fig.* 227, et dont on a donné le détail dans les descriptions précédentes. Ce robinet, ainsi placé, est destiné à empêcher le liquide venant par le bas de se jeter davantage dans le réservoir supérieur; quand ce liquide est ainsi arrêté, en pressant sur la soupape fixée au tube qui, d'une part, communique avec la partie du vase où est le liquide, et, de l'autre, communique également avec le réservoir qui est à la partie supérieure du vase, la vapeur fait pression sur ce qu'il y a de liquide dans ce réservoir et sèche ainsi le marc du café. Ce robinet est fixé à un tube mobile, à l'intérieur duquel est établi un taraud qui vient se fixer sur un pas de vis pratiqué sur le tube inférieur; à ce robinet est une tige carrée sur laquelle vient se fixer une clef qui est dans un tube soudé au vase; dans cette même boîte il est réservé, derrière la clef, un petit espace qui sert à contenir des étoupes, afin d'empêcher la vapeur de passer par le trou par

lequel traverse la tige de la clef, et ces étoupes sont maintenues dans cette boîte par un petit couvercle que l'on visse
à l'extrémité ; alors, pour unir la clef à la tige du robinet, il
ne s'agit que de pousser sur le bouton de la clef.

On peut perfectionner également cet appareil en établissant une seconde clef semblable à celle dont on vient de parler, et une tige carrée qu'on fixe au tube sur lequel est établi
le robinet en question ; alors, en fixant cette clef au vase en
face de la première, on maintient ainsi les filtres : on pourrait également les fixer par tous les arrêts possibles.

On peut du reste placer le tube donnant les liquides dans
la partie supérieure du vase, contre les parois de ce vase,
soit à l'intérieur, soit à l'extérieur ; si c'est à l'intérieur, quand
le tube sera à la hauteur des soupapes, on le fera passer extérieurement, on le fixera le long du vase jusqu'en haut et on
le mettra ainsi en communication avec le réservoir du haut :
ce tube sera extérieurement garni d'un tube en verre, afin
que l'on puisse voir monter le liquide.

On peut encore faire passer à l'extérieur du vase le tube
jetant les liquides, de la même manière que celui du dessin, pour les vases dont la poudre de café doit être placée
dans la partie inférieure du vase, et mettre un robinet à ce
tube et, par là, arrêter à volonté le renouvellement du liquide sur la poudre de café.

Si on veut aussi, on adaptera une soupape à la partie supérieure du tube qui a pour objet de prendre la vapeur qui
est dans le vase où l'on met tout le liquide, et de conduire
cette vapeur dans le réservoir supérieur ; alors cette soupape
aurait pour utilité d'empêcher le liquide d'entrer dans le
tube en question.

Il est possible aussi de mettre, sous le filtre qui reçoit le
café, une plaque en métal qui empêche toute communication de la poudre de café avec la vapeur qui se forme dans
la partie du vase où est le liquide ; de fixer, à l'intérieur du
vase, un robinet auquel est adapté un tube communiquant
avec le filtre par une petite embouchure qui vient se fixer
dans le tube en question, et ce tube peut se prolonger à volonté dans le vase et jeter le liquide venant du haut et passant à travers la poudre de café dans le vase inférieur : cette
plaque en métal sera également soudée à l'appareil ; alors le
tube y serait pareillement fixe, et, pour introduire le liquide
dans le vase, on pratiquerait un trou sur cette plaque et on le

Ferblantier.

9

fermerait par un bouchon à vis ; du reste on peut introduire
le liquide par tout autre endroit.

Enfin, si on veut, on peut établir sur l'appareil un tube en
verre dans lequel est un flotteur qui indique quelle est la
quantité de café qui reste dans le vase où est le liquide (ce
tube est fermé à son extrémité), et placer la plaque qui doit
intercepter la communication de la vapeur avec la poudre
de café à moitié du vase ; ajouter au tube qui prend la vapeur dans le vase inférieur, pour la transporter dans le vase
supérieur, par un conduit qui traverse la plaque en question et
qui y est soudé ; il en sera de même pour le tube adapté à
la soupape qui échappe au dehors le trop de vapeur. De même
on peut établir, au-dessus de cette plaque, un robinet qui
versera le liquide hors du vase, et à cette plaque fixer ou
souder, dessous le tube de communication, un robinet qui sera
fixé à l'intérieur du vase ou extérieurement, et qui aura pour
but de transporter le liquide saturé qui sera sur cette plaque
dans le vase inférieur. Enfin on pourra établir une deuxième
soupape qui communiquerait avec cette partie formant vide
au-dessus de la plaque dont il s'agit, et qui donnerait passage,
au dehors, au trop de vapeur qui pourrait venir s'accumuler
dans cet endroit. Quant à l'introduction des liquides dans le
vase inférieur, elle pourra se faire par les moyens que j'ai
indiqués précédemment.

Le troisième perfectionnement apporté à la cafetière, et qui
est représenté figure 228, consiste d'abord en ce qu'on se sert
d'un même tube pour recevoir le liquide pressé par la vapeur, et pour jeter ce liquide dehors ou le rendre dans le vase
à l'aide d'un robinet à double effet qui se trouve placé à la
partie supérieure du tube ; ce robinet, ainsi qu'il est vu, donne
le liquide hors du vase, et est placé sur le tube sur tel
sens qu'il conviendra, et alors sa construction variera suivant
sa position ; quant aux autres parties du vase, elles sont les
mêmes que celles déjà indiquées, seulement on peut établir,
sur le tube qui maintient le filtre supérieur, une boîte mobile à oreilles qui sera maintenue au tube par une vis ou
tout autre arrêt ; et maintenir le filtre fixé en vissant la tige
du filtre du bas dans une boîte au fond du vase.

On peut se servir, à volonté, d'un tube disposé et agissant
de la même manière que celui de ce dessin, en y comprenant le robinet, et on adapte un niveau d'eau ou flotteur en
verre, bouché à son extrémité, aux vases qui sont susceptibles

de recevoir ces applications. Il y a aussi quelque avantage à rendre fixe la partie supérieure ou trémie de la boîte devant contenir le café et que l'on adapte dans le vase figure 223 ; et comme cette boîte ou trémie a pour but de servir de niveau d'après la quantité d'eau que l'on veut mettre dans le vase principal, alors on pourrait établir, à des distances diverses, des robinets par lesquels passera l'eau qui saturera la poudre de café contenue dans la partie inférieure de la boîte : on remplacera ces robinets par tous les moyens analogues.

Il est aussi possible de supprimer, à la soupape de ce dessin et à celles agissant en sens inverse, qui sont construites comme celle-ci et ont pour but de prendre la vapeur dans le vase où est le liquide pour la transporter dans celui où est la poudre de café, le cuir qui sert à former une fermeture très-hermétique, parce que la vapeur le brûle et qu'il finirait par boucher le trou pendant que le vase fonctionnerait, et de placer le niveau d'eau ou indicateur, soit au vase inférieur contenant les liquides, soit au vase supérieur formant vide et destiné à recevoir le liquide après avoir traversé la poudre de café, et enfin éviter de mettre un bouchon ou robinet pour l'introduction du liquide dans le vase inférieur, en jetant ce liquide sur le vase supérieur, puisqu'il y aura un robinet qui servira à descendre à volonté le liquide qui aura traversé le café, dans le vase inférieur ; ce vase inférieur pourra être de plus grande dimension que celui superposé, afin que la vapeur, lorsqu'elle fera pression sur le liquide, ne transporte pas tout ce liquide dans le vase supérieur.

Un quatrième perfectionnement est celui représenté dans la figure 229. 1, vase en métal dans lequel on met le liquide.

2, vase en métal contenant le filtre mobile sur lequel on met la poudre de café ; ce filtre est le même que celui indiqué dans les descriptions précédentes.

Le vase 2 est soudé sur une plaque en métal qui couvre le vase 1 ; cette plaque est elle-même soudée à ce dernier vase.

3, couvercle en métal du vase 2, dont on a donné la description précédemment et où on peut remplacer le cuir qui sert à donner une fermeture hermétique par un carton à l'intérieur.

4, bouchon en métal garni d'un taraud et qui se visse à l'embouchure par laquelle on introduit le liquide : ce bouchon pourra être remplacé par un robinet ou par toute autre

fermeture possible; il pourra également être placé à l'intérieur du vase 2.

5, soupape en métal servant à donner passage à l'excédant de vapeur qui se forme dans le vase 1, par suite de
l'ébullition du liquide : cette soupape est garnie intérieurement d'un carton et recouverte d'une plaque en métal,
sauf les parties qui posent sur l'embouchure; à cette soupape
est attaché un tube qui est destiné à donner passage à cette
vapeur quand la soupape est ouverte; on peut adapter un
sifflet à ce tube.

6, tube en métal soudé aux deux vases et par lequel passe
le liquide chaud venant du vase 1; ce liquide se jette dans
le vide qui est réservé dans la partie supérieure du vase 2 ;
sur ce tube on peut établir à volonté un robinet sur la partie
vue extérieurement aux vases. •

7, tube en métal par lequel passe le liquide chaud après
avoir traversé la poudre de café ou le thé; sur ce tube est
un robinet en métal dont l'usage est d'intercepter le passage au liquide et, par là, à obtenir un liquide contenant
toute l'essence du café ou du thé. On peut supprimer ce robinet, et, dans ce cas, conserver la soupape 5, ou la remplacer par un robinet, et fixer un sifflet à la partie supérieure
du tube donnant passage à la vapeur.

On peut apporter à cette cafetière tous les différents changements indiqués pour les cafetières précédentes et appliquer
toutes les dispositions ou tous les systèmes existants dans toutes
les cafetières connues jusqu'à ce jour, ou bien y établir un niveau d'eau ou un flotteur et même une soupape à un tube servant à prendre la vapeur dans le vase 1, à la faire peser sur le
liquide qui se trouverait dans la partie supérieure du vase 2;
enfin remplacer cette soupape par un robinet et établir ce niveau d'eau avec la soupape ainsi qu'on l'a indiqué précédemment; enfin appliquer, à volonté, aux appareils précédents le
robinet dont il vient d'être question, en remplacement de la
soupape fixée au tube, ou même supprimer ce tube; alors on
supprimerait aux tubes prenant le liquide par le bas pour le
jeter dans le vide qui se trouve dans le vase supérieur, le robinet qui y est indispensable dans le premier cas.

Un cinquième perfectionnement a été indiqué figure 230.
1, cafetière en métal qui diffère de celle précédente en ce que
le vase supérieur, au lieu d'être uni au vase inférieur par
soudure, est établi par soudure au fond du vase supérieur; un

couvercle semblable à celui qui couvre ce même vase, et dont
il a été déjà donné la description, est fixé au vase inférieur
de la même manière que l'autre. On établit une bride en
métal qui unit les deux vases l'un à l'autre; on unit ces deux
vases au moyen d'un vissage, soit sur le couvercle ou par le
couvercle lui-même.

2, tube prenant le liquide dans le vase inférieur et vient
le jeter dans la partie supérieure de l'autre vase, pouvant être
placé à l'intérieur du vase et être soudé au vase supérieur;
on peut alors établir dessus un pas de vis qui sert à tenir le
filtre supérieur superposé, ainsi qu'on le voit au dessin, et
disposer un robinet servant à empêcher le liquide de monter
dans le vase supérieur, en ayant soin de mettre une plaque
en métal qu'on soude par-dessus et qui empêche la communication soit avec la vapeur du vase inférieur, soit avec le liquide du vase supérieur.

3, vase inférieur n'ayant ni robinet ni soupape de sûreté
pour donner passage à la vapeur; mais on peut les y établir
par les moyens indiqués précédemment, de même que les supprimer dans les vases précédents fonctionnant dans le même
système que celui-ci; ou bien appliquer à ces vases les différents jeux des cafetières précédentes, et établir, soit le vase
supérieur, soit le vase inférieur de cette cafetière, ou des autres
fonctionnant de la même manière, avec corps en verre ou en
terre quelconque.

La figure 231 est un sixième perfectionnement. 1, vase
en métal; son couvercle est le même que ceux indiqués précédemment. Ce vase 1 est destiné à être placé sur le foyer;
il peut être de toute forme; c'est dans ce vase que doit être
mis le liquide devant saturer la poudre de café, le thé, ou
toute autre infusion.

2, vase en métal qu'on met en communication avec le
vase 1 par un tube. Ce tube est fixé par une soudure, d'une
part au couvercle du vase 1, et, d'un autre côté, à la partie
supérieure du vase 2; il est destiné à prendre le liquide dans
le vase 1, quand la vapeur arrive à faire assez de pression et
vient le refouler dans le vase 2. A la partie supérieure du vase
2 est indiquée une barre transversale: c'est le filtre supérieur à travers lequel doit passer le liquide venant du vase 1;
ce filtre est en métal quelconque et est soudé au vase 2; une
tringle est soudée au milieu du filtre et descend jusqu'à la
partie inférieure du vase 2; à cette tige est pratiquée, sur

toute sa longueur, un pas de vis qui, d'abord, sert à rapprocher
un filtre mobile de ce premier : entre ceux-ci on peut mettre
un feutre ; à la partie inférieure du vase 2 est indiqué un
deuxième filtre, aussi en métal et précédé d'une flanelle ou
d'un feutre ; comme ce feutre est interposé entre deux filtres
en métal, ce dernier filtre est garni de chaque côté d'un
support fixé sur un tube soudé à ce filtre ; alors ce tube,
étant garni, intérieurement, d'un taraud, se visse sur la tige
qui traverse le vase 2, et de cette manière on fait arriver le
filtre jusqu'à la poudre de café qui sera jetée sur le filtre supérieur.

3, vase en métal, en terre ou en verre ; de forme quelconque et destiné à recevoir le liquide aromatisé.

On pourrait adapter au vase 1 ; ou à son couvercle, un robinet garni d'un sifflet, ou tout autre appareil servant à indiquer
que le liquide est à l'état d'ébullition ; de même, remplacer
ce robinet par une soupape quelconque, et le couvercle du
vase 1 par toute autre espèce de fermeture ; compléter la fermeture de ce couvercle en y fixant deux boulons à oreilles qui
uniraient le vase au couvercle, et fixer au vase 1 le tube prenant le liquide dans ce vase, de même que ce tube pourra
être séparé soit du vase 1 ou 2, et l'unir à ces deux vases par
un écrou mobile ; enfin rendre mobile le filtre supérieur du
vase 2 et le fixer au vase par tel moyen que ce soit, ou fixer
le filtre inférieur à ce même vase par tous les moyens possibles.

On a représenté dans la figure 232 un septième perfectionnement dont voici une idée : 1, vase en métal destiné à recevoir
le liquide que l'on veut mettre en ébullition ; son couvercle est
disposé de même que le précédent ; à ce couvercle est soudé un
tube, lequel prend le liquide chaud dans le vase 1 et amène ce
liquide dans le vase 2 : ce tube est également soudé au couvercle du vase 2 ; il pourrait n'être fixé à l'un ou à l'autre
couvercle qu'au moyen d'un écrou mobile qui unirait le tube
à ces mêmes couvercles, et être également fixé au vase. Sur
le couvercle du vase 1, est établie une soupape, laquelle est
destinée à donner passage à l'excédant de vapeur : cette soupape est la même que celle de la figure précédente, et peut
également être établie sur le vase. On peut la remplacer par
une autre établie par un des moyens connus jusqu'à ce jour,
ou même la supprimer, mais alors il faudrait aussi supprimer
le robinet qui est fixé à la partie inférieure du vase 2. Quand

n'y aura plus de soupape au vase 1, on pourra la remplacer
ar un robinet adapté au couvercle ou à la partie supérieure
u vase, et établir sur ce robinet, par un vissage, soit un sif-
let, un petit moulin, ou tout autre indicateur, qui prévien-
rait que le liquide est en ébullition, et le vase 1 peut être bou-
hé par un tout autre couvercle que celui qui est établi, à la
ondition de faire un bouchage hermétique. On peut aussi
tablir sur ce vase 1 un niveau d'eau ou un flotteur, ainsi
qu'on l'a déjà indiqué.

2, vase en métal, en terre ou en verre, destiné à recevoir
soit de la poudre de café, le thé ou toute autre chose que
l'on voudrait infuser; les filtres seront les mêmes que ceux déjà
indiqués. A la partie inférieure du vase 2, est un robinet
pour intercepter le passage au liquide, et par là faire durer
l'infusion aussi longtemps qu'on peut le désirer : le couvercle
de ce vase est le même que celui du vase 1, et peut être remplacé par un autre couvercle dont la fermeture serait aussi
hermétique.

3, vase pour recevoir le liquide infusé; sur ce vase est indiqué un tube qui se trouve ouvert et destiné à donner passage à la vapeur venant du vase 1, quand le liquide est sorti
de ce vase. On peut établir un vase de ce genre ou du précédent en verre ou en terre, mais le couvercle sera toujours en
métal, et la bride qui maintient le couvercle de ce vase prendra à la partie supérieure du vase.

Le huitième perfectionnement a été indiqué dans la figure
233. Cette cafetière est en métal, et le seul changement qu'on
y a apporté consiste à fixer au couvercle le tube servant à
jeter hors de la cafetière le liquide tout saturé; ce tube passe
dans un autre servant à tenir superposés les deux filtres
entre lesquels est la poudre de café ou le thé.

On peut faire à cette cafetière tous les changements indiqués dans les descriptions précédentes et y adapter tout à
la fois une soupape de sûreté et un robinet servant à donner
passage à la vapeur avec sifflet ou tout autre indicateur; on
pourrait aussi fixer au couvercle de cette cafetière, dans le cas
où elle serait plus large au fond qu'à l'entrée, un tube ou
une tige pleine, et y adapter, au moyen d'un vissage, une
boîte en métal percée de tous côtés de petits trous et descendant jusqu'en bas du vase; cette boîte servira à contenir la
poudre de café ou le thé, et sera fixée au fond du vase; alors
on adaptera au couvercle de ce vase une soupape devant

servir à donner passage à la vapeur et on mettra un robinet au tube donnant le liquide ; ce tube pourra être placé à tel endroit du vase qu'il conviendra.

Enfin on pourrait dévisser du couvercle le tube indiqué dans ce dessin et le fixer soit au moyen d'un écrou mobile, soit par un vissage ordinaire ; disposer de la même manière les tubes servant au même usage pour les précédentes cafetières ; adapter au moyen d'un vissage la boîte dont on vient de parler, sur le tube qui traverserait la boîte et prendrait le liquide tout saturé, et fixer à ce tube un robinet ; enfin adapter aux vases devant recevoir le café tout saturé, dont on a donné déjà les dessins, un sifflet ou tout autre indicateur, afin que, lorsque le café est fait et que la vapeur vient à passer, on puisse en être prévenu.

Le huitième et dernier perfectionnement est celui indiqué dans la figure 234. Cette cafetière est la même que celle décrite dans le deuxième perfectionnement, sauf les changements indiqués ci-dessous.

1º On a supprimé le filtre qui se trouve placé dans la partie inférieure du vase et le filtre qui est fixé, par un pas de vis, sur le tube à travers lequel passe le siphon qui doit jeter hors du vase le liquide pressé par la vapeur ; ce filtre est fixé, à vis ou par scellement, au siphon, ou posé sur une embase établie dans le vase, alors le siphon est aussi garni d'une embase.

2º A la partie inférieure du siphon, celle qui prend le liquide dans le vase, on a vissé ou soudé une embouchure à l'intérieur de laquelle est établi un repos sur lequel on fixe une bague ayant pour but de maintenir tendue une flanelle qui sera placée entre ces deux parties, et, pour que cette bague serre comme il faut la flanelle, on visse à cette embouchure un couvercle percé de trous comme une passoire.

3º On peut donner à cette cafetière telle forme qui conviendrait, établir le vase en verre et y faire tous les changements indiqués aux cafetières précédentes.

4º On peut encore remplacer la fermeture autoclave qui unit le couvercle au vase de ce dessin, par un écrou mobile que l'on fixe sur un pas de vis établi autour de l'embouchure du vase ; si le vase est en verre, l'embouchure sera en métal fixé, par scellement, à ce vase. Le couvercle serait remplacé par un bouchon de liège à travers lequel passerait le siphon, et y serait fixé de haut et de bas par des écrous, ainsi que la soupape de sûreté. L'écrou mobile indiqué ci-dessus serait également employé pour unir le bouchon au vase ; et pareillement, on remplacerait cet écrou mobile par une bride qui serait fixée au vase et recevrait deux boulons à écrous établis à demeure sur le couvercle ou le bouchon.

Cafetière à siphon de Gosse. La cafetière Gossé décrite dans le T. LVII des Brevets d'invention expirés, se compose de deux ballons superposés comme les cafetières ordinaires du commerce, fig. 235, Pl.V : 1° filtre mobile facile à ôter et à remettre, qui s'agraffe sur un petit tube à rebords, fixé au bouchon du ballon inférieur, figure 236 ; 2° tube de verre disposé perpendiculairement et qui a la même forme que celui des cafetières communes ; 3° second tube, recourbé en siphon qui constitue à lui seul la nouveauté de cette invention, figure 237. Ce tube plonge dans la cafetière jusque dans la partie inférieure, et son extrémité qui est hors de la cafetière doit descendre plus bas que le tube introduit, afin d'obvier aux lois de l'hydraulique ; ce siphon se termine par un robinet au moyen duquel on verse le café à volonté. Il faut ensuite amorcer le siphon ; il suffit pour cela d'ouvrir le robinet au moment où l'eau commence à bouillir, elle monte alors dans les deux tubes par égale quantité, et l'on ferme le robinet dès que le siphon est plein ; en dernier lieu on n'a qu'à tourner le robinet pour se procurer la quantité de café qu'on désire, figure 238.

Ce qui constitue cette cafetière, c'est qu'on peut servir le café bouillant sans être obligé de démonter ni le ballon ni aucune autre pièce. A la faveur de ce système, le café n'est jamais en contact avec aucun métal, et son arôme se trouve ainsi conservé, beaucoup mieux qu'il ne l'est en tout autre vase clos.

Pour parvenir à vider le ballon inférieur sans démonter l'appareil, et pour les personnes qui, voulant voyager, craindraient la fragilité du siphon en verre, on peut confectionner des ballons inférieurs en métal, et on adapté un robinet.

Par un tube en verre ou en métal, figure 241, qui passe dans le bouchon et communique avec ce ballon inférieur qu'on tient ouvert, on fait dégager la vapeur produite par l'ébullition, et l'eau bout sans être contrainte à monter dans le ballon supérieur.

Au moyen de cette soupape fermée par une clef, le domestique peut faire bouillir l'eau à la cuisine et l'apporter en ébullition, pour que la maîtresse de la maison puisse la faire monter, quand elle juge convenable de faire son café, en fer-

mant le robinet de la soupape, ce qui a lieu instantanément.
Ce tube de dégagement est une, véritable soupape de sûreté
qui permet de faire bouillir l'eau sans la surveiller et de n'employer sa cafetière qu'au moment où l'on a besoin de son café.
En raison de ce nouveau mécanisme, on peut se servir de
cet appareil pour faire du thé, faire cuire des œufs et préparer toutes les infusions désirables.

Cafetière Dausse. La cafetière à flotteur et à filtre mobile
en tissu de M. Dausse est certainement une des plus remarquables qu'on ait inventées dans ces dernières années. Pour en
donner une idée, nous citerons le rapport de M. Herpin à la
Société d'Encouragement sur cet appareil.

« L'objet que s'est proposé M. Dausse, dit le rapporteur,
dans la construction de la cafetière qu'il vous a soumise, a été
d'épuiser le plus possible la poudre de café des substances solubles et aromatiques qu'elle contient, et d'obtenir une solution qui, pour une espèce de café donnée, soit d'une force
déterminée, constamment égale et identique.

» La cafetière de M. Dausse, comme la plupart des cafetières en usage, se compose de deux parties : l'une supérieure, dans laquelle on met de la poudre très-fine de café,
qui est légèrement comprimée et maintenue entre deux rondelles d'une étoffe de laine : la partie inférieure reçoit la
liqueur préparée : on reconnaît, au moyen d'un flotteur dont
la tige est graduée, la quantité d'eau qui a traversé la poudre ; on peut l'arrêter ou l'augmenter à volonté, à l'aide d'un
robinet disposé à cet effet.

» De cette manière on épuise plus ou moins le café, suivant
qu'on le fait traverser par une quantité plus ou moins grande
de liquide ; on obtient une solution plus ou moins concentrée,
au titre précis ou au degré de force qu'on désire lui donner.

» En opérant sur des quantités égales du même café, la
liqueur, au même degré du flotteur, ne présente aucune différence appréciable à l'aréomètre le plus sensible.

» M. Dausse, auquel l'art pharmaceutique est redevable
d'un travail intéressant sur la préparation des extraits médi-
camenteux par la méthode dite de déplacement (macération
et filtration sous une charge de liquide), s'est livré à des recherches assez étendues sur le mode le plus convenable de préparation du café.

» Nous devons rappeler ici quelques-uns des résultats les
plus importants de ce travail, puisqu'ils forment la base des
modifications que M. Dausse a faites aux cafetières.

» Plusieurs limonadiers tenant des établissements renommés dans la capitale et opérant avec des appareils de deux à trois cents tasses, fournis par M. Dausse, nous ont affirmé que ces appareils leur procuraient une économie du quart et souvent davantage.

» Le filtre de M. Dausse se compose d'une double rondelle d'étoffe de laine suffisamment épaisse pour retenir les parcelles les plus ténues de la poudre ; ces rondelles, convenablement lavées et séchées à l'air, durent pendant fort longtemps et ne contractent point de mauvais goût.

» L'infusion à froid n'enlève à la poudre de café qu'une portion des substances solubles qu'elle contient. M. Dausse estime que la température la plus convenable de l'eau pour l'infusion est de 95 à 100o centigrades.

» Évaporée à siccité, l'infusion de café a fourni moyennement les quantités ci-dessous énoncées de matière extractive :

Pour 30 grammes de café Martinique. 9 gr. 30 c. d'extrait.

— — Bourbon. . 7 50 —

— — Moka. . . . 6 60 —

Il est facile d'apprécier, par ce qui précède, les avantages que présente, surtout pour les établissements publics, l'emploi de la cafetière de M. Dausse.

» 1o Elle offre une économie notable par l'emploi de café réduit en poudre très-fine.

» 2o L'infusion est claire, limpide et sans dépôt, puisque le filtre de laine retient les parcelles les plus ténues de la poudre ; on évite ainsi l'emploi de la colle de poisson qui occasionne assez souvent des altérations dans la liqueur.

» 3o On obtient une solution plus ou moins concentrée et au titre demandé.

» 4o Le marc est épuisé autant qu'on le veut par l'effet du déplacement du liquide.

» Enfin, cette cafetière est d'un service commode ; on peut la nettoyer facilement, et le prix n'en est pas plus élevé que celui des cafetières ordinaires.

» D'après ces considérations, j'ai l'honneur de vous proposer, Messieurs, au nom du Comité des arts économiques.

» De remercier M. Dausse de sa communication et de faire insérer le présent rapport dans le bulletin avec la gravure de l'appareil. »

signé HERPIN, rapporteur,

Approuvé en séance, le 3 avril 1844.

Explication des figures.

Figure 239, Pl. VI, coupe verticale de l'appareil à faire le café de M. Dausse.

Figures 240 et 241. Le filtre en tissu de laine vu séparément.

A, récipient inférieur qui reçoit l'infusion de café. B, vase supérieur dans lequel on verse l'eau bouillante. C, flotteur indiquant la quantité de liquide renfermée dans le récipient à, D, tige graduée de ce flotteur passant à travers un tuyau E, soudé au fond du vase B. F, crible inférieur auquel est soudé un tuyau G, qui s'enfile sur le tuyau E. H, crible supérieur portant un tuyau *i*, qui se chausse sur le tuyau G. KK, double filtre en flanelle, entre lequel on place le café réduit en poudre fine. L, robinet qu'on tourne pour donner passage à l'infusion de café. M, robinet pour soutirer le café. N, lampe à alcool placée sous le récipient A.

CHAPITRE IV.

DES PETITS MEUBLES EN FER-BLANC.

Ce chapitre est tellement fécond, que je suis forcé de le diviser en plusieurs sections, afin d'apporter un peu d'ordre dans la suite des mille descriptions qu'il renferme. Pour cela, je rapprocherai autant que possible les objets analogues dans chaque division, et je réserverai pour la dernière tout ce qui n'aura pu se ranger dans les sections précédentes : ainsi il y aura : 1o la section des vases ; 2o celles des cuvettes ; 3o des plateaux ; 4o des boîtes ; 5o des moules pour différents arts ; 6o des flambeaux ; 7o des lanternes ; 8o des moules ; 9o des objets divers.

§ Ier. — DES VASES.

Litres. A Paris, les marchands de vin se servent de litres en étain ; mais, dans plusieurs villes de province, ces mesures se fabriquent en fer-blanc. C'est un vase cylindrique de la grandeur voulue, non agrafé, ourlé, et pourvu d'une anse fort simple, courbée comme celle des cafetières. On fait aussi des demi-litres, quarts de litre, etc.

Mesures à lait. C'est un vase cylindrique dans le genre du précédent, mais contenant un demi-septier (ancienne mesure). En beaucoup d'endroits, l'anse, soudée par les deux bouts, offre la courbure ordinaire ; mais elle est souvent disposée autrement : cette disposition, qu'indique la figure 75, consiste à souder sur le bord de l'ourlet l'extrémité inférieure d'une bandelette de fer-blanc, large d'environ 9 millimètres (5 lignes), ayant les deux bords garnis d'un ourlet rentrant, et l'extrémité supérieure roulée sur elle-même dans le sens opposé à l'ouverture de la mesure; cette poignée, qui s'élève verticalement au-dessus de la mesure, est longue d'environ 95 millimètres (3 pouces 1/2) : par conséquent, en la saisissant par le bout, on peut plonger la mesure dans un vase de lait sans être obligé d'y mettre les doigts.

Gobelets. Les gens de la campagne donnent à leurs enfants et ont aussi pour eux-mêmes des gobelets de fer-blanc, ayant la forme de verres un peu resserrés par le bas. C'est encore une espèce de vases très-simples, formés d'une seule pièce, ourlés sur le bord comme les précédents ; comme les précédents aussi, ils doivent être faits avec du fer-blanc parfaitement poli et brillant comme de l'argent. Il est bon d'agrafer les *gobelets à boire*, parce qu'on s'en sert souvent pour faire chauffer du vin, du lait, pour préparer des œufs au lait, à l'eau, etc. J'ai souligné le titre de ces gobelets afin de les distinguer des *gobelets pour escamoteur*, que l'on fabrique absolument de même, dans de plus grandes dimensions, et que l'on n'agrafe jamais : on les colore et vernit le plus ordinairement.

Vases vernissés pour faire tremper des fleurs. Ces vases, qui se confectionnent et se vendent toujours par paires, sont toujours doubles, c'est-à-dire qu'un vase intérieur et plus petit est toujours entré et caché dans un vase extérieur plus grand : les ornements se mettent sur celui-ci. Il a, par le bas, la forme carrée (*fig.* 76, *Pl.* II) A, et, par le haut, sa figure est cintrée *b* : quatre parois, soudées ensemble par les côtés, le composent. Leur extrémité inférieure est soudée après un petit carré de fer-blanc ou de tôle, car l'un et l'autre sont employés à confectionner ce vase extérieur. Le pied est composé de quatre bandelettes de fer-blanc assemblées et soudées carrément dans une position verticale; les angles reçoivent un morceau de fer-blanc qui les arrondit et soutient le fond du vase A, qui s'appuie sur eux. Les rognures des feuilles servent à cet effet. Pour plus de solidité, on les remplace par un morceau carré, autour duquel on soude les bandes. Au point où les angles sont libres, on y soude des pattes d'animaux argentées ou dorées. On les obtient avec une lame de fer-blanc em-

Ferblantier. 10

pruntée aux *fleurs*, et découpée à l'emporte-pièce, gaufrée à
la presse de manière à représenter l'objet désiré. Le vase
intérieur D, en fer-blanc, sans nul ornement, est d'un tiers
moins long que A, parce qu'il ne doit point pénétrer dans la
partie resserrée, et doit aussi s'arrêter, par le haut, au point
où *b* s'évase le plus. Sans être cintré comme A, il est resserré
à la base ; son bord supérieur est ourlé, et porte deux boucles
en fer *e e* sur deux faces opposées : ces boucles, qui servent
à enlever le vase intérieur sans toucher le vase extérieur,
ressemblent à deux boucles de rideau de moyenne grandeur,
et se placent comme les boucles des *couvercles de traiteurs*
(*Voyez* Chap. II, Part. II). Quand nous traiterons des ornements, nous dirons comment on peint, vernisse et dore ces
jolis vases.

Bouilloires. On les fait presque toutes en argent ou en plaqué ; néanmoins le fer-blanc battu, très-brillant, pourrait
préparer des bouilloires propres, légères et commodes pour
le service journalier. Un vase cylindrique (*fig.* 77, *Pl.* II) *ff*,
assez plat et presque semblable à une soupière dont on aurait
retranché à moitié la hauteur ; ce vase recouvert d'un couvercle sans rebord, soudé sur le bord de la même manière
que le fond, si ce n'est que tout autour règne un rebord
aplati *g*, comme celui de certaines assiettes ; le cercle intérieur qui se trouve entouré du rebord plat, un peu creusé
pour recevoir et soutenir le plat dont la bouilloire doit maintenir chaud le contenu ; une petite ouverture semblable à
celle de la cafetière à soupape, et placée sur ce rebord plat,
s'ouvrant et se fermant à volonté pour introduire l'eau ou
conserver sa chaleur ; enfin deux anses *i i*, dans le genre de
celles des soupières et placées de même de chaque côté du
vase ; quatre petits pieds *j j j j* posés au bord du fond, au-
dessus, et à égale distance, représentant souvent des glo-
bules, des pattes d'animaux : telles sont les parties d'un bouilloire, que l'on doit faire en fer-blanc très-épais.

Burettes. On en fabrique de deux sortes, les burettes à
servir la messe et celles à verser l'huile dans les lampes. Les
premières, que l'on fait rarement en fer-blanc, ont la forme
d'un petit pot à eau sans pied ni rebord inférieur, comme
l'indique la fig. 78, Pl. II : on les fait tout d'une seule pièce, sans
agrafer ; on les enboutit par le bas ; on les ourle sur le bord,
qui, au milieu, présente un repli longitudinal en manière de
goulot. Les secondes, ou burettes à lampes, ont environ 135

millimètres (5 pouces) de hauteur : c'est une espèce de cafetière d'abord cylindrique, puis évasée à la base au moyen d'un gousset, à la naissance duquel s'appuie l'anse, qui, comme l'on voit figure 79 *a*, descend fort bas; le bec *b* serait celui de toutes les cafetières s'il ne portait une partie coudée *c*; le rejoint de *c* est toujours opposé à celui de *b*, et par conséquent sur la face de dessous; on soude son plus large bord après *b*; l'autre bord demeure non ourlé. (*Voyez*, part. III, la disposition particulière que les lampes hydrostatiques apportent à ces burettes.)

Bouteilles. De quelque grandeur que vous fassiez une bouteille de fer-blanc, c'est toujours un cylindre fermé des deux côtés comme un tonneau; mais le côté supérieur est percé au centre d'une ouverture circulaire (*fig*. 80, *Pl*. II), après laquelle est soudé le bord inférieur d'un tuyau *d*, ou col de grandeur relative aux dimensions de la bouteille (27 millimètres (10 lignes), si le vase a 10 à 13 centimètres (4 à 5 pouces) de hauteur); *d* est bordé d'un ourlet plat : on le ferme quelquefois avec un petit couvercle pareil à celui qui couvre les becs de cafetières; il tient, comme ce dernier, par une chaînette fixée au bas du col de la bouteille. Ce cas, fort rare, devrait être plus fréquent.

Pot à lait. C'est une bouteille de très-forte dimension, qui se rapproche beaucoup plus de la forme des bouteilles de verre que la précédente, car le cylindre qui la compose se rétrécit insensiblement par le haut, auquel on adapte le col. Celui-ci a quelquefois de 13 à 16 centimètres (5 à 6 pouces) de circonférence; il est garni d'un ourlet de moyenne grosseur.

Boîte à lait glacière, de M. C. M. Rivet. Dans une boîte à lait de forme ordinaire, ou de toute autre forme quelconque, M. Rivet introduit par l'ouverture un cylindre en fer-blanc ou en tout autre métal, lequel ayant la capacité du sixième environ du contenu de la boîte de lait que l'on veut conserver, prend la forme de cette boîte, afin de couvrir intérieurement la plus grande surface possible, et d'établir ainsi un plus grand contact de la glace sur le lait.

Et comme la glace produit en fondant une certaine quantité d'eau qui déterminerait la fusion plus prompte de ladite glace, si on la laissait nager dedans, on a placé, à la hauteur du cinquième environ du fond de son cylindre, une grille double qui permet à l'eau de se retirer en dessous; de cette manière on profite, pendant un plus long espace de temps, de la fraîcheur de la glace et de l'eau glacée.

Au moyen de ce cylindre, et en renouvelant la glace matin et soir, on peut conserver du lait pendant pendant trois ou quatre jours, et on le garderait intact pendant plus long-temps encore, si l'on renouvelait plus fréquemment la glace dans le cylindre.

Il en serait de même si, par une modification d'appareils, on entourait le lait de glace, au lieu de placer la glace au centre du lait.

La seconde partie de l'invention consiste dans l'emballage qu'on fait de la boîte à lait, après y avoir introduit le cy-lindre de glace, dans une caisse en bois bien hermétiquement fermée, et dans laquelle on a pris soin de laisser un vide d'en-viron 3 ou 4 centimètres (14 ou 18 lignes) entre la boîte à lait et la caisse qui lui sert d'emballage.

La boîte à lait est en outre enveloppée d'une couverture de laine qui contribue aussi à entretenir plus de fraîcheur; on ne verrait pas d'autre bon moyen de remplacer l'emballage en bois que par une boîte double à lait, et dont tout l'entre-deux des fonds serait rempli par une poudre de charbon pilé très-fin ; mais l'établissement de ce genre de boîte ne paraît pas devoir présenter d'économie.

Tout ce qu'on a dit ci-dessus s'applique au transport du lait. Il me restait à satisfaire aux besoins de ce commerce en conservant le lait à demeure. On y est parvenu sans difficulté en employant les cylindres de glace, et en renfermant les boîtes à lait dans des caisses en bois garnies et doubles, au moyen desquelles on les tient à l'abri du contact de l'air.

§ II. — DES CUVETTES.

Cuvettes ordinaires. Les cuvettes ordinaires sont rondes ou ovales, et dans ce dernier cas elles portent à leur base une vive arête produite par la jonction du fond avec le cercle qui forme les parois. La manière de confectionner celles-ci est ab-solument celle que l'on emploie pour faire les casseroles non agrafées, ou les marmites, qui ne sont qu'une casserole lon-gue : seulement, les bords doivent être garnis d'un rebord tantôt semblable à celui d'une petite assiette plate, tantôt formé d'un très-fort ourlet. Les anses, lorsqu'il y en a, sont larges et présentent une arcade presque collée contre le vase. Quant aux cuvette rondes, elles n'ont qu'un petit fond al-

longé, autour duquel on soude les parois, plus ou moins embouties ; elles sont ordinairement dépourvues d'anses. On fait
aussi des cuvettes à fond carré, dont les bords sont éva-
sés, principalement vers les angles : on peut les canneler tout
autour.

Fontaines pour se laver les mains. Une cuvette dans le genre
de la dernière décrite, et un coffre de fer-blanc vernissé suspendu au-dessus de cette cuvette ; ce coffre ayant la forme
parallélogrammique ou ovale, et portant à la base de sa surface ornée un robinet pour faire couler l'eau : tel est cet instrument, que l'on fait préférablement en tôle vernie.

Porte-verres. Les verres à pied pour les vins de Bourgo-
gne, Champagne, etc., se mettent dans une sorte de cuvette,
qui sert à les porter à la ronde pour les distribuer. Ce vase,
d'une longueur égale à 24 centimètres (9 pouces) environ, a
de 10 à 13 centimètres (4 à 5 pouces) de hauteur ; ses parois
sont dentelées assez profondément sur les bords, et entre
chaque dent, et un peu près du bord, se trouve une ouverture
carrée dans laquelle on peut aisément passer le bout des
doigts : pour l'ordinaire, et préférablement, cette ouverture,
plus large, se trouve seulement aux deux bouts du porte-verre,
et sert d'anse pour le saisir. La fig. 81, Pl. II, indique ce vase,
dont la forme se rapproche assez de celle d'une cuvette haute
et légèrement ovale, avec les parois un peu embouties par
le haut. On le vernisse agréablement.

Seau à rafraîchir. C'est un vase cylindrique, plus élevé que
le précédent, assez grand pour contenir facilement deux bouteilles et l'eau propre à les rafaîchir. Il se fabrique comme
une casserole non agrafée, à l'exception du bord, qui se fait
de la manière suivante : on taille les parois de 27 millimètres
(1 pouce) environ plus hautes qu'il ne le faut pour la mesure
du vase ; on rabat cet excédant sur la surface extérieure, après
l'avoir bordé d'un ourlet saillant et de diverses cannelures,
le tout disposé de manière à paraître en dessus. Assez souvent on se contente d'y pratiquer un fort ourlet. Les seaux
se peignent et se vernissent ; comme les porte-verres, ils se
font assez communément en tôle vernie.

§ III. — DES PLATEAUX.

Plateaux de toutes formes. La généralité des objets compris sous cette dénomination se fabrique d'une manière bien
simple. On prend du fer-blanc très-épais ; on coupe dans

une ou plusieurs feuilles (que l'on joint ensenble), suivant la grandeur du plateau, une pièce dont ensuite on relève tout autour le bord à angle droit avec le fond. Ce bord, y compris l'ourlet, n'a guère que 27 mill. (1 pouce) de hauteur. On emboutit légèrement le point du repli ou de la vive arête, afin de le creuser un peu autour du plateau ; aux deux bouts de celui-ci on a deux points en face ; s'il est circulaire, on perce sur le rebord un trou semblable à une large mortaise, ouvert de telle sorte qu'on y puisse passer la moitié de la main. On termine par peindre et vernisser, comme nous l'indiquerons dans la IVᵉ partie.

Porte-bouteilles. Il y en avait autrefois de plats, entourés d'un petit rebord à jour, très-peu relevé, et que l'on travaillait à l'emporte-pièce : la figure 82 montre cet ustensile circulaire, dont on se sert encore dans quelques villes de province. On voit, fig. 83, Pl. II, le porte-bouteille creux qui, maintenant, remplace celui-ci : il en diffère 1° par sa grandeur ; 2° par son rebord *a*, qui, au lieu d'être bas, plat, légèrement évasé, est à peu près haut de 18 à 23 millimèt. (8 à 10 lig.), et forme un angle droit avec le fond circulaire après lequel il est soudé. Ce rejoint circulaire doit produire une saillie égale à l'ourlet du bord. Ce bord *a* est quelquefois à jour, mais le plus souvent il est épais. On peint et l'on vernisse ordinairement les porte-bouteilles plats en brun et les autres en rouge.

Porte-huiliers. Le ferblantier prend du fer-blanc très-fort ; il taille un plateau allongé *b* de grandeur convenable pour porter les flacons à l'huile et au vinaigre, figure 84 ; il pratique, au centre de *b*, un trou dans lequel il fait pénétrer une tige de fer *e*, qu'il visse au-dessus de *b* au moyen d'un écrou. Il taille ensuite un second plateau *d*, de grandeur égale au premier, et pratique de même au milieu un trou qui correspond à celui de *b*, et sert aussi à faire passer la tige *e* : elle pénètre à frottement dur, afin de maintenir *d* à une distance convenable de *b*. Avant d'introduire *d*, il faut percer à droite et à gauche du trou central une ouverture circulaire *c*, assez grande pour que l'on puisse y faire pénétrer les flacons, et les en retirer aisément. Le tour de ces deux ouvertures *c c*, ainsi que celui des plateaux, est garni d'un ourlet de moyenne grosseur. L'extrémité supérieure de *e* est agréablement arrondie en boule allongée. Le porte-huiliers, ainsi décrit, est le plus simple possible, car, presque toujours, il reçoit quelques additions, surtout lorsqu'il est peint et vernissé soigneusement. La première consiste en deux ouvertures *ff*, placées en avant et en arrière de *c*, sur le plateau *d* : ces ouvertures doivent être de grandeur convenable pour recevoir les deux bouchons des flacons ; le tour en est ourlé comme celui des autres parties.

Une addition plus rare est celle de deux grandes ouvertures *g g*, fig. 85, Pl. II, sur *d*, dans lesquelles on place à demeure deux salières. Alors *d* est de plus forte dimension, ainsi que tout l'appareil, qui porte sur un pied en bois tourné, placé en dessous de *b*. Quelquefois cette dernière partie reçoit en *i i*, de chaque côté de *g*, et un peu avant les flacons, une double branche en fer comme celle de quelques flambeaux (*Voyez* plus bas). Au-dessous du point de jonction des deux branches, une vis s'enfonce dans un trou, et se fixe en dessous par la vis seule, ou mieux encore à l'aide d'un écrou. Ce porte-huiliers se vernisse soigneusement, ou s'argente par les procédés indiqués plus bas.

Porte-salières, ou *bouts de table*. Cet objet, que l'on fabrique en argent ou en plaqué, se fait aussi en fer-blanc vernissé ou argenté. La forme en est très-variable à raison des ornements ; néanmoins, dans tous les cas, on commence par faire un petit plateau ovale, propre à tenir deux salières sur sa longueur, et soutenu par trois ou quatre petits pieds : une tige métallique est fixée au centre du plateau, et se termine toujours par une poignée en forme de boucle. Après cela, l'entourage qui maintient les salières varie suivant les modèles et le goût du fabricant.

Porte-liqueurs. Cet instrument, d'un agréable effet, se fabrique souvent en fer-blanc épais, peint et vernissé, ou en moiré métallique. La fig. 86, Pl. II, représente le porte-liqueurs dépourvu des trois flacons et de la rangée de petits verres qu'il doit porter. On voit en *b* le pied, ou pivot sur lequel repose la machine : la même tige *a*, dont la partie inférieure forme ce pied *b*, présente à son extrémité supérieure *c* une poignée en forme de boule plus ou moins sphérique. Un premier plateau, ou plateau inférieur *dd*, de forme circulaire, s'élève de 8 centimètres (3 pouces) environ au-dessus de *b*, qui le soutient au centre : *dd* est garni d'un rebord, ou paroi circulaire d'à peu près 27 millimètres (1 pouce), qui se relève à angle droit avec lui ; ce rebord *ee* est ourlé tout autour.

Au-dessus de *d*, à la distance d'environ 81 millimètres

(3 pouces), s'élève le plateau supérieur ff, qui, comme dd, est percé au centre d'un trou circulaire, ourlé a', pour recevoir la tige a ; ff a de 27 millimètres (1 pouce) au moins une circonférence moindre que dd, et porte circulairement des échancrures près à près pour recevoir les verres à liqueur hh. Pour faire ces échancrures, on enlève circulairement, sur le bord de ff, à égale distance, des plaques qui donnent une ouverture de la grandeur du verre. Ensuite on enlève, au bord, 5 à 7 millimètres (2 à 3 lignes), et de cette manière le trou circulaire est ouvert : on le borde d'un ourlet. Le verre à liqueur que l'on introduit dans cette échancrure se trouve embrassé au-dessous de sa partie renflée, et son pied porte sur dd. On voit que la distance de l'un à l'autre plateau est déterminée par la hauteur du pied des verres.

Le plateau ff porte encore en $iiii$ quatre ouvertures circulaires pour recevoir les flacons.

Porte-mouchettes. Cette espèce de plateau se fait de trois sortes : 1° à galerie et avec un étranglement au milieu de sa longueur ; 2° en forme de bateau ; 3° presque plat. La première méthode est la plus ancienne et la plus grossière ; on voit, fig. 88, Pl. II, en ll, les deux bouts arrondis, et en mm la galerie. Pour fabriquer ce porte-mouchettes, on taille un fond de la forme voulue, et d'environ 19 centimèt. (7 pouc.) de longueur. Aux deux bouts ll, il a 68 millimètres (2 pouces 1/2) de largeur, et seulement 30 millimètres (1 pouce et quelques lignes) à la partie étranglée n. On taille ensuite d'une seule pièce la bande du bord, pour former un des côtés de la galerie et l'entourage de ll ; pour le second côté de la galerie, on coupe un autre morceau de bande : elle doit avoir environ 13 millimètres (1/2 pouce) de hauteur, non compris le rebord qui servira à l'ajuster avec le fond. Avant d'ajuster, on découpe à l'emporte-pièce la galerie. Le bord des parois, ou de mm et de ll, n'est point ourlé ; on se contente de le limer un peu pour l'empêcher d'être tranchant.

La seconde espèce de porte-mouchettes que dessine la figure 89, Pl. II, est ovale et en bateau, comme l'indique sa dénomination. On le fait promptement et simplement. Après avoir coupé une pièce de fer-blanc, longue de près de 25 centimètres (9 pouces), et large de 10 centimètres (3 pouc. 1/2) au centre, vous la diminuerez par les deux bouts, de manière à ce qu'elle n'ait que 23 millimètres (10 lignes) à chaque extrémité. Il

sera à propos de songer à ce retranchement avant de tailler
la pièce, afin que les rognures demeurent après la feuille de
fer-blanc. Cela terminé, vous formez tout autour de la pièce
un repli de moins de 5 millimètres (2 lignes) que vous serrez
peu, de manière à ce que l'on puisse au moins passer une lame
de couteau entre l'objet et ce rebord. Pour former ensuite le
véritable bord du porte-mouchettes oo, et donner à cet instrument la forme d'un bateau, il faut l'emboutir de telle sorte
que le fond n'ait plus que 16 centimètres (6 pouces) de long,
et 58 millimèt. (2 pouces quelques lignes) dans sa plus grande
largeur : tout l'excédant de la mesure est employé à faire les
bords, qui, à raison de la forme désignée, sont beaucoup plus
longs aux extrémités.

La troisième sorte de porte-mouchettes diffère peu de celle-
ci : elle est seulement un peu plus plate. Au reste, le plus ou
moins de profondeur et de resserrement du rebord détermine
toute la différence de ces deux derniers porte-mouchettes, qui
ont plusieurs variations. A la partie des ornements, nous indiquerons le moyen de vernisser, colorier, dorer ces instruments. On place les figures au centre.

Porte-allumettes. Cet ustensile est des plus simples. Il a toute
la forme d'une râpe demi cylindrique. Il consiste dans un support vertical haut de 15 centimètres (5 pouces et quelques
lignes), et d'une largeur égale à 67 millim. (2 pouces 1/2). Ce
support *q* (*fig.* 90, Pl. II) forme, à la hauteur de 81 millim.
(3 pouces), qui est celle de l'instrument, une sorte de poignée *r*,
au moyen d'une petite échancrure demi-circulaire, de chaque
côté ; l'extrémité est arrondie, ou présente toute autre forme ;
ce qui est constant, c'est la présence d'un trou circulaire, non
bordé *s*, percé de 13 à 18 millimètres (6 à 8 lignes) avant l'extrémité, afin de pouvoir accrocher le porte-allumettes. Quand
il a des dorures, le tour de *s* est toujours doré.

Le demi-cylindre *t*, dont, comme nous le savons, la hauteur est de 81 millimètres (3 pouces), a un peu plus de 122
millimètres (4 pouces 1/2) de largeur : il est ajusté sur les
côtés de *q*, qui forme, à droite et à gauche de *t*, un rebord, de
5 millimètres (2 lignes). Ce bord est moins saillant autour du
fond, demi-cercle qui remplit l'espace compris entre *q* et *t*.
On soude le fond après les bords inférieurs de *q* et *t*. Le bord
supérieur de celui-ci est ourlé à plat en dedans, mais le tour
de la poignée est limé seulement. Ces instruments se font en
simple fer-blanc, ou vernis, ou moiré métallique, rouge ou

vert; on argente ou l'on dore leurs ornements : le milieu de la face de *t* reçoit une peinture, rosace, etc.

Ecritoires. On fait des écritoires qui ont à peu près la forme du porte-salière. Au lieu de celle-ci, on place sur le plateau deux petits verres pour contenir l'encre et la poudre.

§ IV. — DES BOÎTES.

Boîtes carrées. Coupez le fond de grandeur nécessaire; vous aurez ainsi un carré sur lequel vous taillerez les bandes et les bouts; vous couperez sur le fond le dessus du couvercle, et sur les bandes du fond celles que le couvercle nécessite à son tour; mais, pour l'ordinaire, ces dernières bandes sont bien moins hautes que les premières. Ajustez le fond avec les bandes et les bouts, et soudez comme de coutume; ourlez le tour de la boîte et celui du couvercle, que vous ferez comme le corps de la boîte lui-même. Si le couvercle doit tenir à la boîte, vous pratiquerez deux charnières; si vous voulez lui donner une fermeture, vous vous souviendrez de celle que j'ai indiquée pour la cuisinière (*fig.* 51 *Pl.* I).

Boîtes cylindriques. On les fabrique absolument comme les vases de cette forme : le couvercle ne diffère de la boîte que par la hauteur des parois. Il y a aussi des boîtes ovales.

Tiroirs de comptoirs. Dans les tiroirs en bois des comptoirs, on introduit une boîte carrée en fer-blanc, à compartiments, pour loger les espèces métalliques. Cet ustensile se fait comme les boîtes carrées, à l'exception du couvercle qui manque. Outre cela, dès que le fond est taillé, on coupe, on ajuste et l'on soude les compartiments avant de placer les parois. Cela concerne toutes les boîtes à compartiments.

Chaufferettes à eau. C'est une boîte carrée en fer-blanc le plus épais possible, et dont le couvercle ferme exactement. On la remplit d'eau chaude, et l'on s'en sert en manière de chauffe-pied. Il vaudrait mieux la faire double, et introduire l'eau entre les deux parois au moyen d'une soupape; le couvercle serait adhérent, et cette chaufferette serait par conséquent une sorte de bouilloire. Nous croyons devoir omettre la figure des quatre objets décrits précédemment.

Ecritoires. On les fabrique en faisant avec du fer-blanc très-épais une boîte carrée ou cylindre de 54 à 81 millimètres (2 à 3 pouces) de hauteur. Le couvercle adhérent, et sans bande, présente un trou circulaire au centre, par lequel on introduit et on prend l'encre; puis, sur les bords, à égale distance, trois à quatre trous plus petits pour entrer les plumes.

Appareil-réchaud à alcool. M. H. B. Chaussenot aîné, inventeur de cet appareil, l'a décrit ainsi dans un Brevet qu'on trouve dans le T. LV des Brevets expirés.

« Depuis longtemps, dit-il, on chauffe les liquides par la combustion de l'alcool; mais, jusqu'à présent, il n'existait aucun moyen usuel propre à faire obtenir facilement et sans complication les résultats prompts et économiques que ce fluide peut produire. Pour que l'alcool, par sa combustion, échauffe rapidemment et avec économie un liquide, il faut:

» 1° Que la chaleur soit appliquée verticalement et avec la même intensité sur toute l'étendue des surfaces formant le fond du vase qui contient le liquide à chauffer;

» 2° Diviser l'alcool de manière que, pour la plus petite quantité employée, la flamme présente une grande surface;

» 3° Déterminer une haute température en faisant pénétrer dans la flamme l'air atmosphérique nécessaire à la combustion complète de la vapeur alcoolique;

» 4° Enfin, construire un appareil simple, solide, à l'abri de tous dangers, facile, économique dans son emploi, et d'un prix tellement modéré qu'il soit à la portée des plus petites fortunes : telles sont les conditions que je suis parvenu à réunir dans l'appareil décrit ci-après.

Description de l'appareil. Figure 249, Pl. VI, élévation de l'appareil.

Figure 250, coupe verticale passant par le centre.

Figure 251, plan vu par dessus.

Les mêmes lettres indiquent les mêmes parties dans les diverses figures.

b, cercle ou enveloppe après laquelle tiennent les pieds ou supports *b'*, *b'*, *b'*.

c, queue en manche servant à transporter l'appareil.

dd', réservoirs à alcool formant le foyer concentrique: ces réservoirs communiquent entre eux par les gouttières ou petits canaux *e, e, e*, de manière à établir le même niveau entre *d* et *d'*, comme cela est vu figure 252. Cette partie de l'appareil est supportée et maintenue à distance du cercle *b* par de petites traverses *o, o, o*, faisant partie des supports *b'*, *b'*, *b'*. *ffff*, passage pour l'air atmosphérique qui doit pénétrer dans la flamme.

g.g,g, passage de l'air pour alimenter la combustion des couches extérieures de la flamme.

Fonctions et effets de l'appareil. Pour chauffer un liquide, on n'aura qu'à verser de l'alcool dans le réservoir à foyers concentriques (1) : la quantité sera proportionnelle à l'effet qu'on voudra produire; après l'avoir enflammé, on placera le vase qui doit recevoir la chaleur sur les supports supérieurs *b'*, *b'*, *b'*. La température de l'alcool s'élevant progressivement, bientôt il arrivera au terme de son ébullition ; alors la vapeur enflammée, en s'élevant vers le fond du vase qui lui est opposé, rencontrera, pendant ce mouvement ascendant, des couches d'air atmosphérique, qui, en pénétrant dans toute la masse de la flamme, comme au dehors, détermineront la combustion complète de la vapeur alcoolique.

Il résultera de cet effet, ainsi que de l'échauffement mutuel des couches concentriques, une haute température, et, par suite, une prompte ébullition du liquide soumis à son action. Il est presque superflu de dire que, au moyen de cet appareil, on peut entretenir l'ébullition des liquides... soit pour extraire ou dissoudre certaines substances, soit pour concentrer les matières qui s'y trouvent en dissolution. Le foyer concentrique peut être construit de manière à chauffer des vases de grandes dimensions, pour cela, on n'aura qu'à ajouter à celui représenté dans le dessin ci-joint un troisième, un quatrième, un cinquième réservoir mis en communication entre eux, comme les deux premiers, pour former une surface circulaire aussi étendue que le besoin l'exigera.

On pourrait aussi disposer un foyer analogue au précédent, par un réservoir à spirales; mais cette construction, que je signale comme possible, ne remplirait pas aussi bien les conditions utiles obtenues par l'appareil qui fait l'objet de la précédente description.

§ V. — DES MOULES POUR DIFFÉRENTS ARTS.

Moules à pâtisserie. Ces moules sont cylindriques ou allongés, suivant que l'on veut s'en servir à faire des pâtés ronds ou longs. Dans tous les cas, on commence par tailler les fonds et à leur donner les figures en relief convenables, à l'aide de l'emboutissure : cela terminé, on coupe sur ce fond une bande

---

(1) Pour faciliter cette opération, un entonnoir d'une forme particulière accompagne l'appareil; je n'ai pas cru devoir en donner la description, sa construction n'ayant rien d'important à signaler.

dehauteur et de longueur suffisantes; on l'emboutit avec soin, on l'agrafe et on la soude par les bords, puis on la rejoint au fond. La figure 91, Pl. II, donne le dessin de cet instrument.

Moules à gelée. Ils se font comme les précédents : seulement les gravures en sont plus délicates et plus variées. Les traiteurs, confiseurs et charcutiers en font beaucoup d'usage.

Moules à chandelles. C'est un tuyau plus ou moins gros, et ouvert par les deux bouts, mais n'ayant au bout arrondi qu'un petit trou pour passer la mèche.

Moules pour poterie et faïence. Ils varient nécessairement suivant les objets et les formes à donner aux objets. Nous ne pouvons donc les indiquer, et nous n'en faisons mention que pour rappeler au ferblantier la fécondité de son industrie, et les applications qu'il sera appelé à en faire dans presque tous les arts.

§ VI. — DES FLAMBEAUX.

Chandeliers à coulisse. Ils sont toujours fort communs, et ne servent que dans les cuisines ou dans les très-petits ménages; mais ce n'est point un motif pour dédaigner leur fabrication.

Le chandelier est composé de quatre parties : le pied a (*fig.* 92, Pl. II) ; la tige b ; la bobèche c, qui se trouve à l'extrémité supérieure de b, et d, support que l'on voit monté aussi haut que possible, puisque le bouton e se trouve tout au haut de la coulisse f.

Pour faire le pied, on coupe un cercle de fer-blanc d'une circonférence de 217 à 244 millimètres (8 à 9 pouces), et l'on ajuste dessus un autre cercle, beaucoup plus grand, percé au centre d'un trou pour recevoir b, et rendu convexe, afin que a soit bombé. On pratique à la jonction circulaire de ces deux cercles un rebord ou un ourlet. Ce pied se fait aussi comme celui d'un bougeoir.

La tige b est un tuyau de 135 à 149 mill. (5 à 5 pouces 1/2) de hauteur, et d'une circonférence de moins de 81 millimètres (3 pouces) : sur les deux côtés de la bande préparée pour ce tuyau, à 18 millimètres (8 lignes) à peu près de l'extrémité inférieure, on forme en-dedans un repli de manière à produire l'ouverture longitudinale de f. On soude ensuite les deux côtés, au-dessus et au-dessous de cette ouverture, après y avoir introduit le support d d'une longueur égale à 68 millimètres (2 pouces 1/2) (un peu plus que celle de f); c'est une tige en fer qui se termine à son extrémité inférieure par le bouton e, et à son extrémité supérieure par une plaque circulaire non bordée, que l'on monte et descend à volonté, pour élever ou baisser la chandelle. Ainsi pourvu de *d*, le tuyau *b* reçoit la bobèche *c* que l'on obtient en taillant un cercle de grandeur nécessaire, au milieu duquel on fait un trou circulaire propre à recevoir la plaque que porte *f*. On emboutit *c*, afin de le rendre légèrement convexe, on replie à plat en dedans le tour du trou circulaire, et l'on ourle le tour extérieur. Après avoir soudé *c* après l'extrémité supérieure de *b*, on soude l'autre extrémité après le pied *a*.

Je proposerai au ferblantier une légère amélioration à ce chandelier. En fondant, le suif coule le long du tuyau, et vient s'amasser dans le pied, d'où l'on a beaucoup de peine à le faire sortir en le remontant dans la coulisse par le renversement de l'ustensile. En fermant l'extrémité inférieure de *b*, sans doute le suif ne s'introduirait point dans *a*, mais la coulisse n'en serait pas moins embarrassée et salie. Il vaut mieux ouvrir le tuyau, emboutir en dessous le pied, de manière à le creuser, et pratiquer au milieu du creux un trou, que l'on fermera avec un petit bouchon d'étain. Pour ôter le suif, on n'aura qu'à soulever le chandelier pour enlever momentanément le bouchon.

Bougeoirs. Le ferblantier, pour fabriquer cet ustensile, commence par couper un cercle d'une circonférence de 25 à 30 centim. (9 à 11 pouces) *a* (*fig.* 93, *Pl.* II). Il prépare ensuite une bande de 18 millimètres (8 lign.) de hauteur *b*, plus celle qu'il faut pour l'ourlet d'un des bords et le repli de l'autre : il ajuste et soude cette bande autour du cercle, comme s'il faisait une casserole. Il applique après cela une poignée à tuyau *e*, à un point quelconque de *b* : quelquefois une petite languette de fer-blanc part de l'extrémité supérieure du tuyau, à droite et à gauche, et va s'appliquer avec une légère soudure à 30 millimètres (1 pouce et quelques lignes) de *e*, sur le bord. Au centre de ce pied, sera placé un anneau bordé *f*, haut de 18 à 23 millimètres (8 à 10 lignes). Beaucoup de bougeoirs se terminent à ce point; mais d'autres ont au-dessus de *f* une bobèche *d*, qui se confectionne comme nous l'avons dit plus haut.

Brûle-suif. Quelquefois aussi on entre dans l'anneau *f*, dépourvu de bobèche, ce que l'on appelle un *brûle-suif* (*fig.* 94, *Pl.* II), parce que cet instrument est destiné à consumer les moindres restes des chandelles. Il est formé 1° d'un tuyau haut de 27 à 54 millimètres (1 à 2 pouces), et d'une circonférence un peu

moindre que celle de l'anneau *f* (*fig.* 93). A l'extrémité inférieure, sont, en face l'une de l'autre, deux petites languettes
en fer-blanc, de quelques millimètres ; elles serviront à assujettir le brûle-suif dans le fond du bougeoir, compris sous
l'anneau. Pour cela, après que tout est terminé, on introduira
ces languettes dans deux trous pratiqués au fond, trous carrés
que les languettes devront boucher exactement. Dans le tuyau
a, on fait entrer de force un bouchon de liège, au sommet
duquel on implante solidement trois morceaux de fil-de-fer
pointus par le bout. On taille ensuite un cercle *b*, d'environ 16
centimètres (6 pouces) de circonférence ; on l'emboutit de manière à le rendre un peu concave ; avec un poinçon aïgu, on
le perce au centre de trois trous, dans lesquels on fait pénétrer les bouts de fil-de-fer *c*. C'est sur *c* que se place le bout de
chandelle ; *b* reste souvent non bordé : le brûle-suif consiste
aussi en une bobèche fichée sur un bouchon de liège.

Porte-chandelle. C'est une sorte de chandelier qui se pose
le long des murailles pour éclairer les escaliers et corridors
lorsqu'on n'y veut pas mettre de quinquets. On voit (*fig.* 95,
Pl. IV) cet instrument : en *h* est un fond demi-circulaire.
muni d'un rebord sur la ligne droite, et portant au milieu la
bobèche *i*. Sur la ligne courbe est soudée une plaque verticale *j*, de 25 à 30 centimètres (9 à 11 pouces) de haut, légèrement concave au milieu et dans toute sa longueur ; elle est
bordée d'un ourlet des deux côtés. A son extrémité supérieure, elle porte souvent une échancrure demi-circulaire, ou
mieux encore une plaque en demi-cercle, comme le fond *h*, et
qui sert de réflecteur. Au dos de la plaque *j*, est une boucle
ou un crochet, pour suspendre le porte-chandelle à la muraille.

Bobèches ouvragées. Nous savons comment se confectionnent
les bobèches ordinaires : un anneau de 15 à 18 millimètres
(6 à 8 lignes), soudé au trou circulaire d'une sorte de chapeau
concave, les compose toutes. Cependant il en est de plus élégantes qui se mettent autour des chandelles ou bougies, au-
dessus de la bobèche introduite dans le flambeau. Ces bobèches
n'ont jamais d'anneau, comme le montre la figure 96, *Pl.* II ;
elles sont uniquement formées du chapeau découpé et gaufré,
tantôt en feuillages, tantôt en autres agréables dentelures. On
les vernit communément en vert émeraude, ou vert foncé.

Éteignoirs. A la suite des flambeaux, je crois devoir décrire
les éteignoirs. Tout le monde sait que c'est un petit cône de

6o millimètres (2 pouces et quelques lignes) de hauteur, et muni d'une petite anse fixée d'abord à peu près à la moitié de la hauteur, puis un peu au-dessus du bord : comme on le pense bien, les procédés de fabrication sont très-simples. On prend un morceau de fer-blanc, large de 8 à 10 centimètres (3 à 4 pouces), que tout de suite après la bordure on taille en diagonale des deux côtés, afin d'obtenir une forme conique. On borde quelquefois le bord, et on y fait quelques cannelures circulaires, ce dont on se dispense pour les éteignoirs communs. Je dis circulaires, parce qu'une fois les deux côtés réunis, l'éteignoir présente par le bas un tuyau (*fig.* 97). Le bout supérieur de l'anse est quelquefois bouclé ou roulé sur lui-même : on les vernit souvent.

Éteignoirs d'église. Ils sont beaucoup plus grands que les précédents, et n'ont point d'anse. En revanche, ils sont emmanchés d'une longue baguette, afin d'atteindre le lumignon des cierges. Quelques-uns d'eux portent sur le côté un très-petit tuyau, destiné à recevoir un petit cordon de bougie propre à allumer les cierges.

Éteignoirs mécaniques. Il y a quelques années que M. Goodwin, de Londres, imagina un éteignoir mécanique très-ingénieux. On le place tout ouvert sur la chandelle, et il ne doit agir que lorsqu'elle est usée à ce point. Il ressemble à quatre pétales de tulipe épanouie; dès que la chandelle est brûlée au point où l'on a placé l'éteignoir, il se ferme, et la chandelle est subitement éteinte.

On voit au Conservatoire des arts et métiers le modèle d'un éteignoir mécanique très-compliqué, et dans le *Dictionnaire des découvertes et inventions*, la description d'un autre éteignoir de la même sorte, inventé par M. Regnier. Nous ne croyons pas devoir en donner ici les détails, parce que le fer-blantier ne sera probablement jamais appelé à confectionner ce genre d'éteignoirs inutiles et coûteux : s'il l'est, il pourra alors consulter les documents nécessaires; mais je ne lui conseille pas de fabriquer à l'avance ces éteignoirs compliqués.

Flambeau à éteignoir. Le pied de ce flambeau est comme à l'ordinaire : le tube qui forme sa tige contient une bougie qui s'élève au moyen d'un ressort à boudin à mesure qu'elle est consumée. A l'extérieur du tube est ajustée une virole portant quatre petites feuilles métalliques à ressort, en forme de feuilles d'artichaut, qui s'ouvrent et se ferment d'elles-mêmes suivant la position qu'on leur donne. Quand ces feuilles sont placées vers le milieu de la tige du flambeau, elles ne sont qu'un ornement; mais en soulevant la virole à coulisse, les feuilles se ferment assez exactement pour servir d'éteignoir.

Nouvel éteignoir pour les lampes à mèches plates, nommées lambertines. M. de la Chabaussière jeune est l'inventeur de ce petit instrument, que représente la figure 98, *Pl.* IV. N'ayant que 15 millimètres (6 lignes) de largeur intérieure, cet éteignoir couvre les sept neuvièmes de la largeur de la mèche plate, et n'en laisse donc que seulement 5 millimètres (2 lignes) à découvert. Ce reste de mèche flamboyante, qu'on relève un peu en tournant le bouton de la crémaillère, brûlera toute la nuit sans se champignoner, et ne consommera pas pour plus de 1 centime d'huile pendant huit heures.

Cet éteignoir est plat et de la dimension du porte-mèche sur lequel il doit entrer. Il est en fer-blanc, et porte un anneau en fer-blanc aussi, de 20 millimètres (9 lignes) de diamètre, qui sert à le manier sans crainte de se brûler. Quand le matin on ôte cet éteignoir, son anneau sert encore à le suspendre au bouton de la crémaillère, et par ce moyen on ne craint pas qu'il vienne à s'égarer.

Éteignoir mécanique de Dida. Le nouveau *photolypon* ou éteignoir mécanique pour lequel M. A. Dida a pris en 1840 un brevet décrit dans le T. LI. des *Brevets expirés*, page 427, est destiné à éteindre de lui-même toute espèce de chandelle ou de bougie : il suffit de le placer sur la bougie ou la chandelle, au-dessous du niveau supérieur, à la hauteur présumée nécessaire pour être éclairé le temps qu'il convient. On peut apprécier ce que dure telle ou telle longueur de bougie ou de chandelle. On place l'éteignoir mécanique à cette hauteur: il y est maintenu par deux ressorts, appuyant contre le corps de la bougie, et qui se débandent au moment où par la combustion graduelle cet appui vient à leur manquer; alors la lumière s'éteint.

On a fait plusieurs essais de cette nature. D'autres éteignoirs mécaniques ont été mis dans le commerce sans succès, parce qu'ils étaient trop coûteux et trop fragiles. L'axe de la partie mobile étant trop éloigné de la bougie, cette partie mobile, ou éteignoir proprement dit, ne tombait pas toujours sur la flamme, se salissait et manquait son but. Puis encore, cet appareil trop volumineux et sans grâce détériore les bougies, les casse, et cause par suite des dommages aux flambeaux qui les supportent.

Le photolypon évite ces inconvénients; il peut être confectionné de divers métaux et plus ou moins orné; sa fabrication, très-simple en elle-même, permet de le livrer à bas prix.

Figure 252, Pl. VI, appareil fermé, fixé sur une bougie v (la lumière est éteinte).

Figure 253, appareil ouvert fixé sur une bougie en combustion.

Figure 254, appareil ouvert vu de côté.

Figure 255, plan de l'appareil.

Figure 256, coupe du photolypon fermé (comme cet objet est symétrique on n'a figuré qu'une face).

Figure 257, ressort rr, vu dans la figure 256, dans sa largeur.

Figure 258, projection de la charnière cc, vue aussi figure 256.

Le photolypon se compose d'une bague b, figure 257; c'est dans cette bague que passe la chandelle ou la bougie. A la partie supérieure de la bague, et en regard l'une de l'autre, se trouvent fixées deux charnières cc, soudées d'un bout sur le côté de la bague ou anneau et de l'autre sur une espèce de platine p. Cette platine, semblable à celle d'un fusil à pierre, a pour projection horizontale un demi-cercle évidé suivant le diamètre. Sur cette partie évidée s'élève une surface terminée par un arc de cercle. Cette surface concave vers l'axe de la bague, ainsi que celle qui lui fait face, sont destinées à envelopper par leur rencontre la mèche qu'elles éteignent.

Les platines ne pouvant, par leur poids, fermer l'ouverture supérieure de la bague, un ressort r, soudé sur le côté s de cette bague, fait arc-boutant derrière chaque platine à angle rentrant, et en opère la chute dès qu'elle cesse d'être maintenue.

Les ailes a, a', sont de petites boîtes qui garantissent le mécanisme de l'appareil contre les chocs. Il n'ont pas d'autre destination.

La boîte a' porte un petit crochet k. En tirant ce crochet vers le bas, on tend le ressort en éloignant la platine de l'axe de la bague, par un mouvement de rotation autour de l'axe de la charnière, figures 256 et 258.

Pour fixer le photolypon autour d'une chandelle, on baisse les deux crochets k, et les platines s'écartent alors de manière à laisser passer le corps de la chandelle le long duquel on glisse l'appareil, jusqu'à ce qu'on ait atteint la hauteur voulue; après quoi on abandonne les platines, qui se trouvent alors retenues par le corps de la chandelle et cessent de presser sur les crochets.

Lorsque la chandelle s'use au-dessous de l'angle des platines, le point *m* entre en mouvement et s'abaisse sur la partie *x* de la chandelle, figure 253, en décrivant un quart de cercle *m u*, figure 252, ce qui éteint la lumière.

Pour retirer l'appareil, après qu'il a fonctionné, il suffit de le tirer légèrement en appuyant sur les deux parties *k*, pour éviter de couper la mèche par la trop grande pression des resssorts.

Chandeliers et porte-chandelles de M. A Cochrane. On trouve dans le T. LXIV des Brevets expirés la description d'un chandelier, dont on se fera une idée par l'extrait suivant :

Les améliorations consistent à donner un mouvement vertical au piston ou coulisse d'un chandelier ou autre porte-chandelle, et conséquemment à la chandelle, au moyen d'un spiral ou appareil à vis.

La partie à laquelle les doigts sont appliqués pour donner le mouvement vertical a un mouvement dans un plan horizontal ou rotatoire.

Description des dessins. Figures 259, 260, 261 et 262, Pl. VI, chandelier ordinaire avec cette amélioration : *a a*, partie sur laquelle repose la chandelle lorsqu'elle est dans le réceptacle, que nous nommons le piston ou la coulisse.

Figure 259, tige de ce piston ou coulisse passant par le fond du réceptacle *b b* : tous deux sont insérés dans une bobèche *e e* du chandelier ou porte-chandelle.

La tige ou verge du piston a une rainure à sa surface, et l'ouverture au fond du réceptacle est taillée de la même manière pour que les deux puissent agir ensemble comme une vis interne et externe.

La partie inférieure du piston ou coulisse est pourvue de plaques conductrices (*guides-plates*) *d, d*, figure 260, qui s'ajustent dans des rainures verticales *e e*, figures 261 et 262, dans la bobèche et la base du chandelier.

Comme la bobèche est tournée horizontalement, ou qu'on la fait tourner autour d'un axe vertical avec les doigts, l'action de la vis externe dans le fond du réceptacle sur la vis spirale, sur la tige ou verge du piston, fera que le piston à coulisse se mouvra verticalement, c'est-à-dire montera, le piston étant empêché de tourner par les guides *d, d* ci-devant mentionnés, ou au moyen d'un étoquiau carré au fond, ou par

l'ascension ou la descente dans l'ouverture verticale à la partie
inférieure du chandelier, comme l'indique la ligne ponctuée
figure 260; laquelle ouverture verticale devra être assez profonde pour que le piston puisse y descendre de toute sa longueur.

La construction mentionnée en dernier lieu d'un étoquiau
carré et d'une ouverture, est particulièrement convenable pour
les chandeliers ou porte-chandelles de faïence; ils pourront être pourvus de réceptacles et pistons de métal ou de
faïence.

Le chandelier ou porte-chandelle construit d'après les améliorations ci-dessus mentionnées, peut être fait de n'importe
lequel des matériaux employés ordinairement dans la construction de ces articles.

Figure 263, autre modification de cette amélioration. Le
piston est pourvu de plaques conductrices ou boutons conducteurs g, g qui s'ajustent dans les rainures verticales ff, dans
le réceptacle ee, de manière que quand le réceptacle est tourné
le piston tourne aussi.

La verge d ou tige du piston et l'intérieur de l'ouverture
verticale dans la bobèche $a a$ étant formés pour agir ensemble
comme une vis interne et externe, il s'ensuit que lorsqu'on
fait tourner le réceptacle, le piston monte ou descend, suivant
la direction dans laquelle est tourné le réceptacle.

Figure 264, amélioration dans laquelle la verge ou tige
du piston est creuse ou percée d'un trou carré avec un arbre
de fer carré au dedans.

Les dispositions sont, sous tous les autres rapports, précisément les mêmes que celles montrées à la figure 260, l'arbre
de fer carré produisant les mêmes effets que la rainure ou étoquiau carré ci-devant mentionnés, en empêchant de tourner
le piston.

Le piston monte ou descend lorsque l'on fait tourner le réceptacle, de la même manière précisément que dans l'amélioration précédemment décrite.

Figure 265, autre amélioration dans laquelle les surfaces
du piston et du réceptacle sont façonnées pour agir ensemble
comme une vis interne et externe.

La tige carrée du piston empêche que le piston ne tourne
avec le réceptacle, il se meut conséquemment sur le réceptacle et tourne de la manière ci-devant décrite.

Dans toutes les améliorations ci-devant décrites, dans des

chandeliers ou porte-chandelles, le piston et la chandelle placés dessus montent ou descendent verticalement lorsque l'on tourne le réceptacle d'une manière horizontale ou en le faisant mouvoir autour d'un axe vertical.

Le propre de cette invention relativement aux dites améliorations, est l'application d'une vis interne et externe, telle qu'on l'a précédemment décrite pour la production des dits mouvements verticaux.

Les améliorations ci-après décrites consistent à obtenir un mouvement d'ascension et de descente vertical du piston par d'autres moyens que celui de tourner le réceptacle.

Figure 266, disposition dans laquelle le mouvement est communiqué au moyen d'une vis au bout de la verge ou tige b, agissant dans un cylindre ou tuyau c, assujetti dans des appuis convenables d, de manière à pouvoir tourner librement.

Le tuyau ou cylindre étant tourné par l'application des doigts au rebord f au fond, ou à n'importe quelle partie de la surface extérieure, fera monter ou descendre le piston selon la direction dans laquelle il est tourné, le piston en coulisse étant empêché de tourner au moyen des plaques conductrices cc, ou pommeaux, se mouvant dans des rainures dans la bobèche du chandelier, comme il a été ci-devant décrit.

Figure 267, manière de faire mouvoir le piston ou la coulisse sans changer la position du chandelier.

La surface du piston verge ou tige, figure 267, est faite de manière à agir comme une vis avec la surface intérieure d'un écrou ou collier, b, placé à une partie convenable, par exemple à la partie inférieure du chandelier ou porte-chandelles.

L'écrou ou collier b est tenu en place et agit d'une manière exacte dans ses appuis horizontaux, au moyen des pièces dd qui unissent les parties supérieures et inférieures du chandelier d'une manière solide.

Le mouvement peut être communiqué au piston ou coulisse, dans d'autres parties que celles représentées dans le dessin.

Afin de tourner l'écrou b, les doigts sont appliqués aux parties e, e, e, c, qui sont exposées pour ce but; mais les susmentionnées sont celles qui paraissent les plus convenables.

On voit donc que les deux améliorations dont il vient d'être question, et relatives aux chandeliers ou porte-chandelles, consistent dans l'élévation du piston ou chandelle au moyen d'une vis spirale agissant avec un cylindre ou un écrou, comme je l'ai précédemment décrit.

Chandelier à ressort de Hautin. Le même volume LXIV des Brevets expirés donne aussi la description d'un chandelier inventé par M. J. Hautin, et dont les figures 268, 269, 270, Pl. VI, présentent le modèle.

a, régulateur mobile ; *b,* pied à gorge ronde ; *c,* culot en forme d'entonnoir ; *d,* chandelle conique inverse.

Le chandelier a 36 centimètres (13 pouces) de hauteur ; il est en cuivre jaune ou argenté.

Les perfectionnements consistent, 1° dans l'idée mère et fondamentale du chandelier ; 2° en ce qu'on lui a appliqué un réflecteur ; 3° en ce qu'on l'a empêché de couler en dedans ; 4° en ce qu'on l'a empêché de couler en dehors.

Relativement à l'idée qu'on a eue en inventant ce chandelier, ce n'était dans l'origine qu'une simple souche en fer-blanc, uniquement à l'usage des églises et de quelques ateliers ; on ne l'avait pas jugé capable d'être utile au public en le transformant en un ustensile propre à tous les ménages.

En lui appliquant un réflecteur, on lui a procuré le moyen de doubler l'intensité de la lumière et de ménager la vue ; il est vrai que le réflecteur était déjà inventé, mais personne n'avait pensé à en faire l'application au chandelier à souche, qui n'existait pas encore.

On a empêché la chandelle de couler en dedans par le secours d'un culot en forme d'entonnoir. La souche primitive avait bien un ressort terminé en haut par une pièce circulaire de fer-blanc en forme d'assiette mais cette forme avait deux inconvénients : elle laissait échapper du suif quand la chandelle finissait de brûler, ou elle obligeait de retirer le bout de chandelle avant qu'il fût usé, ce qui causait ou de la malpropreté ou de la perte ; mais le culot en forme d'entonnoir recevant les restes du suif empêche la chandelle de couler en dedans et lui permet de brûler jusqu'à la dernière goutte.

On a empêché la chandelle de couler en dehors par l'emploi de la chandelle conique inverse, c'est-à-dire de la chandelle qui s'allume par les gros bouts et finit de se consumer par le plus petit. Auparavant on avait coutume d'allumer la chandelle par le petit bout, mais ce procédé avait deux inconvénients, la chandelle sortait trop au commencement et trop peu à la fin ; dans le premier cas, la pointe de son cône était trop large, par conséquent trop forte pour céder au ressort en état de détente ; il y avait disproportion et défaut d'harmonie entre la puissance et la résistance ; mais la chandelle conique renversée oppose la résistance de sa base entière, c'est-à-dire la résistance du gros bout à mesure que le ressort se détend ; cette chandelle renversée résiste à celui-ci de moins en moins par la diminution progressive de sa base, qui, en se consumant, se rétrécit de plus en plus ; par là on obtient que cette base soit toujours de niveau ou presque de niveau avec le sommet de la souche et qu'elle ne coule pas.

Auparavant, il est vrai, on cherchait à empêcher la chandelle de couler en s'opposant à ce que le plus petit bout débordât le sommet de la souche et en rétrécissant l'ouverture du dit sommet ou couvercle ; mais en voulant éviter un inconvénient, on tombait dans un autre, car la lumière ne sortant pas assez formait un creux dans la chandelle et devenait obscure ; plus la chandelle montait, plus cette obscurité augmentait, parce que plus elle montait, plus sa base allait en s'élargissant et trouvait étroite l'ouverture du sommet.

§ VII. — DES LANTERNES.

Nous n'avons pas à nous occuper des lanternes dans l'acception générale ; il nous suffira de décrire celles qui sont du ressort du ferblantier. Elles sont au nombre de six : 1° les réverbères, dont nous renverrons la description à la troisième partie ; 2° les falots, si usités dans les villes de province ; 3° les lanternes carrées ; 4° les lanternes de poche ; 5° les lanternes sourdes ; 6° les lanternes d'écurie.

Réverbères. (*Voyez* Partie III.)

Falot. Une lanterne de ce genre exige d'abord une bande de fer-blanc de 12 centimètres (4 pouces 1/2) de large, et deux pièces de 18 centimètres (7 pouces) de longueur. On forme aux deux extrémités une échancrure de forme demi-circulaire, en laissant, à droite et à gauche de l'échancrure, un bord de 23 millimètres (10 lignes) environ : les deux bouts étant réunis par ces 23 millim. (10 lignes), la bande présente un cerceau A A' (*fig* 99, *Pl.* II), qui fait le corps du falot. L'ouverture circulaire, produite par le rejoint des deux bouts de la bande, est la partie supérieure. Il reçoit *la lanterne* B et la poignée C, que nous allons décrire en détail.

Vous commencez par prendre une bande de fer-blanc *d*, de 40 millimètres (1 pouce 1/2) de haut et d'une longueur égale à la circonférence de l'ouverture circulaire après laquelle elle doit être soudée. Aux deux extrémités de *d*, vous enlevez un peu en hauteur, afin qu'elle soit plus haute aux points où elle sera placée dans le voisinage des poignées né-cessairement la partie de *d* correspondant au rejoint, sera également abaissée. Vous soudez l'anneau *d* après l'ouver-ture circulaire ; ensuite vous taillez des languettes de 9 à 14 millimètres (4 à 6 lignes) de largeur et de 54 millimètres (2 pouces) de longueur. Il faut vingt-huit languettes de la sorte *e*, et quatre au moins une fois plus larges, parce qu'on met sept languettes étroites entre deux plus fortes. Toutes sont embouties de manière à présenter à l'extérieur une con-vexité telle, qu'étant placées elles offrent la figure d'un bour-relet à jour : on les soude circulairement après l'anneau *d*, selon l'ordre indiqué, en ne laissant qu'un intervalle de 5 mil-limètres (2 lig.) au plus entre elles. Un second anneau *g*, d'une hauteur d'environ 40 mill. (1 pouce 1/2), reçoit l'extrémité su-périeure des languettes, qui se trouvent ainsi entre deux an-neaux *d* et *g*, ce qui constitue la lanterne B. Passons mainte-nant à la poignée C : l'ouvrier taille une rondelle d'une cir-conférence de 38 centimètres (14 pouces) ; il la rabat tout autour à une hauteur de 40 millimètres (1 pouce 1/2), et can-nelle ce repli de manière à lui faire représenter, tout autour et dans toute sa hauteur, une suite de plis gaufrés, dont cha-que intervalle est soudé sur le bord supérieur de l'anneau. Cela terminé, on coupe un bandelette d'environ 21 centim. (8 pouces) de long et de 27 millimètres (1 pouce) de large ; on l'ourle, faisant quelquefois un ourlet plat à un bord et un ourlet rond à l'autre ; on lui donne la forme d'une arcade carrée, puis on la soude très-solidement sur toute la surface de la rondelle, sur laquelle elle s'appuie, et qu'elle traverse : quelques ferblantiers la rivent même. La réunion de l'arcade et des plis constitue la poignée C.

Le ferblantier prépare deux lames de longueur égale à la largeur de A, et d'une largeur d'un peu moins de 54 milli-mètres (2 pouces), il partage cette lame en la repliant lon-gitudinalement, de manière à lui faire produire une saillie, car ensuite les deux côtés forment un angle. Sur l'un de ces côtés, il perce quatre carreaux, près à près, formés chacun de quatre trous disposés régulièrement ; ils les perce à l'emporte-pièce, et les plane comme pour les passoires. Ces deux lames, ainsi préparées, sont soudées, sur la largeur de A A', à une distance d'environ 14 millimètres (6 lignes) de la lanterne B : le côté non percé en est le plus voisin.

Au côté A', à 54 millimètres (2 pouces) d'intervalle, on fait 1° une ouverture circulaire *m* d'un peu plus de 22 centimètres

(8 pouces) de circonférence, et l'on soude à cette ouverture un anneau de 18 à 23 millimètres (8 à 10 lignes) de hauteur; cet anneau, bordé à plat, reçoit un verre circulaire; 2° on taille un carré de 27 millimètres (1 pouce) en tous sens, puis on le place du côté opposé à celui de *m*; on en soude les deux bouts sur A, laissant 8 millimètres (3 lignes) entre eux, de telle sorte qu'ils présentent une sorte de boucle allongée; c'est le support de la fermeture P de la porte O. Effectivement, à 13 millimètres (6 lignes) de A, l'ouvrier pratique une ouverture ayant la forme parallélogrammatique, et laissant sur les bords un intervalle de 18 millimètres (8 lignes). Cette ouverture reçoit la porte O, de dimension semblable, mais portant une fenêtre vitrée comme *m*; O est maintenu par une charnière. La fermeture P se forme d'une lame de fer-blanc dont l'extrémité, terminée en spirale, s'appuie sur le support, qu'elle presse; une autre lame cannelée est soudée sur la première, immédiatement au point où la première lame se courbe; la seconde, un peu bombée, se soude en même temps que l'autre sur la porte : elle sert d'ornement. A la distance de 40 millimètres (1 pouce 1/2) de la charnière, et de 54 millimètres (2 pouces) de l'ouverture, le ferblantier place en *rr* une lame semblable à l'autre, mais non percillée, et présentant un dos moins convexe : ces lames sont les pieds du falot, car c'est sur elles qu'on l'appuie. Nous ne représenterons pas la partie vitrée du falot : comme nous l'avons vu, A A' décrit un cerceau; or, à droite et à gauche de ce cerceau, dans l'ouverture circulaire qu'il décrit, on applique, avec le mastic de vitrier, une vitre de la grandeur juste de l'ouverture. Au bas, entre les deux pieds et à l'intérieur, est une bobèche *t* pour recevoir la portion de chandelle destinée à éclairer le falot. Enfin, pour préserver de tout choc les vitres des parois, on croise sur chacune deux forts fils-de-fer, qui ne les touchent point; les bouts de ces fils sont soudés sur les bords de A A'. Le ferblantier peut y faire divers ornements.

Lanternes carrées. Ces ustensiles sont fort simples: autour d'un carré de fer-blanc épais d'environ 10 centimèt. (4 pou.), ou soude une bande de 18 millimètres (8 lignes) de haut (*fig.* 101, *Pl.* II). Aux quatre angles on place solidement quatre montants de gros fil-de-fer revétus de fer-blanc, de manière à présenter un fort ourlet; ces montants *d'd' d d* ont environ 18 centimètres (6 pouces 1/2) de hauteur; deux d'entre eux *d d* sont doubles; les autres sont simples, parce que la porte,

montée sur deux fils semblables, fournira les seconds montants
nécessaires pour les doubler. L'extrémité supérieure de $d'd'd$
est soudée après une bande e, semblable à la bande a, et qu
porte le cône de fer-blanc destiné à donner de l'air à la lanterne ; le cône C est formé d'une seule pièce ; ses côtes son
saillantes et garnies d'une double rangée de trous : trois o
quatre trous, de figures diverses et plus grands, sont percés su
les quatre faces du cône ; il est ouvert par le haut et porte un
poignée élastique : cette poignée a trois parties : 1° une ar
cade ourlée, rivée librement avec un nœud de fil-de-fer ; :
un chapeau, formé d'un carré de fer-blanc dont on a mar
qué les côtes en le repliant diagonalement, et dont les angl
sont légèrement arrondis ; 3° une boucle ourlée h, tenue libr
ment après le chapeau et l'arcade par un nœud de fil-de-fe
Les vitres sont placées entre $d'd'dd$. La porte i tient à cha
nière, et ferme par un loquet ; elle est garnie d'une vitre. Ur
bobèche b, ou simplement une douille, est soudée au cent
du carré.

Lanternes rondes. La plus usuelle des lanternes est un c
lindre de fer-blanc d'environ 10 centimètres (4 pouces) de di
mètre, dont le devant est pourvu d'une porte s'ouvrant
charnière, fermée d'un loquet et garnie d'une vitre de ver
ou de corne. La partie supérieure est surmontée d'un cône
fer-blanc à jour, terminé par un crochet. Le cylindre
fermé à sa partie inférieure par un fond plat, au centre d
quel est la douille. Souvent, pour orner les lanternes, on e
fonce en dessous (selon un dessin convenu) un poinçon,
manière à ce qu'il ne perce pas et donne seulement une ma
que arrondie et saillante (1).

Flambeau-lanterne. Ce petit meuble, fabriqué à Londr
est formé d'une tige de cuivre ou de fer-blanc, portant sur
pied ordinaire, à l'extérieur, et renfermant une bougie sou
vée par l'action d'un ressort à boudin ; mais il porte à sa b
une petite lanterne à coulisse cachée dans le socle, qui, po
cette raison, doit avoir assez de hauteur. Lorsqu'on veut t
verser une cour, ou visiter quelque lieu contenant des matiè
inflammables, on élève jusqu'à la hauteur de la bougie all
mée cette petite lanterne, qui l'entoure et empêche que
vent ne l'éteigne.

(1) M. Larivière, auquel nous devons l'excellente machine à percer rapideme
fer-blanc, a imaginé de substituer au verre, dans les lanternes, des lames de fer
percées de petits trous, régulièrement disposés et placés très-près les uns des aut
ce qui est préférable aux gazes métalliques.

Lanternes sourdes. Elles ont généralemant leur fond séparé du cylindre qui les forme, et portent aussi un cylindre ouvert d'un côté et en haut : on entre ce second cylindre dans l'autre, où il peut tourner à frottement rude. Si les deux ouvertures sont en face l'une de l'autre, la lumière éclaire le dehors; mais lorsqu'elles ne se rencontrent pas, la lanterne semble être éteinte. La lanterne suivante est plus compliquée et plus ingénieuse : pour se former une idée de cette lanterne, qu'on se figure une boîte de fer-blanc ovale, comme l'indique la figure 104, Pl. II. Cette boîte est dans une position verticale; son fond, légèrement convexe, porte deux poignées en fil-de-fer *b b*, assujetties au moyen d'une lame de fer-blanc soudée sur le fond. Au-dessus et à moitié de *b b*, on voit en *c* un crochet de fer-blanc, long de 60 millimètres (2 pouces et quelques lignes), large de 11 à 14 millim. (5 à 6 lignes) par le haut, et de 7 millimètres (3 lignes) seulement par le bas.

Nous avons vu la lanterne sourde par derrière : maintenant la fig. 105, Pl. II, va nous la montrer par devant, et complètement fermée. A la partie supérieure de la boîte est, en *d*, le tiroir à jour : rentré dans la lanterne, elle n'est plus qu'une boîte. Au centre de son extrémité supérieure et demi-cintrée, on voit en *e* une petite boucle de fil-de-fer cuit ; le devant de *d* est à jour et travaillé à l'emporte-pièce : ses dessins représentent des cœurs, des croissants, des trous circulaires ou des feuillages, des étoiles, etc., le tout assez petit. Les côtés *f f* n'ont que deux trous ronds un peu plus grands que ceux du devant. Le derrière (*fig.* 104, Pl. II) est tout uni; *d* peut se maintenir à moitié ou aux trois quarts tiré, de manière à ne laisser hors de la boîte que les trous supérieurs pour donner un peu d'air. Le couvercle intérieur et vitré *g* de la boîte se voit encore figure 105, Pl. II : je le nomme ainsi parce qu'il peut être subitement recouvert par un dessus de fer-blanc, que l'on voit en *j* (*fig.* 104); ce dessus, ou couvercle extérieur, n'est entouré que d'un repli, afin de tenir à recouvrement sur la vitre, auquel il tient par une charnière *h*, à l'extrémité inférieure; il porte au centre *i*, en relief, une figure quelconque, ordinairement une étoile, une rosace, etc. Quand on veut intercepter tout-à-coup la lumière, on relève *j*, qui couvre exactement la vitre : en tout autre cas, on le laisse retomber au-dessous de la boîte, comme le montre en *j* la figure 104. La bande ourlée entoure et soutient la vitre, et entre à frottement sur le bord de la boîte, dont l'ourlet, placé à 5 millimètres (2 lignes), laisse une gorge pour recevoir le couvercle.

A l'extrémité inférieure de la boîte est percé un trou rond *r*, propre à faire passer un étui *n* de fer-blanc (*fig.* 106), de la circonférence de 60 millimètres (2 pouces et quelques lignes). Autour de *r* est soudé un anneau de 30 millimèt. (1 pouce et quelques lignes) de haut *s*; l'ouverture de *s* est fermée par une petite porte ronde à charnière. L'étui *n*, long d'environ 10 centimètres (4 pouces), contient un ressort à boudin en fil-de-fer de moyenne grosseur; la partie excédante de ce ressort sort de l'étui, le dépasse de quelques millimètres lorsqu'il n'est pas pressé par la bougie que *n* est destiné à supporter; *p* montre le couvercle de l'étui, et, pour ainsi dire, la bobèche de la bougie, puisque c'est dans son orifice que celle-ci est introduite. L'étui *n* sort plus ou moins du trou *r*, selon que la bougie est plus ou moins longue; en l'absence de la bougie, il entre complètement dans la boîte et s'enfonce dans le tiroir *d*; il est maintenu par l'anneau *s*, dont on forme alors la porte. De chaque côté du trou *r*, à 14 millimètres (6 lignes) environ de distance, est percé un trou rond. Ces ouvertures, celles du sommet et de ses côtes *ff*, ont pour but de protéger la combustion de la bougie, en fournissant l'air nécessaire. On fait maintenant le verre des lanternes sourdes bombé (1).

Lanternes d'écurie. Ces lanternes sont de même forme que les lanternes cylindriques; mais, au lieu de recevoir le jour par une porte garnie d'une vitre de verre ou de corne, elles ont une porte de fer-blanc percillée, comme toute la surface de l'instrument, d'une infinité de petits trous, pour éviter les incendies. La bavure demeure souvent comme dans les râpes.

§ VIII. — DE DIVERS OBJETS.

Tuyaux pour figurer les cierges. Tous les flambeaux des grands autels sont formés d'un long tuyau de fer-blanc, à l'extrémité supérieure duquel on introduit un morceau de cierge. Ces tuyaux, renflés à la base et resserrés par le haut, sont légèrement ouverts à la jointure par le bas, afin que le support de bois sur lequel ils doivent porter y puisse facilement entrer. Il serait bon de les enduire d'un vernis blanc dont la teinte se confondît avec celle de la cire; il faut aussi limer le

(1) Il y a de petites lanternes rondes qui tiennent le milieu entre les lanternes sourdes et les autres lanternes. Le fond, formé par une pièce de fer-blanc, est concave, et présente deux côtés, à l'un desquels tient à charnières une porte en fer-blanc, ayant une large ouverture ovale, que remplit un verre très-bombé. Le haut de la lanterne est arrondi ou conique : dans tous les cas, il est percillé pour donner de l'air. La poignée est au dos de la lanterne, qui n'a guère que 108 millimètres (4 pouces) de haut.

bord de l'extrémité supérieure, afin qu'elle forme le moins de saillie possible autour de la base du cierge.

Entonnoirs. Il y des a entonnoirs de toute grandeur, bordés ou non bordés, pourvus ou non pourvus d'une anse. Ils se font dans tous les cas de la même manière, et diffèrent seulement par les accessoires ; ils se composent : 1° d'un goulot, espèce de petit tuyau haut de 54 à 61 millim. (2 pouces à 2 pouces 1/4) et de 68 millimètres (1 pouce 1/2) environ de circonférence ; 2° d'une partie évasée, nommée proprement l'entonnoir, qui a ordinairement 8 ou 10 centimètres (3 ou 4 pouces) de hauteur, et, par son extrémité supérieure, une circonférence de 35 centimètres (13 pouces). L'entonnoir va en se rétrécissant jusqu'à sa base, puisque celle-ci n'a plus que la circonférence nécessaire pour s'ajuster exactement avec le goulot. Quelquefois celui-ci est un peu élargi à l'endroit où il s'introduit dans l'entonnoir, mais ce cas est assez rare. (Voy. *fig.* 11, Pl. I.)

Quand l'entonnoir n'est pas bordé, on se contente de rabattre tout autour du bord un repli de 5 millimèt. (2 lig.) ; mais ce repli, désagréable au toucher, se fendille avec l'usage.

L'entonnoir doit-il, au contraire, être bordé, on l'emboutit tout autour, de manière à lui faire présenter un bord renflé de 5 à 7 millimètres (2 à 3 lignes). Au-dessous de cette saillie, on pratique assez rarement un ourlet ; elle reçoit ensuite intérieurement une bandelette de 24 millimètres (9 lignes), convenablement bordée, et qui fait le bord de l'entonnoir. Quand le bord de la saillie n'a point été ourlé, on l'aplatit sur la bandelette, et même on le lime un peu afin qu'il semble faire corps avec elle.

L'anse des entonnoirs ressemble aux anses de tasses, mesures, etc. ; il s'adapte sur le bord de la saillie, et un peu au-dessus du point où l'entonnoir joint le goulot. Il importe de ne pas le faire trop descendre, parce que le goulot ne s'introduit qu'à demi dans les bouteilles, et que l'entonnoir peut être renversé au moindre mouvement.

Entonnoir à gouttière. Il est employé, dans le royaume de Valence, pour transvaser l'huile d'un vase à l'autre. La fig. 107, Pl. II, représente cet instrument. L'on pose le goulot de l'entonnoir dans l'ouverture du vase où l'on veut transvaser la liqueur, de manière à ce que la gouttière repose sur l'autre vase, dans une position à peu près horizontale et que sa courbure entre dans ce même vase. L'on puise la liqueur dans le vase que l'on veut vider, en se servant d'une cuillère à manche que l'on fait passer au-dessus de la gouttière, avant de la verser dans l'entonnoir. Les gouttes qui tombent dans le transport sont recueillies par la gouttière, et rien ne se perd. L'entonnoir et la cuillère se font en fer-blanc.

Puisque nous nous occupons des ustensiles propres à transvaser les liquides, nous allons indiquer au lecteur plusieurs siphons fort utiles.

Nouvelle trompe ou siphon, par Julia Fontenelle. Tous les négociants qui font en gros le commerce de vins, vinaigres, esprits, emploient, pour transvaser les liquides d'une barrique dans une autre, un gros siphon connu sous le nom de pompe. Cet instrument est très-difficile à amorcer, attendu qu'étant obligé de faire le vide par la succion, la longueur et le diamètre de ces siphons présente une trop grande capacité pour que tous les ouvriers soient propres à en soutirer tout l'air, et par suite les amorcer. Nous devons ajouter qu'il arrive souvent aux ouvriers qui les amorcent, pour soutirer les vins et les esprits, des accidents plus ou moins graves. Quelques-uns même, voulant faire le vide pour transvaser de l'alcool, tombent aussitôt dans un état d'apoplexie que l'on a vu quelquefois leur être fatal. C'est pour obvier à ce grave inconvénient que Julia Fontenelle a présenté au commerce un siphon qui s'amorce de lui-même. C'est une modification d'un de ceux de M. Bunten, que M. Payen a fait connaître.

La trompe en question se compose de deux tubes en cuivre (*fig.* 108, *Pl.* II), *c* et *d*, réunis à leur partie supérieure, et décrivant un quart de cercle. Le tube *d* est soudé à une boule *e*, dont la capacité doit être un peu plus grande que celle du tube *c*. A la partie où les deux tubes sont en cercle se trouve un bouchon ou robinet en cuivre *f* : on peut faire toutes ces parties en fer-blanc.

Lorsqu'on veut transvaser une barrique de liquide dans une autre, on ferme le robinet *f*, et on remplit la partie *d* du siphon en le tournant les extrémités en l'air, et y versant la quantité nécessaire de la même liqueur. On bouche alors l'extrémité *d* avec un bouchon de liège, et l'on place le bout de la trompe ou siphon *c* dans la barrique pleine. Cela terminé, on ouvre le robinet *f* après que l'on a tiré le liquide.

Siphon de M. Bunten. Le ferblantier peut avantageusement exécuter en fer-blanc ces siphons, que leur auteur a présentés en verre à la Société d'Encouragement; ils ont été, en 1824, l'objet de justes éloges.

Siphons à soutirer. Le premier (*fig.* 109, *Pl.* II) sert à soutirer
un liquide sans recourir à la succion. La longue branche *b c* est
interrompue par une boule *m*, d'une capacité suffisante. On
verse d'abord de la liqueur dans cette branche, et on en remplit à peu près la boule, les ouvertures étant tournées en haut;
puis, bouchant avec le doigt l'orifice de la longue branche,
pour s'opposer à la chute du liquide, on introduit l'orifice *a*
de l'autre branche dans la liqueur à soutirer, et on débouche
c. A l'instant l'écoulement a lieu par le poids du liquide intérieur, et la boule *m* se vide; mais, comme l'air ne peut entrer dans le tube, le ressort intérieur s'affaiblit, et la pression
sur la liqueur en *a* la force de monter en *b*, puis descendre en
m, et l'écoulement se continue en *c*, quoique la boule *m* soit
presque pleine de tout l'air qui existait dans la partie *a b m* :
rien n'est plus simple que cet instrument.

*Siphon pour empêcher que la liqueur ne soit troublée par le
dépôt.* En haut de ce siphon, représenté par la figure 110,
est une boule *m*, surmontée d'un tube de succion, muni d'un
robinet *r*. On plonge, à l'ordinaire, l'orifice *a* de la courte
branche dans la partie claire du liquide à soutirer; puis, ouvrant le robinet *r*, on suce pour que le liquide monte en *b* et
redescende par l'orifice *c*; on ferme alors le robinet, et l'é-
coulement se continue; on plonge de plus en plus profondément l'orifice *a*, à mesure que le vase supérieur se vide, et,
lorsqu'enfin on atteint le dépôt, on reconnaît tout de suite le
trouble dans la branche *a*, et on arrête l'opération en ouvrant
le robinet *r* pour rendre la communication avec l'atmosphère.
Le liquide du siphon se divise alors en deux colonnes, et chacune descend dans le vase, qui répond. Si l'on eût retiré le
siphon, ainsi qu'on le fait communément, par défaut de ce
robinet *r*, la pression extérieure pousserait à l'instant tout le
liquide dans la longue branche, et un peu de dépôt irait se
mêler à la partie éclaircie.

Le boule *m* est destinée à faire fonction de celle du précédent siphon (*fig.* 109) et aussi à éviter que la succion laisse
monter le liquide jusqu'à la bouche, lorsqu'on suce en *n*.

Siphon propre à tirer à clair des liqueurs corrosives. Ce troisième siphon (*fig.* 111, *Pl.* II) porte une boule latérale *m* sur
sa longue branche. En tenant le siphon renversé, on introduit d'abord quelques gouttes de liquide dans cette boule; puis
l'exposant à la flamme d'une bougie ou de quelques charbons, on réduit ce liquide en vapeurs; on fait ensuite entrer

l'orifice *a* de la branche courte dans le liquide à soutirer, en tenant bouchée l'autre extrémité *c* avec le doigt. La condensation, due au refroidissement, détermine l'ascension du liquide jusque dans la boule *m* et son écoulement.

Siphon de M. Himpel. La fig. 112, Pl. II, nous montre que cet instrument est composé d'un tube *a b c d*, d'un diamètre partout égal et d'une tige mobile *mf*, qui se termine en enton-noir. Pour mettre en jeu ce siphon, on plonge sa branche courte, munie du tube droit mobile, dans le liquide à décan-ter ; on emplit le siphon en versant dans l'entonnoir *f* de ce même liquide clair, si l'on en peut disposer d'une quantité suf-fisante, ou, à défaut, on se sert d'un autre liquide dont le mélange avec la liqueur qu'on soutire n'ait pas d'inconvé-nient. Aussitôt que le liquide sort à plein tuyau par le bout *e*, on enlève le tuyau mobile, et l'écoulement continue. Si l'on voulait amorcer ce siphon avant de le plonger dans le liquide, on pourrait adapter un robinet au bout *e*, et il suffirait d'em-plir le siphon, au moyen de l'entonnoir, avec de l'eau par exemple, et de fermer le robinet dès que l'eau en sortirait à plein tuyau ; on retirerait alors le tuyau mobile, et le siphon se tiendrait amorcé tout le temps que l'on voudrait, sans qu'on fût obligé de fermer l'orifice de la branche courte. Pour ren-dre ce siphon plus commode dans les grandes manipulations, il faut maintenir la tige mobile contre la branche du siphon par de petits tenons *g h i*, en sorte qu'il suffira d'élever ce tuyau de 54 millimètres (2 pouces) pour établir la commu-nication avec le liquide. Les deux anses *rr* rendent cette ma-nœuvre très-facile. Les lettres *a a' m'* montrent l'emmanche-ment séparé.

Arrosoir d'appartement. C'est un petit meuble très-simple, qui a exactement la forme d'un filtre, dépourvu de trous et d'un chapeau circulaire ; mais comme il est beaucoup plus pointu à son extrémité inférieure, et ne doit laisser couler qu'un mince filet d'eau, on adapte à la base de l'arrosoir une petite canule haute de 27 millimètres (1 pouce). Au point où il rejoint cette canule ou tuyau, l'arrosoir n'a que 40 mil-limètres (1 pouce 1/2) de circonférence, tandis que son bord a communément de 28 à 33 centimèt. (10 pouces à 1 pied). Ce bord est ourlé et porte à son rejoint une anse qui descend à près de 81 millimètres (3 pouces) sur l'arrosoir, y compris le petit tuyau. La hauteur de cet instrument est pour l'ordinaire de 18 à 21 centimètres (7 à 8 pouces). Il porte quelquefois une poignée.

Arrosoir de jardin. Les nombreuses et même les minutieuses descriptions que nous avons données jusqu'ici, nous dispensent d'entrer maintenant dans de longs détails pour certains objets ; l'arrosoir qui nous occupe est de ce nombre. En effet, il se confectionne d'abord comme un grand vase à lait, si ce n'est que son diamètre est plus fort et sa hauteur moins considérable. Il porte à sa partie resserrée une très-grosse anse, ou plutôt une poignée. A l'opposite de l'anse, et sur la partie renflée, l'arrosoir reçoit un goulot placé obliquement comme celui d'une cafetière. Ce goulot est soutenu par un rouleau de fer-blanc dans lequel passe une tige de fer. Ce rouleau, dont la situation est horizontale, est soudé par un bout à la naissance de la partie supérieure et resserrée de l'arrosoir ; l'autre bout s'attache au point correspondant du goulot.

L'orifice de l'arrosoir est à demi-fermé par une moitié de couvercle adhérente. A l'endroit où finit ce couvercle s'élève une poignée pour porter le vase quand il est plein. C'est un rouleau de fer-blanc porté par deux oreilles.

L'arrosoir peut servir ainsi, mais on y ajoute une autre pièce pour diviser l'eau : c'est un crible percé de trous grands à peu près comme ceux d'une passoire ordinaire, et portant sur un tuyau haut d'environ 54 millimètres (2 pouces) ; la circonférence de ce tuyau est déterminée par la grosseur du goulot, lequel doit entrer à frottement dans le tuyau.

On fait de jolis petits arrosoirs de fantaisie pour les jardins de terrasses et de fenêtres. Ils sont très-légers, et recouverts d'une couleur rouge ou verte, agréablement vernissée.

Arrosoirs à tubes mobiles. MM. Minich et de Villeneuve ont inventé des arrosoirs de ce genre dont nous allons donner la description.

Fig. 271, Pl. VI. Elévation de l'arrosoir à deux tubes.

Fig. 272. Elévation de l'arrosoir simple et portatif à un tube.

Fig. 273. Coupe du robinet formant charnière.

Fig 274. Tubes s'emmenchant l'un dans l'autre pour augmenter ou diminuer à volonté l'espace que l'on veut arroser.

Arrosoir portant deux tubes : a, entonnoir en zinc servant à introduire l'eau dans le réservoir b, sur lequel il est adapté ; b, réservoir en zinc recevant l'eau ; c, poignée servant à donner la direction à l'entonnoir à l'aide de roues; *d*, roues servant à diriger l'arrosoir à l'aide de la poignée *c*; *e*, tringle en fer servant à faire mouvoir le compas *f*; *f*, compas mû à l'aide de la tringle *e* et servant à déployer horizontalement les tubes *g*; *g*, tubes mus à l'aide de la tringle *e* et du compas *f* et distribuant l'eau au moyen des trous qui y sont pratiqués; *h*, robinets en cuivre recevant l'eau du réservoir *b* et l'introduisant dans les tubes *g* dès qu'ils sont déployés horizontalement à l'aide de la tringle de fer *e* et du compas *f*; *i*, brides servant à réunir la tringle *e* au compas *f* et à faire mouvoir les tubes *g*; *j*, brides servant à fixer les tubes *g* au compas *f*, qui leur donne l'impulsion.

Arrosoir portatif avec un tube. k, entonnoir adapté au réservoir *l*; *l*, réservoir recevant l'eau; *m*, tube garni de trous, mû à la main et servant à distribuer l'eau; *n*, robinet en cuivre recevant l'eau du réservoir *l* et l'introduisant dans le tube *m*; *o*, coupe du robinet, fig. 273; *p*, robinets ou tubes s'emmanchant l'un dans l'autre. Les arrosoirs peuvent être construits en fer-blanc, cuivre, tôle ou zinc; ils fonctionnent comme suit: il faut remplir le réservoir d'eau, appuyer sur la tringle *e* et déployer les tubes *g* à droite et à gauche, à une élévation horizontale de 8 centimètres (4 pouces) du sol; chaque tube n'a qu'une rangée de trous, et ce système d'arrosement obvie à tous les inconvénients qui résultent des éclaboussures, que l'on ne peut éviter avec les arrosoirs que l'on a fabriqués jusqu'à ce jour.

Petite pelle à tabac. Les débitants de tabac, de poivre et de café pulvérisé, se servent d'un petit instrument allongé, en fer-blanc, pour prendre ces diverses poudres dans les pots, et les verser dans des cornets de papier. Ainsi que les épiciers, les pharmaciens et les herboristes font usage de cette pelle. Elle a la forme d'un demi-cornet arrondi légèrement par la pointe et bordé à l'autre extrémité par une bandelette demi-circulaire, qui en fait en quelque sorte le couvercle. Une bande de fer-blanc de largeur et de longueur convenables, emboutie longitudinalement, et bordée à plat des deux côtés, à laquelle on ajuste ensuite le demi-couvercle, voilà tout ce qu'il faut pour fabriquer cet instrument. Il y en a de toute grandeur.

Garde-feu. C'est un petit paravent en fer-blanc que l'on étale devant le foyer lorsqu'on quitte l'appartement: on est sûr alors que les tisons roulants, les braises ou les étincelles, seront arrêtés par ce rempart. La construction de ce petit

meuble est fort simple ; c'est une suite de feuilles de fer-blanc
bordées, tenues l'une à l'autre par leurs côtés repliés en manière de charnière : c'est-à-dire que le côté d'une première
feuille et celui d'une seconde tiennent après un fil-de-fer
placé verticalement, et qui tourne librement sur lui-même.
Ses deux extrémités sont ajustées aux fils-de-fer placés horizontalement pour faire les deux bordures du garde-feu. Le
fer-blanc doit être poli comme de l'argent. Quelquefois on
se contente de maintenir les feuilles ensemble, au moyen des
bordures.

On prépare aussi cet instrument avec beaucoup plus d'élégance ; le fer-blanc est travaillé à jour délicatement au moyen
d'un emporte-pièce qui lui fait représenter un joli réseau ; les
bords restent épais, mais ils sont colorés et agréablement vernis soit en rouge, en vert ou en bleu. On pourrait aussi faire
des garde-feu en tôle vernissée.

Baratte de M. Valcourt. Cet instrument, inventé en 1815
par M. Valcourt, avait été adopté à Roville, et dans l'insti-
tution agronomique de Grignon, à la satisfaction de MM. Mathieu de Dombasle et Bella, directeurs. De tels suffrages font
tellement l'éloge de cette baratte, que je crois devoir en recommander l'exécution au ferblantier.

Elle se compose principalement, 1º d'un cylindre en fer-
blanc dont les fonds ou extrémités sont en bois, de l'épaisseur
de 27 millimètres (1 pouce) ; 2º d'un cuveau ou baquet, rond
ou ovale, cerclé en bois ou en cuivre ; on peut le placer sur un
cadre avec pieds ; 3º de deux ailes en bois, percées de trous
de 27 millimètres (1 pouce) de diamètre, et qu'on brûle légèrement avec un fer rouge pour les rendre intérieurement plus
unies ; 4º d'un arbre en hêtre auquel sont clouées les deux
ailes ; 5º d'une manivelle en fer, enfoncée dans l'arbre des
ailes, et propre à faire tourner la machine.

Voici les figures de ces diverses parties et de leurs accessoires.

Fig. 113, Pl. II. Vue latérale du côté de la manivelle, la
baratte étant placée dans son cuveau.

N. 2. Vue de face dans la position convenable pour battre
le beurre. Le couvercle est soulevé dans l'une et l'autre figure.

N. 3. Vue à vol d'oiseau de la baratte dans son cuveau.

N. 4. Vue du bout de l'arbre.

N. 5. Vue de face des deux ailes, ou agitateurs.

N. 6. La manivelle, retirée de l'arbre.

N. 7. Plaque en fer du gros tourillon de la manivelle.

N. 8. Plaque en fer du petit tourillon de la manivelle.

N. 9. L'embase, les deux tourillons et le carré de la manivelle, et le tourniquet qui l'empêche de sortir, aux deux tiers de leur grosseur.

La longueur du cylindre est communément de celle d'une feuille de fer-blanc ayant un peu moins de 33 centimètres (1 pied). Les têtes *a* (*fig.* n⁰ 1) ont de 28 à 40 centimètres (10 à 15 pouces) de diamètre. Une baratte de cette dimension bat de 1 à 4 kilogrammes (2 à 8 livres) de beurre. Elle est toujours accompagnée d'un couvercle en fer-blanc, dont les quatre faces sont pyramidales. Les demi-ronds *xx*, qui se voient autour de la tête *a* (*fig.* 113, n⁰ 1) montrent les extrémités du fer-blanc coupées dans cette forme avec un emporte-pièce, tournées à angles droits et clouées sur les faces des deux têtes, ainsi que le représente la figure 113, n⁰ 2.

D'après ces indications et les conseils donnés au commencement de cet ouvrage, le lecteur devra comprendre aisément comment il s'y prendra pour confectionner cette machine. Son jeu, que nous allons décrire, lèvera toutes les difficultés de l'exécution, très-simple d'ailleurs.

Le ferblantier, en vendant la baratte, recommandera à l'acheteur : 1⁰ de laisser toujours, excepté le temps du service, le couvercle *d*, la manivelle et les agitateurs sécher hors de l'instrument; 2⁰ de placer, au moment d'agir, le cylindre ou baratte dans le cuveau *f*, dans lequel elle entre justement; on a pratiqué à cet effet dans le haut du cuveau quatre légères entailles *f*, que montre le n⁰ 3 ; 3₀ d'introduire par la porte *c*, qui est de toute la longueur de la baratte, les ailes *p*, placées verticalement, comme dans le n° 1 : 4⁰ d'introduire ensuite la manivelle *h* par le trou rond *r*, n⁰ 2 de la tête *a*, puis dans le trou carré qui ne pénètre qu'à demi-bois dans la tête de *cj*; 5⁰ cela fait, il faudra placer dans la position n⁰ 9, au-dessus de l'embase de la manivelle, le tourniquet *u*, que l'on avait mis auparavant dans la position *v*. On versera par la porte *c* la crème, qui ne doit guère dépasser le centre de la baratte. On mettra le couvercle en place, et on l'assujettira avec les quatre tourniquets *e* et *m* dont les deux *l*, n⁰ 3, sont fermés, et les deux *m* sont ouverts, tels qu'ils doivent l'être tous les quatre quand on veut ôter le couvercle. Les deux montants de la poignée du couvercle seront percés d'un trou de 5 à 7 millimètres (2 à 3 lignes) de diamètre, comme l'indiquent les lignes ponctuées, afin de laisser échapper l'air de la baratte que l'agitation et la chaleur de l'eau introduite dans le cuveau ont raréfié; faute de ces trous, le couvercle sauterait. On peut donner à la manivelle et aux agitateurs un mouvement de va-et-vient; mais le mouvement circulaire continu est plus commode.

Je viens de parler de l'eau du cuveau, parce qu'en hiver on met dans ce baquet de l'eau plus ou moins chaude, suivant le degré de température, et qu'au contraire, pendant l'été, on le remplit d'eau fraîche. Le fer-blanc, étant un bon conducteur de chaleur, communique à la crême placée dans la baratte la température de l'eau du cuveau. Quand la saison est tempérée, le cuveau ne reçoit plus d'eau, et sert seulement alors à fixer solidement la baratte. On sent à la main si le beurre est battu, et l'on s'occupe de le sortir.

Pour cela, on sort la baratte du cuveau, on tire le bouchon l' n° 2, d'environ 20 millimètres (3/4 de pouce) de diamètre. Le lait de beurre est reçu dans un vase quelconque. Si l'ouvrier le juge à propos, il peut faire le trou l' plus grand, et le recouvrir intérieurement avec un petit grillage en fil d'argent pour empêcher le beurre de passer. Le lait de beurre écoulé, on replace le bouchon, et on verse de l'eau fraîche sur le beurre par la porte c. Quelques tours sont donnés à la manivelle; le bouchon l' est ôté, et l'eau est lâchée. On en remet de nouvelle jusqu'à cinq reprises, on agite la manivelle circulairement et en va-et-vient, jusqu'à ce que l'eau sorte claire. Le beurre est alors parfaitement lavé sans avoir besoin d'être pétri. Alors on place le tourniquet u, n° 9, dans la position v, reposant sur la cheville v; on tourne verticalement comme dans la figure 1 les ailes p, que l'on saisit avec la main gauche; on retire la manivelle h avec l'autre main, et on enlève les ailes p hors de la baratte. On ôte alors facilement le beurre avec la main, ou bien on renverse la baratte, et on le fait tomber par la porte c. Tout l'instrument est bien lavé avec de l'eau chaude, essuyé, et placé renversé; la porte c se renverse en bas, pour que l'eau qui serait restée puisse s'écouler d'elle-même.

g g sont les deux poignées en bois de hêtre fixées aux têtes a et b; j j sont les deux supports fixés aux deux têtes, et en faisant la prolongation. En dessous de ces deux supports, on cloue une planche k de 13 millimètres (1/2 pouce) d'épais-

Ferblantier. 13

seur, qui repose sur le fond du cuveau, et qui empêche le fond de la baratte de porter sur le fer-blanc et de le bossuer.

e e sont deux traverses de hêtre, de 27 millimètres (1 pouce) d'épaisseur formant les côtés longs de la porte *c*. On cloue à ces traverses les deux extrémités du cylindre. Pour que la porte ferme bien, la forme pyramidale est la meilleure, parce que le couvercle *d* entre alors comme dans un coin.

Il faut faire tourner sur l'embase *g* les deux tourillons *r* et *t* de la manivelle *h*, n° 6. L'intervalle qui se trouve entre ces deux tourillons doit être carré, pour entrer juste dans le trou carré *n*, n° 4, et entraîner l'arbre des ailes *p*. On voit, n° 9, qui est de grandeur naturelle, que le tourillon *r*, près de l'embase *q*, a pour diamètre la diagonale *o* du carré *s*, et que le tourillon *t*, à l'extrémité de la manivelle, n'a pour diamètre que le côté du carré *s*; par conséquent, il sera plus petit que le tourillon *r* : le trou de la plaque en fer, n° 7, fixée avec deux vis à la tête *a*, doit être rodé bien juste au tourillon *r*, pour que la crême ne puisse pas sortir entre les deux. Le trou de la plaque en fer, n° 8, fixée aussi par deux vis intérieurement et à demi-bois à la tête *b*, peut ne pas être aussi juste.

Fontaine clarifiante portative. Cette fontaine se compose d'un appareil fort simple, qui peut être exécuté par le fer-blantier le moins adroit : elle se transportera facilement en voyage, ou lorsqu'on ira passer quelque temps dans des campagnes où les eaux sont de mauvaise qualité.

Cet instrument, dont on voit la représentation *fig.* 114, *Pl.* II, est construit en fer-blanc pour l'ordinaire, quoiqu'on le fasse aussi en étain. Nous avons figuré sa coupe à la lettre *a*, afin que l'on puisse voir les parties intérieures. Elle a la forme d'une cafetière cylindrique de 30 centimètres (1 pied) de hauteur sur 10 centim. (4 pouc.) dans son intérieur. La partie supérieure se termine en calotte ou couvercle mobile, dont le centre est surmonté d'un goulot destiné à recevoir un bouchon. Elle est divisée en deux parties égales par deux cloisons, entre lesquelles on place du charbon pilé. La partie inférieure de la cloison est une rondelle en fer-blanc, percée de petits trous fort rapprochés, et pareille aux filtres dont on fait usage dans la cafetière à la du Belloy, et autres qui servent à la préparation du café par l'infusion de l'eau bouillante. Cette rondelle est soudée contre les parois intérieures de la fontaine. La rondelle supérieure *e* occupe exactement l'intérieur, et elle s'enlève à volonté lorsqu'on veut mettre ou retirer le charbon. La couche de charbon doit avoir 5 centim. (22 lig.) d'épaisseur, et être fortement tassée, afin que l'eau ne puisse pas filtrer trop promptement. Lorsqu'on a établi cette couche, on la recouvre avec la rondelle *e*, afin de maintenir le charbon, et pour empêcher qu'il ne soit dérangé lorsqu'on verse de l'eau dans la fontaine. Pour assujettir cette rondelle, on la fait passer au-dessous de deux pointes de fer, qui servent à la fixer au moyen d'une petite traverse en fer. On pose la rondelle sur la couche de charbon, de telle sorte que les deux pointes puissent coïncider avec les deux encoches *d d*, pratiquées dans cette rondelle. On fait passer les deux extrémités de la petite traverse sous les deux pointes, afin de retenir et de fixer le charbon et la rondelle supérieure.

L'appareil ainsi disposé, on remplit d'eau la fontaine; on la ferme de son couvercle *f*, après avoir jeté un linge sur sa grande ouverture. Ce linge, pressé contre les bords du couvercle qui entre dans la fontaine, empêche l'eau de sortir malgré les secousses et les mouvements qu'elle peut recevoir. Les bords extérieurs du couvercle doivent dépasser de quelques millimètres, afin de produire une plus forte compression sur le linge. Le goulot, qui se trouve à la partie supérieure du couvercle, sert à faire entrer l'eau sans qu'il soit nécessaire d'enlever ce couvercle. Lorsqu'il a passé une certaine quantité d'eau dans la partie inférieure de la fontaine, on la retire au moyen du robinet placé à la base inférieure. On pourrait fixer deux anneaux vers le milieu du corps de la fontaine, afin de l'attacher et l'assujettir dans une voiture. Il faut, pour que l'eau filtrée dans la partie inférieure de la fontaine puisse s'écouler par le robinet, adapter contre les parois intérieures un petit tube, qui, commençant au rebord supérieur, descende à travers la couche de charbon dans la division inférieure, et permette à l'air de s'y introduire.

Coquetier à vapeur, de SALAT.

Les œufs à la coque sont un des comestibles le plus en usage pour les déjeuners; cependant leur cuisson rapide et surtout à point est, pour ainsi dire, un problème encore à résoudre. En effet, la moindre des choses suffit pour qu'ils soient trop ou pas assez cuits : l'eau n'est pas assez chaude; le temps nécessaire à leur cuisson n'est pas bien déterminé; le vase n'est pas d'une grandeur convenable; l'eau est en trop grande ou en trop petite quantité ; enfin l'eau qui était à une bonne température est tout-à-coup refroidie par les œufs que l'on met dedans ; tout cela, si inappréciable au premier abord, est pourtant cause que l'on mange rarement de bons œufs à la coque.

L'appareil dit coquetière à vapeur fera éviter tous ces inconvénients. Différent de ceux déjà inventés, cet appareil ne fait pas cuire les œufs au bain-marie ; la coque de l'œuf n'est pas non plus brisée, et l'œuf répandu dans la coquetière, comme dans le coquetier calorifère, ce qui donne un véritable œuf brouillé au lieu d'un œuf que l'on voulait à la coque.

La coquetière représentée dans la fig. 275, Pl. VI, est pour quatre œufs ; on peut également en faire pour sept et même pour beaucoup plus, sans autre changement que celui des proportions ; mais la facilité et la promptitude avec lesquelles on peut répéter l'opération rendent inutile une plus grande capacité.

Cet ustensile remplit donc, on le voit, toutes les conditions d'un instrumennt de ménage indispensable : simplicité, commodité, propreté, rapidité, élégance, et ce qui est le plus important, prépare toujours un mets bien cuit à point.

On ne peut avoir à craindre l'explosion, comme quelques personnes pourraient le croire, car la vapeur n'est pas en suffisante quantité, et d'ailleurs, s'il y avait surabondance, la force expansive de la vapeur ferait lever le couvercle.

La légende explicative suivante fera facilement comprendre le dessin, et par suite, l'appareil lui-même et la manière dont s'opère la cuisson.

Figure 275, A, coquetière à vapeur pour quatre œufs ; B, grille à jour qui porte les œufs dans l'intérieur ; C, tronc de cône à jour supportant la grille B dans la coquetière et lui servant de pied pour placer les œufs sur la table ; D, lampe contenant juste la quantité d'esprit-de-vin nécessaire ; E, pivot et anneau pour enlever la grille ; F, couvercle de la coquetière ; G, grand réservoir pour contenir les œufs et dans lequel la vapeur se condense ; H, petit réservoir au fond duquel est mise l'eau à réduire en vapeur ; I, supports de la coquetière ; K, socle de la coquetière.

Rota-glaciateur de Gillet. Pour compléter ce que nous nous proposions de dire sur cette partie de l'art du ferblantier, nous donnerons encore la description du rota glaciateur ou sorbetière mécanique dont on doit l'invention à M. F. L. Gillet,

et nous en empruntons les détails au T. LX des Brevets
d'invention expirés.

« Avant d'arriver, dit l'auteur, à la description spéciale du
rota-glaciateur et pour faire mieux apprécier les avantages
qu'il comporte il ne sera peut-être pas inutile de rappeler
en peu de mots le mode et le genre d'appareils adoptés jusqu'à ce jour pour la fabrication des glaces à manger, des
glaces rafraîchissantes et des sorbets.

» En effet, cette manipulation s'est toujours opérée
dans une simple sorbetière de la capacité d'environ 4 litres,
bien qu'on ne la remplissait jamais entièrement, et disposée dans un seau ordinairement fait en bois de chêne, et
d'une dimension telle qu'il y ait toujours autour de la sorbetière un vide de 10 centimètres 8 millimètres (4 pouces),
qui doit être rempli par de la glace ordinaire. Lorsque tout
le mélange de sel et de glace est convenablement arrangé
autour de la sorbetière, on tourne celle-ci pendant quelques minutes; puis, avec la houlette, qui est une espèce de
spatule ou de cuillère, on détache toutes les parties de
glace adhérentes à la circonférence intérieure; après quoi l'on
recouvre la sorbetière avec son couvercle pour la faire tourner aussi rapidement et environ aussi longtemps que la première fois, et l'on répète toute cette manipulation jusqu'à ce
que toutes les liqueurs, après avoir perdu leur transpa-
rence, se soient converties en neige et puissent être servies
en glace, en sorbets, etc., comme cela se pratique habituellement chez les confiseurs et les limonadiers; enfin, quand les
liqueurs, ou toute autre substance de cette nature, sont arrivées à ce point de congélation ou de fabrication, on tire toute
l'eau salée par la bonde que porte le seau; pour l'utiliser parfois, on en retire le sel, et l'on remplit ce seau comme auparavant et autant de fois qu'il convient de recommencer l'opération.

» Comme on le voit, cette manière d'opérer, toute ma-
nuelle, exige beaucoup de temps comme aussi beaucoup de
force; au contraire, le mérite de l'invention dont il s'agit
présentement consiste spécialement et essentiellement à économiser l'un et l'autre, c'est-à-dire à accélérer la manipulation, à multiplier la fabrication, et à diminuer considérablement la somme de force qu'ont exigée jusqu'à ce jour les
manipulations de cette nature.

» Le mérite de mon invention consiste donc, d'une part,

dans la combinaison mécanique, dans la disposition et le jeu des pièces dont se compose le rota glaciateur, et d'autre part, dans les avantages qui résultent de la régularité, de l'ensemble et de la célérité des fonctions qu'accomplit cet appareil nouveau.

» Le rota-glaciateur se compose, en général, d'un seau métallique (ou en bois au besoin), bordé en haut et en bas, et muni d'un fond sur lequel sont adaptées des sorbetières ou boîtes cylindriques, dont le fond, concave, porte ou reçoit une crapaudine et est enveloppé d'un cylindre d'une dimension telle qu'il puisse servir de base ou de support.

» Cette base cylindrique étant percée de plusieurs trous, destinées à donner passage au liquide et par conséquent à le laisser pénétrer par-dessous le fond des sorbetières, on conçoit qu'il s'établit une véritable circulation sur tout le fond de l'appareil; en effet, c'est dans ce seau ou espèce de bâche, et entre les sorbetières, convenablement et presque toujours également distantes, que l'on place, en quantité suffisante, la glace naturelle ou proprement dite, le sel, etc., qui doivent servir à opérer la congélation des sirops, des liquides ou autres substances analogues, dont on peut composer les glaces à manger ou rafraîchissantes, les sorbets, etc.

» Dans chacune des sorbetières est disposé un agitateur (ou une spatule à ailettes faisant fonction de volant), qui remplace avec un avantage immense l'instrument que l'on appelle houlette et parfois spatule, à l'aide duquel, jusqu'ici, la fabrication des glaces s'est opérée manuellement et d'une manière longue et pénible. Cet agitateur, dont le nombre des ailettes est variable à volonté, ainsi que leur forme, est maintenu à la partie inférieure de la sorbetière, où il pivote dans une crapaudine, et il est également maintenu à la partie supérieure par une douille traversant le couvercle du vase cylindrique, dans lequel il peut se mouvoir convenablement pour agiter et mélanger les diverses substances qui doivent servir à composer les glaces.

» Les couvercles des sorbetières sont surmontés d'une poignée en forme d'anse qui reçoit à son centre et y maintient une douille, celle dont je viens de parler, renforcée par une rondelle soudée ou rivée sur son extrémité supérieure; à gauche et à droite, c'est-à-dire vers les deux bouts de cette poignée à anse, sont adaptés deux fils métalliques d'une force convenable, et coudés en sens inverse l'un de l'autre pour faire crochet

contre deux bras de plus forte dimension, tenant fixement
d'un bout à la sorbetière, et dans une position analogue à
celle des crochets, et de l'autre bout, disposés seulement ou
logés, l'un dans un trou pratiqué dans le seau lui-même, et
l'autre dans une partie à encoche soudée ou rivée contre un
grand tube fixé verticalement lui-même au milieu de l'appareil : les quatre extrémités de bras que l'on y voit logés (l'un
dans un trou pratiqué dans le seau) dans les parties à encoche adaptées à ce grand tube vertical, sont maintenues dans
leurs encoches par les extrémités de quatre clavettes, qui passent dans de petits cylindres ajustés et fixés *ad hoc* contre ce
tube pour faire corps avec lui ; des appuis ou barettes de fer
servent à consolider celui-ci, comme on le voit sur les dessins
Pl. VII, mais il n'y aurait aucun inconvénient à adopter d'autres moyens plus ou moins analogues de consolidation.

» C'est à l'aide de cette disposition, qui maintient les sorbetières dans une position fixe et déterminée, qu'il devient
toujours facile et commode, tantôt d'enlever le couvercle de la
sorbetière, tantôt de sortir du seau la sorbetière elle-même.
Ce fort tube vertical, dont il vient d'être question, fait ici
fonction d'arbre et porte une roue dentée, surmontée elle-
même de la manivelle qui sert d'abord à lui donner le mouvement, et par suite, à le communiquer à tout le système
d'engrenage que peut comporter le rota glaciateur, rien
n'empêchant, je le répète, de substituer aux moyens mécaniques d'autres modes de consolidation et d'assemblage; de
modifier leurs formes, leurs dimensions, pourvu que l'appareil
fonctionne pareillement et que les résultats soient identiques,
c'est-à-dire pourvu que l'on obtienne la même sûreté dans
la fixité des sorbetières et la même facilité dans le dégagement
que réclame leur emploi.

» L'axe de l'agitateur, après avoir traversé la douille, qui
traverse elle-même le couvercle et la poigné à angle de la sorbetière, se prolonge assez et de telle sorte que, façonné comme
il l'est, en carré, à son extrémité, il puisse recevoir une roue
d'engrenage dont le centre, à cet effet, porte un trou de forme
analogue.

» Dans le cas où l'appareil n'aurait qu'une sorbetière,
cette roue est remplacée par une manivelle qu'il suffit de
manœuvrer à la manière ordinaire pour faire fonctionner
l'agitateur.

» Mais, quand le rota-glaciateur se compose de plusieurs

sorbetières, cette roue engrène avec une ou plusieurs roues
dentées, dont l'une d'elles est surmontée d'une manivelle
(comme il a été dit plus haut en parlant de l'arbre ou grand
tube vertical), qui sert à communiquer le mouvement à toutes
les (agitateurs) autres roues d'engrenage dont sont munies
les autres sorbetières, et par conséquent, à communiquer le
mouvement à tous les agitateurs qui doivent fonctionner
dans ces vases cylindriques.

» Les roues qui couronnent les sorbetières sont simplement superposées sur la partie supérieure et carrée des agitateurs au moyen d'un emmanchement tel que, d'une part,
ces roues ne puissent s'échapper d'elles-mêmes, et que, d'une
autre part, il soit toujours facile, en les soulevant avec la
main, de les dégager, des les enlever entièrement; mais,
outre ce double avantage, dû au mode de superposition ou
d'emmanchement, par suite il en résulte encore un autre,
celui de pouvoir ôter à volonté, avec aisance et célérité, les
couvercles des sorbetières; car, alors, les roues étant déjà enlevées, il suffit d'un simple et léger mouvement circulaire pour
dégager aussi ces couvercles; pour les enlever pareillement à
la main, et cela autant de fois que l'on jugera nécessaire de
visiter la marche de l'opération, qui produit les glaces à manger et rafraîchissantes, les sorbets, etc., etc.

» Maintenant, si l'on suppose, par exemple, comme on le voit
sur le dessin, que le seau qui contient les sorbetières ait une
forme circulaire, il devient tout naturel que celles-ci soient
disposées sur tout le pourtour intérieur, de manière que toutes
les roues des agitateurs engrènent avec une roue centrale,
portant une manivelle disposée horizontalement, et à l'aide
de laquelle le mouvement se communique, au même instant et
pendant le même temps, à tous les agitateurs.

» Si au contraire nous admettons qu'il faille donner à l'appareil une forme longitudinale, on conçoit aisément qu'il
faudra que les sorbetières soient disposées dans le seau sur
une même ligne, les unes à côté des autres, mais convenablement distantes, et dans ce cas, pour communiquer le mouvement aux roues d'engrenage et aux agitateurs, il devient
bien plus convenable de donner à la manivelle une position
verticale et de là faire fonctionner ainsi au moyen d'un pignon
et de roues d'angle.

» Ainsi, d'après tout ce qui vient d'être expliqué, il est évident que le rota glaciateur ne peut comporter qu'une seule

sorbetière, comme aussi se composer de deux, de trois, de quatre, de cinq, de six, de sept, de dix, de douze, de quinze, de vingt sorbetières, etc., et que sa forme étant naturellement variable, il peut, par conséquent, recevoir toutes celles qui peuvent se combiner avec le nombre et la disposition des sorbetières.

» Un rota-glaciateur à une seule sorbetière, par exemple, peut avoir un seau rond, carré, octogone, etc. Le même appareil, composé de deux, de trois sorbetières, etc., peut être établi longitudinalement et présenter une forme rectangulaire ou plus ou moins elliptique, ce qui démontre suffisamment que plus le seau doit contenir de sorbetières, plus il devient facile de varier la forme du rota-glaciateur.

» Quel que puisse être le nombre des sorbetières, le seau de ce nouvel appareil doit être muni, à sa partie inférieure, d'un robinet ordinaire destiné à le vider entièrement. Mais, outre ce moyen d'écoulement, il devient nécessaire de pratiquer de part et d'autre, à la partie supérieure de ce récipient, plusieurs trous faisant l'office de trop plein, afin que, si la glace naturelle servant à opérer la congélation des substances en fabrication, était venue à se fondre en l'absence d'un surveillant de l'appareil, ou en présence d'un surveillant inattentif, ce liquide, plus ou moins salé, ne puisse jamais, par un niveau trop élevé, pénétrer dans les sorbetières, et se mêler ainsi avec les substances qui doivent, en se congelant, se transformer en glaces rafraîchissantes, ou glaces à manger, en sorbets, etc.

» *Légende.* Figure 281, Pl. VII, section verticale du rota-glaciateur passant par la ligne xy de la figure 282.

» Fig. 282, projection horizontale (d'un agitateur) du rota-glaciateur tout monté.

» Fig. 283, projection verticale de l'agitateur, c'est-à-dire la houlette ou spatule à ailettes faisant fonction de volant dans les sorbetières.

» Fig. 284, projection horizontale d'un agitateur du rota glaciateur.

» *a, a, a, a* (*fig.* 281 et 282), seau bordé en haut et en bas : il est muni d'un fond, d'un robinet et d'une anse qui permet de transporter facilement et à la fois tout l'appareil ; *b*, robinet d'écoulement muni d'une grille ou d'une plaque percée de trous, afin de ne permettre que le passage du liquide ; *b'*, grille du robinet *b* ; *c c*, trous faisant l'office de trop plein ;

leur nombre est indéterminé; *d*, *d*, *d*, *d*, sorbetières ou vases cylindriques renfermant les substances propres à obtenir des glaces à manger, des sorbets, etc. Ces sorbetières sont munies d'un fond dont le centre est façonné en crapaudine ; *d' d' d' d' d' d' d' d'*, bras des sorbetières, les uns tenant au seau et les autres à un arbre ou grand tube vertical; *e e* (*fig*. 281), crapaudine formée intérieurement au centre du fond de chaque sorbetière ; *ff*, fond adapté à chaque sorbetière ; ce fond est enveloppé d'un cylindre qui, par ses dimensions, peut servir de base à la sorbetière, et qui est percé de plusieurs trous sur son pourtour, afin de permettre la circulation du liquide ou de la glace naturelle liquéfiée; *g g g g* (*fig*. 282), couvercles des sorbetières : ils sont munis d'une poignée ou d'une anse *h* consolidée par une douille *i* servant de guide à l'agitateur ; *h h h h*, poignées ou anses des couvercles *g* ; *i i i i*, douilles traversant les poignées *h* et surmontées d'une rondelle destinée à les consolider ; *j j*, agitateur ou spatule à ailettes faisant fonction de volant dans intérieur des sorbetières: cet instrument remplace très-avantageusement la houlette employée dans l'ancienne fabrication ; son extrémité *j'* est façonnée en carré pour recevoir une roue d'engrenage dont le centre est, à cet effet, percé d'un trou analogue ; *j*, extrémité façonnée de l'agitateur ; *k k k k*, roues d'engrenage montées chacune sur l'axe d'un agitateur *j* et mues toutes à la fois par une autre et seule roue dentée; *l*, roue dentée recevant une manivelle à l'aide de laquelle on lui imprime le mouvement qu'elle communique aux roues *k*; *m*, manivelle servant à faire mouvoir tout le système du rota-glaciateur ; *n*, arbre ou grand tube vertical, destiné à supporter et à maintenir fixe le tourillon *n'* de la roue *l*; *n'*, tourillon de la roue *l*; *o o o*, clavettes entrant dans de petits cylindres *o'* qu'elles traversent longitudinalement : les extrémités de ces clavettes maintiennent dans leurs positions réciproques les extrémités des bras *d'* des sorbetières *d*; *o' o' o' o'*, petits cylindres faisant corps avec l'abre *n* et dans lesquels passent les clavettes *o* pour maintenir convenablement les extrémités *d*; *p p p p*, barettes métalliques servant à consolider le grand tube vertical *n* fixé au centre de l'appareil ; à ce mode de consolidation, on peut substituer tous autres moyens connus et plus ou moins analogues; *q*, anses dont les extrémités, en anneau, pénètrent dans des oreilles fixées au seau dans une position diamétralement opposée.

» Plus tard, M. Gillet a ajouté à son appareil quelques perfectionnements, dont il rend ainsi compte :

» C'est sans doute avec raison que l'on a dit que les glaces ne pouvaient jamais être trop travaillées, car les fonctions des sorbetières s'accomplissant manuellement et d'une manière pénible, elles fatiguaient assez les personnes livrées à ce travail pour qu'il fût utile de les persuader du zèle constant que réclamait cette fabrication, pour les encourager à travailler bien et le plus longtemps possible.

» Mais ce principe, qui paraît essentiel dans l'ancien mode de fabrication, loin d'être de quelque importance dans l'emploi du rota glaciateur, présente au contraire un inconvénient, celui de trop travailler les substances dont se composent les glaces à manger, et de ne pas donner à celles-ci tout-à-fait assez de corps.

» L'expérience m'a donc porté à imaginer certains perfectionnements qui permissent d'améliorer ma nouvelle fabrication de glaces rafraîchissantes, de les rendre plus profitables au limonadier, et plus convenables au consommateur.

» En effet, mes premiers agitateurs portaient, de part et d'autre, plusieurs ailettes dont les extrémités tant soit peu recourbées leur permettaient à toutes, en tournant dans un sens, de fonctionner comme autant de racles, et en tournant de l'autre, de lisser les substances que renfermaient les sorbetières.

» C'est en raison de cette forme, que mes agitateurs, mis en mouvement comme il a été expliqué plus haut, travaillaient trop les substances transformées en glaces, puisqu'un enfant a toujours pu seul, jusqu'ici, imprimer à mon appareil un mouvement rotatif beaucoup plus rapide et beaucoup plus fréquent, comme aussi bien plus régulier, dans cette fabrication nouvelle, que celui qui constitue le travail lent et tout manuel d'un homme vigoureux chargé de faire des glaces par l'ancien procédé.

» Il devenait donc urgent de modifier l'action de mes agitateurs dans la sorbetière pour améliorer et l'opération et ses produits ; et, dans ce but, sans rien changer à la forme ni à la disposition supérieure et inférieure de cette pièce essentielle, ni à la manière de lui trasmettre le mouvement, j'ai eu l'idée de n'en modifier que la composition, c'est-à-dire d'adapter à son axe, et de la même manière, une seule ailette et un seul volant, dont toutefois la disposition fût combinée pour

produire l'effet cherché, et dont les formes, par conséquent
différassent assez de celles dont il a été question plus haut,
pour, d'une part, les empêcher d'agir comme des racles contre les parois de la sorbetière, et, d'une autre part, agiter
plus convenablement les substances que l'on veut convertir
en glaces rafraîchissantes.

» Ainsi, l'axe de mes agitateurs nouveaux porte, d'une part,
pour ailette une tige cylindrique et métallique, massive ou
creuse, de dimensions convenables, dont la forme, par en
haut et par en bas, coïncide avec celle de la sorbetière, et
dont le poids soit approprié à la fois à la rapidité modérée
du mouvement rotatif, et en même temps au lissage perfectionné que j'ai eu pour but en substituant la surface
arrondie et douce de l'ailette cylindrique, aux racloirs formés
par les extrémités minces et recourbée de mes premières
ailettes; d'une autre part, l'axe de ces agitateurs porte un
volant de forme analogue à celle d'une lame dont les angles
sont arrondis, d'une seule pièce, et dont les dimensions, établies selon le vide qui existe entre l'axe, la tige cylindrique et
les deux supports ou entretoises métalliques, le maintiennent à
une distance convenable de la paroi intérieure de la sorbetière.

» Maintenant, l'on conçoit que si l'ailette cylindrique est
disposée pour n'avoir, en raison de son mouvement, qu'un
lissage constamment doux, assuré et puissant, sur les substances, au lieu de les racler fréquemment pour les chasser en
avant, comme cela avait lieu quand nos premières ailettes
étaient mises en mouvement dans un sens pour ensuite les
lisser, mais trop faiblement, en tournant dans l'autre sens,
et que si le volant établi et adapté convenablement agite
toute la masse des substances et la fait passer dans le vide
dont j'ai parlé plus haut, et contre la périphérie intérieure de
la sorbetière pour la soumettre à l'action de la tige ou ailette
cylindrique qui doit en opérer le lissage, on conçoit, dis-je,
que les glaces, travaillées avec une douceur d'action combinée avec la nature des substances dont elles se composent,
conservent beaucoup mieux les couleurs des fruits dont on a
fait l'emploi, deviennent plus corsées, plus compactes, plus
fines et meilleures, par conséquent, sous tous les rapports.
On voit aisément qu'il importait beaucoup d'améliorer le
mode nouveau de faire les glaces à manger, sans modifier le
système du rota glaciateur, supérieur à tous les procédés qui
l'ont précédé, et qu'il est avantageux d'avoir pu y réussir par

les plus simples changements de forme dans certaines pièces de l'agitateur, dont le volant est assez éloigné des parois inté-rieures de la sorbetière pour agiter convenablement les sub-stances qui entrent dans la composition de la glace, et dont l'ailette cylindrique n'en est approchée qu'autant qu'il le faut pour opérer le lissage parfait de cette composition rafraîchis-sante. »

Légende. Figure 285, vue extérieure de l'agitateur per-fectionné des sorbetières du rota glaciateur; figure 286, pro-jection horizontale ou plan; figure 287, coupe horizontale faite suivant la ligne $x\,y$; r, axe vertical métallique disposé dans un tube également métallique r', et dont la partie infé-rieure pivote dans une crapaudine que porte le fond de la sorbetière; la partie supérieure est façonnée en carré pour recevoir une roue ou un pignon engrenant avec la roue principale ou centrale de l'appareil; s, entonnoir qui sur-monte le tube r' de l'axe r; cet entonnoir a pour but de rece-voir les parcelles de sel, de glaces ou d'autres substances mises dans l'appareil pour produire la congélation des glaces à man-ger, attendu que ces parcelles pourraient par fois, durant l'opération, pénétrer dans la sorbetière par les joints que pré-sente l'ajustement du couvercle et de l'agitateur, cet effet étant dû au mouvement imprimé au rota-glaciateur, comme on l'a vu dans la précédente description; t, t', entretoises: celle supérieure t ayant pour but de réunir et fixer solide-ment l'ailette cylindrique u au tube r'; celle t' découpée en courbe, ainsi que la partie inférieure u', pour coïncider avec la forme cylindrique de la partie inférieure de la sorbetière. Pour produire plus sûrement cet effet, il est bon d'adapter à cette partie inférieure de l'agitateur une demi-gorge ou une bande métallique semi-cylindrique, et dont la convexité soit tout-à-fait en rapport avec la concavité de la partie inférieure de la sorbetière. v, volant adapté contre le tube r' sur la même ligne et vis-à-vis de l'ailette cylindrique: il a la forme d'une lame de couteau dont les angles extérieurs seraient arrondis.

CHAPITRE V.

DES BAIGNOIRES ET DE LEURS AMÉLIORATIONS.

La construction des baignoires exige peu de détails, mais toutefois assez de soin. Il va sans dire que le fer-blanc qu'on y emploie doit être fort, épais, sans aucune tache, parce qu'on ne pourrait les faire disparaître dans sa fabrication.

Baignoire ordinaire. Plus la baignoire est grande, plus elle s'éloigne de la forme ovale, et ressemble à une caisse longue, arrondie à ses deux extrémités : elle est ouverte, et présente quelquefois, mais rarement, un support pour soutenir la tête. Comme les baignoires en fer-blanc sont ordinairement montées sur un châssis en bois, ce châssis fournit le support nécessaire.

Dans de très-grandes dimensions, l'ouvrier agit comme s'il voulait faire une casserole : après avoir pris ses mesures, il prépare les parois de la baignoire, en ajustant ensemble les plus grandes et les plus fortes feuilles de fer-blanc. A mesure qu'il approche des extrémités de la baignoire, il emboutit légèrement, et rejoint ensuite les deux bouts des parois. Il fait le fond en ajustant aussi des feuilles de fer-blanc jusqu'à ce qu'il ait atteint la mesure voulue. A quelques centimètres de l'extrémité la moins large, l'ouvrier pratique une soupape pour l'écoulement de l'eau. La bordure de la baignoire doit être faite avec de très-gros fil-de-fer pour en accroître la solidité.

Baignoires à sabot. Après avoir eu quelque temps la vogue, ces baignoires sont presque abandonnées ; mais il est bon de les connaître. On les nomme *à sabot*, parce qu'en effet elles en ont la forme : elle ne sont ouvertes que sur le tiers de leur longueur, tandis que les deux autres tiers sont couverts et en pente. Leurs avantages sont d'exiger une moindre quantité d'eau, et d'en conserver plus longtemps la chaleur ; enfin, de présenter un siège qui empêche le baigneur d'être allongé à plat. Mais les vapeurs se portent toutes à la tête, et la sortie du bain est fort difficile.

Baignoires d'enfants. Elles ne diffèrent des autres que par leurs dimensions. Ce sont celles que l'on fabrique le plus aisément.

Baignoire à demi-bain. C'est un grand vase demi-sphérique, que l'on cloue par les bords autour du châssis arrondi d'un fauteuil préparé pour cet usage. L'ouvrier doit commencer d'abord par emboutir une belle feuille de fer-blanc ; lorsqu'il l'a bien arrondie, il en rogne les angles et ajuste convenablement les parois qu'il emboutit de moins en moins, mais de manière à bien conserver la forme demi-sphérique. Il termine par percer à distance égale, sur le bord, les trous qui recevront les clous : il rabat ensuite sur le châssis le bord légèrement replié en dedans, afin de ne point blesser le bai-

gneur. Le tête des clous, par la même raison, doit être aussi
extrêmement aplatie.

Baignoire à réchaud. M. Bizet, chaudronnier à Paris, faisant
une ingénieuse application des caisses à vapeur inventées au
dix-septième siècle par Jean-Rodolphe Glauber, a construit
une baignoire pourvue d'un fourneau-chaudière qui chauffe
l'eau sans exhaler aucune émanation dangereuse.

On voit (*fig.* 115, *Pl.* II) l'appareil entier, composé, 1° de la
baignoire A ; 2° du fourneau-chaudière B ; 3° du coffre E, propre à chauffer le linge et le déjeuner; 4° du tuyau F F, pour
porter les vapeurs du charbon dans une cheminée voisine,
ou hors de l'appartement; on voit aussi 3° une pompe dont
nous indiquerons bientôt l'usage. L'objet le plus important est
le fourneau-chaudière B ; il est vu en coupe *fig.* 116. Ce
fourneau est placé en *a* au milieu de la chaudière ; le charbon
s'introduit par le tuyau *p*, et tombe sur la grille *b*. L'air nécessaire à la combustion entre par le cendrier *c* avec plus ou
moins de rapidité, suivant qu'on ouvre plus ou moins le petit
tiroir H (*fig.* 115).

Le fourneau *a* (*fig.* 116) est enveloppé de toutes parts d'une
chemise en cuivre, qui est partout distante de 54 millimèt.
(2 pouces) du fourneau. C'est dans cet espace *o, o, o, o*, que se
rend d'abord l'eau froide, et qu'elle est échauffée. Cette chemise porte deux tuyaux, dont l'un *n* horizontal, et l'autre *m*
incliné de bas en haut : ces deux tuyaux sont soudés à la baignoire, comme on le voit en C D (*fig.* 115).

Ces détails étant bien compris, la circulation de l'eau est
facile à concevoir. Lorsqu'on a rempli la baignoire jusqu'au-
dessus du tuyau C, toute la chaudière B se trouve aussi remplie, puisqu'elle communique avec la baignoire par les deux
tuyaux C D. Quand le fourneau est allumé, l'eau de la chaudière s'échauffe, mais chacun sait que l'eau froide est plus pesante que l'eau chaude : celle-ci entre dans la baignoire par le
tuyau C, pour occuper la partie la plus élevée, et en même
temps l'eau froide pénètre dans la chaudière par le tuyau D.
Ce mouvement de circulation continue sans interruption,
jusqu'à ce que toute l'eau de la baignoire soit à la même
température. Lorsque le bain est assez chaud, on éteint le
feu en fermant le tiroir H et la clef I du tuyau. Veut-on allumer le fourneau, on enlève le bouton J, qui ferme le tuyau
K ; on introduit dans ce tuyau un morceau de cerceau courbe,
qui sert à débarrasser les cendres qui peuvent rester sur la

grille, et à les faire tomber dans le tiroir, avec lequel on les enlève. On remet ensuite ce dernier, qu'on laisse à moitié ouvert. On introduit le charbon nécessaire avec une petite pelle à tabac, poivre, etc. Avec cet instrument, qui entre librement dans le tuyau K, on jette dans le fourneau quelques charbons embrasés : on met le bouchon J, on ouvre la clef I si elle est fermée, puis, pour établir le courant d'air, on brûle un peu de papier dans le tiroir H; le feu s'allume bientôt et brûle avec activité. A l'aide de ce fourneau-chaudière, l'eau du bain s'échauffe en quarante-cinq minutes au plus en été, et une heure en hiver.

Le coffre E est construit de la même manière que le fourneau-chaudière, c'est-à-dire qu'il a, comme ce dernier, une chemise qui enveloppe le tuyau FF. C'est entre cette enveloppe et le coffre que l'on met de l'eau, qui, étant chauffée par le tuyau, répand dans l'intérieur une chaleur suffisante pour chauffer le linge et le déjeuner. On introduit l'eau dans ce coffre par la douille M; on n'en met que 13 centimètres (5 pouces) de hauteur, sans quoi, en s'échauffant, elle se répandrait au dehors par sa dilatation. Une jauge O en cuivre, graduée, et qu'on place dans la petite douille N, fait connaître quand l'eau est arrivée à cette hauteur. On doit verser ces 13 centimètres d'eau avant d'allumer le fourneau.

Ce coffre E est traversé par le tuyau de cheminée du fourneau, et se trouve soutenu par une forte console en fer P, en forme de T, fixée sur la paroi de la baignoire. Un robinet Q sert à faire évacuer l'eau, lorsqu'on n'a pas de bain à prendre, et celle de la baignoire sort du robinet W.

Sur le côté de la baignoire est fixée une pompe aspirante. Elle sert à prendre des douches. Un bras de fer fixé à la pompe supporte le levier qui fait mouvoir le piston; le baigneur saisit la poignée et l'agite pour faire mouvoir le piston.

Autre baignoire à réchaud. La figure 117, Pl. II, indique les améliorations apportées dans la confection de cette dernière baignoire. A, fourneau à double enveloppe; EFG, capacité vide dans laquelle l'eau de la baignoire arrive et circule par les tuyaux M N (N est soudé près du fond de la baignoire, M un peu au-dessous de la ligne d'eau, ou du point auquel l'eau s'élève dans la baignoire avant que le baigneur y soit placé); H I, foyer : on y place le charbon par l'ouverture J; la grille ou plaque de tôle percée L l'arrête, la cendre tombe en K dans un cendrier; J et K peuvent être fermés par deux registres glissant dans des coulisses. J peut aussi être bouché par une cafetière comme celle du fourneau Harel. On y ferait chauffer le déjeuner. C D, tuyau pour la fumée; B, boîte à faire chauffer le linge; P, couvercle à charnière.

Le zinc est avantageux pour la construction des baignoires.

CHAPITRE VI.

DES INSTRUMENTS DE PHYSIQUE AMUSANTE.

Les physiciens, ou les personnes qui font mine et métier de l'être, s'adressent toujours aux ferblantiers pour la construction de beaucoup de ces appareils, qui sont ordinairement en fer-blanc, en tôle ou en zinc, l'un et l'autre peints et vernis. Il ne faut pas qu'à l'exemple de plusieurs ouvriers de province, nos lecteurs soient épouvantés par la forme et le nom scientifique de ces instruments. Avec un peu d'habitude et d'attention, ils éprouveront bientôt que rien n'est plus facile.

Entonnoir magique. On voit, *fig.* 118, Pl. II, cet entonnoir qui sert à changer l'eau en vin. C'est un entonnoir double, dont la cavité intérieure *b* n'est pas percée à son extrémité inférieure. Au-dessus de l'anse est un trou *a* qui communique seulement à la cavité extérieure *ff*; cette cavité se termine par un tube comme à l'ordinaire. Pour faire l'expérience, on introduit du vin par ce tube, en tenant le pouce sur le trou *a*, et on remplit ensuite d'eau la cavité intérieure; ensuite on lève le pouce et le vin coule. Cet entonnoir peut servir à faire couler alternativement de l'eau et du vin. Pour cela, 1° la cavité intérieure communique en *c* avec le tube prolongé jusqu'à ce point (*fig.* 119); 2° un trou est percé en *d* au côté du tube, et correspond au trou *a*. Le vin et l'eau se mêlent, comme nous venons de le dire, et coulent selon que l'on place les doigts sur les trous.

Fontaine intermittente. Le ferblantier préparera une cuvette telle que l'indique la figure 120, Pl. II, E E. Cette cuvette sera percée quelque part d'un trou, et qui laisse peu à peu s'écouler l'eau, qui tombera dans un récipient placé au-dessous. Au centre de la cuvette est soudé un petit tuyau vertical I B, portant en bas une échancrure O. Un ballon C D est percé par un tube A K I, tellement ajusté qu'il entre en K sans laisser passage à l'air entre le ballon et sa surface extérieure; il s'élève presque jusqu'en haut du ballon où il est ouvert en A. Ce tube est vertical, et sa partie inférieure I, pareillement ouverte, entre, à frottement juste, dans le tuyau I B, dont le calibre est égal au sien. A la partie inférieure du ballon sont de petits tuyaux c c, qui servent à la communication du dedans au dehors.

Quelquefois on ménage en haut du ballon un trou par lequel on verse l'eau ; mais ensuite un bouchon rodé à l'émeri ferme hermétiquement cet orifice ; dans ce cas, le tube K I peut être soudé à demeure sur le tuyau I B. Voici le jeu de cet appareil :

Si le ballon n'a point de trou, on retire le tube du tuyau I B, et on le sépare de la cuvette, puis on le renverse ainsi que le ballon qui fait corps avec lui, et on le remplit à peu près d'eau, qu'on verse par l'orifice I alors tourné en haut. L'eau de l'intérieur du ballon s'écoule par les tuyaux c c, et vient tomber dans la cuvette, puis dans le récipient inférieur. L'air s'introduit par l'échancrure O, monte dans le tube vertical A I, et se réunit en haut du ballon. Mais comme le trou K, par lequel s'écoule l'eau de la cuvette dans le récipient, est tellement petit, qu'il débite moins d'eau que les tuyaux c c, l'eau s'élève peu à peu dans la cuvette, de toute la quantité qui résulte de cette différence de volume comparée à la largeur de la cuvette ; le niveau de l'eau dans celle-ci monte bientôt au-dessus de l'échancrure O, qui ne livre plus passage à l'air.

L'écoulement par les tuyaux c c continue cependant, mais diminue de plus en plus, parce que l'air intérieur prenant plus de volume, et la source qui réparait les pertes étant interceptée, son ressort s'affaiblit ; comme les tubes c c sont fort petits, l'écoulement cesse enfin dès que ce ressort, joint au poids de la colonne d'eau qui reste au-dessus des tuyaux, est égal à la pression atmosphérique. La fontaine s'arrête donc ; mais l'eau de la cuvette continue à s'écouler dans le récipient, et son niveau s'abaisse : bientôt l'échancrure O se découvre ; l'air entre dans le tube vertical, monte dans le ballon, ajoute son ressort à celui de l'air intérieur, et la fontaine recommence à couler jusqu'à ce que de nouveau l'échancrure O se trouvant fermée, et l'air intérieur s'étant dilaté, l'eau cesse encore de sortir du ballon. Cet effet se continue tant qu'il reste de l'eau dans ce ballon.

Fontaine de héron. Cette fontaine, que représente la fig. 121 Pl. II, se compose d'une cuvette qui surmonte deux ballons A et B, l'un supérieur, l'autre inférieur, joints par un support C, dans lequel passent deux tubes i m, o k : l'un de ces tubes établit la communication entre les deux ballons, et se termine en *i* et *m* aux régions supérieures de ces cavités ; l'autre va du fond inférieur *k* de l'une jusqu'à la cuvette D, où il s'ouvre en *o*, sans avoir d'issue dans le ballon d'en haut ; un troisième tube *n* E communique enfin du bas de celui-ci avec la cuvette : il vient s'ouvrir vers le fond *n*, et se termine en haut par un ajutage E qu'on met ou qu'on ôte à volonté. Voyons maintenant le jeu de cette machine.

On dévisse l'ajutage E, et on verse de l'eau dans le tube E *n* jusqu'à ce qu'elle remplisse le ballon supérieur A, montant aux trois quarts environ de sa capacité. L'air contenu dans cet espace s'écoule d'abord dans le ballon inférieur B par le tube *i m*, puis dans la cuvette par le tube *k o*. Ce dernier ballon B ne contient pas encore d'eau : cela fait, on visse l'ajutage E ; l'eau du ballon A n'est pressée que par l'atmosphère, parce que l'air agit sur les orifices *i*, E *o* avec la même force ; l'eau s'élève donc dans le tube E *n* au même niveau que dans le ballon A : tout est en équilibre.

Cela posé, qu'on verse de l'eau dans la cuvette D ; cette charge pressera l'air du tube *o k*. L'eau descendra dans le ballon inférieur B, dont elle occupera le bas, en refoulant l'air qui s'y trouve, lequel montera par le tube *m i* dans le ballon A. Cet air condensé portera toute la charge d'eau, mesurée par la colonne *o k* ; et son ressort, transmettant cette charge à la surface de l'eau supérieure, la chassera par le tube *n* E. Ce liquide jaillira donc par l'ajutage, retombera dans la cuvette, continuera à descendre dans le ballon inférieur, à en repousser l'air dans le ballon supérieur ; le tube *o k* restant plein d'eau, et le tube *m i* plein d'air, l'effet subsistera tant qu'il y aura de l'eau dans le ballon supérieur.

Vase à vapeur. Le ferblantier commence par fabriquer un vase A, dont la fig. 122, Pl. II, lui offre le modèle : il y fait ensuite un couvercle adhérent ou qui ferme hermétiquement. Au centre de ce couvercle, il pratique une ouverture B qui reçoit à vis un tube C terminé en entonnoir ; on place sur cet entonnoir un léger bouchon de laiton. Pour se servir de cette machine, on dévisse le tube C, et on remplit le vase d'alcool ou d'eau, puis on le place sur le feu. La chaleur augmentant le volume du liquide, il remonte le tube, fait sauter le bouchon, et se dégage en vapeur.

Statue dont le sein laisse couler du lait. On voit cet ingénieux appareil (*fig.* 123, *Pl.* II). Il se compose d'un dôme *a*, de quatre colonnes ou tuyaux *b b b* B, de deux flambeaux, d'un autel antique C', et d'une sorte de piédestal *d d*, le tout en fer-blanc ; la petite figure est ordinairement en bois. Le piédestal est percé d'une ouverture en dessus, immédiatement vers l'autel, ou sur tout autre point ; ce trou se ferme exactement avec un bouchon, et se trouve dans un enfoncement afin que la saillie du bouchon ne gêne pas. On renverse la machine, et on remplit le piédestal et l'autel de lait ou d'eau laiteuse ; on bouche, on remet le temple en place, puis on allume les bougies que portent les flambeaux. La flamme échauffe l'air qui se trouve sous le dôme ; cet air, en se dilatant, passe dans le tuyau B qui se prolonge en E. Le liquide contenu dans les cavités qu'échauffe cet air dilaté se dilate à son tour, presse l'air, et remonte le tube F qui va aboutir au sein de la statue.

Mage entretenant le feu sacré. Ainsi que l'indique la fig. 124, Pl. II, on fait premièrement une caisse en fer-blanc F, percée en dessous d'un trou comme celui du piédestal de la figure précédente. Au milieu de cette caisse s'élève un cylindre A ayant la forme d'un autel antique. Le plateau qui forme le dessus de A est légèrement concave le long des lignes ponctuées. Auprès de cet autel est une figure en bois sculpté représentant un mage. On renverse la machine, on y introduit de l'esprit-de-vin par le trou du dessous de la caisse, et l'on a soin de bien boucher. L'appareil remis dans sa situation ordinaire, on allume un peu de feu sur l'autel, soit avec de petites buchettes, soit avec du papier. La chaleur échauffe l'esprit-de-vin contenu dans l'autel, il se dilate et passe dans le tuyau E B ; il augmente ainsi le volume du liquide contenu dans la caisse F, qui, à son tour, remonte le tuyau C D, et s'échappe sur le feu qu'il alimente : cela produit un effet charmant. Cet appareil et les précédents se peignent, se vernissent et se dorent avec soin.

Notice sur les jouets d'enfants. Ces deux derniers objets nous conduisent naturellement à parler des jouets, qui, dans les grandes villes, deviennent quelquefois l'unique occupation d'un maître ferblantier et de ses nombreux compagnons. Nous ne décrirons pas la manière de confectionner les voitures, les charrettes à tonneau de porteur d'eau, les moulins à vent, les cabarets, les ustensiles de cuisine, les sifflets, et une infinité d'autres objets en fer-blanc qui fournissent des jouets très-agréables et très-solides. Il suffira de dire que le

ferblantier peut à cet égard répéter la plupart de ses produits sur une très-petite échelle ; mais des jouets dans le genre
du mage et de la statue lui feront incomparablement plus
d'honneur, et lui vaudront plus de bénéfices.

CHAPITRE VII.

DE L'ÉTAMAGE ET DU TRAVAIL DE LA TÔLE.

A Paris, ce sont les chaudronniers qui étament les vases
de cuivre ; mais dans beaucoup de villes de province ce genre
de travail est confié aux ferblantiers ; par conséquent ce Manuel ne serait point parfaitement complet s'il omettait d'en
faire mention. La salubrité de l'étamage, la manière habi-
tuelle de l'appliquer, les perfectionnements que cet art peut
recevoir, ceux qu'il a déjà reçus en divers pays, telle sera la
matière de ce chapitre.

Salubrité de l'étamage. Beaucoup de personnes redoutent
l'usage des vases de cuivre, à raison de l'étamage, qui, di-
sent-elles, est composé d'un alliage de plomb et d'étain,
dont les particules, se détachant chaque jour par l'usage,
produisent des effets fâcheux sur l'économie animale. Un
procès intenté en 1826 au sieur G**, chaudronnier à Paris,
servira de réponse à ces craintes.

Une vieille fontaine de cuivre avait été raccommodée et étamée, *comme à l'ordinaire*, par G**, sur la commande du sieur H**.
Six mois après, la famille H** ayant éprouvé une maladie dont
les effets et les symptômes se rapportaient à la *colique de
plomb*, l'attribua à l'étamage employé par G**, et le cita devant la Cour royale. Les juges nommèrent pour experts
MM. Vauquelin, Barruel et Pelletier. Ces savants firent gratter de cet étamage, en pesèrent 5 grammes, les analysèrent,
trouvèrent pour ce poids :

Etain. 24,726
Plomb 23,632
Cuivre 00,006
Zinc. . . . . . . une trace,

et décidèrent l'étamage dangereux et tout-à-fait susceptible
d'avoir produit la maladie de la famille H**. Mais M. The-
nard, qui, nommé d'abord expert avec MM. Vauquelin et
Barruel, s'était séparé d'eux à raison d'une opinion différente ;

mais MM. Gay-Lussac et D'Arcet, mais le savant Proust, ont établi que l'alliage de l'étain et du plomb ne pouvait avoir aucun inconvénient. Outre cela, un des experts, M. Pelletier, rétracta sa déclaration après de nouveaux essais, et tous les marchands et fabricants de chaudronnerie de Paris affirmèrent qu'ils n'avaient jamais employé d'autre étamage, et que jamais personne ne s'en était plaint. Aussi, bien que G*** ait été condamné, la décision de nos plus savants chimistes, et les attestations d'une longue expérience, l'absolvent suffisamment, ainsi que l'étamage en question.

Nous citerons les passages par lesquels M. Pelletier termine sa rétractation du 9 juillet 1826. Il dit d'abord qu'il était résolu de continuer de multiplier ses expériences, pour résoudre cette question d'intérêt général, lorsqu'il a trouvé ce travail fait dans un Mémoire du savant Proust, dont voici l'extrait :

1º « Que les plombiers sont dans l'usage d'étamer certaines pièces avec l'étain allié de plomb ;

2º « Que l'étamage fait avec 1/4, 1/3, 1/2 de plomb n'est pas sensiblement attaqué par le vinaigre bouillant, en y séjournant à froid pendant quarante-huit heures ; à plus forte raison ne doit-il pas l'être par les substances alimentaires, et surtout par l'eau ;

3º « Qu'en attaquant un alliage de plomb et d'étain par un acide fort, tel que l'acide muriatique, l'étain se dissout avec le plomb, de telle sorte que tant qu'il reste un atome d'étain à dissoudre, il peut se dissoudre un atome de plomb ;

4º « Que bien qu'il soit préférable d'étamer avec l'étain fin, métal éminemment soluble, il est des pièces qu'on ne peut étamer qu'en rendant l'étain plus fusible par l'addition du plomb : telles sont celles qui offrent des angles rentrants, comme les moules des pâtissiers, des chocolatiers. Il n'y a pas plus d'inconvénients à permettre l'étamage au tiers ou au quart de plomb, qu'à l'étain fin, pour l'accommoder aux moyens de toutes les classes. »

Manière ordinaire d'étamer. Il existe deux procédés pour appliquer l'étain sur le cuivre. Le premier consiste à aviver la pièce avec un *racloir*, instrument de fer tranchant, arrondi par un bout, et arrêté dans un manche de bois assez long. On fait chauffer la pièce après l'avoir avivée : on y jette de la poix-résine, et ensuite de l'étain fondu, que l'on étend avec une poignée d'étoupe. Il faut se rappeler que l'étain est rare

ment pur, et qu'il est ordinairement mélangé de trois parties de plomb, proportion qui, du reste, varie suivant l'ouvrier.

Dans la seconde méthode, on frotte d'abord la pièce de
cuivre à étamer avec un morceau de peau, puis avec du muriate d'ammoniaque, qui décape sa surface, en dissolvant la
légère couche d'oxyde de cuivre dont elle était recouverte. On
fait ensuite chauffer le cuivre, et l'on y met fondre du suif ou
de la résine pour empêcher qu'il ne s'oxyde de nouveau. Ensuite, à l'aide d'un fer à souder, on fait fondre l'étain, qui se
combine immédiatement avec le cuivre. L'ouvrier termine
en repassant avec son fer chaud, pour que l'étamage soit bien
uni.

Il est impossible d'augmenter à volonté l'épaisseur de la
couche d'étain; car il n'y a alliage qu'au contact des deux
surfaces, et tout l'étain excédant se sépare et coule en grenaille
aussitôt que la pièce est exposée à une chaleur suffisante, et
qui se trouve être celle que reçoivent les casseroles dans
nos cuisines; d'où il suit que le cuivre est bientôt mis à nu.

Sur l'étamage au zinc. En 1813, MM. Dony et de Monta-
gnac présentèrent à la Société d'encouragement des vases étamés avec ce métal. Il résulte d'un rapport très-détaillé, fait
à la Faculté de Médecine de Paris, que cet étamage est très-
dangereux.

Étamage à l'argent. La couche d'étain qui s'attache sur le
cuivre est toujours si mince, que non-seulement elle s'use
promptement, mais encore qu'elle ne peut suffire à étamer
assez exactement le cuivre, pour qu'il n'en reste pas quelques
points à découvert. Ce fait, que MM. Vauquelin et Deyeux
établissent d'après les expériences de Bayen, et d'ailleurs la
nécessité de renouveler souvent l'étamage à l'étain, firent
penser à y substituer l'argent. On proposa donc de doubler les
vases avec des feuilles d'argent. Alors, pas le moindre inconvénient, hors le prix élevé, mais cet inconvénient-là de-
vint un obstacle insurmontable à l'établissement de cet étamage.

Étamage de M. Biberel. De tous les procédés employés pour
étamer le cuivre, voici le plus avantageux. Des expériences
attentives et réitérées faites à la Société d'encouragement par
le Comité des arts chimiques, le rapport détaillé et très-favorable adressé à cet égard par le savant M. D'Arcet, tels sont

les motifs qui nous portent à recommander cette méthode d'étamage à nos lecteurs.

Dans l'intérêt de M. Biberel, le rapporteur ne peut entrer dans tous les détails de la composition; cependant il assure positivement que l'alliage employé n'est point insalubre; qu'il est cassant à chaud, au point de se réduire facilement en poudre; qu'étant froid, il est demi-malléable; qu'il se coupe bien au ciseau, et se casse quand la coupe arrive à peu près au milieu de l'épaisseur; que la cassure est grise, à grain fin, et semblable à celle de l'acier; que la pesanteur spécifique de cet alliage s'est trouvée de 72,475, à la température de 10° centigrades.

Son inventeur fait chauffer le cuivre beaucoup plus long-temps qu'on ne le pratique lorsqu'on l'étame avec l'étain pur; mais, néanmoins, il ne le porte pas jusqu'à la chaleur rouge. Le lingot d'étain allié fond difficilement, et, pour le faire couler sur la pièce, il faut l'y appuyer avec force. Quand la pièce est recouverte, on la laisse refroidir, et on en gratte légèrement la surface avec un racloir; on remet la pièce au feu, et, en suivant le procédé ordinaire, on y applique une couche d'étain fin.

Les plaques étamées de cette façon se plient en tous sens, sans que l'étamage s'en sépare. En le faisant passer au laminoir, le cuivre ainsi étamé prend un si beau poli, que le comité a pensé qu'il pourrait, en beaucoup de cas, être substitué au plaqué d'argent. Les plaques ont supporté l'effort du balancier sans se gercer, et le métal pénètre dans les creux de la gravure sans que l'étamage ait quitté la surface du cuivre, comme il arrive souvent lorsqu'on frappe des médailles avec du plaqué d'or ou d'argent.

L'étamage de M. Biberel est sept fois plus solide que l'étamage par le procédé ordinaire. N'étant point fusible à la chaleur que reçoivent les ustensiles de cuisine, il peut être employé à l'épaisseur que l'on désire; sa plus grande dureté prolonge encore la durée de l'étamage; aussi, quoiqu'il dépense plus de matière, il est, en réalité, économique, parce qu'on n'est pas obligé de faire étamer aussi souvent, et que, dans l'opération de l'étamage, la main-d'œuvre est une grande partie des frais.

Les chaudronniers rejetèrent d'abord l'étamage de M. Biberel, parce qu'ils prétendaient que les pièces étamées par ce procédé avaient perdu toute leur élasticité, et qu'à un second étamage, les vases se trouvaient déformés et hors d'usage. Mais l'expérience a prouvé le contraire : plusieurs casseroles ayant été ainsi étamées pour la seconde fois, il est demeuré constant qu'elles étaient en tout semblables à celles qui n'avaient été étamées qu'une seule fois. Ce second étamage se fait sans racler le cuivre, mais seulement en l'écurant bien : il s'est opéré beaucoup plus facilement que le premier, et les casseroles ont été beaucoup moins chauffées qu'elles ne l'avaient été d'abord.

Étamage pour la fonte, par M. Lecour. Après avoir bien écuré la surface des pièces à étamer, on les décape à l'aide de l'acide muriatique, lorsqu'il s'agit de fontes blanches ; quant aux fontes grises, il faut leur enlever une grande partie du charbon qu'elles contiennent, en les chauffant à un degré de température convenable, et en les mettant en contact avec le manganèse, la limaille de fer, ou en les aspergeant de nitre : les pièces décapées, on y passe une couche de muriate de cuivre, que l'on avive avec une couche d'acétate de cuivre. Les pièces, dans cet état, et même avant d'être cuivrées, s'étament avec beaucoup de facilité dans un bain d'étain, où on les place, en les chauffant toujours à la température convenable.

En plongeant la fonte dans du cuivre jaune fondu, elle en sort recouverte d'une couche de ce métal, sur laquelle on peut appliquer de l'étain par les procédés ordinaires de l'étamage.

Étamage métallique pour préserver de l'oxydation les objets en fer ou en cuivre. On trouve, dans les brevets d'invention expirés, et, par conséquent, devenus la propriété du public, un procédé pour l'étamage des divers objets de quincaillerie ou autres qu'on veut préserver de la rouille. Voici comment il est décrit :

Prenez 2 1/2 kilogrammes d'étain,
    225 grammes de zinc,
    225 grammes de bismuth,
    225 grammes de cuivre jaune en baguette,
    225 grammes de salpêtre pour purifier.

Ces matières se combinent de manière que l'alliage qui en résulte est dur, blanc et sonore. Le peu de cuivre qui entre dans cette composition ne produit aucun vert-de-gris, parce que le bismuth le décompose totalement.

Ferblantier.   15

Application du vernis. Les objets que l'on veut enduire ne doivent être chauffés (autant qu'il sera possible) que dans la matière même mise en fusion dans des tuyaux de tôle.

Ils seront retirés lorsqu'ils auront acquis un degré suffisant de chaleur, et on répandra dessus du sel ammoniac : on les passera rapidement, couverts de ce sel, dans le vernis ; on les essuiera ensuite avec des étoupes ou du coton, comme cela se pratique pour l'étamage ordinaire ; et tout de suite on trempe dans l'eau le morceau enduit. Avant de passer les batteries de fusils et de pistolets, on en retirera les ressorts intérieurs.

Moyen d'étamer de petites pièces de métal. Ce moyen ne peut être employé que pour de petits objets, comme de petits clous à tête, etc. Après avoir bien décapé les objets métalliques en les plongeant dans une dissolution d'acide étendu d'eau, l'auteur les place, avec une quantité suffisante d'étain et de sel ammoniac, dans un vase de terre dont l'ouverture est étroite, la panse ovale et large ; il met le vase sur un feu de charbon, en le couchant sur sa panse, et il agite fréquemment la matière, qu'il jette ensuite dans l'eau quand il juge l'étamage achevé. Par là il ne perd pas une aussi grande quantité de sel ammoniac que par les moyens ordinaires, qui, d'ailleurs, sont un peu moins expéditifs. Ce procédé est dû à M. Gill, Anglais : le *Technic Reposit.* du mois de mai 1827, page 290, l'a fait connaître.

Procédé propre à étamer et à polir des poids en fonte, par M. Bégou. L'*Industriel* indique le moyen suivant :

Nettoyez bien d'abord le poids à étamer dans un bain d'huile de vitriol de 18 à 20 degrés ; trempez-le ensuite dans de l'eau propre ; après cette préparation, trempez-le dans une dissolution de sel ammoniac : cette dissolution doit être faite dans la proportion d'un dix-septième de sel sur la quantité d'eau employée. Pendant ces diverses opérations, vous avez dû faire fondre de l'étain extrêmement fin et pur, dans lequel vous avez ajouté 93 grammes (3 onces) de cuivre rouge pour chaque 50 kilog. (100 livres) d'étain : ce mélange étant bien fondu, à un degré assez chaud, sans être néanmoins assez élevé pour l'empêcher de prendre sur la pièce à étamer, le poids est plongé dans le mélange, et l'étain prend facilement dessus.

Les poids destinés à être polis doivent avoir passé sur le tour, avant de subir les opérations subséquentes ; quand ils sont étamés et refroidis, on les remet sur le tour, et on les polit avec un brunissoir ordinaire.

Pour que les 93 grammes (3 onces) de cuivre puissent fondre aisément, vous les mêlez préalablement avec 3 kilog. (6 livres) d'étain seulement ; et l'on recommande, pour que le mélange soit parfait, d'y plonger une gousse d'ail à l'aide d'un fil-de-fer : on verse ensuite ce bain dans l'étain ordinaire, selon la proportion voulue. Cet étamage s'applique sur tous les poids et les rend très-propres.

Etamage Budy. M. A. Budy est inventeur d'un nouvel étamage dont il a décrit les procédés ainsi qu'il suit :

« Les différents procédés d'étamage employés jusqu'à présent n'ont pu remédier à la détérioration de la préparation métallique dont on recouvre l'intérieur des vases en cuivre, en fonte, etc. Cette détérioration, due principalement à la chaleur que supporte le vase placé sur le feu, provient de l'action de celle-ci sur l'étain qui se détache du métal sur lequel il est appliqué, tombe en gouttelettes ou en petits grains au fond du vase et amincit la couche d'étamage au point de ne plus permettre le frottement exigé pour le nettoyage à la cendre sans que le cuivre ou le fer qu'elle recouvre paraisse aussitôt. D'un autre côté, certaines préparations culinaires ou autres, exigent soit une grande intensité de chaleur, soit l'absence de liquide dans le vase, et il résulte une destruction immédiate de l'étamage par la fusion de l'étain, ce qui nécessite l'emploi de vases non étamés, quoique l'absence de cet étamage puisse occasioner des accidents graves ou des résultats fâcheux pour les préparations.

» Il fallait donc trouver un étamage qui non-seulement n'eût aucun des inconvénients de ceux employés jusqu'à présent, c'est-à-dire qui se conservât plus longtemps, mais encore qui pût rester à une intensité de chaleur égale à celle sous laquelle les autres se détruisent. L'étain qui forme la base de tout étamage et qui est de sa nature très-fusible, avait besoin d'être retenu, pour ainsi dire, au métal auquel il s'applique, s'y incruster et y faire corps avec lui en pénétrant dans ses pores, tout en recouvrant sa surface. Un métal mélangé à l'étain et qui donnerait de la force, de la résistance à ce dernier, en le rendant moins fusible par son alliance intime avec le métal du vase, nous a semblé une condition nécessaire pour obtenir ce résultat.

» Nous croyons avoir aussi à donner à l'étamage la plus

grande durée possible par l'emploi du nickel allié à l'étain.
En effet, de leur mélange résulte une réciprocité de propriété. Le nickel, d'une part, donne à l'étain plus de consistance, et ce dernier rend le nickel plus ductile, de sorte
que, loin de se nuire l'un à l'autre, ils se prêtent mutuelle-
ment appui, tant dans le mélange qui s'opère entre eux
qu'à l'égard de l'effet qu'ils sont appelés à produire par leur
réunion.

» La proportion du nickel qui nous a paru la plus propre
à produire le meilleur étamage, est de 64 grammes (2 onces)
par kilogramme d'étain. On peut employer le nickel tel
qu'il est extrait de la mine ou bien le nickel épuré, mais ce
dernier est plus cher.

» La température à laquelle le nickel est fusible étant plus
élevée que celle nécessaire pour mettre l'étain en fusion, il
fallait, tout en obtenant cette haute température, empêcher
que l'étain qui se fond à une chaleur plus basse ne se volati-
lisât ; car, pour opérer ce mélange, il est nécessaire de mettre
ensemble ces deux métaux dans le creuset. Nous arrivons à
un résultat satisfaisant pour exécuter cet alliage, en ajoutant
du borax et du verre pilé, soit 30 gramm. (1 once) environ que
l'on met dans le creuset avec les deux métaux. Bientôt la chaleur fait boursoufler le borax, qui augmente de volume et fait
fondre le verre avec lequel il se mêle, sans se mélanger aux
métaux, puisque sa légèreté spécifique à l'égard de ces derniers le fait remonter à la surface, où il forme une couche
vitreuse qui s'oppose à l'action de l'air sur les métaux dont la
fusion s'opère sous l'influence d'une chaleur concentrée. Cette
couche vitreuse boratée empêche donc d'une part l'étain, dès
qu'il entre en fusion, de se volatiliser par la haute température
nécessaire pour fondre le nickel, et s'oppose aussi, d'un autre
côté, à l'action de l'air sur le bain, en concentrant de plus
la chaleur qui non-seulement se conserve sous l'action de
cette couche, mais encore la réfléchit sur les métaux.

» L'expérience et l'habitude font connaître le moment où
la fusion des deux métaux est complète et leur mélange réa-
lisé, ce qui peut avoir lieu dans une demi-heure environ : alors
il suffit de faire un trou à la couche formée par le borax et
de couler en saumon.

» Quant aux procédés d'application, ou emploi de cet étamage ainsi composé, ils sont les mêmes que ceux usités pour
l'étamage ordinaire au saumon ou même au bain, car notre

composition s'applique avec la même facilité que l'étain pur.
Son usage s'étend non-seulement au cuivre, au zinc et au
fer, mais encore à la fonte de cuivre ou de fer, fonte douce
ou fonte dure, dans quelque état que celle-ci se trouve, avec
toutes ses aspérités ; car notre étamage a la propriété de s'incruster tellement dans les métaux qu'il en pénètre tous les
pores, et que les frottements auxquels les autres étamages ne
résistent pas, n'altèrent le nôtre en aucune manière. Il en est
de même de l'action d'un feu violent auquel succombent tous
les étamages et qui n'atteint pas le nôtre ; aussi, relativement
aux vases de cuivre étamé dans lesquels on n'a pu jusqu'à
présent faire, par exemple, des caramels, ou même à ceux qui
résistent difficilement au feu exigé pour d'autres opérations
culinaires, on pourra dorénavant se servir de ceux étamés par
notre procédé sans avoir à craindre ni accident, ni détérioration. La fonte elle-même, employée pour vases de cuisine
dans son état brut, pourra être étamée comme le cuivre, à
quelque usage que ces vases soient employés, puisque notre
étamage est capable de résister à une chaleur double de celle
que peuvent subir les étamages connus jusqu'à présent.

» L'absence, dans notre composition, du fer, du plomb
et du zinc, qui se rencontrent dans certains étamages, donne
à son emploi une sécurité qui ne saurait être révoquée en
doute ; la solidité de l'étamage nouveau ne craint aucune
des détériorations que le frottement ou l'absence d'eau dans
un vase placé sur le feu occasionne aux étamages ordinaires.
Enfin, la supériorité de son éclat et de sa blancheur, sa résistance à l'action du feu, sa dureté qui le fait braver les plus
rudes frottements, puisque ce n'est plus pour ainsi dire une
couche comme dans l'étamage ordinaire, mais bien une sorte
d'incrustation dans le métal, font de ce procédé une découverte dont l'application peut recevoir la plus grande extension. Aussi ne bornons-nous pas cette application à l'étamage des ustensiles ordinaires, mais encore à celui de tous les
métaux susceptibles de le recevoir, quel que soit l'usage auquel ils sont destinés ; ainsi nous pouvons préparer le fer-
blanc avec notre procédé, et même réduire en feuilles notre
composition.

» En résumé, mélanger le nickel à l'étain pour en faire une
composition propre à l'étamage du cuivre, du fer, du zinc et
de la fonte, de quelque manière et dans quelques proportions
que ce mélange ait lieu ; opérer ce mélange, c'est-à-dire la

fusion des deux métaux réunis non pas à l'air libre, mais sous le couvert d'une couche boratée vitreuse où autre composition analogue, qui permette d'opérer cette fusion à une température élevée, de manière à faire fondre le nickel sans vaporiser l'étain ; tels sont, en principe , l'idée et le procédé que nous présentons.

« Quant à l'économie , ce procédé ne le cède rien à ceux connus jusqu'à présent, car si l'adjonction du nickel rend plus chère une quantité égale de notre étamage, comparativement à l'étamage ordinaire, il faut considérer qu'il en faut relativement moitié moins et qu'il dure trois fois plus. »

Étamage indien , ou *dorure factice employée dans l'Inde*. Le *Journal philosophique* d'Édimbourg indique une composition presque aussi belle que la dorure, propre à revêtir les ouvrages et ustensiles en fer. Cette espèce d'étamage est usitée chez les Moochées et les Nuqquashes de l'Inde. Le ferblantier industrieux pourra se l'approprier avec avantage.

On verse, pour l'obtenir , une certaine quantité d'étain pur fondu dans un vase de bois qui peut avoir 33 centimètres (1 pied) de long sur 54 ou 81 millimètres (2 ou 3 pouces) de diamètre, et l'on ferme aussitôt l'ouverture par laquelle le métal a coulé. En agitant le tout avec beaucoup de violence, on réduit l'étain en poudre verdâtre très-fine ; après avoir tamisé cette poudre, afin d'en séparer quelques parties grossières qui peuvent s'y rencontrer, on la mêle avec de la glu fondue ; puis on broie le mélange sur une pierre, avant de le verser dans des vases d'une certaine grandeur.

Pour être employée, cette composition doit avoir la consistance d'une crème légère, et alors on l'applique avec un pinceau, comme de la peinture ordinaire. Lorsqu'elle est sèche, elle a l'apparence de la couleur commune *vert d'eau* ; mais, brunie avec une agate, elle perd cette teinte, et ressemble à une couche uniforme et brillante d'étain poli ; couverte ensuite d'un vernis blanc ou coloré, cette composition présente l'aspect de l'argent ou de l'or. Elle résiste, avec beaucoup de force, aux intempéries de l'air.

On éprouvera peut-être quelques difficultés, en la fabriquant d'abord , à transformer l'étain en poudre impalpable, et à déterminer la quantité la plus convenable de glu qu'il faut employer ; mais, avec un peu de pratique, on surmontera bientôt ces obstacles. On devra remarquer que si l'étain était trop gras, le brunissoir d'agate n'agirait pas sur lui, et qu'il

émietterait, au contraire, si la proportion de glu n'était pas
suffisante:

Travail de la tôle. La tôle se travaille comme le fer-blanc,
mais on ne la polit pas: comme elle a plus de dureté, il faut
employer pour la mettre en œuvre, des outils d'une force un
peu plus grande. On l'emploie à faire une multitude d'objets
dont l'énumération serait inutile et presque impossible. On
peint ordinairement la tôle en noir, on la vernisse aussi; et
c'est une branche spéciale d'industrie.

Nouveau moyen de souder la tôle. Il va de soi que, pour les
diverses opérations qu'exige le travail de la tôle, nous ren-
voyions le lecteur aux opérations décrites pour celui du fer-
blanc: néanmoins, nous ne devons point passer sous silence
un procédé de soudure particulier à la tôle; il est dû au
journal anglais *Technical Repository.*

On commence par bien décaper les surfaces qui doivent
être réunies; on les humecte avec une dissolution de sel ammoniac, puis on les lie fortement ensemble au moyen de tenons ou de fil-de-fer; ensuite on passe sur les joints une composition de borax pulvérisé très-fin, et de poussière de fonte
mêlée avec de l'eau en consistance épaisse, et l'on chauffe
jusqu'à ce que la soudure entre fusion.

TROISIÈME PARTIE.

—

DE L'ART DU FERBLANTIER-LAMPISTE.

Voici la partie la plus importante de l'art dont nous offrons le Traité ; car, d'une part, elle donne au ferblantier l'explication de l'un des plus intéressants phénomènes de la nature (la lumière) ; elle lui apprend à apprécier l'intervention de la science dans l'exercice de son art ; et, d'autre part, elle lui assure des bénéfices bien supérieurs à ceux qu'il peut espérer des produits ordinaires de la ferblanterie ; elle le place, en outre, presque au premier rang des industriels. Par ces divers motifs, nous allons donner tous nos soins à cette intéressante partie. La savante théorie de M. Péclet, ses expériences remarquables et consciencieuses, l'examen le plus minutieux de chaque lampe décrite, des essais réitérés, les conseils de lampistes renommés, tout a été mis en œuvre pour rendre familière aux lecteurs cette belle branche d'industrie.

La multitude d'objets qu'elle embrasse nécessitait une division exacte, fondée sur l'observation des parties essentielles, afin de classer les lampes sans ces rapprochements forcés et ces subdivisions multipliées, qui, par des moyens divers, amènent également la confusion.

Nous avons donc pensé qu'il convenait de décrire :

1º Les lampes à réservoir inférieur au bec ;
2º Les lampes à réservoir de niveau avec le bec ;
3º Les lampes à réservoir supérieur au bec ;
4º Les lampes hydrostatiques ;
5º Les lampes mécaniques.

Il va de soi que ces descriptions concernent seulement le système des lampes ; car nous ne pouvons, à chacune d'elles, répéter tous les procédés de leur construction. La simple indication du mécanisme pourrait suffire, à la rigueur, puisque le ferblantier peut faire ici l'application des règles données dans la Ire Partie ; mais, pour ne rien laisser à désirer, nous ferons précéder la théorie des lampes d'un chapitre destiné aux détails de leur construction générale.

Pour développer convenablement la lumière dans les

lampes, il est indispensable de connaître sa nature, l'action qui la produit (ou la combustion), enfin l'influence de l'air, des liquides, des lois de la pesanteur sur la combustion, et, par suite, sur la lumière. Cette importante théorie, que nous tâcherons de décrire le plus simplement et le plus clairement possible, formera un chapitre préliminaire, intitulé *Traité de l'éclairage;* un autre chapitre traitera des *organes des lampes.*

En décrivant les appareils des différentes lampes, nous ferons connaître les perfectionnements successifs et rapides qu'ils ont reçus depuis 1784.

Les tableaux comparatifs des divers éclairages entre eux, sous le rapport économique, en faisant apprécier au ferblantier-lampiste la bonté relative des appareils d'éclairage, pourront le mettre sur la voie de nouvelles améliorations. La relation de beaucoup de procédés employés à l'étranger relativement à cette partie, contribuera aussi à l'instruction et au bénéfice du lecteur.

Indépendamment de la lumière, on demande encore quelquefois un autre service aux lampes, la chaleur. Nous avons cru devoir recueillir toutes les applications de ce genre, qui, selon toute apparence, s'étendront, dans peu de temps, à un bien plus grand nombre d'objets.

L'indication de briquets spéciaux nous semble devoir compléter cette partie, consacrée à l'éclairage des lampes ainsi qu'à la théorie de l'éclairage en général.

CHAPITRE PREMIER.

THÉORIE DE L'ÉCLAIRAGE.

Le but de l'éclairage est de remplacer la lumière du jour, la lumière naturelle au moment où elle nous abandonne, par une lumière artificielle. Par conséquent, la théorie de l'éclairage consiste à connaître les *propriétés* de la lumière naturelle qu'il s'agit de remplacer, et les *propriétés* de la lumière artificielle qu'on veut lui substituer, ainsi que les *circonstances* qui permettent à cette lumière accidentelle de se manifester, et qui favorisent son développement.

Propriétés de la lumière naturelle.

Toutes les propriétés de la lumière ne sont pas pour nous d'une égale importance; mais nous devons en attacher beau-

coup à connaître les lois suivant lesquelles elle se propage :
or, à cet égard, un léger examen nous aura bientôt donné les
documents nécessaires.

Transportons-nous dans un appartement bien fermé. Nous
nous trouvons plongés dans une obscurité complète. Supposons qu'on ait pratiqué au volet une petite ouverture circulaire
de 5 millimètres (2 lig.) de diamètre, fermée avec une plaque
de métal mobile dans une coulisse; supposons encore qu'en
face de cette ouverture soit un mur éloigné de 5 mètres
(15 pieds); si nous tirons la petite plaque de métal pour ouvrir le trou, nous verrons à l'instant un cercle lumineux de
pareille grandeur se manifester sur la muraille, et il n'y aura
aucun espace de temps appréciable entre cette manifestation
et l'ouverture de la plaque. Si nous ouvrons brusquement les
volets, la chambre, jadis obscure, se remplira subitement de
clarté. Ce résultat aura lieu au moment même de l'action,
sans aucun intervalle. De cette première observation, nous devons conclure que *la lumière se propage avec une grande rapidité.* La promptitude de sa propagation est en quelque sorte
effrayante; car, par des calculs rigoureusement exacts, on est
venu à bout de s'assurer que la lumière d'une étoile, pour
arriver jusqu'à nous; parcourt plus d'une lieue dans la 60°
partie d'une seconde.

Refermons les volets, et laissons ouvert le petit trou de
5 millimètres de diamètre par lequel passe un rayon lumineux. Plaçons-nous sur la direction de ce rayon, de façon à
apercevoir la lumière à travers la petite ouverture qui lui sert
de passage. Si dans cette position nous interposons, entre
l'ouverture et notre œil, un petit corps opaque gros de 5 millimètres (2 lignes), nous n'apercevons plus ni le rayon ni
l'ouverture; si nous nous mettons de côté, et que nous pla-
cions ce petit corps entre l'ouverture et la muraille sur laquelle allait frapper le rayon, ce filet lumineux sera intercepté et n'éclairera plus la muraille. Enfin, si, en plein air,
nous élevons un très-petit corps entre notre œil et le soleil,
une partie des rayons lumineux sera interceptée par ce petit
corps, il suffira pour nous cacher une portion correspondante
du soleil. Il faut en conclure que *la lumière se meut, se propage en ligne droite.*

Ce principe nous donnera l'explication d'un fait important
que nous connaissons tous, savoir : *que la lumière diminue de
force à mesure qu'elle s'éloigne de sa source.* Par cela seul que

la lumière part d'un point peu étendu pour se répandre dans un espace comparativement beaucoup plus vaste, sans qu'elle puisse jamais s'écarter de la ligne droite, il en résulte que ses rayons très-rapprochés à leur sortie du point lumineux iront s'éloignant de plus en plus l'un de l'autre pour occuper un plus grand espace, et qu'ils formeront une espèce de cône, dont le sommet formé par le point lumineux sera aussi fortement éclairé à lui seul que toute la base.

De là résultent deux conséquences importantes : la première, que quand on veut empêcher cet affaiblissement de la lumière qui doit parcourir un grand espace, il faut empêcher cet écartement oblique des rayons, et les forcer à suivre une direction parallèle, de façon qu'ils ne soient pas plus écartés l'un de l'autre à une grande distance qu'à leur sortie du foyer lumineux. On atteint aisément ce but, ainsi que nous le verrons plus loin, à l'aide de miroirs convenablement disposés; et c'est sur ce principe, appliqué aux lumières artificielles, que repose la construction des réverbères et des phares destinés à éclairer à de grandes distances.

Une seconde conséquence importante de ce principe, est la possibilité de mesurer l'intensité, la force de deux lumières inégales. Nous avons vu que les rayons lumineux forment une espèce de faisceau conique, qu'ils sont réunis au sommet et s'écartent progressivement pour occuper un plus grand espace à mesure que la base du cône s'élargit. D'un autre côté, il est prouvé en géométrie que si un cône est coupé perpendiculairement à son axe par des plans parallèles entre eux, les surfaces de ces sections s'accroissent dans la même proportion que les carrés de leur distance avec le sommet du cône. Or, si ces sections, qui nous représentent l'espace dans lequel se dispersent de plus en plus les rayons lumineux, augmentent dans cette proportion, et si l'intensité de la lumière diminue à mesure que cet espace augmente, nous en déduirons nécessairement cette règle que l'intensité de la lumière diminue proportionnellement à l'augmentation du carré de la distance du point éclairé au point lumineux; c'est-à-dire que, si un corps, placé à 54 millimètres (2 pouces) d'une bougie, en est éloigné de 54 millimètres (2 pouces) de plus, il sera 4 fois moins éclairé; si on l'éloigne de 81 millimètres (3 pouces), il sera 9 fois moins éclairé; si, au lieu d'augmenter la distance de 54 ou 81 millimètres (2 ou 3 pouces), on l'augmente de 13 centimètres (5 pouces), il sera 20 fois moins éclairé.

Par la même raison, si un corps quelconque est également éclairé par deux corps lumineux qui en sont inégalement près, l'intensité de la lumière de ces deux corps sera dans la proportion du carré de leur distance au corps éclairé. Si l'une des lumières est à une distance double, son intensité sera 4 fois plus grande; si elle est à une distance triple, son intensité sera 9 fois plus grande. En d'autres termes, si l'une des lumières est à 54 millimètres (2 pouces) du corps éclairé, et l'autre à 10 centimètres (4 pouces), quoique l'éclairage produit par les deux lumières soit égal, l'intensité de la première sera représentée par 4, carré de 2, et l'intensité de la seconde par 16, carré de 4. Ces intensités seront, par conséquent, dans le rapport de 4 à 16; c'est-à-dire que la seconde sera quatre fois plus forte que la première, car le premier des deux nombres est contenu 4 fois dans le second.

Au nombre des propriétés les plus importantes de la lumière, il faut compter la *réflexion*. On donne ce nom à la faculté qu'a la lumière, lorsqu'elle rencontre une surface polie, d'être renvoyée par cette surface dans une direction déterminée.

Cette direction varie suivant la forme de la surface réfléchissante; mais, quelle que soit cette forme, le rayon, avant et après la réflexion, est toujours dans un même plan perpendiculaire au corps réflecteur; et l'angle que fait avec la surface de réflexion le rayon qui vient la frapper est toujours égal à l'angle que fait ce même rayon avec la même surface après la réflexion.

De là résultent les conséquences suivantes, que nous nous bornons à énoncer en employant les mêmes expressions que M. Péclet.

1° Les surfaces planes n'augmentent ni ne diminuent la divergence ou l'écartement des rayons lumineux; elles changent seulement leur direction, et les rayons réfléchis sont disposés comme le seraient des rayons directs mus par un corps lumineux qui serait placé au lieu de l'image.

2° Toutes les surfaces convexes augmentent la divergence des rayons lumineux, et, par conséquent, dispersent la lumière.

3° Les surfaces concaves diminuent toujours la divergence des rayons lumineux.

4° Les miroirs sphériques, elliptiques et paraboliques concentrent en un seul point les rayons réfléchis lorsque le corps lumineux est, pour les premiers, à une distance du miroir plus grande que la moitié du rayon; pour les seconds, lorsqu'il occupe un des foyers, et pour les derniers, lorsqu'il est à une distance extrêmement grande du miroir.

5° Les miroirs sphériques et paraboliques rendent parallèles les rayons réfléchis quand le point lumineux est, pour les miroirs sphériques, à une distance du miroir égale à la moitié du rayon, et, pour les miroirs paraboliques, quand il occupe le foyer.

6° Que la réunion des rayons réfléchis en un même point, ou leur parallélisme, n'a jamais lieu qu'approximativement dans les miroirs sphériques, et d'autant mieux que les miroirs ont une moindre étendue relativement à la grandeur des sphères dont ils font partie; mais que ces dispositions des rayons réfléchis ont lieu rigoureusement dans les miroirs paraboliques et elliptiques, quelle que soit d'ailleurs leur étendue.

Lorsque la lumière passe à travers des corps transparents, sa direction est aussi modifiée.

Cependant, lorsque les deux surfaces sont parallèles, les rayons entrants et sortants restent parallèles.

Mais si les deux surfaces sont inclinées l'une à l'autre, ou si toutes deux sont concaves, les rayons sortants sont plus divergents que les rayons entrants.

L'effet contraire est produit si les deux surfaces du corps transparent sont convexes. Les rayons se rapprochent et quelquefois se réunissent en un même foyer.

Mais lorsque les rayons lumineux passent à travers un corps transparent, ils subissent encore un autre effet; ils sont *dispersés*, et cet effet est sensible à la sortie du corps transparent, lorsque les deux surfaces de ce corps ne sont point parallèles. C'est ce que l'on observe aisément quand on fait passer à travers un prisme de cristal un rayon lumineux. Ce rayon s'épanouit, se divise en bandes distinctes, ayant chacune une des couleurs de l'arc-en-ciel.

Propriétés de la lumière artificielle.

Comme la lumière naturelle, la lumière artificielle se meut en ligne droite, et son intensité décroît en raison du carré des distances. Elle est réfléchie de la même manière par les surfaces polies, et subit les mêmes modifications quand elle passe à travers les corps transparents.

Ferblantier. 16

Elle ne diffère donc que fort peu de la lumière naturelle. La plus notable différence consiste dans la couleur. Au lieu d'être parfaitement blanche, la lumière artificielle que nous produisons par la combustion des substances grasses est toujours un peu rougeâtre.

On peut corriger ce léger défaut en faisant passer la lumière à travers un verre légèrement coloré en bleu.

Production de la lumière artificielle.

Il est un grand nombre de moyens de produire artificiellement la lumière. Le plus commode et l'un des plus économiques, est la combustion des matières grasses. De toutes ces matières, l'huile brûlée dans des lampes est la substance la plus avantageuse pour l'éclairage : c'est celle dont nous devons spécialement nous occuper.

Pour cela, examinons avec attention tout ce qui se passe lors de la combustion de l'huile dans une lampe, et donnons la préférence, pour ce premier examen, à la lampe la plus simple.

Cette lampe, réduite à sa plus simple expression, à ce qu'étaient toutes les lampes à l'origine de leur invention, consistera dans un petit verre rempli d'huile dans laquelle plonge en partie une mèche.

A peine l'huile et la mèche sont-elles convenablement disposées, que l'huile s'insinue entre les filaments de la mèche et mouille complètement jusqu'à une certaine hauteur la partie de la mèche qui était au-dessus du niveau. Cette étrange élévation de l'huile est due à la propriété qu'ont les liquides de s'élever au-dessus de leur niveau pour pénétrer dans les petits espaces que leur présentent les tubes capillaires ou de très-petit diamètre, les lames très-rapprochées les unes des autres, et des faisceaux de fibres ou de filaments qui laissent entre eux peu d'intervalle. Cette propriété est désignée sous le nom d'*attraction capillaire*.

L'emploi de la mèche dans les lampes a précisément pour but de mettre à profit cette précieuse propriété d'élever au-dessus du niveau une petite portion du liquide, et de le livrer ainsi partie par partie à la combustion.

Maintenant que la lampe est garnie, que la mèche est imbibée d'huile, allumons-la et regardons ce qui va se passer.

La chaleur vaporise l'huile à mesure qu'elle monte dans la

mèche. Les vapeurs s'élèvent dans l'air, s'allument et brûlent;
la flamme qui en résulte prend une forme conique. Examinée
attentivement, cette flamme présente deux parties bien distinctes : une partie lumineuse dans sa totalité, bleuâtre à sa
base, et se terminant en pointe; une autre partie, placée
au centre de la première, à travers laquelle on l'aperçoit.
Cette seconde partie est obscure, a toute l'apparence de vapeur
non brûlée; et on cesse d'avoir des doutes sur sa nature lorsqu'on observe la fumée plus ou moins épaisse qui s'élève de
la pointe de la flamme.

Il est facile de se rendre compte de cet effet. La vapeur
s'élève en colonne autour de la mèche, elle s'enflamme; mais
comme elle ne peut brûler sans air, la partie en contact avec
l'air, la partie extérieure, est la seule qui brûle. La partie
intérieure ne peut brûler, parce qu'elle est séparée de l'air
par la partie extérieure, par la partie en combustion. De là
vient que ces parties extérieures sont en feu et brillantes,
tandis que les parties intérieures sont ternes et sombres.

A mesure que les vapeurs s'élèvent la combustion s'opère.
Il y a donc plus de vapeur en feu immédiatement autour de
la mèche, qu'à 27 millimètres (1 pouce) au dessus. De là vient
que la flamme, épaisse dans le bas, s'effile en s'élevant, prend
une forme conique et se termine en pointe.

Mais un point qu'il importe encore bien plus de remarquer,
c'est qu'il s'échappe de la fumée. Indépendamment de son
odeur fétide, elle est une perte inévitable, car elle prouve
qu'une partie de l'huile, réduite en vapeur, s'échappe dans
l'air sans être brûlée, et, par conséquent, sans donner de
résultat utile. Cela tient à ce qu'une partie de la vapeur de
l'huile n'arrive en contact avec l'air dont elle a besoin pour
brûler que lorsqu'elle est déjà trop éloignée du foyer principal de la chaleur, et lorsque la température n'est déjà plus
assez élevée pour que la combustion ait lieu.

Le but de l'art de l'éclairage est d'éviter cet inconvénient,
et de brûler l'huile sans fumée et sans perte.

On cherche ensuite à donner à la lumière le plus de blancheur et d'éclat possible.

Enfin, dans certaines circonstances, on modifie la lumière
et on la dirige de diverses manières.

Nous allons examiner, dans le chapitre qui suit, les moyens
employés pour atteindre ce résultat.

CHAPITRE II.

DES ORGANES DES LAMPES, OU DES PARTIES PRINCIPALES QUI EXISTENT DANS TOUTES OU PRESQUE TOUTES LES LAMPES.

Il y a dans les lampes, ou du moins dans presque toutes, diverses parties pour ainsi dire fondamentales, dont nous devons d'abord nous occuper avant de décrire chaque lampe en détail.

Parmi ces parties, les unes servent spécialement à la production de la lumière : ce sont les becs, les cheminées de cristal, les mèches, les porte-mèches.

D'autres ont pour but de diriger, réfléchir ou disperser la lumière produite.

Passons ces diverses parties en revue.

1° Du Bec plat.

Les becs plats sont de deux sortes : les becs à mèches plates, sans cheminée, ou becs nus, et les becs ayant une cheminée en verre. La figure 125, *Pl. II*, donne l'idée des premiers, et la figure 126 celle des seconds. Ces becs sont très-mauvais et brûlent l'huile avec beaucoup de perte, principalement les becs nus, qui sont ordinairement disposés de la manière la plus défavorable, comme on l'a vu figure 125 ; car ces becs, toujours placés au-dessous des réservoirs, sont courbés en avant et dans leur plus grande largeur ; ainsi le bec intercepte lui-même la presque totalité du courant qui frappe la partie postérieure de la mèche. Ce genre de bec a subi une grande amélioration quand lord Cochrane eut le premier l'idée de disposer le plan de la mèche dans une situation perpendiculaire à la précédente, de manière que la partie épaisse du bec est placée d'avant en arrière (*fig.* 127). Par cette disposition, l'air alimente mieux la flamme. On emploie ordinairement les becs plats nus pour l'éclairage des rues, des corridors et de tous les endroits qui n'exigent pas beaucoup de lumière. Les becs à cheminée se meuvent au moyen d'un pignon et d'une crémaillère, comme nous allons l'expliquer à l'article suivant.

2° Du Bec d'Argand ou bec cylindrique.

En substituant aux becs plats et à leurs mèches pleines, à

fibres parallèles, un bec en forme de cylindre creux, Ami Argand trouva moyen de faire brûler la partie intérieure de la mèche, et rendit un service éminent à l'éclairage. Depuis cette époque, 1786, la plupart des becs furent disposés d'après ce système, sauf quelques modifications que nous indiquerons.

Les premiers becs construits par Argand avaient leur mèche pincée par en bas (*fig.* 123) entre deux anneaux de cuivre *i k;* elle pouvait monter et descendre entre les deux anneaux *a b a' b'*, à l'aide d'une tige de fer *n i l m* deux fois coudée, dont une branche *i l* glissait dans un conduit *a' c'* ménagé le long du cylindre. Dans l'origine, la cheminée employée par Argand était en tôle; sa partie inférieure était placée au-dessus de la flamme, où la maintenait un collier fixé à une tige. Cette cheminée a été remplacée par un cylindre de verre dont le diamètre est plus grand que celui de l'enveloppe extérieure de la mèche. Ce tube et son support sont disposés verticalement et de la manière à ce que leur axe soit le même que celui du cylindre *a b, c d.* Ainsi, comme l'air a non-seulement accès à l'extérieur du cylindre, mais encore qu'il monte dans l'intérieur pour alimenter la flamme, la combustion s'opère plus rapidement, et l'on obtient une plus belle lumière pour la même quantité d'huile brûlée, parce qu'il s'en vaporise très-peu, et l'on n'a ni odeur ni fumée. Dans tous les points de la circonférence, la flamme n'a qu'une très-petite épaisseur.

Diamètre du bec. L'influence du diamètre du bec sur l'intensité de la lumière est marquée; le rétrécissement et l'élargissement du bec ont leurs avantages et leurs inconvénients.

On sait que l'action capillaire a lieu dans les tubes de très-petit diamètre; par conséquent, si le bec est étroit, il détermine une action capillaire outre celle de la mèche; il la renforce, et, par conséquent, l'huile monte et reste constamment au sommet du bec, ce qui est très-avantageux, et maintient la combustion à distance du bec. Il faut donc rétrécir le diamètre du bec autant que possible, mais non pas trop, parce qu'alors l'huile, à raison de sa viscosité, ne s'élève que lentement, avec peine; elle ne mouille les mèches que d'une manière imparfaite, et souvent il n'en arrive pas assez pour une bonne combustion. Indépendamment de cet inconvénient, il y a celui de l'incommodité du nettoyage, dont le besoin se fait d'autant plus souvent sentir.

L'échauffement mutuel des diverses parties de la flamme influe beaucoup sur la lumière qu'elle produit, et cette influence diminue quand le diamètre central du bec s'élargit. Outre cela, à mesure que le bec s'agrandit, le courant d'air intérieur augmente aussi d'épaisseur, son centre est plus éloigné de la flamme, et, par suite, une plus grande portion d'air s'écoule sans servir à la combustion, et en s'échauffant inutilement : de plus, le bec n'aide en rien à l'action capillaire. Au total, il résulte des expériences de M. Péclet : 1° que la quantité de lumière donnée par la même quantité d'huile est d'autant plus grande que le calibre du bec est plus petit ; 2° que les becs ainsi resserrés ne produisent un bon effet qu'autant qu'on renforce le courant central en diminuant les ouvertures du courant extérieur.

Les becs se faisaient tous d'abord en fer-blanc, mais comme leurs bords s'usaient promptement, on les fabrique en cuivre. On préfère maintenant les becs sinombres, dont nous parlerons en traitant de la lampe ainsi nommée.

Rapport des courants d'air. Il suffit de se rappeler l'influence de l'air sur la combustion pour apprécier celle du rapport et de la grandeur absolue de deux courants d'air sur la lumière. Si le courant extérieur est trop fort, la flamme s'effile, s'allonge, et si la différence des deux courants est trop considérable, la combustion n'est pas complète. Si, au contraire, c'est le courant intérieur qui domine, la flamme se renfle, augmente de hauteur, mais si le courant extérieur est trop faible, la lampe fume. Il est donc bien important de ménager entre ces limites extrêmes des dimensions propres à rendre la flamme blanche et constante. Il est évident qu'il faut pour obtenir le *maximum* de la lumière, que la quantité d'air qui afflue sur la flamme excède peu celle qui est nécessaire pour la combustion.

3° *De la Cheminée.*

C'est un cylindre de verre élargi et renflé à la base, ce que l'on nomme le coude de la cheminée. Les lampistes, en faisant frabriquer les cheminées dont ils tiennent magasin, doivent avoir égard à la position du coude ou diamètre supérieur et à la hauteur de la cheminée.

Le coude de la cheminée rétrécit le courant d'air, le dirige sur la flamme et rend la combustion plus complète. Mais son influence n'est favorable qu'autant qu'il est à une distance convenable de la mèche; placé trop haut ou trop bas, il fait fumer. On ne saurait préciser la distance, car elle varie avec la nature de l'huile et l'état de l'air. Il est donc bien avantageux de pouvoir la varier à volonté, c'est ce qui a lieu pour les lampes à mouvement d'horlogerie, les becs sinombres et les lampes de M. Garnier, où la cheminée peut être placée à la hauteur désirée.

Le diamètre de la cheminée au-dessus du coude est pour l'ordinaire beaucoup plus grand qu'il ne devrait être; rétréci, il donnerait un résultat plus utile à l'huile, et beaucoup plus de blancheur à la flamme; mais les cheminées étroites s'échauffant beaucoup et cassant souvent, cet inconvénient y a fait renoncer. Pour éviter la casse, il faut aussi faire usage de cheminées en verre double, ou verre solide : elles sont d'un prix un peu plus élevé que les autres, mais elles durent infiniment plus.

Pour obtenir l'effet des cheminées étroites sans craindre la casse, M. Péclet conseille de placer au sommet un obturateur circulaire, semblable à une clef de poêle, mais dont le diamètre n'aurait que le tiers de celui du tuyau. Formé d'une feuille mince de platine, cet obturateur serait fixé à un axe qui tournerait à frottement dur entre deux tourillons, et serait fixé dans la position convenable, à l'aide d'un bouton qui terminerait l'axe.

La cheminée augmente le tirage à proportion de sa hauteur, mais cet accroissement devient nuisible au-delà de certaines limites. L'augmentation de vitesse du courant d'air accroît l'énergie de la combustion et nécessairement la vivacité de la lumière, tant que l'air n'est pas trop fort : alors la flamme devient blanche; mais quand l'air arrive en excès, la flamme, qui devient à la vérité plus brillante, diminue de volume et d'intensité. Ainsi donc, il y a un degré de hauteur qu'il faut atteindre, sans jamais le dépasser. Ce degré varie suivant la qualité des huiles et la température de l'air : il serait donc bien à désirer que les becs d'Argand permissent d'augmenter ou de diminuer à volonté la hauteur de la cheminée.

Les cheminées sont ordinairement en verre blanc, mais pour accroître la blancheur de la lumière, on pourrait leur donner une teinte bleue.

4° De la Mèche.

Pendant un grand laps de temps, la mèche ne fut qu'un long fil de lin, et plus tard un de coton plongé dans un vase

d'huile, et sortant seulement par le bout. Cette mèche *pleine*
était ou cylindrique, ou aplatie, et toujours formée de fils
parallèles, en plus ou moins grande quantité. La seconde
espèce de mèche est plate, formée d'une sorte de tissu lâche
en coton, et semblable à un ruban étroit. On cire ordinairement ces mèches pour leur donner plus de raideur et les
rendre moins promptes à se charbonner. La troisième sorte
de mèche, inventée par Argand, est de forme cylindrique,
elle est tissue au métier en coton lâche, et jamais cirée. Leur
diamètre est assorti à celui du bec qui doit les recevoir. On
distingue ce diamètre par numéros, et on réunit les mèches
en paquets d'une douzaine pour l'usage des consommateurs.
Ces trois dernières observations sont communes aux mèches
plates et aux mèches cylindriques.

L'élévation de la mèche au-desus du bec, relative à la
hauteur convenable du coude de la cheminée, accroît de
beaucoup la lumière. Il est généralement avantageux d'élever
beaucoup la mèche, parce que la consommation de l'huile
n'augmente pas, à beaucoup près, dans le rapport de l'accroissement de la lumière. Dans les lampes bien construites,
on peut élever beaucoup la mèche sans produire de fumée ;
mais, dans tous les cas, si la durée de la combustion se prolonge, la mèche élevée se charbonne rapidement, et l'intensité de la lumière diminue de même. Il est très-important
que le bord de la mèche ne présente aucune inégalité, car
alors la fumée serait immanquable. Les mèches trop épaisses
ou trop serrées sont d'un fort mauvais effet.

On monte et on descend à volonté la mèche ; l'appareil inventé par Argand était peu commode, et on l'a successivement remplacé par plusieurs autres. La tige recourbée qui
sert à mouvoir la mèche est garnie d'une crémaillère qui engrène dans un pignon ; en faisant tourner le bouton qui la
termine, on fait monter ou descendre la mèche par un mouvement doux et continu. Mais un grave inconvénient nuisait
à cette disposition, d'ailleurs avantageuse : à mesure que la
mèche s'élevait, une partie de la tige la dépassait, et pour
éviter qu'elle ne fît fumer, il fallait l'éloigner de la flamme en
donnant une grande dimension au tube qui devait contenir
cette tige, et produisait toujours, malgré cela, une ombre
désagréable. Pour y remédier, on a percé la partie inférieure
du tube ; on y a placé une petite douille de cuivre renfermant un cuir à travers lequel passe la tige qui est attachée

au porte-mèche; par ce moyen, la tige ne s'élève jamais au-dessus du bec. A la vérité, il peut s'écouler un peu d'huile par le trou d'introduction de la tige, mais cette quantité est très-petite, et du reste, comme il s'en écoule beaucoup plus par les bords du bec, surtout quand on remonte la mèche après l'avoir baissée, il y a toujours au-dessous de la lampe un petit réservoir pour recevoir l'huile qui s'échappe : ce réservoir est dans le pied de la lampe lorsqu'elle en a un, ou bien il est formé d'un petit godet en verre ou en cuivre, quand la lampe est suspendue (Voy. en *b* la *fig.* 153, *Pl.* III).

La figure 129 indique la première disposition, et la figure 130 la seconde. On préfère maintenant remplacer souvent la crémaillère par une tige à vis. On voit, figure 131, cette vis maintenue dans sa situation par deux petits arrêts *c* et *d*, appliqués contre les surfaces supérieure et inférieure d'une petite traverse fixe placée au-dessous du bec. La queue de l'anneau du porte-mèche *f e* est taraudée et pénètre dans la vis. La partie inférieure de la tige porte un bouton moletté *g h*, à l'aide duquel on tourne aisément la vis; d'où il suit que la rotation de la vis fait mouvoir la mèche de haut en bas, et de bas en haut.

5° *Du Porte-Mèche.*

Le porte-mèche est formé de deux anneaux qui s'emboîtent et peuvent serrer la mèche que l'on place entre eux. La tige qui le fait mouvoir est fixée à l'anneau extérieur ou intérieur, selon que le tuyau de la tige est en dehors ou en dedans du bec. Lorsque la tige pénètre par la partie supérieure du bec, comme l'indique la figure 129, le porte-mèche peut être fixé d'abord à cette tige, que l'on met en place après ; mais quand elle entre par la partie inférieure, il ne peut être fixé que quand la tige est en place. A cet effet, l'anneau qui doit recevoir la tige a une queue percée d'un trou, dans laquelle la tête de la tige pénètre, et qu'elle dépasse de quelques milli-mètres, jusqu'à un arrêt qui l'empêche d'aller plus loin; l'extrémité de la tige est à vis, et reçoit un écrou qui fixe la queue de l'anneau.

Les appareils indiqués pour le mouvement de la mèche exigent tous un tube latéral, pour placer la queue du porte-mèche et la tige qui s'y trouve attachée. Ce petit cylindre obstrue en cet endroit le passage de l'air, échauffe l'huile qu'il renferme, la fait entrer en ébullition et dégager des vapeurs inutiles à la combustion. On l'a supprimé de la manière

suivante. Le porte-mèche consiste en un court cylindre de
fer-blanc, sur la circonférence duquel sortent plusieurs lames
de cuivre terminées par deux portions de cercle, et naturellement écartées du cylindre : on place la mèche à l'extérieur
du cylindre, et à mesure que le porte-mèche est enfoncé dans
le bec elle se trouve fortement pressée. La tige qui fera mouvoir le porte-mèche est soudée à l'extrémité du cylindre sur
son épaisseur, et parallèlement à son axe : elle se trouve alors
logée dans la capacité du bec, d'où elle sort à travers une
boîte de cuir. Son extrémité est fixée à une crémaillère, comme
il a été dit plus haut.

Pour entourer facilement le porte-mèche de la mèche, on
entre celle-ci sur une baguette conique en bois poli, de la
longueur du doigt, et d'une circonférence un peu moindre
que celle du porte-mèche, dans l'intérieur duquel elle doit
pénétrer par le bord. Dès que la mèche a embrassé le porte-
mèche, on tourne d'une main le bouton pour faire descendre
la mèche, tandis que de l'autre on soulève et retire la baguette.
Dans les premiers temps, le porte-mèche était terminé par un
anneau mobile un peu saillant : un second anneau mobile, très-
plat, servait à retenir la mèche sur le bord du cylindre ou
porte-mèche.

6o Des Déflecteurs.

Nous croyons que c'est ici le lieu de parler des déflecteurs,
dont l'introduction dans l'éclairage a donné lieu à la construction d'un nouveau système de lampes auquel on a donné le
nom de Lampes Solaires et qui est très-répandu aujourd'hui.

Les déflecteurs ont été inventés par MM. Bynner et Smith,
et consistaient tout simplement, à l'origine, en un anneau de
métal qu'on fixait dans la cheminée de verre de la lampe, à
5 ou 6 millimètres (2 lignes) de hauteur au-dessus du bec.
De leur côté, MM. Benkler et Ruhl avaient aussi imaginé une
espèce de chapeau en métal qu'on posait sur la flamme de la
la lampe, puis qu'on recouvrait avec un verre. Ces diverses
dispositions n'ont pas tardé à présenter des inconvénients,
tels sont, entre autres, le rétrécissement des courants d'air,
la rupture des verres, l'extrême mobilité de la flamme, les
embarras pour ajuster le déflecteur à la hauteur convenable, etc; ce sont ces inconvénients bien réels qui ont déterminé M. Benkler à apporter des perfectionnements à la
structure de cet appareil.

M. Benkler compose aujourd'hui sa cheminée en verre de deux pièces : l'une qui forme la cheminée proprement dite, et l'autre d'un plus grand diamètre, qui en est l'embase. C'est à la jonction de ces deux pièces, où se trouve naturellement l'étranglement, qu'est disposé le déflecteur qui est sorti à la partie inférieure de la cheminée de verre. Pour lier cette partie supérieure avec l'embase, celle-ci porte une autre pièce en métal également sortie, qui forme l'épaulement du verre et s'assemble avec la première par un mécanisme dit à baïonnette.

Cette disposition présente déjà des avantages très-notables, car on conçoit que, dans les lampes à déflecteurs, toute la portion supérieure de la flamme acquérant une haute intensité, tandis que l'inférieure est à peine lumineuse, il y a entre la portion supérieure du verre ou cheminée proprement dite, et l'embase au-dessous de l'épaulement, une différence énorme de température, et par conséquent, une différence de dilatation qui ne tarde pas à faire éclater le verre ; or, il est facile de voir qu'avec ces sortes d'appareils il faut, non-seulement remplacer comme à l'ordinaire la cheminée brisée, mais de plus qu'on est obligé de rétablir le déflecteur dans le verre, et de l'ajuster convenablement ; ce qui ne peut souvent être opéré que par le secours de la main d'un ouvrier. Dans la nouvelle disposition adoptée par M. Benkler, la différence de température et de dilatation ne produit aucun effet réciproque entre la cheminée et l'embase, qui sont deux pièces distinctes, et qui peuvent avoir leurs dilatations propres sans crainte de rupture.

On avait aussi reproché à certaines dispositions adoptées par M. Smith, de combiner d'une manière peu rationelle, le métal avec le verre, substances dont les coefficients de dilatation et de capacité pour la chaleur ne sont pas les mêmes, et de produire ainsi des déformations dans les parties métalliques, ou une rupture dans celle en verre. Il est facile de s'apercevoir que dans les nouveaux déflecteurs, ce vice n'existe plus, car ici M. Benkler a eu le soin d'établir tous les sertissages de la matière la plus dilatable, c'est-à-dire du métal en dehors, de façon que l'inégale dilatation et contraction des matières peut très-bien avoir lieu sans déformation des pièces, et sans crainte qu'elles se rompent.

On reconnaîtra aussi un autre avantage à cette disposition, car il est bien rare de casser un verre de toute pièce, et dans la plupart des cas, il n'y aura guère que la cheminée où l'embase qui se brisera ; ce sera donc la seule pièce qu'on aura besoin de remplacer, ce qui sera facile, attendu que tous les déflecteurs sont établis de manière à ce que pour chaque modèle de verre, les pièces s'ajustent les unes aux autres, et peuvent se suppléer au besoin. Il y a donc là économie et réparation prompte et facile.

Une autre amélioration dans les verres nouveaux de M. Benkler, c'est d'en avoir perforé l'embase, immédiatement au-dessous du déflecteur, de cinq ouvertures rectangulaires destinées à ramener l'air sur la flamme. En effet, on remarquait dans les anciens déflecteurs à chapeau, que le courant d'air extérieur qui arrivait par le bas de la lampe ne trouvait plus qu'un passage trop rétréci, et que ce courant, en venant frapper verticalement sur le déflecteur, y éprouvait un refoulement qui nuisait beaucoup à la combustion, et donnait en dessous une atmosphère fumeuse, en un mot, altérait le principe si ingénieux de la lampe à double courant d'air d'Argand. Dans la disposition de M. Benkler, cet inconvénient n'existe plus, l'air qui entre sous les déflecteurs par les ouvertures pratiquées dans le verre se projette horizontalement sur la flamme pour en alimenter la combustion, et cela sans fumée, sans refoulement, et de plus avec cet avantage notable, que coulant continuellement sous le déflecteur auquel il emprunte une partie de sa chaleur, il le dépouille constamment de l'excès de température qu'il pourrait acquérir.

Depuis, M. Benkler a proposé pour la lampe solaire quelques modifications qui ont été mises en pratique par M. Neuburger, à Paris, qui a donné aux lampes ainsi construites le nom de *lampes solaires à mèches dormantes*.

7° *Des Réflecteurs opaques.*

Pour projeter la lumière de haut en bas, et porter un vif éclat sur les corps placés au-dessous, on se sert de réflecteurs opaques : le meilleur est celui de porcelaine blanche, qui laisse passer une lumière douce par la transludicité de sa pâte ; le plus ordinaires sont en tôle vernie à blanc, et même en papier très-blanc, soutenue par une carcasse en fil de fer. Tous ce réflecteurs ont la forme d'un cône tronqué ; ceux en tôle ou en fer-blanc sont pourvus d'une boucle latérale de fil-de-fer qui sert d'anse.

7° Des Miroirs paraboliques.

Afin que les rayons de lumière soient portés à une grande distance sans perdre de leur intensité, il importe qu'ils soient parallèles; car s'ils sont inclinés, ils divergeront à mesure qu'ils s'éloigneront du foyer, et l'intensité de la lumière ira en décroissant suivant la distance. Pour rendre les rayons parallèles, on emploie les miroirs paraboliques et les miroirs sphériques. Nous ne nous occuperons que des premiers, qui sont bien préférables aux seconds. Dans les miroirs paraboliques, le parallélisme est rigoureux pour tous les rayons émanés du foyer, quelles que soient d'ailleurs leur obliquité et l'étendue du miroir. Le lampiste emploie ces miroirs pour les lampes de billard et autres quinquets semblables.

Les miroirs paraboliques passent pour être de difficile construction; mais les indications suivantes fourniront le moyen de les préparer avec facilité.

Construction des miroirs paraboliques.

On peut se servir de plusieurs procédés différents. Nous allons successivement les passer en revue.

Premier procédé. On fait une zone conique et tronquée, que l'on soude à une calotte parabolique. On écrouit ensuite la zone sous le marteau jusqu'à ce que le tout coïncide avec une parabole découpée dans du carton ou du liais, ce qui s'obtient aisément. Pour former la zone on prend un secteur de 129 degrés dans un cercle dont le rayon est de 26 centim. (9 pouces 8 lignes), on en retranche un secteur concentrique d'un rayon de 15 centim. (5 pouces 7 lignes). Il en résulte une portion de couronne circulaire plate qui, étant repliée, forme la zone conique. On soude celle-ci à une calotte parabolique, dont l'ouverture est de 10 centimètres (4 pouces) et coïncide avec celle de la zône, et dont la flèche est de 54 millimètres (2 pouces). Dans ce premier procédé, on emploie des feuilles de fer-blanc ou de laiton d'environ 1 millimètre d'épaisseur.

Deuxième procédé. On fait écrouir sous le marteau, par un ouvrier travaillant le cuivre en rétreinte, un cercle en laiton; d'un millimètre et demi (3/4 ligne) d'épaisseur, et d'environ 250 millimètres (9 pouces 3 lig.) de diamètre. Si le cuivre est sans paille et d'une qualité convenable, on parvient assez aisément à faire coïncider l'intérieur de ce paraboloïde d'une pièce avec une parabole découpée en bois, qui servira de calibre.

Ferblantier. 17

Dans ce second procédé, comme dans le premier, on polit le miroir successivement avec la pierre ponce en pierre, le charbon et le tripoli. Ce polissage s'exécute promptement au tour : le miroir achevé pèse un peu plus d'une livre. On peut aussi employer pour ce second procédé le cuivre rouge, qui est beaucoup plus facile à rétreindre que le jaune, mais alors il faudra argenter le miroir. Ce moyen sera toujours préférable lorsqu'il s'agira de faire des miroirs de grande dimension.

Troisième procédé. La meilleure manière de faire le miroir serait, sans contredit, de le jeter en fonte avec l'alliage usité pour les miroirs de télescope; mais ce procédé serait beaucoup trop dispendieux, et les miroirs seraient trop pesants.

On peut cependant recourir à la fonte en employant le laiton. Cet alliage exige peu de travail pour le polissage, et on peut l'amincir convenablement sur le tour.

Les deux premiers procédés sont préférables comme moins coûteux, lorsqu'on ne veut faire qu'un ou deux miroirs. Le troisième vaut mieux lorsqu'il s'agit d'en fabriquer un grand nombre. Il faut néanmoins remarquer que, quoiqu'on doive tendre à l'exactitude dans la courbure du miroir, une précision rigoureuse n'est pourtant pas indispensable. Lorsqu'il s'agit de réunir en un faisceau cylindrique les rayons qui émanent d'un point lumineux, pour les diriger sur un point qui n'est pas très-éloigné, on est sûr qu'un petit défaut de parallélisme dans un rayon ne l'empêchera pas de tomber sur quelque point de l'objet à éclairer.

8° *Des Globes et demi-globes dépolis.*

Ce sont des réflecteurs transparents hémisphériques ou sphériques. Lors de l'invention des lampes astrales on faisait des demi-globes en gaze d'Italie, montés sur une carcasse de fil-de-fer entouré d'une spirale de petit ruban blanc appelé *faveur.* Ces globes étaient munis d'une boucle latérale de fil-de-fer verni à blanc, pour servir d'anse. Les demi-globes en cristal, en verre dépoli, sont garnis par le haut d'une couronne de cuivre léger, qui sert de poignée : une lame de cuivre garnit le bas.

Les demi-globes ont souvent une forme spéciale, suivant les appareils, tels que celui de la lampe sinombre, qui représente un vase : il est tout uni; mais pour l'ordinaire les globes ou demi-globes sont embellis de dessins et d'ornements travaillés à la roue. Pendant quelque temps on a coloré les fleurs que représentent ces dessins ; mais cette tentative n'a pas eu de succès. Tous les réflecteurs, globes, demi-globes, sont surmontés par la cheminée de verre qui les traverse.

C'est aux frères Girard que l'on doit l'invention des globes de verre dépolis.

La propriété de la dispersion de la lumière nous explique l'avantage des globes ou enveloppes translucides ; elles ont, outre l'avantage d'en atténuer l'éclat, celui de produire sur les corps qu'elles éclairent et derrière eux, des *pénombres* très-larges (on nomme *pénombre*, la dégradation insensible du passage de l'ombre à la lumière) ; et quand les corps sont de peu d'épaisseur, l'ombre qu'ils projettent derrière eux ne s'étend qu'à une très-petite distance. Cela provient de ce que la lumière étant dispersée par l'enveloppe translucide, les effets ont lieu comme si elle émanait de l'enveloppe elle-même.

9° *Des Cristaux de lustres.*

Nous avons vu (*chapitre premier*) (1) que lorsqu'un rayon lumineux traverse un prisme, il se décompose à sa sortie ; mais il faut que les rayons ne soient pas trop inclinés, car alors ils ne sortent pas ; ils se réfléchissent en dedans jusqu'à ce qu'ils rencontrent une face sous une incidence suffisante pour sortir ; mais ces réflexions intérieures diminuent la vivacité des rayons, et par conséquent l'on reconnaît que les faces des cristaux de lustres ont une forme désavantageuse ; leurs faces produisent des angles trop grands, et la lumière n'en sort qu'après plusieurs réflexions intérieures. La meilleure forme pour décomposer la lumière et produire des couleurs brillantes, serait celle d'un prisme ou d'une pyramide triangulaire, dont les faces seraient également inclinées entre elles.

Avant de terminer ce chapitre, nous décrirons encore deux petits appareils utiles pour le service des lampes.

10° *Coupe-mèche de M. F. Peret.*

Les figures 276 à 280, *Pl.* VI, représentent ce coupe-mèche, se composant d'un cylindre qui s'adapte sur un mandrin, placé lui-même dans l'intérieur ou dans le prolongement du cylindre sur lequel on peut opérer la section ; à la partie inférieure du cylindre est placé une molette ou un couteau qui est pressé

(1) Théorie de l'éclairage.

par un ressort, sur la surface du cylindre à tracer ou à couper. En tournant l'instrument sur les mandrins, on imprime au couteau ou à la molette un mouvement de rotation, qui joint à la pression exercée en même temps opère la section. Une des applications principales sera dans l'emploi de l'instrument comme coupe-mèche de lampe.

11° *Appareil servant à mettre les mèches aux lampes.*

Le nouvel appareil, dont on doit l'invention à M. A. C. Fontaine, a pour but de faciliter le placement des mèches des lampes à courant d'air.

Ce travail, comme on a dit, se fait ordinairement à l'aide d'un petit morceau de bois cylindrique que l'on place dans le tube intérieur, puis on emmanche la mèche, et on la maintient avec les doigts le long du tube; et de l'autre main on fait descendre le porte-mèche.

Il arrive très-souvent que la mèche n'est pas engagée, et le porte-mèche descend seul; souvent aussi le tube de la lampe qui reçoit le cylindre de bois fait saillie, cette saillie contribue beaucoup à empêcher la mèche de descendre.

Figures 288 et 289, *Pl.* VII. Dans le but d'éviter ces inconvénients, on dispose une douille en métal très-mince, dans laquelle on place un bois conique semblable à ceux employés ordinairement; seulement la douille embrasse le tube intérieur, au lieu que dans l'ancienne méthode, le bois entrait dedans; cette différence permet à la mèche de descendre bien plus facilement; la figure 288 indique cette nouvelle disposition; *a* est le cône de bois, *b* en est la douille.

On fait également cette pièce tout en métal mince, comme l'indiquent les figures 290 et 291, en conservant toujours la partie inférieure par dessus le tube de la lampe. Cette pièce vue *fig.* 280 peut être fendue pour lui donner une certaine élasticité; mais ces moyens ne peuvent convenir que pour les lampes d'un même calibre. Il y a un moyen qui permettrait une latitude de 1 centimètre (5 lignes) par exemple, à savoir, de petites lames métalliques estampées, découpées ou embouties, fixées, rivées ou soudées en un point *c*, fig. 290.

Ces lames ou tiges seraient courbées à leur partie inférieure pour pénétrer dans le tube de la lampe; il est facile de comprendre que, si ces tiges sont en métal un peu raide, elles pourront facilement faire ressort, et par conséquent ces cônes pourront servir à plusieurs diamètres de lampes. Ces pièces pourraient être disposées comme l'indique la fig. 291., c'est-à-dire avoir au point *d* de petites portions de viroles métalliques, arrondies à leurs angles supérieurs, de manière à ne pouvoir jamais accrocher les mèches.

Si l'on suppose une mèche placée sur le bois et emmanchée sur le tube d'une lampe, comme je viens de le dire, il faudra faire descendre cette mèche pour l'engager dans les griffes du porte-mèche. Pour éviter de la maintenir avec les doigts, on emploie une virole indiquée *fig.* 292 et 293 ; cette virole s'emmanche par dessus la mèche, comme on le juge convenable, ce qui permet de très-bien placer la mèche et d'éviter de se mettre les doigts dans l'huile et surtout dans l'huile à brûler. Les encoches de ces douilles ou viroles devront naturellement varier, suivant la nature ou la forme des griffes.

On peut aussi fendre ces douilles pour que, sous une légère pression, les deux parties se recouvrent, et que, par conséquent, la douille susceptible de faire ressort puisse diminuer de diamètre, et par ce moyen refoule mieux la mèche entre le tube et les griffes ; de plus, que la même douille puisse servir à plusieurs lampes dont le diamètre varierait.

CHAPITRE III.

DE LA CONSTRUCTION GÉNÉRALE DES LAMPES.

Si les formes et l'appareil d'éclairage sont extrêmement variés dans les lampes, les principes qui président à leur construction sont constants. La division du travail, la multiplicité des pièces, leur parfait rapport, leur emboîtement non moins inaperçu que solide ; tels sont ces principes adoptés chez tous les lampistes qui entendent bien leur état.

Lorsque le chef d'atelier a adopté une forme ou une dimension particulière pour la lampe qu'il veut construire, après qu'il a déterminé le nombre de lampes à construire, il commence par tracer chacune des pièces qui doivent former le bec; il agit de même pour toutes celles qui sont nécessaires pour constituer le pied, le garde-vue, etc. D'après les conseils donnés au commencement de ce Manuel sur l'économie à observer pour le découpage, le chef d'atelier découpe en fer-blanc tous ces calibres, et les donne à un ouvrier intelligent, qui, en appliquant chacune de ces pièces sur des feuilles de fer-blanc, trace avec une pointe les traits sur lesquels il doit porter la cisaille. Il ne prend un nouveau calibre qu'après en avoir tracé quelquefois plus d'une centaine; il les découpe ensuite tous, et les passe à un autre ouvrier qui les contourne et les confectionne selon la forme qu'ils doivent avoir.

On en fait autant pour tous les calibres de la même lampe, et chaque ouvrier est occupé d'une partie; un autre les assemble et forme des becs; un troisième est occupé des pieds; un quatrième assemble les becs avec les réservoirs d'huile : les moins habiles, les apprentis, s'occupent du couvercle, des tubulures, des réservoirs, des objets accessoires des lampes, comme des entonnoirs spéciaux, des burettes, etc., et l'on voit bientôt une centaine de lampes confectionnées comme par enchantement.

Les crémaillères, les pignons, les porte-mèches, avec les griffes qu'on a généralement adoptées aujourd'hui, sont en laiton, et se fabriquent par des ouvriers particuliers qui les vendent à très-bas prix aux lampistes.

Les branches, les écrous, les filets de vis en fer qui se rencontrent souvent dans le pied des lampes, s'achètent aussi par le lampiste chez les fabriquants de ces sortes d'objets. Un ouvrier est chargé de placer les *cuivres*, un autre d'ajuster les *fers*; tous deux font usage des manipulations ordinaires du ferblantier.

Il arrive souvent que les pieds ne sont pas en fer-blanc, ou du moins qu'ils ne le sont qu'en partie : le lampiste agit pour cela comme pour les objets précédents. Il achète, chez les divers manufacturiers qui les fabriquent, les pieds de cuivre poli, les cristaux, etc. Il en est de même pour les globes en cristal, en verre dépoli, les cheminées de verre, les mèches plates, cirées ou non cirées, les mèches circulaires, les réflecteurs en papier vert ou blanc, ou bien en gaze d'Italie, dont les lampistes tiennent toujours ample provision.

La lampe terminée, un ouvrier chargé de vernir les pieds des lampes, les garde-vue, de dorer les parties réservées pour la dorure, s'occupe de ces divers embellissements. Cet ouvrier est ordinairement attaché à une grande manufacture; et sous l'œil du maître, il exécute avec plus de soin et d'ensemble les travaux dont il est chargé. On ne peut donner aucune règle sur les décorations qu'il doit faire, puisque ces décorations varient à l'infini; cependant, nous pouvons indiquer comme chose constante, 1° qu'aux lampes astrales et sinombres, le réservoir, les branches qui soutiennent celui-ci, le

réflecteur de fer-blanc et la partie qui se trouve immédiatement au-dessous du bec, sont toujours recouverts d'un vernis
blanc; 2° que la galerie qui environne ce réservoir est dorée; 3° que pour l'ordinaire les corniches qui se trouvent au
pied sont dorées également.

Multiplicité des pièces. Les pieds des lampes paraissent
n'être formés que d'un seul morceau, même en les examinant avec l'attention la plus minutieuse; mais il en est bien
peu qui ne soient composés d'un assez grand nombre de pièces, et c'est ce qui permet de leur donner des formes élégantes
et variées. Pour donner un exemple de la multiplicité des
pièces, nous allons faire la description détaillée d'un pied de
lampe siuombre.

La figure 132, *Pl.* II, montre ce pied, où chaque lettre indique un morceau différent. Ces morceaux, dessinés séparément, portent la même lettre, en sorte qu'il est facile de voir
la place qu'ils occupent lorsqu'ils sont montés. Occupons-
nous d'abord de la base.

La pièce *p*, semblable à un petit coffre, entre à frottement
dur dans *n*, double corniche : *p* a un étranglement pour recevoir la corniche de cette dernière pièce; d'autre part, la pièce
m, petit plateau sur lequel s'élève un cône, est exactement de
la même largeur, et s'emboîte sur la partie étranglée. Afin
que cet assemblage ne vacille pas, on fait un peu rebrousser
en arrière les bords de *p*. Lorsqu'on l'introduit dans *n*, la
base de *p* entre dans le pied *q*. Pour qu'elle ne s'enfonce pas
trop, et ne vienne à gâter les formes sur lesquelles elle s'appuie,
cette base est doublée intérieurement dans son pourtour d'une
languette de fer-blanc qui la maintient au point convenable.

La pièce *q*, à son tour, s'ajuste avec la pièce *r*, qui demande
quelques détails particuliers : *r* forme la base et le dessous
du pied de la lampe; elle porte en *s* un petit tube pour recevoir la branche *t*, dont l'extrémité se termine par un filet *y*
de vis, qui tient en dessous de *r* par un écrou. Afin que cet
écrou ne fasse pas saillie, on emboutit de manière à produire
un enfoncement, dans lequel le bout du filet et l'écrou soient
reçus : cette mesure se répète à toutes les lampes qui portent
en dessous un écrou ou un robinet, etc. On forme quelquefois le dessous d'une pièce carrée; quelquefois, aussi, on emploie à cet effet deux morceaux en diagonale opposée. Pour
rendre le pied lourd, on introduit du plomb de chasse, au
moyen d'un trou arrondi que l'on pratique près de l'enfonce-

ment où loge l'écrou : on ferme ensuite ce trou avec une pièce soudée. L'addition du plomb n'a lieu que lorsque le pied de la lampe manquant de poids, menacerait d'être aisément renversé. On conçoit que les lampes hydrostatiques, dont le pied est chargé du poids de l'huile et du liquide propre à établir l'équilibre, n'ont pas besoin de ce supplément de pesanteur.

Le petit cône de *m* entre dans le cercle *o*, puis dans *h*; au-dessus de *h* se place *i*, puis viennent les cannelures *c*. Dans *e*, et au milieu de *p*, s'enfonce le tuyau qui forme l'extrémité inférieure de *d*. Son extrémité supérieure présente une partie rétrécie qui s'ajuste exactement avec *c* : cette pièce, à son tour, s'emboîte avec *b*, et *b* avec *a*, qui termine le pied de la lampe.

Ces pièces, ainsi superposées les unes aux autres, se désuniraient au moindre mouvement, si elles n'étaient intérieurement maintenues. C'est l'office de la branche *t* qui se compose de trois parties : 1° d'une sorte de petit vase en fer-blanc, ou partie évasée du tube, exactement de la dimension de *a*, sur le bord de laquelle le haut de *t* s'appuie; 2° d'un tube fermé au point *x* : ce tube est destiné à recevoir les émouchures de la mèche et l'huile qui peut s'échapper du réservoir, choses qui saliraient le pied de la lampe; 3° à l'extrémité du tube est soudée une tige de fer *y*, qui se termine par un filet de vis. Cette branche *t* traverse, dans toute sa longueur, la colonne, et se fixe par un écrou, ainsi que nous l'avons vu en parlant de *r*. Alors toutes les pièces sont parfaitement consolidées, et ne semblent faire qu'un seul corps.

Pour faire porter solidement et commodément la partie supérieure de la lampe sur ce pied, on soude immédiatement au-dessous du bec deux petits cylindres de fer-blanc, tenant l'un dans l'autre, et séparés par un intervalle de 5 millim. (2 lig.) environ : l'un, et le plus grand, s'enfonce dans la colonne; l'autre reçoit à frottement un petit gobelet long de 8 centimètres (3 pouces), et resserré à sa base : base qui porte sur le bord supérieur de *a*. Voici donc quatorze pièces dont est composé un pied de lampe; et selon que les contours se multiplient, les pièces doivent se multiplier; car il est à remarquer que chaque partie qui s'évase, ou change de forme, que chaque cercle, chaque corniche demande un nouveau morceau de fer-blanc. C'est au chef d'atelier à déterminer le nombre des pièces quand il trace ses calibres. Je crois cet exemple suffisant.

CHAPITRE IV.

DES LAMPES A RÉSERVOIR INFÉRIEUR AU BEC.

Il semble naturel de procéder par l'ordre que nous avons adopté, et de commencer par la description des lampes à réservoir inférieur au bec ; mais il s'en faut bien qu'en suivant cette marche nous puissions passer du simple au composé, car les réservoirs inférieurs appartiennent aux appareils les plus compliqués. La raison en est claire. Il faut, en ce cas, que l'huile soit maintenue dans le bec à la hauteur convenable par une certaine force ; et comme l'huile doit arriver continuellement à mesure qu'elle est consommée, ce mouvement ne peut être produit que par une action équivalente. Ainsi, dans les lampes en question, il est nécessaire d'employer un mouvement constant. Le mouvement est tantôt produit par un mécanisme plus ou moins ingénieux et compliqué, tantôt par l'équilibre des liquides. Aussi diviserons-nous les appareils à réservoir au-dessous du bec, en *hydrostatiques* et en *mécaniques*.

Ce chapitre sera donc forcément un chapitre de renvoi, car il serait peu convenable de placer les appareils d'éclairage les plus difficiles et les plus parfaits, avant les premières lampes, si grossièrement improvisées, et celles qui ont subi des améliorations successives.

CHAPITRE V.

DES LAMPES A RÉSERVOIR DE NIVEAU AVEC LE BEC.

La condition nécessaire pour fabriquer avec succès ce genre d'appareils, est que la partie de la mèche dans laquelle s'opère la combustion soit à une très-petite distance du bain d'huile. Pour l'ordinaire, on met les niveaux des réservoirs à 7 millimètres (3 lignes) environ au-dessous du sommet du bec ; cette distance est convenable, mais il faudrait qu'elle restât constamment la même. Cette condition est toujours remplie dans les *veilleuses*, parce que la mèche ayant peu de longueur, et se trouvant placée sur un flotteur qui reste toujours à la surface de l'huile, il y a toujours la même distance entre le sommet de la mèche et le réservoir. Nous commencerons ce chapitre par ces simples appareils de combustion et autres semblables, en choisissant les plus intéressants et les plus nouveaux.

Veilleuse ou *lampe sans mèche.* M. Blackader, de Londres, annonça, dans le *Journal scientifique d'Edimbourg*, le procédé que nous allons décrire, procédé qui a récemment éprouvé diverses modifications. La mèche est remplacée par un tube de verre capillaire, appelé *jais*, ayant environ 27 millimètres (1 pouce) de longueur : il est fixé dans une coupe de cuivre, de fer-blanc ou d'étain, d'à peu près 27 millim. (1 pouce) de diamètre. Cette coupe renversée flotte sur l'huile : le tube traverse verticalement le fond de la coupe qui est plongée dans l'huile. La coupe doit être lestée de manière à ce que l'orifice supérieur du tube ne dépasse que très-peu le niveau de l'huile. Par ce moyen, l'huile monte aisément jusqu'aux parois du tube sans déborder; et lorsqu'on y applique une lumière, elle prend feu, et donne une flamme légère, mais fixe et brûlante. A mesure que l'huile se consume, la coupe, qui flotte à sa surface, descend avec elle, et l'alimentation de l'orifice du tube restant toujours la même, peu importe, par conséquent, qu'il y ait beaucoup ou peu d'huile dans la lampe. Il convient que celle-ci soit de cristal, afin que sa lumière puisse éclairer de côté. Il se forme à l'orifice du tube, où est la flamme, une petite croûte de matière charbonneuse qu'il faut enlever une fois par jour, ou tous les deux jours seulement. Cette sorte de lampe présente l'avantage de brûler toute une nuit, et même plusieurs nuits, sans que le volume ni l'éclat de la flamme éprouvent la moindre altération. Elle consume très-peu d'huile, et paraît très-propre à l'usage des malades.

Lampe flottante perfectionnée. Le perfectionnement qui distingue cette jolie lampe de celles du même genre déjà en usage, consiste dans un développement graduel de la lumière, selon que l'on a besoin de l'augmenter ou de la diminuer. Elle est élevée à 4 degrés distincts dans la figure 133.

Lorsque cette lampe est flottante sur le verre, ou sur le vase qui contient l'huile, si, avec de petites pinces, on pose très-délicatement au fond que forme son rebord circulaire, le premier des deux anneaux qui font partie de son approvisionnement, et si l'on allume alors la lampe, elle produit une flamme de moyenne étendue; mais si l'on retire cet anneau, la flamme diminue au degré le plus inférieur.

En employant de la même manière le plus gros anneau,

on obtient la dimension de flamme de troisième degré; et si l'on charge la lampe des deux anneaux en même temps, la flamme s'élève au quatrième degré qu'indique la figure. On comprendra facilement que les anneaux, en agissant comme poids, augmentent la quantité d'huile qui alimente la combustion. La flamme ne dégage aucune fumée. On brûle ordinairement dans cette petite lampe du spermaceti le plus pur. Comme elle est dépourvue de mèche, on a seulement à nettoyer chaque jour l'orifice du tube conique qui sert de siphon. Ces lampes se fabriquent en verre très-mince ou en argent, ce qui est préférable à raison de la durée. Leur invention est due à un Anglais.

Veilleuse-pendule. M. Gabry, fabricant de faïence à Liancourt, département de l'Oise, a exposé en 1819 une jolie petite invention qu'il appelle *veilleuse-pendule*, et que, depuis cette époque, plusieurs fabricants de bronze et plusieurs ferblantiers ont transformée en un meuble élégant. Cette ingénieuse machine est extrêmement simple. Elle indique l'heure par une aiguille sur un cadran vertical au fur et à mesure que l'huile se consume. Le corps de cette veilleuse est en porcelaine; néanmoins, on peut très-bien le faire en fer-blanc. Il a une forme à peu près ovale; de 108 millimètres (4 pouces) de long sur 40 millimètres (18 lignes) de large, et environ autant de profondeur. Au milieu de la longueur s'élève verticalement une plaque en fer-blanc sur laquelle est peint un cadre divisé en 48 parties égales. Au milieu du cadran est pratiqué un trou dans lequel passe un petit axe qui porte du côté du cadran une aiguille : ce même axe porte par derrière un morceau de levis conique, sur la surface duquel sont creusées dix à douze gorges de pendules qui vont toutes en décroissant. Le bout de l'axe est engagé dans un support qui lui permet de tourner librement. Au-devant du cadran est placée la mèche, qui est fixée dans un porte-mèche qui surnage toujours au-dessus de l'huile; cette mèche est calibrée, tant pour sa grosseur que pour sa longueur, afin d'avoir une lumière constamment égale. Sur le derrière du cadran est un flotteur en fer-blanc et en liège qui repose sur l'huile. Il est surmonté d'un petit anneau auquel est attaché un fil qui passe sur une des gorges du cône, et porte un petit poids à son autre extremité. Lorsque la veilleuse est allumée, on place l'aiguille sur l'heure qu'il est alors. L'huile en s'abaissant entraîne le flotteur, qui tire à lui le fil et fait tourner l'aiguille. On règle

cette veilleuse en changeant le fil d'une gorge à l'autre. C'est-
à-dire que si elle avance, il faut monter le fil d'une gorge vers
le gros bout ; si elle retarde, il faut le descendre d'une gorge
vers le petit bout.

L'explication de la figure 134, *Pl.* III, qui représente cette
lampe, rendra cela sensible. A, corps de la veilleuse ; B, ouverture du réservoir d'huile dans lequel est placée la mèche enfilée
dans un porte-mèche en carton et en liège ; C, autre ouverture du réservoir, dans laquelle plonge le flotteur. Aux ouvertures B C sont soudés deux tubes de même diamètre qui
communiquent entre eux ; D, cadran ; E, aiguille d'égale
pesanteur aux deux bouts ; F K, support de l'aiguille F D ; G,
cône à gorges ; H, flotteur ; I, petit poids faisant presque
équilibre au flotteur.

Chauffe-pieds économiques, ou chaufferettes de Hollande.
— *L'Industriel Belge* donne la description de ces chauffe-
pieds inventés par M. F. Hensch, à Henri-Capelle.

Le journaliste commence par prouver combien les chaufferettes au charbon de bois, ou autre combustible, entraînent
d'embarras, de dangers même ; combien elles infectent et sa-
lissent les appartements. L'expérience ayant établi jusqu'à
l'évidence ces graves inconvénients, nous allons immédiatement nous occuper de décrire au ferblantier le chauffe-pieds
hollandais.

Description de l'appareil (Voyez *fig.* 135 et 136, *Pl.* III). 1º En
A, espèce de boîte ovale en fer-blanc, percée d'ouvertures pour
donner un libre accès à l'air utile à la lampe ; Z, anse à charnière, pour pouvoir la porter ; Y, trois petits piliers, deux devant et un derrière, percés d'un trou pour y passer des che-
villes en fil-de-fer, attachées à de petites chaînes ; à l'aide desquelles on fait tenir la boîte ; puis le fond de la lampe W à
coulisse et à mèche nageante V entourée d'un cercle pour recevoir ce qui pourrait se répandre dans des cas extraordinaires.

2º Cette lampe, garnie de deux oreilles et d'un couvercle,
est construite de manière à ne point gêner l'accès de l'air, et à
faire toujours rester la mèche au milieu. Elle a un diaphragme horizontal, servant de fond au petit bassin rempli
d'eau froide.

3º En *d*, tuyau de l'ouverture du petit bassin par lequel on
l'alimente d'eau : il est percé en bas de petits trous : ce tuyau
est pourvu d'un couvercle un peu plus large pour empêcher

que le degré de chaleur ne s'élève au-dessus de 80° Réaumur ;
il est entouré d'un autre tuyau un peu plus élevé, qui empêche que la moindre humidité ne puisse se déposer sur la
partie où l'on pose les pieds.

4° En D, fourreau en maroquin pour recevoir les pieds ; il
est doublé en plisse, attaché avec des pointes d'aiguille au
bord de la partie où sont posés les pieds. Ces pointes s'enfoncent par les petits trous dont cette partie est percée.

5° Enfin, couvercle pour éteindre la lampe. On remplit à
peu près à moitié le petit bassin d'eau froide, on allume la
lampe, et, huit minutes après, la chaleur commence à s'élever assez pour chauffer sensiblement. Pour varier le degré de
chaleur, on n'a qu'à placer la lampe ou bougie à une hauteur
plus ou moins grande. Il faut avoir soin de renouveler l'eau
de temps en temps à mesure qu'elle s'évapore. On se sert, pour
l'entretien de la lampe, d'alcool dont la dépense ne s'élève
pas plus que celle du charbon de bois. D'après ces détails, on
voit que le chauffe-pieds hollandais n'est qu'une imitation des
Augustines.

Chauffe-pieds de M. Schwickardi. Ce chauffe-pieds est un
perfectionnement de la chaufferette de madame de Montaux,
exécuté après l'expiration du brevet de cette dame. A l'extérieur, ces deux objets se ressemblent parfaitement ; ils ne diffèrent que par la construction de la lampe, qui est plus simple,
moins coûteuse, et d'un aussi bon effet. Supposons qu'on lui
ait donné la forme d'une chancelière, telle que l'indique la
figure 137. L'intérieur de la boîte est revêtu d'une feuille de
fer-blanc qui laisse un libre accès à l'air nécessaire à la combustion. La boîte est élevée comme un tabouret sur quatre
pieds. Au milieu est placée une lampe en fer-blanc, de forme
carrée, avec un petit mécanisme propre à élever ou abaisser
la mèche, de forme plate, et qui ne répand pas de fumée lorsque
que la flamme n'a pas plus de 1 centimètre (5 lignes) de hauteur. Cette hauteur est fixée par un fil-de-fer vertical, soudé à
côté de la mèche, sur la lampe, qui se fixe aisément sur le
fond de la chaufferette.

Le dessus du chauffe-pieds offre un trou parallélogrammique, bouché par une boîte en fer-blanc, de 1 centimètre (5
lignes) d'épaisseur ; cette boîte est le réservoir de la chaleur ;
elle est remplie de sable, et ferme hermétiquement. Le sable
s'échauffe, ne peut pas acquérir un plus grand degré de chaleur que la flamme de la lampe ne peut lui en communiquer.

Ferblantier.   18

et la conserve au même degré tant que dure la combustion.
On peut aussi faire usage d'une boîte semblable qui contient
seulement de l'air. Elle a une petite ouverture de 1 centimètre
(5 lignes) sur la surface inférieure, elle a le mérite de s'é-
chauffer dès qu'elle est en place, mais elle perd cette chaleur
aussitôt que la lampe est éteinte, ou qu'elle est séparée du
chauffe-pieds ; tandis que la boîte remplie de sable peut conserver de la chaleur pendant assez longtemps pour échauffer
les pieds quand on se met au lit; on l'enveloppe dans une
serviette. Ce chauffe-pieds use pour 7 centimes d'huile pendant vingt-quatre heures, et la mèche n'a besoin d'être mouchée que deux fois pendant ce temps. Il est à la fois simple,
joli, économique et très-salubre. Il se vend de 5 à 9 francs.
Le ferblantier peut être assuré d'en débiter beaucoup.

Étriers à lanternes. On doit au même auteur les étriers à
lanterne dont la Société d'encouragement a parlé avec éloge.
Ils se composent d'une petite lampe placée dans des boîtes
coniques en fer-blanc, fixées au-dessous des étriers, et servant à chauffer les pieds du cavalier, et à éclairer en même
temps son chemin, à l'aide d'une petite fenêtre vitrée qu'on
ouvre et ferme à volonté. Malgré les secousses que reçoivent
ces étriers, l'huile ne se répand pas en dehors, par un moyen
fort ingénieux, dont voici la description :

Les mèches plates des lampes de M. Schwickardi, de différentes largeurs, sont placées au-dessus du réservoir, et portées par un bec qui descend dans une cavité cylindrique plongée dans ce réservoir; elles sont pressées dans un conduit
courbe, élastique, par une roue dentée, dont l'axe horizontal
traversant une petite masse de liège, passe en dehors et sert
à faire entrer et sortir la mèche à volonté, mécanisme que
M. Lambertin a d'ailleurs employé le premier. La cavité qui
contient la mèche et son conducteur est formée par un cylindre d'un petit diamètre (25 millimètres) : placé dans le réservoir, il paraît à peine en dehors, et contribue cependant
beaucoup à la perfection de la lampe. Pour cet effet, ce cylindre est soudé à la partie supérieure du réservoir, avec lequel il communique par un petit trou pratiqué vers le haut,
pour le passage de l'air, et par sa partie inférieure, qui descend jusqu'auprès du fond sans le toucher. Cette disposition
a l'avantage de s'opposer parfaitement au ballottement du
liquide, et d'empêcher ainsi l'huile de se répandre au dehors
lorsqu'on agite la lampe, surtout si on a l'attention de n'en

mettre que jusqu'au niveau de la roue dentée, qui se trouve alors de 15 à 16 millimètres (5 pouces 7 lignes à 6 pouces) au-dessous du bec de la mèche.

Four portatif chauffé par une lampe. Le *London journal of Arts* indique l'appareil inventé par lord Cochrane. Il est esquissé *fig.* 138, *Pl.* III : *a a* est la coupe du four portatif; *b* l'espace ou le passage entre le four et son enveloppe. La caisse extérieure est conique, et la lampe y est adaptée à l'aide de montants. La flamme de la lampe chauffe d'abord la partie inférieure du four, et la chaleur se répandant tout autour, cuit les objets qui s'y trouvent placés : la fumée s'échappe par le haut de la cheminée *o*. Il y a un petit tuyau *e* qui traverse la paroi intérieure du fourneau pour laisser échapper l'eau en vapeur. Cette lampe est alimentée avec de l'huile, mais on peut l'entretenir avec toute autre matière grasse; on peut même y brûler du gaz.

Veilleuse de M. Dumonceau. C'est un appareil ou espèce de fourneau en tôle, garni d'une porte à sa partie inférieure, par laquelle on introduit une lampe à trois mèches qui sert à échauffer les liquides. Cette porte est percée d'un grand nombre de trous qui donnent accès à l'air intérieur pour obtenir la combustion.

Une marmite oblongue en fer-blanc entre presque entièrement dans la partie supérieure du fourneau qui est de même forme; elle n'est retenue que par un bord saillant de 5 mill. (2 lignes) qui pose sur la surface de ce fourneau. La marmite a un couvercle percé de deux ouvertures dans lesquelles on introduit deux vases lorsqu'on veut chauffer au bain-marie. Ces vases ont chacun un couvercle qui sert à boucher les ouvertures lorsqu'on veut opérer à feu nu. Quelques trous pratiqués au haut du fourneau laissent une libre circulation à l'air et à la fumée : un robinet adapté au fond de la marmite permet d'en retirer les liquides.

100 grammes (3 onces) d'huile suffisent pour faire bouillir, au bout d'une heure, trois litres d'eau, et la température nécessaire à l'ébullition se maintient pendant quatre heures. On peut même préparer le pot-au-feu avec cette lampe. Son auteur la recommande aussi pour les lanternes de voitures. La disposition de la mèche empêche que l'huile ne s'écoule par le mouvement de la voiture. Il faut seulement prendre la précaution de maintenir horizontalement les brancards des cabriolets; autrement la lampe pourrait, par le repos, laisser couler un peu d'huile dans la lanterne.

Lampe antique. Les divers appareils de combustion précédemment décrits sont ingénieux et commodes dans leur simplicité, mais la lampe qui nous occupe maintenant est loin
d'offrir les mêmes avantages. La lumière en est rouge, vacil-
lante, fumeuse, et l'odeur insupportable ; elle consiste en
un vase de forme très-variable, mais presque toujours ovale,
comme la figure 139. Ce vase, rempli d'huile, présente, à son
extrémité, un bec par lequel sort le bout de la mèche à fils
parallèles, et plongée dans l'huile : quelquefois il se trouve
plusieurs becs. En Italie, et au sud de la France, où cette
mauvaise lampe est fort usitée, on y ménage une anse pour
la tenir à la main et on l'attache à une tige verticale soutenue par un pied plombé. On monte ou l'on descend la lampe
sur cette tige, en l'y arrêtant par une cheville ou par une
vis de pression.

Lampe à boîte. Cette lampe est ancienne et très-commune.
On voit, *fig.* 140, *Pl.* II, le pied qui porte, en *p*, un cylindre à
la base duquel est pratiqué un bec. En R T est une boîte cylindrique, munie d'un couvercle à poignée, et d'un bec *u*, plus
resserré que celui du premier cylindre. Cette boîte est le
réservoir. On l'ouvre, on y met une mèche à fils parallèles,
dont le bout sort par le bec : on le remplit d'huile, on le
ferme, puis on l'introduit dans le cylindre ou enveloppe, qui
doit avoir un diamètre un peu plus grand que la boîte. Il
faut avoir une petite pince pour tirer de temps en temps la
mèche. Cette lampe est tout entière en fer-blanc.

Lampe de cuisine. On doit à M. Schwickardi cet appareil.
L'huile se verse par un trou au centre, où on laisse une plaque qui s'ouvre à charnières du côté du bec. Sur le bord du
bec est une petite tige horizontale que termine un bouton
moleté, et sur laquelle viennent saillir trois ou quatre dents ;
cette tige, nommée cric, peut pirouetter sur un trou et une
anse en fil-de-fer, placés aux extrémités, et qui la brident
contre la mèche. En faisant pirouetter le cric, les dents grip-
pent la mèche et la font mouvoir. La cheminée de verre est
maintenue par de gros fils-de-fer verticaux. La figure 141
indique ce simple appareil.

Réverbères. Ces lampes sont ainsi nommées parce que chaque
jet de flamme y est réfléchi par un miroir poli en métal. Elles
servent pour éclairer les rues. On y adapte, sur les faces opposées, deux becs dans la situation indiquée par la figure 127,
Pl. II. En courbant ce bec dans le sens le plus favorable à la

combustion, comme nous l'avons vu, lord Cochrane a encore
introduit un perfectionnement. Il environne le bec d'une surface de même forme, qui se termine à peu de distance de la
mèche, et de l'autre côté hors du réverbère : le courant d'air
que détermine la combustion s'introduit par l'espace qui sépare le bec de son enveloppe, se dégage près de la mèche, et
active si bien la combustion; que l'on peut brûler dans ces
appareils les huiles qui proviennent de la distillation du gou-
dron et de la houille, sans qu'il se dégage une quantité sensible de fumée.

Réverbère ou lampe de Robinson. Cette lampe, annoncée
dans le *London Journal of Arts*, peut être importée avantageusement en France pour l'éclairage public, pour celui des
cours, longs corridors, etc. Elle peut servir à brûler de l'huile,
en remplaçant, par un appareil à brûler ce liquide, le tuyau
de gaz que son inventeur lui fait porter.

La colonne de cette lampe consiste en deux pièces de fonte
de fer, et un support en fer forgé destiné à soutenir le globe de
verre qui entoure le bec (Voyez fig. 142, *Pl.* III, *Elévation;* et
fig. 143, *Coupe verticale*). *a,* base de la colonne posée de niveau
sur la pierre dans laquelle sont scellées et bien encastrées les
pattes *b b; c* est la colonne dont la partie inférieure est ajustée pour s'encastrer dans la base *a.* Une clavette unit l'enveloppe à la base. Le porte-lampe est fixé sur le haut de la colonne de la même manière, par deux boulons.

g, croix qui sert à poser l'échelle de l'allumeur. Elle est
plate, un peu moins épaisse en dessus qu'en dessous, afin que
la lumière de la lampe puisse frapper sur les deux côtés où
se trouve le nom de la rue. Le globe porte en dessous une ou-
verture de 41 mill. (1 pouce 1|2). Mais, pour empêcher les effets
d'un trop grand vent, un disque de fer-blanc entoure le
tuyau de gaz, ou l'appareil de la mèche, et peut monter ou
descendre.

Le chapeau a la forme indiquée dans la figure. On voit que
la cheminée descend dans l'intérieur du globe afin d'entretenir un courant d'air et d'enlever la vapeur d'eau, qui, sans
cette précaution, ternirait les parois du globe.

Cette lampe ne projette pas d'ombre au-delà de sa base; le
gaz ou l'huile y brûle sans agitation dans les temps les plus
orageux : la poussière ne trouve pas à s'y loger, et comme
il est difficile d'atteindre le globe sans échelle, son adoption a

mis fin aux vols fréquents que l'on faisait à Edimbourg du laiton du bec.

Lampe à mèche plate à réservoir latéral. Cette lampe assez peu commode, surtout lorsqu'elle n'a point de cheminée, est cependant fort en usage. On voit, *fig.* 144, *Pl.* III, le réservoir A B; on l'emplit par un orifice qu'on bouche avec un petit bouchon en fer *n*, ou mieux par une sorte de petit couvercle en fer-blanc qui recouvre la tubulure : ce dernier est préférable, parce qu'il ne fait point jaillir l'huile quand l'orifice en est rempli, comme il arrive avec le bouchon. L'air nécessaire pénètre par un trou *m*, et l'huile parvient à la mèche par un conduit qui sert de support au réservoir. Une cheminée de verre, une mèche plate que meut un pignon à crémaillère, et un réflecteur en tôle vernie complètent cette lampe. On en voit aussi de cette espèce dont le réflecteur est à poste fixe, mais ayant la faculté de se rejeter en arrière de la flamme, que n'entoure point une cheminée de verre.

Lampe de Proust. C, *fig.* 145, *Pl.* III, matras sphérique en verre. Col I, cylindre creux E E, bec recourbé D, bord inférieur du tuyau F, tube *m n*, bobèche K, sont les parties qui composent cette lampe. C est le réservoir, et son col I est fermé par un bouchon de liège que traverse le tube de fer-blanc *m n*, ouvert aux deux bouts; c'est par ce tube que l'huile sort du réservoir à mesure que la combustion s'opère. L'huile est soutenue dans ce réservoir par la pression atmosphérique. C a son col introduit dans le cylindre E F, au bas duquel est soudé le bec D. Ce bec est recourbé, propre à recevoir une mèche plate, qu'on attise avec une aiguillette, et qu'on meut avec un cric comme dans la figure 141 *bis*. Comme il est essentiel que l'huile ne manque pas au bout du bec, on a soin que *n* soit environ à 2 mill. (1 lig.) au-dessous du niveau de D, en faisant saillir convenablement ce tube du bouchon. L'action capillaire est suffisante pour conduire l'huile jusqu'à la flamme. Lorsque, par la combustion, le niveau vient à baisser dans le cylindre E F, cet orifice *n* se découvre, l'air passe en bulles à travers l'huile du réservoir, et celle-ci descend par le tube *m n* dans le cylindre E F. Comme il se peut que l'air contenu dans le haut de C se dilate par la chaleur et force l'huile à descendre plus abondamment qu'il ne faut, pour éviter qu'elle ne dégoutte au bout du bec, on introduit le bas du cylindre E F dans un second cylindre G, où l'huile qui coule sous le bec est reçue, après être entrée dans le creux d'une bobèche K L, qui est percée à cet effet. D'ailleurs le tout est porté sur un pied lesté en plomb; on entre dans une coulisse E F la branche d'une carcasse en fil-de-fer pour porter la cheminée de verre et le réflecteur en papier. Pour remplir le réservoir, on enlève le matras, on le renverse le col en haut, on ôte le bouchon et l'on verse l'huile; après quoi on enfonce avec soin le bouchon au même point où il était, et on remet le matras à sa place. Cette lampe, qui se fait en fer-blanc verni, est d'un usage excellent lorsqu'on ne veut pas une grande lumière.

Lampe astrale (*fig.* 146, *Pl.* III). On la doit à Bordier-Marcet. Le réservoir est un anneau terminé en dessus et en dessous par deux plans parallèles, et soutenu par deux branches latérales *a a*, dont l'une au moins est un canal pour porter l'huile à la mèche, et pour élever ce liquide un peu au-dessus de l'orifice supérieur du bec. Le réservoir est garni d'une galerie dorée, tantôt fixe, tantôt mobile, et ce dernier cas est préférable, à raison du nettoyage. En *r* est un bouchon, ou plutôt un petit couvercle, qu'on n'ôte que lorsqu'on verse l'huile, ce qui se fait doucement au moyen d'une burette : il faut auparavant monter la mèche à la hauteur qu'elle doit avoir. En *s* se trouve le petit ventilateur. Les deux branches, les deux plans du réservoir, le réflecteur en tôle ou en fer-blanc, etc., tout est verni à blanc jusqu'au point où la partie supérieure de la lampe entre dans le pied. Ce genre de lampe admet également les mèches plates et les mèches cylindriques. Le réflecteur translucide est hémisphérique.

Lampe sinombre (*fig.* 147, *Pl.* III) a, comme la précédente, en *r*, son couvercle, et en *s*, son petit ventilateur; elle a été inventée par M. Philips. Le réservoir, disposé comme celui de la lampe astrale, a ses faces supérieure et inférieure inclinées en toit, et sans galerie. Le réflecteur en verre dépoli a la forme d'un vase. Sa partie inférieure est au-dessous de la couronne; les rayons sont dispersés en bas et en haut; et, comme la couronne qui les arrêterait est très-mince, ils se réunissent bientôt.

Bec sinombre. Cette lampe a un bec ingénieux que l'on adopte maintenant d'une manière générale. Il se compose, 1º d'un porte-mèche (*fig.* 148, *Pl.* III), court tuyau en cuivre comme tout le reste du bec, portant trois petites lames de cuivre *a a*, souvent dentées au bord supérieur, faisant ressort, une petite queue *b*, et un appendice intérieur en *c*. On entre la mèche comme un fourreau sur ce tube, et les lames la pincent et l'arrêtent lorsqu'on fait entrer le porte-mèche entre les deux cylindres, seconde et troisième pièces du bec. Le cylindre intérieur (*fig.* 149) est creusé de cannelures *o o o o* en hélice, comme les filets d'une vis, dans lesquelles s'engage l'appendice *c* du porte-mèche : alors, pour faire monter et descendre celui-ci, il suffit de le faire tourner, ce que l'on pratique à l'aide du cylindre nommé *grille* (*fig.* 150, *Pl.* II). Ce cylindre *e e e e* est percé longitudinalement de rainures ou fenêtres *dd*, destinées à recevoir le petit appendice extérieur *b* du porte-mèche. La *grille* qui entre dans le bec est garnie à sa partie supérieure d'un appendice *f*, qui trouve à se loger dans une ouverture *t* de l'anneau à galerie (*fig.* 151, *Pl.* III), quatrième et dernière pièce du bec sinombre. Cet anneau *g h* est soutenu par quatre tiges *i i i i*, qui se recourbent, descendent en dehors du bec, et sont fixées à leur extrémité sur la circonférence d'un anneau moleté *o o*, qui environne le bec. Ce dernier anneau porte des branches de ressort *z z z z*, souvent appelées *griffes*, qui forment une galerie circulaire, et maintiennent la cheminée de verre. Le mouvement est facile à concevoir. On tourne l'anneau *o o* qui fait mouvoir la grille, et celle-ci le porte-mèche. Comme l'appendice intérieur *c* de celui-ci est engagé dans la rainure spirale *o o* du bec, et que l'appendice extérieur *b* est engagé dans la fenêtre *d d* de la grille, le porte-mèche monte dans le bec. La figure 152 montre ce bec tout monté. Le courant d'air extérieur s'établit par des ouvertures *n n* placées à la partie inférieure du bec, à l'endroit où le cylindre extérieur du bec, qu'on nomme aussi *bougie*, communique avec le vase *p*, qui est destiné à recevoir l'huile extravasée, soit qu'il se trouve dans le pied de la lampe, soit qu'il se termine par un godet si la lampe est suspendue.

Lampe suspendue. La figure 153 représente une lampe suspendue, du genre des lampes astrales et sinombres, qui ont l'avantage de pouvoir être suspendues par des chaînes au plancher des appartements, pour projeter la lumière de haut en bas. Parmi les appareils de cette sorte, il faut distinguer les lampes de M. Milan, qui sont complètement contenues dans un globe de cristal, d'où on peut les faire descendre par un moyen fort ingénieux.

Lampe astrale à niveau constant, et qui ne porte pas d'ombre. Le tome XV, page 67, des *Descriptions des machines et pro-*

cédés, annonce qu'en 1822 un brevet d'invention (de 5 ans)
a été accordé au sieur Morize pour la lampe suivante.

Sur le pied de cette lampe, qui est rond, et porté sur une
embase de forme octogonale, repose un bec à triple courant
d'air, mu par un cric à vis sans fin et à pince. Un des trois
courants d'air est alimenté par des trous pratiqués sous la
gorge du bec. Deux conducteurs, servant tout à la fois de supports à la couronne et à introduire de l'huile et de l'air, sont
adaptés au bec.

La couronne, qui est de forme conique, a extérieurement
25 centimètres (9 pouces) de diamètre ; son diamètre intérieur
est de 12 centimètres (4 pouces 1/2) ; ce qui laisse une ouverture qui reçoit un globe en cristal, dans lequel se trouve renfermée la lumière.

Sur la couronne est placé un bouchon fermant exactement,
et servant à la fois à l'introduction de l'huile dans la couronne, et de mobile à un pivot à soupape, au moyen duquel
l'huile descend dans le bec. Un petit trou, placé à l'opposé du
bouchon, établit le courant d'air. Cette lampe ne projette aucune ombre, parce que la couronne, offrant une face de 28
millimètres (12 lignes) sur la circonférence intérieure, présente une surface de 40 millimètres (18 lignes), qui se termine
en angle aigu sur la circonférence extérieure, et qui, recevant les rayons qui s'échappent du globe de cristal qu'elle embrasse, les porte à ses extrémités, où ils se réunissent et peuvent se répandre ainsi en tous sens.

Le niveau est constant, par la raison que la couronne est
élevée au-dessus du bec, et qu'il y a deux conducteurs servant,
l'un à établir la communication de l'air, et l'autre à introduire
l'huile, ce qui a lieu par le moyen de la soupape à pivot à
laquelle le bouchon sert de mobile.

Lampe astrale carrée. La flamme de la lampe astrale ronde
ne divergeant pas assez pour l'éclairage des filatures de coton,
Bordier-Marcet imagina de lui faire projeter une lumière pyramidale, afin d'éclairer les plans rectilignes. Il donna à la
lampe ainsi modifiée une forme carrée qui permet de la fabriquer aisément et contribue à la rendre peu coûteuse.

Lampe bouchon. D'après un rapport de M. Sylvestre fils,
inséré dans le T. 47 du bulletin de la Société d'encouragement,
cette lampe est principalement destinée à la classe ouvrière ;
sa construction est telle, que l'huile ne peut pas aisément
s'en échapper ; aussi a-t-elle, sur les lampes d'ateliers et sur

les chandelles, l'avantage de pouvoir être transportée avec facilité et sans de grandes précautions; si elle est renversée par mégarde, on peut avoir le temps de la relever sans que l'huile se répande.

En outre, si elle est allumée convenablement, c'est-à-dire si au début sa flamme est nette et sans dégagement de fumée, elle éclaire alors jusqu'à la fin d'une manière à peu près constante et sans répandre sensiblement d'odeur.

M. Bouchon a construit des lampes à une flamme et à trois flammes; les premières éclairent autant qu'une chandelle de six à un demi-kilogramme nouvellement mouchée, et les autres un peu mieux que deux chandelles prises dans les même conditions.

Si on compare le prix de la lumière fournie par ces lampes avec celui de la lumière que donne une chandelle, on voit, dit le rapporteur, qu'aux avantages mentionnés plus haut, les lampes de M. Bouchon joignent encore celui d'une notable économie; en effet, la dépense de l'éclairage fourni par une chandelle, en une heure, est évaluée à 0 fr. 015 environ, ce qui donne à peu près 0 fr. 03 pour deux chandelles; tandis que l'expérience fait voir que la lampe à une flamme brûle un peu moins que 0 fr. 010 d'huile par heure, et que celle à trois flammes n'en brûle que pour 0 fr. 02.

Quant aux lampes qui sont ordinairement en usage dans les ateliers et qui consistent le plus généralement en une mèche plongeant, dans un réservoir d'huile à niveau variable, on sait qu'elles ont l'inconvénient d'éclairer mal, de ne pouvoir être transportées sans quelques précautions, de répandre une odeur désagréable, de causer de la malpropreté dans les ateliers, et enfin d'être peu économiques.

J'ajouterai que les mèches dont se sert M. Bouchon sont confectionnées avec des fils de coton assez épais et disposés de manière qu'on peut à volonté en extraire aisément un ou plusieurs brins; d'où il suit qu'il est toujours facile de donner à la mèche une épaisseur telle que l'huile monte en quantité convenable pour l'alimentation de la flamme.

La description de la lampe de M. Bouchon en fera mieux encore ressortir les avantages.

La figure 294, *Pl.* VII, est une coupe verticale de la lampe; A, corps de la lampe; B, bouchon métallique à vis; C, tube de niveau; D, chambre à huile; E, porte-mèche à vis; *a*, fourreau de l'épinglette qui sert à mettre la mèche à la hauteur

nvenable; F, chambre à air servant d'égout; G, rigole et
yau conduisant l'excédant d'huile dans l'égout; H, bouchon
rvant à vider l'égout.

Lampe de Pape. Cette lampe est particulièrement propre à
clairage des ateliers; on en trouve la description dans le
. LXII des *Brevets d'invention*, page 422.

Fig. 295, *Pl.* VII, lampe disposée pour brûler diverses sortes
: graisses et destinée principalement pour le service d'ate-
ers; a, réservoir contenant la graisse pour la consommation;
tube conduisant la graisse lorsqu'elle est fondue : cette fonte
opère par le tube c, attaché à la cloche d; e, autre tube
rvant d'écoulement au trop plein pour le conduire dans le
odet f; g, tube taraudé et à jour qui traverse un fond en
uivre et sert à la fois de courant d'air, et, au moyen de son
traudage, à se régler à volonté.

Pour mettre la mèche, on la fait monter jusqu'au haut, et
a enlevant le second tube h, elle est très-facile à introduire.
e second tube h est percé de trous dans sa partie supé-
eure pour laisser passer les substances. Le tube g se règle
e hauteur par le godet i, qui y est fixé par le bas. j, boulet
u bague dans laquelle est introduit du cuir pour fermer her-
nétiquement contre le second tube, et éviter le passage de la
ubstance, qui, par là, est obligée de revenir sur la mèche.

La cloche d sert à la fois pour fondre le graisse, au moyen
'un conducteur c, qui vient dans l'intérieur communiquer
a chaleur et mettre la graisse à l'état de liquide, et comme
umivore.

Fig. 296, à cette lampe peut être adapté aussi un petit réser-
oir circulaire k, placé près de la mèche, pour être échauffé
un assez haut degré pour forcer la graisse à laisser échapper
on gaz par un petit trou pratiqué au-dessus du réservoir; il
st alimenté par le tuyau l : celui-ci, pour ne pas communiquer
a chaleur à la boîte a, est interrompu par une rondelle d'une
natière non métallique. Cette lumière, bien dirigée, donne
ine grande clarté aussi blanche que les gaz ordinaires.

La figure 297 représente une autre lampe : a, boîte contenant la graisse, qui est conduite, par le passage b, dans le
lube c; d, autre tube, taraudé comme dans la précédente
figure, pour régler la hauteur de la mèche et en faciliter
l'introduction : à ce même tube est adapté un godet e,
qui est percé de trous, comme dans les lampes, pour produire un courant d'air. Dans la partie haute, est une bague

dans laquelle on introduit un cuir pour fermer hermétiquement le passage entre le deuxième tube et l'enveloppe extérieure, et forcer la substance à passer par la mèche. f, cloche servant à la fois de fumivore et de conducteur pour réduire, par la chaleur, la graisse à l'état de liquide. On voit aussi d'autres dispositions dans les figures 298 et 299.

Lampe mobile de Breuzin. Cette lampe qu'on trouve décrite aussi dans le T. LXI des *Brevets d'invention*, se fait remarquer par l'ensemble de sa combinaison; elle peut se porter, s'accrocher, se suspendre avec la plus grande facilité, sans varier son niveau et sans aucun risque de répandre son huile. Son courant d'air est disposé de manière à éviter la mobilité de la cheminée, qui se trouve cylindrique sans coude. Quand on la transporte à la main par sa poignée oscillatoire, la lampe conserve toujours son aplomb, quelle que soit l'inclinaison de la main. L'abat-jour peut être disposé dans une position horizontale, à l'instar des abat-jour ordinaires; mais sa combinaison est telle, qu'il sert, à volonté, de réflecteur en le plaçant dans une position verticale.

Le réservoir d'huile ou la bouteille à hotte est de forme cylindrique, avec une face plane; le cylindre enveloppant affecte la même forme, mais sa base est complètement cylindrique, de manière à recueillir toutes les gouttes d'huile qui, quand on entonne, tendraient à se répandre de la bouteille. Ce cylindre-enveloppe porte, à la partie inférieure, une capacité destinée à contenir les égouttures d'huile de la bouteille et du bec; cette capacité est de même contenance que la bouteille, il résulte de là que, si la bouteille avait de l'air ou venait à perdre, l'huile se répandrait dans cette capacité sans aucune fuite au dehors.

Les avantages et la combinaison de cette nouvelle disposition de lampe mobile seront mieux compris à l'aide du dessin.

Pl. VII, figure 300, vue extérieure de la lampe.

Figure 301, coupe longitudinale de la lampe.

Figure 302, coupe transversale du cylindre-enveloppe.

La poignée oscillante, destinée à la suspension ou plutôt à la mobilité de la lampe, se compose d'un manche a et d'un étrier b tournant sur des pivots fixés à l'enveloppe c.

La figure 300 indique, en lignes pleines, la position de la poignée, lorsque la lampe repose sur un appui quelconque; la position horizontale, indiquée en lignes ponctuées, est celle de la poignée lorsqu'on porte la lampe; la position inclinée par le haut représente, en lignes ponctuées, la poignée fixée sur un crochet contre une muraille pour la suspension de la lampe dont l'enveloppe s'appuie contre le même plan vertical.

Dans la figure 301 la poignée occupe une position verticale, et la lampe est suspendue et livrée à elle-même.

La coupe indique que le manche a est ajusté librement sur la tige d, de manière à pivoter pour laisser prendre à la lampe son aplomb, si, dans le transport, la main se trouvait inclinée.

Le réservoir-enveloppe c, de la forme représentée en coupe transversale figure 302, porte, sur sa face plane, une large ouverture servant de coulisse à la bouteille e.

Le réservoir c, en contre-bas de la face plane, reprend la forme complètement cylindrique, de manière à conserver un plan horizontal, percé d'une ouverture f, pour le passage des égouttures de la bouteille quand on introduit l'huile; le bas de ce réservoir forme un coude à godet pour recevoir l'huile descendant du bec.

La bouteille e est de même forme que l'enveloppe c, se terminant par un culot d'où part le conduit d'huile au bec; cette bouteille, qui s'introduit à coulisse à l'intérieur du réservoir c, porte, au haut de sa coulisse, une ouverture g, pour loger l'une des saillies de l'abat-jour k; une seconde ouverture i sert à l'entonnage de l'huile.

Le règlement de la mèche, son ascension comme sa descente, est effectué par le bouton j, terminé, à l'intérieur du tube vertical l, par un pignon ou volant m, engrenant avec une denture x placée au bas du tube conducteur de la mèche; ce tube, formant vis à procédé, porte un écrou porte-mèche n, qui suit une direction rectiligne au moyen d'un guide o, manœuvrant le long d'une portée p.

La jonction du bouton j avec le tube l, ainsi que celle de l'écrou q avec les tubes intérieurs, sont garnies d'un cuir pour former une fermeture hermétique.

La cheminée r est cylindrique, sans coude; elle est montée sur une galerie s, faisant corps avec un tube conique t, à l'intérieur duquel est une virole u mobile par le tube vertical l.

La disposition du courant d'air est telle que la cheminée reste stationnaire, et qu'il suffit seulement de mobiliser la mèche pour brûler à blanc et au maximum d'intensité de la lumière; ce courant d'air s'évase par le bas, sous forme conique, pour se rétrécir vers le haut.

Ferblantier.

19

L'abat-jour *k*, disposé dans la coupe *fig.* 301, remplit sa fonction ordinaire; pour le placer ainsi, il faut ouvrir une soupape à charnière *v*, pour laisser le passage de la cheminée; mais, pour en faire un réflecteur, il se place verticalement comme dans la figure 1re, et la soupape *v* est fermée.

Ainsi, cette lampe, qui se distingue par l'ensemble de sa disposition ou des parties constitutives, présente les caractères suivants :

1o La faculté d'être accrochée, suspendue ou mobilisée d'une manière quelconque, au moyen d'une poignée oscillatoire pivotant sur le réservoir de la lampe, sans que le niveau varie et sans épanchement d'huile;

2o La disposition de son courant d'air pour supprimer la mobilité de la cheminée, qui est cylindrique et sans coude, et la facilité de son nettoyage;

3o La combinaison de son abat-jour-réflecteur, pouvant se placer horizontalement ou verticalement, selon l'effet qu'il doit produire;

4o La combinaison du réservoir-enveloppe, disposé pour recevoir les égouttures de l'entonnage et du bec, et ayant une capacité égale à celle de la bouteille à hotte, de manière à recueillir, au besoin, toute l'huile de la bouteille, en cas d'air ou de fuite.

CHAPITRE VI.

DES LAMPES A RÉSERVOIRS SUPÉRIEURS AU BEC.

Ces lampes connues, presque toutes, sous le nom de *lampes à quinquet*, étaient autrefois fort employées. Le réservoir était porté sur une tige verticale servant de pied; mais comme elles ont l'inconvénient de projeter une ombre derrière le réservoir, on ne les emploie plus guère qu'en les attachant sur les murailles des lieux qu'on veut éclairer, dans les corridors, les salles de bal, les cafés et autres lieux de réunion : alors on les nomme *quinquets*. Avant que les lampes à pied fussent aussi recherchées, on attachait au tiers de la hauteur d'une cheminée de salon deux quinquets, comme les figures 154 et 155. Quoique ne servant plus à cet usage, ils sont encore fort répandus. Je m'abstiens de donner le dessin des lampes à réservoir supérieur pourvues d'un pied, parce qu'on les confectionne entièrement en cuivre poli.

Quinquets. On sent que le réservoir étant plus élevé que le bec, l'huile dégorgerait par l'orifice supérieur du bec avec lequel il est en communication ; mais un appareil spécial s'oppose à ce dégorgement en modérant la vitesse de l'écoulement de l'huile. (Voy. *fig.* 155, *Pl.* III., la théorie de cet appareil.) A est le réservoir fermé de toutes parts, excepté vers sa base *o*, où se trouve un trou bouché par un clapet : pour remplir ce réservoir d'huile, il faut le prendre par la panse A, l'enlever et le renverser pour porter l'orifice en haut. Dans cet état, le clapet s'ouvre en dedans par son propre poids. Le réservoir étant rempli, on le retourne de haut en bas, et le clapet se referme de lui-même : l'huile y reste donc enfermée. On introduit ce col du vase dans une autre capacité *b* C, ouverte par le haut et rajustée pour recevoir et maintenir solidement ce vase. Dans cette position, le clapet est repoussé en haut par sa tige poussée par le vase inférieur *b*, et laisse passer l'air qui sort par l'orifice supérieur, et qui va gagner le haut du réservoir A, pour tenir la place quittée par l'huile. Celle-ci cesse de descendre lorsque le trou du clapet se trouve complètement baigné, parce que l'air ne peut plus s'introduire dans le réservoir par cet orifice : l'huile reste donc suspendue dans le réservoir A par la pression de l'air ambiant, quand sa tension dans ce réservoir, plus le poids de la masse d'huile, équivalent à cette pression d'à peu près 76 centimètres de mercure. Quand l'huile vient à être consumée par la flamme, le niveau du vase B s'abaisse au-dessous du clapet, l'air rentre dans le réservoir, et il descend une nouvelle portion d'huile qui est brûlée à son tour. On voit que ce phénomène est le même qu'on observe dans la lampe de Proust (*fig.* 145). On donne le nom de *réservoirs alternatifs* aux réservoirs supérieurs au bec, parce que le niveau étant descendu par la combustion, il remonte, et subit ainsi des variations successives.

Dans la figure 154, le réservoir, quoique fondé sur les mêmes principes, diffère par la forme et la position de l'ouverture inférieure du réservoir d'huile. Ce réservoir est exactement fermé par un bouchon à vis que l'on place après avoir rempli le premier d'huile. Il est garni latéralement d'un orifice, et, à cette hauteur, il est enveloppé d'une douille en fer-blanc, également percée d'une ouverture qui ferme ou laisse libre la première, suivant que son ouverture est de côté ou en face de la première. Cette douille est garnie d'un petit appendice *d* qui entre dans une rainure à baïonnette prati-

quée dans le goulot du vase extérieur B, et à l'aide duquel,
en tournant le vase A, on ouvre son orifice latéral : par cette
disposition, on a l'avantage de pouvoir facilement fermer le
réservoir quand on transporte la lampe, et par conséquent
d'éviter les dégorgements que l'agitation ou l'inclinaison produisent presque toujours.

Lampe de M. Levasseur (*fig.* 156, *Pl.* III). Elle est disposée de
la même façon, mais le réservoir d'huile A se monte à vis sur le
réservoir B, et la douille, qui enveloppe l'extrémité du réservoir A, peut monter et descendre à l'aide d'une tige *e a*,
qui y est soudée, et qui passe dans une ouverture pratiquée à
la partie supérieure du vase B. Ce qui établit une grande
différence entre cet appareil et le précédent, c'est que l'espace qui environne l'orifice du vase A par lequel l'huile
s'écoule est très-large, tandis qu'il est très-étroit dans la figure 154. On voit que M. Levasseur a adopté le bec sinombre.

On règle autrement les réservoirs supérieurs circulaires.
Le tuyau de communication du bec au réservoir est garni
d'un robinet, et le réservoir formé d'un seul vase, dont le
couvercle est percé d'une ouverture fermée par un bouchon.
Il porte en outre un tube ouvert aux deux bouts, et qui descend jusque près du fond. On remplit le réservoir par l'ouverture supérieure; on la bouche ensuite : alors, le robinet
une fois ouvert, l'appareil agit comme les précédents, car si
la colonne d'air n'environne pas le vase A, elle est dans son
intérieur.

Bouchon mécanique de M. Caron. Ce perfectionnement porte
sur le robinet : la fig. 157, *Pl.* III, qui en présente la coupe,
montre que le boisseau ouvert par les deux bouts renferme
latéralement deux ouvertures circulaires A B. Ce robinet se
place vis-à-vis du tuyau qui conduit l'huile dans le bec d'une
lampe astrale ; la clef en est creuse, divisée en deux parties,
sans aucune communication par le diaphragme *a b*. La chambre M de la clef est ouverte supérieurement, et renferme une
ouverture latérale et circulaire A', qui se trouve à une hauteur égale à celle de l'ouverture du boisseau. La chambre inférieure E de la clef, ouverte inférieurement, renferme aussi
un orifice latéral circulaire B, à la même hauteur que celle
du boisseau, mais qui est opposée à l'ouverture A'. Au-dessous du robinet est un réservoir P Q, dans lequel plonge le
tube à air R S, dont l'ouverture inférieure est de quelques

millimètres au-dessous du bec de la lampe, et règle le niveau
d'écoulement. Dans la position de la clef représentée par la
figure, l'huile contenue dans le réservoir s'introduit dans la
chambre N en passant par les ouvertures B' et B du boisseau
et de la clef, puis de là descend dans le réservoir P Q, d'où
l'écoulement se fait sans interruption dans le bec de la
lampe, comme si le niveau de l'huile étant en R, le réservoir
était ouvert par la partie supérieure. Quand on veut remplir
le réservoir d'huile, on tourne la clef du robinet par les deux
oreilles p et q, de manière à faire rencontrer l'ouverture A'
avec l'ouverture A; quand cela arrive, l'ouverture B' est du
côté opposé B, la chambre N n'est plus en communication
avec le réservoir d'huile, et l'espace P Q, d'où se fait l'écoulement dans le bec; cesse aussi, par conséquent, de communiquer avec ce réservoir : alors, en versant de l'huile dans la
chambre, elle se répand dans le réservoir annulaire. Quand
on veut ensuite allumer la lampe, on remet le robinet, en
sens contraire, dans la position indiquée par la figure. Pour
que l'on puisse aisément fixer le robinet aux points précis où
les ouvertures A et B correspondent exactement à celles C et
D du boisseau, les bords supérieurs de celui-ci ont deux arrêts contre lesquels la clef vient buter dans les deux positions
qu'elle doit avoir quand le bec est allumé et quand on introduit l'huile. Mais cet appareil n'est applicable qu'aux lampes
de suspension, parce que le réservoir d'huile est beaucoup
plus élevé que les bords du bec.

   Lampe Georget. En 1821, M. Georget imagina de faire un
réservoir annulaire, étroit, placé à une grande hauteur au-
dessus du bec, et à travers lequel passe la cheminée; de telle
sorte que la partie inférieure soit à la naissance du globe dépoli qui environne la flamme. Ce réservoir est réuni à la
lampe par le canal même qui conduit l'huile à la mèche. Ce
canal, ou tuyau de descente, est unique, droit, vertical, divisé en deux parties, dont celle qui est soudée au réservoir entre
de quelques centimètres dans la partie inférieure. La première
est terminée par un clapet, et se rend dans un réservoir au
niveau du haut du bec pour alimenter la flamme. Le clapet sert
à l'introduction de l'huile; il se ferme quand on renverse le réservoir pour le mettre en place, et s'ouvre de lui-même par un
arrêt lorsqu'il est dans la position qu'il doit conserver. La
forme de cette lampe est belle, et son mécanisme ingénieux.

   Quand les réservoirs enveloppent les cheminées, ils sont sujets à s'échauffer, et pourraient faire dégorger l'huile ; mais cet inconvénient n'a pas lieu si la lampe a d'abord été bien bien garnie. Mais si le réservoir renfermait beaucoup d'air au commencement de la combustion, comme il se dilate plus que l'huile, il pourrait arriver que cet accroissement de volume depassât de beaucoup celui du liquide consommé, et qu'ainsi il y eût dégorgement dans le bec. On voit combien il importe de remplir exactement les réservoirs des lampes à réservoir supérieur.

L'ingénieux appareil de suspension de M. Milan s'applique parfaitement à ce genre de lampes.

Lampe à lyre. Au nombre des lampes a réservoir supérieur au bec, nous rangerons les lampes dites à lyre, dont nous présenterons deux modèles perfectionnés différents, l'un de MM. Dunand et Jarrin, l'autre de MM. Capy et Normand.

Lampe à lyre Dunand et Jarrin. Cette lampe est décrite dans le T. LIV des Brevets expirés. Le perfectionnement apporté par ces inventeurs au système de lampes à lyre consiste dans la suppression de tout bouchon rodé, de toute bouteille et de toute soupape, dont sont généralement garnis les lampes de ce système. Le bouchon rodé présente l'inconvénient, quand on le place sur le réservoir, qui n'est pas entièrement plein d'huile, de comprimer une partie d'air qui cause un dégorgement d'huile.

Avec la bouteille le service est très-incommode, car ce système nécessite d'avoir à la main deux pièces, l'une le réservoir, l'autre la bouteille. Enfin, les soupapes dans les tuyaux sont nuisibles à la circulation. C'est pénétrés de ces divers inconvénients, que nous sommes parvenus à améliorer le système de lampes à lyre par un perfectionnement susceptible de deux dispositions différentes.

La première disposition est représentée dans la figure 303, qui est l'élévation d'une lampe à lyre : *a*, le réservoir ; *b*, les branches ou tubes qui, par le tube commun *c*, établissent la communication du réservoir au bec *d* ; toutefois l'huile ne communique du réservoir au bec que par l'un des tubes *b* et une partie du tube *c*, l'autre tuyan *b'* ainsi que l'autre partie *c'* du tube commun ne servent qu'à la symétrie de la lampe. Deux petits tambours *e e'* sont placés à la jonction des tubes *b* et *c* ; quoique ces deux tambours paraissent semblables, il n'y en a qu'un qui sert au service de la lampe, celui e' qui fait fonction de contre-poids.

Le tambour e est creux et se compose de deux parties, la partie fixe et le couvercle. Le couvercle, dessiné à part *fig*. 304 et 305, *Pl.* VII, porte un petit tube d'air o. La partie fixe établit la communication du tube b avec le tube commun c. Avec cette disposition on procède au service de la lampe de la manière suivante : on enlève le couvercle e, puis on le place au sommet du bec d, et, comme il porte une rondelle en cuir sur laquelle s'appuie le bec, il le ferme hermétiquement, tout en laissant passage à l'air par le petit tube o. On renverse alors la lampe, en ayant le soin de remplacer le couvercle par l'entonnoir g', indiqué sur la figure 303 en lignes ponctuées, et en coupe sur la figure 306 ; c'est par cet entonnoir qu'on alimente la lampe renversée : on voit que cet entonnoir g porte aussi intérieurement un tube à air n pour l'écoulement de l'air.

Avec cette première disposition on peut observer que le réservoir est sans bouchon, ni bouteille, ni soupape, et que le service se fait par un entonnoir, la lampe renversée.

La deuxième disposition est représentée sur le dessin en élévation, *fig.* 307 ; ici la forme de la lampe est un peu différente : le réservoir d'huile est contourné et peut, comme l'autre, recevoir divers ornements. Les tubes $b\,b'$ sont droits, et le tuyau commun $c\,c'$ est en s. Le tambours de jonction de ces tubes ont la forme d'un vase, et l'entonnoir est remplacé par disposition suivante : des deux vases $e\,e'$ qui ont le même aspect à l'extérieur pour la symétrie, l'un d'eux f est seul nécessaire ; il est creux pour établir la communication du réservoir avec le bec d et se compose de deux parties, le corps du vase lui-même, puis le couvercle g placé au-dessous et rodé à vis. Au haut du vase peut glisser hermétiquement, dans un guide i, un tube d'air h. Pour alimenter la lampe, on fait glisser le tube à air h, de manière à ce que sa tête en saillie vienne reposer sur le guide i' : la petite ouverture o est alors cachée et fermée à l'intérieur du guide, et on renverse la lampe. On divise le couvercle g, que l'on place sur le bec, puis on verse l'huile d'alimentation par le vide que laisse le couvercle au bas du vase f.

Le service de cette lampe est le même que pour la précédente, seulement l'entonnoir est supprimé.

En résumant l'ensemble de cette description, on peut remarquer que le perfectionnement a pour objet la suppression de tout bouchon rodé sur le réservoir des lampes à lyre, de toute bouteille et de toute soupape, et qu'il comporte deux dispositions différentes, l'une au moyen de laquelle l'alimentation du réservoir se fait au moyen d'un entonnoir, l'autre sans entonnoir, l'alimentation ayant lieu directement par le vase ou tambour de jonction, et par le déplacement du couvercle.

Lampe à suspension de Cabeu. La lampe à suspension de M. T. Cabeu est aussi décrite dans le 53e volume des Brevets expirés, page 173.

Cette lampe, représentée *fig.* 308, *Pl.* VII, consiste en un bouchon hermétique à double sortie, rodé dans l'intérieur de sa chemise *a*, soudée dans l'intérieur de la lampe. La partie du bouchon *b* est creuse dans son intérieur, et reçoit dans sa partie supérieure, faite en forme de cône, l'huile qui le traverse et va remplir le récipient de la lampe *c c*, par un trou pratiqué sur le côté droit *d*, du dit bouchon, observant que le bouchon *b* étant séparé, dans son intérieur, par une languette de cuivre, prenant du côté gauche *e*, faisant coude à *f*, partageant le bouchon jusqu'à *g*, et revenant fermer la partie inférieure de droite, *h*, l'huile ne peut plus avoir de communication qu'avec un trou *i* pratiqué à la chemise *a* du bouchon. La position du bouchon pour le remplissage est celle que présente la figure 309.

J'ai donc rempli ma lampe par mon bouchon *b*; maintenant, faisons parvenir l'huile au sommet du bec.

L'huile se trouve maintenant dans le corps supérieur de la lampe par l'effet de ma séparation dans le bouchon *b*; alors je tourne mon bouchon de droite à gauche, et une seconde ouverture *j* au bouchon *b*, venant se placer à l'ouverture *i* de la chemise *a*, l'huile renfermée dans le corps de la lampe passe par les ouvertures *i* de la chemise *a*, *j* du bouchon *b*, *k* du même bouchon, *l* de l'ouverture pratiquée à la partie inférieure de la chemise *a*, et descend dans le conducteur de gauche *m*, et de là monte au sommet du bec.

La figure 310 est une rondelle qui sert à fixer mon bouchon, avantage en ce que les bouchons rodés se détériorent souvent, ce qui entraîne à des réparations répétées. J'ai de plus établi, à mon bouchon *b*, avec sa chemise *a*, un prisonnier qui me fixe pour le tour précis à donner à mon bouchon. J'explique maintenant comment j'établis le courant d'air indispensable pour le remplissage de la lampe.

Sur le sommet de ma lampe, du côté droit, j'établis une petite boîte ou entonnoir renversé, hermétiquement fermé, dans l'intérieur duquel j'ai établi un trou ou ouverture n; j'ai adapté du côté de cette ouverture un petit tube o, o, ouvert à ses deux extrémités; alors, quand je verse l'huile par mon bouchon, l'air s'échappe par l'ouverture n, passe par le tube o, et ensuite par le conducteur de droite, et va s'échapper par le sommet du bec.

Il est donc évident que jusqu'ici le remplissage a été facile; mais il faut régler un niveau, ce qu'on fait par mon régulateur p, p, qui s'arrête sous le conducteur de droite, à 2 mill. (1 lig.), en contre-bas du bec; ce régulateur prend son air par son extrémité supérieure p. Le tube du bec r est filtré à vis sans fin, avec chemise formant le bec s, s. Pour faire mouvoir le porte-mèche t, il existe une partie cylindrique u à rainure, du haut en bas, où se trouve une petite bague pour éviter que le porte-mèche tombe à fond.

La dite partie cylindrique u qui tourne en devant, porte une bougie $v v$, allant à cheval sur la chemise du bec $s s$; elle est soudée avec la partie cylindrique intérieure et celle extérieure, et tourne sur la chemise du bec $s s$.

La robe x, servant à faire mouvoir le bec, porte un petit jonc creux 5, 5, ouvert par un petit carré 6, 6, *fig.* 311.

Au contre-bas du bec, un prisonnier 7 sert à rentrer dans le jonc 5 5; de cette manière, la bougie reste fixée, *fig.* 312.

Le porte-mèche t, porte un petit prisonnier dans le bas qui vient s'adapter à la partie qui tourne dans le bec. Dans l'intérieur de ce porte-mèche existe une goupille qui passe dans la vis filtrée qui sert à faire descendre ou monter à volonté. La bougie $v v$ et la robe x sont les mêmes parties désignées sous des noms différents, *fig.* 313.

Lampe à suspension de Capy et Normand. (Brevets expirés, T. LXV.)

Fig. 314, *Pl.* VII, élévation, coupe d'une lampe à lyre qui présente une disposition nouvelle dans le système d'ouverture et de fermeture pour l'écoulement de l'huile nécessaire au service de la lampe.

L'objet de cette amélioration est, quand on est obligé, pour le service de la lampe, d'enlever la bouteille ou le réservoir a, à tube b, de fermer le passage de l'huile au bec, par le recouvrement spontané de la virole c, dont le mouvement est opéré par le fait même de l'ascension du tube du réservoir;

seulement, quand la bouteille s'introduit dans la branche *b* de la lyre, et que l'extrémité du tube *b* reprend sa position, le passage de l'huile doit être rendu libre à la main pour le service de la lampe; la virole *c*, qui le recouvrait, se trouve alors élevée au-dessus de cette ouverture, par le glissement, de bas en haut, d'une tringle disposée à cet effet.

Ce double mouvement de recouvrement et de glissement de la virole *c*, sur l'ouverture *d*, qui fournit l'huile au bec, est effectué par la tringle à ressort *g*. Cette tringle, qui est fixée par une extrémité à la virole *c* (voir les *fig.* 315 et 316), se termine à la partie supérieure, sous forme de saillie recourbée; l'épaisseur de cette tringle est dissimulée dans un petit canal *e*, pratiqué sur le tube *b*, (voir, *fig.* 317, la coupe transversale de ce tube). La tringle est guidée dans ce canal par un collet *i*, et une petite ouverture *j* est pratiquée sur le tube *b*, pour, au besoin, y laisser introduire le bout de la tringle. Une coulisse *h* d'une certaine étendue est pratiquée sur le côté de la branche *b* de la lyre pour permettre le glissement de la tringle *g*.

Or il résulte de cette disposition, que lorsqu'on veut enlever de la lyre la bouteille *a*, la tête recourbée de la tringle G vient butter contre le haut de la coulisse *h*, et le bout recourbé de cette tringle s'introduit, par l'ouverture *j*, à l'intérieur du tube B, pour permettre la sortie de ce tube.

Mais, dans ce mouvement de buttée de la tête recourbée de la tringle, la virole *c* vient recouvrir le passage *d* de l'huile au bec, ce qui prévient tout épanchement d'huile.

Quand on remet la bouteille dans la lyre, la tête recourbée de la tringle G, qui fait ressort, tend, aussitôt qu'elle arrive à la coulisse *h*, à se débander, et à sortir de l'ouverture J; alors, en relevant la tringle, on fait glisser la virole *c*, de bas en haut pour mettre à découvert l'ouverture *d*. On voit, par cette disposition de tête à ressort de la tringle *g*, que le passage de l'huile au bec est rendu libre à la main et intercepté, sans qu'on ait à s'en occuper.

Figure 318, modification qu'on peut apporter à la disposition précédente. Ainsi, au lieu de terminer la tringle sous forme de tête recourbée, formant ressort, on peut conserver une tringle rectiligne *g'*, terminée par un trou, dans lequel on introduit à volonté un bouton *m*, suspendu librement à la branche de la lyre, par une chaînette; alors, quand on veut enlever la bouteille A, on a le soin d'introduire le bouton *m*, dessiné à part *fig.* 319, dans le trou de la tringle G', pour faire glisser de haut en bas la virole *c*, et intercepter le passage de l'huile ; puis, lorsqu'on remet la bouteille dans la lyre, on introduit de nouveau le bouton *m*, dans le trou de la tringle *g'*, pour remonter la virole *c*, et dégager le passage de l'huile.

Le tube *b* porte, comme le précédent, un petit canal *e*, comme l'indique la figure 320, pour dissimuler la tringle *g'*. La différence de cette disposition de la précédente est bien sensible, car, dans le premier cas, le mouvement de la virole *c* s'opère mécaniquement, et dans le second cas, manuellement.

Figures 321 et 322, élévation, coupe et plan d'une autre disposition. La tringle *g*, qui se prolonge sur toute la longueur du tube de la bouteille, et qui se termine à la partie supérieure par un bouton, est dissimulée à affleurement de ce tube par un canal *e* (voir la coupe *fig.* 323) ; elle est maintenue dans sa longueur par des collets *f, f, f*.

Cette modification diffère des dispositions déjà adoptées, en ce sens qu'elle n'a aucune communication avec l'intérieur du tube de la bouteille, puisqu'elle ne fait que longer ce tube à l'extérieur, ce qui évite tous les inconvénients qui en sont la conséquence.

Figures 324 et 325, coupe et plan d'une nouvelle disposition d'abat-jour, pour lampes à lyre, et en général pour tous systèmes de lampes. Le mérite de cette amélioration consiste dans sa grande simplicité.

L'abat-jour, ainsi modifié, se compose d'un cercle en cuivre A, parfaitement serti, pour recevoir à l'intérieur le bord du papier ou de l'étoffe ; ce cercle en cuivre se réunit, par trois branches *b, b, b*, au petit cercle *d*, qui vient reposer sur la galerie. Cette simplification supprime toute carcasse à l'intérieur pour guider le papier ou l'étoffe.

Telle est la description des améliorations apportées dans la fabrication et le service des lampes en lyre ; on voit qu'elles ont pour objet d'effectuer mécaniquement, ou manuellement, par des dispositions particulières, l'ouverture ou la fermeture du passage de l'huile au bec, lorsque l'on fait le service de la lampe : à ces améliorations, spéciales aux lampes en lyre, se joint la nouvelle disposition, bien simplifiée, d'un abat-jour, dont l'application s'étend indistinctement à tous les systèmes d'éclairage.

Nous finirons ce chapitre par l'indication de deux lampes économiques.

Lampes à suif.

Lampe de M. March. Le suif y est renfermé dans un réser
voir placé au-dessus de la lampe; il y est entretenu liquide
et tombe par un petit canal dans le bec de la lampe; un ro
binet adapté à ce canal sert à augmenter ou à diminuer l
quantité de suif qui doit découler. Par ce moyen, cependan
on perd beaucoup de suif inutilement, et il faut tourner sou
vent le robinet pour que le réservoir se trouve toujours
une distance égale de la flamme.

Lampe de M. Boswel. L'auteur a cru pouvoir remédier
ces inconvénients, en ne faisant couler du suif qu'autar
qu'il est nécessaire pour que la mèche en soit suffisammer
imbibée. En conséquence, sa lampe se compose d'un aug
ou réservoir, incliné à 45 degrés, renfermant un morceau d
suif, et placé au-dessus d'une petite caisse d'étain à coulisse
à la partie avancée de laquelle se trouve le bec destiné à re
cevoir la mèche. Des fils-de-fer ferment l'entrée du réservoi
et empêchent le suif de tomber; par ce moyen, le sui
lorsqu'il est fondu par la chaleur, ne tombe que goutte
goutte dans la petite caisse pour alimenter la flamme. On de
termine la quantité de suif qui doit découler, en poussant e
en retirant cette caisse, selon qu'on désire rapprocher ou él
gner le bec de la lampe du réservoir. Malgré ces perfectio
nements, cette lampe avait un désagrément; car chaq
variation de température, surtout en hiver, exigeait que
bec de la lampe fût éloigné graduellement du réservoir, po
que la petite caisse ne se remplît pas trop du suif qui déco
lait, ou que la flamme ne s'éteignît faute d'aliment.

M. Boswell imagina donc de fixer la caisse sur la branc
d'une balance, traversant le pied perpendiculaire de
lampe sous un angle de 32 à 45 degrés; au bout de ce
branche, il suspendit un poids pour tenir la caisse en équ
libre. De cette manière, quand une plus grande quantité
suif tombe sur la caisse, il la fait descendre, et empêche c
la flamme ne touche de trop près le réservoir; ainsi, ce
lampe s'alimente d'elle-même. Pour que la position horizc
tale de la caisse ne soit pas dérangée, on a placé une secon
branche parallèlement et au-dessous de la première, d
l'un des bouts tourne dans le pied de la lampe, et l'autre
réunit par une charnière à une pièce de fer-blanc qui
verticale au-dessous de la caisse; le mouvement produit |

cette double branche ressemble à celui du pantographe, car la première est également fixée à charnière à la pièce de fer-blanc.

Pour empêcher le suif de se figer en hiver, une petite plaque à coulisses, dont le bout est angulaire, est disposée au-dessous du réservoir; cette plaque peut être déplacée au moyen d'un fil-de-fer, de sorte qu'il est possible d'approcher la flamme du réservoir aussi près qu'on le juge à propos, afin que le suif tombe goutte à goutte et ne puisse se figer. Cette lampe est aussi pourvue d'un réverbère qui sert à réfléchir la lumière et à augmenter le courant d'air; il est composé de deux plaques fixées aux côtés du réservoir, mais ne le touchant point; à cet effet, elles sont un peu courbées en avant, et forment un angle avec les côtés du réservoir. Pour obtenir une lumière plus vive, on se sert de cinq mèches de trois fils chacune, et placées les unes à côté des autres, sur la même ligne.

CHAPITRE VII.

DES LAMPES HYDROSTATIQUES.

Dans ces lampes à réservoir inférieur au bec, l'huile est élevée du pied, où on l'a versée, jusqu'à la mèche, qu'elle baigne, par une force de pression, à l'aide d'un liquide précisément comme dans la *fontaine de Héron*, que nous avons décrite dans le Chap. VI, pag. 101, de la seconde partie de ce Manuel (1). Le titre de ces appareils indique exactement leur nature, car *hydrostatique* signifie équilibre des liquides. Mais, outre cette première espèce de lampes hydrostatiques, qui ne contiennent que de l'huile et de l'air, il y a une seconde espèce de ces lampes qui renferment de l'huile et une liqueur d'une plus grande densité. Ces dernières, plus modernes et plus répandues que les premières, sont assez nombreuses; elles ne diffèrent réellement entre elles que par le mode de remplissage.

On peut les classer ainsi : 1° lampes à remplissage par un robinet horizontal; 2° lampes à remplissage par un robinet vertical; 3° lampes à remplissage sans robinet.

Lampes d'après le système de la fontaine de Héron.

Lampe Girard. Le 30 décembre 1804, MM. Girard frères obtinrent un brevet d'invention pour des lampes hydrostati-

(1) Voyez la figure 121, *Pl. II*, qui représente la fontaine de Héron.

Ferblantier. 20.

ques et hydrauliques, basées sur les principes de la fontaine
de Héron. L'œuvre de ces habiles lampistes excita l'enthousiasme des amateurs et l'intérêt des savants. Mais les variations de température auxquelles cette lampe est sujette, mais
la complication de son mécanisme, que les ouvriers ont beaucoup de peine à comprendre, sa robe fixe, qui forçait à
démonter pour le nettoyage ou le racommodage des tuyaux,
et qui, par conséquent, gâtait la peinture, toutes ces causes
empêchèrent que cette lampe ne fût répandue comme elle
semblait devoir l'être. Toutefois les influences du thermo-
mètre et du baromètre sont très-légères ; le mécanisme n'est
pas beaucoup plus compliqué que celui des lampes hydrostatiques par le second principe auquel tous les ouvriers se sont
familiarisés, et enfin il serait facile de confectionner la lampe
Girard avec une robe démontante. Ce qui le prouve, c'est
que le sieur Brissel, lampiste, a adopté ce genre de construction pour ces lampes ; et que, d'ailleurs, lorsque le moiré
était à la mode, il n'était pas possible de les fabriquer autrement. Il serait bon aussi d'y adapter un bec en cuivre de nouvelle forme.

Peu de temps après son apparition, M. Caron (l'auteur du
bouchon mécanique) perfectionna cette lampe, qu'il continue
de fabriquer avec beaucoup de soin. Les figures 158 et 159,
Pl. III, montrent en coupe, sous deux faces différentes, la
construction de la lampe modifiée, qui est exactement comme
à son origine, à l'exception d'un tube fort court qui a été
ajouté, et d'une soupape qu'on a supprimée, ainsi qu'un bouchon en cuivre.

Voici l'appareil tel qu'il avait été construit par les frères
Girard. La hauteur de la lampe est divisée par des diaphragmes en quatre cavités, dont trois XYZZ y sont importantes pour ses fonctions ; la quatrième V sert seulement à
recevoir l'huile qui vient à s'extravaser pendant le remplissage ou la combustion.

Le tube AA, qui a son orifice sur le plateau supérieur,
traverse le premier diaphragme *a*, et arrive jusqu'à 5 ou 6
millimètres (2 lignes) au-dessus du second *b* : il est soudé
hermétiquement avec le premier diaphragme. Ce tube, dans
l'invention de MM. Girard, avait une ouverture latérale
auprès du plateau supérieur, laquelle lui donnait communication avec la cavité X. Cette ouverture est supprimée
maintenant.

Au-dessous du tube A, est soudé au second diaphragme *b* un second tube BB, qui prend naissance sur ce diaphragme, traverse le troisième *c*, avec lequel il est soudé, et descend librement dans un tube plus grand C, qui est soudé au fond de la lampe. Ce tube est plus ou moins long, suivant la dimension que reçoit la lampe, selon qu'on le verra plus bas.

D'après les inventeurs, ce tube BB portait, à son orifice, près du second diaphragme *b*, une soupape qui, continuellement poussée par un ressort qui tendait à tenir toujours le tube fermé, ne s'ouvrait que lorsqu'on enfonçait un bouchon de cuivre dans l'orifice supérieur du tube AA. Ce bouchon, qui entrait à frottement dur, poussait un fil-de-fer qui communiquait à la soupape, et la faisait ouvrir. Ce mécanisme ne servait qu'à empêcher l'huile de descendre dans la cavité ZZ pendant qu'on remplissait la lampe. M. Caron l'a reconnu nuisible et l'a supprimé.

Un troisième tuyau DDD, qui prend naissance au diaphragme supérieur *c* de la cavité Z, traverse les deux diaphrames *b* et *a* avec lesquels il est soudé, et s'élève jusqu'à la moitié à peu près de la cavité X; là, il est recouvert d'un capuchon qui s'élève de 3 millimètres (1 ligne) au-dessus de sa surface supérieure, embrasse le tube et descend jusqu'à 3 millimètres (1 ligne) au-dessus du diaphragme *a*. Ce tube sert à porter de l'air qui est chassé de la cavité ZZ, par l'huile qui y entre pendant la combustion; cet air, qui se rend sous le capuchon, est forcé de redescendre pour sortir par-dessous les bords inférieurs de ce capuchon, afin de gagner la partie supérieure de la cavité X, où il pèse par son ressort sur la surface de l'huile de cette cavité, et la fait monter au haut du bec de la lampe, comme nous le verrons bientôt.

Un quatrième tube EE naît à trois millimètres au-dessus du diaphragme *a*, et aboutit à la partie inférieure du bec F, avec lequel il est soudé, après avoir traversé le plateau supérieur où il est également soudé. Ce tube sert à conduire l'huile dans le bec F.

Enfin, un cinquième tube GG, qui n'est ici que de précaution, et ne sert à rien pour le jeu de la machine, est utile pour porter, dans la cavité V, les gouttes d'huile qui s'extravasent. Ce tube prend naissance sur la surface du plateau supérieur, traverse le diaphragme *a*, ainsi que le diaphragme *b*, et se trouve soudé avec ces trois pièces.

Jeu de la lampe Girard à son origine. Débouchez le tuyau A;

aussitôt la soupape du tuyau B se ferme. Versez l'huile par
le même tuyau, la cavité Y se remplit : continuez à verser, la
cavité X se remplit par une petite ouverture latérale, placée
au haut du tuyau A, et supprimée maintenant; arrêtez-vous
quand le liquide arrive au haut du tuyau. Alors remettez en
place le bouchon métallique, et la soupape s'ouvre ; aussitôt
l'huile contenue en Y descend en Z, remplit le tube C, s'extravase par-dessus les bords, et se répand en Z. Elle ne peut
descendre dans cette cavité sans en chasser l'air qui y est contenu : cet air monte par le tube D D, et se rend à la partie
supérieure de la cavité X après avoir passé sous le capuchon,
et avoir traversé l'huile dont cette cavité est remplie. Cet air,
par son ressort, pèse sur la surface de l'huile et la fait monter
par le tube E E jusqu'au sommet du bec F, pourvu que la distance de, c'est-à-dire la distance du bord supérieur du gros
tube C à la naissance du tube B, soit parfaitement égale à la
longueur E i, mesurée depuis la naissance du tuyan E jusqu'au
haut du bec. On règle cette distance par une plus ou moins
grande longueur qu'on donne au tuyau C. On ne fait monter
l'huile qu'à 6 millimètres (2 lignes) au-dessous de l'extrémité
supérieure du bec, afin d'éviter qu'elle ne s'extravase, à
cause de son élévation au-dessus de son niveau, par les tubes
capillaires que forment les fils de la mèche. La combustion
dure tout le temps qu'il y a de l'huile dans les deux cavités X
et Y.

Lorsqu'on veut regarnir la lampe, il faut extraire l'huile
qui est entrée en Z. Pour cela, on débouche le tube A, et l'on
renverse la lampe sur une burette préparée exprès, après
avoir enlevé le chapiteau qui soutient le globe et mis en
place un entonnoir renversé M (*fig.* 159), comme cela est
montré en M par les lignes ponctuées. Cette manœuvre est
très-lente, l'air ne trouvant aucune issue pour prendre la
place de l'huile qui sort ; et ce n'est qu'après un laps de
temps considérable qu'on parvient à la vider. C'est là un des
motifs qui avaient fait abandonner la lampe Girard.

Jeu de la lampe modifiée. M. Caron a supprimé la soupape
à la naissance du tuyau B, son ressort, le fil-de-fer, le bouchon de cuivre, ainsi que la communication au sommet du
tube A. Il a ajouté un tube H H, soudé au plateau supérieur
et au diaphragme a ; ce tube reçoit intérieurement une tige
de fer I, surmontée d'un bouton, afin de la tirer aisément ;
elle est percée, dans son axe, d'un trou jusqu'à la hauteur J,

où un second trou est pratiqué horizontalement et va joindre le premier. Cette tige glisse dans une boîte à cuir pratiquée dans la partie supérieure du tuyau H H. Par ce moyen,
on établit à volonté une communication entre l'air intérieur
et l'air extérieur : on intercepte cette communication en
poussant le bouton.

Pour le remplissage, on tire le bouton I, on verse l'huile
dans le tube A ; les cavités Y et Z se remplissent, et l'on s'arrête lorsque l'huile monte à la surface supérieure du tuyau A.
Alors, après avoir enfoncé le tuyau I en pressant sur le bouton, on couvre la lampe de l'entonnoir O, et on la renverse
sur la burette ; aussitôt on entend l'huile descendre, la cavité X se remplit, toute l'huile superflue se rend, en deux
minutes, dans la burette, sans qu'aucune goutte se répande
au dehors ; la cavité Z reste vide. Cette lampe donne une très-
belle lumière. La mèche brûle de 6 à 9 millim. (2 à 4 lignes)
au-dessus du bec, pourvu que la robe de ce bec soit d'un diamètre de 3 millimètres (2 lignes) plus grand que celui de la
mèche : celle-ci est toujours abondamment baignée d'huile.

Lampe de suspension hydrostatique et à régulateur, de
MM. *Thilorier et Barrachin*. Il ne faut pas confondre cette
nouvelle lampe, fabriquée en 1829, et fondée sur le principe de la fontaine de Héron, avec la lampe hydrostatique
des mêmes lampistes, de l'année précédente, et fondée sur le
second principe d'hydrostatique.

Le nouveau régulateur dont il est question a beaucoup d'a-
vantages. Il est entièrement indépendant de la hauteur de la
liqueur dans les réservoirs supérieur et inférieur ; il règle directement l'élévation de l'huile dans le bec, et produit un niveau toujours constant pendant la durée de la combustion,
quels que soient d'ailleurs la capillarité du bec et le rapport
des densités des deux liqueurs que contient la lampe, pourvu
que ce rapport soit plus grand que celui qui est nécessaire
pour faire monter l'huile dans le bec. La dernière propriété
du régulateur nous apprend le second principe de cette
lampe, qui réside sur la pression d'une colonne d'eau salée.

La fig. 160, *Pl.* III, montre la coupe verticale de cette lampe
à suspension et à deux becs : on la voit au milieu de la combustion. A, tube à air naissant au sommet du réservoir *k* ; A',
même tube, destiné à livrer passage à l'air lorsqu'on renouvelle l'huile de la colonne pesante ; B, tuyau fermé à son ex-

trémité supérieure, et recouvrant A et A'. En C est un tube ouvert à son extrémité supérieure, et s'ouvrant à la base du réservoir *m*, après avoir traversé le réservoir *k*.

D, réservoir à air ; E, tube s'ouvrant au sommet du réservoir à air, et par lequel l'air est chassé dans le réservoir *m*.

FF, tubes adducteurs de l'huile s'ajustant sur le tambour F', qui communique lui-même avec le tube G. Ce dernier tube reçoit l'huile destinée à la combustion ; elle s'écoule d'une ouverture pratiquée en C'. sur le tube C, et pénètre dans la capacité ou gousset H ; ce gousset, sur lequel est disposée la boîte à cuir, que représente, sur une plus grande échelle et séparément la figure 161.

k, réservoir de la colonne pesante ; K', tube s'ouvrant à la base du réservoir *k*, et s'ajustant à la base du réservoir D ; il communique avec ce réservoir par l'ouverture D'. *m*, réservoir de l'huile destinée à la combustion. N N, tubes propres à conduire l'huile du trop-plein dans la capacité. P, ou puits qui reçoit les égouttures des tubes N N, et qui communique, par le tube d'écoulement Q, avec le robinet de service R.

Figure 161, coupe verticale de la boîte à cuir ; *a*, douille de la boîte dont la base est ajustée au sommet du tube G ; *b*, vis à tête goudronnée pénétrant dans la douille. *a* ; *c*, cuir pressé par la vis *b*, et au travers duquel glisse la tige du piston *e* ; *d*, rondelle de cuivre contre laquelle se fait la pression de la vis *b* ; *e*, piston dont l'extrémité supérieure, taraudée, porte une tête goudronnée *f* ; *g*, ouverture pratiquée latéralement sur la douille *a*, qui est en rapport avec l'ouverture C', pratiquée sur le tube C ; *h*, petite portée pratiquée à la base de la douille *a*, et sur laquelle s'appuie le piston *e*, qui ferme alors la communication entre le tube G et le tube C.

Service de la lampe. Supposons l'appareil tout-à-fait vide ; on pousse le piston C', et ce piston, s'appuyant sur l'orifice du tube G, ferme toute communication entre les becs et le corps de la lampe ; on enlève le tube B, et on met à découvert les deux tubes A et A. A'. On introduit d'abord par le tube A d'huile destinée à faire contre-poids, et dont la quantité est déterminée d'avance. Cette huile pénètre dans la capacité *k*, s'écoule par le tube K, et arrive dans la capacité D, qu'elle remplit entièrement.

Quand on a versé par le tube A l'huile nécessaire au jeu de l'appareil, on verse dans la cuvette du tube C l'huile destinée à la combustion. Cette huile arrive à la base du tube C et pénètre dans la capacité *m*; l'air qui est renfermé dans cette capacité réagit sur l'huile qui remplit la capacité D, et refoule cette huile par le tuyau K jusque dans la capacité *k*. La longueur du tube C est telle, que la colonne d'huile qu'il contient fait équilibre par son poids à la colonne destinée à servir de contre-poids, et que lorsque ce tube reste plein, la lampe est garnie, c'est-à-dire que les réservoirs *k* et *m*, sont entièrement pleins, ainsi que le tuyau K, et que le réservoir D et le tube E sont entièrement vides. La figure 160 représente l'appareil lorsque l'huile est à moitié consumée.

On lève le piston G', et l'huile s'écoule par l'ouverture C' dans le tube G, puis dans le tambour ou capacité F, et de là dans les conducteurs des becs. Dans le même temps qu'on rétablit la communication des becs avec le réservoir *m*, on replace le tube B, comme on le voit dans la figure 160. Toute l'huile qui se trouve entre le tube B et le tube C continue à s'écouler par le bec, tandis que l'huile qui remplit l'espace existant entre les deux tubes A et A y reste suspendue; la hauteur où elle s'arrête est le point où, étant arrivée, elle fait équilibre à la colonne pesante; et cette colonne, qui, au commencement de la combustion, part du sommet du réservoir *k* jusqu'à la base du réservoir D, se raccourcit de moment en moment, jusqu'à ne plus occuper que l'intervalle qui sépare la base du réservoir *k* du sommet du réservoir D. Dans la figure 160, la longueur de la colonne est exprimée par l'intervalle qui existe entre les niveaux à liquide dans les deux réservoirs *k* et D, et *y* représenterait la hauteur où ce liquide s'élève dans le tube B.

La petite colonne d'huile qui est soutenue dans le tube B maintient l'équilibre dans tous les instants de la combustion, en se raccourcissant dans la même proportion que la colonne pesante, et en servant de complément à la colonne d'huile, qui commence à la surface du liquide dans le réservoir *m*, et dont le sommet est à la base du tube B. Comme tout le mérite de la lampe et du régulateur est dans la manière dont s'établit la compensation, nous entrerons dans quelques détails à ce sujet.

La colonne pesante agit sur une autre colonne dont la base est à la partie supérieure du réservoir *m*, et le sommet à la partie inférieure du tube B. Cette seconde colonne étant plus courte que la première, celle-ci doit la soulever par son poids, et l'huile doit dégorger par le bec. Supposé que l'on introduise dans le tube C le tube B, de façon que la base de ce tube vienne affleurer le niveau de l'huile dans le tube C, et qu'ainsi le tube B descende un peu au-dessous du sommet du bec, la colonne plus longue continuera à soulever la colonne plus courte; mais en même temps la pression de l'air, déterminée par le vide formé dans la capacité k et les tubes A et A', fera monter une colonne d'huile dans l'espace compris entre le tube B et les tubes A et A'. Cette colonne montera sans cesse jusqu'au moment où sa longueur, jointe à celle de la colonne comprise entre le sommet du liquide dans le réservoir m et la base du tube B, sera égale à la longueur de toute la colonne motrice : cette longueur se mesure par l'espace compris entre les deux surfaces du liquide dans les réservoirs k et D; mais à mesure que par l'effet de la combustion cet espace deviendra moindre, la petite colonne supplémentaire se raccourcira, et d'après les lois de l'équilibre des fluides elle s'établira à son point d'équilibre.

On règle le niveau de l'huile dans le bec, en allongeant ou en raccourcissant le tube B. Ce niveau se forme nécessairement à la base de ce tube, car dès que la hauteur de l'huile a diminué dans le bec, et que la base du tube s'est dégagée, la colonne motrice, devenue plus pesante, s'écoule en partie dans le réservoir D, et entraîne par son déplacement une bulle d'air, qui s'élève au travers de la petite colonne d'huile renfermée dans le tube B. Cette bulle d'air remplace la goutte d'huile écoulée dans D, et cette goutte, en chassant un volume égal d'air en m, force l'huile à reprendre en bas son niveau primitif.

Lampe hydraulique de M. A. Darlu. M. A. Darlu a pris, en 1834, un brevet d'invention pour une lampe qu'il appelle hydraulique et dont la spécification se trouve dans le T. LIII, p. 324, des Brevets d'invention. En voici la description :

Figure 326 à 330, *Pl.* VII : a, tuyau pour introduire l'huile dans la lampe, jusqu'à la chambre moyenne, selon la fontaine de Héron ; b, bouchon à vis pour fermer le conduit; c, tuyau de descente de l'huile dans la chambre du bas; d, douille servant de niveau constant; e, conduit de l'air condensé de la chambre du bas à celle du haut : cette dernière fournit à l'éclairage; f, douille ou chapeau servant à fixer le point de départ de la colonne d'huile à soutenir; g, tuyau de l'ascension de l'huile au bec; h, bec de la lampe; i, niveau dit à air, parce qu'il sert à introduire dans la chambre moyenne l'air qui doit remplacer en volume l'huile descendue; *j*, tube des égouttures; *k*, soupape du tuyau d'ascension; *l*, soupape du niveau à air,

1° Les deux soupapes n'étaient primitivement que deux tringles de fer, destinées au même usage, pour empêcher la perte de l'huile qui a lieu dans les lampes à la Girard, lorsqu'on les retourne; elles sont remplacées par deux demi-sphères, dont la surface plane, surmontée de son guide, ferme suffisamment l'orifice des tuyaux.

2° Le niveau à air était fixé; mais on a reconnu qu'il était plus facile de régler le niveau constant, au moyen d'une boîte à vis sans fin. Cette innovation est marquée de la lettre *l*.

v, vis pour vider la lampe.

Pour emplir, on retourne la lampe sur son pied de service; on verse par le tuyau *a*, après avoir dévissé le bouchon *b*; on rebouche et on redresse la lampe.

Lampe oléostatique de M. Thilorier. M. Thilorier a pris aussi, en août 1840, un brevet d'invention pour un nouveau système de lampes dont il a donné lui-même, ainsi qu'il suit, la description :

« Un des inconvénients des lampes de Girard, dites à renversement, est la nécessité d'ouvrir et de fermer un bouchon pendant le service de la lampe. Le nouveau perfectionnement a pour but d'obvier à cette nécessité, qui se reproduit chaque jour, et dont l'oubli fait manquer le service. De plus, il faut ajouter que ce bouchon, qui doit être soigneusement rodé, est sujet à se détériorer; une ordure peut l'empêcher de fermer exactement : un bouchon hydrostatique, qui fonctionne spontanément et sans l'emploi d'une pièce mobile susceptible de dérangement, est le perfectionnement que j'ai apporté au système de lampe à renversement.

» Fig. 331, *Pl.* VIII : *a*, *b*, *d*, capacités de la lampe de Girard; *e*, chapelle; *f*, puits; *g*, tube additionnel de l'huile au bec; *k*, tube à air ou de Mariotte.

» Si, dans cette disposition, on verse de l'huile dans le tube de Mariotte, il est évident que le réservoir *d*, réservoir à air, se remplira en entier, parce que l'air pourra s'échapper par le tube de la chapelle *e*, et, d'un autre côté, il est également évident que le réservoir *b* ne pourra se remplir, parce que ce réservoir n'a d'autre passage pour l'air que le tube de Mariotte ouvert à sa base. Pour que cette capacité puisse être remplie, il faut nécessairement qu'une ouverture soit pratiqu.ée à son sommet dans le moment du remplissage, et telle est la fonction du bouchon de service, imaginé par Girard.

» C'est l'appareil hydrostatique qui fait la partie principale de ma demande de brevet, qui tient lieu de bouchon.

» i, tube fermé en i' et traversant les deux fonds du réservoir a, auxquels il est soudé à demeure; i'', tube plus étroit, ouvert à ses deux extrémités et pénétrant, d'un côté, dans le tube $i\ i'$, et de l'autre dans la boîte l; l, boîte entièrement fermée et placée dans la capacité b, et communiquant avec l'air extérieur par le tube m, qui s'ouvre d'un côté au sommet de la boîte l, et de l'autre dans la capacité c, en traversant le fond intérieur du réservoir b. Le petit tube i'' est disposé de manière que son extrémité supérieure, arrivant en i', soit plus basse que le niveau n, et que son extrémité inférieure soit plus élevée que le niveau n', n et n' étant les deux extrémités du tube de Mariotte. Il est évident que lorsque l'huile, arrivée en i', aura pénétré dans le tube i'', elle s'introduira dans la boîte l, qu'elle remplira jusqu'en o, et le surplus s'écoulera par le tube de dégorgement m. C'est cette tranche d'huile, qui se renouvelle journalièrement et qui est comprise entre o et n, qui forme la garde du nouveau bouchon hydrostatique; et de même, lorsque la lampe se renverse, pour faire passer en a l'huile qui remplit le réservoir d, et pour mettre la lampe en état de brûler, l'huile de la capacité b tend, par l'équilibre des fluides, à s'élever dans le tube i'' et à se répandre dans la boîte l jusqu'en o, si, toutefois, l'amorcement n'a pas lieu dans la première opération; de telle sorte que l'amorcement peut s'opérer immédiatement, soit pendant le remplissage quand la lampe est debout, soit pendant le renversement de la lampe; ce qui constitue la garde à double effet qui fait l'objet de ce brevet.

» La boîte l peut être placée également dans la capacité c, ou même dans la capacité d, ce qui ne changerait rien à l'effet du bouchon hydrostatique; seulement, l'amorcement ne se ferait qu'une fois et pendant le remplissage de la lampe.

» C'est cette portion d'huile, renouvelée chaque fois que l'on fait le service de la lampe, qui fait l'office d'un bouchon ouvert, pendant le remplissage, pour permettre à l'air de s'échapper et à l'huile de pénétrer dans la capacité b, est fermé lorsque la lampe, ayant été d'abord renversée, puis relevée, a été mise en état de fonctionner.

» Du reste, le service de cette lampe sans bouchon à trois

pacités se fait exactement comme celui de la lampe de
irard. »

Lampe hydraulique de Dubain. On trouve encore dans le
. LVI des Brevets expirés un modèle de lampe de M. Dubain,
ont voici la description :

La fig. 332, *Pl.* VIII, représente la lampe dégagée de son
iveloppe; elle porte trois réservoirs *h, m, b; h* et *b* communi-
uent par le tube *a b c* ouvert en *a*, et dont l'extrémité *c*
longe dans une boîte *q q;* le cric, en s'élevant ou s'abaissant,
ivre ou ferme à volonté, au moyen du bouchon *i*, l'ouverture
de la branche *b k; m* et *b* communiquent par le tube *m n* en-
agé en *n* dans la boîte *o o*, les réservoirs *h* et *m* étant pleins
'huile. Si on lève le cric, l'ouverture *k* se trouvant débouchée,
huile de *h* tombe par le tube *b c* et se déverse en *b* par les
ords de la boîte *q q;* l'air extérieur s'introduit à mesure dans
e réservoir *h :* cet air entre par le tube fixe *f g*, et, se déga-
eant par l'orifice *e*, passe en *h* par l'ouverture *a*. L'air du ré-
ervoir *b*, comprimé par la colonne constante *e q*, monte par
e tube *m n*, s'échappe par l'orifice *o o*, et, s'élevant au-dessus
le l'huile contenue dans *m*, fait monter cette huile au bec par
e tube *y y'*, à une hauteur *o x* égale à *e q;* l'huile enlevée à
'extrémité du bec est instantanément remplacée au moyen
le l'entrée en *h* d'un certain volume d'air, qui fait couler en
, une quantité d'huile égale à l'huile enlevée, et maintient
onstante la pression de l'air interposé entre les deux colonnes
) *x* et *e q*, dont la hauteur reste aussi rigoureusement invariable.

Le niveau, réglé à une demi-ligne environ de l'extrémité du
bec, s'élève, quand la mèche est allumée, de manière à produire un dégagement continu et peu abondant, qui donne à
la lampe les avantages du dégorgement des lampes mécaniques, sans qu'elle ait les inconvénients attachés à la surabondance et à l'intermittence de ce dégorgement. L'huile dégorgée s'écoule par le tube *s t*, gaîne du cric, dans le réservoir *h*,
de telle sorte que la capacité de ce réservoir étant avec celle
du réservoir *m* dans le rapport de vingt à vingt-huit, par
exemple, sur les 28 parties d'huile du réservoir *m* qui passent
au bec, vingt parties seulement sont brûlées, et les huit autres retombent en *h*, pour prolonger l'écoulement.

Si, par une grande agitation de la lampe, ou par toute autre
cause, le dégorgement devenait accidentellement trop abondant, l'huile dégorgée, s'élevant dans la gaîne du cric, s'élève-

rait aussi au-dessus du point o dans le compartiment e e' intérieur à la boîte z, et qui comprend l'orifice latéral par lequel
l'air entre dans le tube $b\,a$; elle se déverserait dans la boîte z par
le bord e' élevé de 1 millimètre (1/2 ligne) environ au-dessus
de e, et qui règle le maximum du dégorgement en fixant le
maximum de hauteur de la colonne descendante. Alors même
que par suite de plusieurs accroissements accidentels de
niveau, la boîte z se remplirait jusqu'en e', elle empêcherait
encore une augmentation de dégorgement en répartissant sur
une grande largeur l'huile dégorgée : on peut, d'ailleurs,
augmenter la capacité de la boîte z en la faisant entrer
dans le réservoir m. Cette boîte, fermée d'ailleurs, communique d'une part avec le dehors par le tube à air $f\,g$, d'autre
part avec le tube central, au moyen de l'ouverture e pratiquée
latéralement à ce tube; elle est terminée en forme d'entonnoir, pour qu'elle puisse se vider plus facilement et plus complètement quand on renverse la lampe.

Pour préparer chaque jour cette lampe, il faut :

1º Avoir coupé la mèche, chausser à la place de la galerie
l'entonnoir, couvercle de la burette; renverser la lampe sur la
burette : dans l'intervalle d'une minute, l'huile contenue dans
b est tombée dans m par le tube $m\,n$, et l'excédant s'est écoulé
par le tube $y\,y, x$; l'air est entré dans b par le tube $a\,b\,c$, dans
lequel il s'introduit à la fois et par le tube $f\,g$ et par la gaîne
$s\,t$; le réservoir m s'est vidé d'air par le tube $y\,y'\,x$;

2º Fermer le cric, resté jusqu'alors ouvert; redresser la
lampe, enlever l'entonnoir et verser l'huile par l'orifice s jusqu'à affleurement : à mesure que le réservoir h se remplit
d'huile, l'air s'en échappe en passant par $a\,e\,e'\,g\,f$.

La recommandation de fermer le cric est ici de précaution
seulement, afin que l'air puisse entrer à la fois dans le tube
$a\,b$ et par le tube à air et par la gaîne du cric; le passage de
l'huile de b en m se fait encore d'une manière suffisamment
prompte et sûre, même lorsque le cric est abaissé : l'on pourrait donc abaisser le cric après avoir coupé la mèche, et ne
plus s'en occuper ensuite qu'au moment d'allumer.

Quand on prépare une lampe pour la première fois, il faut,
avant tout et pour cette fois seulement, le cric étant levé,
remplir le réservoir b en versant par l'orifice s jusqu'à ce
que l'huile arrive à la gaîne $s\,t$: on opère ensuite comme il
vient d'être dit. On peut encore, le cric étant abaissé, verser
par l'orifice s jusqu'à affleurement, et lever ensuite le cric

pour que l'huile descende de *h* en *b*; de cette deuxième manière, on n'a point à verser un excédant d'huile pour remplir inutilement l'entonnoir qui surmonte le socle, le tube *m n* et une partie des deux réservoirs *m* et *h* : de plus, lorsqu'ensuite on renverse la lampe, le passage de l'huile de *b* en *m* se fait, dans ce second cas, plus promptement et plus sûrement que dans le premier cas.

La lampe se vide au moyen du tube λ fermé à sa partie supérieure par un bouchon ou un robinet *b* exempt des inconvénients des bouchons ou des robinets de service journalier des lampes, puisqu'il est étranger à la préparation journalière et qu'il ne sert que dans les cas très-rares où l'on veut soit nettoyer, soit seulement vider la lampe. Lorsque le tube *s* est ouvert en λ, l'huile de *h* tombe en *b*, d'où elle s'écoule avec celle de *m* par δ. En renversant la lampe, ce bouchon et le tube λ δ pourraient être supprimés, en pratiquant au fond du socle un orifice recouvert par un petit disque en fer-blanc facile à dessouder et qu'on enlèverait pour vider la lampe.

Le tube à air peut être indifféremment placé en dedans ou en dehors du tube central *a b c*; dans ce dernier cas, représenté *fig.* 332, il est conique et se termine à l'extrémité supérieure de la boîte *z*. Cette disposition, la plus facile d'exécution, permet encore, au besoin, de déboucher ce tube en y introduisant un fil-de-fer, par exemple, par l'intérieur du courant d'air du bec; de plus, elle donne un passage suffisamment libre à l'air au moment du renversement.

Lorsque le tube à air est antérieur au tube central, *fig.* 333, il peut être placé dans l'axe du courant d'air, ce qui le rend plus facile encore à déboucher. D'un autre côté, le tube *f g* étant, dans ce cas, plus grand, la boîte *z* se vide plus facilement et plus complètement chaque jour par le renversement; elle se nettoie plus facilement aussi quand besoin est. Cette disposition a, en outre, l'avantage de laisser entrer plus librement l'air par le tube central dans le réservoir *b*, lors du renversement de la lampe. L'ouverture *e"* de communication du tube central avec la boîte *z* doit alors être tenue en dessous de l'extrémité *e* du tube à air. Il est évident que la boîte *z* pourrait aussi, dans ce cas, servir de godet aux égouttures, et cela sans rien faire perdre à la lampe de ses autres avantages : il suffirait, pour obtenir ce résultat, de tenir l'extrémité *f* du tube *f g* plus basse que l'orifice de la gaîne du cric.

Ferblantier. **21.**

On peut encore, *fig*. 334, se servir comme tube à air, du bouchon *b* destiné à vider la lampe; le mâle de ce bouchon serait alors percé; il fermerait un orifice pratiqué dans la femelle, et par lequel la lampe se viderait : le tube à air aurait ainsi les avantages d'un tube mobile, sans en avoir les inconvénients.

Enfin, le tube à air peut encore être accolé au tube-gaîne du cric, soit en dedans, soit en dehors de ce tube.

Nous avons mis à exécution chacune de ces dispositions du tube à air, qui toutes donnent une lampe d'un bon service : nous avons aussi employé avec succès pour le tube $\lambda \delta$, diverses espèces de bouchons ou de robinets, simples ou composés, avec ou sans recouvrement, les uns à nous propres, les autres non. Toutefois, nous préférions à tous, dans la pratique, le simple bouchon à tête plate et droite représenté à notre dessin; on l'entre à frottement et à résistance dans sa boîte, avec une pince, de telle sorte qu'il ne peut se déranger dans le service de la lampe, ni même être enlevé, quand besoin est, sans le secours d'une pince.

Le bec en fer-blanc est de construction simple et facile, sans charriot, ni grilles, ni griffes, ni anneau pour serrer la mèche; celle-ci est fixée à l'aide d'un fil sur le porte-mèche, mû par un cric à pompe et à boîte verticale; le canal intérieur est assez large pour que l'huile puisse circuler librement entre la mèche et la bougie. Cette disposition a, en outre, l'avantage de s'opposer à un trop grand échauffement de l'huile au bec : celui-ci est rétréci vers son extrémité, pour serrer convenablement la mèche à sa sortie et pour diriger le courant d'air extérieur à la racine de la flamme. Les rapports entre les courants d'air intérieur et extérieur, les dimensions de la galerie porte-verre et du verre-cheminée, ont été déterminés par expérience, de manière à donner, pour une quantité d'huile brûlée, la plus grande quantité de lumière constante. La disposition du bec, son assemblage avec le tube d'ascension $y y'$ sont tels, qu'on peut facilement les descendre et les redescendre : on peut même, si l'on veut, faire usage d'un bec démontant; il suffit, pour cela, de rôder l'assemblage du conducteur et du tube d'ascension. La possibilité d'enlever le bec, soit en descendant, soit autrement, jointe à la simplicité de sa construction, en rend le nettoyage facile sans qu'il soit nécessaire d'en démonter les différentes parties. Le bec enlevé, il est également facile de nettoyer le tube $y y'$.

La simplicité de notre bec est un avantage du niveau dégorgeant, qui nous soustrait à l'obligation d'avoir recours aux becs restreints en cuivre ou autres, employés dans les lampes à niveau non dégorgeant, pour amener ou pour maintenir l'huile à l'extrémité de la mèche; toutefois la construction de notre lampe n'exclut pas l'emploi de ces becs.

Le bouchon *i*, porté par une tringle fixée à la crémaillère du cric, s'enlève avec le bec; l'extrémité *k* de la branche *b k* est évasée de manière qu'en s'abaissant, ce bouchon est ramené forcément dans sa boîte *k*. La gaîne *s t*, dont le diamètre a été arrêté par la condition de pouvoir facilement et promptement faire le remplissage de la lampe, est évasée en *t* et terminée au-dessous du point *c*, à une distance suffisante du fond du réservoir *h*, pour que l'entrée *k* ne puisse s'obstruer. Il est d'ailleurs facile d'atteindre aussi cette partie de l'intérieur de la lampe quand le bec est enlevé.

On ne doit point assimiler le bouchon du cric à un appareil destiné à tenir l'air comprimé. Levé quand la lampe est en jeu, ce bouchon doit, quand elle n'est pas allumée, empêcher seulement que l'huile ne s'écoule du réservoir *h*; il remplirait suffisamment cette condition sans être rôdé et alors même qu'il ne serait pas entièrement enfoncé : toujours imbibé d'huile, il ne peut pas s'altérer; il pourrait d'ailleurs, au besoin, être enlevé et remis facilement sans rien déranger à la lampe.

Le porte-verre, mobile le long de la bougie au moyen d'un coulisseau à ressort, s'élève à volonté; ce qui permet de régler la lumière sans élever ni abaisser la mèche.

L'huile qui s'écoule du bec est reçue dans une cuvette A A, dont le cercle-enveloppe reçoit l'embase de la galerie. L'extrémité de la gaîne *s t*, élevée au-dessus du fond de la cuvette, est échancrée de manière que l'huile déversée s'écoule seule dans la lampe sans entraîner aucune ordure. Cette disposition nous paraît préférable à l'emploi d'une grille qu'on pourrait aussi placer au-dessus de l'orifice *s* pour atteindre le même but. Lorsqu'on coupe la mèche, les rognures, au lieu de tomber dans la cuvette, sont reçues dans un petit plateau ou disque en fer-blanc, légèrement embouti et percé au centre, qui se chausse sur la partie conique du bec.

L'extrémité *a* du tube central, terminée à la hauteur du fond de la cuvette, est surmontée d'une petite calotte percée, pour livrer passage au tube à air : en enlevant cette calotte,

on peut facilement nettoyer le tube central par son extrémité a.

Le corps de la lampe et le socle sont réunis au moyen
d'une seule soudure, toujours facile; dans les lampes à simple enveloppe, cette soudure se fait en m en dedans du socle, et avant de poser le fond u v; pour les lampes à double
enveloppe, elle se fait en dehors et au-dessus du socle r ou
en l.

Le niveau se règle facilement en allongeant ou raccourcissant à volonté le tube-enveloppe m n composé de deux parties réunies en r; on peut encore le régler en exhaussant ou
abaissant soit le bec facile à démonter, soit la boîte q q, ac-
colée et soudée au tube central en un point facile à atteindre
quand le fond u v est enlevé; à cet effet, on a ménagé un
jeu suffisant entre le fond de cette boîte et le fond u v.

Le premier moyen de régler le niveau sert dans le montage de la lampe; les deux autres sont employés lorsque l'on
veut corriger le niveau sans démonter la lampe. La disposition du tube-enveloppe m n permet aussi de faire varier la
hauteur de la lampe sans rien changer au niveau, et cela, en
entrant plus ou moins l'une dans l'autre les deux parties m r
et n l de ce tube. La possibilité de dessouder la boîte q q rend
le nettoyage de cette boîte et celui du tube central toujours
facile. Ce double résultat peut encore être aisément atteint en
dessoudant le fond de la boîte q q sans la déplacer.

Le fond du réservoir m porte une douille fixe, p l, dans
laquelle entre le tube m n, soudé en l avec la douille. Cette
disposition permet de retirer en entier le tube m n du réservoir m, dont le fond, ainsi que la boîte o'o, peuvent, de
cette manière, être complètement nettoyés au besoin. La
boîte o o est fixée au tube central qui la traverse au milieu.
Le fond d p du même réservoir est terminé en forme de
cuvette repoussée de manière à réduire, autant que possible,
la portion non utilisée de la capacité de ce réservoir. La
même disposition a été adoptée pour le fond du réservoir b;
il en résulte que l'extrémité c du tube central, tenue à une
distance obligée du fond de la boîte q q, pour éviter les en-
gorgements, se trouve dégagée instantanément au moment
du renversement; cette condition, bien indispensable au libre
passage de l'huile de b à m, est favorisée encore par l'entonnoir qui surmonte le bec, et par la grosseur du tube m'm, traversé suivant son axe par le tube a b c.

Presque toutes les pièces du système (nous entendons ici, par ce mot, l'appareil dégagé de son socle et de l'enveloppe qui ferme les deux réservoirs *h* et *m*) sont réunies en faisceaux autour du tube central, qui consolide ainsi le système, en lui servant d'axe ; cette disposition donne, en outre, une grande facilité pour le montage et le démontage de la lampe.

L'enveloppe double ou simple est fixe ; mais son assemblage, avec la partie intérieure de la lampe, est tel, que les différentes pièces de cette enveloppe peuvent être facilement démontées, sans altérer la peinture ni les ornements. Si l'enveloppe est simple, l'assemblage des différentes parties se fait par une soudure en *m*, et en dedans du socle, comme nous l'avons dit plus haut : dans le cas d'une double enveloppe, l'enveloppe extérieure est réunie à la lampe par une soudure au cercle de la cuvette. Cette disposition rend plus facile encore le montage et le démontage de la lampe, et offre alors les avantages d'une enveloppe mobile sans en avoir les inconvénients.

Notre burette de construction simple (*fig.* 312) est disposée pour que, dans le service, la lampe renversée puisse être maintenue et abandonnée à elle-même sans inconvénient ; à cet effet, son embase est très-large, et le cercle qui la termine et qui reçoit le couvercle mobile a plus de hauteur et de largeur que dans les burettes ordinaires.

L'ouverture placée au-dessus du fond de la burette et par laquelle l'huile s'écoule, est garnie d'une grille qui retient les ordures. Cette burette peut même porter un double fond disposé en filtre. Le couvercle est formé d'une embase ou douille large et haute, qui embrasse à frottement le cercle supérieur de la lunette et se termine en forme d'entonnoir ; le cercle supérieur de l'entonnoir se chausse exactement sur le cercle de la cuvette de la lampe ; une échancrure donne passage à la clef du cric. Le bec se loge dans l'entonnoir, et quand la lampe est renversée, l'huile s'écoule dans la burette par un trou pratiqué au fond de cet entonnoir. Cette disposition est telle, que le renversement et le redressement de la lampe ont lieu sans épanchement d'huile ni au dehors ni sur la lampe.

Lampes d'après le second principe d'hydrostatique.

Le principe d'hydrostatique d'après lequel sont fabriquées les lampes suivantes, est celui-ci : Soit A B C (*fig.* 162, *Pl.* III), un siphon renversé, ouvert par les deux bouts, et renfermant

deux liquides différents n'ayant aucune action chimique l'un
sur l'autre, ne pouvant pas se mélanger, et ayant une grande
différence de pesanteur spécifique; soit enfin F la surface de
séparation des deux liquides : si par ce point on mène une
ligne horizontale *m n* dans la position d'équilibre, les hau-
teurs D E et F *d* des deux liquides au-dessus de *m n* seront
en raison inverse de leur pesanteur spécifique. Si, par exemple, le liquide contenu dans D E est deux fois plus pesant que
celui qui est renfermé dans E F, la colonne F *d* devra être
deux fois plus longue que la colonne E D, et cela, quels que
soient la forme et les rapports de dimension des tubes D E
et E F, pourvu qu'ils ne soient pas capillaires, car alors la loi
précédente éprouverait une modification due à la capillarité
des tubes.

D'après cela, disposez un appareil composé d'un réservoir A
(*fig.* 163) communiquant avec la partie inférieure d'un autre
réservoir B, à l'aide d'un tube *a b*; adaptez à la partie supérieure de ce dernier un tube *c d*, qui s'élève au-dessus du réservoir A, et il est évident que A, ainsi que *a b*, étant remplis
par un liquide plus pesant que l'huile, et B étant rempli
d'huile, le liquide de A descendra dans B, et fera monter
l'huile dans le tube *c d* à une hauteur *c*, telle que le poids de
la colonne d'huile *e f* soit égal au poids de la colonne liquide *f h*.
Si l'huile se consomme à l'extrémité *c*, une quantité correspondante de liqueur descendra en B, et maintiendra l'extrémité de la colonne d'huile sensiblement au même point, car à
mesure que le liquide de A s'écoule en B, le niveau supérieur
de ce liquide baisse en A et monte en B; ainsi la longueur de
la colonne de ce liquide qui pèse sur l'huile se raccourcit.
Mais on peut, en fermant le vase A et y adaptant un tube
m n, rendre fixe le haut de cette colonne; il ne reste plus
alors que les variations qui proviennent de l'élévation de ce
liquide dans B; mais l'influence de cette ascension du liquide
dans B serait très-petite si ce vase était très-large. Effectivement, supposons que le liquide de A ait une pesanteur spécifique qui soit à celle de l'huile comme 4 est à 3, et que le liquide de A écoulé jusqu'à ce que son niveau soit au point *n*
ait monté son niveau en B de 10 millim. (4 lig.), le raccour-
cissement de la colonne d'huile, à partir du niveau *f* de séparation de deux liquides sera de 10 millimètres multipliés
par 4:3, ou de 13 millimètres. Cependant le niveau inférieur *f*
a monté de 10 millimètres par hypothèse; par conséquent,

l'abaissement effectif de l'huile au-dessous du point *e* sera seulement de 3 millimètres 3; il sera donc beaucoup plus petit que l'élévation de niveau du liquide pesant en B, et ce dernier sera évidemment d'autant plus petit pour le même volume d'huile, que le diamètre B sera plus grand.

Lampe de Keir. Keir prit, en 1787, une patente à Londres pour la fabrication de lampes hydrostatiques, d'après le principe exposé ci-dessus. Il employait une dissolution saline. Cette lampe n'ayant pas réussi, et le mécanisme n'étant, après tout, que celui des autres lampes hydrostatiques, nous renvoyons le lecteur au tome VIII des *Brevets d'invention*, pour une description détaillée.

Lampe de Lange. Ce lampiste, qui prit en France un brevet d'invention en 1804, employait de la mélasse pour faire équilibre avec l'huile : mais la mélasse n'avait pas assez de fluidité. Par le motif indiqué à l'article précédent, nous faisons un renvoi semblable.

Lampe de Verzi. Son auteur prit en France un brevet en 1810. Il employait du mercure. Cette lampe se remplissait par le bec, sur lequel on chaussait un entonnoir garni d'une douille, et absolument semblable à celui qu'emploie maintenant M. Thilorier. Le remplissage avait aussi lieu de la même manière qu'on l'observera dans la lampe de ce dernier lampiste.

Lampe hydrostatique économique. Avant de passer à la lampe hydrostatique des frères Girard, qui est véritablement le type de tous les appareils de ce genre, nous allons décrire une lampe simple et du faible prix de 4 à 12 francs, ce qui la rend inappréciable pour la classe pauvre. On la doit à M. Astier, qui en a fait hommage à l'Académie de Toulouse.

Tout le mécanisme se réduit à un tube de fer-blanc, et à l'extrémité duquel est attachée une vessie qui devient le réservoir de l'huile. Ce tube glisse à frottement dans le goulot du vase, qui peut être de verre ou de métal quelconque; le tube peut être élevé ou abaissé au besoin. A l'extrémité supérieure du tube sont adaptés deux porte-mèches, soit parallèles ou divergents. Le vase dans lequel plonge cet appareil est élargi à sa partie supérieure par un renflement d'une capacité à peu près égale à celle de la vessie : c'est là le réservoir du fluide pesant.

Il résulte de cette disposition, que la vessie étant pressée en tous sens par le fluide pesant, l'huile s'élève constamment au-dessus du réservoir d'une hauteur proportionnelle à l'excédant de la pesanteur, pour y brûler à la manière d'une chandelle. Ce mécanisme est beaucoup plus simple que celui de Lange et de Verzi. En effet, le premier se servait de la mélasse pour faire monter l'huile qu'il renfermait dans un sac de peau sans couture, et vernissé au caoutchouc (gomme élastique); mais la mélasse, à raison de sa viscosité, circulait difficilement dans les nombreux tuyaux ascendants, descendants ou obliques qui constituaient son invention; d'ailleurs ce liquide, venant à fermenter, laissait dégager de l'acide carbonique, qui le tenait dans un état d'agitation d'autant plus contraire à son effet qu'il finissait par diminuer très-sensiblement de pesanteur spécifique, ce qui indique la cause du peu de succès de ces lampes, bien qu'elles fussent ingénieusement conçues et habilement exécutées.

Le liquide de M. Astier est, dit-il, infermentescible, et agissant comme antiputride, par rapport à la matière animale de la vessie, mais il ne le fait pas connaître autrement. Sa lampe ne consume que 8 grammes (2 gros) d'huile par heure, pour produire l'effet d'une chandelle; elle est susceptible de divers ornements.

Lampe Caiman-Duverger. Nous donnons encore ici la description d'une lampe à laquelle l'inventeur, M. Caiman-Duverger, a donné le nom de *Dados*, et qui est fondée, non pas sur la différence du poids de deux liquides, mais sur celle de l'huile, ou mieux, sur un mélange d'huile et d'air.

Fig. 347, *Pl.* VIII. L'huile, contenue dans une capacité *a* descend par le tube oléifère *d*, remonte par le tube capillaire *c* et s'y élève autant que dans la capacité *a*; mais une partie de l'huile ascendante traverse l'ouverture *i*, pénètre, par gouttelettes, dans la capacité *b*, comprime l'air qu'elle contient, le chasse par l'ouverture *h*, dans le tube capillaire *c*, de manière que, de *h* jusqu'au sommet du bec *e*, les gouttelettes d'air et d'huile alternées pèsent moins ensemble que la colonne d'huile *d* et s'élèvent, sous l'effort de son poids, tant que le réservoir supérieur a fourni de l'huile à la capacité B, et celle-ci, de l'air au tube capillaire C.

La masse et la vitesse d'ascension varient comme le diamètre et la largeur du tube capillaire C, comme le diamètre et la distance des ouvertures *h*, *i*, et comme la hauteur du réservoir moteur *a*. La durée est relative à la capacité du réservoir à l'huile *a*, et à celle du réservoir à l'air *b*.

Si l'on place autour du tube et du bec un tuyau (*fig.* 342) adhérent à l'orifice de la lampe, le niveau du moteur est constant et la vitesse du courant est invariable. Le tuyau est garni d'un piston en étoupe ou en cuir *f*, qui sépare la lampe en deux parties, sans compartiments, sans chambres closes, sans pièces fixes à l'intérieur, sans vis ni bouchons.

Si le réservoir supérieur *a* et le pied sont joints par deux tubes ajustés l'un dans l'autre, à frottement doux, la hauteur de la lampe est facultativement variable.

Le dados est composé de deux pièces : 1° le vase ou la capacité de la lampe ; 2° l'obturation ; faisceau du bec, du tube descendant, du tube ascendant et des cuirs.

Le service journalier se réduit à : 1° retirer l'obturateur ; 2° vider le pied ; 3° replacer le tuyau sans l'enfoncer complètement ; 4° emplir la lampe ; 5° enfoncer, le soir, l'obturateur, pour que l'huile commence à monter ; 6° allumer.

La mèche circulaire d'Argant, la mèche plate, la mèche en croix de Rumfort, les mèches rondes, en faisceau ou en gerbes *m*, *fig.* 338, de tous les calibres, avec ou sans cheminées en verre, garde-vue, globes, etc., avec ou sans crémaillères, cylindres ou autres moyens de régler la déflagration, sont applicables au dados.

Mais, comme l'huile surabonde sans cesse, il suffit d'employer une mèche très-courte et de faire mouvoir la virole du bec.

Les mèches ordinaires sont tissées chaîne et trame ; la trame est un obstacle à l'ascension capillaire par elle-même et par les inflexions qu'elle donne à la chaîne.

Les mèches du dados sont composées de chaînes assemblées par une cire préparée, ou, mieux encore, par une ligne transversale de colle végétale ou animale ; elles sont plus spongieuses que les autres et conduisent l'huile avec plus de facilité ; elles charbonnent moins et sont d'un prix moins élevé.

Les garde-vue sont de papier ou de carton moulé, avec des bords épais, dans une forme de papeterie faite en laiton.

Applications des différentes dispositions du dados aux lampes connues.

Fig. 336, tube oléifère, bec et piston, baisseur avec le niveau de l'huile qui soutient. L'huile surabondante retombe sur le piston ; mais, comme elle accroîtrait son poids et ferait dégorger, le cylindre est perforé depuis le haut jusqu'en B, et l'extravasation retombe dans le double corps. Fermer le robinet, ouvrir le couvercle, verser de l'huile, relever le piston. L'huile passe dans le double corps, sous le clapet e et sous le piston. Ouvrir le robinet et allumer.

Les inégalités de pesanteur spécifique de l'huile, ses variations de fluidité, de glutinosité, de mélange d'épurations, de propreté et de randicité, la déformation, l'oxydation des parois du piston et du cylindre, font changer la hauteur et la vitesse d'ascension de l'huile, à moins que la puissance du piston ne soit excessive et régularisée par un flotteur.

Fig. 337. Le flotteur oblige à placer plusieurs becs latéralement; il porte la tige du verre et du garde-vue. Le tube descend au fond de la lampe; il est double et s'allonge à volonté pour élever le foyer. Le piston à gobelet ou, mieux, à poche, laisse passer l'huile dessous, à l'aide d'un clapet qui s'ouvre en bas.

Fig. 338. Le flotteur porte une mèche; le tube ascendant est latéral; le piston est plein et relevé par une chaînette; l'huile passe dessous, en descendant par le tube latéral.

Fig. 339. Le piston du flotteur, ayant très-peu de surface, résiste, par son poids, à l'ascension de l'air, il descend alors: l'huile pénètre son échancrure, le soulève et le ferme. Ce flotteur est préférable à tous les autres; on le retire en dessus et sans rien démonter. Il convient surtout dans les grandes machines, même à très-haute pression.

Fig. 340. Si, au lieu d'un piston, on verse un liquide quelconque, du mercure, de la mélasse, de l'acide sulfurique, etc., avec l'huile pour moitié, elle restera dessus; mais, si l'on plonge alors dans la capacité une cloche fermée au sommet par le flotteur, l'huile, l'emplissant et ne pouvant monter, élèvera le mercure latéralement, pour passer incessamment sur l'huile et le flotteur.

Fig. 341. Ici, on retire le tube oléifère, on vide le mercure et l'huile dans un petit vase dont la capacité égale celle de la lampe; on ajoute dans le vase l'huile qui manquait, on replace le tuyau dans la lampe, on verse lentement; l'huile passe dans le pied, et le mercure reste dessus.

Si, au lieu de mercure, d'acide sulfurique ou de tout autre liquide très-lourd (fig. 341), on veut employer l'eau, par exemple, il faut allonger la colonne descendante aux dépens du réservoir, et, nécessairement, élargir ce dernier.

Le tube oléifère *g* ne tient à rien ; le niveau baisse dès qu'on élève ce tuyau, et réciproquement : ainsi, le mouvement de ce tube règle l'intensité de la flamme, celle de la surabondance et de l'extravasation, quelles que soient les natures et les pesanteurs spécifiques de l'huile et du fluide qui la fait monter.

Fig. 342. L'on ferme alors avec un bouchon à tube, de longueur convenable ; le niveau de l'huile est constant, et le flotteur est inutile.

Fig. 343. Retirer le tuyau ; vider l'huile et l'eau contenues dans un petit vase de capacité égale à celle de la lampe ; ajouter l'huile complémentaire ; replacer le tuyau ; verser l'huile et l'eau dans la lampe et boucher.

Fig. 344. Visser un bouchon pour fermer le bec de l'aérifère ; renverser la lampe ; dévisser le bouchon qui ferme le fond. Le mercure tombe dans le haut, l'huile monte dans le bas de la lampe. Compléter l'huile ; refermer le bouchon du pied ; redresser la lampe ; ôter le bouchon supérieur ; allumer.

Fig. 345 et 346, hydrostatique sans chambres. Les fonds en chapeau, en cuir, en gomme, en liège, sont également bons, qu'on les fixe soit à l'obturateur, soit à la capacité.

Fig. 347, hydrostatique à haussoir et à pieds. Retirer la tête de dessus le pied, vider celui-ci ; replacer la tête, emplir le pied, emplir la tête. Ces modèles renferment tous quelques dispositions générales et particulières ; par exemple, aucun d'eux ne contient de tuyaux, de compartiments fixes ; ils ne peuvent extravaser l'huile même pendant l'agitation, les alternatives de température et le renversement. Nul tube n'est capillaire ; tous sont ouverts par les deux bouts et sont démontants ; ainsi, les obstructions sont impossibles, et l'effet est inévitable. Tous ces modèles se démontent, même sans vis, de sorte qu'on les construit indifféremment en verre, en faïence ou en métal. Ils ont moins de poids, de volume, de prix qu'aucun autre connu, et ils fourniront, en les combinant, une grande variété de moyens d'exécution. Ils ont la propriété de s'élever et de s'abaisser à volonté, avantage dont ne jouissent encore aucunes lampes sans ombre. Ils assurent à toutes les conditions, à tous les ménages, un éclairage sans réservoir latéral ou supérieur, de toutes les proportions, depuis la bougie jusqu'au plus fort bec de gaz. Ils fournissent le moyen d'obtenir un foyer de lumière aussi considérable qu'on le désire, composé de très-petites mèches; alors les verres sont supprimés, et l'on peut s'éclairer à l'huile dans les lieux où, faute de verre, de mèche ou d'autres accessoires spéciaux, on est forcé d'employer le suif ou la cire. Enfin, l'exécution de ces lampes exige si peu d'intelligence, d'aptitude et de capitaux, que bientôt tous les lampistes de province pourront comprendre, exécuter et livrer au commerce, un éclairage rationnel.

Détail des dessins.

Fig. 336, foyer naissant; *a*, capacité; *b*, double corps de dégorgement; *c*, piston; *d*, oléifère; *e*, admission de l'huile par une soupape; *f*, robinet; *g*, couvercle.

Fig. 337, foyer fixe et haussant, flotteur; *h*, capacité; *i*, piston; *j*, clapet; *k*, oléifère; *l*, flotteur; *m*, becs.

Fig. 338, foyer fixe à un seul bec; *n*, capacité; *o*, piston; *p*, oléifère; *q*, flotteur; *r*, mèche flottante.

Fig. 339, flotteur à piston se retirant en dessous; *s*, capacité du flotteur; *t*, cylindre oléifère; *u*, tige du flotteur; *v*, flotteur; *x*, mèche plate et cirée.

Fig. 340, flotteur à deux liquides; *a*, capacité; *b*, capacité mobile; *c*, oléifère; *d*, couvercle.

Fig. 341, flotteur à vider; *e*, huile; *f*, eau et mercure; *g*, oléifère.

Fig. 342, régulateur qui dispense du flotteur; *h*, bouchon, *i*, oléifère.

Fig. 343, eau et huile; *j*, huile; *k*, eau; *l*, oléifère; *m*, aérifère descendant; *n*, tube à eau; *o*, tube à huile; *p*, piston ou bouchon.

Fig. 344, *a*, huile; *b*, mercure; *c*, aérifère descendant; *d*, oléifère; *e*, bouchon creux fermant les deux tubes; *f*, bouchon pour remplir.

Fig. 345, cylindre hydrostatique.

Fig. 346, *g*, oléifère ascendant; *h*, huile ascendante; *i*, oléifère descendant; *j*, huile descendante; *k*, aérifère ascendant; *l*, aérifère descendant; *m*, bouchons facultativement solidaires aux tuyaux ou au corps de lampe.

Fig. 347, *a*, air ascendant; *b*, huile descendante; *a*, huile ascendante; *d*, oléifère ascendant et bec; *e*, aérifère descendant; *f*, oléifère descendant.

Fig. 348, *a*, huile; *b*, air; *c*, tube ascendant; *d*, tube descendant; *e*, bec; *f*, cuirs-pistons fixés aux tubes; *h*, entrée de l'air dans le tube capillaire ; *i*, entrée de l'huile dans le pied.

M. Caiman-Duverger a apporté encore à sa lampe beaucoup d'autres perfectionnements, dont on pourra prendre connaissance dans sa spécification insérée dans les Brevets d'invention expirés, T. LXII, p. 318, *pl.* XXV, fig. 14, 15 et 16, et dans les figures 349, 350 et 351 de notre *Pl.* VII.

Lampe à air sans renversement, de Bouin. Voici encore une lampe basée sur le principe de la fontaine de Héron. On a dit que la fontaine de Héron était un appareil à l'aide duquel on démontre qu'un liquide en peut élever un autre au-dessus de son niveau. De nombreuses tentatives ayant été faites, jusqu'ici, pour appliquer ce phénomène à l'éclairage, ce n'est pas sur le principe même que peut reposer la nouveauté, mais sur la manière dont l'application en est faite et établie. La nouveauté consiste dans les modifications apportées à cet appareil.

Jusqu'ici, malgré des améliorations réelles, les lampes établies sur ce système n'ont pas généralement satisfait le public, par la raison surtout que, pour faire le service de toutes ces lampes il faut nécessairement les renverser ; celle de l'invention de M Bouin se distingue donc de tout ce qui a précédé, par cette absence de renversement et par les dispositions qui permettent cette amélioration, ce qui va être rendu sensible par la description de la lampe.

On a eu particulièrement en vue d'éviter le renversement, qui est incommode. On sait que, dans ces lampes, pendant qu'une partie de l'huile est brûlée, une autre partie, en quantité égale, s'écoule dans le pied, et c'est pour recouvrer cette dernière portion, que l'on se trouve dans l'obligation de les renverser. On a voulu obvier à cette manœuvre fâcheuse, et alors deux moyens se sont présentés. A l'aide d'un bouchon approprié, dont la tige traverse le tuyau dit de Mariotte, on empêche l'huile d'aller remplir le pied ; ainsi que cela arrive dans les autres, pendant que l'on remplit la lampe ; et, ensuite, l'adoption d'un robinet permet de retirer directement du pied l'huile qui y est descendue pendant la combustion ; ce robinet est masqué par une double enveloppe.

Le second moyen opère le retour de l'huile descendue dans le pied, dans le réservoir d'où elle est partie, par le seul chargement de la lampe par le bec. Rien d'analogue

Ferblantier. 22

n'a encore été fait jusqu'à présent. M. Bouin a été conduit à
cette idée en songeant que, puisqu'une portion de liquide
en déplace une autre, le mouvement inverse doit pouvoir
être imprimé, s'il devient possible d'établir les réservoirs dans
des conditions semblables.

Fig. 325, *Pl.* VIII : *a*, cavité supérieure contenant l'huile
destinée à la combustion ; *b*, seconde cavité contenant l'huile
destinée à faire équilibre à l'huile du premier réservoir *a* ; *c*,
cavité formée par le pied de la lampe, destinée à recevoir l'huile
qui s'écoule de la cavité *b* ; *d*, capacité devant recevoir les
égouttures. *a' b' c'' d'*, sont des diaphragmes qui séparent les
quatre cavités ; *e*, tuyau qui prend naissance sur le diaphragme
supérieur et se termine sur le second diaphragme *b'*. Ce tuyau,
fermé en haut par un bouchon en cuivre, porte en *t* une
petite ouverture qui donne accès dans la capacité *a*. *f*, tuyau
qui prend naissance sous une cuvette formée par le plateau
supérieur, sans y être attaché ; il traverse les capacités *b* et *d*
sans s'y ouvrir ; il est soudé à leurs diaphragmes et se termine
sur le diaphragme *c'*, avec lequel il est également soudé.
g, tuyau ascendant, destiné à porter l'huile au bec ; il prend
naissance dans une cuvette sans y être fixé ; il est soudé avec
le plateau supérieur. *h*, tuyau qui prend naissance à 4 à 5
millimètres (2 lig.) du fond *d' d'* : il est soudé au fond *b'*, qu'il
traverse ainsi que la cavité *a*, sans s'y ouvrir, et se termine
à 4 à 5 millimètres au-dessus du plateau supérieur, auquel il est soudé. *l*, ce tuyau s'ouvre en *d'*, dans la cavité *b b* ;
il est soudé au diaphragme *d'*, il traverse la cavité aux
égouttures sans s'y ouvrir, et, soudé sur le diaphragme *c'*,
qu'il dépasse, il conduit dans le pied de la lampe l'huile qui
descend de la capacité *b*. *m*, tuyau aux égouttures ; il prend
naissance sur le plateau *a'*, traverse les deux cavités supérieures sans s'y ouvrir, et, soudé aux trois diaphragmes, il
verse l'huile extravasée dans la capacité *d*, dans laquelle se
termine son orifice inférieur. *n*, petit tuyau prenant naissance dans la cavité *d d*, traversant la capacité *c* sans s'y ouvrir, et aboutissant à une des ouvertures du robinet *r*, où
ce tuyau conduit les égouttures. *o*, boîte servant à régulariser
le niveau de l'huile dans le bec, en fixant la hauteur de la
colonne *d' l*. *pp*, bouchon à tiroir qui intercepte à volonté
la communication entre la capacité *b b* et le pied de la lampe.
r, robinet à l'aide duquel on extrait l'huile extravasée sur le
plateau supérieur, et l'huile contenue dans la capacité for-

mant le pied. *s*, bouchon en cuivre fermant hermétiquement le
tuyau *e*. *t*, petite ouverture pratiquée sur le côté du bouchon *s*
et qui communique avec la capacité *a*. *u*, support qui sert d'arrêt à la tige *v*. *v*, tringle qui fait mouvoir le bouchon *p p*.
Dans l'idée si simple d'extraire l'huile du pied, il y a pourtant des difficultés réelles d'exécution. D'abord il fallait le
masquer aux yeux et le disposer de telle sorte qu'il donnât
son huile commodément, promptement et sans la répandre.

Dans la méthode employée de terminer le tuyau *f* à la
moitié de la capacité *a*, ou même beaucoup plus bas, en le
recouvrant d'un capuchon qui oblige l'air à traverser l'huile
pour se porter au haut de la capacité *a*, on n'obtiendrait que
très-difficilement, par défaut d'air, l'huile contenue dans le
pied; mais le tube *f* étant prolongé, comme on le voit dans
la figure 352, l'air pénètre par lui sous le pied aussitôt que
le bouchon est enlevé.

Ensuite, comme pour souder le robinet il faut l'étamer, le
chauffer plusieurs fois, et que les robinets qui ont été ainsi
chauffés, s'altèrent aisément, cela devient un embarras;
nous y avons paré en partie en donnant une situation inclinée au fond : cette disposition est cause que, aussitôt que
quelques gouttes d'huile sont arrivées dans le pied, elles se
rendent autour du robinet et font, sur-le-champ, obstacle au
passage de l'air, et, de cette sorte, un robinet, même imparfait, n'empêcherait pas la lampe de fonctionner; et, encore,
nous l'avons percé de manière à darder l'huile verticalement,
ce qui est cause qu'elle peut être reçue dans la burette sans
que l'on coure le risque de se mouiller les doigts : il est aussi
arrangé de manière à donner en même temps l'huile provenant des égouttures.

Jeu de la lampe et manière de s'en servir. Le recouvrement de
la lampe et sa galerie étant ôtés, soulevez la tige *v*, enlevez le
bouchon de cuivre *s*, versez l'huile dans l'orifice qu'il laisse à
découvert; elle se répand dans la cavité *b b*. On voit que le
soulèvement de la tige *v* a eu pour effet, par le bouchon à
tiroir qu'elle peut mouvoir, d'intercepter la communication
entre la cavité *b* et la cavité *c*.

Quand la cavité *b* a été remplie, l'huile remonte par le
tuyau *f* et se déverse dans la cavité supérieure par l'ouverture
t, pratiquée au boisseau qui reçoit le bouchon *s*; celle-ci étant
pleine, replacez le bouchon, et la lampe est prête à fonctionner.

Pour cela, poussez la tige *v*; elle rétablit la communication du réservoir *b* avec l'intérieur du pied *c*, une colonne d'huile descend par le tuyau *l*; elle ne peut le faire sans déplacer un égal volume d'air qui, pressé, remonte par le tuyau *f*: il s'étend sur la surface de l'huile contenue en *a*, la presse et la contraint de s'élever dans le tuyau *g*, d'une hauteur égale à la hauteur de la colonne pesante, qui se compte de *d'* en *d''*. La colonne d'huile ascendante par le bec est continuellement raccourcie par la combustion, mais elle ne peut l'être sans que l'huile, qui se maintient en *d''*, ne se déverse; ce qui est cause que l'huile manquant au bec, y est aussitôt remplacée par l'effet constant de l'équilibre, qui dure jusqu'à ce que toute l'huile de la cavité *a* soit consommée.

Le tube *h*, dit de Mariotte, a pour effet de régler la hauteur de la colonne *d'l*, qui reste constamment la même, soit que le réservoir *b b* soit plein, ou qu'il soit en partie écoulé : le petit entonnoir *i* empêche que la pesanteur propre des colonnes d'huile qui avoisinent le tube de Mariotte ne puisse, en aucun cas, ajouter à la longueur de la colonne *d'l*. Cette précaution fait brûler la lampe d'une manière plus uniforme.

Pour garnir la seconde fois la lampe, soulevez la tige *v* jusqu'à son arrêt, ôtez le bouchon *s*, sortez le pied de la lampe de son enveloppe, posez le robinet mis à découvert sur le bord supérieur de la burette, ouvrez le robinet : dans un instant le pied de la lampe est vidé; refermez le robinet, remettez la lampe dans son double fond, et remplissez la lampe comme il a été dit tout-à-l'heure.

Si, par inadvertance, on avait commencé à verser de l'huile dans la lampe, sans avoir préalablement soulevé la tige, cet oubli serait sans inconvénient, il faudrait seulement, dans ce cas, vider la lampe à l'aide du robinet du fond, et recommencer à la remplir, sans négliger, cette fois, la précaution indiquée. L'attention de soulever la tige avant d'ôter le bouchon, a pour résultat d'empêcher l'écoulement en *c* de ce qui peut rester d'huile dans les cavités *b, b*. On conçoit que, si l'on voulait regarnir la lampe alors qu'elle n'aurait brûlé qu'une heure, par exemple, toute l'huile restante s'écoulerait inutilement dans le pied, si l'on commençait par ôter le bouchon *s*, ce qui occasionerait une perte de temps sans profit; tandis que ce bouchon permettant de la retenir, on ne trouve à extraire du pied que la petite quantité d'huile pareille à celle qui a été consommée, et la lampe sera, par conséquent, d'autant plus promptement remise au plein.

Fig. 353. Les mêmes lettres que dans les exemples précédents ayant été adoptées, il y est renvoyé afin d'éviter des redites, et il ne sera question ici que des dispositions nouvelles. L'inspection de la figure fera ressortir promptement les différences à observer. Le pied de la lampe, qui n'a plus besoin de robinet, offre cette particularité qu'il porte à son fond, en saillie, un godet o'; on verra tout-à-l'heure pourquoi. Le tube h, dit de Mariotte, est tenu ici plus grand; le tube l, qui y correspond, doit, au contraire, conserver un diamètre ordinaire : on voit qu'il descend dans le pied de lampe jusqu'en P, au niveau du fond c''.

Dans ce tube l se trouve glisser, à frottement doux, un tuyau p p p, qui commence en y pour se terminer en o : il est fenêtré en p' et en p''; il touche et est soudé par un appendice au fond de la boîte o, boîte régulatrice du niveau de l'huile dans le bec : ce tuyau est surmonté d'une tige v, propre à le faire mouvoir. Dans la situation représentée, l'huile du réservoir b, en descendant dans la cavité c, en chasserait l'air à la manière ordinaire; il remonterait par le tuyau f et forcerait l'huile de gagner le bec. Il y a donc ici action semblable à celle que nous avons décrite dans les premiers paragraphes.

Supposons maintenant que l'huile contenue dans la capacité a est entièrement brûlée, et que l'huile que contenait la capacité b est actuellement dans le pied. Pour remettre la lampe dans son premier état, voici ce qu'il suffit de faire : enlevez le petit bouchon de cuivre x, qui forme un petit tuyau pénétrant dans la cavité b; c'est par là que pourra s'échapper l'air de cette cavité b. Enfoncez la tige v, l'ouverture p' ne donnera plus dans la cavité b; elle sera descendue plus bas, où elle sera close par les parois du tuyau l. La boîte o ira se loger dans le godet o', et la fenêtre latérale du tuyau p indiquée en p'' se trouvera exactement au-dessous du tuyau ll; elle permettra à l'huile d'y passer, et elle donnera ainsi à ce tube la même disposition que se trouve avoir le tuyau g, ascendant au bec. Que si, alors, on chausse sur le bec un entonnoir dont la hauteur forme, avec le tuyau ascendant au bec, une longueur égale à la distance du fond c'c' ou p en y, il est clair que faisant, par lui, couler l'huile dans la capacité a, l'air qui y sera contenu sera refoulé par l'ouverture supérieure du tuyau f, pressera l'huile contenue en c et la contraindra de remonter dans le tuyau p ; elle s'y élèvera donc sur le point marqué par y, orifice supérieur du tuyau intérieur p. Mais, dans le mouvement de descente qui a été imprimé à la tige v, cet orifice y est lui-même descendu ; alors l'huile pourra donc se déverser dans l'espace vide, entre le grand tuyau h et le petit tuyau pp ; elle se répandra dans la cavité b, vers p'. Cet effet, se continuant, fera remonter toute l'huile du pied, jusqu'à ce qu'elle atteigne le point y et un autre analogue dans le petit tuyau z. Arrivée là, elle cessera de monter, parce qu'elle fera équilibre à la colonne dont l'ouverture supérieure de l'entonnoir est le sommet. A cet instant, l'entonnoir lui-même devra se maintenir au plein, en même temps que l'œil apercevra l'huile en y ; alors remettez le bouchon x, poussez le bouchon contenu dans l'entonnoir pour le fermer avant de l'enlever ; ôtez l'entonnoir. L'huile baissera dans le tuyau p en faisant extravaser, par le bec, une petite quantité d'huile que recevra le trou aux égouttures. Relevez la tige jusqu'à son arrêt, et la lampe se trouvera dans la condition où la montre la figure 352, c'est-à-dire prête à fonctionner.

Il est nécessaire, pour la réussite de cette opération, qu'il y ait environ 3 à 4 millim. (1 lig. 1/2 à 2) d'huile dans le pied de la lampe en sus de celle qui remonte dans le réservoir b, et que la capacité a soit d'une contenance un peu supérieure à la contenance b, ou tout au moins égale. On voit que ce sera toujours la même huile qui descendra et remontera, par le seul effet du changement par le bec. Que, si l'on voulait regarnir la lampe avant la fin de la combustion, aucun dérangement n'en serait la suite. Même manœuvre : poussez la tige, enlevez le petit bouchon x, chaussez l'entonnoir, introduisez l'huile par le bec, et une portion d'huile égale à celle qu'on introduira remontera en b par y. Toutefois il sera bon de remplir la lampe, parce que, dans le cas contraire, il restera de l'air dans la partie supérieure de la cavité b, au-dessous du bouchon x, et la lampe marcherait mal d'abord. En s se trouve un bouchon vissé ou autrement, qui n'est destiné à être ouvert que dans le cas où l'on voudra vider entièrement la lampe ou la rincer. La partie d du corps de la lampe est mobile et peut être soulevée : elle renferme un godet n, propre à recevoir les égouttures ; ce godet est étranglé par le haut pour mieux retenir l'huile : i (*fig.* 354) est l'entonnoir ; sa hauteur doit être calculée de manière à ce que, quand il est plein, les cavités soient pleines aussi, il ne doit même pas y avoir d'extravasement : il y a un étui destiné à le refermer, reposant sur un pied.

Manière de remplir la lampe la première fois. Enlevez le bouton *x*, ôtez de même le bouton *s*, soulevez la tige *v* ; versez, par l'ouverture du tube *h*, assez d'huile pour garnir le fond de la lampe à 3 à 4 millim. (1 lig. 1/2 à 2) de hauteur ; fermez avec un petit bouchon de liège allongé le haut du tuyau *pp* ; enfoncez la tige ; continuez de verser par l'ouverture du tube *h*, l'huile sera retenue en *b* ; versez jusqu'à ce que l'huile soit arrivée au point *y*. Ensuite, par l'ouverture *s*, versez autant d'huile qu'il en est entré dans la capacité *a*, quantité dont il aura été prudent de s'assurer, parce que les capacités auraient pu être mal réparties. Remettez les bouchons de cuivre du dessus, soulevez la tige, retirez le petit bouchon de liège, et la lampe sera en état.

Lampe hydrostatique à liqueur saline, de MM. Frédéric et Philippe Girard, frères. Cette lampe (*fig.* 164. *Pl.* III), dans laquelle on fait usage d'une liqueur saline, n'a pas la précision de celles que l'on vient de décrire (les lampes hydrostatiques, fondées sur le système de la fontaine de Héron) ; mais sa construction, étant extrêmement simple, permet de l'établir à des prix modérés.

La capacité *a* contient la liqueur saline. L'huile se trouve dans le large réservoir inférieur *b*, et l'air arrive dans la capacité *a* par le tube *c*. La hauteur du liquide dans le vase *a* n'influera donc aucunement sur la hauteur de l'huile dans le bec ; d'un autre côté, la capacité *b* ayant fort peu de hauteur, et la pesanteur de la liqueur saline n'étant guère que d'un tiers plus grande que celle de l'huile, le niveau de ce liquide dans le bec ne variera que d'une quantité égale au plus au quart de la hauteur du vase *b* : par conséquent, si ce vase a 14 millimètres (6 lignes), le niveau ne variera que de 3 millimètres (1 ligne 1/2).

Quand on veut garnir d'huile cette lampe, on dévisse le tuyau *c*, qui est vissé en *d* ; on a un entonnoir fait exprès, dont la tige s'introduit dans le tuyau ascendant *e*, placé à côté du bec ; on verse de l'huile dans cet entonnoir, alors la liqueur saline remonte dans le vase *a*, et quand l'opération est terminée on visse de nouveau le tuyau *c* avant d'enlever l'entonnoir. On pourrait se dispenser de dévisser le tube *c*, en ménageant sur

le fond *f* un orifice qu'on boucherait et déboucherait à volonté, pour laisser sortir l'air extérieur, et lui interdire ensuite l'accès de la capacité *a*. On pourrait également rendre le
niveau de l'huile aussi exact dans cette lampe que dans les
autres en prolongeant le tube *g*, ainsi qu'on le voit en *i b*, de
manière que la liqueur saline arrivât dans la capacité *b b* par
l'orifice *b*, placé tout près de la paroi supérieure de cette capacité : alors, pour que la liqueur pût remonter sans se mêler
à l'huile, il faudrait incliner la lampe vers *h* au moment de la
garnir. Cette addition serait plus satisfaisante qu'utile. Il n'est
pas nécessaire de dire que la cuvette supérieure *f* est disposée de manière à prévenir le versement de l'huile.

Une capacité qu'on ajoute d'une manière convenable à cette
lampe reçoit les écoulements ou par un tuyau additionnel, ou
directement selon sa position, qui dépend de la forme à donner au corps de la lampe. Elle se vide par les mêmes ouvertures ou par un tuyau du robinet inférieur.

Quant à la nature de la liqueur saline, elle est parfaitement indifférente à l'effet, pourvu qu'elle soit très-pesante et
qu'elle n'ait d'action marquée ni sur l'huile ni sur la matière
de la lampe.

Ce brevet, obtenu le 15 décembre 1804 pour quinze ans, fait
partie du domaine public depuis 1819, époque de son expiration ; mais, contre le vœu de la loi, il n'a pas été publié alors.

Lampe Thilorier. En 1828, MM. Thilorier et Barrachin présentèrent à la Société d'Encouragement une lampe hydrostatique que montre la fig. 165, *Pl.* III. En voici les différentes
parties :

a. Réservoir au liquide pesant ou réservoir supérieur.

b. Réservoir à l'huile ou réservoir inférieur.

c. Tuyau élévant l'huile au bec et servant au remplissage.

d. Tuyau destiné à élever ou laisser descendre le liquide
pesant.

e. Bouchon fermant et ouvrant à volonté un tube soudé
au sommet de *a*, et faisant communiquer l'air avec le réservoir ou liquide.

i. Tuyau aux égouttures.

g. Réservoir aux égouttures.

i. Entonnoir se plaçant sur le bec et propre au remplissage.

j. Godet mobile.

l. Bec.

Le liquide moteur est une dissolution de sulfate de zinc dont la densité est peu à peu près de 1,57, celle de l'huile à brûler ordinaire étant prise pour unité : il est formé d'autant de sulfate de zinc que d'eau. Les propriétés de cette dissolution sont, de ne s'altérer ni par la durée ni par le contact de l'huile, de ne point attaquer le fer-blanc, et de ne se congeler qu'à 8 degrés au-dessous de glace.

Le réservoir *a* étant rempli de liqueur saline, et *b* d'huile, le premier maintiendra le second dans le tube d'ascension *d*, à une hauteur qui sera en raison inverse de la densité de l'huile, relativement à celle de l'autre liquide. La hauteur de cette dernière colonne devra être comptée, à partir de la partie inférieure du tube à air jusqu'à la surface supérieure de ce même liquide dans le vase *b*.

Si on ôte de l'huile à l'extrémité du tube *c*, l'air s'introduisant dans *a* par le tube à air, obligera un volume de liqueur salée à descendre dans *b*, et déterminera l'ascension d'un égal volume d'huile; mais, pendant ce temps, le niveau du liquide dans le tube *c* baissera continuellement. Car la colonne motrice reste toujours au même point, puisqu'elle doit se compter de l'extrémité du tube à air qui est fixe; mais il n'en est pas de même de l'extrémité inférieure de la colonne *d*: elle se termine à la surface de la liqueur saline, et cette surface s'élève continuellement pendant l'écoulement.

On voit, d'après cela, la grande ressemblance qui existe entre la lampe à liqueur saline des frères Girard et celle de Thilorier. Les dispositions des réservoirs et des tuyaux, la place qu'ils occupent, les fonctions qu'ils remplissent, le moyen d'introduire l'air nécessaire pour fixer le départ du liquide, l'ingénieux procédé pour le faire remonter par l'allongement momentané de la colonne d'huile, tout est commun entre les deux lampes.

Le bec *l*, rendu capillaire par le rétrécissement à son sommet, est formé de deux cylindres concentriques ne laissant entre eux qu'un petit intervalle. Au-dessus du réservoir d'huile, se place un godet mobile *g*, qui embrasse les tubes *c* et *d*: il sert à recevoir l'huile qui s'écoule du bec lors du remplissage, ce qui peut s'écouler pendant la combustion. Elle est amenée par un tuyau, disposé au centre de la surface supérieure concave de *a*. Le godet *j* est caché par la partie inférieure de la robe de la lampe, robe démontante qui se soulève verticalement.

La liqueur motrice est versée dans la lampe, une fois pour

toutes, par le même procédé qui sert à la remplir d'huile chaque jour. Ce procédé est celui de Verzi.

On chausse sur le bec *l*, l'entonnoir *i* garni d'une douille qui l'embrasse, et intérieurement d'un bouchon fixe qui ferme le tube central du bec : de manière que quand l'entonnoir est en place, sa capacité communique seulement avec celle du bec.

Alors on soulève le bouchon du tube à air, on le tourne, et un arrêt le maintient dans cette position : cette opération est nécessaire pour que l'air puisse se dégager. Voici au résumé le service de cette lampe :

1° Il faut ôter journellement le verre, le porte-verre et le godet ; 2° enlever en tournant jusqu'à ce que le point d'arrêt se trouve en face de l'échancrure, la robe ou enveloppe de la lampe ; 3° enlever le godet mobile, le vider, l'essuyer et le remettre en place ; 4° chausser l'entonnoir sur le bec ; 5° ouvrir le bouchon ; 6° emplir la lampe ; 7° après qu'elle est pleine, enlever l'entonnoir, et remettre les parties enlevées.

On voit fig. 166, en B, une galerie portant le verre et le globe : elle est ajustée sur un tube à filets repoussés autour, et sert à régler la hauteur de la mèche. Le porte-mèche est dirigé par une crémaillère placée dans le tube d'ascension. Le porte-verre est construit de façon à ce que la cheminée s'appuie sur trois petits arrêts : il a des ouvertures de grandeur suffisante laissant pénétrer un courant d'air sur la surface extérieure du bec.

Dans les lampes cylindriques, la robe s'enlève complètement, et laisse l'appareil à nu ; dans les autres, la partie inférieure seule de la lampe est garnie d'une robe mobile destinée à masquer le godet.

Lampe Morel et Garnier, à niveau variable (*fig.* 167, *Pl.* III) Cette lampe fut présentée à la Société d'Encouragement à la même époque que la précédente. Voici les parties qui la composent :

1° Réservoir *a a*, au liquide pesant ; 2° récipient d'huile *e c* 3° deux tubes *d g*, servant, l'un à conduire le liquide moteur dans *c*, l'autre à amener l'huile au bec ; 4° un bouchon *a*, à travers lequel passe le tube à air glissant dans une boîte à cuir fixe, dont la partie supérieure, taraudée, s'engage dans un écrou ; 5° un robinet supérieur, à trois entrées 1, 2, 3 la première destinée à ouvrir ou à intercepter le passage d bec au tube d'ascension *a*, la deuxième faisant communique la partie supérieure de *a* avec la douille ouverte 2, la troisièm établissant la communication du tube c avec une petite douille sur laquelle se chausse l'entonnoir de remplissage M. k, capacité dans laquelle se réunit l'huile déversée par le bec; tuyau i, pour faire couler cette huile déversée. Cette huile est amenée sous le pied de la lampe par un tuyau particulier fermé par un robinet qui permet de vider la capacité k.

On voit (*fig.* 168) le pied de la même lampe à niveau fixe, parce que c'est en effet dans la base que réside la différence de niveau. Nous commencerons par dire que la lampe à niveau variable ne diffère de la lampe à niveau fixe que par l'absence du robinet n destiné à maintenir la longueur de la colonne motrice.

Le liquide moteur employé par M. Morel est formé d'eau-mère de salpêtre et d'environ un tiers de mélasse.

Service de la lampe. 1° Il faut ôter le verre, la gorge et le porte-verre; 2° ouvrir un robinet au moyen d'une clef de cuivre; 3° placer l'entonnoir dans sa tubulure, et lever son bouchon; 4° remplir la lampe doucement; 5° fermer le robinet, en tournant de droite à gauche; 6° enlever l'entonnoir après l'avoir fermé; 7° remettre les parties enlevées; 8° de temps à autre, et non journellement, ouvrir le robinet p, vider la lampe et le fermer.

Le remplissage se fait latéralement, et ce système a exigé le robinet à trois entrées, qui, à la fois, 1° établit ou intercepte la communication du tuyau d'ascension de l'huile avec la douille latérale; 2° ouvre ou ferme la communication avec le bec; 3o fait communiquer le réservoir supérieur avec l'air. L'idée qu'ont eue les auteurs de munir leur entonnoir d'un bouchon qui se lève et se baisse à volonté, empêche qu'en soulevant l'entonnoir après le remplissage, l'huile superflue ne se répande sur la cuvette, d'où ce liquide irait inutilement remplir le réservoir aux égouttures.

Le robinet n, qui maintient le niveau de la colonne motrice à la même hauteur, a une tige qui traverse la boîte à cuir i; sa clef est creuse et s'ouvre en n et en x, de telle sorte que dans une certaine position du robinet, le liquide qui s'écoule du réservoir a déverse par l'ouverture n, et que dans l'autre position, ce même liquide peut remonter par la partie inférieure du tube e.

Nous avons dit, en parlant de la lampe Thilorier, que la partie supérieure de la colonne motrice devait être prise depuis la partie inférieure du tube à air, et qu'elle s'étendait

jusqu'à la surface supérieure du liquide moteur dans le réservoir *b* (*fig.* 165). Nous avons dit que la colonne motrice diminue continuellement à mesure que l'huile se consomme.
Pour éviter cette diminution, M. Morel fait écouler la liqueur
saline d'un point plus élevé que la surface du liquide dans
le réservoir *c* (*fig.* 167) à la fin de la combustion : par ce
moyen, il a obtenu une colonne pesante plus courte, mais
d'une longueur constante ; néanmoins, il fallait que cette disposition cessât pendant le remplissage, parce qu'autrement
le liquide pesant n'aurait pu remonter dans le réservoir supérieur ; c'est cette double fonction que remplit le robinet *n*.
Pendant la combustion, le liquide s'échappe par l'ouverture *n*,
qui se trouve alors à l'extrémité inférieure de la colonne motrice, et pendant le remplissage le liquide qui s'est accumulé au
fond du réservoir *b* peut remonter dans le réservoir supérieur,
parce que l'orifice latéral *n* du tube *x* est fermé, et que ce
tube communique avec son prolongement *v*, qui descend jusqu'au fond du réservoir *b*.

Cette lampe nous paraît préférable à toute autre lampe
hydrostatique de ce genre. L'appareil de combustion est celui
de *Carcel*, sans aucune modification. La lumière de cette
lampe est belle et constante : la robe est fixe ; mais ce n'est
point un désavantage, parce que les robes démontantes ont
le désagrément que lorsqu'on transporte la lampe, elle paraît
peu sûre, et vacille toujours dans la robe.

Lampe d'Edelcrantz (*fig.* 169, Pl. III). On la nomme *lampe
statique*, parce que sa marche dépend de l'équilibre entre trois
corps différents, dont deux sont fluides et l'autre solide. Elle
est formée de trois cylindres concentriques *a a h h*, *n n h h*,
et *f g b b* : les deux premiers sont réunis par leur partie inférieure, et forment entre eux un espace annulaire fermé par
la partie inférieure. Le second cylindre *n n h h* est aussi fermé
par un plateau supérieur *d d* : cette partie de l'appareil
forme donc une surface circulaire horizontale, garnie, près
de sa circonférence, d'une rainure profonde, dont le rebord
extérieur s'élève au-dessus du plateau central. Le cylindre
f g b b, qui entre librement dans l'espace annulaire fermé
par les deux premiers cylindres, est également fermé par
un plateau *f g*, que reçoit à son centre un tube vertical
k k l l, sur l'extrémité duquel est monté à vis un bec d'Argand. Ce dernier tuyau en renferme un autre plus petit *p q*,
ayant le même axe, et qui est maintenu dans sa position

par deux petites traverses : il reçoit une tige de fer fixée au plateau *dd*, et qui se termine supérieurement par un écrou *o*. Ce petit cylindre sert à diriger le mouvement de *fg bb* : les cylindres *aa hh*, *nn hh*, *fg bb*, sont en tôle, ainsi que les plateaux *ddfg* et l'anneau *hh*; le tube *kk ll* peut être en cuivre ou en fer-blanc.

Jeu de la lampe. Fixez l'écrou *o*, qui limite la plus grande élévation de *fg bb*, de manière que la distance des plateaux *fg* et *nn* soit d'environ 36 millimètres (16 lignes) à leur plus grand écartement, c'est-à-dire quand la partie supérieure de *pq* touche l'écrou. Versez ensuite du mercure dans l'espace annulaire *a h n n h a* jusqu'en *rr*; enlevez après cela le bec, et versez de l'huile par l'ouverture *ll*, de façon à remplir l'espace *n*. Ce liquide, agissant par son propre poids sur la surface du mercure, fera élever son niveau extérieur au-dessus de *n*; et comme la pesanteur spécifique du mercure est environ quinze fois plus grande que celle de l'huile, la différence *rr'* de niveau du mercure sera égale à la quinzième partie de la hauteur *r l*. Le réservoir étant plein, vissez le bec, et il ne reste plus qu'à charger le plateau *fg* d'un poids suffisant pour monter l'huile jusqu'en *s*; la distance *rr'* des des deux niveaux du mercure sera augmentée du quinzième de la hauteur du bec; mais une fois l'équilibre établi, l'huile se maintient toujours au niveau *ss*; car le mercure placé dans les rainures d'emboîtement ne sert qu'à intercepter l'air extérieur, et dans le rapprochement ou l'écartement de *fg* et *nn*, il ne joue point d'autre rôle. Il suffit donc d'examiner les diverses pressions qu'éprouve l'huile placée dans le réservoir *n* et dans le tuyau d'ascension. Or, l'huile située au-dessous de *fk* et de *kg*, éprouve une pression constante égale au poids de la partie solide et mobile de l'appareil, en y comprenant le poids dont on l'a chargé; par conséquent la colonne liquide qui s'élève au centre doit nécessairement acquérir une hauteur telle, que son poids fasse équilibre à cette pression : la pression étant constante, la hauteur de l'huile l'est aussi, tant que *fg* et *nn* ne sont pas en contact.

Le poids de la partie mobile de l'appareil n'est pas rigoureusement invariable; mais le cylindre *fg bb* étant très-mince, la diminution de poids qui résulte de son enfoncement le mercure n'aura aucune influence sensible sur le niveau de l'huile dans le bec.

Le tube *u u ll* en fer-blanc sert comme un godet à recevoir

Ferblantier. 23

l'huile surabondante. Les lignes tracées à droite et à gauche de *l k* indiquent la coupe d'une enveloppe propre à recevoir divers ornements, et destinée à former le poids qui agit sur la surface de l'huile.

Lorsqu'on connaît combien d'huile le bec consume par heure, on détermine facilement la capacité qui doit contenir l'huile, pour que la lampe dure un temps déterminé. Quant au poids dont on charge *f g*, il est égal au poids d'un cylindre d'huile qui aurait pour base le plateau *f k*, et pour hauteur la distance *k s*. Cette lampe très-ingénieuse n'a point réussi, parce qu'elle n'est point portative.

Lampe hydrostatique, de M. Palluy. Cette lampe est à robinet vertical ; le bec est mobile, et c'est son mouvement qui produit celui de la clef du robinet. Ce robinet est à deux entrées seulement, parce que le tube à air est mobile. Le remplissage se fait par un entonnoir terminé par un tuyau cylindrique qui se place sur la douille de remplissage : cette dernière ainsi que la partie inférieure qu'elle reçoit sont percées latéralement de deux ouvertures. Lorsqu'on remplit la lampe, on place l'entonnoir de telle sorte que ces deux ouvertures ne se rencontrent pas ; et quand la lampe est pleine et qu'on a fermé la communication du tube d'ascension avec la douille de remplissage en tournant le bec, on tourne l'entonnoir de manière à faire coïncider les deux ouvertures ; l'huile restée dans l'entonnoir s'écoule alors dans le godet inférieur. Cette disposition a l'avantage de faire disparaître la possibilité d'un jet d'huile au dehors, si on venait à oublier de fermer le robinet, parce que l'entonnoir ne devant s'enlever que lorsqu'il ne s'écoule plus d'huile par l'orifice latéral, la continuité de cet écoulement avertirait de l'erreur commise.

Dans le système adopté par M. Palluy, le porte-mèche ne pouvait pas être dirigé par une crémaillère, et pour le placer à côté, il aurait fallu ménager dans le réservoir supérieur une cavité fermée de toutes parts, d'une forme annulaire, et d'une assez grande étendue. M. Palluy a été obligé de remplacer la disposition ordinaire par une vis logée dans le bec, dans laquelle se trouve engagé un écrou fixé au porte-mèche. Cette vis est dirigée par deux roues dentées.

La disposition du godet mobile est la même que celle de la lampe *Thilorier*, ainsi que la forme des becs ; le porte-verre est celui de *Carcel*. La lampe de M. Palluy avait d'abord l'inconvénient de donner des flammes coniques et un peu rougeâtres, parce que le courant d'air intérieur était beaucoup trop grand. Ce courant ayant été rétréci, la lampe fournit maintenant une lumière cylindrique parfaitement blanche.

La figure 170, *Pl.* III, représente la lampe de M. Palluy toute montée, et dessinée au tiers de sa grandeur naturelle.

On voit, fig. 171, la cuvette supérieure montrant les différents orifices pour l'introduction de l'huile, son écoulement et la communication du réservoir avec l'air extérieur.

Fig. 172. Bec mobile monté de toutes ses pièces.

Fig. 173, *Pl.* IV. Boisseau en élévation et en plan, dans lequel tourne à baïonnette le robinet qui détermine le passage de l'huile dans le réservoir inférieur, et son ascension au bec.

Fig. 174. Porte-mèche et son engrenage.

Fig. 175. Bouchon et tube à air.

Fig. 176 et 177. Entonnoirs : le premier est destiné au remplissage de la lampe ; le second à celui du candélabre.

Fig. 178. Godet inférieur mobile, dans lequel tombe le trop plein de l'huile, vu en plan et en coupe. Les figures 172 à 175 sont dessinées aux deux tiers de grandeur naturelle : les mêmes lettres indiquent les mêmes objets dans toutes les figures.

A, réservoir supérieur renfermant la liqueur saline ; B, réservoir d'huile inférieur ; C, tube conduisant la liqueur du réservoir dans la cuvette ; D, tube d'ascension de l'huile du réservoir B au bec de la lampe ; E, tube par où s'écoule l'huile surabondante après le remplissage et pendant la combustion ; F, godet mobile qui reçoit le trop plein de l'huile ; G, partie inférieure de la robe, qui se soulève verticalement quand on veut ôter le godet mobile ; H, bec de la lampe ; I, galerie portant le verre et le globe.

Sur le côté droit du bec en fer-blanc H, est soudée une chape en cuivre *a*, portant un petit canon *b*, dans lequel est enfilé et tourne l'axe d'un pignon vertical *c*; le bout *d* de cet axe est carré et reçoit une clef *e*, qui s'enlève à volonté. Le pignon *c* engrène avec un autre pignon *f*, fixé au bas d'une mèche *i*, et qui lui sert d'écrou. On conçoit qu'en faisant tourner le pignon *c* dans un sens ou dans l'autre, on élève ou l'on abaisse le porte-mèche.

Du côté du bec H, opposé à l'engrenage, est soudé un petit tube de cuivre *l*, qui reçoit un robinet *t*, tournant dans un boisseau *m* (*fig.* 173), de la même manière qu'une douille de baïonnette de fusil. Ce robinet est réuni au boisseau par une bague servant d'écrou à la vis *n*.

La moitié *o* du diamètre intérieur du robinet est divisée dans toute sa longueur par une cloison *o* fermée en bas; l'autre moitié *p*, qui est ouverte, correspond directement avec l'ouverture comprise entre l'enveloppe H du bec et le porte-mèche: *q* est un trou percé dans la partie latérale inférieure du robinet *t*; *s* est un arrêt saillant soudé sur ce même robinet, servant à régler sa course dans le boisseau *m*, *y* est un tube en cuivre courbe, soudé au corps du boisseau *m*; et dont l'extrémité se termine par la douille de remplissage *z* (*fig.* 171). Quand on tourne le robinet *t* de droite à gauche, jusqu'à ce que le mouvement soit arrêté par le butoir *s*, le trou *q*, et, par suite, la partie vide *p* du tube correspondant avec le remplissage *y*, la communication du bec avec le tube d'ascension D est interrompue ; alors on place sur la douille *z* l'entonnoir, on soulève le tube à air, et on verse l'huile : celle-ci, après avoir traversé l'espace *p* du robinet *t*, tombe dans le réservoir inférieur B. Pendant ce temps, la communication avec le bec est fermée : on la rétablit après le remplissage après avoir descendu le tube à air, en ramenant à sa première position le tube *l*, c'est-à-dire que le trou *q* se trouvera alors à l'opposé du tube *y*, et le trou *r* correspondra, d'une part, avec le trou *x* du boisseau *m* et le tube d'ascension D, et de l'autre avec le bec.

Ainsi, pour faire le service de la lampe, il suffit de tourner de droite à gauche, ou de gauche à droite, le robinet *t* dans le boisseau *m*, en lui faisant décrire un quart de révolution. L'extrémité inférieure de l'entonnoir (*fig.* 176) est percée sur le côté d'un petit trou *b'*, lequel, après que la lampe a été remplie, se tourne dans la direction d'un petit bout de tuyau *c'*. Moyennant cette précaution, tout ce qui peut rester d'huile dans la tige de l'entonnoir tombe par le petit tuyau *c'* de la cuvette *a'*, et se rend par l'orifice *d'* dans le tuyau E, et de là dans le godet mobile F (*fig.* 178 et 179 *bis*), en F *o*.

On voit le régulateur (*fig.* 175) : il est formé d'un tube ouvert par les deux bouts, terminé supérieurement par le bouchon *f'*, à travers lequel le tube se prolonge, et qui est reçu dans une petite douille conique alésée *e'* : la partie moyenne *h'* du tube est filetée et s'engage dans un écrou fixe maintenu par une tige *i'*. La partie inférieure *g* du tube plonge dans le liquide. Il résulte de cette disposition que pour établir la communication du réservoir A avec l'air, ce que nécessite le remplissage, il suffit de faire tourner le bouchon de façon à ce que la vis *h'* s'élève de quelques pas au-dessus du niveau du liquide.

La cuvette de la lampe est composée d'une petite boîte en fer-blanc *l'*, percée d'un orifice dans lequel est soudé le tuyau *c*. Elle porte une ouverture conique *m'*, qui facilite le remplissage, et un rebord *n'*, que l'on soude contre le fond *o'* du socle : la cuvette est entièrement bouchée à l'extérieur par une plaque circulaire *p'* en fer-blanc, également soudée au fond *o'*.

Candélabre hydrostatique, de M. Palluy. La fig. 179, *Pl.* IV, représente ce candélabre dessiné au dixième de sa grandeur naturelle : il est à quatre becs, et construit sur le même principe que la lampe ; le bec du milieu seul est hydrostatique et alimente les autres. Le dégorgement arrive dans une cuvette L, à laquelle sont adaptées les tiges portant les trois autres becs dont le niveau est plus bas que celui du bec central : c'est l'huile surabondante de cette cuvette qui alimente les trois becs latéraux ; le trop plein se perd dans le socle du lustre où est placée une cannelle *k*, pour servir de dégorgement ; cette cannelle est dessinée sur une plus grande échelle (*fig.* 180). Le service du candélabre est le même que celui des lampes : il emplit par la cuvette du bec du milieu ; mais comme la hauteur de la colonne saline est déterminée de manière à produire un dégorgement par le bec central, il faut fermer le bec jusqu'à ce qu'on allume, ou seulement l'orifice supérieur du tube à air, sans quoi la lampe se viderait.

CHAPITRE VIII.

DES LAMPES MÉCANIQUES.

Voici les plus belles lampes, mais aussi les plus chères : toutefois, l'élévation du prix se trouve compensée, puisqu'elles brûlent l'huile d'une manière bien plus productive que tous les autres appareils d'éclairage, et que l'intensité de la lumière est plus constante. L'idée de prendre le pied même de la lampe pour réservoir, et de faire monter l'huile par une pompe mise en action sous l'influence d'un mouvement d'horlogerie, est due à MM. Carcel et Carreau. Depuis eux, MM. Gagneau, Gotten, Duverger, etc., ont employé des mé-

canismes plus ou moins ingénieux. Mais avant de décrire ces
intéressants appareils, occupons-nous d'une lampe mécanique
assez commune, la *lampe à pompe.*

Lampe à pompe. Cette lampe, très-usitée chez les pauvres
gens, et surtout dans les départements méridionaux, se vend
à très-bas prix. Quoiqu'on l'ait perfectionnée en y adaptant
l'appareil à double courant d'air et un réflecteur, ce n'est
toujours qu'une lampe à flamme rougeâtre, faible et vacil-
lante; aussi l'a-t-on presque généralement abandonnée: toutefois, il en faut faire mention, puisqu'il s'en fabrique encore.

L'appareil, que l'on fait ordinairement en fer-blanc, a,
comme le montre la fig. 181, *Pl.* IV, la forme d'un chandelier
pourvu d'une bobèche avec sa chandelle. Il est composé de
deux pièces creuses; l'une, A B, est conique : elle sert de pied
et de réservoir inférieur ; là se trouve un petit corps de
pompe (*fig.* 182) *e e* soudé au corps de la lampe, fermé à son
fond, et communiquant avec sa capacité par de petits trous
d d et par une soupape ; le piston *q* est surmonté de deux
tubes de fer-blanc *i* et *h*, dont l'un *h* entre dans l'autre *i*, et
communique avec une soupape *n* adaptée au piston ; le tube
extérieur *i* est soudé au fond A du réservoir supérieur A C,
qui a la forme d'une chandelle creuse : le bas entre dans le
cylindre qui surmonte le pied; les deux soupapes s'ouvrent de
bas en haut. Voici le mécanisme de l'appareil :

Lorsque, prenant la bobèche entre les doigts, vous pesez
sur elle, le cylindre ou réservoir supérieur s'enfonce un peu
dans l'inférieur, et le piston descend dans le corps de pompe;
l'huile qui s'y trouve presse les soupapes *m* et *n* : *m* ferme
l'ouverture du bas, *n* s'ouvre et l'huile monte par le tube intérieur *h* dans la capacité K. Le piston arrivé au bas de sa
course, vous cessez de peser sur la bobèche, et le piston est
repoussé en haut par un ressort à boudin qui remplit tout le
corps de pompe. Dans ce mouvement rétrograde, *n* reste fermée ; mais il se fait une aspiration qui soulève *m*, et l'huile
passant par *d d*, sous le fond du corps de pompe, y entre par
l'ouverture *m*, et remplit de nouveau cette capacité. Plusieurs
jeux successifs de la pompe élèvent divers volumes d'huile, et
quoique ce liquide fuie un peu par le bas du tube *k i*, qui est
ouvert, par l'effet de la viscosité, non-seulement le tube *i k l*
s'emplit, mais l'huile se déversant par l'orifice supérieur *l* emplit bientôt le cylindre C A. Ce dernier réservoir, dont le
fond A est bouché, peut être enlevé, emportant avec lui la

bobèche et le tube *i k*, lorsqu'on veut verser de l'huile dans le pied.

En *a* est une plaque qui empêche l'huile de jaillir au dehors ; elle est percée d'un trou rond ou d'une fente oblongue pour recevoir un court tuyau formant bec mobile, dans lequel la mèche ronde ou plate est maintenue. Cette mèche flotte dans l'huile de C A, et l'on n'en laisse sortir qu'un petit bout, qui brûle, et qu'on attise de temps en temps ; et même quand l'huile est trop basse dans C A, il faut faire manœuvrer la pompe, sans quoi la lumière pâlit et ne tarde pas à s'éteindre, parce que la capillarité de la mèche n'élève plus qu'une très-petite quantité d'huile sans cesse décroissante. Quand l'huile élevée par la pompe est surabondante, elle coule au dehors par le bec et retombe le long du cylindre A C sur la bobèche qui est percée, et elle rentre ainsi dans le réservoir inférieur.

Lampe de Carcel (*fig.* 183, *Pl.* IV). Dans le pied cylindrique ou quadrangulaire de a lampe, est une boîte A B C D divisée par des cloisons en trois chambres : des soupapes ferment quatre orifices, *a b* à la cloison supérieure, *c f* à l'inférieure. Un piston M parcourt horizontalement la chambre intermédiaire R S, qui tient lieu de corps de pompe ; sa tige horizontale M *x* perce la paroi A C, et passe dans une boîte à cuir à travers A C, sans permettre à l'huile de se glisser par cette ouverture. Un mouvement d'horlogerie imprime à ce piston un va-et-vient, de manière que l'huile qui est entrée dans R S est refoulée, tantôt vers S, et lève alors la soupape *b*, tantôt en R, et lève la soupape *a*; l'huile entre donc dans la chambre supérieure N, et de là s'élève par cette compression dans le tube T U, jusqu'à la mèche. La chambre inférieure P Q est coupée par une cloison transversale en deux espaces, qui n'ont entre eux aucune communication, et l'huile, qui y arrive de dessous, passe alternativement dans le corps de pompe par les orifices *c* et *f*. Ainsi, quand le piston est poussé vers S, le vide, qui tend à se faire en R, ferme la soupape *a*, lève *c*, et l'huile remplit les espaces Q et R ; en même temps la pression exercée S ferme la soupape *f*, lève *b*, et chasse l'huile vers N dans le tube T U. Lorsque le piston rétrograde en R, le même effet a lieu du côté opposé, c'est-à-dire que la soupape reste fermée, *f* se lève, et l'huile remplit l'espace P S ; de l'autre côté, la soupape *c* demeure fermée, et la pression lève *a* et pousse l'huile par l'orifice *a* dans le tube

T U : ainsi la pompe *est à double effet.* Cette lampe est reconnue la plus belle de toutes.

Lampe de Gagneau (fig. 184 et 185, *Pl.* IV). Elle est disposée comme la précédente, mais le mécanisme qui fait monter l'huile est très-différent. La figure 185 montre le mécanisme intérieur. Lorsque sous l'influence de la force motrice d'un mouvement d'horlogerie la roue F tourne lentement, comme ses dents sont triangulaires ou ondées en festons, le levier coudé *kk* oscille à droite et à gauche, parce que si l'un des bras pose sur le sommet d'une dent, l'autre porte sur un creux. Les talons *dd*, fixés au dos des deux branches, poussent ainsi tour à tour les leviers droits *cf*, en sorte que les plateaux *ww* ont un mouvement alternatif de haut en bas, l'un montant quand l'autre descend. Chacun de ces plateaux presse le fond flexible d'un petit tambour *a a* en taffetas gommé, qui est placé sous le réservoir d'huile avec lequel il communique par deux trous *ab (fig.* 185); ces trous sont fermés par des soupapes, qui sont de petits morceaux de taffetas gommé. Un vase G, exactement fermé de toutes parts, contient de l'air emprisonné, et communique avec les tambours I par l'un des trous *b* qui s'y rendent.

Jeu de la lampe. Voici l'effet produit par ce mécanisme que, le savant M. Francœur a comparé à la circulation du sang. Lorsque le fond C est pressé par en bas, l'huile qui est entrée dans le tambour I par le trou *a* ne peut plus reprendre le même chemin, parce que la soupape le bouche : elle lève donc *b* et entre dans le réservoir d'air; l'autre tambour est alors inactif et rempli d'huile, mais la pression le met en jeu à son tour, et il se vide, tandis que le premier, revenu à son état ordinaire, se remplit d'huile; ainsi l'huile entre sans cesse dans le réservoir G, où l'air se trouve comprimé vers la paroi supérieure, et réagit sur elle avec toute la force élastique due à sa compression. Un tube G H, qui est ouvert aux deux bouts, et aboutit tout près du fond G, est bientôt baigné d'huile, puis ce liquide s'y élève jusqu'à la mèche sans aucune intermission. Un filtre *gg*, qui entoure les soupapes, ne laisse jamais entrer les impuretés qui se rencontrent dans l'huile. Cet excellent appareil justifie par une expérience soutenue les éloges que lui a donnés M. Francœur. Le seul reproche qu'on lui puisse adresser, est d'exiger des réparations lorsque les tissus de taffetas gommé se laissent traverser, ce qui arrive après quelques années de service : mais cet inconvénient est réparé.

Perfectionnement de la lampe Gagneau. Pendant longtemps M. Gagneau a employé des soupapes telles que les montre la figure 186. Dès que M. Lenormant eut connaissance des soupapes en taffetas préparées au caoutchouc, employées en Angleterre, il en conseilla l'usage à cet habile lampiste, qui les adopta. La figure 186 représente ce perfectionement, qui remplace les deux soupapes de chaque côté et rend l'exécution plus facile comme le service plus sûr. Le rectangle A est supposé une portion du fond, qui porte sur une face les boîtes, et sur l'autre les réservoirs. Il perce dans cette plaque deux trous *a d* de la grandeur convenable pour l'introduction de l'huile ; il couvre d'un côté, l'un *a*, d'un morceau de taffetas verni à la gomme élastique, de la largeur de trois fois le diamètre du trou ; il tend légèrement ce taffetas et le fixe par deux petites bandes de fer-blanc *b b*, qu'il soude par les deux bouts, après avoir pratiqué au burin quelques petit crans à l'une et à l'autre pièce, ce qui empêche le taffetas de glisser ; il place l'autre morceau de taffetas sur l'autre face pour couvrir de la même façon le trou *d*. On conçoit que l'huile entre facilement lorsqu'elle agit sur le taffetas dans toute sa longueur, en cherchant à le séparer du fond, et que celui-ci cède sans trop de résistance ; tandis qu'au contraire il en oppose une invincible lorsque l'huile tend à appliquer sur le trou ce simple taffetas, qui devient par là le plus simple et le meilleur des obturateurs : alors les réparations ne sont presque plus nécessaires.

Lampe de MM. Duverger et Gotten. Cette lampe est très-simple et ingénieuse. Elle est à double courant d'air, et l'huile y monte de même que dans la lampe Carcel. Le moteur est un ressort de pendule, mais les mobiles sont réduits à deux roues et deux pignons, dont l'axe du dernier, façonné en manivelle, fait monter et descendre la tige unique qui porte les pistons d'une petite pompe à jet continu. Il n'y a dans ce mouvement ni vis sans fin, ni volant régulateur ; ce dernier est remplacé par une roue de fer-blanc montée sur l'axe à manivelle, prolongé à cet effet, et dont la circonférence porte de petits augets qui, plongeant dans un fluide particulier composé d'huile non siccative, se remplissent de ce fluide, qui s'échappe ensuite à travers de petits trous ménagés dans leurs fonds du moment qu'ils commencent à remonter. On sent qu'en faisant les trous des augets plus ou moins grands, on donne à ce régulateur toutes les vitesses qu'on désire. On peut même faire varier son mouvement de rotation dans les instants donnés, en faisant les trous du fond des augets iné- gaux, et ménageant ainsi plus d'énergie au moteur, au mo- ment où il éprouve une plus forte résistance, comme par exemple dans le mouvement des pompes mises en jeu par une manivelle.

Une autre chose remarquable dans la lampe Gotten, c'est le moyen qui empêche l'huile contenue dans le réservoir supé- rieur de se répandre dans la capacité où est placé le méca- nisme : il n'y a de communication obligée de l'un à l'autre que le trou dans lequel passe et joue la tige des pistons de la pompe; mais cette tige, quelque petite qu'elle soit, ne doit pas y éprouver de frottement, pour ainsi dire, et pourtant l'huile ne doit pas même y transpirer. C'est en faisant passer la tige des pistons, d'abord dans une petite boule de cuir cha- moisé, pleine de laine hachée, et ensuite à travers du mercure contenu dans un petit barillet de bois ou d'ivoire qui est fermé en haut comme en bas, qu'on obtient ce résultat. Le mercure, si fugace, y reste cependant et s'oppose au passage de l'huile, sans occasioner de frottement à la tige du piston ; au to- tal, les lampes mécaniques sont préférables à toutes les au- tres : leur lumière est plus blanche, leur éclat plus brillant. On leur donne les formes les plus agréables. La mèche est si abondamment baignée d'huile, que la partie enflammée fait saillie de plus de 14 millim. (6 lignes) au-dessus du bec, en sorte que jamais ce bec n'est brûlé. On pourrait y mettre un bec sinombre. L'entretien est simple, puisqu'on verse l'huile par l'orifice supérieur du pied. La mèche se meut en tournant une vis horizontale située sous le bec, et saillante au dehors par un pignon et une crémaillère.

Nous allons maintenant passer en revue quelques-unes des améliorations qu'on a cherché à introduire depuis quelques années dans les lampes mécaniques, en procédant par ordre de dates.

Lampe Galibert. La lampe mécanique de Galibert, brevetée en 1834, est décrite dans le T. LIII, page 368 des Brevets expirés ; elle repose sur les principes suivants :

Les lampes mécaniques établies d'après le système Carcel plus ou moins modifié, ont plusieurs inconvénients.

1º L'huile ne monte pas par un jet continu, mais par une série de petits jets successifs, il en résulte une petite oscilla- tion dans la flamme, qui fatigue un peu les yeux, et qui offre un grave inconvénieut lorsque ces lampes sont employées pour l'éclairage des phares de la marine.

2° Le mouvement rapide du volant occasionne un petit bruit, qui, insensible pour beaucoup de personnes, est cependant assez fort pour en gêner d'autres, lorsqu'elles travaillent de tête.

3° La petitesse de certaines pièces qui font partie du mouvement les rend fragiles, et exige des ouvriers habiles pour réparer ces lampes lorsqu'elles sont dérangées.

Voici le moyen de remédier à ces inconvénients :

Je remplace la petite pompe qui monte l'huile par une pompe d'un diamètre beaucoup plus considérable, et je donne au piston une course plus longue; de cette manière le piston pour monter la quantité d'huile nécessaire pour alimenter le bec pendant une soirée, ne sera obligé de se mouvoir qu'un très-petit nombre de fois : on pourra donc supprimer tous les rouages intermédiaires qui ont pour but de multiplier le nombre des coups de piston donnés pendant que le barillet fait un tour, de là aussi la nécessité de supprimer le volant.

Mais alors l'angle de la tige du piston avec le bras de levier de la manivelle variant constamment, il en résulte une variation dans la pression et dans la vitesse du piston, et de plus, lorsque celui-ci est à la fin de sa course, il y a toujours un peu de ce qu'on appelle en mécanique, le temps perdu qui occasionerait une intermittence dans l'ascension de l'huile, intermittence qui, se trouvant beaucoup plus grande que dans les lampes Carcel, où les coups de pistons se succèdent très-rapidement, occasionerait non-seulement une oscillation de la flamme comme dans ces derniers, mais encore une très-grande diminution et presque cessation de la lumière; on évite ces inconvénients, en faisant mouvoir au moyen de la manivelle deux pistons au lieu d'un, pistons se mouvant dans deux corps de pompes placés à angles droits, de manière que quand l'un est au milieu de sa course et produit son maximum d'effet, l'autre est à la fin et produit son minimum d'effet, de cette manière, l'ascension de l'huile sera constante et sensiblement uniforme, et le ressort, se détendant constamment à peu près avec la même vitesse, ne donnera lieu à aucun choc dans l'appareil.

Voici la disposition de la lampe telle qu'elle est exécutée :

Un barillet engrène avec un pignon qui porte une manivelle, l'axe du pignon passe dans une boîte à étoupes, et va

plonger dans l'huile, ainsi que la manivelle qui donne le mouvement aux tiges des pistons au moyen de deux rectangles
placés à angles droits, et dans lesquels elle se meut; ces pistons sont à double effet, c'est-à-dire que le même piston aspire d'un côté, et foule de l'autre : ce système exige par conséquent huit soupapes, quatre pour aspiration et quatre pour
refoulement.

En résumé, l'invention consiste donc à donner directement
le mouvement à l'axe de la manivelle au moyen du barillet,
supprimant ainsi tous les rouages intermédiaires et le volant,
à faire passer l'axe de la manivelle dans une boîte à étoupes
pour le plonger dans l'huile, où la manivelle transforme son
mouvement circulaire, en mouvement rectiligne alternatif,
qui se communique à deux grands pistons se mouvant dans
deux corps de pompe à double effet, et placés perpendiculairement l'un par rapport à l'autre.

Détails du dessin.

Fig. 355 à 358, *Pl.* VIII. *b*, barillet engrenant avec le pignon *q* et donnant ainsi un mouvement circulaire à l'axe *a*
de la manivelle *m n*, lequel mouvement circulaire se transforme,
au moyen des rectangles *r*, en mouvement rectiligne alternatif,
qui est ainsi communiqué aux deux tiges *t* des pistons *p* des
corps de pompe à double effet *p*, lesquels corps de pompe
sont placés perpendiculairement l'un à l'autre.

b', boîte à étoupes pour empêcher la déperdition de l'huile.
s, soupapes.

Les soupapes inférieures se lèvent quand le piston aspire;
les supérieures se lèvent au contraire, quand le piston foule
et laisse un passage à l'huile pour se rendre au bec de la
lampe par le tube *v*, *v*.

Lampe mécanique de Rolland Degrége et Rimbert. Cette
lampe est représentée dans les figures 359 à 363, *Pl.* VIII.

a, baril qui sert à faire mouvoir la roue barillet qui est portée sur l'arbre; *b*, roue qui engrène dans le premier pignon;
c, roue qui engrène au second mobile indiqué par la lettre *n*,
qui sert à faire mouvoir la pompe et qui sert de communicateur; *d*, roue d'engrenage de la vis sans fin; *e*, seconde platine pour porter les première, seconde et troisième roues; *f*,
vis sans fin qui engrène au dernier mobile et qui porte un
volant pour régler la pièce; *g*, volant.

Pompe. *h*, pompe sans poche et sans piston; se servant

d'une aile qui décrit un tiers de circonférence ; bien entendu
que cette aile allant et venant, ayant un frottement très-doux
en tous points, ne peut avoir aucune altération par l'usure,
et qu'il est impossible, quelque chose qu'il puisse lui arriver,
d'en altérer la marche, car toute espèce d'ordure qui pourrait se trouver dans l'huile ne sera pas susceptible de monter
à la mèche.

L'huile, au lieu d'être aspirée, rentre naturellement par
son point dans la pompe ; par ce moyen, elle a le pouvoir de
ne pas se salir autant que celle qui aspire, il est entendu que
cette pompe ne respirant que sur le côté au lieu du dessous,
il est prouvé irrévocablement qu'elle est moins sujette à s'engorger que toute autre, vu que tous les dépôts des huiles
n'étant pas tourmentés par l'aspiration des lampes à poches,
ils se déposent tout naturellement au fond de la lampe.

Par le moyen de ce va-et-vient, cette aile ne peut ni s'user
ni user la partie sur laquelle elle frotte ; par ce même moyen
nos lampes pourront aller dans tous les pays, étant à proxi-
mité d'être arrangées par un horloger ou un ferblantier, ce
qui sera un nouvel avantage pour le commerce.

i, aile qui se trouve dans l'intérieur de la pompe, servant
à faire monter l'huile par le tuyau qui porte la lettre p ;
j, morceau de cuivre formant la fourche, porté sur l'arbre de
l'aile qui porte la lettre j, servant à faire mouvoir l'aile dans la
pompe par le moyen de la tringle portant la lettre m, qui est
tenue, par une vis, au boulon qui porte la lettre n ; k, vue
de l'intérieur de la pompe lorsque l'aile s'y trouve placée ;
l, dessus de la pompe ; m, tringle qui tient au boulon portant
la lettre n ; n, boulon qui est porté sur le pivot de la roue
portant la même lettre ; o, plaque qui sert à porter la pompe ;
q, tube qui sert à monter l'huile.

Un perfectionnement apporté à cette lampe est représenté
dans la figure 364 : q, deux roues de même grandeur, qui
servent à être de rapport, dont une porte la longue tige sur
laquelle est posée la cadrature qui sert à marquer l'heure ;
r, deux roues engrenant l'une dans l'autre, dont une est portée
sur la même tige que la roue q ; s, grande roue qui est portée
sur le canon de la roue r, et qui porte les aiguilles ; t, pont
qui sert à soutenir la roue posée sur le couvercle du barillet ;
u, pont qui sert à tenir la chaussée ; v, cliquet qui sert à retenir les aiguilles pour remonter la lampe ; x, oreille qui sert
à retenir le barillet sur la platine ; y, platine qui sert à porter

Ferblantier.   24

tout le rouage; z, carré d'arbre qui porte une des premières roues.

Lampe Recordon et Billet. C'est un mécanisme simplifié, inventé en 1840, et dont le principe est expliqué dans ce qui suit :

Pour remédier aux prix élevés des différentes lampes mécaniques dites Carcel, aux défauts qu'elles présentent, tels que l'intermittence de l'huile au bec, les frottements sans cesse répétés par la multiplicité des rouages, qui finissent par entraver leur marche, causer des arrêts et entraîner à des réparations coûteuses et difficiles.

La lampe représentée *fig.* 365 et 366, *Pl.* VIII, se compose seulement et simplement d'un barillet *a*, moteur du mécanisme entier, ayant 130 dents engrenant dans un pignon de 10 dents *b*, qui porte une grande roue de 180 dents *c*, engrènant dans un pignon de 10 dents *d*, et servant de communication des forces motrices à la pompe *e*; le pignon *d* porte, à son extrémité intérieure, une manivelle en acier *f*, qui s'accroche à un petit bras d'acier *g*, monté sur une triple manivelle *h*, portée par deux bras *i i* attenant à la pompe *e*. Dans chacune des anses de la triple manivelle *h*, portée par deux bras *i i*, est fixée une petite tringle *j*, tenant de l'autre extrémité aux pistons *k k k*, qui, mus par l'action de la rotation de la manivelle, entrent alternativement pour fournir un jet continu d'huile; par ce moyen, plus d'oscillations dans la lumière, ni d'intermittence dans l'arrivée de l'huile au bec.

La pompe est très-douce et ne peut, comme dans les autres lampes mécaniques, absorber la force du moteur, n'ayant pas, comme dans les rouages déjà connus, un modérateur ou volant pour modérer les forces motrices, et (modérer) fixer la durée de la marche dans cette lampe; le modérateur se trouve remplacé par la compression de l'huile dans le tube d'ascension, en rétrécissant le trou par où l'huile s'introduit dans le bec. En sus du mécanisme ci-dessus, on peut employer à volonté des pompes à pistons ou à poches.

Lampe à régulateur, de Rouen. Cette nouvelle lampe mécanique comporte deux caractères distinctifs principaux : 1o un nouveau moyen de régulation; 2o l'ascension de l'huile qui a lieu directement par le moteur, sans intermédiaire, et par la suppression de tous engrenages.

Le régulateur consiste en un tube cylindrique et capillaire *a* (voir la coupe de la lampe, *fig.* 367, *Pl.* VIII), ayant au moins

vingt fois la longueur de son diamètre. Cette forme très-simple
n'a jamais cependant été employée; on s'est contenté, pour
cette sorte d'étranglement, de trous capillaires en minces parois
ou d'une ouverture de robinet, ou bien encore de tubes rétré-
cis par l'introduction, à leur intérieur, d'un mandrin dont la
position, variant selon la marche du piston, laisse une issue
plus ou moins facile à l'ascension de l'huile. Le vice de ces
divers appareils de régulation est: 1° de ne pas donner aux
liquides un cours régulier et soutenu, même dans le cas où
la pression reste la même depuis le commencement jusqu'à
la fin; 2° de s'engorger facilement; en effet, les trous en
minces parois laissent passer les liquides très-inégalement,
c'est une vérité d'expérience journalière; les courants s'y con-
trarient et y changent de direction d'une seconde à l'autre.

Il en est de même des trous brisés et des canaux irréguliers
que donnent les robinets; on sait les effets que produisent les
angles sur le cours des fluides et des liquides; enfin, les canaux plus ou moins annulaires ne sont, en résultat, qu'un
passage large et mince, tel que celui qui serait donné par
deux plaques très-rapprochées, et c'est peut être la disposition
qui se prête le plus au jeu et à la mobilité capricieuse des
courants, dont la direction varie alors par l'effet des plus mi-
nimes influences.

Le tube capillaire suffisamment prolongé, au contraire,
donne constamment des résultats identiques. Les molécules
de liquide qui le parcourent, suivant une ligne droite dans un
espace circulaire parfaitement cylindrique, ne sont jamais
déplacées, les unes par rapport aux autres, et le mouvement
de leur masse surmonte, avec une dépense de force toujours
égale sur tous les points, la résistance opposée par le frottement des parois; il y a plus, il s'établit une succession et
une solidarité entre toutes les tranches de liquide s'écoulant
dans le même tube, et la première tranche est soutenue dans
son mouvement par toutes celles qui sont engagées après
elle, et profite de leur force d'impulsion aussi bien que la
dernière, qui est entraînée par toutes celles qui la précèdent.
Il en résulte que, l'expérience faite dans des circonstances de
chaleur, de pression, identiques avec des tubes de longueur
et de diamètre semblables, j'ai toujours obtenu un écoulement parfaitement indentique, ce qui m'avait toujours man-
qué avec les autres moyens de régulation; il en résulte encore que les corps étrangers qui se rencontrent toujours dans

l'huile à brûler, ne sauraient s'y accumuler, ni y obstruer le passage, puisque, ne pouvant se prendre à un point du canal plutôt qu'à l'autre, et y trouver un point particulier d'attraction ou d'attache, ils sont nécessairement entraînés par le courant qui forme alors un piston cylindrique : il n'y aurait possibilité d'engorgement qu'autant que les corps étrangers seraient d'un volume plus fort que le canal, mais le filtre métallique B, qui se place autour du tube, prévient absolument ce danger.

Le tube capillaire ainsi que le filtre métallique sont vissés au conduit du bec ; cette disposition du régulateur et de son filtre près du bec est une véritable amélioration, car on ne risque plus de le voir obstrué par les saletés de l'huile, comme cela arrive fréquemment dans les lampes où le régulateur et son filtre placés au bas de la lampe et au milieu des dépôts de l'huile : cette disposition présente de plus l'avantage, en dévissant le bec, de démonter le régulateur et son filtre pour les nettoyer, s'il y a lieu, et par suite effectuer avec la plus grande facilité le nettoyage complet de la lampe.

Les expériences ont déterminé à supprimer tous les moyens de varier ou modifier l'étranglement, et au contraire, à apporter tous les soins à rendre cet étranglement fixe et toujours le même. Ainsi, le régulateur a est parfaitement cylindrique ; il est en cuivre étamé à l'intérieur ou en plaqué, et est préservé, par un filtre b, de tous corps étrangers ; il peut, en cas d'empâtement ou pour tout autre motif, se détacher facilement et se nettoyer.

Le second caractère distinctif de ma nouvelle lampe mécanique consiste dans l'action directe du moteur pour l'ascension de l'huile, sans intermédiaires et par la suppression de tous engrenages ; or, ce résultat, auquel je suis parvenu, est le dernier degré de perfection de la lampe mécanique, et toutes les recherches ont toujours tendu vers ce but. En effet, la première lampe mécanique, dite Carcel, marchait sur le troisième mobile ; le même système de lampes fabriquées dans le commerce marche sur le deuxième mobile ; depuis, la lampe Carreau marche sur le premier mobile ; enfin, la nouvelle lampe marche sur le moteur lui-même : les avantages de ce nouveau perfectionnement consistent dans la simplicité du mécanisme, dans l'absence de tout mouvement d'horlogerie, dans le peu de déperdition de force, dans la faculté d'obtenir avec un ressort plus faible la même force qu'on obtient avec un ressort plus fort dans les autres lampes.

Ce nouveau mécanisme porte la disposition suivante :

L'axe principal c (*fig.* 367 et 368) est enveloppé par un écrou d, sur la surface du canon duquel est encastrée une saillie e pour fixer le ressort f ; à l'extrémité extérieure de cet axe et sur son carré est ajustée une roue à rochet g, qui est fixée par une goupille, et un simple déclic à ressort, ajusté contre la surface plane de l'écrou, s'engage dans les dents de la roue g ; l'axe c, qui est libre à frottement dans le canon de l'écrou et dans la partie cylindrique de l'enveloppe h, reçoit à l'extrémité opposée, c'est-à-dire à l'intérieur de la lampe, une manivelle i portant à oscillation deux bielles superposées l l' ; les deux bielles ont pour objet de rendre le mouvement de la manivelle i, commun à quatre pistons m m, m' m' ; à cet effet, l'une d'elles, fixée à rotation à l'extrémité de la manivelle, vient se fixer, à l'extrémité opposée, au centre d'un des pistons à poche m m, tandis que l'autre l', ajustée de la même manière à l'extrémité de la manivelle, vient se fixer au centre d'un des pistons semblables à poche m' m'. Les deux tiges des pistons n, n' sont cylindriques et dégagées sur une partie de leur longueur, pour laisser un libre passage à la fonction commune des pistons : or, on peut reconnaître par le plan, *fig.* 370, vu en dessus, que lorsque, par la détente du ressort, l'axe c se trouve en mouvement, la manivelle i met par les deux bielles l, l' les quatre pistons m m, m' m', en mouvement, lequel mouvement est subdivisé de telle manière, que, lorsque deux pistons opposés se trouvent au milieu de leur course, les deux autres sont à leurs extrémités, ce qui produit un mouvement constamment régulier.

L'axe c est d'une seule pièce, et l'on peut tendre le ressort en tournant l'écrou sans entraîner l'arbre, et sans par conséquent mettre en mouvement le mécanisme ; tandis que le ressort, en se détendant dans le sens inverse, fait, par le moyen du déclic, tourner l'axe c, et par suite met les pistons en mouvement. L'huile aspirée par les soupapes o, o entourées d'un filtre, est refoulée par les pistons dans une capacité commune p, par les tuyaux ou conduits r, r ; et une soupape sous forme de trèfle s (*fig.* 371), qui recouvre les ouvertures, est d'une seule pièce, en taffetas gommé recouvert de toile gommée ; sur cette capacité p vient s'ajuster à vis le tube d'ascension t.

De l'ensemble de la disposition précédente, on peut remarquer que la lampe se remonte en dessous ; mais, pour remonter la lampe de côté, j'adapte la disposition suivante : la figure 372 représente la coupe du même mécanisme, mais avec un arrangement différent.

L'axe est en deux parties disposées horizontalement: l'une c, qui se termine sous forme d'un carré pour recevoir une clef, est fixée invariablement dans un canon en cuivre d, qui porte une saillie pour maintenir le ressort, et qui se termine par une partie cylindrique ou rondelle, sur laquelle est placé le déclic à ressort ; cette rondelle est percée au centre pour servir de pivot à la seconde rondelle de l'axe principal ; cette partie c' reçoit à une autre extrémité la roue à rochet g, et porte à l'autre la manivelle i, qui est alors placée verticalement.

Le ressort moteur se trouve logé dans une capacité h, fermée de toutes parts, et maintenue invariablement contre la paroi de la lampe par un serrage à vis m; quant à la disposition des pistons $m\,m'$, elle est indiquée sur la figure 339; le système se trouve seulement, par rapport à l'autre, renversé.

L'arbre se trouve ici en deux parties : la première c peut tourner pour tendre le ressort moteur sans entraîner la marche de la lampe; mais le ressort, en se détendant, entraîne en même temps par le déclic la deuxième partie c' et agit en même temps sur les pistons. Quatre soupapes à recouvrement aspirent l'huile au bas de la lampe, dans un espace entouré d'un filtre, et la refoulent par l'effet des pistons dans un réservoir commun j, pour de là, par le tube d'ascension, être amenée au régulateur capillaire. Ces soupapes ont une disposition particulière, en ce sens qu'elles aspirent et servent en même temps au refoulement.

Telle est la description de la nouvelle lampe mécanique ; le résumé comporte deux points principaux: 1° le régulateur capillaire, comme nouveau moyen de régler l'ascension de l'huile ; 2° l'ascension de l'huile est effectuée directement par le moteur, sans intermédiaire et sans roues d'engrenage.

Comme disposition, cette lampe est facile à démonter et à réparer, sans nécessiter les soins d'un ouvrier; elle peut, par la première disposition, se remonter par dessous, ou, par la seconde, se monter de côté, ce qui pourra paraître plus avantageux.

Lampe Dunand, inventée en 1841. Cette lampe se distingue par les dispositions suivantes :

Dans les lampes mécaniques, le mouvement moteur est généralement transmis au communicateur de la lampe par une manivelle; mais on peut remarquer que la fonction de la lampe ou la montée de l'huile au bec n'est pas, par ce moyen, obtenue d'une manière régulière. Cette irrégularité est due au temps perdu qui résulte de l'arrivée de la manivelle aux pointes mortes, c'est-à-dire aux extrémités de sa course ascendante et descendante. Le nouveau mécanisme a pour objet d'obvier à l'inconvénient que présente l'emploi d'une manivelle, et de déterminer la montée parfaitement régulière de l'huile. Il s'applique principalement à la lampe à poche et à la lampe à drapeau, et, en général, à toutes les lampes à mouvement, soit à barillet fixe, soit à barillet mobile.

Fig. 373 et 374, *Pl.* IX. Plan et élévation d'un barillet à deux platines, auquel se trouve appliqué le mécanisme. Sur l'axe du pignon *a*, est fixée une came *b*, dont le plus grand diamètre est égal au diamètre intérieur d'une coulisse circulaire *d*. La coulisse *d* oscille, à l'une de ses extrémités, par le mouvement de rotation de la came *b* et s'introduit, à l'extrémité opposée, dans la coulisse d'une fourchette *g*; celle-ci reçoit une tige de communication *i* aux pistons. Il résulte de cette disposition, que, lorsque le pignon *a* reçoit, par sa communication avec le moteur, un mouvement de rotation continu, la came *b* possède ce même mouvement continu; mais la coulisse *d*, suspendue à oscillations par le bas, reçoit du mouvement de la came, un mouvement oscillatoire de va-et-vient, dont le développement est encore plus prononcé à la partie supérieure, où son extrémité embrasse la fourchette *g*; celle-ci reçoit, de cette manière, un mouvement circulaire alternatif, qui, par l'intermédiaire de la tige de communication, produit la course alternative du piston ou des pistons.

On peut reconnaître facilement combien cette disposition est préférable à l'emploi d'une simple manivelle; en effet, quand arrivent les oscillations extrêmes de gauche et de droite de la coulisse à balancier *d*, il ne peut y avoir d'arrêt ni de temps perdu, car à l'instant même où l'extrémité de gauche de la came lâche son appui *c*, son extrémité de droite agit sur l'autre appui *c'*.

Le principe de cette disposition consiste, quand le balancier oscillatoire *d* est aux extrémités de sa course alternative, à lui faire produire l'oscillation opposée par le contact immédiat de la came à l'instant même où l'extrémité opposée lâche prise.

Fig. 375, vue à part du balancier d.

Fig. 376, b, came.

Fig. 377, vue de la platine supérieure, et tracé du mouvement du balancier dans ses positions extrêmes.

Fig. 378, vue de la fourchette g.

Lampe de Jac et Hadrot. La lampe mécanique dont il va être question, et dont l'invention date de 1842, repose sur le principe de construction unique, savoir: circonscrire un espace par des surfaces circulaires dans le sens du mouvement.

La surface intérieure est formée par un cylindre dont la rotation ne peut changer la configuration ni la capacité de l'intérieur de la machine; le cylindre, dans son mouvement rotatif, entraîne une lame ou plusieurs qu'il cache ou dissimule, selon le besoin. L'application aux lampes mécaniques consiste dans 1° l'emploi d'un système rotatif, quel que soit le nombre ou la forme des palettes; 2° dans la suppression de toutes les soupapes, en se débarrassant de l'aspiration, qui est de toute inutilité, étant au sein même du liquide; 3° dans la réforme de tout régulateur modérateur, tendant à obstruer le passage de l'huile, et remplaçant cette pièce nécessaire dans toutes les lampes qui ne se règlent pas par le volant, au moyen d'une quantité d'huile suffisante à l'écoulement pendant 8 ou 10 heures, c'est-à-dire, 8 ou 10 fois l'huile contenue; 4° dans un moyen de fixer la plaque à la contre-plaque, sans vis, de manière à pouvoir enlever cette plaque avec des tenailles, sans être plus exposé à la fente qu'avec des plaques retenues par des vis.

Explication des figures.

Fig. 379, *Pl.* IX. Lampe coupée au milieu, laissant voir une machine rotative *a a a a*, posée horizontalement au-dessus des plaques et contre-plaques *b b*, qui séparent la capacité qui doit contenir l'huile de celle réservée pour la force qui doit mettre la machine en mouvement.

Fig. 380. Machine vue intérieurement et par le dessus. *a*, capacité dans laquelle se trouve engagée et poussée vers la pointe la virgule, où se trouve pour toute issue l'origine du tube ascensionnel *c*, par la rotation du tube *b b*, dans le sens de la flèche, et par la lampe *c c*, qui est solidaire du cylindre, tout en glissant et reculant à travers son épaisseur, à mesure que la courbe ddd le nécessite, jusqu'à l'angle e, où elle est totalement rentrée dans le diamètre du cylindre ; mais à ce moment elle est déjà nécessairement engagée par son autre bout : elle a parcouru une partie de la courbe dd. Le cylindre, par la palette qui le sépare, se trouve être en deux morceaux bb, mais on les réunit pour ne former qu'un tout, laissant seulement le passage libre de la lame, au moyen de deux disques cc (*fig.* 379), qui servent à guider le cylindre dans les drageons réservés dans les fonds de la machine ; cette disposition facilite la machine, parce qu'en ôtant, quand elle est montée, le disque du même côté, on peut dresser au marbre toute la machine, palette comprise, et après l'avoir remontée, on peut en faire autant de l'autre côté ; un ressort léger est fixé au point f, et se développe jusqu'à la partie opposée de la machine ; il sert à empêcher la palette de quitter le cylindre en cas de secousse accidentelle, parce que ce côté de la machine reste totalement ouvert pour l'introduction de l'huile ; l'extrémité supérieure du pignon i est engagée dans le disque inférieur du cylindre et retenue au moyen d'une goupille ; ce pignon établit la communication en traversant la boîte à cuir k, avec la force c ; l'engrenage du barillet correspondant à celui du pignon est taillé sur le fond.

Si la lampe était à double corps et qu'on voulût profiter de la place perdue à côté du barillet, un simple changement de disposition suffirait ; il faudrait, au lieu de mettre la machine rotative horizontalement, la mettre verticalement à côté du barillet, et tailler celui-ci sur son champ ; mais la position horizontale est préférable et permet l'emploi d'un nouveau moyen de fermeture, par lequel on pourra plus facilement visiter l'intérieur de la lampe.

Ce moyen est de (mélanger) ménager sur le bord de la plaque (*fig.* 381), trois ou quatre ouvertures aaa, lesquelles rencontrant à même distance des tenons sur les bords du drageon de la contre-plaque, pourront, en conservant une différence d'épaisseur sur le bord de la plaque ddd, permettre à celle-ci de s'engager dessous à baïonnette ; un fort tenon c, sur la surface de la plaque, permettrait de démonter celle-ci, pour nettoyer ou visiter la lampe avec une tenaille, outil qu'on trouve partout. Avec ce moyen, plus de vis à garnir.

Nos machines rotatives sont en étain ; on pourrait les faire de tout autre métal, mais l'étain est depuis longtemps en usage, et l'expérience a fait connaître les avantages de son

emploi. Quant aux palettes, nous en avons en plusieurs métaux, qui toutes remplissent bien leur but, mais l'ivoire nous
paraît mériter la préférence.

Lampe Marret. Les dispositions nouvelles de cette lampe
inventée en 1844, consistent, 1° dans la position du mouvement à la partie supérieure du réservoir, disposition qui remédie à l'inconvénient de laisser pénétrer l'huile dans le
mouvement imprimé par suite de la pression du piston au-
dessus du mécanisme; 2° dans la transmission directe du
mouvement imprimé par le ressort du barillet au piston, au
moyen de la tige dentée ou crémaillère conduisant celui-ci; 3°
dans les dispositions appliquées au régulateur; 4° enfin, dans
l'emploi d'une tige, propre en même temps à régler le passage
de l'huile dans le régulateur et à nettoyer le tube d'ascension.

Fig. 382, *Pl.* IX. Coupe verticale de la lampe. La crémaillère *c* reçoit son mouvement du pignon *b*, monté sur l'axe du
barillet *a*. Cette crémaillère sert de tige au piston *d*; elle traverse celui-ci, au-dessous duquel elle est retenue par un
écrou *a'*, et l'extrémité de sa tige vient reposer, quand le
piston est au bas de sa course, sur une plaque de métal *e*,
recouvrant un tamis *f*, placé au fond du réservoir.

Un tube d'ascension *g* vient traverser le piston et pénètre
la plaque *e*; ce tube est traversé, dans toute sa longueur, par
une tige libre *h*, portant à son extrémité inférieure une
petite plaque *b'*, d'un diamètre égal à l'intérieur du tube d'ascension et propre à nettoyer celui-ci; cette petite plaque
vient reposer sur le fond du réservoir d'huile. Le régulateur *i*
consiste en un cylindre en cuivre, passant à frottement dans
le tube d'ascension; ce régulateur est percé, dans toute sa
longueur, d'un trou plus grand que le diamètre de la tige *h*,
qui le traverse, laissant un espace annulaire destiné au passage de l'huile; de plus, ce régulateur est suspendu par un
fil de métal à la crémaillère *k* du porte-mèche, de sorte que,
en faisant le service de la lampe, le régulateur se nettoie de
lui-même, en suivant le mouvement du porte-mèche. L'enveloppe ou robe du bec porte, à sa partie inférieure, deux
tubes ou guides: l'un *c'* entre dans un support fixe *e*; l'autre
d' entre dans le tube d'ascension. Ordinairement, quand on
veut recommencer le service de la lampe et après avoir remonté le ressort du barillet, l'huile qui remplissait le bec
doit redescendre pour reprendre son niveau dans le réservoir, et alors il se passe un temps assez long avant qu'elle

puisse remonter au bec. Pour obvier à cet inconvénient, j'ai placé à la partie inférieure du tube d'ascension (*fig.* 383), une petite soupape *s* posée sur la plaque *b'* de la tige *h*. En remontant le piston, la pression ferme la soupape *s*, et l'huile contenue dans le tube d'ascension et dans le bec ne pouvant pas retourner au réservoir, continue d'alimenter le bec sans interruption. Cette disposition permet d'allumer instantanément la lampe.

Nous décrirons maintenant quelques systèmes de lampes mécaniques où le moteur n'est plus un mouvement d'horlogerie, mais bien des dispositions mécaniques différentes.

Lampe de Spiquel. Cette lampe a la forme extérieure comme toutes les autres lampes qui renferment un moteur pour faire monter l'huile dans le bec. Dans cette lampe, le moteur est une véritable balance romaine avec un poids fixe *a*, (*fig.* 384, *Pl.* IX), courbée en serpent, et attachée sur le côté extérieur par une rondelle *c* (*fig.* 384 et 385), plus élevée vers le centre que vers la circonférence *c* (*fig.* 385). Il n'y a pas d'autre différence entre cette balance romaine courbée et celles qui sont droites, que celle-ci : les balances romaines droites ne placent pas elles-mêmes le poids fixe, selon la pesanteur du contre-poids, tandis que cette balance courbée place constamment elle-même son poids fixe d'équilibre avec son contre-poids. Le contre-poids du poids *a* (*fig.* 352) est une poche présentée par le carré long, 1 2 3 4, remplie d'huile, liée en haut sur un entonnoir *k*, et en bas sur un fond en métal ; à ce fond sont attachées, aux deux côtés 3 et 4, deux cordes, aussi visibles à la figure 353. Ces deux cordes sont attachées, par les autres bouts, aux deux rondelles *d d* (*fig.* 385). Ces deux rondelles *d d* et *d d'* n'en sont qu'une seule fixée sur le même axe ; ainsi le poids et la poche remplie d'huile sont les deux points qui, par leur mutuel concours, font monter l'huile au bec, par le tube *l* (*fig.* 384). Moyennant ces deux rondelles *d d* et celle *d d'*, qui se trouvent entre eux, l'équilibre hydrostatique s'établit dans la lampe ; si donc, la lampe n'est pas allumée, l'inaction de l'huile ne peut changer son poids, et la balance romaine cesse de changer sa position, comme l'huile cesse également de changer son poids faute de consommation ; mais elle reprend son activité à mesure que les mèches commencent à brûler et diminuent le poids de l'huile. Cette balance romaine et les deux rondelles à ses deux côtés, sans engrenage, forment tout le mouvement de cette lampe, qui doit être d'une durée extraordinaire.

Ce nouveau système de mouvement est encore accompagné, pour compléter les avantages de cette lampe, d'un autre système de bec, propre à diminuer de moitié la consommation, en conservant pourtant la même lumière. Le bec q présente sa surface; en ouvrant la mèche d'un côté, et l'étendant sur la ligne r (*fig.* 386), on trouve alors la largeur de la mèche parfaitement égale à la dite ligne, car le diamètre de cette mèche touche partout l'extérieur de la circonférence; cette mèche immense quoiqu'une des ordinaires, doit nécessairement consommer beaucoup d'huile. Le bec s (*fig.* 386) porte quatre mèches plates; ces mèches ne touchent que les deux cercles intérieurs, et non l'extérieur; quand on met de même ces quatre mèches l'une à côté de l'autre sur la ligne r, elles n'en occupent qu'un peu plus de moitié, et un autre avantage, c'est qu'on fait descendre la consommation jusqu'au-dessous de la moitié; c'est que, si une seule ou deux personnes sont occupées auprès d'une telle lampe, deux mèches peuvent être éteintes, sans que la lumière soit pour cela diminuée devant ces deux personnes; le cas arrive souvent où l'on peut profiter de cet avantage, inconnu et inappréciable aux becs à mèche de forme cylindrique.

L'énorme mèche, ou bec (*fig.* 386), qui dépasse en grosseur toutes celles des autres lampes à mèche de forme cylindrique, mise quatre fois sur la ligne r, n'occupe guère plus des deux tiers de cette ligne, malgré qu'on ait alors devant soi une largeur de flamme telle qu'il n'en existe pas de semblable; profitons donc encore dudit avantage, en ne gardant allumées que deux mèches, la lumière sera éclatante et ne consommera pas même la moitié de ce que consomme la mèche ronde q (*fig.* 386). C'est toujours seulement la largeur d'une flamme qui produit la lumière, et non une deuxième largeur de flamme derrière celle visible, comme aux mèches de forme cylindrique.

Les courants d'air à ce bec à quatre mèches plates sont marqués par o, et le centre en est un également.

Je sais qu'on peut mettre plus ou moins de mèches plates à cette espèce de bec de mon invention : le premier cas augmenterait, et le second diminuerait la consommation, ce qui ne serait pas un perfectionnement.

La balance romaine, courbée en serpent, que j'ai inventée

pour cette lampe, étant applicable à d'autres objets, ne pourra l'être que pour moi seul, soit en allongeant, soit en raccourcissant le serpent.

Cette lampe équilibrique est pourvue d'un mouvement qui pourra être garanti pour longtemps, suivant l'auteur, et elle offrira l'avantage de n'être jamais mise hors d'usage pour cause de réparation, et mettra fin en même temps aux dépenses incessantes pour l'éclairage des appartements ou établissements.

Lampe de Bapterosses. Ce nouveau système ne diffère point, par l'économie de combustible, des lampes mécaniques connues jusqu'à ce jour, mais bien par la simplicité de son mécanisme et l'invariabilité de son ascension au bec.

La fig. 387, *Pl.* IX, est un tube circulaire *a*, en métal, cuivre, étamé à l'intérieur, et poli, dans lequel glisse un piston *b*, qui reçoit son tirage par la corde *c*, pour le déplacement de l'huile; le tube étant sans huile, le piston sera toujours au bas. On introduira le liquide par un orifice *d*, pratiqué au sommet du tube (*fig.* 388), il tombera de sa hauteur sur le piston, et remplira le tube.

Le piston se remonte en tournant la poulie *e*, au moyen d'une clef. La soupape *f* du tube d'ascension se fermant, le vide s'établira entre le piston et le fond du tube. La soupape *g* du piston s'ouvrira et donnera le passage au liquide, au fur et à mesure de son déplacement; le piston appuiera sur le liquide, la soupape se fermera par un ressort spécial, et la soupape du tube d'ascension s'ouvrira, et fera monter l'huile au bec. Le piston, plus pesant de moitié que la colonne qu'il soulève, est modéré par un petit cylindre d'acier *h*, qui, passé dans un trou pratiqué aux chambres *i*, ne donne passage au liquide que d'une fois plus que la consommation; cette moitié retombe sur le piston et lui transmet graduellement la force qu'il perd.

Le cylindre, ou régulateur, porte une tige communiquant extérieurement, et passant dans un bouchon, qui ne permet pas à l'huile de sortir : une tige horizontale est fixée à l'extrémité de cette tige; un ressort est placé dessous pour la tenir en tension pour remonter, et reçoit une course de 7 millim. (3 lignes) par les pivots excentriques sur la roue *j*, montée sur le même arbre de la poulie qui remonte le piston, et en reçoit le même mouvement.

Le piston remonté forme sept diamètres de corde sur la poulie; la petite roue qui porte les deux pivots donnera

Ferblantier. 25

quatorze mouvements de va-et-vient au petit cylindre ou régulateur, qui, passant d'une chambre à une autre, double
son déplacement. Ce mouvement multiplié a pour but de
donner passage aux molécules étrangères à celles de l'huile,
qui passeraient dans le filtre et qui intercepteraient le passage étroit que laisse le cylindre régulateur entre lui et les
parcis de ses chambres, s'il était fixe. Le cylindre ne quitte
une chambre que lorsqu'il est près de toute l'épaisseur de
l'une de ces chambres, au-dessus et au-dessous; les molécules
étrangères à l'huile séjournent dans les chambres, en atten-
dant le dégagement du cylindre au-dessous, et reprennent
leur cours jusqu'à la combustion.

Système du piston. Cylindre métallique auquel est pratiquée,
à moitié de la hauteur du piston, une cannelure circulaire,
dans laquelle vient s'enclaver un anneau brisé en quatre parties égales (*fig.* 389), sur lesquelles est adapté, à chacune
de ses parties, un ressort qui a pour appui le fond de la
cannelure. Une chemise de peau, renfermant les pièces circulaires, est liée aux deux extrémités du piston, qui produit
un ajustement flexible et parfait.

Pour remonter le piston, on emploie des cordes de boyaux,
et pour les lampes de luxe, des chaînes métalliques.

Un perfectionnement a été apporté à cette lampe.

La soupape *f* du tube d'ascension, qui est signalée dans le
brevet comme devant servir à établir le vide dessous le piston
b, est supprimée, le vide s'établissant suffisamment par le déplacement du liquide. Le petit cylindre d'acier, ou régulateur,
qui reçoit son mouvement de va-et-vient par les deux pivots
excentriques de la roue *j*, la tige horizontale et le ressort placé
au-dessous pour le tenir dans son mouvement d'élévation, ces
trois pièces sont supprimées et remplacées par une bielle *k*,
qui reçoit le pivot restant et ne donne plus qu'un mouvement
de va-et-vient par tour de la corde roulée sur la roue *j*. Ces
suppressions ne changent rien au principe du régulateur *h*
de ses chambres pleines et creuses pour le séjournement des
corps étrangers à l'huile, ni au mode de piston signalé précédemment.

Lampe à ressort modérateur, de Frauchot. La lampe dont on
va donner la description, et qui a été inventée en 1837, a pour
caractères spéciaux et distinctifs : 1° la transmission directe
et immédiate de la puissance du ressort à la résistance offerte
par le poids de la colonne d'huile qu'il s'agit d'élever du socle

de la lampe au bec ; 2° un régulateur rectiligne qui équilibre constamment la resistance de l'huile avec la force du ressort. Elle diffère des autres lampes mécaniques : 1° par l'absence des rouages ; 2° par la simplicité du mécanisme, qui est réduit à un ressort et à une crémaillère; 3° par la disposition du piston, qui prend constamment l'huile à la surface de la nappe liquide, et, par ce moyen, préserve de toutes obstructions le tuyau d'ascension et le bec, les ordures et sédiments se précipitant au fond du réservoir.

Description. Un piston, monté sur une tige creuse et poussé par un ressort agissant de haut en bas, refoule l'huile dans un cylindre; l'huile ainsi foulée s'élève au bec par la dite tige creuse. En raison de la force décroissante du ressort, l'écoulement de l'huile serait d'abord trop rapide, et ensuite trop lent, s'il n'était régularisé. A cet effet, un fil-de-fer est introduit dans la tige creuse du piston, et, par sa présence, retarde d'autant plus l'écoulement de l'huile qu'il pénètre plus profondément dans la dite tige creuse. Quand le ressort est remonté, et que le piston est à sa plus grande élévation, le ressort développe toute son énergie, la tige creuse s'élève aussi haut que possible autour du régulateur, qui est toujours immobile, et l'obstacle que ce dernier oppose à l'ascension de l'huile est à son maximum d'effet.

L'huile s'écoulant graduellement par le bec, le piston baisse, le ressort se détend, et, par compensation, la tige du piston, entraînée par celui-ci, se dégage du fil-de-fer régulateur. La décroissance dans la force du ressort tend à ralentir l'ascension du liquide, laquelle est augmentée dans la même proportion par la diminution dans l'action du régulateur que la tige creuse abandonne; ces deux effets se neutralisant, l'alimentation de l'huile est uniforme et constante : quant à sa vitesse absolue, elle est réglée par la longueur et la grosseur du régulateur.

L'importance et la simplicité de ce système de régularisation font l'objet principal de l'invention, mais on peut néanmoins remarquer ce qu'il y a de neuf, tant dans la disposition générale de la lampe, que dans les diverses parties du mécanisme, qui offrent un caractère spécial : tels sont, en particulier, le piston perfectionné et le ressort.

Le piston perfectionné est emprunté, dans la disposition qui le fait plaquer latéralement contre le contour du cylindre, à la garniture d'une presse hydraulique, et n'a jamais été, avant ce jour, appliqué aux lampes; il est pourvu d'une soupape s'ouvrant de haut en bas, et se fermant par la pression exercée sur l'huile. Ce piston se compose d'une rondelle de cuir non emboutie, et serrée entre deux plaques de fer étamé très-fort, légèrement embouties. Le cuir, plus grand que l'ouverture du cylindre où il doit fonctionner, est aminci sur ses bords, à une distance de 5 millimètres (2 lignes 1/2) environ. Quand on introduit le piston de bas en haut dans le corps de la lampe, la partie mince du cuir se retrousse par en bas, et ferme hermétiquement le corps de la lampe, sans laisser échapper une seule goutte d'huile, soit que le piston baisse ou qu'il remonte. Une soupape placée sur la partie métallique du piston s'ouvre quand le piston remonte, et laisse couler toute l'huile qui se trouvait sur le piston dans la capacité inférieure. Quand la force du ressort pousse le piston, la soupape est fermée par l'action du piston sur l'huile, et celle-ci n'a plus d'autre issue que par le tube d'ascension ou tige creuse. Une petite barrette, fixée sur l'extrémité supérieure de la soupape, détermine l'étendue de son ouverture et l'empêche de se détacher du piston.

Le ressort adopté pour ces lampes est fort simple, et se trouve situé dans une position très-favorable, puisqu'il n'est pas nécessaire de le guider, ni de le retenir. Il consiste en un fil-de-fer ou d'acier, contourné en double spirale, sur deux cônes tronqués, réunis par leur sommet; en un mot, ce ressort est absolument semblable à ceux en usage pour les sommiers élastiques. La forme doublement conique de ces ressorts permet de les ramener sur eux-mêmes, et de les réduire à l'épaisseur de deux des fils du métal dont ils sont composés. On pourrait également employer des ressorts agissant par l'attraction, au-dessous du piston, ou des ressorts à barillet, employés dans l'horlogerie, ou enfin, des ressorts à boudin, logés dans le fût de la colonne.

La lampe se remonte à l'aide d'une clef, qui fait marcher un pignon établi dans l'armature du bec, et engrenant une forte crémaillère qui est fixée au piston. Cette crémaillère se loge dans l'espace réservé au milieu du bec pour le courant d'air. Ce n'est pas forcément que le pignon occupe cette position, on pourrait également le placer au bas de la colonne au moyen d'une boîte en cuir. Mais, comme la crémaillère n'intercepte pas sensiblement le courant d'air, la première position est préférable, d'autant plus qu'elle permet de laisser toujours en place la clef qui sert à remonter la lampe ; c'est cette disposition qui a été adoptée par l'auteur.

L'effort nécessaire pour remonter une lampe de 48 centim. (18 pouces) est si faible, qu'il suffit d'une très-petite clef pour l'exercer. Par la même raison, cette opération pouvant s'exécuter chaque fois qu'on allume la lampe, il n'est pas nécessaire d'arrêter le mécanisme quand on l'éteint. Cependant on pourrait placer un arrêt au besoin soit dans les dents de la crémaillère, soit à l'aide d'un cliquet sur le pignon. On peut aussi remonter la lampe pendant qu'elle est allumée ; l'huile ne cesse jamais d'arriver au bec pendant qu'on remonte le piston ; au contraire elle surabonde encore plus en ce moment : cet effet est dû à l'ascension de la tige du piston, qui, en raison de son épaisseur, refoule l'huile avec une vitesse excédant celle avec laquelle elle pourrait s'échapper par le conduit rétréci par le régulateur.

Si l'on remarque, en outre, que toute la capacité du socle de la lampe peut servir de réservoir d'huile, on reconnaîtra qu'une lampe d'un volume très-petit pourra brûler pendant vingt-quatre heures sans qu'on y remette de l'huile, pourvu qu'on ait le soin de remonter le piston. Pour tirer tout le parti possible de cet avantage et prévenir en même temps les oublis, on placera dans l'intérieur de la colonne un timbre dont la vibration, déterminée par un arrêt de la crémaillère, indiquera le moment où le piston sera sur le point de parvenir au bas de sa course. Au reste, le piston ne touchera jamais le fond du cylindre ; ainsi les ordures ne pourront pas s'introduire dans le tube d'ascension qui se trouve toujours placé sur la nappe d'huile qu'il affleure.

On s'est borné à décrire l'idée principale de la lampe à mouvement simple, sans entrer dans la description des diverses dispositions qu'on pourrait donner au mécanisme ; cependant on croit devoir mentionner la disposition suivante qu'il se propose d'essayer. La crémaillère placée au centre serait guidée dans une gaîne ; la tige du piston serait assez excentrique pour que l'on pût retirer le fil-de-fer régulateur sur le côté du bec.

La fig. 390, *Pl.* IX, offre une coupe verticale de la lampe supposée pleine d'huile et garnie du piston perfectionné.

La fig. 391 offre le plan du nouveau piston à soupape. Les mêmes lettres indiquent les mêmes parties dans les deux figures.

a, socle cylindrique de la lampe dans lequel manœuvre le piston. *b*, ressort contourné sur une double fusée. *c*, piston formé d'une plaque en cuir amincie sur les bords et retenue entre deux rondelles de fer étamé *e c'*. *d*, soupape métallique et son siège, fonctionnant de bas en haut et retenue par la barrette *d*. *e*, boîte à cuir formant le tube *f*, par bas et dans laquelle la tige creuse *g* fonctionne lorsque la lampe fait son service. *f*, tube extérieur dans lequel fonctionne la tige creuse *g*. *g*, tige creuse du piston servant de tube extérieur *f*, comme il a été dit. *h*, régulateur en fil-de-fer ou acier : ce régulateur, fixé à son sommet dans la cuvette de la lampe, plonge dans la tige creuse *g*. *i*, vis fixant le bec en dedans de la cuvette dans laquelle on verse l'huile. *j*, forte crémaillère servant à remonter le piston. *k*, bec de la lampe. *l*, gaîne ou fourreau dans lequel manœuvre le petit cric qui commande la crémaillère à laquelle est attaché le porte-mèche. Cette gaîne sert en même temps de conduit pour l'huile. *m*, boîte à cuir dans laquelle plonge le régulateur *h*. *n*, fond intérieur du socle ou réservoir d'huile. *p*, bouton qui sert à faire tourner le cric qui commande le porte-mèche. *o*, clef qui sert à remonter le ressort en tournant le cric qui commande la crémaillère *j*.

Mise en activité de la lampe. On verse l'huile dans la cuvette jusqu'à ce qu'elle arrive au haut de la colonne; on tourne alors la clef *o*; la crémaillère *j* soulève le piston, et l'huile qui remplissait la capacité au-dessus du piston passe à travers la soupape *d*, et se rend dans la capacité inférieure, les bords du cuir *c* ne cessant pas d'être en contact constant avec le pourtour du cylindre et ne laissant pas échapper l'huile, soit que le piston monte, soit qu'il descende. On peut, la première fois que l'on charge la lampe, verser un peu d'huile, par le haut du bec, afin d'empêcher l'air de pénétrer sous le piston.

A mesure que le piston monte, le ressort s'aplatit en se tendant; sa forme doublement conique permet de le réduire environ à la double épaisseur du fil métallique dont il est formé, c'est-à-dire que l'on peut faire monter le piston très-près de la partie supérieure du cylindre. Alors toute l'huile qui était au-dessus du piston a passé au-dessous en traversant la soupape *d*. On voit que, si, pendant que la lampe fonctionne, on remonte le piston, la tige *g* foule l'huile dans la gaîne *l* et la fait par conséquent dégorger par le haut du bec.

Lorsque le ressort est abandonné à lui-même, le ressort repousse le piston qui foule l'huile, fait fermer la soupape *d* et en même temps plaque les bords du cuir retroussé par en bas plus intimement contre les parois du cylindre.

Le liquide comprimé tend à s'élever par la tige *g* du piston, mais alors il éprouve, de la part du fil-de-fer régulateur, un obstacle qui est à son maximum d'effet, puisqu'en ce moment il remplit la tige dans toute sa longueur; cependant une certaine quantité d'huile monte et dégorge par le haut du bec. Au fur et à mesure que le piston baisse, la force du ressort s'affaiblit, mais la tige du piston se retire et diminue progressivement l'espace qu'occupe le fil-de-fer régulateur. Il résulte de là une diminution graduelle de l'obstacle que l'huile éprouve à s'élever, et par suite une compensation à la décroissance de l'énergie du ressort.

Quant aux ordures que dépose l'huile, elles restent au fond et peuvent s'y accumuler en assez grande quantité sans gêner en rien la marche de la lampe. On peut les retirer au bout de quelques années, au moyen d'une petite plaque rapportée à cet effet sur le fond *n*.

On pourrait également monter ce fond supérieur à vis, soit pour le nettoyage, soit pour la réparation; mais la lampe ne paraissant pas susceptible de se déranger vu son extrême simplicité, il est plus commode et plus sûr de souder les deux fonds.

Lampe à pression croissante, de Cramer et Rose. Dans cette lampe, qui a été représentée dans les figures 392, 393, 394 et 395, *Pl.* IX, l'huile est comprimée dans un cylindre *a, a, a, a,* par le piston *b*, qui est tiré par un zig-zag sur lequel agissent deux ressorts superposés *e, e*: ces ressorts étant tendus, *fig.* 393, et 394, et cherchant à prendre leur forme primitive, comme dans les figures 393 et 395, font leur pression sur les deux points d'appui *f, g*, pour les éloigner l'un de l'autre; mais comme le point *f* est fixé au cylindre par le moyen d'une traverse *t*, il en résulte que le point *g* est forcé de s'éloigner du point *f*. Les articulations *h h* sont fixées au point *g*, et aux points *i i*, sur les leviers *k k*; ces leviers sont réunis au point mobile *f*, qui est leur centre de rotation. Le point *g*, en s'éloignant du point *f*, transmet son mouvement aux branches *k k*, par les articulations *h h*, qui y sont fixées en *i i*, et fait décrire un mouvement de rotation aux branches *k k* autour du centre commun *f*; à l'extrémité des branches *k k* sont fixées les branches *d d*, qui se trouvent réunies au point *l* pour communiquer le mouvement au piston *b*, le faire descendre et exercer sa pression sur l'huile contenue dans le vase *a*, et la faire monter dans le tuyau *g* qui la communique au bec.

Le piston se remonte par une crémaillère à laquelle une fourche *b* communique le mouvement de bas en haut. A la fourche *b* est attachée une bielle *c*, fig. 392 et 393, qui reçoit le mouvement par un levier *d*. En appuyant avec le doigt sur son extrémité pour le faire descendre, le mouvement se transmet à la fourche *b* et la fait monter. Comme cette fourche n'est suspendue que par la bielle, d'un côté de la crémaillère, et de l'autre par une petite patte *f* qui prend son point d'appui sur le tuyau *g*, il est clair que lorsqu'on appuie sur l'extrémité du levier *d*, la fourche *b* est obligée de monter et de s'engrener dans la crémaillère *a* et de faire monter le piston : cette crémaillère *a* s'introduit dans un fourreau *c* et sert de directrice au piston ; il est visible dans les figures 392 et 393, que la fourche *b* est désengrenée de la crémaillère, et permet au piston de descendre librement. La crémaillère est attachée à deux plaques *a' b'*, entre lesquelles se trouve le piston : la plaque *a'* fait fonction de soupape du piston, et celle *b'* est à une petite distance en contre-bas du piston et percée en plusieurs endroits ; lorsqu'on monte le piston, la plaque *a* se lève, celle *b* vient s'appuyer contre le piston, et dans cette position elles laissent passer l'huile dans le cylindre *a*.

Fig. 396, 397, 398 et 399. Dans ces figures, les ressorts *e e* sont placés l'un en face de l'autre ; à l'extrémité supérieure ils prennent un point d'appui sur un entre-deux *a* qui les empêche de s'approcher, et la vis *t* qui a un trou carré les prend à l'extérieur et jusque-là s'oppose à leur ouverture. Cette vis *t* est vissée dans l'intérieur d'un écrou *v* qui fait partie de la lampe et sert de point d'appui au piston. A l'autre extrémité, les ressorts sont attachés aux points *n n*, fig. 397 et 399, et cherchent à se rapprocher pour faire prendre aux leviers *k k*, qui font leur mouvement de rotation autour du point *f*, la forme qu'indiquent les figures 396 et 398. Ils poussent de cette manière le piston, au lieu que, étant disposés comme dans les figures 392 et 395, ils le tirent.

On peut également fixer les extrémités des ressorts *e e* sur les leviers *k k*, aux points *n n*, sans nuire à l'effet de la croissance de pression. Alors les leviers *k k* se termineraient aux points *f*, comme il est indiqué en rouge aux figures 394 et

395. Ce moyen aurait l'avantage de diminuer le système de longueur.

L'auteur de cette lampe a cherché à la perfectionner pour les moyens ci-après :

Fig. 400. Plan vertical du système, les ressorts détendus, et le piston prêt à fonctionner.

Fig. 401. Plan vertical du système, les ressorts tendus, et le piston prêt à fonctionner.

Fig. 402. Plan horizontal de la soupape vue en dessous.

Fig. 403. Plan vertical de la lyre.

L'addition et les perfectionnements consistent à employer un double zig-zag, comme l'indiquent les figures 368 et 369, afin d'augmenter la course du piston et faire arriver une plus grande quantité d'huile au bec, au lieu d'employer un simple zig-zag, comme il est décrit ci-dessus. Le point d'appui g est fixé au cylindre par une traverse t, comme l'indiquent les lignes ponctuées $t't$ dans la figure 401. Ce point g auquel est fixée la traverse t, se trouvant plus bas que le point f, permet de fixer cette traverse au cylindre sans être obligé de l'endommager plus haut, où court le piston, en plaçant les supports $t't$ rapportés au cylindre, au point f, comme dans le dessin du brevet principal.

La force se transmet au point l par les branches $kk, dd, d'd'$, pour communiquer le mouvement à la soupape a' qui fait descendre le piston par un épaulement bb, comme dans la figure Ire du brevet. la figure 369 fait voir la soupape levée pour laisser librement passer l'huile sous le piston auquel elle est attachée par quatre vis qui tiennent ensemble toutes les parties de ce piston ; une partie cylindrique, comprise entre celui-ci et la tête de ces vis, sert de guide à la soupape.

La fig. 402 est la soupape dans laquelle est un orifice c' par lequel passe le tuyau d'ascension c. La figure 403 est une lyre à deux branches droites ff ; sur l'une d'elles est fixé le levier d. Ces deux branches sont maintenues du haut en bas par un anneau circulaire : celui du haut porte le bec, et celui du bas sert à lier la lyre avec le corps de la lampe en $g'g'$, et le fourreau g', qui guide la crémaillère, tient également à la lyre par une traverse u' c'', ouverture par où passe le tuyau d'ascension c et où il est soudé à la lyre. Par ce mode de construction l'ensemble devient plus solide.

Lampe Poupinel. Cette lampe, due à M. F. N. Poupinel, est

à piston, et dans la description qu'on en trouve dans le 66ᵉ volume des Brevets expirés, page 479, on lit ce qui suit : Le fond de la lampe, fig. 404 à 411, *Pl. X*, est séparé en deux par un fond horizontal et vertical, pour éloigner de l'huile un barillet garni de son arbre et de son ressort, monté dans une cage soudée d'un côté au fond vertical et retenue par deux oreilles avec des vis qui la fixent.

Sur le carré de l'arbre est placée une poulie armée de quatre broches en fil-de-fer, qui servent à donner la tension nécessaire au ressort et à la force dont il a besoin pour attirer le piston à lui et faire monter l'huile au bec par un tube d'ascension.

Entre le barillet et la platine, de même qu'entre la platine et la poulie, sont deux rondelles en fer serrées entre les deux pièces pour empêcher l'huile de pénétrer dans le fond.

Le piston en cuir, retenu entre deux plaques de fer-blanc par six vis et autant d'écrous, porte une soupape pour permettre l'introduction de l'huile dans le réservoir. Sur la soupape est un petit ressort qui en empêche le renversement.

Entre les deux plaques de fer-blanc et le piston existe un buffle percé d'un trou, ainsi que ces deux plaques, au travers desquelles passe à frottement le tube ascensionnel.

Les bélières sont attachées au centre du piston, tant dessus que dessous, par des vis ; deux chaînes sont placées à ces bélières, dont l'une prend à un arbre sur lequel existe une poulie qui est placée au montant du bec et retenue par deux coussinets à vis, et l'autre sur le carré de l'arbre du barillet.

Sur l'arbre de la poulie du bec est pratiqué un carré qui sert à remonter le piston.

Le tube ascensionnel est soudé au bec et descend à environ 1 centimètre (5 lignes) du fond horizontal. Dans toute la longueur de ce tube, est placé un cric qui sert à monter et descendre la mèche en même temps que de régulateur.

Le principal mérite de cette invention, est l'isolement du moteur, qui se trouve ainsi à l'abri des détériorations que pourraient lui faire subir les acides que l'on emploie pour l'épuration de l'huile. La simplicité du mécanisme permet en outre de mettre ces lampes à la portée de tout le monde par la modicité de leur prix.

Lampe à ressort, de *Faure*. Cette lampe, montée de toutes ses pièces, et vue en coupe verticale *fig.* 412 à 419, *Pl. X*, a été

destinée à remplacer les lampes dites Carcels et toutes celles à
mouvement d'horlogerie, sans présenter aucun des inconvénients qui s'y rattachent, tels que les dérangements fréquents
qui se manifestent dans leurs mouvements, qu'on ne peut
toujours faire rectifier partout, faute d'ouvriers capables de
les exécuter, et enfin l'élévation du prix, qui ne les met pas à
la portée de beaucoup de consommateurs.

La fig. 412 représente la lampe montée de toutes ses pièces
et vue en coupe verticale; la forme de celle-ci peut changer
et affecter celle qu'on voudra, en réservant à la base une capacité suffisante pour y loger le mécanisme qu'on va décrire.
q, bec de la lampe. Il est semblable à tous ceux des lampes à
double courant d'air. t, porte-cheminée mobile en cuivre : il
se meut dans le porte-globe r, aussi en cuivre, et permet de
fixer la hauteur du coude de la cheminée à celle qui convient
le mieux pour obtenir une combustion parfaite. r, porte-globe
en cuivre emboîté dans le godet. a, godet en cuivre, qui est
soudé à une tringle en cuivre, dont l'intérieur forme tube et
donne passage à l'huile que font monter le piston. o, pièce
triangulaire en cuivre, maintenue, au moyen de deux épaule-
ments, sur la tringle creuse; elle sert à maintenir toujours
celle-ci dans le centre du tube p. p, tube en fer-blanc dont la
base est soudée au plafond du cylindre n, et la partie supérieure au culot, sous le godet a. s, plafond du cylindre n.
n, cylindre en fer-blanc dans lequel monte le piston en cuir.
m, ressort à boudin, de forme biconique : sa partie supérieure
est fixée dans le plafond du cylindre n, au moyen d'un trou
dans lequel l'extrémité de sa dernière révolution est engagée,
et sa partie inférieure également maintenue au moyen d'un
trou également pratiqué dans la plaque de dessus le piston;
lorsqu'on veut démonter cette pièce, une charnière soudée
sur la même plaque permet de le faire basculer à volonté.
e, ajustage à double vis, en cuivre, dans lequel tourne la tringle
creuse : il porte dans la partie supérieure une espèce de godet qui sert à diriger la tringle lorsqu'on l'introduit dans
cette pièce, qui porte également le pas saillant de la vis dont
est fileté le bas de la tringle. f, rondelle en cuir, dans laquelle
se trouve également une partie saillante du pas de vis susdit;
elle empêche par un frottement doux, que l'huile ne passe
entre elle et la tringle. l, plaque supérieure et inférieure qui
maintient le cuir du piston. g, tambour ou barillet, soudé sur
le croisillon en cuivre qui porte la crapaudine de la tringle;

sur son plafond se trouve encore maintenue une rondelle en
cuir *h*, qui contribue à empêcher le passage de l'huile. Toute
la surface extérieure de ce barillet est percée de petits trous
qui donnent passage à l'huile. *j*, croisillon triangulaire en
cuivre, portant la crapaudine ou l'axe de la tringle. *k*, cuir du
piston. *b*, aiguille modératrice en cuivre : sa partie supérieure
est fendue longitudinalement d'une ouverture dont la profondeur va en décroissant du haut en bas, elle porte un petit
dentier, dans lequel est engagée une branche du tube en fer-
blanc qui lui sert de coiffe. Ce tube, au moyen du dentier, est
fixé à la hauteur qui convient pour le passage de l'huile dont
le volume se trouve réglé par cet appareil concurremment
avec les taquets modérateurs de l'aiguille, qui, lorsque le piston descend avec le maximum de la force élastique du ressort,
se trouvent successivement enlevés par le panache du tube en
fer-blanc ou coiffe de l'aiguille. *c*, taquets mobiles régulateurs
de l'aiguille ; ils se meuvent dans la partie supérieure (de l'aiguille) du godet *a* ; le trou percé au fond de celui-ci, là où
l'aiguille monte et descend, est un peu plus grand que le
diamètre de cette dernière, afin qu'elle puisse y jouer facilement. *r*, vis qui sert à fixer le bec sur le croisillon du godet *a*.

Marche de l'appareil. Quand on veut se servir de la lampe
et pour la garnir d'huile, on enlève le porte-globe, on verse
dans le godet autant d'huile qu'il en faut pour emplir la base
de la lampe et le fût de la colonne, jusqu'à la hauteur de la
pièce triangulaire *o*. Cela fait, on remet le porte-globe en
place, et cinq minutes environ avant d'allumer la lampe, on
tourne le godet en cuivre de gauche à droite, par reprise de
quart ou demi-tour, et sans chercher à le maintenir quand il
cherche à changer de position. On continuera ce mouvement
de rotation jusqu'à ce que l'on éprouve la résistance occa-
sionée par la partie supérieure du piston quand elle s'applique au ressort *m*, que ce mouvement a fait replier sur lui-
même.

Pendant le mouvement ascensionnel du piston, l'huile est
passée de dessus en dessous de celui-ci, autant par l'énergie
de son poids qui pèse sur le cuir, que par le poids de l'air
extérieur sur sa surface. Dans cet état, l'élasticité du ressort
tend à lui faire reprendre son développement ; et en descendant lentement, le piston force l'huile à s'élever ; en passant
par l'ouverture inférieure de la tringle creuse, elle monte
dans le tube *d* et passe en légère quantité autour de l'aiguille

mobile *b*, dont elle modifie la vitesse au moyen de son ouverture longitudinale, ainsi que du tube ou coiffe en fer-blanc
et des taquets *c*.

Le piston met de sept à huit heures pour opérer son mouvement en descente, et pendant tout ce temps l'huile ne cesse
de dégorger doucement, et procure l'avantage de dégorger la
mèche à blanc, comme les meilleures Carcels. Le dégorgement
de l'huile est reçu dans une petite rigole circulaire soudée autour du bec, un peu au-dessous de la crémaillère qui fait monter la mèche. Elle tombe à mesure dans le godet *a* et de là
dans le tube en fer-blanc *p*, et enfin au-dessus du piston, à
mesure que celui-ci descend. Si à la fin du mouvement du piston,
on veut continuer l'éclairage, on répète le mouvement de rotation du godet *a*, sans même éteindre la lampe et sans qu'il
soit besoin d'enlever ni le globe ni la cheminée, et l'huile
provenant du dégorgement passe de nouveau du dessus au-
dessous du piston, qui recommence alors son mouvement de
descente, et la première son mouvement d'ascension.

Lampe P. Méat. Pour remédier à l'inconvénient résultant
des huiles employées pour l'alimentation des lampes, huiles
qui contiennent toujours plus ou moins d'acides qui nuisent
à la constitution des ressorts moteurs et finissent par les détériorer complètement, M. Méat a cherché le moyen de mettre ces ressorts entièrement à l'abri du contact de l'huile
d'alimentation ; à cet effet il a adopté la combinaison d'un
barillet à fermeture hermétique, dont la disposition fait l'objet d'un brevet d'invention pris en 1843, relaté dans le tome
LXVII des Brevets expirés, page 222, et dont la structure sera
comprise facilement à l'aide de la description suivante :

Le dessin fig. 420, *Pl.* X, représente la coupe verticale d'un
barillet disposé pour s'opposer au contact de l'huile d'alimentation avec le ressort A.

Ce barillet se compose de la virole B, qui reçoit deux fonds
latéraux C D.

Le pivot du fond C est reçu dans un support à lunette E :
ce pivot est creux à l'intérieur pour loger le tourillon de l'axe
du ressort.

Le fond D porte à son centre une boîte à cuir *g*, pour le
passage du tourillon de droite du même axe, lequel tourillon
est reçu par un support *h*.

Les supports E *h* se fixent à la base de la lampe.

Cette disposition du barillet est plus simple et moins dis-

Ferblantier. 26

pendieuse que celle déjà décrite : toutefois, pour éviter toute
infiltration de l'huile d'alimentation, dont les acides attaquent le ressort, il est toujours utile de remplir le barillet
d'huile très-pure, qui s'oppose naturellement à toute filtration
de l'huile d'alimentation, toujours plus ou moins mêlée d'a-
cides, et devient ainsi un préservatif infaillible du ressort.

Fig. 421, coupe verticale d'une lampe à colonne, avec l'addition d'un système particulier de montage pour l'ascension
du piston. Ce système, représenté *fig.* 422, se compose d'un
tube creux *i*, soudé contre la colonne, et d'une tige *j* à poignée *l*.

La tige *j*, qui coulisse à l'intérieur du tube *i* et de la boîte
à cuir *m*, se fixe à la partie inférieure contre le piston *o*.

Il résulte de cette disposition, qu'en pressant de bas en
haut sur la poignée *l*, on fait soulever le piston et on comprime le ressort, qui réagit ensuite de haut en bas pour,
par la pression du piston, faire monter l'huile dans le tube
d'ascension *p*.

Fig. 423, disposition verticale d'un flotteur en liège, régulateur de l'ascension de l'huile.

Fig. 424, plan de cette disposition.

Le tube d'ascension *a* qui se fixe sur le piston *b*, est taraudé à la partie inférieure pour recevoir intérieurement un
petit tube à vis *c*, dont on règle la hauteur par une tige que
l'on introduit dans le tube d'ascension : ce petit tube est creux
pour recevoir la tige conique *d* du flotteur en liège *e*.

Le flotteur peut glisser librement sur deux montants *f, f*,
pour pénétrer plus ou moins à l'intérieur du petit tube *c*, suivant la pression du ressort sur le piston.

A cet effet, le poids du flotteur est calculé (comme celui
des chaudières à vapeur) de manière à équilibrer la pression
du ressort, ou à la surpasser, ou à lui être inférieur, suivant
que le ressort est dans sa pression moyenne, inférieure ou
élevée, pour augmenter ou diminuer le passage de l'huile
proportionnellement à la tension ou à la diminution de pression du ressort.

Ce flotteur, représenté en élévation et en plan *fig.* 425 et
426, peut aussi se placer au fond même du réservoir, comme
le fait voir la figure 427 ; mais alors on l'entoure d'un grillage en toile métallique pour empêcher l'introduction de
toute matière étrangère. Cette position du flotteur régulateur
sur le piston même, ou contre le fond du réservoir, s'oppose

à la coagulation de l'huile que provoquait sa position à la partie supérieure près du bec. Dans cette figure, le petit tube à vis régulateur *c* de la figure 423 se trouve remplacé par un tube qui se prolonge en contre-bas du tube d'ascension *o*, pour recevoir la tige conique du flotteur. Ce tube *r* se règle par la vis de rappel *s*, placée en haut du tube d'ascension.

Au lieu de bander le ressort pour augmenter sa tension, comme nous l'avons indiqué plus haut, on obtient alors une augmentation de puissance en enroulant le barillet d'un tour de chaîne, formant une longueur en plus de celle nécessitée pour la course du piston (voyez *fig.* 427 à 436).

En résumant la description ci-dessus dans son ensemble, on peut remarquer les caractères distinctifs suivants de perfectionnement apportés au premier système ; ce sont :

1° Une disposition simplifiée du barillet à fermeture hermétique, et l'introduction dans son intérieur d'huile pure qui enveloppe le ressort et remplit la capacité de manière à s'opposer à toute infiltration de l'huile d'alimentation ;

2° Un système de montage du piston en remplacement du système ordinaire à cric ;

3° La combinaison d'un flotteur régulateur de l'ascension de l'huile, dont la position est facultative.

Tous ces nouveaux perfectionnements, en assurant la solidité et la durée des lampes construites sur ce système, ne s'opposent en rien à l'emploi de diverses matières pour leur exécution ni à la variété des formes et des dimensions.

Lampe à esprit-de-vin. Cette lampe économique est très-commode et d'un usage simple ; elle se compose : 1° de la lampe proprement dite, ou corps de la lampe (*fig.* 196, *Pl.* IV). On la remplit d'esprit-de-vin ; *a* en est le bouchon ou couvercle ; elle est portée sur un plateau ayant une poignée *b* ; 2o la figure 195 indique le porte-lampe ; c'est une boîte cylindrique en fer-blanc, présentant en B une porte ou une ouverture par laquelle on introduit le corps de lampe dont il est parlé ci-dessus, en le prenant par la poignée, que l'on voit sortir en *b'*, fig. 198. Le corps de lampe repose sur le fond de son porte-lampe, qui est percillé en *i* d'une rosace de trous pour l'introduction de l'air extérieur. La figure 198 représente le porte-lampe en élévation latérale.

Une boîte ovale, en cuivre, dans laquelle on met de l'esprit-de-vin (*fig.* 197 et 199), est représentée en coupe et en élévation : elle porte un appendice ou tube *hh'*, et se trouve

placée sur l'ouverture du porte-lampe. Voyez aussi son couvercle *a*, qui est à vis. Ainsi cette troisième partie est introduite dans le porte-lampe, et posée au-dessus de la lampe; de
manière que *h* soit tourné du côté de l'ouverture B (*fig.* 195).
Quand l'esprit-de-vin contenu par le corps de la lampe est
échauffé, sa flamme met en ébullition celui qui remplit la
boîte ovale en cuivre : alors celui-ci monte par le tube-appen-
dice *h*, redescend et jaillit en avant par l'ouverture B, ainsi
qu'on le voit fig. 198. 4° On remplit la boîte 193 et 194 du liquide que l'on a dessein de faire chauffer, puis on place le
corps de lampe de manière que l'ouverture B reste parfaitement libre, et demeure opposée à cette boîte.

Cette lampe est peu embarrassante en ce que tous les objets
qui la composent peuvent entrer dans la boîte représentée
ouverte fig. 193, et fermée fig. 194. Seulement il faut démonter le manche D de cette boîte, et le mettre dans le porte-
lampe. Il va sans dire que le porte-lampe doit entrer librement dans la boîte-enveloppe 193 et 194, qui serait gâtée
si elle entrait à frottement, et, outre cela, de difficile usage.

Mode perfectionné d'emplir les lampes d'huile.

Ce procédé a beaucoup d'analogie avec celui qu'on emploie
dans les lampes dites *à pompe.* (*Voyez* page 229.)

Qu'on se représente la section d'une lampe ordinaire,
ayant un tube ouvert à ses deux extrémités, dont l'une est
soudée au fond de la lampe, et l'autre s'introduit dans un second tube fermé, placé sur le côté de la lampe; l'extrémité
supérieure porte une vis pour y fixer dans l'occasion un couvercle qui empêche l'huile de s'écouler.

Qu'on se représente une section d'un réservoir d'huile, qui
a la forme d'une seringue dont la tige creuse est terminée
par une vis sur laquelle s'adapte l'extrémité supérieure du
tube de la figure précédente.

Lorsque le tout est ainsi disposé, si l'on presse la lampe
contre le réservoir inférieur, le piston s'abaissera et forcera
l'huile à s'élever dans le tube, de là dans le tube de côté, puis
enfin dans le corps de la lampe. Si l'on a trop pressé, et
s'il est monté trop d'huile, on peut la faire redescendre dans
le réservoir, en imprimant au piston un mouvement contraire. D'un autre côté, il est impossible qu'on puisse faire sortir l'huile de la lampe, parce qu'il n'en peut plus monter
lorsque le tube fermé *b* est rempli entièrement, et que le

niveau du liquide dans la lampe ne peut s'élever au-dessus du sommet de ce tube. Pour remplir le réservoir, il suffit d'enlever le couvercle et le piston.

Perfectionnements dans les appareils applicables à la combustion de l'huile et autres matières inflammables.

Le *Répertoire des Patentes* indique cet appareil que l'on doit à M. Th. Machett. Il consiste en une lampe d'Argand supportée par une colonne creuse et un piédestal, qui forment un réservoir pour l'huile ou l'alcool. Le réservoir est séparé du bec par un cylindre contenant de l'air que l'on comprime par le moyen d'une pompe renfermée dans sa partie inférieure, et dont l'air comprimé force le liquide à monter dans le bec au travers d'un tube muni de robinets et de tuyaux latéraux qui règlent l'introduction de l'air et la quantité nécessaire d'huile.

La première amélioration consiste en ce que M. Machett nomme un *constricteur*. C'est un faisceau de mèches de coton parallèles, d'environ 81 ou 108 millimètres (3 ou 4 pouces) de long, dans lequel on peut aussi mêler des fils tordus et des crins de cheval que l'on place dans le tube, au travers duquel l'huile monte dans le bec et passe au travers d'un robinet qui, étant tourné plus ou moins, comprime le coton et augmente par là ou diminue la rapidité avec laquelle l'huile passe dans le bec. Dans la patente se trouvent décrites des dispositions au moyen desquelles, à mesure que la compression de l'air augmente, le robinet du constricteur tourne pour rendre l'action de la mèche plus grande, et *vice versâ*. La principale de ces dispositions consiste en un piston qui se meut dans un cylindre vertical placé dans le réservoir d'huile, et auquel est attaché le bras du robinet.

La seconde amélioration consiste à faire creux le piston de la pompe d'air, par lequel l'air est comprimé dans le piédestal; on y place une soupape conique qui est pressée par un ressort à boudin, dont la longueur règle le degré de pression de l'air dans le réservoir; et quand celle-ci devient assez grande par le mouvement de la pompe à air, pour que l'huile ne puisse être poussée trop fortement dans le bec, le mouvement de la tige permet à l'air comprimé de faire passer l'huile par le piston creux au fond de la pompe, d'où un petit tuyau la conduit au bout de la colonne creuse.

Il y a un autre robinet à la partie inférieure du tube, par lequel l'huile est forcée de monter au bec, ce qui sert à fer-

mer la communication quand la lampe ne doit pas fonctionner. Ce robinet est fait de telle sorte, que quand il produit
cet effet, il ouvre en même temps un passage à l'air comprimé dans le piédestal, par lequel il sort au travers d'un
petit tube qui s'élève au-dessus de l'huile dans la colonne
creuse. Ce robinet est tourné par un tube qui enveloppe le
tuyau par lequel l'huile monte au bec, et sur lequel agit une
coupe placée à la partie supérieure de la colonne pour recevoir l'huile qui peut sortir du bec; en tournant cette coupe,
le robinet inférieur est ouvert par le moyen du tube, et fermé
dans la position inverse.

Il y a enfin d'autres robinets et d'autres tubes décrits dans
la spécification, mais qui sont plus ingénieux qu'utiles, à
raison de leur complication.

Régulateur propre à régler la lumière d'une lampe, et à la rendre invariable dans ses effets.

L'intensité et la pureté de la lumière d'une lampe dépendent de la forme du verre à quinquet; mais cette forme est
tellement variée, qu'il est rare d'en trouver de la juste dimension. Quant à l'effet du bec sur lequel on l'adapte, le
nouveau régulateur remédie à cet inconvénient; il est pratiqué à la partie supérieure de la robe du bec, dans laquelle il
entre à frottement, et de toute sa longueur, qui est de 40 millimètres (18 lignes). Sa figure est ronde comme celle de cette
robe, dont il forme l'orifice au moyen d'une bague en cuivre,
sur laquelle il est soudé : cette bague étant d'une circonférence plus grande en fait la bordure et le repos. Sur la partie
inférieure de cette même bague sont adaptées de petites branches en cuivre formant galerie, et servant de pinces pour
assujettir le verre sur le bec.

Ce régulateur pouvant allonger le robe du bec à quinquet
de 40 millimètres (18 lignes), et les coudés des verres, de la
dimension desquels dépend l'effet de la lumière, étant susceptibles de s'élever au moment que les circonstances l'exigent, il s'ensuit que la lumière d'une lampe peut toujours
être réglée, et être rendue invariable dans ses effets.

Un autre perfectionnement apporté à la lampe décrite plus
haut, consiste à adapter au bec à quinquet une bague en cuivre d'un diamètre d'environ 23 millimètres (10 lignes) plus
grand que celui de la robe du bec, servant de support au
globe de cristal dans lequel s'opère la combustion.

Entre cette bague et la robe du bec est un vide de 5 millimètres (2 lignes), au moyen duquel un courant d'air assez
considérable est établi dans l'intérieur du globe. Ce globe, se
trouvant ainsi exposé à un double contact d'air, ne peut
plus contracter cette extrême chaleur qui lui était communi-
quée par la combustion, et qui avait l'effet le plus pernicieux
sur l'action du foyer et sur la pureté de la flamme.

Enfin, cette bague évitant l'échauffement de toutes les parties de la couronne de la lampe, l'huile conserve toujours
sa fraîcheur, et la combustion s'opère alors sans odeur ni
exhalaison.

(*Voir le Tableau suivant, page 308.*)

Manière de nettoyer les globes des quinquets.

On se sert généralement aujourd'hui de globes pour adou-
cir l'éclat trop vif de la lumière des quinquets; mais l'huile
qui se répand sur la partie inférieure de ces globes se calcine
par l'effet de la grande chaleur qu'ils éprouvent, de manière
à les salir promptement; le dépôt calciné qui les rend mal-
propres adhère si fortement, qu'on ne peut les nettoyer en employant les moyens de lavage ordinaire. On y parviendra facilement en faisant usage de la méthode que nous indiquons.

Faites une eau de savon ou de potasse, avec laquelle vous
nettoierez le globe; prenez ensuite de la pierre-ponce réduite
en poudre fine, avec laquelle vous frottez bien l'intérieur du
globe. Pour enlever les taches qui n'ont pas cédé à ce premier frottement, vous employez une pierre-ponce, avec laquelle vous frottez fortement sur les parties demeurées noires,
ou, s'il est besoin, on emploie une lime fine pour enlever
toutes les parties calcinées; on rince bien ensuite avec de l'eau
pure; le globe revient alors dans son premier état, et il est
aussi beau que s'il sortait des mains de l'ouvrier.

TABLEAU comparatif de la lumière des diverses lampes, par M. PECLET.

NATURE DE L'ÉCLAIRAGE.	Intensité de lumière.	Consommation par heure	PRIX du kilogr.	PRIX de la lumière par heure.	Combustible produisant la même lumière.	Dépense par heure	Lumière pour 100 parties d'huile.
		gramm.		cent.	gramm.	centim.	
Nos 1. Lampe mécanique. .	100,00	42,000	1,40	5,8	42,00	5,8	238
2. Lampe à mèche plate.	12,05	11,000	1,40	1,5	88,00	12,5	115
3. Lampe astrale. . .	51,00	26,714	1,40	5,7	86,16	12,0	116
4. Lampe sinombre. .	85,00	45,000	1,40	6,0	50,58	7,0	150
5. Lampe sinombre. .	41,00	18,000	1,40	2,5	45,90	6,1	197
6. Lampe à réserv. sup.	90,00	45,000	1,40	6,0	47,77	6,6	227
7. Lampe Girard. .	65,66	54,710	1,40	4,8	54,52	7,6	209
8. Lampe Thilorier. .	107,66	51,145	1,40	7,1	47,30	6,6	182
9. Ibid.	80,00	56,610	1,40	5,1	43,76	6,4	215
10. Ibid.	75,00	51,830	1,40	4,4	42,46	5,9	218
11. Ibid.	45,00	17,260	1,40	2,4	53,35	5,5	255
Chandelle des 6.	10,66	8,510	1,40	1,2	70,53	9,8	

CHAPITRE IX.

DES LAMPES SOLAIRES.

Pour faire mieux comprendre le principe et la construction des lampes solaires, nous donnerons ici la spécification du brevet que M. H. Smith, de Birmingham, a pris en France, le 24 avril 1838, sous la rubrique de perfectionnements apportés à la construction des lampes alimentées par l'huile ou par le gaz, *brevets expirés*, T. 67, p. 417, Pl. XXXVI.

Ces perfectionnements, dit M. Smith, consistent dans la manière de diriger le courant d'air sur le foyer de combustion.

Par les procédés que nous allons indiquer on obtient une lumière plus égale et d'une plus grande clarté.

Pour obtenir ce résultat, on emploie certaines surfaces courbes combinées avec une cheminée d'une forme particulière qui force le courant d'air à traverser la flamme au-dessus du point d'ignition.

D'après la disposition des lampes actuellement en usage, le courant d'air arrive directement sur le foyer de lumière, que, même, appliqué sur un des côtés du foyer, l'air frappe encore dans une position horizontale.

D'après les procédés de M. Smith, au contraire le courant d'air est dirigé de manière à tourner autour de la lumière avant de la traverser.

On obtient ainsi une lumière plus fixe et plus vive que par les procédés anciens.

C'est du courant d'air, toujours disposé à frapper sur la flamme dans tous les sens au-dessous du point d'ignition, que dépendent de bons ou mauvais résultats; il importe donc que la flamme prenne naissance au-dessous du point où frappe et agit ce courant d'air.

Explication du dessin. Figure 437, *Pl. X*, coupe d'une lampe ayant un tuyau ordinaire garni d'un bec.

a, cercle saillant qui entoure la surface supérieure sur laquelle repose un déflecteur.

b, déflecteur en métal, d'une forme conique et percé d'un certain nombre de trous *c* au-dessous du point d'ignition et au-delà; ces trous sont destinés au passage de l'air.

À la partie supérieure du déflecteur est une ouverture *d*, par laquelle passe la flamme.

Il est évident que le courant d'air, après avoir passé par les trous c, sera conduit par le déflecteur b, jusqu'aux parties e; qu'il aura alors une force assez considérable pour être obligé de s'échapper par l'ouverture d, en passant à travers la flamme.

f, g, cheminée de lampe d'une construction nouvelle. La partie inférieure f est beaucoup plus large et beaucoup plus élevée que la partie supérieure g.

Il est nécessaire à l'effet complet qu'on se propose, que la cheminée ait cette forme précise.

Figure 438, partie de la coupe d'une lampe garnie d'un bec ayant une mèche plate.

Figure 439, coupe d'une lampe ayant un bec établi d'après le système d'Argand.

Figure 440, lampe ayant un bec d'Argand, destiné à brûler du gaz.

Figure 441, bec à gaz d'une forme plate.

Dans chacune de ces figures, les mêmes lettres indiquent les mêmes parties et démontrent que les mêmes procédés sont applicables à ces diverses sortes de lampe, en ayant soin, toutefois, d'employer constamment la cheminée disposée comme nous l'indiquons; sans elle le résultat ne serait pas aussi satisfaisant.

Lampe solaire Coignet. Plus tard, en 1841, M. M. J. Coignet s'est fait breveter d'importation pour une lampe solaire qui se trouve décrite dans le tome 53, p. 5, des Brevets expirés, et dont voici la description :

Cette lampe offre de notables différences avec tous les systèmes de lampes employés jusqu'à ce jour et offre de grands avantages.

Le premier de ces avantages est de produire avec les plus mauvaises sortes d'huile, l'huile de baleine, de suif, de résine, une lumière aussi pure, aussi blanche que la lumière qu'on obtient avec les meilleures huiles épurées, dans les lampes dites d'Argand et même de Carcel.

Le second avantage consiste en ce que, étant d'une extrême simplicité, ne comportant aucun mécanisme, elle n'est sujette à aucun dérangement, à aucune réparation ; qu'elle peut s'établir à un prix infiniment bas; enfin, en ce que, par une disposition particulière, aucune partie d'huile entrée en vapeur ne peut échapper à la combustion, et que par conséquent elle donne le maximum de lumière qu'une quantité donnée d'huile puisse produire.

C'est de toutes les lampes la plus économique, parce que son prix de revient est fort modique; parce que toute l'huile employée est complètement brûlée à blanc ; enfin, parce qu'elle permet d'employer les plus basses qualités d'huile de graisse, et même certains produits résineux dont le prix est au prix de l'huile à quinquet ordinaire, dans le rapport de 1 à 4. Nous nous proposons d'appliquer cette lampe à l'éclairage particulier et à l'éclairage public, en y ajoutant des réflecteurs et des lentilles.

Description.

Les coupes et plans annexés à la présente demande feront connaître plus complètement qu'une description les principes sur lesquels repose cette découverte; néanmoins nous allons faire en sorte de les expliquer exactement.

Planche Ⅰʳᵉ. La lampe dont il s'agit consiste en un vase quelconque, formé, dans sa partie supérieure, par un dôme parabolique; ce vase est traversé verticalement par un tube métallique qui permet, par des trous placés au pied du vase, de faire circuler dans le sens de l'axe un courant d'air.

C'est autour de ce cylindre que se place une forte mèche, d'un tissu de près de 5 millimètres (2 lignes) d'épaisseur environ, laquelle est contenue dans un second cylindre métallique percé de plusieurs fentes longitudinales pour que l'huile puisse baigner la mèche, et muni d'un petit appareil tournant sur un pas de vis enroulé dans un premier cylindre destiné à faire monter et descendre la mèche, comme cela se pratique dans les lampes ordinaires.

L'huile n'est pas à niveau constant, elle ne monte que par l'effet de la capillarité. Jusque-là nous n'avons décrit qu'une lampe forte imparfaite et qui, si on l'allumait, donnerait une flamme très-fuligineuse et de mauvaise qualité.

Mais ce qui constitue l'invention, et ce qui change totalement les conditions de la combustion, c'est que, au-dessus de tout cela, on pose un second dôme métallique, qui repose dans son pourtour sur une petite galerie à jour permettant à l'air de pénétrer entre les deux dômes; ce second dôme est surmonté au centre d'un manchon faisant saillie de quelques millimètres, lequel manchon est percé d'un trou circulaire placé précisément au-dessus de la mèche, mais d'un diamètre moindre que cette mèche, et par conséquent, que le cône de flamme qu'elle produit.

Ce second dôme est surmonté d'un verre large, à base, comme le manchon dont nous venons de parler, et se rétrécisssant plutôt que dans les verres des lampes ordinaires, à 3 centimètres (14 lignes) environ de base.

Ce second dôme est maintenu sur le premier par deux vis de pression, il est muni à l'intérieur de petites tiges qui s'engrènent dans l'appareil destiné à monter ou à descendre la mèche.

Il résulte de la disposition que nous venons de décrire, que l'acte de l'inflamation de l'huile se fait à couvert dans l'espace qui sépare le dôme inférieur du dôme supérieur ; mais comme en même temps un puissant courant d'air ascendant se forme entre les deux dômes, il en résulte que la face externe de la flamme est baignée d'une quantité énorme d'air, tandis que la face interne reçoit un autre courant d'air par le tube sur lequel repose la mèche et dont nous avons parlé.

L'huile qui arrive au contact du point en ignition de la mèche y entre en vapeur, et cette vapeur, contenue, dans l'espace qui sépare les deux dômes, est forcée de sortir par un orifice étroit, où elle se mélange à une grande quantité d'air et se brûle complètement ; rien n'échappe à la combustion, e ce qui le prouve, c'est que, quelqu'infecte que soit l'huile employée, on ne retrouve au-dessus de sa combustion aucune trac d'odeur, parce que toute la vapeur d'huile a été complètemen comburée. On voit que cette lampe est en quelque sorte u petit appareil destiné à produire du gaz ou de la vapeu d'huile, et à brûler, à une certaine distance du point de pro duction, ce gaz, en le mettant en contact de la plus grand somme d'air possible.

Il en résulte que la lumière produite est aussi intense qu celle d'un bon bec de gaz d'huile, l'huile n'étant, après tou que du gaz comprimé. Décomposer cette huile, produire d gaz, le brûler convenablement sans en perdre, c'est là la vé ritable solution de la production du gaz à l'huile, et nou pensons que la lampe qui fait l'objet de notre demande remplit amplement ces conditions.

On voit que quelqu'impure que soit l'huile, quelque chargé de matières étrangères qu'elle soit, comme l'huile de baleine cela n'altère point la combustion, parce que la mèche n'é tant plus considérée ici que comme un charbon rouge desti à vaporiser l'huile, les dépôts qui peuvent la charger n'alt rent en rien cette fonction ; aussi, nous est-il arrivé de nou servir d'une mèche sans la moucher pendant cinq ou six jours, et cela sans altérer la lumière produite.

En outre, ce petit foyer interne produisant une assez grande chaleur, l'appareil tout entier ne tarde pas à s'échauffer notablement ; cela permet d'y brûler des corps gras ou résineux qui ne sont pas fluides à la température ordinaire. Ainsi, cette grande difficulté que l'on éprouvait à brûler des huiles de baleine l'hiver, à leur état pur, à cause de leur congélation, disparaît tout-à-fait, et l'on pourra désormais appliquer l'huile de baleine pure à l'éclairage des rues, et jouir ainsi de l'énorme différence des prix qui existe entre cette huile et celle du colza, sans la moindre difficulté, et en obtenant une lumière plus intense que celle dégagée dans les réverbères et quinquets ordinaires, par l'huile du colza.

Figure 442, *Pl.* X, boîte de la lampe.

Figure 443, dessus en verre.

a, anneau se montant à vis sur le cercle *b* pour maintenir le verre.

b, pas de vis qui reçoit l'anneau *a*.

c, cylindre intérieur.

d, galerie pour recevoir le dôme.

e, petite avance pour maintenir le bout des vis qui tiennent le couvercle.

ff, trous pour le courant d'air intérieur.

c, place de la mèche dans la lampe.

b, cylindre intérieur enroulé d'un pas de vis pour faire monter ou descendre l'anneau porte-mèche, et établissant également le courant d'air intérieur.

Figure 444, réservoir à huile formant le corps de la lampe.

c, place de la mèche dans la lampe.

d, cylindre.

Figure 445, mèche montée sur son porte-mèche.

Figure 446, coupe du cylindre s'enchâssant dans celui *b* de la figure 444.

Figure 447, plan du dessus de la figure 446.

Figure 448, disque sur lequel repose le porte-mèche.

Figure 449, porte-mèche.

Lampes lunaire et solaire, de M. Frankenstein. Les lampes de M. Frankenstein sont fondées sur ce fait bien connu, que beaucoup de substances, principalement certaines terres, rayonnent, quand on les chauffe, une lumière extrêmement intense. Ce fait expérimental a déjà reçu des applications dans

Ferblantier. 27

l'éclairage de Brummond et dans les microscopes à gaz hydrògène et oxygène, où l'on éclaire l'objet grossi par la lumière
intense qui se dégage lorsqu'on porte à la chaleur rouge une
boule de craie dans la flamme de ce mélange gazeux. Mais c'est
à M. Frankenstein qu'on en doit l'application économique pour
accroître le pouvoir éclairant des lampes ordinaires d'Argand.

M. Frankenstein établit une distinction entre la lumière
solaire et la lumière lunaire. La disposition des lampes pour
toutes deux est la même, et la différence consiste simplement
en ce que pour produire la seconde de ces lumières on charge
la lampe avec de l'alcool au lieu d'huile. La construction de
ces lampes ne diffère pas sensiblement de celles ordinaires d'Argand; toutefois il est nécessaire, pour produire une lumière
aussi parfaite que possible, que non-seulement la mèche puisse
être élevée et abaissée, mais aussi que la cheminée elle-même
puisse être ajustée à volonté, et de plus qu'il y ait au sein de
la flamme un corps qui, lorsqu'on le porte au rouge, augmente
le rayonnement de la lumière. Ce corps, qu'on peut appeler
un multiplicateur de la lumière, consiste en une carcasse conique, creuse, établie avec un tissu lâche, par exemple du
tulle, de la gaze ou autre semblable, qu'on a enduit avec une
bouillie de chaux ou de magnésie, mélangés à de la gomme
arabique afin de pouvoir leur donner du corps et les faire
adhérer au tissu.

Ce multiplicateur, après qu'on a allumé la lampe, est introduit, au moyen d'une disposition particulière, dans la capacité intérieure de la flamme qui se forme sur tout le pourtour de la mèche ronde, de manière à ce qu'il soit enveloppé
de tous côtés par cette flamme. Le tissu est promptement
charbonné et paraît d'abord tout noirci; mais au bout de
quelque temps ce charbon se brûle, et les substances terreuses restent seules sous la forme du tissu primitif et la
couleur blanche du mélange, et le cône ne tarde pas à devenir rouge blanc intense.

Si comme matière combustible, on emploie de l'alcool dans
les lampes, il est très-facile de s'assurer de l'excédant de pouvoir éclairant qu'on obtient de cette manière. En effet, la
flamme de l'esprit-de-vin, qui par elle-même ne jouit que
d'un pouvoir éclairant extrêmement faible, rayonne alors
une lumière tellement vive qu'on peut lire à une grande
distance les caractères les plus menus. La lumière d'une
ampe lunaire de cette espèce a pour les yeux quelque chose

d'agréable et répand dans les appartements une clarté d'une douceur particulière qui rappelle celle du clair de la lune.

L'excès de pouvoir éclairant que ce multiplicateur donne à la flamme de l'alcool devient plus remarquable encore quand on l'applique à celle produite par l'huile ou le gaz.

Il est facile de se convaincre que le multiplicateur, après que le tissu est consumé, ne possède plus qu'une faible liaison, et l'on est obligé chaque fois qu'on allume la lampe d'en appliquer un nouveau. Mais tant que cette lampe reste allumée et brûle, le multiplicateur n'éprouve aucune altération et ne perd rien de son pouvoir éclairant ; il faut seulement veiller à ce qu'il soit constamment enveloppé par la flamme.

Quand on introduit le multiplicateur au sein de la mèche, il faut aussi veiller à ce qu'il ne soit pas déformé et aplati, ce qui est facile à obtenir, parce que autrement les courants d'air perdraient de leur vivacité. Les multiplicateurs pour les lampes lunaire, solaire, aussi bien que pour les lampes à gaz, sont les mêmes, seulement dans ces dernières la disposition est un peu différente.

Voici comment on procède à la préparation des multiplicateurs qui entrent dans ces lampes :

On commence par prendre un morceau de tissu lâche, principalement du tulle ou de la gaze ; puis on prépare une bouillie peu épaisse avec parties égales de craie finement broyée et de magnésie calcinée (*magnesia usta*) et de l'eau, et on manipule ce tissu dans cette bouillie, jusqu'à ce qu'il en soit bien également pénétré. Toutefois il faut avoir soin que le tissu ne soit pas trop fatigué par cette opération et se rappeler qu'on ne doit pas faire la bouillie assez épaisse pour que les mailles ou intervalles de ce tissu n'en soient point obstrués, mais conservent au contraire, autant qu'il est possible, leur caractère et leur état.

Une demi-heure environ après que le tissu a été introduit dans la bouillie, on l'en retire, on l'exprime et on le laisse sécher. Cette dessiccation peut s'opérer à l'air libre ou dans un four chauffé. Le tissu étant sec, on le passe encore une fois dans une bouillie qui consiste en parties égales de craie de magnésie et une quantité suffisante d'eau pour que le tout forme un liquide un peu épais, ayant la consistance de l'huile. A cette bouillie on ajoute pour 50 parties de craie et de magnésie employées, 20 parties de gomme arabique et un peu de noir de fumée, et la quantité de ce dernier suffisante pour

que la bouillie prenne une couleur noir grisâtre quand elle
est sèche.

Au lieu de 20 parties de gomme, on peut se servir de 15
parties de colle animale : mais la première substance est préférable. Dans tous les cas, il est superflu d'ajouter qu'on doit
avoir soin que la substance qui sert à l'agglutination des matières soit complètement dissoute dans la liqueur.

Le tissu, immergé et imprégné à plusieurs reprises dans la
bouillie, est enfin imprimé, séché, et après sa dessiccation
énergiquement pressé ou calandré. Cela fait, on se procure un
certain nombre de petits cônes tournés en bois, qui ont exactement la forme du bec de la lampe, mais sont à peu près de
12 à 15 centimètres (4 pouces 6 lignes à 5 pouces 6 lignes)
plus longs. Sur ces moules en bois, on façonne de petites enveloppes en papier collées sur les bords, et qui ont par conséquent la forme de cônes creux. On imbibe ces cônes à plusieurs
reprises avec de l'huile, puis aussitôt que ce liquide a pénétré
dans le papier, on les étend sur les moules. Cela fait, on découpe le tissu préparé, ainsi qu'on l'a expliqué plus haut, en
morceaux ayant la forme d'un trapèze, puis on procède ainsi
qu'il suit pour préparer le multiplicateur :

On enduit les bords du morceau découpé de tissu jusqu'à
une largeur de 3 à 4 millimètres (2 à 2 lignes 1/2) avec une dissolution de gomme arabique, puis on le plie sur le papier, qui
recouvre le moule conique de façon que les bords enduits de
gomme chevauchent l'un sur l'autre. Quand la chose est terminée, ou enlève le cône en papier avec le multiplicateur qu'il
porte et on laisse sécher ce dernier, afin de pouvoir le débarrasser du papier, et on l'applique sur la lampe, ainsi qu'on l'a
indiqué dans l'article précédent. Avec un peu de pratique, ces
multiplicateurs se préparent et se mettent en place avec une
grande rapidité, de manière qu'ils reviennent au prix le plus
modique.

Quant aux multiplicateurs destinés aux becs à gaz, M. Frankenstein leur a donné une doublure en papier, qu'on enduit
de même avec la bouillie dont il a été question, et qu'on imbibe d'huile après dessiccation. On ne comprend pas bien de
quelle utilité cette doublure peut être dans l'éclairage au gaz.
Du reste, dans l'application du multiplicateur aux becs à gaz,
il est bien entendu qu'on ne peut s'en servir qu'avec des flammes qui sont de même forme que celles des becs d'Argand,
c'est-à-dire des flammes cylindres creuses et à l'intérieur desquelles circule un courant d'air.

CHAPITRE X.

LAMPES A HYDROGÈNE LIQUIDE.

Depuis un certain nombre d'années on s'est efforcé d'appliquer à l'éclairage, et pour remplacer l'huile, les hydro-carbures naturels, tels que le naphte, les huiles de schistes, l'essence de térébenthine, etc., soit seuls, soit combinés à d'autres substances également combustibles. Ces hydro-carbures seuls ou mélangés, auxquels on a donné des noms bizarres pour en marquer l'origine, comme par exemple celui d'*hydrogène liquide*, ont présenté de graves difficultés quand on a voulu les consacrer à ce service, difficultés qui ont porté surtout sur les meilleurs moyens d'en opérer la combustion complète, et sur la manière d'éviter l'odeur pénétrante que portent avec elles toutes ces substances. On a donc fait une multitude d'essais dans ce sens, et s'il fallait rapporter toutes les inventions qu'on a vu successivement éclore pour brûler l'hydrogène liquide, inventions dont la plupart ont été abandonnées, un volume aussi fort que notre manuel suffirait à peine. Nous nous contenterons donc de faire connaître un des appareils les plus récemment inventés dans ce genre, et dont la description suffira, à ce que nous pensons, pour donner une idée très-exacte de ce genre de construction, où le bec seul, toutefois, paraît appartenir à l'art du ferblantier. Nous empruntons cette description à la spécification du brevet pris en 1844 par M. P. A. Mathieu, où on trouve exposés assez nettement les principes de ce nouvel éclairage.

Lampe à hydrogène liquide, de M. Mathieu.

» L'éclairage à l'hydrogène liquide par les procédés connus est, dit M. Mathieu, excessivement dispendieux. Cela tient:

» 1° A ce que les divers jets de flamme, au lieu de se réunir comme dans les becs à gaz, sont isolés les uns des autres; 2° à ce que le liquide employé, ne contenant que de faibles proportions de carbone, n'a que peu de pouvoir éclairant. Ces deux défauts viennent de la même cause, l'insuffisance de la ventilation; ainsi, par cela même que les becs n'ont pas de courant d'air intérieur, les jets de feu doivent rester séparés, puisque l'air destiné à alimenter la surface intérieure de la flamme doit passer entre ces jets; or, on sait que, à consommation égale, des jets séparés donnent beaucoup moins de lumière que lorsqu'ils se joignent. Il faut aussi remarquer

que, séparément, les jets affectent une forme ronde et ont
une assez grande épaisseur, tandis que, entre deux courants
d'air, ils s'aplatissent et offrent, par conséquent, une plus
grande surface éclairante ; enfin, l'insuffisance de la ventilation oblige à faire entrer dans la composition du liquide une
grande quantité d'alcool, c'est-à-dire à emprunter à ce liquide
une partie notable de l'oxygène, que l'on peut, avec les dispositions que je vais décrire, emprunter à l'air atmosphérique.

» *Description des dessins.* Les mêmes lettres indiquent partout les mêmes objets.

Figure 450, *Pl. X*, coupe verticale de la nouvelle lampe.

Figure 451, section horizontale suivant la ligne *xy*, et vue
en dessous de la partie supérieure.

Figure 452, élévation de la même partie vue extérieurement, avec trois petits supports qui soutiennent la cheminée.

Figure 453, vue extérieure de l'extrémité inférieure des robes qui forment le bec et l'appareil qui sert à les fermer.

Figures 454 et 455, sections verticales de porte-mèches.

Figure 456, même section d'un bec particulier sans porte-
mèches.

Figure 457, même section d'un autre bec, avec porte-mèches différent des précédents.

Figure 458, même section d'une disposition propre à faciliter l'allumage.

» *a*, vase qui contient le liquide ; *b*, tuyau soudé au fond
du vase servant à amener l'air à l'intérieur du bec ; *c*, bec
formé de deux robes concentriques *d* et *e*, dont la dernière
entre sur le tuyau *b* en laissant un petit espace vide ; *f*, bout
de tube faisant saillie au-dessus du bec et engagé jusqu'à une
certaine profondeur entre la robe *e* et le tuyau *b* ; ce tube
chauffé à son extrémité supérieure par la flamme du bec, sert
de conducteur ou calorique en contre-bas, et contribue à entretenir dans le bec la température convenable. Le petit espace
vide entre *b* et *e* empêche, jusqu'à un certain point, la déperdition de la chaleur ; le bec et le tube *f* doivent être en cuivre,
préférablement à tout autre métal.

» Le bec se visse au vase *a* de la manière indiquée du point
g. Il est entouré de deux manchons concentriques *h*, *i*, au-
dessus de la rondelle *j* qui sert de support à tout l'appareil
supérieur ; ces deux manchons servent, à volonté, à élever
ou à abaisser la température du bec en empêchant ou en fa-
cilitant son contact avec l'air froid. Ils sont percés d'ouver-

tures verticales k et i qui peuvent se rencontrer en se super-posant ou se désaccorder.

» Au manchon intérieur i viennent se rattacher : 1° un cer-cle k percé d'ouvertures n; 2° un autre cercle l, placé à une petite distance au-dessus du précédent. Ce dernier ne se rat-tache d'un côté au manchon, et de l'autre au porte-globe m, que par trois ou quatre rayons; tout l'espace compris entre le porte-globe et le manchon est occupé par un tissu métal-lique, à travers lequel doit passer l'air destiné à alimenter le bec extérieurement. Au manchon extérieur h est fixé un cer-cle n semblable au cercle k; ces deux pièces réunies forment une disposition pareille à celle qui sert à ouvrir ou fermer les bouches de chaleur dans certains calorifères. Les deux man-chons h et i et les cercles k et n doivent être placés de ma-nière que, lorsque les ouvertures des cercles se rencontrent, celles des manchons ne se rencontrent pas, et réciproquement, de telle sorte que l'on puisse, à volonté, faire passer l'air des-tiné à alimenter le bec extérieurement par les vides des deux cercles, ou par les vides des deux manchons; on obtient l'un ou l'autre de ces résultats en faisant mouvoir le manchon h autour du manchon i, qui est fixe : les deux manchons et les deux cercles doivent présenter plus de pleins que de vides, afin de pouvoir obtenir une obturation aussi complète que possible des deux côtés.

» Une chose de la plus haute importance, c'est la position de la cheminée o par rapport au bec. Dans les appareils d'é-clairage ordinaires, l'extrémité inférieure de la cheminée des-cend au-dessous du niveau du bec; elle repose sur une ga-lerie qui enveloppe ce bec; ici, au contraire, l'extrémité in-férieure du verre se trouve au-dessus du bec. Le verre est soutenu au-dessus du globe par deux manchons p et q; le manchon p tient au globe; le manchon q entre à frotte-ment dans le précédent, de manière à ce qu'on puisse élever ou abaisser le verre à volonté. Les manchons p et q, au lieu d'être supportés par le globe, peuvent l'être par un ou plusieurs bras soudés au vase et s'élevant au-dessus du globe; je puis également soutenir le verre au moyen de petits pieds, comme on le voit à la figure 3, donnant le moins d'ombre possible et attachés au manchon i. Le verre étant placé comme il vient d'être dit, il fallait un moyen de sous-traire la flamme aux agitations de l'air extérieur; le tissu mé-tallique qui garnit le cercle l remplit ce but, il amortit pres-que complètement les agitations les plus violentes.

» Pour compléter la description de la figure 381 et de celles qui s'y rattachent, il me reste à expliquer l'ascension du liquide dans le bec. L'espace compris entre les deux robes concentriques d et e est occupé par de la sciure de bois; un petit espace vide doit être laissé au sommet, ainsi que l'indique le dessin. La sciure étant introduite dans le bec, on l'empêche de tomber au moyen d'une pièce vissée à l'extrémité inférieure de la robe e au point r; cette pièce se rattache, par de petites tiges s, à un cercle qui embrasse à frottement l'extrémité inférieure de la robe d; l'espace compris entre ce cercle et r est occupé par un tissu quelconque r', à travers lequel passe le liquide pour arriver à la sciure. Tout cet appareil peut être remplacé par de petits manchons en étoffe perméable que l'on attache sur la robe d et sur la robe e, à leurs extrémités inférieures, une fois que la sciure est introduite dans le bec.

» J'indique la sciure de bois comme une des matières les plus favorables à l'ascension du liquide, mais je puis également employer toutes autres matières spongieuses et même des corps non spongieux s'ils sont à l'état de grains ou de poussière; je n'en excepte ni la limaille des métaux, ni le sable; seulement il est nécessaire que les corps employés n'aient pas d'action sur le liquide, et réciproquement, que le liquide soit sans action sur eux. Parmi les spongieux, je citerai, entre autres, les mèches à l'état de fils en écheveau et celles à l'état de tissu.

» La figure 385 représente un porte-mèche, consistant en un tube que l'on recouvre de deux ou trois mèches superposées semblables à celles des lampes à huile, mais d'une plus grande longueur; le porte-mèche, ainsi garni, s'introduit dans l'espace compris entre les deux robes d et e, au lieu de la sciure de bois.

» La figure 386 représente un autre porte-mèche garni d'écheveaux de coton : ce porte-mèche est formé de deux tuyaux concentriques, attachés l'un à l'autre par de petites cloisons t à leurs deux bouts; dans chacun des espaces compris entre deux cloisons, on fait passer, au moyen d'une ficelle, ou de toute autre manière, une mèche que l'on découpe ensuite à ses deux extrémités et que l'on ramène un peu en contre-bas, le tout de la même manière que dans les becs servant actuellement à la consommation de l'hydrogène liquide. Le porte-mèche, garni ainsi qu'il vient d'être dit, s'introduit, comme le précédent, entre les deux robes d et e.

» Ces deux genres d'appareils ont des inconvénients que je crois devoir signaler. Si les tubes du dernier n'adhèrent pas parfaitement, au moins sur une partie de leur longueur, aux deux robes *d* et *e*, de manière à ne laisser passer entre eux ni liquide, ni air, ni vapeur, il en résulte des oscillations de flamme et quelquefois des extinctions; avec le porte-mèche, fig. 385, l'inconvénient peut se présenter entre le tube et la robe *e*. On remédie à cet inconvénient en adoptant la disposition indiquée par la figure 387 : le bec se disjoint à son sommet; on enlève le chapeau ou capsule circulaire *u*, et on passe les mèches directement entre les deux robes *d* et *e*, puis on remet le chapeau en place; mais, pour éviter les déperditions de gaz, il faut que le chapeau s'ajuste avec beaucoup d'exactitude sur les deux robes, et, dans ce cas, l'action du feu a l'inconvénient de rendre la disjonction difficile.

La figure 388 représente une autre forme de mèche et de bec; la mèche est pleine comme pour les becs actuellement employés; elle est contenue dans un tube *v*, qui entre dans la tige creuse *x* du bec; le gaz, en s'échappant de la mèche, passe dans de petits tubes *z*; mais, si le porte-mèche *v* n'adhère pas, au moins sur une partie quelconque de sa longueur, au tube *x*, on rencontre le même inconvénient qu'avec les porte-mèches précédemment décrits; de plus, les jets de flamme qui se trouvent en face des petits tubes *z* sont moins acérés que les autres, et il en résulte des inégalités de hauteur et de teinte dans la flamme.

» Avec le système des porte-mèches, n'importe lesquels, on a, par contre, la facilité de régler, de l'extérieur de la lampe, la hauteur de la mèche à l'intérieur : une tringle *a'*, attachée aux porte-mèches et à un ou plusieurs cercles conducteurs *b'*, se termine à son extrémité supérieure, en dehors du vase *a* de la lampe, par une crémaillère que l'on fait mouvoir avec un pignon dont l'axe est muni d'un bouton ou levier quelconque. La manœuvre des mèches se fait ainsi, comme dans les lampes ordinaires à l'huile : en faisant monter la mèche, on la rapproche du bec et on obtient plus de gaz, partant plus de lumière; on diminue, au contraire, la lumière en faisant descendre la mèche, qui plus éloignée du foyer donne nécessairement moins de gaz.

» *Fonctions de la lampe.* Pour faire fonctionner la lampe, on procède ainsi qu'il va être dit: On enlève les manchons concentriques *h*, *i*, et avec eux toutes les pièces qu'ils supportent; on dévisse le bec du vase *a*; on met du liquide dans un vase. L'introduction du liquide peut, d'ailleurs, se faire par une ouverture spéciale fermant au moyen d'une vis ou d'un robinet, et pratiquée sur un point quelconque de la partie supérieure du vase. On dévisse ensuite l'appareil de fermeture attaché aux extrémités inférieures des deux robes du bec ; on renverse le bec et on introduit, entre les deux robes, une quantité de sciure telle que, le bec étant redressé, il y ait au sommet un vide à peu près égal à celui indiqué à la figure 1re; on remet l'appareil destiné à empêcher la sciure de tomber, et on replace le bec. Avec des mèches, l'appareil de fermeture attaché à l'extrémité des deux robes devient inutile.

» On passe ensuite à l'allumage. Dans les grands établissements où il existe un certain nombre de lampes, on peut les allumer en introduisant dans le bec un corps quelconque porté à une haute température , particulièrement un feu rouge ; à défaut de ce moyen, on peut allumer par le chauffage du bec à l'extérieur en faisant brûler de l'alcool tout autour. Pour rendre l'opération plus facile, on peut amorcer le bec de la manière que voici : on emmanche sur ce bec, ainsi qu'on le voit fig. 9, un cercle *f'* garni d'un bourrelet en coton ou en fil *g'*; on incline un peu la lampe, et on verse lentement, entre le cercle *f'* et l'extrémité saillante du tube *f*, une petite quantité d'alcool qui pénètre, par les trous du bec, entre les deux robes, et va humecter la sciure ou les mèches. Le bec doit être penché pendant cette opération, afin que quelques-uns des trous du bec ne soient pas immergés et puissent offrir une issue à l'air : on chauffe ensuite le bec jusqu'à ce que la distillation soit engagée et le gaz enflammé ; alors on revêt le bec de ses deux manchons et on remet en place le porte-globe, le globe et la cheminée.

» On fixe la cheminée à la hauteur voulue en élevant ou en abaissant le manchon *q* ; deux cercles en bois, ou en tout autre corps peu conducteur de la chaleur, attachés aux manchons *p* et *q*, permettent de faire mouvoir ce dernier, même pendant l'éclairage, sans danger de se brûler. Le verre doit entrer très-librement dans le manchon *q*. Cette pièce peut être découpée, à son extrémité supérieure, de manière à présenter de petites pointes flexibles comme celles des galeries des becs de gaz, pour permettre de rendre le verre concentrique au bec lorsqu'il y a une légère déviation.

» Lorsqu'on veut obtenir de la lampe la plus grande somme

de lumière, les ouvertures des cercles k et n doivent se trouver parfaitement en face, et celles des manchons h et i
doivent être complètement fermées, de telle sorte que l'air
destiné à alimenter le bec extérieurement ne puisse passer que
par la toile métallique qui garnit le cercle l; lorsque, au contraire, on veut modérer la flamme, on fait mouvoir le manchon h de manière à ce qu'une certaine quantité d'air puisse
passer par les ouvertures h' et i', et abaisser par son contact
avec le bec la température de celui-ci, ce qui ralentit la distillation et réduit le volume de la flamme. Pour obtenir l'extinction, on fait mouvoir le manchon h de manière à fermer
complètement les ouvertures des cercles k et n et mettre tout-à-
fait en regard celles des deux manchons; l'air du courant extérieur, passant uniquement par ces dernières ouverture, refroidit promptement le bec de manière à arrêter la distillation.

» Au lieu de refroidir le bec extérieurement, on peut produire cet effet intérieurement, ou même simultanément sur
les deux surfaces; pour cela, le tube b doit être moins long et
s'arrêter un peu au-dessus du niveau du liquide. Un autre tuyau
mobile, montant jusqu'au sommet du bec, doit être engagé
dans b; en faisant descendre ce tuyau plus bas, on refroidit
les parois du tube f, et par conséquent le bec; mais le résultat est moins prompt et moins sensible que celui obtenu
par le moyen précédent.

» Au lieu de faire mouvoir le manchon h horizontalement,
je puis le faire mouvoir verticalement; mais alors le cercle k
doit être plaqué sous la toile métallique du cercle l; le cercle n
doit être isolé de k, de manière à ce que l'air puisse passer entre
deux; les parties pleines de n doivent être en face des ouvertures de k, les ouvertures des deux manchons h et i, au lieu
d'être verticales, sont transversales. Lorsque h est en bas, les
ouvertures des deux manchons sont fermées; elles s'ouvrent
lorsqu'on élève h; enfin, lorsqu'on porte cette pièce à son
plus haut point d'élévation, les parties pleines du cercle n ferment complètement les ouvertures de k, de manière à ce que
l'air ne puisse passer que par les ouvertures des deux manchons.

» Si l'on adopte la disposition du mouvement rotatif horizontal, ce mouvement peut être limité par un ou plusieurs
arrêts. Au lieu de faire mouvoir ce manchon directement, on
peut le faire mouvoir soit par un levier, soit au moyen d'une
vis ou d'un pignon engrenant dans une portion de roue
dentée fixée à ce manchon. Dans le sens vertical, on peut

également le faire mouvoir soit par un levier, soit par un engrenage, soit par une vis d'appel.

» *Avantages de la nouvelle lampe.* Ainsi que je l'ai dit au
commencement, le courant d'air intérieur permet d'avoir
des jets de flamme assez rapprochés pour se joindre, ce qui
n'est pas possible avec le système actuel des becs à l'hydrogène liquide. Pour que la jonction s'opère avec des becs du
diamètre de celui représenté figure 1, les trous par lesquels
sort le gaz doivent être au nombre de vingt environ (ce nombre
doit varier avec de plus grands ou de plus petits becs, dans
la même proportion que la circonférence); de plus, la combinaison des deux courants d'air intérieur et extérieur fait que
les jets s'aplatissent, et que la surface éclairante se développe
proportionnellement à la diminution de l'épaisseur de ces
jets; cette double condition de la jonction des jets et de leur
aplatissement suffit presque pour doubler l'intensité de la
lumière obtenue d'une même quantité de liquide.

» J'ai déjà signalé l'importance de la position de la cheminée au-dessus du bec; si cette cheminée descendait au-dessous du niveau du bec, comme avec ces lampes actuelles, on
ne pourrait guère augmenter, malgré le courant d'air intérieur, la proportion du carbone contenu dans l'hydrogène
liquide tel qu'on le prépare aujourd'hui, tandis que le verre
ne descendant pas jusqu'au bec, cette proportion peut être
considérablement accrue. L'hydrogène liquide préparé par
mes devanciers ne contient que vingt-huit parties environ
d'huile essentielle, sur cent parties de liquide, tandis que l'hydrogène que je prépare peut contenir soixante parties, et
même plus, d'huile essentielle, sans que la combustion donne
ni odeur ni fumée. De là résulte un double avantage : d'abord
une notable diminution dans le prix du liquide, par la raison
que les huiles essentielles coûtent beaucoup moins, à quantité
égale, que l'alcool, et ensuite ont un pouvoir éclairant de
beaucoup supérieur. Ces deux avantages réunis donnent encore
une économie de près de moitié; c'est donc, en somme, une
économie de près de 75 pour 100 que l'on peut réaliser avec
la nouvelle lampe; c'est ce que des essais multipliés me permettent d'affirmer.

» Le résultat tient uniquement, comme on l'a vu, à une
meilleure ventilation du bec, provenant tant du courant d'air
intérieur que de la position de la cheminée. Dans les éclairages à l'huile et au gaz ordinaire, les courants d'air doivent

être réduits à de certaines proportions; s'il y a une trop grande affluence d'air, la flamme devient, à la vérité, plus étincelante, mais c'est au préjudice du volume, qui diminue au point de donner moins de lumière, bien que l'éclat soit augmenté. Avec l'hydrogène liquide, que l'on peut composer comme on veut, il y a, au contraire, avantage à faire arriver sur le bec la plus grande quantité d'air possible, puisque, plus cette quantité sera forte, plus on pourra mettre d'huiles essentielles dans le mélange, moins le mélange coûtera, et plus on aura de pouvoir éclairant; tel est le principe sur lequel repose mon invention.

» Cependant j'ai cru devoir indiquer une disposition propre à modérer le courant d'air extérieur, au moyen de la mobilité de la cheminée dans le sens vertical; en voici le motif: lorsque le consommateur veut diminuer le volume de la flamme, il faut encore qu'il puisse obtenir le plus économiquement possible l'intensité de la lumière qu'il veut avoir; or, comme il ne peut varier les proportions du mélange contenu dans le vase *a*, il faut donc qu'il puisse ralentir le courant d'air, qui deviendrait trop considérable pour une flamme réduite.

» J'ai depuis apporté quelques perfectionnements dont je vais rendre compte.

» Les dispositions nouvelles ont principalement pour objet: 1° l'allumage de la lampe; 2° d'empêcher que l'abaissement du niveau du liquide ne fasse diminuer la flamme; 3° de donner le moyen de régler la flamme à volonté et d'éteindre subitement; 4° de permettre de rendre la cheminée concentrique au bec et de l'élever ou de l'abaisser plus commodément; 5° et enfin, divers autres perfectionnements que la description fera suffisamment connaître.

» Je dois dire que, en mettant de nouvelles dispositions à la place de quelques-unes de celles indiquées dans ma précédente demande, j'entends néanmoins me réserver la propriété exclusive des premières, avec la faculté d'employer les unes et les autres alternativement, d'en allier une portion ensemble, et même d'en supprimer une partie dans les diverses lampes que je ferai établir, ou dans un certain nombre de ces appareils.

Fig. 459, coupe verticale de la lampe.
Fig. 460, coupe horizontale suivant *a*, *b*.
Fig. 461, vue latérale du bec de la lampe.

Ferblantier.

28

Fig. 462, coupe verticale de la partie supérieure de l'appareil.

Fig. 463, coupe suivant c, d.

Fig. 464, disposition particulière en coupe verticale : a, vase contenant le liquide. b, tuyau soudé au fond de ce vase et s'élevant un peu au-dessus du niveau du liquide ; il est enveloppé, à son extrémité supérieure, d'un cuir mince ou de tout autre corps compressible, dans le but d'empêcher toute perte de vapeur. c, bec formé de deux robes concentriques d et e ; un ou plusieurs petits tubes e' traversent les deux robes et servent de passage aux vapeurs qui peuvent se former entre la robe e et le tuyau b. Il est nécessaire que ces vapeurs ne puissent pas arriver au bec, à cause des oscillations qu'elles imprimeraient à la flamme. Le but serait également atteint, si l'on munissait l'extrémité inférieure de la robe e d'un appareil de fermeture autoclave, sur lequel agirait le poids du liquide ; le bec, lorsqu'on le mettrait en place, refoulerait ce liquide et l'empêcherait de pénétrer entre la robe e et le tuyau b. Je me réserve l'emploi de ces deux moyens. f, g, deux douilles concentriques liées ensemble par de petits rayons h ; elles enveloppent les robes d et e, du bec à leur extrémité supérieure ; à ces deux douilles sont fixés, d'abord, un premier tamis métallique i, qui touche à la sciure de bois dans laquelle passe le liquide, et ensuite, un peu au-dessus, un second tamis métallique j, formé de deux ou trois épaisseurs de tissu superposées. L'espace vide entre les deux tamis permet à la vapeur de prendre partout une égale tension avant de traverser celui de dessus. Pour allumer, il suffit de verser une petite quantité d'hydrogène liquide ou d'alcool sur j et d'y mettre le feu ; l'allumage se trouve ainsi rendu beaucoup plus commode, et l'on est affranchi de la sujétion et de tous les inconvénients attachés aux becs à trous ; la vapeur brûle immédiatement au-dessus du tamis j.

» Je puis, si je le préfère, me passer des douilles f, g et des tissus métalliques, en faisant monter la sciure jusqu'au haut du bec, et en enflammant le liquide dont on doit d'abord l'arroser ; si l'on tient à l'isoler de la flamme, pour empêcher sa carbonisation, il suffit de la recouvrir d'une couche mince de limaille, de sable ou de toute autre matière incombustible, réduite à l'état de poudre ou de poussière. Tout en conservant les douilles f, g, et les pièces qu'elles contiennent, je puis recouvrir d'une semblable couche le tamis j ; si la flamme pré-

sente des inégalités de hauteur, il suffit, pour les faire disparaître, de remuer la couche sur certains points avec un petit
fil de métal : on régularise ainsi la flamme avec une facilité
que sont loin d'offrir les becs à trous.

» k, manchon enveloppant le bec et servant à le préserver
du contact de l'air froid. l, porte-globe garni d'une toile métallique m, à travers laquelle passe l'air du courant extérieur
avant d'arriver au bec; ce porte-globe est lié par un certain
nombre de rayons, à la douille n, qui enveloppe le manchon k; ce manchon porte un taquet o, engagé dans une
fente ou ouverture oblique p, pratiquée à la douille n. Cette
disposition permet de faire descendre ou monter le porte-
globe, le globe et la cheminée, en faisant tourner le porte-
globe autour du manchon.

» Pour rendre la cheminée concentrique au bec, j'emploie
l'appareil que voici : à la plaque circulaire q, laquelle remplit
en grande partie le vide que l'ouverture supérieure du globe
laisserait autour de la cheminée, à cette plaque, dis-je, est attachée une double genouillère r, r', dont les articulations
jouent avec une certaine raideur; la genouillère r est liée au
manchon s, qui supporte le verre; la double genouillère r, r'
permet de faire varier la cheminée horizontalement dans tous
les sens, et la raideur des articulations l'empêche de se déranger lorsqu'elle a été convenablement placée : on pourrait
encore mieux assurer cet effet au moyen d'une vis de pression. La partie inférieure du globe affecte la forme d'un entonnoir t; au lieu de donner cette forme à la partie inférieure
du globe, je puis la donner à la cheminée même.

» Dans ma première description, j'ai signalé l'importance
de la position de la cheminée au-dessus du bec. Il faut, autant
que possible, que l'air arrive au pied de la flamme à angle
droit ou presque droit; si l'on venait à m'objecter qu'il en
est à peu près ainsi dans certains appareils d'éclairage à
l'huile, je répondrais qu'une application d'où résulte une économie d'environ 5o pour 100, constitue une invention trop
précieuse pour qu'elle puisse être contestée. Dans toutes les
lampes actuelles, destinées à la combustion des huiles essentielles, la colonne d'air du courant extérieur s'élève parallèlement à la flamme. Je déclare donc que je poursuivrai comme
contrefacteur quiconque, par tels moyens que ce puisse être,
tenterait de donner au courant la direction que j'ai le premier indiquée, ou une direction analogue.

» *u*, flotteur placé sur le liquide, il correspond, par les leviers *v*, *x*, *y* et la tringle intermédiaire *z*, au tube mobile *a'*, de telle sorte que ce tube s'élève lorsque le niveau du liquide baisse, et que l'effet contraire a lieu lorsqu'on remplit le vase *a'* : lorsque ce vase est suffisamment plein, une petite tige *b'* l'indique à l'intérieur. Pour que l'indication soit plus sensible, je puis, au moyen de cette tige, faire mouvoir un bouton, une bascule et même une soupape qui fermerait l'ouverture *c'* par laquelle s'introduit le liquide.

» Il est évident que plus le tube *a'*, qui sert de conducteur à la chaleur, s'élève au-dessus du bec, plus le bec est chauffé : or, comme son élévation concorde avec la diminution du liquide, il en résulte que, à mesure que le niveau descend, la chaleur du bec augmente dans une proportion correspondante, et qu'ainsi la quantité de vapeur produite et par conséquent la flamme restent toujours les mêmes.

» L'articulation du levier *z* tient à une crémaillère *d'*, qui engrène dans un pignon *f'*, que l'on fait mouvoir en tournant le bouton *g'* ; de telle sorte que l'on peut faire descendre ou monter le tube *a'* à volonté et accélérer ou ralentir la distillation : c'est aussi de cette manière que l'on opère l'extinction. Il suffirait, à la rigueur, pour éteindre, de faire rentrer entièrement le tube *a'* dans la robe *e* et le tuyau *b* ; mais, pour avoir un résultat plus prompt, je place, un peu au-dessus de ce tube, un jeton *g''* tenu par de petits supports *h'*. Pour obtenir l'extinction subite, il suffit de faire tourner le bouton *g'*, jusqu'à ce que ce jeton vienne plaquer sur le bec : ce jeton sert également à étendre la flamme, ce qui la met en contact avec une plus grande quantité d'air.

» Je puis encore éteindre subitement d'une autre manière : j'enveloppe la douille *f* d'une seconde douille qui se meut dans le sens vertical au moyen d'un cric ou autrement ; en faisant monter cette douille, j'opère l'extinction.

» Je diminue un peu le diamètre du tuyau *a'* à son extrémité supérieure, afin que l'encrassement qui résulte de son contact avec le pied de la flamme ne l'empêche pas de rentrer dans la robe *e* ; à son extrémité inférieure, au contraire, il doit joindre, le mieux possible, au tuyau *b*, afin que l'air ne passe pas entre deux, ce qui amènerait le refroidissement du bec.

» Je puis me dispenser de faire passer le courant d'air intérieur à travers le vase *a* ; je puis faire pénétrer la quantité d'air nécessaire par des trous pratiqués sur les côtés du bec,

entre le fond du manchon *k* et le dôme du vase *a*; aux endroits marqués des lettres *i'* ; au-dessous des trous serait placé
un fond qui fermerait toute communication du bec avec le
vase, autre que celle qui doit exister pour l'ascension du liquide.

» Enfin, au lieu d'employer de la sciure de bois ou tous
autres corps à l'état de poussière ou de grains, pour faire
monter le liquide, je puis employer des mèches de coton rectilignes, engagées dans les espaces compris entre les petits
rayons *j'*, qui lient ensemble les deux robes concentriques du
bec (voir ma précédente description, à l'explication de la figure 278). Comme personne, à ma connaissance, n'a encore
songé à former des mèches circulaires par la réunion de plusieurs mèches en écheveaux, je me réserve cette application.
Je me réserve également toutes les applications qui peuvent
être faites du flotteur, comme moyen de remédier à l'inconvénient de l'abaissement du liquide dans les appareils d'é-
clairage, même dans ceux d'éclairage à l'huile. Je ferai remarquer, en terminant sur ce point, que ce flotteur peut
aussi me servir de moteur, soit pour faire monter et descendre le porte-globe *l*, soit pour faire tourner un manchon
semblable à celui désigné par la lettre *h*, dans ma première
demande de brevet. Quant aux moyens de mettre le flotteur
en rapport soit avec le porte-globe, soit avec le manchon, il
n'est pas un mécanicien un peu intelligent qui ne puisse les
indiquer, il serait donc superflu d'en donner ici la description.

» J'ai énoncé dans ma précédente spécification, que, pour
rendre économique l'éclairage à l'hydrogène liquide, il fallait
faire entrer dans le mélange la plus grande quantité possible
d'huiles essentielles surcarburées. Mais pour qu'il n'y ait ni
fumée ni odeur, il faut que la flamme soit mise en contact
avec une quantité d'air d'autant plus considérable que le mélange contient plus de carbone ; c'est pour cela que je me suis
appliqué à produire, au moyen de la cheminée, un tirage
plus actif que celui obtenu par mes devanciers. Il est encore
un autre moyen d'accroître le contact des vapeurs combustibles avec l'air, c'est d'en augmenter le volume, ce qu'on peut
faire soit en élevant leur température avant la combustion,
soit en les mêlant à la vapeur d'eau, à de l'air ou à d'autres
gaz.

» Un serpentin *m'*, *fig.* 456, est placé au-dessus de la cheminée *n'* ; il est contenu dans une enveloppe cylindrique *o'* ; une petite cuvette *p'*, destinée à recevoir l'alcool, s'engage dans deux coulisses *q* ; on enflamme l'alcool pour commencer à chauffer le serpentin lorsqu'on veut allumer. S'il s'agit d'élever la température des vapeurs destinées à produire la lumière, j'établis un bec formant, à son extrémité supérieure, deux chambres superposées. La vapeur ne peut sortir de la chambre de dessous que par le tuyau *r'*, qui la conduit au sommet du serpentin; un autre tuyau *s'*, communiquant au bas de ce serpentin, la ramène dans la chambre supérieure du bec, d'où elle sort pour brûler.

» Si on veut mêler la vapeur combustible à la vapeur d'eau, j'élève l'eau par un moyen quelconque ou par un mécanisme de la lampe Carcel, dans le tuyau *r'* ; arrivée dans le serpentin, elle s'y convertit en vapeur, descend, en cet état, par le tuyau *s'*, pénètre dans le bec qui doit avoir une chambre unique, où elle se mêle à la vapeur combustible; s'il s'agit de mêler à la vapeur combustible, de l'air ou tout autre gaz, j'opère exactement comme pour l'eau. L'air ou le gaz peut être insufflé dans le tuyau *r'* soit par un ventilateur, soit par tout autre appareil.

» Je n'entends pas réclamer comme mienne l'idée de mêler de l'air ou de la vapeur d'eau aux vapeurs combustibles, mais uniquement celle de chauffer, soit au-dessus, soit autour du bec, l'air ou la vapeur d'eau avant d'opérer le mélange. »

CHAPITRE XI.

DES BRIQUETS.

Il n'entre et ne peut entrer dans notre plan de décrire tous les moyens par lesquels on se procure du feu instantanément à l'aide des briquets : c'eût été perdre le temps que de décrire à cet égard les procédés les plus simples, comme aussi les procédés les plus compliqués. Restait donc l'indication des briquets intermédiaires; c'est là que j'ai fait un choix, qui non-seulement donnera au lecteur le moyen de préparer les briquets les plus commodes et les plus ingénieux, mais encore le mettra à même de fabriquer les choses les plus compliquées en ce genre, s'il le juge à propos.

Nouveau briquet physique de M. Derepas, ou *Lampe
pyro-pneumatique.*

Cet instrument est une application des plus heureuses de
la découverte de l'ingénieux *Doebéreiner*, qui, le premier,
annonça qu'un jet de gaz hydrogène dirigé sur du platine en
mousse rougit ce dernier ; que par suite le gaz s'enflamme et
brûle tant que le jet continue.

On voit en perspective (*fig.* 188, *Pl.* IV) ce briquet composé
d'un flacon *a b* et d'un flacon inférieur, qui ont chacun deux
orifices, et sont superposés l'un à l'autre. Le flacon supérieur *a b*
a un orifice en *e* fermé par un bouchon de cristal, sur la surface
duquel on pratique quelques sillons pour faire communiquer
l'air extérieur ; il s'ajuste en *d* avec l'orifice supérieur du flacon inférieur, qu'il ferme exactement comme un bouchon
de cristal usé à l'émeri. Au-dessous de cette jonction, le flacon
a porte un long tube *c*, qui descend presque jusqu'au fond
du flacon inférieur.

Indépendamment de son ouverture, ce dernier a en *g* une
tubulure en cristal sur laquelle est cimenté soigneusement
l'appareil *g*, *h*, *d*, dont nous allons parler tout-à-l'heure, et
qui est construit en cuivre (on peut aussi le faire en fer-blanc).
La branche cintrée est creuse, et, par le moyen du robinet
qui la termine, elle peut à volonté communiquer avec l'intérieur du vase inférieur. La branche allongée est pleine, une
vis *m h* est engagée à vis au bout de cette branche, de telle
sorte qu'on peut faire avancer ou reculer à volonté le cylindre
h, qui est fixé à l'extrémité de cette vis, et par ce moyen approcher ou éloigner du point *d*, d'où part le jet de gaz hydrogène, la mousse de platine qui est enfermée dans ce cylindre
et retenue par un réseau en fil métallique. Par ce moyen, on
peut enflammer le gaz plus ou moins vite.

Une bougie *n*, portée par un petit chandelier *o*, est élevée
à une hauteur convenable pour que sa mèche se trouve dans
la direction du jet et s'enflamme. Tout cet appareil est fixé
dans une boîte, soit en acajou, soit en fer-blanc peint et vernissé, en tôle vernie, etc. ; de quelque matière qu'elle soit,
elle porte un tiroir *q*, dans lequel on enferme la provision
de bougies. Le chandelier à coulisse est placé sur le devant et
s'y maintient solidement : les flacons sont assujettis sur le derrière par trois griffes *r r r*, dont une a une vis à tête, qu'on
ne peut mouvoir avec la main sans un tourne-vis.

Le tube *c* du flacon supérieur traverse un morceau de liège percé *s*, de 18 à 23 millimètres (8 à 10 lignes) d'épaisseur, qui tient solidement avec lui, et qui sert à supporter un tube de zinc *t*.

Tout étant ainsi disposé, on verse dans le vase inférieur une quantité d'eau dans laquelle on mêle 45 grammes (1 once 1/2) d'acide sulfurique, de telle sorte que le liquide ne s'élève qu'à 27 millim. (1 pouce) au-dessous de la tubulure *g*; on bouche tout de suite le flacon inférieur avec le flacon supérieur *a b*. Aussitôt que le zinc touche le mélange, la décomposition de l'eau a lieu, son oxygène se combine avec le zinc et l'oxyde, et son hydrogène occupe la partie supérieure du flacon inférieur, et s'y accumule; il presse sur la surface du liquide qui monte dans le vase supérieur en enfilant le tube *c*, et l'ascension continue jusqu'à ce que le zinc se trouve entièrement au-dessus du liquide : le reste du flacon est plein de gaz hydrogène.

Les choses étant en cet état, si l'on ouvre le robinet inférieur, le liquide se précipite dans le vase inférieur, et fait sortir avec force le gaz hydrogène par un petit tube; ce gaz se dirige sur le platine en mousse, le porte à la couleur rouge; le gaz s'enflamme, et la bougie est allumée : on ferme le robinet; le liquide qui s'est élevé dans le vase immerge le tube de zinc, la décomposition de l'eau se renouvelle, le liquide monte dans le vase supérieur *a b*, et l'autre vase se trouve presque rempli de gaz hydrogène. Le dessin de la figure est pris dans le moment où le briquet est prêt à donner du feu. Il sert longtemps avant qu'on ait besoin d'y toucher, et son extrême commodité ne saurait être contestée.

Briquets d'après M. Doebéreiner. Les briquets dans lesquels on emploie le platine en mousse ont beaucoup de simplicité (*fig.* 189, *Pl.* IV). Ils sont composés d'un appareil à dégager l'hydrogène, et d'une tige fixée au robinet, qui se recourbe à quelques centimètres, et porte une douille dans laquelle passe une tige droite portant à son extrémité un petit tambour fermé par un treillis en fil de platine, et qui contient la mousse de platine. Quelquefois, pour que l'appareil soit moins embarrassant, on tourne verticalement le bec du robinet (*fig.* 190). La queue du vase supérieur et le goulot du vase inférieur de ces appareils sont rodés à l'émeri, de sorte qu'ils joignent parfaitement bien sans lut ni garniture de cuivre.

Voici une forme plus simple encore, ainsi qu'on peut le

voir figure 191. Le briquet est formé de deux cylindres concentriques. Le vase extérieur est fermé inférieurement, et le
second ne l'est pas; il est même un peu soulevé, afin que le
liquide puisse passer facilement du vase intérieur dans l'espace
qui le sépare du vase extérieur. Le cylindre intérieur est exactement fermé supérieurement par une boîte de cuivre qui porte
le robinet : il renferme le cylindre de zinc. Le vase dans lequel s'élève le liquide, quand le robinet est fermé, entoure le
réservoir inférieur.

Briquet pneumatique. Voyez, *fig.* 192, *Pl.* IV, ce briquet, qui
consiste en un cylindre d'étain, de fer-blanc, de laiton, ou
de tout autre métal, ouvert à un bout A, et fermé à l'autre B,
dans lequel on peut faire glisser un piston G, qui en joint
exactement les parois, à la manière des pompes foulantes
ordinaires. L'extrémité I du piston est creusée d'une petite
cellule, où l'on place un peu d'amadou, on pousse rapidement
ce piston vers le fond bouché du tube, et on le retire aussitôt :
il se trouve alors que l'amadou a pris feu. Cet effet s'explique
facilement. On sait que l'air dilaté abaisse la température des
corps voisins, comme aussi ils sont échauffés lorsqu'on le comprime. Quand la compression est forte, la température s'élève
à un assez haut degré pour décider l'inflammation de l'amadou ; mais il faut que l'action excercée soit rapide, parce que
la chaleur dévoloppée se dissiperait à mesure par l'instrument
même. Il faut retirer subitement l'amadou, parce qu'il s'é-
teindrait de suite, faute de pouvoir trouver l'oxygène nécessaire à l'aliment du feu. Aussi, lorsqu'on n'opère pas avec
assez d'adresse, observe-t-on sur l'amadou, quand on l'a
retiré, une tache noire qui montre qu'il a pris feu et s'est
ensuite éteint.

QUATRIÈME PARTIE.

DES ORNEMENTS.

Utile, ou plutôt indispensable accessoire, cette quatrième partie contient : 1° tous les détails relatifs aux ornements de beaucoup d'objets, produits de la ferblanterie ordinaire, tels que les porte-liqueur, porte-bouteille, porte-mouchettes, etc. ; et 2° ceux qu'exige l'embellissement des lampes. La première division est assez restreinte, et presque stationnaire; mais il n'en est pas de même pour la seconde, et l'on sent qu'il est impossible de décrire tout ce que le goût des fabricants lampistes et les variations de la mode peuvent inspirer en ce genre. Toutefois, on peut indiquer les formes les plus ordinaires, les plus pures, les plus gracieuses (ce que nous avons fait par nos figures); on doit fournir les meilleurs moyens de colorer, vernir, dorer, bronzer ; renseignements qui seront utiles dans tous les cas, et concerneront les produits de la ferblanterie, comme les diverses parties des lampes. Le simple ferblantier, ainsi que le ferblantier-lampiste parisien, ou chef d'une manufacture, se trouvera, grâces à ces indications, en état de suivre les travaux de l'ouvrier chargé des ornements. Demeure-t-il en province, n'a-t-il qu'un petit atelier, il pourra par lui-même embellir, réparer ses produits, et l'on apprécie tout de suite le gain et l'agrément que lui procurera cette facilité.

Deux chapitres seront consacrés aux embellissements que peuvent exercer ou faire exercer le ferblantier et le lampiste : le premier traitera de la manière d'appliquer les couleurs et les vernis; le second contiendra les détails relatifs à la dorure, l'argenture, divers dessins et aux ornements étrangers à l'art du lampiste, tels que les corniches en cuivre, les chapiteaux en bronze, etc. Nous consacrerons aussi un troisième chapitre au moiré métallique, qui eut tant de vogue il y a peu d'années, et qui orne très-agréablement les lampes ainsi que différents objets.

CHAPITRE PREMIER.

DES COULEURS ET VERNIS.

L'excellent *Manuel du Peintre en bâtiments*, de l'*Encyclopédie-Roret*, nous fournira la plus grande partie des indications contenues dans ce chapitre ; et si l'on désirait des détails plus étendus à cet égard, on ne saurait mieux faire que de consulter cet ouvrage, parvenu en peu de temps à sa troisième édition.

Manière de peindre la tôle et le fer-blanc. Les couleurs dont on revêt ces deux métaux se détrempent toujours à l'huile ; mais il ne s'agit point de la peinture *à l'huile simple*, qui ne serait pas assez brillante pour ce genre d'objets ; c'est la peinture *à l'huile vernie polie* que l'on met en usage. Cette peinture, dit l'auteur du Manuel déjà cité, est le chef-d'œuvre de la peinture à l'huile. Cependant, elle n'en diffère que dans sa préparation, qui exige l'emploi de *teintes dures*, et dans le vernis qu'elle reçoit lorsqu'elle est appliquée ; du reste, les procédés des deux peintures sont les mêmes.

Pour des couleurs claires, telle que le blanc, le gris, etc., il faut employer l'huile de noix ou l'huile d'œillette ; si les couleurs sont foncées, comme le marron, l'olive, le brun, c'est à l'huile de lin pur qu'on devra donner la préférence. (*Voyez*, pour les couleurs et leurs combinaisons, le *Manuel du peintre en bâtiments.*)

Toutes les couleurs broyées et détrempées à l'huile doivent être couchées à froid. Il faut avoir soin de remuer de temps en temps la couleur dans le pot, avant d'en prendre avec la brosse. Cette précaution est indispensable pour lui conserver la même teinte et la même épaisseur.

Tout sujet qu'il s'agit de peindre à l'huile recevra d'abord une ou deux couches d'*impression*, c'est-à-dire un enduit de blanc de céruse broyé et détrempé à l'huile. Pour la peinture vernie, la première couche doit être broyée et détrempée à l'huile, et la dernière doit être détrempée à l'essence, mais qui soit pure, parce qu'elle emporte l'odeur de l'huile, et parce que le vernis qu'on applique sur une couche détrempée à l'huile coupée d'essence, ou à l'essence pure, en devient plus brillant, et enfin parce que l'essence étant mêlée avec l'huile, elle la fait pénétrer dans la couleur.

Comme le ferblantier n'agira que sur des matières dures, dont le poli s'oppose à l'application de l'impression et de la peinture, en faisant glisser les couleurs par-dessus, il sera nécessaire de mettre un peu d'essence dans les premières couches d'impression, afin de faire pénétrer l'huile.

Emploi des vernis. Pour la composition des vernis, nous renvoyons au Manuel cité plusieurs fois, ou plutôt nous conseillons au ferblantier de s'approvisionner de bons vernis chez un habile fabricant; néanmoins, nous allons donner, d'après M. Tingry, la recette d'un vernis spécial pour les métaux:

Copal liquéfié, 100 grammes; sandaraque, 200 grammes; mastic mondé, 100 grammes; verre pilé, 125 grammes; térébenthine claire, 60 grammes; alcool, 2 litres.

Ce vernis a du brillant et de la consistance; il s'applique et se gouverne comme les autres vernis, qui exigent les précautions suivantes :

1º Il ne faut vernir que dans un lieu à l'abri de toute poussière.

2º Le vernis doit être renfermé dans des pots de terre vernissée, propres et dégagés de toute humidité.

3º Pour prendre le vernis avec la brosse, on ne fait que l'effleurer, et en retirant la main on tourne deux ou trois fois la brosse pour couper le filet que le vernis traîne après lui.

4º On emploie les vernis à froid; mais lorsqu'il fait très-froid, il faudrait maintenir dans le lieu où l'on opère une température telle que la gelée ne saisisse pas le vernis et ne le fasse sécher par plaques. Si l'on vernit pendant l'été, il faut exposer le sujet vernissé au soleil; si la chaleur en était trop forte, et qu'il y eût à craindre que le vernis n'éclatât, il suffira d'exposer le sujet à l'air chaud. En hiver, on place les objets vernissés dans une étuve ou dans une chambre bien chauffée. Dans tous les cas, on aura soin d'avoir les mains sèches et propres en opérant.

5º Le vernis gras ne craint pas la chaleur, et subit sans inconvénient celle d'un four très-échauffé; aussi le ferblantier mettra-t-il dans un four toutes les pièces vernies, à moins qu'il ne préfère les rassembler sur des rayons, et promener devant elles un réchaud de doreur.

6º Une chaleur modérée convient au vernis à l'alcool; à cette température, il s'étend et se polit de lui-même; on voit les ondes et les côtes se dissiper, et les glaces de la brosse disparaître : mais un trop grand degré de chaleur le ferait bouil-

lonner et le rendrait inégal. Le froid lui est contraire ; s'il en
est saisi, il blanchit, forme des grumeaux qui lui font perdre
son état lisse et poli.

7° Il faut vernir à grands traits, rapidement, une seule fois
pour l'aller et le retour. On doit éviter de repasser la brosse,
car on roulerait le vernis. Il faut également éviter d'épaissir
les couches et de croiser les coups de pinceau.

8° Il faut étendre le vernis le plus uniformément qu'il est
possible, et ne pas donner à la couche plus que l'épaisseur
d'une feuille de papier. Est-elle trop épaisse, elle se ride en
séchant ; trop mince, le vernis s'enlève avec facilité.

9° On ne doit jamais passer une seconde couche que la première ne soit parfaitement sèche.

10° On applique les vernis avec des pinceaux faits en forme
de patte d'oie, et qui se nomme *blaireaux à vernir*, ou bien
avec des pinceaux de soie très-fine : ils servent pour les
fortes parties d'ouvrage. Pour les parties délicates, on fait
usage de très-petits pinceaux enchâssés dans des plumes.

11° Il faut bien essuyer les pinceaux avec un linge propre
et fin, avant de les sécher. S'il s'y était séché du vernis, on les
mettrait tremper pendant quelque temps dans l'alcool ou
dans l'essence, selon que le vernis serait alcoolique ou à
l'huile.

Polissage du vernis. Il arrive assez souvent que la surface
vernissée présente de petites proéminences : le moyen de les
enlever est de *polir le vernis* ; plus cette opération est répétée,
plus le vernis a d'éclat ; aussi, lorsqu'on fait de beaux ouvrages, a-t-on l'attention de polir à chaque couche.

Pour polir les vernis gras, quand la dernière couche est bien
sèche, on trempe dans l'eau de la pierre-ponce pulvérisée,
broyée et tamisée, et après en avoir imbibé une serge, on
frotte légèrement et uniformément la surface vernissée ; on la
frotte ensuite avec un morceau de drap blanc imbibé d'huile
d'olive et de tripoli en poudre très-fine. Plusieurs ouvriers se
servent de morceaux de chapeau ; mais ce feutre ternit toujours, et souvent peut gâter les fonds. On essuie l'ouvrage
avec un linge doux, de manière qu'il soit luisant et qu'on n'y
aperçoive aucune raie. On songe ensuite à le *lustrer*. A cet
effet, on le décrasse avec de la poudre d'amidon ou du blanc
d'Espagne, en frottant avec la main et en essuyant avec un
linge.

Les vernis alcooliques exigent les mêmes soins pour être

Ferblantier.   29

polis, à l'exception du premier frottement à la pierre ponce.
Le lustre se donne aussi de la même façon.

Moyen de rafraîchir ou d'aviver les vernis. Lorsque les ordures de mouches, ou quelques taches, ont sali une pièce
vernissée, on la nettoie au moyen d'une éponge trempée dans
une légère eau de lessive, en partie formée avec la potasse et
les cendres gravelées.

Manière de vernir le cuivre, la tôle et le fer-blanc. On commence par polir l'objet à vernir avec une pierre-ponce, puis
on le *prêle*, c'est-à-dire on le frotte avec la prêle (*equisetum*),
herbe de l'epèce des fougères. On termine par polir avec du
tripoli, suivant les procédés qui ont été indiqués pour ces opérations. On étend ensuite cinq à six couches de vernis gras à
la résine copale, si le fond est blanc ou de couleur claire, et
au succin, si la teinte en est sombre. On a soin de ne pas ternir
l'objet en le touchant avec les mains, d'attendre que chaque
couche soit bien sèche avant d'en appliquer une nouvelle,
et de présenter l'ouvrage à une chaleur forte au moment où
l'on pose le vernis. Si cela se peut, il faut le présenter alors à
l'ardeur du soleil, car le soleil et le grand air contribuent
beaucoup à donner de la dureté au vernis.

Nous donnerons encore ici un procédé récent proposé par
M. L. Knauer pour vernir les vases en cuivre, laiton et fer.

Ce procédé a pour but de vernir les vases en cuivre, laiton
et fer, de manière à pouvoir les faire servir aux usages domestiques et à rendre inutile leur étamage.

Pour cela on fait fondre d'abord à une douce chaleur,
dans un pot en terre bien vernissé, environ 125 grammes
de copal, en ayant soin de bien couvrir le pot. Lorsque le
copal est arrivé à un état de fusion tel qu'il coule comme de
l'eau d'une spatule en bois qu'on y a plongée et retirée, on
enlève le pot du feu et on y ajoute, après son refroidissement,
250 grammes d'essence de térébenthine; on couvre de nouveau le pot, on remet sur un feu doux de charbon et on
chauffe la composition pour opérer une union intime entre l'essence et le copal. Il est nécessaire, dans cette opération, que l'ouvrier prête la plus grande attention, car si le
pot est plongé trop avant dans le charbon, les vapeurs qui
s'échappent de la térébenthine s'enflamment. Pendant que la
masse est encore chaude, on y ajoute partie égale de vernis à
l'huile de lin qui doit avoir été cuit aussi épais que possible.
Après avoir agité à plusieurs reprises, on laisse encore la

masse bouillir, et on filtre enfin ce vernis à travers un linge propre.

Quand il s'agit de faire l'application de cette composition préparée ainsi qu'il vient d'être dit, on chauffe doucement la pièce en métal et on y applique une couche aussi uniforme que possible de ce vernis de laque. Quand cette couche est sèche, on en applique une seconde et au besoin une troisième et une quatrième; seulement il faut remarquer qu'avant de donner une nouvelle couche, il faut que la précédente soit parfaitement sèche.

La dernière couche ayant été appliquée, on chauffe l'objet enduit jusqu'à ce que le vernis commence à fumer, qu'il ne colle plus et soit devenu brun; après quoi ce vernis a acquis une telle solidité et une telle durée qu'il résiste à tous les frottements et à toutes les autres influences.

Ce procédé d'application, suivant que le vernis doit avoir une durée plus ou moins prolongée, peut être répété; toutefois il est utile de faire remarquer que dans le commencement il ne faut pas appliquer une trop grande chaleur, car autrement on produirait des boursoufflements qui diminueraient la durée du vernis.

Dans les vases ainsi laqués, on peut conserver de l'acide azotique, du vinaigre, de l'alcool, etc., même à l'état bouillant, sans que ces liquides attaquent le moins du monde le vernis.

Quand par suite d'un usage prolongé il se trouve des endroits où le vernis a été détruit ou enlevé, on les enduit avec la même composition, et on procède absolument de la même manière à leur réparation.

Voici maintenant le mode de préparation d'un autre vernis pour les vases de cuivre, fer et tôle qu'on met sur le feu:

Pour faire ce vernis, on prend 4 grammes d'asphalte de Judée, 16 grammes de minium, 32 grammes de litharge (d'argent) ou protoxyde de plomb cristallisé en larmes argentées, 32 grammes de sulfate de fer calciné et autant de sulfate de zinc; le tout pulvérisé finement est introduit avec 500 grammes d'huile de lin dans un pot de terre neuf et bien vernissé, assez grand pour pouvoir contenir le double des ingrédients ci-dessus, afin que lors de leur tuméfaction ils ne passent pas par-dessus les bords du vase. La cuisson de l'huile de lin et la dissolution des ingrédients dans cette huile doivent se faire dans un lieu où l'on n'a rien à redouter du feu, et autant que possible en plein air et par un temps calme,

L'opération commence en chauffant suffisamment l'huile de lin et en y ajoutant les ingrédients mentionnés ci-dessus et réduits à l'état pulvérulent. Cette addition faite, on augmente un peu le feu et on laisse la composition en repos et se parfondre jusqu'à ce qu'elle commence à monter; à ce moment on retire le pot du feu et on agite la composition avec une tige en fer. On remet le pot sur le feu, et dès que le mélange recommence à monter on procède comme il a été dit; seulement on agite un peu plus longtemps et plus énergiquement la masse jusqu'à ce qu'il se forme une écume à la surface. Aussitôt qu'on cesse d'agiter on enlève cette écume de dessus le vernis, et lorsque celui-ci s'est suffisamment rassis on le passe à travers un linge propre.

Cette opération terminée, on introduit 500 grammes de succin dans un creuset en fer qui doit être pourvu d'un couvercle bouchant bien et au milieu duquel on a percé un trou par où l'on introduit une tige afin de pouvoir plus tard remuer le succin fondu. Le creuset chargé de succin est alors mis sur un feu de charbon dont la flamme doit être courte pour éviter l'inflammation de la matière, et on agite celle-ci jusqu'à ce qu'elle soit amenée à l'état de fusion. Une fois le succin dans un état parfait de fluidité, on enlève le creuset du feu, et on laisse un peu refroidir afin de pouvoir, par l'ouverture réservée dans le couvercle du creuset, y ajouter le volume égal de la composition précédente. Le creuset est aussitôt remis sur le feu, où on le laisse, en agitant continuellement jusqu'à ce qu'il y ait union intime entre les divers ingrédients; cela fait, on enlève le creuset du feu, on laisse la composition s'apaiser un peu, on y verse 1 kilog. d'essence de térébenthine, on le transporte sur un feu doux, où on le laisse en agitant toujours jusqu'à ce que la masse commence à devenir pâteuse. Quand on est arrivé à ce point, on retire le creuset du feu, on enlève le couvercle, on ajoute encore à la composition 1 kilog. d'essence de térébenthine, le reste du vernis à l'huile de lin et 60 grammes de terre d'ombre calcinée et pulvérisée; cela fait, on remet le creuset sur le feu, sans toutefois le coiffer de son couvercle, et on agite soigneusement toute cette masse jusqu'à ce qu'elle prenne à peu près la densité d'un sirop.

Pour éprouver la bonté de ce vernis, on en laisse tomber quelques gouttes sur du fer ou du cuivre décapé et poli, où il ne doit pas couler, mais se laisser tirer en fils lorsque l'opération a réussi.

Le vernis ainsi préparé n'a pas besoin d'être passé lorsque le succin s'est bien dissous et qu'on s'est servi de succin fondu; mais si l'on avait employé cette matière à l'état brut, il faudrait exprimer le vernis à travers un linge épais.

Ce vernis ayant trop de consistance pour être appliqué au pinceau, il faut mêler la quantité dont on a besoin avec de l'essence de térébenthine, afin de pouvoir l'étendre avec le pinceau sur les pièces à vernir. L'enduit est infiniment plus durable quand le vernis n'a pas été mélangé, mais qu'on l'a fait chauffer, ainsi que la pièce qui doit le recevoir avant l'application.

Quand un objet ou un vase en tôle de fer ou de cuivre doit recevoir cet enduit vernissé, on en polit la surface avec de la pierre ponce en poudre tamisée et un peu d'eau, et on frotte ensuite à sec avec du tripoli ou de la poudre de ponce.

Lorsque les pièces sont ainsi polies, il ne faut plus les toucher avec les mains, parce que les points qui auront été ainsi souillés par la transmission ou la graisse ne prendraient plus bien le vernis.

La première couche de vernis étant sèche, ce qui s'opère au mieux dans une étuve ou un four, on en applique une seconde en promenant toujours le pinceau dans une seule et même direction. Suivant les circonstances, on renouvelle au besoin ces applications, en observant toutefois cette règle, que la couche précédente soit parfaitement sèche avant d'en appliquer une seconde. Si le vernis de laque doit être poli, on prend avec un morceau de feutre de la ponce en poudre fine et on frotte à l'eau, puis on procède de la même manière avec du tripoli.

Dans le cas où le poli obtenu de cette manière ne serait pas fin et brillant, on prendrait de la potée d'étain, qu'on mélangerait à de l'huile d'olive, et on frotterait la pièce avec ce mélange et un morceau de peau douce, en frottant toujours dans le même sens qu'on a suivi pour le coup du pinceau. Pour enlever l'huile d'olive à la surface de l'objet, on pulvérise de l'amidon et on promène cette poudre avec la main sur la surface de la pièce.

Moyen de donner à la tôle la couleur du bronze et de l'acier.

Bronze. Cette couleur s'obtient en couchant une teinte plate de vert américain, qu'on rehausse par du jaune d'or préparé, ainsi que le vert américain, à l'essence et au vernis gras blanc, comme nous le dirons pour la couleur d'acier. On peut encore bronzer la tôle de la manière suivante : Broyez des feuilles de cuivre battu, très-minces, et détrempez à l'esprit-de-vin cette poudre, en y ajoutant 9 à 10 décagrammes de gomme-laque plate par litre d'alcool; chauffez la tôle, puis étendez le bronze. Vous pouvez aussi bronzer à l'aide d'un mordant composé de deux parties de bitume de Judée, deux parties d'huile grasse et une de vermillon ; quand ce mordant est en pâte, vous l'éclaircissez avec de l'essence, puis vous l'appliquez ; pendant qu'il sèche, vous le saupoudrez de poudre de bronze avec un pinceau. Après l'entière dessiccation, vous frottez avec une brosse rude, pour enlever une partie du bronze.

Acier. Pour les ouvrages peu soignés, préparez cette couleur avec un mélange de blanc de céruse, de noir de charbon et de bleu de Prusse, broyés à l'huile grasse et employés à l'essence. La seconde préparation, plus coûteuse, mais plus belle, convient aux ouvrages de choix. On broie séparément à l'essence, du blanc de céruse, du bleu de Prusse, de la laque fine et du vert-de-gris cristallisé. Le mélange, en plus ou moins de chacune de ces couleurs avec le blanc, donne le ton voulu de la couleur d'acier. Ce ton ainsi obtenu, on prend gros comme une noix de la couleur qu'on détrempe dans un petit pot, avec un quart d'essence et trois quarts de vernis gras blanc. Après avoir bien nettoyé la tôle, on la peint avec cette couleur, en laissant un intervalle de deux ou trois heures entre chaque couche. Cette opération faite, on y met une couche de vernis gras.

CHAPITRE II.

DE LA DORURE, DE L'ARGENTURE, DES GRAVURES, DES ORNEMENTS ACCESSOIRES DES LAMPES.

On sait que les moyens employés pour dorer varient selon la nature de la surface à recouvrir d'or. Pour les objets qui nous occupent, c'est la *dorure à l'huile* qui convient spécialement.

Pour dorer à l'huile, on emploie l'*or-couleur*, qui n'est autre chose que le reste des couleurs broyées et détrempées à l'huile, qui se trouvent dans le petit vase nommé *pincelier*, qui sert aux peintres pour nettoyer leurs pinceaux. Cette

matière est extrêmement grasse et gluante ; après l'avoir
broyée de nouveau et passée à travers un linge fin, on en fait
usage comme fond pour appliquer l'or en feuille. Avec un
pinceau, de même que si l'on peignait, on couche cet or-couleur sur la *teinte dure*. L'or-couleur est d'autant meilleur,
qu'il est plus vieux, parce qu'alors il est plus onctueux. On
applique ensuite l'or en feuille. Mais nous allons faire suivre
ce procédé ordinaire d'un procédé beaucoup meilleur.

1° On donne d'abord à l'ouvrage une couche d'*impression*
dans laquelle on aura fait bouillir de la litarge.

2° On broie ensuite très-fin, à l'huile grasse, de la céruse
calcinée, et on la détrempe avec de l'essence, ce qui ne se
fait qu'à mesure qu'on s'en sert, parce qu'elle est sujette à
s'épaissir. On donne trois à quatre couches de cette teinte
dure, uniment et sèchement, dans les ornements et les parties
qu'on veut dorer avec soin ; il faut atteindre les fonds,
suivre exactement les sinuosités, bien retirer et étendre la
couleur le plus également et le plus mince possible.

3° On prend de l'or-couleur passé au linge fin, et à l'aide
d'une brosse douce, qui a servi à étendre les couches à l'huile,
on le couche uniment et à sec. Il importe d'atteindre les fonds
de ciselure et les ornements délicats avec de petites brosses,
en retirant soigneusement les poils qui pourraient s'en détacher.

4° Quand l'or-couleur est assez sec pour happer seulement
l'or en feuille, on étend celui-ci sur le *coussin* (1), on le coupe
en morceaux, et l'on dore à fond avec la palette, en appuyant
légèrement avec du coton en ouate, et *ramendant* les petits
endroits dans les fonds avec de l'or coupé par morceaux, que
l'on appuie avec un pinceau de poil de putois, ou *pinceau à
ramender*.

Les doreurs connaissent les instruments que nous venons de
décrire, ainsi que l'expression *ramender* ; mais ces choses,
quoique simples, sont peu familières au ferblantier. Nous lui
dirons donc que la *palette* est un bout de queue de petit-gris
disposé en éventail à l'aide d'une carte : cette palette est
pourvue d'un manche de bois ; on la passe légèrement sur un

(1) Cet instrument se nomme aussi *coussinet* : il est formé d'un morceau de bois
en carré long, garni, sur une épaisseur d'environ trois doigts, de bon coton cardé, sur
lequel on étend une peau de veau dégraissée et passée au lait. Cette peau étant bien
tendue, on attache aux quatre extrémités du carré une feuille de parchemin, qui
forme un bandage pour retenir l'or.

peu de graisse de mouton pour lui faire mieux ensuite happer la feuille d'or.

Les pinceaux à ramender sont doux, arrondis, et ne doivent jamais faire la pointe; ils servent à réparer les manques, cassures ou gerçures qui se sont faites sur la dorure, en posant sur la partie défectueuse un petit morceau d'or; on mouille préalablement cette place avec un petit pinceau humecté, ou bien l'on y passe un peu de colle si le *ramendage* est sec.

Procédés de M. Monteloux Lavilleneuve, de Paris. Cet industriel, qui s'est rendu célèbre par ses dorures à l'huile, en a bruni sur toutes sortes d'objets de métal verni, et a beaucoup perfectionné cet art.

Premier procédé. Il consiste à appliquer un mordant sur les pièces vernies et polies. A cet effet, on réchauffe la pièce, et on la fait ressuyer dans l'étuve, afin de s'assurer qu'il n'y a pas la moindre humidité sur les parties qu'on destine à être enduites du mordant. Dans cet état complet de siccité, on place avec précaution, et le plus également possible, tant en quantité qu'en distance, des mouches du mordant préparé; on se sert pour cela d'un petit bâton affilé en forme de crayon. Cette opération s'exécute le plus promptement qu'il se peut, afin que les premières gouttes mises ne prennent pas une consistance qui serait nuisible à la parfaite extension du mordant, laquelle se fait de suite, en se servant d'abord d'un petit tampon de taffetas, et ensuite d'un velours qui étend le mordant et en diminue la quantité au point nécessaire. Sans cette précaution, on noierait l'or en l'appliquant, et on lui ôterait le brillant qu'il obtient par l'application.

Le mordant est composé d'or-couleur et d'huile cuite dégraissée, mêlés en proportion égale.

Deuxième procédé. Celui-ci consiste à ajouter deux parties de cire à une partie de vernis au mastic, fait d'huile de lin dégraissée et de mastic, qu'on applique comme le mordant précédent. Lorsqu'il est frotté et étendu, on achève l'extension en l'exposant à la chaleur d'une étuve.

Troisième procédé. On applique ensuite l'or comme pour cette dernière méthode, qui consiste à faire un mordant composé d'une partie de vernis blanc au carabé, ou de vernis noir aussi au carabé, et de deux parties d'huile grasse; le tout employé sans essence, de la manière suivante : Couchez le mordant au pinceau, essuyez avec un velours, et mettez un intervalle entre l'application du mordant et celle de l'or : l'usage seul peut indiquer le moment de siccité du mordant pour appliquer l'or.

La palette, le bilboquet, une simple carte, suivant l'habitude de l'ouvrier, servent également à coucher l'or. Quand il est appliqué, on appuie dessus avec un morceau de peau bien propre; on repasse ensuite avec un velours bien net, afin d'unir et de donner le brillant nécessaire. On le laisse sécher dans une étuve très-douce, et on lui donne après une ou plusieurs couches de vernis gras, ayant soin de ne pratiquer cette dernière opération que lorsque l'or est parfaitement sec, et qu'il n'est plus susceptible d'être imbibé du vernis, ce qui lui ôterait son éclat. Ces couches de vernis servent à mettre l'or à l'abri des frottements, et à même d'être lavé en cas de salissures.

De l'argenture. Elle s'opère absolument par les mêmes procédés que la dorure.

Des gravures. Les meilleurs conseils que nous pourrions donner aux ferblantiers, soit sur les opérations précédentes, soit sur celles des gravures propres à embellir leurs produits, sont surpassés par l'*extrait* suivant :

Moyen d'appliquer mécaniquement des gravures formant décoration sur la tôle vernie; par MM. Girard frères.

« Les procédés employés à la décoration des corps solides se réduisent à deux principaux : application immédiate d'une couleur sur le fond, et application d'un mordant propre à retenir et à fixer sur les parties qui en sont enduites les métaux réduits en feuilles minces, ou des couleurs sèches qui ne s'attachent que sur les parties où le mordant est appliqué. Ces deux procédés sont quelquefois combinés avec un troisième, qui consiste à graver à la pointe certaines parties de la dorure ou de la couleur appliquée, pour produire, au moyen du fond que l'on découvre, un effet de clair-obscur. »

Un autre procédé consiste à appliquer, au pinceau ou à la plume, des teintes secondaires sur les couleurs principales dont le décor est composé. Ce moyen s'emploie rarement. Dans le procédé de MM. Girard, toutes ces manipulations, très-longues et très-coûteuses, sont remplacées par le travail des planches gravées, soit en creux, soit en relief, et il n'est aucun genre de gravure qu'on ne puisse transporter ainsi sur des surfaces d'une forme quelconque.

Parmi les opérations que je viens de mentionner, la plus difficile à suppléer était celle du mordant. On y parvient en employant deux espèces de mordants : le premier n'est autre chose qu'une substance mucilagineuse ou sucrée, que l'on réduit en consistance épaisse, et que l'on porte sur du papier à l'aide d'une planche gravée en creux ou en relief; on applique aussitôt l'or ou l'argent en feuilles, ou une couleur en poudre ; on nettoie avec une brosse fine les parties qui n'appartiennent pas au dessin, et on l'obtient ainsi de la plus grande pureté.

On enduit ensuite avec du vernis la surface sur laquelle le dessin doit être définitivement fixé, et lorsqu'il a acquis un degré de dessiccation suffisant pour happer fortement au doigt, on y applique le papier, que l'on a humecté légèrement; on achève alors de le mouiller, et le premier mordant perdant toute sa force, l'ornement reste tout entier sur le vernis, puis l'on retire le papier parfaitement net.

Si le dessin ne doit pas être retouché à la pointe, il se trouve fini, et l'on n'a plus qu'à le vernir.

Si l'on veut, au contraire, imiter le travail de la pointe, on exécute la seconde opération, qui consiste à appliquer sur le premier dessin une gravure en bois, en taille-douce, au pointillé, etc.; pour cela on a une planche qui se raccorde parfaitement avec celle qui a servi à l'application du mordant; on l'imprime à l'ordinaire, avec de l'encre à l'huile, de la couleur désirée, et ayant recouvert d'une couche de mordant le dessin déjà exécuté, on y applique l'épreuve de la gravure ; alors, en retirant le papier, la couleur reste presque en entier sur le mordant. On peut, de cette manière, appliquer plusieurs teintes les unes sur les autres, ou bien les appliquer successivement sur une feuille de papier, en commençant par celles qui doivent paraître sur les autres, telles que les couches de clair.

Le tableau exécuté de cette manière ne produit, sur le papier, qu'un mauvais effet, étant vu par derrière; mais il paraît tel qu'il doit être, lorsque, l'ayant appliqué sur le vernis, on a enlevé le papier, ainsi qu'il est dit ci-dessus.

Ce même moyen s'emploie, indépendamment du premier, lorsqu'il s'agit d'appliquer une ou plusieurs couleurs immédiatement sur un fond.

Un autre procédé, qui réussit parfaitement pour les dessins en or et en argent, consiste à imprimer, sur du papier, le dessin, à la manière des vignettes de reliure.

On se sert pour cela d'une roulette ou planche de cuivre, sur laquelle le dessin est exécuté en relief; on vernit le papier avec du blanc d'œuf, et quand il est à peu près sec on y étend l'or, et l'on passe dessus la roulette ou la planche chaude. L'or s'attache seulement aux parties qui ont reçu l'impression de la chaleur; l'on obtient ainsi des empreintes parfaitement nettes et de la plus grande délicatesse; le reste de l'opération s'achève comme dans le premier procédé.

On emploie aussi avec succès des planches gravées sur un corps flexible, tel que du bois mince, du cuir ou du plomb; on applique le mordant ou la couleur sur cette planche, que l'on met, au moyen d'une pression modérée, en contact avec la surface à décorer.

Un autre moyen qui réussit encore assez bien, consiste à exécuter en creux le dessin sur une planche de métal, à l'aide du clichage; on huile ensuite légèrement cette planche, on la couvre d'une couche de 15 à 18 millimètres (7 à 8 lignes) de blanc d'œuf, et l'on obtient par ce procédé une planche très-flexible, qui peut servir à produire un grand nombre d'empreintes, pourvu que l'on y applique le mordant ou la couleur avec beaucoup de légèreté.

On fait encore usage, pour exécuter les dessins en or et en argent, d'emporte-pièces, au moyen desquels on découpe le dessin dans du papier doré à la gomme ou au sucre; on applique sur le mordant le dessin ainsi découpé, et en humectant le papier on en détache l'or qui reste sur le mordant.

On peut aussi employer le procédé inverse, c'est-à-dire découper à jour le dessin dans du papier que l'on colle sur la pièce à décorer; on applique ensuite les feuilles d'or et d'argent au travers des trous; mais ce procédé, qui réussit fort bien, n'est applicable qu'à un petit nombre de cas: on peut se servir aussi de cuivre mince au lieu de papier.

On peut encore appliquer à la tôle vernie le procédé employé en Angleterre pour décorer les poteries, qui consiste à tirer l'empreinte de la gravure sur une masse de colle-forte réduite en gelée très-solide, et à la porter ensuite sur la pièce à décorer.

On se sert également avec succès des épreuves de gravure tirées avec des encres d'or ou d'argent. Les gravures peuvent être enluminées avant ou après leur transport sur la tôle, de manière à former de jolis tableaux.

MM. Girard ont ajouté à leur procédé divers perfectionnements.

1º Au lieu de construire en bois, en cuivre, ou de toute autre manière les planches en relief dont on doit se servir pour transporter des dessins et gravures sur les objets vernis, on fait d'abord exécuter le dessin en creux, et on moule dans ce creux des planches en colle-forte-ramollie ou en gomme élastique rendue flexible par son infusion dans l'éther, ou encore en cuir bouilli ou en carton. Ces nouvelles planches servent parfaitement pour appliquer immédiatement sur les objets vernis les couleurs dont elles sont enduites ; on peut, à l'aide de ces planches flexibles, appliquer même le mordant pour les dorures, ce qui remplace le procédé décrit pour exécuter les dessins en or.

2º On exécute encore des planches flexibles, en découpant le dessin dans du cuir, du liège très-mince ou du carton que l'on colle sur du cuir : le relief obtenu par ce moyen est très-net ; ces planches peuvent servir longtemps.

3º Les papillons pouvant par la beauté de leurs couleurs devenir un objet de décors très-élégant, on les emploie en nature en les appliquant sur le mordant, sur lequel la poussière de leurs ailes s'attache et conserve toute la vivacité de leurs coloris.

4º Un moyen très-simple d'exécuter sur le vernis des ornements imitant le guilloché, est fondé sur la propriété qu'ont les huiles de ramollir les vernis et de les rendre solubles dans l'essence de térébenthine. Toutes les gravures peuvent servir à cet usage. On applique sur le vernis à moitié sec la gravure fraîche ; on enlève le papier, on laisse durcir la pièce, on lave avec de l'essence jusqu'à ce qu'on ait enlevé la gomme. Chaque trait se trouve alors très-purement exécuté en creux sur le vernis. On dore sans ajouter d'autre mordant que l'essence, et l'on obtient une dorure fort brillante, et sur laquelle le dessin se trouve rendu à la manière du guilloché.

5º La gomme et d'autres corps mucilagineux jouissant de la propriété de former, avec le vernis, même sec, une combinaison soluble dans l'eau, si l'on trace avec une couleur gommée un dessin sur un objet verni et poli, qu'on laisse ce dessin pendant quelque temps sur la pièce, il se trouvera exé-

cuté en creux lorsqu'on lavera la pièce à l'eau pour enlever la couleur : ce moyen pourrait être employé comme
l'autre.

6o Il existe un procédé fort simple pour obtenir une dorure
brillante, c'est d'enduire l'objet de vernis et de le frotter ensuite avec du coton jusqu'à siccité. Ce vernis conservant
encore un peu de mordant, l'or s'y applique facilement, et
brille beaucoup plus que par la manière ordinaire. On
imprime ensuite sur l'or le dessin en vernis transparent par
l'une des méthodes indiquées plus haut ; on fait durcir le
tout, et on lave la pièce à l'essence pour enlever l'or qui n'est
pas couvert : le dessin reste net. Si quelques parties d'or ne se
détachent pas, on les enlève en ponçant très-légèrement. On
obtient à peu près le même effet par le procédé indiqué plus
haut pour la dorure guillochée.

Des ornements accessoires des lampes. Les corniches et autres
ornements en cuivre s'achètent chez les ouvriers qui fabriquent les autres parties formées de ce métal : seulement le
ferblantier fera bien de dorer ces ornements lui-même, ou de
les faire dorer dans sa fabrique.

Pour mettre le lecteur sur la voie des opérations à faire
pour les embellissements accessoires des lampes, nous l'entre-
tiendrons des ingénieuses inventions de M. Gagneau. Cet
habile lampiste a cannelé le premier le fût des colonnes de
lampe, et fabrique des chapiteaux en bronze de l'ordre co-
rinthien avec beaucoup de facilité et une véritable perfection. Voici comment il obtient les cannelures qui embellissent
ses produits : il a imaginé un mandrin en acier, composé de
trois pièces dans sa longueur, l'une pour le haut du fût, l'autre
pour le milieu, et la troisième pour le bas. Ces trois pièces
sont si bien ajustées dans leur longueur l'une contre l'autre,
qu'il faut examiner avec une minutieuse attention pour reconnaître les jointures. Il peut par ce moyen sortir le mandrin, qui autrement ne sortirait pas lorsque le cylindre de
fer-blanc qui fait la colonne est cannelé. Ces matrices sont cannelées très-régulièrement ; il les met sur le tour après les avoir
bien solidement assemblées, et les avoir enveloppées d'un
tuyau en fer-blanc ou en cuivre mince, préparé exprès. Au-
dessus du tour, est fixé un grand levier qui porte au-dessous
une grande roulette, qu'il fait entrer dans les cannelures, et
par une forte pression, en promenant la roulette, ce fabricant
obtient sur le tuyau de fer-blanc ou de cuivre, les cannelures

Ferblantier. 30

parfaitement exécutées. Cela terminé, il démonte les trois pièces, et sort facilement le moule pour recommencer son opération. Ce travail facile s'exécute avec une rare précision; il va sans dire que M. Gagneau a autant de mandrins qu'il a de dimensions différentes de colonnes.

Quant aux chapiteaux de bronze, il opère ainsi : il fait fondre d'abord le noyau, qu'il lime et qu'il tourne, puis il applique dessus les feuillages et les volutes, qui sont fondus à part, et qui sont ajustés à coulisse dans le noyau, et fixés par des vis. Ces ornements sont si bien traités, qu'ils n'ont presque pas besoin d'être ciselés pour être livrés au doreur; ce moyen offre une économie considérable, puisque, dit M. Lenormant, M. Gagneau peut fournir au prix de 15 francs, à ses confrères, des chapiteaux qui, avant qu'il eût imaginé ce moyen, lui coûtèrent 150 francs d'achat ; encore n'étaient-ils pas parfaitement évidés, parce qu'il est impossible de fondre ces objets d'une seule pièce en conservant le derrière des feuilles d'acanthe exactement évidé; et le ciseleur qui les évide après la fonte en exige extrêmement cher. La construction adoptée par M. Gagneau donne l'avantage de pouvoir remplacer avec beaucoup de facilité, et presque sans dépense, un ou plusieurs de ces ornements, qui se casseraient ou se détérioreraient par accident.

En comprenant la fabrication du moiré métallique, dont nous parlerons dans le prochain chapitre, nous aurons donné sur les ornements des lampes tous les détails qu'il était possible de donner. Chacun sait qu'il y a des pieds de lampe en plaqué, en cristal, en carton, en verre, etc.; par conséquent, si nous prétendions les décrire, il nous faudrait embrasser tous les arts.

CHAPITRE III.

DU MOIRÉ MÉTALLIQUE.

Voici ce qu'en 1818 la *Société d'encouragement* publiait sur la fabrication de cette agréable composition.

Les objets en moiré métallique sont aujourd'hui très-recherchés dans le commerce, et jouissent d'une faveur méritée, qu'ils doivent en grande partie à la variété de leurs dessins imitant le nacre de perle, le marbre, le granit, et aux reflets chatoyants et nuancés qu'ils donnent à la lumière. M. Allard, qui a exécuté les plus beaux ouvrages en ce genre, est le créateur de cet art nouveau, dont la découverte est due au hasard ; il résulte de l'action des acides, soit seuls, soit combinés, et à différents degrés, sur l'étain allié.

Un procédé aussi simple ne pouvait rester longtemps ignoré ; plusieurs amateurs ont fait des recherches à ce sujet, et ont obtenu des résultats fort satisfaisants, dont ils se sont empressés de répandre la connaissance. Aussitôt chacun s'est emparé de la découverte pour l'exploiter à son profit, et maintenant il n'est pas de ferblantier à Paris qui ne prépare des feuilles de moiré métallique. Cette concurrence a fait baisser le prix de cet ornement, d'abord assez élevé. Ce genre d'embellissement s'applique à toutes les espèces de plateaux, aux vases, caisses à fleurs, boîtes et coffrets servant à divers usages, cages de pendules, lampes, mais aussi on l'a employé à décorer des appartements, où il produit les effets les plus agréables, surtout à la lumière.

M. Herpin imite très-bien le moiré, dont il a adressé plusieurs échantillons à la *Société*. Après avoir inutilement essayé les acides végétaux, il employa des acides minéraux dans diverses proportions : M. Herpin assure que l'acide chlorhydrique (eau régale) lui a donné les résultats les plus satisfaisants. Voici les mélanges qu'il indique comme les plus convenables sur du fer-blanc légèrement chauffé :

1º Quatre parties d'acide nitrique, une partie de muriate de soude, deux d'eau distillée ;

2º Quatre parties d'acide nitrique, une de muriate d'ammoniaque ;

3º Deux parties d'acide nitrique, une d'acide muriatique, deux d'eau distillée ;

4º Deux parties d'acide nitrique, deux d'acide muriatique, quatre d'eau distillée ;

5º Une partie d'acide nitrique, deux d'acide muriatique, trois d'eau distillée ;

6º Deux parties d'acide nitrique, deux d'acide muriatique, deux d'eau distillée, et deux d'acide sulfurique ;

7º Deux parties d'eau seconde, une de muriate de soude ;

8º Deux parties d'eau seconde, une de muriate d'ammoniaque.

L'auteur a employé aussi, sans mélange, de l'acide acétique

très-concentré, de l'acide sulfurique pur ou étendu, de l'acide hydrochlorique (muriatique) et de l'acide nitro-hydrochlorique (nitro-muriatique); il préfère l'eau distillée à l'eau commune.

Procédé de M. Herpin. On prend une des compositions ci-dessus, que l'on met dans un verre ordinaire : on y trempe une petite éponge qu'on passe ensuite sur la feuille de fer-blanc, jusqu'à ce qu'elle soit humectée partout également. Si la feuille a été chauffée légèrement, et que l'acide soit concentré ou peu étendu, le moiré se forme en moins d'une minute ; dans le cas contraire, il faudra cinq et même dix minutes. On trempe ensuite la feuille dans de l'eau froide, et on la lave en la frottant légèrement avec un peu de coton ou la barbe d'une plume ; après quoi on la laisse sécher.

M. Herpin recommande de ne pas verser l'acide sur la feuille, parce que cela occasionne de grandes taches noires dans les endroits où il tombe : souvent une partie s'oxyde avant que l'autre soit parfaitement moirée, ce qui, suivant lui, provient de ce que l'acide n'a pas été étendu également et en même temps. Le moiré s'oxyde aussi toutes les fois qu'on le fait sécher très-près du feu en sortant du lavage, et même naturellement à l'air.

Si l'on ne veut pas vernir de suite le fer-blanc moiré, on le recouvre d'une couche un peu épaisse de gomme arabique dissoute dans l'eau.

L'auteur ayant remarqué, en moirant une cafetière neuve et planée, que le fond était parsemé d'une multitude de petites paillettes argentines, tandis que les soudures présentaient l'aspect d'une guirlande de fleurs, comprit que les molécules du fer-blanc avaient été rompues et désunies par l'opération du planage, ce qui produisait le fond sablé; tandis que la chaleur du fer à souder, en fondant l'étain, le restituait dans son premier état et donnait lieu aux petites guirlandes. D'après cette conjecture, M. Herpin essaya de faire plusieurs traits avec un fer rouge sur un morceau de fer-blanc plané; et en moirant du côté opposé il obtint les effets qu'il en attendait ; mais si l'on fond trop fortement l'étain, le résultat reste imparfait.

Il a produit des étoiles et même des dessins très-jolis, en promenant le fer-blanc sur la flamme d'une lampe d'émailleur, et si délicatement, qu'on ne voyait pas que l'étain avait été fondu; il s'était servi aussi de fer-blanc non plané,

Quoique le moiré métallique paraisse facile à faire, il faut user d'une certaine dextérité, qu'on n'acquiert que par l'habitude, et qui consiste à le laver au moment convenable, car une seconde de plus ou de moins le dénature et l'altère complètement. S'il est pris trop tôt il manque d'éclat, et trop tard il devient terne noirâtre.

Cette opération doit se faire lorsqu'on aperçoit quelques taches grises et noires se former : on se sert pour cet usage d'eau de rivière, ou mieux encore d'eau distillée, légèrement acidulée soit avec du vinaigre, soit avec l'un des acides qui entrent dans les mélanges, dans la proportion d'une cuillerée d'acide pour un litre d'eau.

En regardant le fer-blanc d'un certain sens, on aperçoit distinctement les contours des parties qui doivent se moirer ; les acides ne font que développer les cristallisations qui se sont formées sur le fer au moment où on l'a retiré du bain d'étain fondu ; de sorte qu'on peut choisir ainsi à volonté des feuilles qui donneront des cristallisations plus ou moins grandes.

Le fer-blanc de France ne prend pas aussi bien le moiré que celui d'Angleterre, disait-on en 1818 ; mais il faut observer que depuis cette époque les fabricants de fers-blancs les ont beaucoup perfectionnés.

On n'obtient aucun résultat sur l'étain fin. Le moiré métallique a la propriété de supporter le coup de maillet, mais non celui de marteau ; aussi ne peut-on faire avec lui des objets en creux.

Toutes les nuances colorées que l'on voit sur le moiré ne sont dues qu'à des vernis colorés et transparents, lesquels étant poncés font apercevoir la beauté du moiré.

Méthode de M. Baget. Le *Journal de Pharmacie* donne ainsi qu'il suit les détails de cette méthode :

Premier mélange. On fait dissoudre 125 grammes de muriate de soude dans 250 grammes d'eau, et on ajoute 62 gram. d'acide nitrique.

Deuxième mélange. 250 grammes d'eau, 60 grammes d'acide nitrique et 90 grammes d'acide muriatique.

Troisième mélange. 250 grammes d'eau, 60 grammes d'acide muriatique est 31 grammes d'acide sulfurique.

Procédé. On verse un de ces mélanges chaud sur une feuille de fer-blanc placée au-dessus d'une terrine de grès :

on le verse à plusieurs reprises jusqu'à ce que la feuille soit totalement nacrée; on la plonge ensuite dans de l'eau légèrement acidulée, et on la lave.

Le moiré qu'on obtient par l'action de ces différents mélanges sur le fer-blanc imite bien la nacre de perle et ses reflets; mais les dessins, quoique variés, ne sont dus qu'au hasard, ou plutôt à la manière dont l'étain cristallise à la surface du fer, en sortant du bain d'étamage, et ne présente rien de régulier à la vue. En faisant éprouver au fer-blanc, à différents endroits, un degré de chaleur capable de changer la forme de cristallisation de l'étain, M. Baget a tenté de lui faire prendre des dessins particuliers correspondant aux endroits chauffés. De cette manière, il a obtenu des étoiles, des feuilles de fougère, etc.; il a produit aussi un dessin granit bien semé, en versant à volonté l'un des mélanges ci-dessus indiqués, mais froid, sur une feuille de fer-blanc *chauffée presque au rouge*.

Le succès de ces différents moirés tient en grande partie à l'alliage de l'étain que l'on applique sur le fer. Dans plusieurs manufactures on ajoute à l'étain du bismuth ou de l'antimoine, et ces deux métaux, dans des proportions gardées, ne contribuent pas peu à donner de beau moiré. Les fers-blancs français qui contiennent du zinc n'offrent pas le même avantage.

Méthode de M. Berry. L'art de préparer le moiré métallique est susceptible de recevoir beaucoup de modifications. Cette cristallisation obtenue à la surface de l'étain par l'action combinée de la chaleur et des acides, peut être variée à l'infini, soit par la nature de l'alliage, soit par l'inégale répartition du calorique, soit par un refroidissement lent ou brusque, soit enfin par les vernis ou couleurs lucidoniques appliqués sur le métal : de là un grand nombre de méthodes intéressantes, parmi lesquelles l'expérience enseignera à faire un choix. Celle de M. Berry, peintre de La Rochelle, diffère des précédentes, et produit des résultats nouveaux. Le moiré métallique fabriqué par ce nouvel amateur est fort beau et comparable à celui de M. Allard. Voici la description de ses essais :

En répétant le procédé ordinaire, au moyen duquel on obtient le moiré, c'est-à-dire en passant divers acides combinés sur des feuilles de fer-blanc, l'auteur remarqua que ce moiré tait seulement l'effet de la cristallisation de l'étain ; il ré-

solut de varier la forme de cette cristallisation, et il trouva
qu'on pouvait y parvenir en employant isolément le feu, l'air
et l'eau. Nous allons voir quel a été le résultat de ces tentatives.

Première expérience. Une feuille de fer-blanc ayant été
placée sur des charbons incandescents, M. Berry attendit
que l'étain fût en pleine fusion pour donner quelques coups
de soufflet au centre de la feuille ; aussitôt il se produisit à la
surface une espèce de fleur dont les étamines étaient représentées par l'endroit qui avait reçu l'impression du vent : les
pétales partaient du centre comme des rayons, autour desquels on apercevait des cercles concentriques. L'auteur pense
qu'on pourrait obtenir ainsi diverses espèces de moirés métalliques, en variant la forme et le nombre des bouches à
vent.

Deuxième expérience. Au moment où l'étain de la feuille
de fer-blanc est en fusion, M. Berry projette dessus, par aspersion, de l'eau fraîche, dont chaque goutte fait cristalliser
l'étain à l'endroit où elle tombe, et produit une fleur qui se
répète sur l'autre face. Pour faire le granit, il suffit, après
la première opération, de laisser sur le feu la feuille de fer-
blanc, pour qu'elle acquière un certain degré de chaleur, et
de continuer l'aspersion jusqu'à ce que les gouttes d'eau restent sur l'étain sans bouillonner.

Troisième expérience. On peut obtenir, par le moyen de
l'eau, des dessins moirés très-variés, en adaptant sur une
planche de la grandeur de la feuille, des substances susceptibles de s'imbiber d'eau, ou bien en donnant à cette planche
différentes formes, et l'appuyant encore mouillée sur l'étain
en fusion. Les mêmes effets seraient produits par l'emploi de
machines hydrauliques. L'auteur annonce n'avoir opéré que
sur du fer-blanc anglais.

Quatrième expérience. Après avoir fait fondre de l'étain
fin, M. Berry l'a coulé sur une table pour en obtenir une
feuille bien unie, laquelle, plongée dans les acides, a montré
de belles cristallisations ; cette même feuille ayant été passée
à la pierre ponce et polie, le moiré a disparu, ce qui prouve
que les cristallisations ne se forment qu'à la surface et sont
promptement détruites par le frottement. L'étain allié de
plomb ne donne pas de moiré.

M. Berry emploie pour développer les cristallisations sur l'étain, de l'acide nitro-muriatique (eau régale) composé de deux parties d'acide nitrique et d'une partie d'acide muriatique, étendues de dix parties d'eau distillée. C'est dans cet acide, que reçoit un bassin de terre vernissée, qu'il trempe les feuilles; il les en retire de temps en temps pour les éponger avec le même acide, afin d'empêcher l'effet de l'oxydation. Aussitôt que le moiré paraît, il les retire, les rince à plusieurs eaux pures pour enlever l'acide, et les essuie : elles sont alors prêtes à recevoir le vernis.

Nous terminons ces renseignements sur la fabrication du moiré métallique, en rappelant au lecteur que M. Allard imite à volonté l'aspect du satin, la malachite ou le cuivre soyeux de Sibérie, l'écaille, le mica, l'aventurine, etc.

VOCABULAIRE

DES TERMES TECHNIQUES

DU MANUEL DU FERBLANTIER.

—

A

Agrafer. Afin que les vases résistent à la chaleur du feu, on forme à l'un et à l'autre bord des pièces qui les composent, un rebord de quelques lignes, puis on croise ces rebords ensemble en les rabattant l'un sur l'autre. C'est ce qu'on appelle *agrafer.*

Anneau porte-mèche. (Voyez *Porte-mèche.*)

Appuyoir. Morceau de bois plat de forme triangulaire pour presser les feuilles de fer-blanc que l'on veut souder.

Astrale (Lampe). Inventée par M. Bordier-Marcet. Deux branches latérales y servent à porter le réservoir qui entoure circulairement le bec.

Attraction capillaire. Propriété qu'ont les liquides de s'élever dans les tubes de très-petit diamètre nommés *capillaires.*

Aviver. Ce terme signifie, pour le vernisseur, nettoyer les vernis en les lavant avec une eau légèrement alcaline. Pour l'étameur, c'est racler avec un instrument de fer la pièce de cuivre qu'il veut revêtir d'étamage.

B

Baignoire à sabot. C'est-à-dire ayant une espèce de couvercle adhérent, et ressemblant à un sabot.

Baignoire à réchaud. Baignoire à laquelle est adapté un fourneau-chaudière qui chauffe l'eau du bain.

Bec. Appareil qui reçoit la mèche des lampes : sa forme varie beaucoup.

Bigorne. Outil formé d'un morceau de fer, monté par le

milieu sur un pivot aussi de fer, de manière que la bigorne forme deux bras.

Bigorne à chante-pure. Celle qui n'a qu'une gouge longue de 40 centimètres (15 pouces). On la nomme ainsi, parce qu'elle sert à former en cône la queue d'une chante-pure.

Bigorne (Grosse). Elle s'emploie pour les marmites et grandes cafetières.

Billot. Tronc d'arbre dit *tortillard*, qui soutient l'appareil du plateau de plomb pour découper à l'emporte-pièce.

Billot à bigorne, ou plus simplement *Billot*. Gros cylindre de bois, percé à la surface de dessus de plusieurs trous ronds ou carrés dans lesquels on place les tas et bigornes.

Blaireau à vernir. Pinceau en forme de patte d'oie.

Border. On borde de plusieurs manières : 1° en formant un repli; 2° en ourlant (voyez *Ourler*); 3° en pratiquant des cannelures circulaires sous l'ourlet et le repli.

Bougie. Cylindre extérieur du bec sinombre.

C

Calibres. Patrons des pièces de fer-blanc.

Cheminée de verre. Cylindre en verre, renflé à sa base, que l'on met autour de la flamme des lampes pour en augmenter l'éclat et prévenir la fumée.

Coussin ou *Coussinet.* Encadrement de bois en carré long, rembourré de coton, et couvert d'une peau de veau bien tendue sur laquelle on étend l'or en feuilles.

Crémaillère. Tige verticale dentée, à laquelle on donne un mouvement de va-et-vient pour monter ou descendre la mèche des lampes.

Cric. Tige horizontale qui fait monter la mèche aux lampes de cuisine.

Croix. Marque que les fabricants de fer-blanc placent sur les caisses remplies de leurs produits. Elle désigne le fer-blanc le plus fort et le plus cher, et s'imprime simple, double ou triple, suivant les qualités.

Cuiller à souder. Elle est ronde, assez profonde, et pourvue d'un bec pour verser le métal fondu.

E

Emboutir. Faire prendre à un morceau de fer-blanc une forme demi-sphérique, ce qui s'obtient en frappant avec des marteaux propres aux différents ouvrages.

Emporte-pièce. Poinçon long de 8 centimètres (3 pouces), gros de 5 centimètres (2 pouces) environ, rond dans toute sa longueur, creux en dedans par le bas, et fort tranchant.

Étamage. Mélange de plomb et d'étain pour l'ordinaire. Il y a de meilleurs étamages.

Étamer. Revêtir la surface intérieure d'un vase de plomb et d'étain fondu.

F

Fer à souder. Morceau de fer emmanché dans une poignée de bois, et portant à côté et dans le bas un œil dans lequel se rive un morceau de cuivre rouge.

Fer-blanc des pontons. On nomme ainsi en Silésie la troisième sorte de fer-blanc ayant 40 centimètres (15 pouces) sur 31 centimètres (11 pouces 1/2), et marquée *d*.

Fer-blanc anglais. Avant les progrès de nos manufactures, il était le plus estimé de tous.

Fleurs. On nomme ainsi les feuilles de fer-blanc battu les plus minces.

G

Galerie. Une petite galerie circulaire dorée entoure le réservoir des lampes astrales; elle est adhérente ou non adhérente : le premier cas est maintenant le plus fréquent. On appelle aussi *galerie* les branches de ressort qui entourent l'anneau des becs sinombres et maintiennent la cheminée de verre.

Griffes. Les branches de ressort dont nous venons de parler se désignent par cette expression.

Grille. Tube situé entre les deux cylindres du bec des quinquets.

Gouge. Gros poinçon de fer se terminant en demi-cercle tranchant par le bas.

H

Hydrostatiques (Lampes). Ce mot grec, qui signifie *équilibre des liquides*, indique le mécanisme de ces appareils, où l'huile s'élève du pied jusqu'à la mèche par une force de pression, à l'aide d'un liquide convenable.

I

Impression. Le peintre en bâtiments désigne par ce terme les premières couches de blanc de céruse broyé à l'huile, qu'il place préalablement sur l'objet qui doit recevoir la peinture à l'huile.

L

Lampiste. On désigne sous ce nom le fabricant de lampes. Ce titre ne date que depuis l'invention des lampes astrales, par M. Bordier-Marcet.

Lampes à double courant d'air. Source de l'art du lampiste et de tous les perfectionnements qu'il a éprouvés depuis. Cette découverte d'Ami Argand introduisit les mèches en forme de cylindre creux, les cheminées de verre, etc.

Limes. Les limes du ferblantier n'ont rien de particulier que leur emploi ; elles servent à enlever l'excédant de la soudure et à aplatir les bords des replis soignés.

Lisière. Quand les feuilles de fer-blanc ont reçu une seconde immersion dans la chaudière à lisser, le fabricant de fer-blanc les en retire, et leur donne un coup vif avec une baguette. Cette percussion débarrasse la feuille de l'étain excédant, et celui-ci en tombant laisse une légère trace, que les ouvriers désignent par le nom de *lisière*, parce qu'en effet elle se voit sur le bord de la feuille.

M

Maillet. Le ferblantier a plusieurs de ces marteaux de bois, qui lui servent à emboutir. Cet outil se préfère au marteau de fer, parce qu'il produit moins d'inégalités. Il y a des maillets à pans ronds, et d'autres à pans plats.

Marteaux. Le travail du ferblantier exige un grand nombre de ces instruments. Il a les marteaux à *planer*, à *emboutir*, à *réparer*, etc.

Moiré métallique. Fer-blanc sur lequel on produit des reflets brillants, par l'action réunie de la chaleur et des acides.

Montage. Action de *monter l'ouvrage.*

Monter l'ouvrage. C'est réunir ensemble divers morceaux qui composent une pièce.

Monter au repli. Quand un vase de fer-blanc ne doit pas aller sur le feu, ou qu'il se fabrique avec peu de soin, l'ouvrier se contente de former un repli à l'une des pièces, et de le rabattre sur le bord de la pièce correspondante, à laquelle il n'y a point de repli.

Monter en agrafe. (Voyez *Agrafer.*)

Monter une lampe. C'est en réunir toutes les pièces, sans autre soin que de les faire exactement se rapporter ensemble, et les maintenir au moyen d'une branche à vis et d'un écrou.

Mordant. Application propre à retenir et à fixer sur les parties qui en sont enduites, de l'or ou de l'argent en feuilles.

O

Or-couleur. (Voyez *Pincelier.*)

Ourler. C'est, 1° replier le bord d'une pièce de fer-blanc; 2° passer un fil-de-fer sous le repli; 3° c'est de fixer le bord du repli, et de lui faire embrasser le fil-de-fer à l'aide d'un marteau.

Ourlet. Bordure obtenue par l'opération précédente.

P

Palette. Le doreur nomme ainsi un bout de queue de petit-gris, disposé en éventail à l'aide d'une carte.

Parer les feuilles. Les battre avec un marteau de fer poli sur un bloc de bois bien uni. C'est la même chose que *polir.*

Pavillon. Partie conique d'un entonnoir.

Penombre. On nomme ainsi la dégradation insensible du passage de l'ombre à la lumière.

Persillées. On nomme ainsi les feuilles de fer-blanc dont la surface présente comme une multitude de gerçures, de taches et de petits trous.

Pied-de-chèvre. Morceau de fer semblable à un *tas,* mais moins large et plus élevé.

Pincelier. Petit vase dans lequel les peintres lavent et nettoient leurs pinceaux chargés de couleurs broyées et détrempées à l'huile. Ce nettoyage produit une substance grasse et fort gluante, que l'on appelle *or—couleur.*

Pinceau à ramender. Ce pinceau, doux et arrondi, sert à réparer les défauts de la dorure.

Prêler. C'est frotter avec l'herbe appelée *prêle* (*equiseta*), une surface pour commencer à la polir.

Planer. Rabattre sur le tas, avec un marteau poli, les grains de fer-blanc.

Plateau de plomb. Appareil nécessaire au découpage des emporte-pièce.

Ferblantier. 31

Poinçons à découper Emporte-pièce ordinaires.

Polir. Polir le fer-blanc, c'est le frapper avec un marteau ; polir le vernis, c'est le frotter avec de la pierre ponce ou du tripoli en poudre.

Pompe à double effet. Mécanisme de la lampe Carcel.

Porte-mèche. Appareil sur lequel porte la mèche des lampes ; il varie souvent selon la forme de chacune d'elles ; mais le plus communément, c'est un cylindre allongé de fer-blanc, ou un anneau de même matière.

Porte-verre. Cylindre court, qui entoure ordinairement le porte-mèche et reçoit la cheminée de verre. On le fait maintenant presque toujours en cuivre et orné d'une galerie circulaire.

R

Racler. Préparation pour étamer. (Voyez *Aviver*.)

Racloir. Instrument de fer propre à gratter la surface de l'objet qui doit recevoir l'étamage.

Ramender. Quand la dorure a des manques, cassures ou gerçures, on mouille la place défectueuse, et l'on y pose délicatement un petit morceau d'or en feuille.

Réparer. Opération qui consiste à abattre avec un marteau, les inégalités produites par le marteau à emboutir la tête de diamant.

Réflecteur. Ce nom indique un appareil pour réfléchir la lumière. On en fait en papier, en cristal, en verre dépoli, en tôle vernie à blanc, en gaze, enfin en porcelaine blanche.

S

Sinombre (*Lampe et bec*). Imaginés par M. Philips. Cette invention diffère peu des lampes astrales. La lampe sinombre est remarquable par son réflecteur ayant la forme d'un vase. Le bec sinombre est fort élégant.

Souder. C'est en quelque sorte sceller le montage des pièces de fer-blanc, en faisant fondre sur les jointures la composition qui forme la soudure.

Soudure. C'est un mélange dont l'étain est la base.

T

Tas à planer. Morceau de fer carré dont la face de dessus est polie et fort unie, tandis que celle de dessous est en queue, afin d'entrer dans un billot.

Tas à soyer. Il est semblable à une bigorne. Le ferblantier l'emploie à faire les ourlets.

Teinte-dure. C'est un enduit placé préalablement sur un objet que l'on veut peindre, vernir ou dorer. (Voyez *Impression.*)

V

Vésiculées. Les feuilles de fer-blanc qui demeurent trop longtemps dans l'acide deviennent *vésiculées*, selon l'expression des ouvriers, c'est-à-dire que leur surface, se boursoufflant en beaucoup de points, présente des vésicules nombreuses.

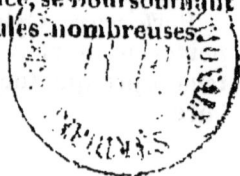

FIN.

TABLE DES MATIÈRES

DEUXIÈME PARTIE.

APPLICATIONS.

QUATRIÈME PARTIE.

FIN DE LA TABLE.

BAR-SUR-SEINE. — IMP. DE SAILLARD.

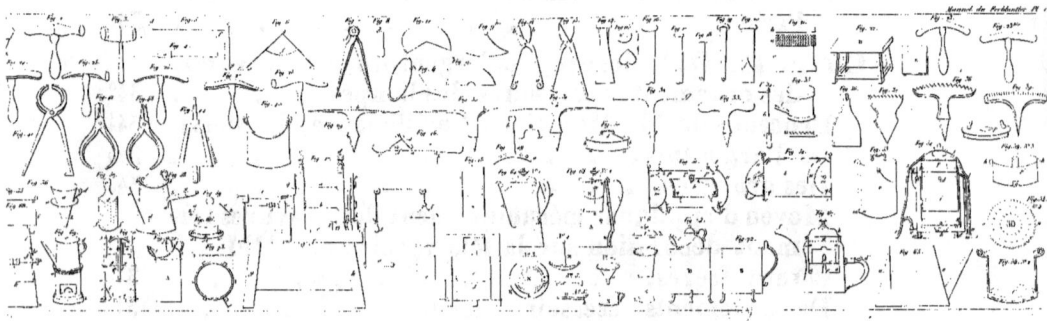

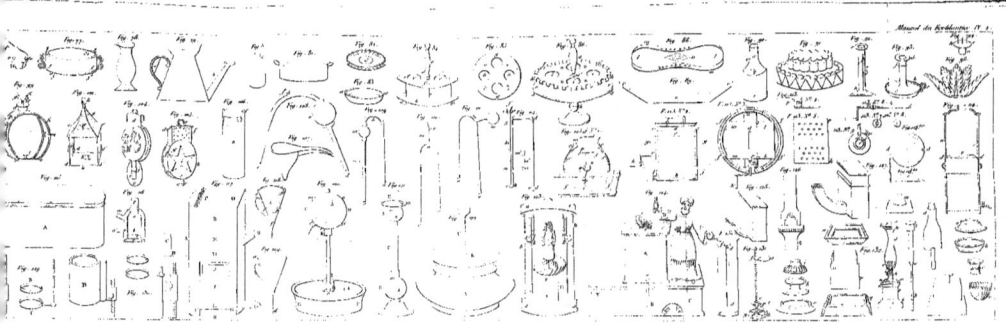

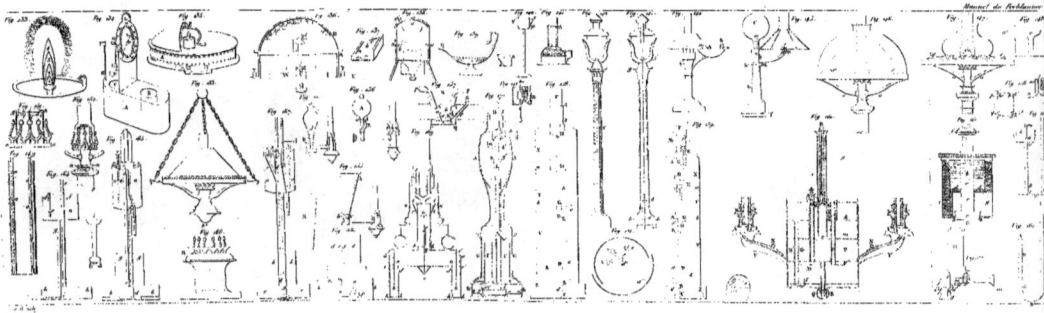

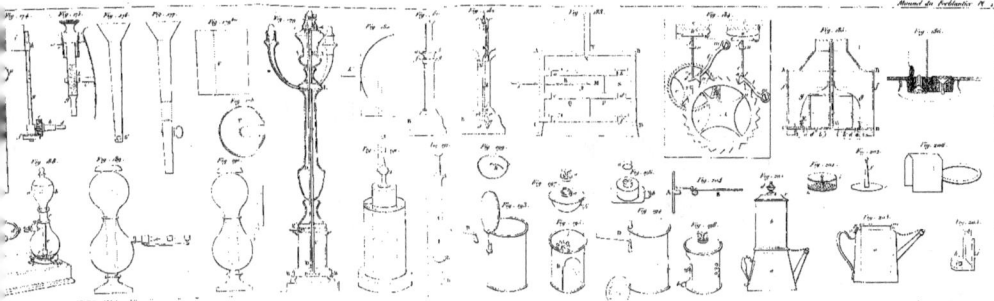

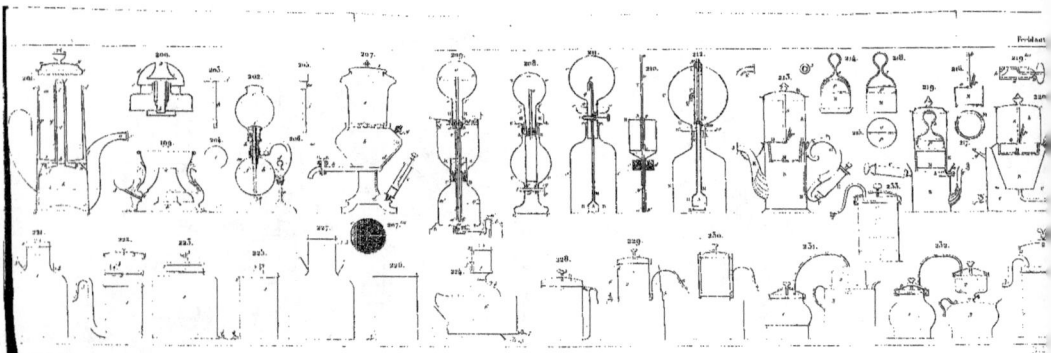

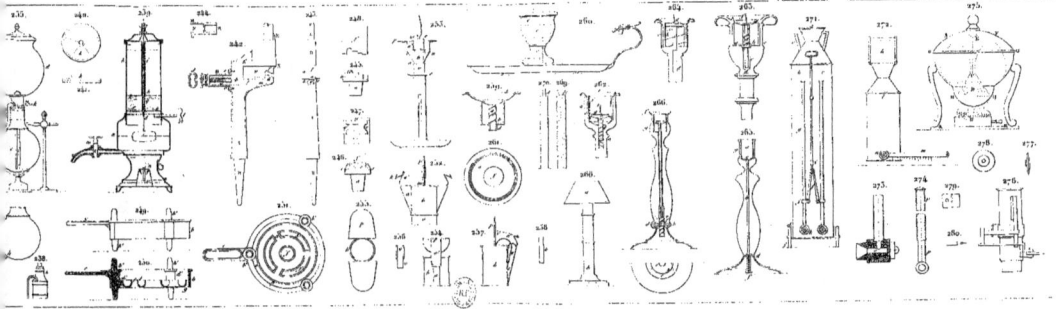

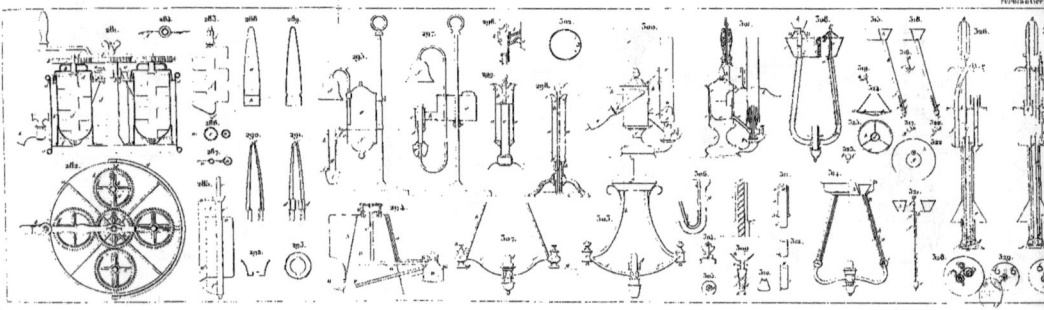

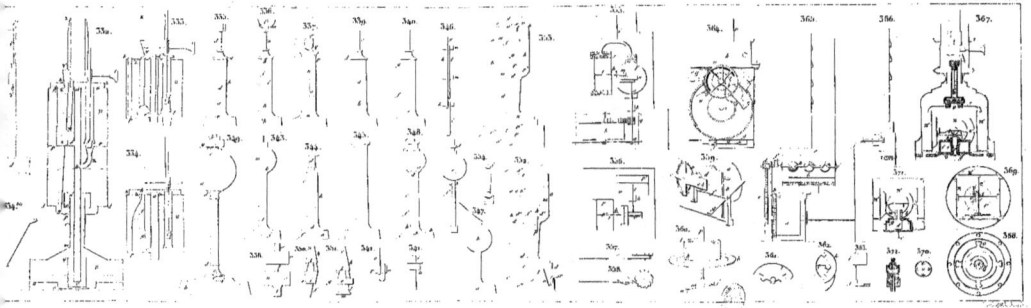

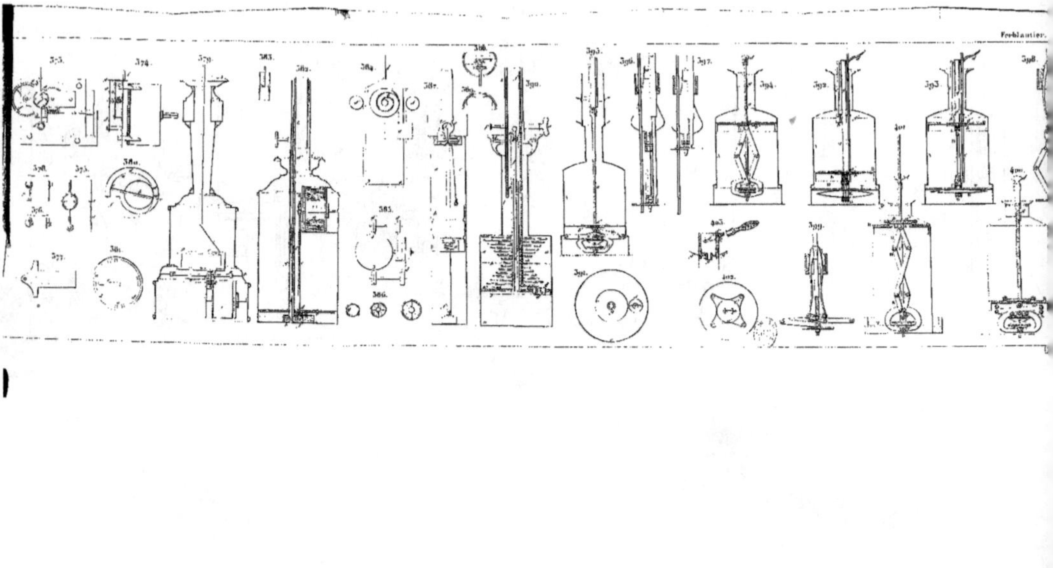
Ferblantier.

— MARS 1849. —

N. B. *Comme il existe à Paris deux libraires du nom de* RORET, *l'on est prié de bien indiquer l'adresse.*

LIBRAIRIE ENCYCLOPÉDIQUE DE

RORET,

RUE HAUTEFEUILLE, 10 BIS,

AU COIN DE LA RUE DU BATTOIR,

A PARIS.

Cette Librairie, entièrement consacrée aux Sciences et à l'Industrie, fournira aux amateurs tous les ouvrages anciens et modernes en ce genre, publiés en France, et fera venir de l'Étranger tous ceux que l'on pourrait désirer.

DIVISION DU CATALOGUE.

Publications annuelles d la LIBRAIRIE ENCYCLOPÉDIQUE DE RORET, *rue Hautefeuille,* n° 10 bis.

LE TECHNOLOGISTE, ou *Archives des Progrès de l'In-*dustrie française et étrangère, publié par une Société de savants et de praticiens, sous la direction de M. MALEPEYRE. Ouvrage utile aux manufacturiers, aux

4

fabricants, aux chefs d'ateliers, aux ingénieurs, aux mécaniciens, aux artistes, etc., etc., et à toutes les personnes qui s'occupent d'arts industriels. 9° année. Prix : 18 fr. par an pour Paris, 21 fr. pour la province, et 24 fr. pour l'Etranger.

Chaque mois il paraît un cahier de 48 pages in-8°, grand format, renfermant des figures en grande quantité, gravées sur bois et sur acier.

Ce recueil a commencé à paraître le 1er octobre 1839. Le prix des 9 années est de 18 fr. chacune.

L'AGRICULTEUR-PRATICIEN, REVUE D'AGRI-CULTURE, DE JARDINAGE, et d'Economie rurale et domestique sous la direction de MM. Bossin, Malepeyre, G. Heuzé, etc. 10e année. Prix : 6 f. par an.

Tous les mois il paraît un cahier de 30 pag. in-8, grand format, renfermant des gravur. sur bois intercalées dans le texte.

Il a paru 9 années de ce Journal, qui a commencé le 1er octobre 1839. Prix de chaque année, 6 fr.

ANNUAIRE ENCYCLOPÉDIQUE RÉCRÉATIF ET POPULAIRE pour 1849, d'après les travaux de savants et de praticiens célèbres. 1 vol. in-16, grand raisin, orné de jolies gravures.   50 c.

Il a paru 10 années de cet Annuaire, à 50 c. chaque.

BULLETIN DE LA SOCIÉTÉ INDUSTRIELLE DE MULHOUSE. Le prix de souscription est de 12 fr. par volume in-8°, composé de 5 cahiers, et de 15 fr. franc de port. Chaque cahier, séparément, 3 fr.

Ce recueil a commencé en 1836. Il a paru 65 cahiers, ou vol. 1 à 13 jusqu'en 1840; prix : 9 fr. le vol.   117 fr.

De 1841 à 1848, il a paru les cahiers nos 66 à 104, ou vol. 14 à 21 ; prix : 12 fr. le volume.

ANNALES de la Société Royale d'Agriculture et de Botanique de Gand, rédigées par M. Ch. Morren. Par an, 30 fr. — Commencé en 1845.

D'AMEUBLEMENT, Recueil de Dessins de Sièges, Meubles et Tentures; 54 planches par an pour les 3 catégories. *Prix : fig. noires, 24 fr., ou 8 fr. par chaque catégorie ; fig. coloriées, 37 fr. 50, ou 12 fr. 50 par chaque catégorie. — Chaque planche se vend séparément : en noir, 50 centimes, et en couleur, 70 centimes.*

LE GARDE-MEUBLES, Journal d'Ameublement ; 54 planches par an. Prix des 3 catégories, fig. noires, 22 fr. 50 ; pour 2 catégories, 15 fr., et pour une catégorie, 7 fr. 50. En couleur, prix des 3 catégories, 36 fr.; pour 2 catégories, 24 fr., et pour une catégorie, 12 fr. — *Chaque feuille se vend séparément : en noir, 50 centimes, et en couleur, 80 centimes.*

ENCYCLOPÉDIE-RORET.

COLLECTION

DES

MANUELS-RORET

FORMANT
UNE ENCYCLOPÉDIE DES SCIENCES ET DES ARTS;
FORMAT IN-18;
PAR UNE RÉUNION DE SAVANTS ET DE PRATICIENS,
Messieurs

AMOROS, ARSENNE, BEAUVALET, BIOT, BIRET, BISTON, BOISDUVAL, BOITARD, BOSC, BOUTEREAU, BOYARD, CAHEN, CHAUSSIER, CHEVRIER, CHORON, CONSTANTIN, DE GAYFFIER, DE LAFAGE, DE LÉPINOIS, DE VALICOURT, Paulin DÉSORMEAUX, DUBOIS, DUJARDIN, FRANCŒUR, GIQUEL, HAMEL, HERVÉ, JANVIER, JULIA FONTENELLE, JULIEN, HUOT, LACROIX, LANDRIN, LAUNAY, LED'HUY, Sébastien LENORMAND, LESSON, LOBIOL, MALEPEYRE, MARCEL DE SERRES, MATTER, MINÉ, MULLER, NICARD, NOEL, PAULIN, Jules PAUTET, PEDRONI, RANG, RENDU, RICHARD, RIFFAULT, SCHMIT, SCRIBE, TARBÉ, TERQUEM, THIÉBAUT DE BERNEAUD, THILLAYE, TOUSSAINT, TRÉMERY, TRUY, VALÉRIO, VASSEROT, VAUQUELIN, VERDIER, VERGNAUD, YVART, etc., etc.

Les personnes qui auraient quelque chose à faire parvenir dans l'intérêt des sciences et des arts, sont priées de l'envoyer franc de port à l'adresse de M. le *Directeur de l'Encyclopédie-Roret*, rue Hautefeuille, n. 10 *bis*, à Paris.

Tous les Traités se vendent séparément. Les ouvrages indiqués *sous presse* paraîtront successivement. Pour recevoir chaque volume franc de port, l'on ajoutera 30 c. La plupart des volumes sont de 3 à 400 pages, renfermant des planches parfaitement dessinées et gravées.

MANUEL POUR GOUVERNER LES ABEILLES et en retirer un grand profit, par M. RADOUAN. 2 vol. 6 fr.

— ACCORDEUR DE PIANOS, par M. GIORGIO DI ROMA. 1 vol. 1 fr. 25

— ACIDES GRAS CONCRETS, voyez *Bougies stéariques*.

MANUEL DES ACTES SOUS SIGNATURES PRI-VÉES en matières civiles, commerciales, criminelles, etc., par M. BIRET, ancien magistrat, 1 vol.   2 fr. 50

— AÉROSTATS, BALLONS. (*Sous presse.*)

— AGRICULTURE ÉLÉMENTAIRE, à l'usage des écoles primaires et des écoles d'agriculture, par V. RENDU. (*Autorisé par l'Université.*)   1 fr. 25

— ALGÈBRE, *ou* Exposition élémentaire des principes de cette science, par M. TERQUEM. (*Ouvrage approuvé par l'Université.*) 1 gros vol.   3 fr. 50

— ALLIAGES MÉTALLIQUES, par M. HERVÉ, officier supérieur d'artillerie, ancien élève de l'Ecole polytechnique. 1 vol.   3 fr. 50
Ouvrage *approuvé par le Comité d'artillerie*, qui en a fait prendre un nombre pour les écoles, les forges et les fonderies.

— AMIDONNIER et VERMICELLIER, par M. le docteur MORIN. 1 vol. avec figures.   3 fr.

— ANECDOTIQUE, *ou* Choix d'Anecdotes anciennes et modernes, par madame CELNART. 4 vol. in-18.   7 fr.

— ANIMAUX NUISIBLES (Destructeur des) à l'agriculture, au jardinage, etc., par M. VERARDI. 1 vol. orné de planches.   3 fr.

— 2e *Partie*, contenant les HYLOPHTHIRES ET LEURS ENNEMIS, ou Description et Iconographie des Insectes les plus nuisibles aux forêts, avec une méthode pour apprendre à les détruire et à ménager ceux qui leur font la guerre, à l'usage des forestiers, des jardiniers, etc.; par MM. RATZEBURG DE CORBERON et BOISDUVAL. 1 vol. orné de 8 planches : prix   2 fr. 50

— ARCHÉOLOGIE, par M. NICARD. 3 vol. avec Atlas. Prix des 3 vol., 10 fr. 50 ; de l'Atlas, 12 fr., et de l'ouvrage complet :   22 fr. 50

— ARCHITECTE DES JARDINS, *ou* l'Art de les composer et de les décorer, par M. BOITARD. 1 vol. avec Atlas de 132 planches.   15 fr.

— ARCHITECTE DES MONUMENTS RELI - GIEUX, ou Traité d'Archéologie pratique, applicable à la restauration et à la construction des Eglises, par M. SCHMIT. 1 gros volume avec Atlas contenant 20 planches.   7 fr.

— ARCHITECTURE, *ou* Traité de l'Art de bâtir, par M. TOUSSAINT, architecte. 2 vol. ornés de planches. 7 fr.

MANUEL D'ARITHMÉTIQUE DÉMONTRÉE, par MM. COLLIN et TREMERY. 1 vol.   2 fr. 50

— ARITHMÉTIQUE COMPLÉMENTAIRE, ou Recueil de Problèmes nouveaux, par M. TREMERY. 1 vol.
1 fr. 75

— ARMURIER, Fourbisseur et Arquebusier, par M. Paulin DÉSORMEAUX. 1 vol. avec figures.   3 fr.

— ARPENTAGE, ou Instruction élémentaire sur cet art et sur celui de lever les plans, par M. LACROIX, de l'Institut. 1 vol. avec figures. (*Autorisé par l'Université.*)   2 fr. 50.

— ARPENTAGE SUPPLÉMENTAIRE, ou Recueil d'exemples pratiques sur les différentes opérations d'arpentage et de levée des plans, par MM. HOGARD; avec des Modèles de Topographie, par M. CHARTIER, dessinateur au dépôt de la guerre. 1 vol. avec figures.   2 fr. 50

— ART MILITAIRE, par M. VERGNAUD. 1 vol. avec figures.   3 fr.

— ARTIFICIER, Poudrier et Salpêtrier, par M. VERGNAUD, capitaine d'artillerie. 1 vol. orné de planches. 3 fr.

— ASSOLEMENTS, JACHÈRE et SUCCESSION DES CULTURES, par M. Victor YVART, de l'Institut, avec des notes par M. Victor RENDU, inspecteur de l'agriculture. 3 vol.   10 fr. 50

— ASTRONOMIE, ou Traité élémentaire de cette science, de W. HERSCHEL, par M. VERGNAUD. 1 vol. orné de planches.   2 fr. 50

— ASTRONOMIE AMUSANTE, traduit de l'anglais, par A. D. VERGNAUD. In-18, figures.   2 fr. 50

— BANQUIER, Agent de change et Courtier, par MM. PEUCHET et TREMERY. 1 vol.   2 fr. 50

— BARÈME COMPLET DES POIDS ET MESURES, par M. BAGILET. In-18.   3 fr.

— BIBLIOGRAPHIE et Amateur de livres, par M. F. DENIS. (*Sous presse.*)

— BIBLIOTHÉCONOMIE, Arrangement, Conservation et Administration des bibliothèques, par L.-A. CONSTANTIN. 1 vol. orné de figures.   3 fr.

— BIJOUTIER, Joaillier, Orfèvre, Graveur sur métaux et Changeur, par M. JULIA DE FONTENELLE. 2 vol. 7 fr.

— BIOGRAPHIE, ou Dictionnaire historique abrégé des grands hommes, par M. NOEL, inspecteur-général des études. 2 vol.   6 fr.

MANUEL DU BLANCHIMENT ET BLANCHISSAGE, Nettoyage et Dégraissage des fil, lin, coton, laine, soie, etc., par M. Julia de Fontenelle. 2 vol. ornés de pl.   5 fr.

— BLASON, *ou* Traité de cet art sous le rapport archéologique et héraldique, par M. Jules Pautet, bibliothécaire de la ville de Beaune. 1 vol. orné de planches.   3 fr. 50

— BOIS (Marchands de) et de Charbons, *ou* Traité de ce commerce en général, par M. Marié de Lisle. 1 volume avec figures.   3 fr.

— BOIS (Manuel-Tarif métrique pour la conversion et la réduction des), d'après le système métrique, par M. Lombard. 1 vol.   2 fr. 50

— BONNETIER ET FABRICANT DE BAS, par MM. Leblanc et Préaux-Galtot. 1 vol. avec fig.   3 fr.

— BOTANIQUE, Partie élémentaire, par M. Boitard. 1 vol. avec planches.   3 fr. 50

— BOTANIQUE, 2ᵉ partie, Flore française, *ou* Description synoptique des plantes qui croissent naturellement sur le sol français, par M. le docteur Boisduval. 3 gros volumes.   10 fr. 50

Atlas de botanique, composé de 120 planches, représentant la plupart des plantes décrites dans l'ouvrage ci-dessus. Prix : Fig. noires,   18 fr.

Figures coloriées.   36 fr.

— BOTTIER ET CORDONNIER, par M. Morin. 1 vol. avec figures.   3 fr.

— BOUGIES STÉARIQUES, et fabrication des acides gras concrets, etc., etc., par M. Malepeyre, un vol. orné de planches.   3 fr.

— BOULANGER, Négociant en grains, Meunier et Constructeur de Moulins, par MM. Benoit et Julia de Fontenelle. 2 vol. avec figures.   5 fr.

— BOURRELIER ET SELLIER, par M. Lebrun. 1 volume orné de figures.   3 fr.

— BOUVIER ET ZOOPHILE, *ou* l'Art d'élever et de soigner les animaux domestiques, par M. Boyard. 1 volume.   2 fr. 50

— BRASSEUR, *ou* l'Art de faire toutes sortes de Bières, par M. Vergnaud. 1 vol.   2 fr. 50

— BRODEUR, *ou* Traité complet de cet Art, par madame Celnart. 1 vol. avec un Atlas de 40 pl.   7 fr.

— CALENDRIER (Théorie du) et Collection de tous les

calendriers des années passées et futures, par M. FRAN-COEUR, professeur à la Faculté des sciences. 1 vol. 3 fr.

MANUEL DE CALLIGRAPHIE, ou l'Art d'écrire en peu de leçons, par M. TREMERY. 1 vol. avec Atlas. 3 fr.

— CARTES GEOGRAPHIQUES (Construction et Dessin des), par M. PERROT. 1 vol. orné de pl. 2 fr. 50

— CARTONNIER, Cartier et Fabricant de Cartonnage, par M. LEBRUN. 1 vol. orné de figures. 3 fr.

— CHAMOISEUR, Pelletier-Fourreur, Maroquinier, Mégissier et Parcheminier, par M. JULIA DE FONTENELLE. 1 vol. orné de planches. 3 fr.

— CHANDELIER, Cirier et Fabricant de Cire à cacheter, par M. LENORMAND. 1 gros vol. orné de pl. 3 fr.

— CHAPEAUX (Fabricant de), par MM. CLUZ, F. et JULIA DE FONTENELLE. 1 vol. orné de planches. 3 fr.

— CHARCUTIER, ou l'Art de préparer et de conserver les différentes parties du cochon, par M. LEBRUN. 1 volume avec figures. 2 fr. 50

— CHARPENTIER, ou Traité simplifié de cet Art, par MM. HANUS et BISTON. 1 vol. orné de 14 pl. 3 fr. 50

— CHARRON ET CARROSSIER, ou l'Art de fabriquer toutes sortes de Voitures, par M. LEBRUN. 2 volumes ornés de planches. 6 fr.

— CHASSELAS, sa culture à Fontainebleau, par un vigneron des environs. 1 vol. avec figures. 1 fr. 75

— CHASSEUR, contenant un Traité sur toute espèce de chasse, par MM. BOYARD et DE MERSAN. 1 vol. avec figures et musique. 3 fr.

— CHAUDRONNIER, Description complète et détaillée de toutes les opérations de cet Art, tant pour la fabrication des appareils en cuivre que pour ceux en fer, etc.; par MM. JULLIEN et VALERIO. 1 vol. avec 16 planches. 3 fr. 50

— CHAUFOURNIER, contenant l'Art de calciner la Pierre à chaux et à plâtre, de composer les Mortiers, les Ciments, etc., par M. BISTON. 1 vol. avec figures. 3 fr.

— CHEMINS DE FER, ou Principes généraux de l'Art de les construire, par M. BIOT, l'un des gérants des travaux d'exécution du chemin de fer de Saint-Etienne. 1 volume orné de figures. 3 fr.

— CHIMIE AGRICOLE, par MM. DAVY et VERGNAUD. 1 vol. orné de figures. 3 fr. 50

— CHIMIE AMUSANTE, ou Nouvelles Récréations chimiques, par M. VERGNAUD. 1 vol. orné de figures. 3 fr.

MANUEL DE CHIMIE INORGANIQUE ET ORGA-
NIQUE dans l'état actuel de la science, par M. VER-
GNAUD. 1 gros volume orné de figures.   3 fr. 50
   — CIDRE ET POIRÉ (Fabricant de), avec les moyens
d'imiter, avec le suc de pomme ou de poire, le Vin de raisin,
l'Eau-de-Vie et le Vinaigre de vin, par M. DUBIEF. 1 vo-
lume avec figures.   2 fr. 50
   — COIFFEUR, précédé de l'Art de se coiffer soi-même,
par M. VILLARET. 1 joli vol. orné de figures.   2 fr. 50
   — COLORISTE, contenant le mélange et l'emploi des
Couleurs, ainsi que les différents travaux de l'Enluminure,
par MM. PERROT, BLANCHARD et THILLAYE. 1 v. 2 fr. 50
   — COMPAGNIE (Bonne), ou Guide de la Politesse et de
la Bienséance, par madame GELNART. 1 vol.   2 fr. 50.
   — COMPTES-FAITS, ou Barême général des poids et
mesures, par M. ACHILLE NOUHEN. (Voir *Poids et Mesures*.)
   — CONSTRUCTIONS RUSTIQUES, ou Guide pour les
Constructions rurales, par M. DE FONTENAY (*Ouvrage cou-
ronné par la Société royale et centrale d'Agriculture*). 1 volume orné de figures.   3 fr.
   — CONTRE-POISONS, ou Traitement des Individus
empoisonnés, asphyxiés, noyés ou mordus, par M. H.
CHAUSSIER, D.-M. 1 vol.   2 fr. 50
   — CONTRIBUTIONS DIRECTES, Guide des Contri-
buables et des Comptables de toutes les classes, dépendant
de la Direction générale des Contributions directes, etc.; par
M. BOYARD. 1 vol.   2 fr. 50
   — CORDIER, contenant la culture des Plantes textiles,
l'extraction de la Filasse, et la fabrication de toutes sortes
de cordes, par M. BOITARD. 1 vol. orné de fig. 2 fr. 50
   — CORRESPONDANCE COMMERCIALE, contenant
les Termes de commerce, les Modèles et Formules épistolai-
res et de comptabilité, etc., par MM. REES-LESTIENNE et
TREMERY. 1 vol.   2 fr. 50
   — CORPS GRAS CONCRETS. Voyez *Bougies stéa-
riques*.
   — COUPE DES PIERRES, par M. TOUSSAINT, archi-
tecte. 1 vol. avec Atlas.   5 fr.
   — COUTELIER, ou l'Art de faire tous les Ouvrages de
Coutellerie, par M. LANDRIN, ingénieur civil. 1 vol. 3 fr. 50
   — CRUSTACÉS (Histoire naturelle des), comprenant
leur Description et leurs Mœurs, par MM. BOSC et DESMA-
REST, de l'Institut, prof., etc. 2 v. ornés de pl.   6 fr.

ATLAS POUR LES CRUSTACÉS, 18 planches. Figures noires. 3 fr.; — figures coloriées.   6 fr.

MANUEL DU CUISINIER ET CUISINIÈRE, à l'usage de la ville et de la campagne, par M. CARDELLI. 1 gros volume de 464 pages, orné de figures.   2 fr. 50

— CULTIVATEUR FORESTIER, contenant l'Art de cultiver en forêts tous les Arbres indigènes et exotiques, par M. BOITARD. 2 volumes.   5 fr.

— CULTIVATEUR FRANÇAIS, ou l'Art de bien cultiver les Terres et d'en retirer un grand profit, par M. THIÉBAUT de BERNEAUD. 2 volumes ornés de figures.   5 fr.

— DAMES, ou l'Art de l'Élégance, par madame CELNART. 1 vol.   3 fr.

— DANSE, comprenant la théorie, la pratique et l'histoire de cet art, par MM. BLASIS et VERGNAUD. 1 gros volume orné de planches.   3 fr. 50

— DÉCORATEUR-ORNEMENTISTE, du Graveur et du Peintre en Lettres, par M. SCHMIT, un vol. avec Atlas in-4° de 30 planches.   7 fr.

— DEMOISELLES, ou Arts et métiers qui leur conviennent, tels que Couture, Broderie, etc., par madame CELNART. 1 vol. orné de planches.   3 fr.

— DESSINATEUR, ou Traité complet du Dessin, par M. BOUTEREAU. 1 vol. avec Atlas de 20 pl.   3 fr. 50

— DISTILLATEUR ET LIQUORISTE, par M. LEBEAU et M. JULIA DE FONTENELLE. 1 vol. de 558 pages, orné de figures.   3 fr. 50

— DOMESTIQUES, ou l'Art de former de bons Serviteurs, par madame CELNART. 1 vol.   2 fr. 50

— DORURE ET ARGENTURE Electro-chimiques, par M. DE VALICOURT. 1 vol.   1 fr. 75

— ÉCOLES PRIMAIRES, MOYENNES ET NORMALES, ou Guide des Instituteurs et Institutrices (Ouvrage autorisé par l'Université), par M. MATTER, Inspecteur général de l'Université. 1 vol.   2 fr. 50

— ÉCONOMIE DOMESTIQUE, contenant toutes les recettes les plus simples et les plus efficaces, par madame CELNART. 1 vol.   2 fr. 50

— ÉCONOMIE POLITIQUE, par M. J. PAUTET. 1 vol.   2 fr. 50

— ÉLECTRICITÉ, contenant les Instructions pour établir les Paratonnerres et les Paragrêles, par M. RIFFAULT. 1 vol.   2 fr. 50

MANUEL DE L'ENREGISTREMENT ET DU TIMBRE, par M. BIRET. 1 vol. 3 fr. 50

— **D'ENTOMOLOGIE**, ou Hist. nat. des Insectes et des Myriapodes, par M. BOITARD. 3 vol. in-18. 10 fr. 50

ATLAS D'ENTOMOLOGIE, composé de 110 planches représentant les Insectes décrits dans l'ouvrage ci-dessus. Figures noires, 17 fr. — Figures coloriées. 34 fr.

— **EPISTOLAIRE** (Style), par M. BISCARRAT et madame la comtesse d'HAUTPOUL. 1 vol. 2 fr. 50

— **EQUITATION**, à l'usage des deux sexes, par M. VERGNAUD. 1 vol. orné de figures. 3 fr.

— **ESCALIERS EN BOIS** (Construction des), ou manipulation et posage des Escaliers ayant une ou plusieurs rampes, par C. BOUTEREAU. 1 vol. et Atlas. 5 fr.

— **ESCRIME**, ou Traité de l'Art de faire des armes, par M. LAFAUGÈRE, maréchal-des-logis. 1 vol. 3 fr. 50

— **ESSAYEUR**, par MM. VAUQUELIN, GAY-LUSSAC et D'ARCET, publié par M. VERGNAUD. 1 vol. 3 fr.

— **ÉTAT CIVIL** (Officier de l'), pour la Tenue des Registres et la Rédaction des Actes, etc., etc., par M. LEMOLT, ancien magistrat. 2 fr. 50

— **ÉTOFFES IMPRIMÉES** (Fabricant d') et Fabricant de Papiers peints, par M. Seb. LENORMAND. 1 v. 3 fr.

— **FABRICANT (du) DE PRODUITS CHIMIQUES** ou Formules et Procédés usuels relatifs aux matières que la chimie fournit aux arts industriels et à la médecine, par M. THILLAYE, ex-chef des travaux chimiques de l'ancienne fabrique Vauquelin. 3 volumes ornés de planches. 10 fr. 50

— **FALSIFICATIONS DES DROGUES** simples et composées, par M. PÉDRONI, professeur, un vol. orné de figures. 2 fr. 50

— **FERBLANTIER ET LAMPISTE**, ou l'Art de confectionner en fer-blanc tous les Ustensiles, par M. LEBRUN. 1 vol. orné de figures. 3 fr. 50

— **FERMIER** (du), ou l'Agriculture simplifiée et mise à la portée de tout le monde, par M. DE LÉPINOIS. 1 vol. 2 fr. 50

— **FILATEUR**, ou Description des Méthodes anciennes et nouvelles employées pour filer le Coton, le Lin, le Chanvre, la Laine et la Soie, par MM. C.-E. JULLIEN et E. LORENTZ. 1 vol. in-18, avec 8 pl. 3 fr. 50

— **FLEURISTE ARTIFICIEL**, ou l'Art d'imiter, d'après nature, toute espèce de Fleurs, suivi de l'Art du Plumassier, par madame CELNART. 1 vol. orné de fig. 3 fr. 50

MANUEL DES FLEURS EMBLÉMATIQUES, ou leur Histoire, leur Symbole, leur Langage, etc., etc., par madame LENEVEUX. 1 vol. Fig. noires. 3 fr.
Figures coloriées. 6 fr.

— FONDEUR SUR TOUS MÉTAUX, par M. LAUNAY, fondeur de la colonne de la place Vendôme (*Ouvrage faisant suite au travail des Métaux*). 2 vol. ornés d'un grand nombre de planches. 7 fr.

— FORGES (Maître de), ou l'Art de travailler le fer, par M. LANDRIN. 2 vol. ornés de planches. 6 fr.

— GALVANOPLASTIE, ou Traité complet de cet Art, contenant tous les procédés les plus récents, par MM. SMÉE, JACOBI, DE VALICOURT, etc., etc. 1 vol. orné de fig. 3 fr. 50

— GANTS (Fabricant de) dans ses rapports avec la Mégisserie et la Chamoiserie, par VALLET D'ARTOIS, ancien fabricant. 1 vol. 3 fr. 50

— GARANTIE DES MATIÈRES D'OR ET D'ARGENT, par M. LACHÈZE, contrôleur à Paris. 1 v. 1 fr. 75

— GARDES-CHAMPÊTRES, FORESTIERS ET GARDES-PÊCHE, par M. BOYARD, président à la cour royale d'Orléans. 1 vol. 2 fr. 50

— GARDES-MALADES, et personnes qui veulent se soigner elles-mêmes, ou l'Ami de la santé, par M. le docteur MORIN. 1 vol. 2 fr. 50

— GARDES NATIONAUX DE FRANCE, contenant l'École du soldat et de peloton, les Ordonnances, Règlements, etc., etc., par M. R. L. 33e édit. 1 vol. 1 fr. 25

— GAZ (Fabrication du) ou Traité de l'Éclairage des Ingénieurs, etc.; d'Usines à gaz, par M. MAGNIER. 1 vol. orné de figures. 3 fr. 50 c.

— GÉOGRAPHIE DE LA FRANCE, divisée par bassins, par M. LORIOL (*Autorisé par l'Université*). 1 vol. 2 fr. 50

— GÉOGRAPHIE GÉNÉRALE, par M. DEVILLIERS. 1 gros vol. de plus de 400 p., orné de 7 jolies cartes. 3 fr. 50

— GÉOGRAPHIE PHYSIQUE, ou Introduction à l'étude de la Géologie, par M. HUOT. 1 vol. 3 fr.

— GÉOLOGIE, ou Traité élémentaire de cette science, par M. HUOT. 1 vol. orné de planches. 2 fr. 50

— GÉOMÉTRIE, ou Exposition élémentaire des principes de cette science, par M. TERQUEM (*Ouvrage autorisé par l'Université*). 1 gros vol. 3 fr. 50

— GNOMONIQUE, ou l'Art de tracer les cadrans, par M. BOUTEREAU. 1 vol. orné de figures. 3 fr.

MANUEL DES GOURMANDS, ou l'Art de faire les honneurs de sa table, par CARDELLI. 1 vol.   3 fr.

— GRAVEUR (du), ou Traité complet de l'Art de la Gravure en tous genres, par MM. PERROT et MALEPEYRE. 1 vol. orné de planches.   3 fr.

— GRÈCE (Histoire de la), depuis les premiers siècles jusqu'à l'établissement de la domination romaine, par M. MATTER, inspecteur-général de l'Université. 1 v. 3 fr.

— GYMNASTIQUE (de la), par le colonel AMOROS (Ouvrage couronné par l'Institut, admis par l'Université, etc.). 2 vol. et Atlas.   10 fr. 50

— HABITANTS DE LA CAMPAGNE et Bonne Fermière, contenant tous les moyens de faire valoir, de la manière la plus profitable, les terres, le bétail, les récoltes, etc., par madame CELNART. 1 vol.   2 fr. 50

— HÉRALDIQUE. Voyez BLASON.

— HERBORISTE, Épicier-Droguiste, Grainier-Pépiniériste et Horticulteur, par MM. TOLLARD et JULIA DE FONTENELLE. 2 gros vol.   7 fr.

— HISTOIRE NATURELLE, ou Genera complet des Animaux, des Végétaux et des Minéraux. 2 gros vol. 7 fr.

ATLAS pour la Botanique, composé de 120 planches. Figures noires, 18 fr. — figures coloriées, 36 fr.

— pour les Mollusques, représentant les Mollusques nu. et les Coquilles. 51 planches. Figures noires,   7 fr. figures coloriées.   14 fr.

— Pour les Crustacés, 18 planches, figures noires 3 fr.; figures coloriées.   6 fr.

— Pour les Insectes, 110 planches, figures noires, 17 fr.; figures coloriées.   34 fr.

— Pour les Mammifères, 80 planches, fig. noires, 12 fr.; figures coloriées.   24 fr.

— Pour les Minéraux, 40 planches, figures noires, 6 fr.; figures coloriées.   12 fr.

— Pour les Oiseaux, 129 planches, figures noires, 20 fr.; figures coloriées.   40 fr.

— Pour les Poissons, 155 planches, fig. noires, 24 fr.; figures coloriées.   48 fr.

— Pour les Reptiles, 54 planches, fig. noires, 9 fr.; figures coloriées.   18 fr.

— Pour les Zoophytes, représentant la plupart des Vers et des Animaux-Plantes, 25 pl., figures noires,   6 fr. figures coloriées.   12 fr.

— **HISTOIRE NATURELLE MÉDICALE ET DE PHARMACOGRAPHIE**, ou Tableau des Produits que la Médecine et les Arts empruntent à l'Histoire naturelle, par M. LESSON, pharmacien en chef de la Marine à Rochefort. 2 vol.   5 fr.

MANUEL DE L'HISTOIRE UNIVERSELLE, depuis le commencement du monde jusqu'en 1836, par M. CAHEN, traducteur de la Bible. 1 vol.   2 fr. 50

— **HORLOGER** (de l'), ou Guide des Ouvriers qui s'occupent de la construction des Machines propres à mesurer le temps, par MM. LENORMAND et JANVIER. 1 vol. fig.   3 fr. 50

— **HORLOGES** (Régulateur des), Montres et Pendules, par MM. BERTHOUD et JANVIER. 1 vol. orné de fig. 1 fr. 50

— **HUILES** (Fabricant et Épurateur d'), par M. JULIA DE FONTENELLE. 1 vol. orné de figures.   3 fr.

— **HYGIÈNE**, ou l'Art de conserver sa santé, par le docteur MORIN. 1 vol.   3 fr.

— **INDIENNES** (Fabricant d'), renfermant les Impressions des Laines, des Chalis et des Soies, par M. THILLAYE. 1 vol.   3 fr. 50

— **INGÉNIEUR CIVIL**, par MM. JULLIEN, LORENTZ et SCHMITZ, Ingénieurs Civils. 2 gros volumes avec un Atlas renfermant beaucoup de planches.   10 fr. 50

— **INSTRUMENTS DE CHIRURGIE.** (*Sous presse.*)

— **JARDINAGE** (PRATIQUE SIMPLIFIÉE) à l'usage des personnes qui cultivent elles-mêmes un petit domaine, contenant un Potager, une Pépinière, un Verger, des Espaliers, un Jardin paysager, des Serres, des Orangeries, et un Parterre, etc., par M. LOUIS DUBOIS. 1 vol. orné de fig. 2 fr. 50

— **JARDINIER**, ou l'Art de cultiver et de composer toutes sortes de Jardins, par M. BAILLY. 2 gros vol. ornés de planches.   5 fr.

— **JARDINIER DES PRIMEURS**, ou l'Art de forcer les Plantes à donner leurs fruits dans toutes les saisons, par MM. NOISETTE et BOITARD. 1 vol. orné de fig. 3 fr.

— **JARDINIERS, OU L'ART DE CULTIVER LES JARDINS**, renfermant un Calendrier indiquant mois par mois tous les travaux à faire en Jardinage, les principes d'Horticulture, etc., par *un Jardinier agronome*. 1 gros volume de 556 pages, orné de figures.   3 fr. 50

— **JAUGEAGE ET DÉBITANTS DE BOISSONS.** 1 volume orné de figures (*Voyez Vins*).   3 fr.

MANUEL DES JEUNES GENS, *ou* Sciences, Arts et Récréations qui leur conviennent, et dont ils peuvent s'occuper avec agrément et utilité, par M. VERGNAUD. 2 volumes ornés de figures. 6 fr.

— DE JEUX DE CALCUL ET DE HASARD, *ou* nouvelle Académie des Jeux, par M. LEBRUN. 1 v. 3 fr.

— JEUX ENSEIGNANT LA SCIENCE, *ou* Introduction à l'étude de la Mécanique, de la Physique, etc., par M. RICHARD. 2 vol. 6 fr.

— JEUX DE SOCIÉTÉ, renfermant tous ceux qui conviennent aux deux sexes, par madame CELNART. 1 g. v. 3 fr.

— JUSTICES DE PAIX, *ou* Traité des Compétences et Attributions tant anciennes que nouvelles, en toutes matières, par M. BIRET, ancien magistrat. 1 vol. 3 fr. 50

— LAITERIE, *ou* Traité de toutes les méthodes pour la Laiterie, l'Art de faire le Beurre, de confectionner les Fromages, etc., par THIEBAUD DE BERNEAUD. 1 vol. orné de figures. 2 fr. 50

— LANGAGE (Pureté du), par MM. BISCARRAT et BONIFACE. 1 vol. 2 fr. 50

— LANGAGE (Pureté du), par M. BLONDIN. 1 volume. 1 fr. 50

— LATIN (Classes élémentaires de), *ou* Thèmes pour es Huitième et Septième, par M. AMÉDÉE SCRIBE, ancien instituteur. 1 vol. 2 fr. 50

— LIMONADIER, Glacier, Chocolatier et Confiseur, par MM. GARDELLI, LIONNET-CLÉMANDOT et JULIA DE FONTENELLE. 1 gros vol. de 458 pages. 2 fr. 50

— LITHOGRAPHE (Dessinateur et Imprimeur), par M. BREGEAUT. 1 vol. 3 fr.

— LITTÉRATURE à l'usage des deux sexes, par madame D'HAUTPOUL. 1 fr. 75

— LUTHIER, contenant la Construction intérieure et extérieure des instruments à archets, par M. MAUGIN. 1 volume. 2 fr. 50

— MACHINES LOCOMOTIVES (Constructeur de), par M. JULLIEN, Ingénieur civil, etc. 1 gros vol. avec Atlas. 5 fr.

— MACHINES A VAPEUR *appliquées à la Marine*, par M. JANVIER, officier de marine et ingénieur civil. 1 volume avec figures. 3 fr. 50

— MACHINES A VAPEUR *appliquées à l'Industrie*, par M. JANVIER. 2 volumes avec figures. 7 fr.

MANUEL DU MAÇON, PLATRIER, PAVEUR, CARRELEUR, COUVREUR, par M. TOUSSAINT, architecte. 1 vol.   3 fr.

— MAGIE NATURELLE ET AMUSANTE, par M. VERGNAUD. 1 vol. avec figures.   3 fr.

— MAITRE D'HOTEL, ou Traité complet des menus, mis à la portée de tout le monde, par M. CHEVRIER. 1 vol. orné de figures.   3 fr.

— MAITRESSE DE MAISON ET MÉNAGÈRE PARFAITE, par madame CELNART. 1 vol.   2 fr. 50

— MAMMALOGIE, ou Histoire naturelle des Mammifères, par M. LESSON, corresp. de l'Institut. 1 gros vol. 3 f. 50

ATLAS DE MAMMALOGIE, composé de 80 planches représentant la plupart des animaux décrits dans l'ouvrage ci-dessus; figures noires.   12 fr.

Figures coloriées.   24 fr.

— MARINE, Gréement, manœuvre du Navire et de l'Artillerie, par M. VERDIER, capitaine de corvette. 2 volumes ornés de figures.   5 fr.

— MATHÉMATIQUES (Applications usuelles et amusantes), par M. RICHARD. 1 gros vol. avec figures.   3 fr.

— MÉCANICIEN - FONTAINIER, POMPIER ET PLOMBIER, par MM. JANVIER et BISTON. 1 vol. orné de planches.   3 fr.

— MÉCANIQUE, ou Exposition élémentaire des lois de l'Équilibre et du Mouvement des Corps solides, par M. TERQUEM, officier de l'Université, professeur aux Écoles royales d'Artillerie. 1 gros vol. orné de planches. 3 fr. 50

— MÉCANIQUE APPLIQUÉE À L'INDUSTRIE. Première partie. STATIQUE et HYDROSTATIQUE, par M. VERGNAUD, 1 vol. avec figures.   3 fr. 50

— Deuxième partie, HYDRAULIQUE, par M. JANVIER. 1 volume avec figures.   3 fr.

— MÉCANIQUE PRATIQUE, à l'usage des directeurs et contre-maîtres, par BERNOUILLI, trad. par VALÉRIUS, un vol.   2 fr.

— MÉDECINE ET CHIRURGIE DOMESTIQUES, par M. le docteur MORIN. 1 vol.   3 f. 50

— MÉNAGÈRE PARFAITE. (V. Maîtresse de maison.)

— MENUISIER, Ébéniste et Layetier, par M. NOSBAN, 2 vol. avec planches.   6 fr.

— MÉTAUX (Travail des), Fer et Acier manufacturés, par M. VERGNAUD. 2 vol.   6 fr.

MANUEL DE MÉTÉOROLOGIE, par M. FELLENS.
1 vol.   3 fr. 50

— **MICROSCOPE** (Observateur au), par F. DUJARDIN,
1 vol. avec Atlas de 30 planches.   10 fr. 50

MANUEL SUR L'EXPLOITATION DES MINES, Première partie, HOUILLE (ou charbon de terre), par J.-F.
BLANC, 1 vol. in-18, figures,   3 fr 50

— *Idem*, deuxième partie, FER, PLOMB, CUIVRE, ÉTAIN,
ARGENT, OR, ZINC, DIAMANT, etc. 1 v. in-18, avec fig. 3 f. 50

— **MILITAIRE** (De l'Art), à l'usage des Militaires de
toutes les armes, par M. VERGNAUD. 1 vol. orné de fig. 3 fr.

— **MINÉRALOGIE**, ou Tableau des Substances minérales, par M. HUOT. 2 vol. ornés de figures.   6 fr.

ATLAS DE MINÉRALOGIE, composé de 30 planches représentant la plupart des Minéraux décrits dans l'ouvrage
ci-dessus ; figures noires.   6 fr.

Figures coloriées.   12 fr.

— **MINIATURE**, Gouache, Lavis à la Sépia et Aquarelle, par MM. CONSTANT VIGUIER et LANGLOIS DE LONGUEVILLE. 1 gros vol. orné de planches.   3 fr.

— **MOLLUSQUES** (Histoire naturelle des) et de leurs
coquilles, par M. SANDER-RANG, officier de marine. 1 gros
vol. orné de planches.   3 fr. 50

ATLAS POUR LES MOLLUSQUES, représentant les Mollusques nus et les Coquilles. 51 planches, fig. noires. 7 fr.

Fig. coloriées.   14 fr.

— **MORALISTE**, ou Pensées et Maximes instructives
pour tous les âges de la vie, par M. TREMBLAY. 2 vol. 5 fr.

— **MOULEUR**, ou l'Art de mouler en plâtre, carton,
carton-pierre, carton-cuir, cire, plomb, argile, bois, écaille,
corne, etc., par M. LEBRUN. 1 vol. orné de fig.   2 fr. 50

— **MOULEUR EN MÉDAILLES**, etc., par M. ROBERT,
1 vol. avec figures.   1 fr. 50

— **MUNICIPAUX** (Officiers), ou Nouveau Guide des
Maires, Adjoints et Conseillers municipaux, par M. BOYARD,
président à la Cour royale d'Orléans. 1 gros vol.   3 fr.

— **MUSIQUE**, ou Grammaire contenant les principes de
cet art, par M. LED'HUY. 1 v. avec 48 pages de musique. 1 f. 50

— **MUSIQUE VOCALE ET INSTRUMENTALE**, ou
Encyclopédie musicale, par M. CHORON, ancien directeur
de l'Opéra, fondateur du Conservatoire de Musique classique et religieuse, et M. DE LAFAGE, professeur de chant
et de composition. (*Voyez le détail à la page suivante.*)

DIVISION DE L'OUVRAGE.

Iʳᵉ PARTIE. — EXÉCUTION.

LIVRE I. Connaissances élémentaires.
Sect. 1. Sons, Notations. } 1 volume avec Atlas. } 5 fr. »
— 2. Instruments, exécution.

IIᵉ PARTIE. — COMPOSITION.

— 2. De la composition en général, et en particulier de la Mélodie.
— 3. De l'Harmonie.
— 4. Du Contre-Point.
— 5. Imitation.
— 6. Instrumentation.
— 7. Union de la Musique avec la Parole.
— 8. Genres.

} 5 volumes avec Atlas. } 20

Sect. 1. Vocale. { Eglise. Chambre ou Concert. Théâtre.
— 2. Instrumentale { particulière. générale.

IIIᵉ PARTIE. — COMPLÉMENT OU ACCESSOIRE.

— 9. Théorie physico-mathématique.
— 10. Institutions.
— 11. Histoire de la musique.
— 12. Bibliographie. Résumé général.

} 2 volumes avec Atlas. } 10 50

SOLFÈGES, MÉTHODE.

Solfège d'Italie.	12 f. »	Méthode de Cor.		50
— de Rodolphe.	4 »	— de Basson.	»	75
Méthode de Violon.	3 »	— de Serpent.	1	50
— d'Alto.	1 »	— de Trompette et		
— de Violoncelle.	4 50	Trombone.	»	75
— de Contre-basse.	1 25	— d'Orgue.	5	50
— de Flûte.	5 »	— de Piano.	4	50
— de Hautbois.	} 1 75	— de Harpe.	5	50
— de Cor anglais.		— de Guitare.	5	»
— de Clarinette.	2 »	— de Flageolet.	2	»

MANUEL DES MYTHOLOGIES grecque, romaine, égyptienne, syrienne, africaine, etc., par M. DUBOIS, (Ouvrage autorisé par l'Université.) . . . 2 fr. 50

— NAGEURS, Baigneurs, Fabricants d'eaux minérales et des Pédicures, par M. JULIA DE FONTENELLE. 1 vol. 3 fr.

— NATURALISTE PRÉPARATEUR, ou l'Art d'empailler les animaux, de conserver les Végétaux et les Minéraux, de préparer les pièces d'Anatomie et d'embaumer, par M. BOITARD. 1 vol. avec figures. 5 fr.

MANUEL SUR LA NAVIGATION, contenant la manière de se servir de l'Octant et du Sextant, de rectifier ces instruments et de s'assurer de leur bonté ; l'exposé des méthodes les plus usuelles d'astronomie nautique, pour déterminer l'instant de la pleine mer, etc., etc., et les tables nécessaires pour effectuer ces différents calculs, par M. GIQUEL, professeur d'hydrographie. 1 volume orné de figures.   2 fr. 50

—NAVIGATION INTÉRIEURE, à l'usage des Pilotes, Mariniers et Agents, ou Instructions relatives aux devoirs des mariniers et agents employés au service de la navigation intérieure, par M. BEAUVALET, inspecteur de la navigation de la Basse-Seine. 1 v.   2 fr. 50

— NÉGOCIANT ET MANUFACTURIER, contenant les lois et règlements, les usages dans les ventes et achats, les douanes, etc., par M. PEUCHET, 1 vol.   2 fr. 50

— OCTROIS et autres impositions indirectes, par M. BIRET. 1 vol.   3 fr. 50

— ONANISME (dangers de l'), par M. DOUSSIN-DU-BREUIL. 1 vol.   1 fr. 25

— OPTIQUE, ou Traité complet de cette science, par BREWSTER et VERGNAUD. 2 vol. avec figures.   6 fr.

— ORGANISTE, ou Nouvelle Méthode pour exécuter sur l'orgue tous les offices de l'année, etc., par M. MINÉ, organiste à Saint-Roch. 1 vol. oblong.   3 fr. 50

— ORGUES (Facteur d'), contenant le travail de DOM BÉDOS, etc., etc., par M. HAMEL, juge à Beauvais, 3 vol. avec un grand atlas.   18 fr.

— ORNEMENTISTE. Voyez Décorateur.

— ORNITHOLOGIE, ou Description des genres et des principales espèces d'oiseaux, par M. LESSON, correspondant de l'Institut. 2 gros vol.   7 fr.

ATLAS D'ORNITHOLOGIE, composé de 129 planches représentant les oiseaux décrits dans l'ouvrage ci-dessus ; figures noires.   20 fr.

Figures coloriées.   40 fr.

— ORNITHOLOGIE DOMESTIQUE, ou Guide de l'Amateur des oiseaux de volière, par M. LESSON, correspondant de l'Institut. 1 vol.   2 fr. 50

— ORTHOGRAPHISTE, ou Cours théorique et pratique d'Orthographe, par M. TRÉMERY. 1 vol.   2 fr. 50

— PALÉONTOLOGIE, ou des Lois de l'organisation des êtres vivants comparées à celles qu'ont suivies les Espèces

fossiles et humatiles dans leur apparition successive; par
M. MARCEL DE SERRES, professeur à la Faculté des
Sciences de Montpellier. 2 vol., avec Atlas.　　　7 fr.

MANUEL DU PAPETIER ET RÉGLEUR (Marchand),
par MM. JULIA DE FONTENELLE et POISSON. 1 gros
vol. avec planches.　　　3 fr.

— PAPIERS (Fabricant de), Carton et Art du Formaire,
par M. LENORMAND. 2 vol. et Atlas.　　　10 fr. 50

— PARFUMEUR, par Mme CELNART. 1 vol. 2 fr. 50

— PARIS (Voyageur dans), ou Guide dans cette capitale, par M. LEBRUN. 1 gros vol. orné de fig.　3 fr. 50

— PARIS (Voyageur aux environs de), par M. DEPATY.
1 vol. avec figures.　　　3 fr.

— PATISSIER ET PATISSIÈRE, ou Traité complet
et simplifié de Pâtisserie de ménage, de boutique et d'hôtel,
par M. LEBLANC. 1 vol.　　　2 fr. 50

— PÊCHEUR, ou Traité général de toutes sortes de
pêches, par M. PESSON-MAISONNEUVE. 1 vol. orné de
planches　　　3 f.

— PÊCHEUR-PRATICIEN, ou les Secrets et Mystères de la Pêche dévoilés, par M. LAMBERT, amateur; suivi
de l'Art de faire des filets. 1 joli vol. orné de fig. 1 fr. 75

— PEINTRE D'HISTOIRE ET SCULPTEUR, ou-
vrage dans lequel on traite de la philosophie de l'Art et des
moyens pratiques, par M. ARSENNE, peintre. 2 vol. 6 fr.

— PEINTURE A L'AQUARELLE (Cours de), par
M. P. D., un vol. orné de planches coloriées.　1 fr. 75

— PEINTRE EN BATIMENTS, Fabricant de Couleurs, Vitrier, Doreur et Vernisseur, par M. VERGNAUD.
1 vol. de 528 pages, orné de figures.　　　3 fr.

— PEINTURE SUR VERRE, SUR PORCELAINE
ET SUR ÉMAIL, contenant la Théorie des émaux, etc.,
par M. REBOULLEAU. 1 vol. in-18 avec figures.　2 fr. 50

— PERSPECTIVE, Dessinateur et Peintre, par M. VER-
GNAUD, chef d'escadron d'artillerie. 1 vol. orné d'un grand
nombre de planches.　　　3 fr.

— PHARMACIE POPULAIRE, simplifiée et mise à la
portée de toutes les classes de la société, par M. JULIA DE
FONTENELLE. 2 vol.　　　6 fr.

— PHILOSOPHIE EXPÉRIMENTALE, à l'usage
des collèges et des gens du monde, par M. AMICE, régent
dans l'Académie de Paris. 1 gros vol.　　　3 fr. 50

— PHYSIOLOGIE VÉGÉTALE, Physique, Chimie et

Minéralogie appliquées à la culture, par M. BOITARD. 1 vol. orné de planches. 3 fr.

MANUEL DU PHYSIONOMISTE ET PHRÉNOLO-GISTE, ou les Caractères dévoilés par les signes extérieurs, d'après Lavater, par MM. H. CHAUSSIER fils et le docteur MORIN. 1 vol. avec figures. 3 fr.

— PHYSIONOMISTE DES DAMES, d'après Lavater, par un Amateur, 1 vol. avec figures 3 fr.

— PHYSIQUE, ou Eléments abrégés de cette Science mise à la portée des gens du monde et des étudiants, par M. BAILLY, 1 vol. avec figures. 2 fr. 50

— PHYSIQUE AMUSANTE, ou Nouvelles Récréations physiques, par M. JULIA DE FONTENELLE. 1 vol. orné de planches. 3 fr. 50

— PLAIN-CHANT ECCLÉSIASTIQUE, romain et français, par M. MINÉ, organiste à St-Roch. 1 vol. 2 fr. 50

— POELIER-FUMISTE, indiquant les moyens d'empê-cher les cheminées de fumer, de chauffer économiquement et d'aérer les habitations, les ateliers, etc., par MM. AR-DENNI et JULIA DE FONTENELLE. 1 vol. 3 fr. 50

— POIDS ET MESURES (Fabrication des), contenant en général tout ce qui concerne les Arts du Balancier et du Potier d'étain, et seulement ce qui est relatif à la Fabrication des Poids et Mesures dans les Arts du Fondeur, du Fer-blantier, du Boisselier, par M. RAVON, vérificateur au bu-reau central des Poids et Mesures. 1 vol. orné de fig. 3 fr.

— POIDS ET MESURES, Monnaies, Calcul décimal et Vérification, par M. TARBÉ, conseiller à la Cour de Cas-sation; approuvé par le Ministre du Commerce, l'Université, la Société d'Encouragement, etc. 1 vol. 3 fr.

PETIT MANUEL à l'usage des Ouvriers et des Écoles, avec Tables de conversions, par M. TARBÉ. 25 c.

PETIT MANUEL classique pour l'enseignement élémen-taire, sans Tables de conversions, par M. TARBÉ. (Autorisé par l'Université.) 25 c.

PETIT MANUEL à l'usage des Agents Forestiers, des Propriétaires et Marchands de bois, par M. TARBÉ. 75 c.

POIDS ET MESURES à l'usage des Médecins, etc., par M. TARBÉ. 25 c.

TABLEAU SYNOPTIQUE DES POIDS ET MESURES, par M. TARBÉ. 75 c.

TABLEAU FIGURATIF des Poids et Mesures, par M. TARBÉ. 75 c.

— POIDS ET MESURES, *Manuel Compte-fait*, ou Barême général des Poids et Mesures, par M. ACHILLE NOUHEN. *Ouvrage divisé en cinq parties qui se vendent toutes séparément.*

1re partie : Mesures de LONGUEUR. 60 c.
2e partie, — de SURFACE. 60 c.
3e partie, — de SOLIDITÉ. 60 c.
4e partie, POIDS. 60 c.
5e partie : Mesures de CAPACITÉ. 60 c.

MANUEL DE POLICE DE LA FRANCE, par M. TRUY, commissaire de police à Paris. 1 vol. 2 fr. 50

— PONTS ET CHAUSSÉES : *première partie*, ROUTES et CHEMINS, par M. DE GAYFFIER, ingénieur des Ponts et Chaussées. 1 vol. avec fig. 3 fr. 50

— *Seconde partie*, contenant les PONTS, AQUEDUCS, etc. 1 volume avec figures. 3 fr. 50

— PORCELAINIER, Faïencier, Potier de terre, Briquetier et Tuilier, contenant des notions pratiques sur la fabrication des Porcelaines, des Faïences, des Pipes, Poêles, des Briques, Tuiles et Carreaux, par M. BOYER. Nouv. édit. très-augmentée, par M. B..... 2 vol. ornés de pl. 6 fr.

— PRATICIEN, ou Traité de la Science du Droit, mise à la portée de tout le monde, par MM. D..... et RONDONNEAU. 1 gros vol. 3 fr. 50

— PRATIQUE SIMPLIFIÉE DU JARDINAGE (Voyez Jardinage.

— PROPRIÉTAIRE ET LOCATAIRE, ou Sous-Locataire, tant des biens de ville que des biens ruraux, par M. SERGENT. 1 vol. 2 fr. 50

— RELIEUR dans toutes ses parties, contenant les Arts d'assembler, de satiner, de brocher et de dorer, par M. Seb. LENORMAND et M. R. 1 gros vol. orné de pl. 3 fr.

— ROSES (l'Amateur de), leur Monographie, leur Histoire et leur Culture, par M. BOITARD. 1 vol. fig. noires, 5 fr. 50 c., — et fig. coloriées. 7 fr.

— SAPEUR-POMPIER, ou Théorie sur l'extinction des Incendies, par M. PAULIN, commandant les Sapeurs-Pompiers de Paris. 1 vol. 1 fr. 50

ATLAS composé de 50 planches, faisant connaître les machines que l'on emploie dans ce service, la disposition pour attaquer les feux, les positions des Sapeurs dans toutes les manœuvres, etc. 6 fr.

— SAVONNIER, ou l'Art de faire toutes sortes de

Savons, par M. THILLAYE, professeur de Chimie Industrielle. 1 vol. orné de fig. 3 fr.

MANUEL DU SERRURIER, ou Traité complet et simplifié de cet Art, par MM. B. et G., serruriers, et TOUSSAINT, architecte. 1 volume orné de planches. 3 fr.

— SOIERIE, contenant l'Art d'élever les Vers à soie et de cultiver le Mûrier; l'Histoire, la Géographie et la Fabrication des Soieries, à Lyon, ainsi que dans les autres localités nationales et étrangères, par M. DEVILLIERS. 2 volumes et Atlas. 10 fr. 50

— SOMMELIER, ou la Manière de soigner les Vins, par M. JULIEN. 1 vol. avec figures. 3 fr.

— SORCIERS, ou la Magie blanche dévoilée par les découvertes de la Chimie, de la Physique et de la Mécanique, par MM. COMTE et JULIA DE FONTENELLE. 1 gros vol. orné de planches. 3 fr.

— SOUFFLEUR A LA LAMPE ET AU CHALUMEAU (Art du), par M. PÉDRONI, professeur de chimie, un vol. orné de figures. 2 fr. 50

— SUCRE ET RAFFINEUR (Fabricant de), par MM. BLACHETTE, ZOÉGA et JULIA DE FONTENELLE. 1 vol. orné de figures. 3 fr. 50

— STENOGRAPHIE, ou l'Art de suivre la parole en écrivant, par M. H. PRÉVOST. 1 volume. 1 fr. 75

— TABAC (Fabricant et Amateur de), contenant son Histoire, sa Culture et sa Fabrication, par P. CH. JOUBERT. 1 vol. 2 fr. 50

— TAILLE-DOUCE (Imprimeur en), par MM. BERTHIAUD et BOITARD. 1 vol. avec figures. 3 fr.

— TAILLEUR D'HABITS, contenant la manière de tracer, couper et confectionner les Vêtements, par M. VANDAEL, tailleur. 1 vol. orné de pl. 2 fr. 50

— TANNEUR, Corroyeur, Hongroyeur et Boyaudier, par M. JULIA DE FONTENELLE. 1 vol. avec fig. 3 fr. 50

— TAPISSIER, Décorateur et marchand de Meubles, par M. GARNIER AUDIGER, ancien vérificateur du Garde-Meuble de la Couronne. 1 vol. orné de fig. 2 fr. 50

— TEINTURIER, contenant l'Art de Teindre en Laine, Soie, Coton, Fil, etc., par M. VERGNAUD. 1 gros vol. avec figures. 3 fr.

— TENEUR DE LIVRES, renfermant un Cours de tenue de Livres à partie simple et à partie double, par M. TREMERY. (Autorisé par l'Université.) 1 vol. 3 fr.

MANUEL DU TERRASSIER, par MM. Étienne et Masson, un vol. orné de 20 planches. 3 fr. 50

— TISSERAND, ou description des procédés et machines employés pour les divers tissages, par MM. Lorentz et Jullien. 1 vol. orné de fig. 3 fr. 50

MANUEL DU TOISEUR EN BATIMENT ; *première partie* : Terrasse et Maçonnerie, par M. Lebossu, architecte-expert. 1 vol. avec figures. 2 fr. 50

— *Deuxième partie* : Menuiserie, Peinture, Tenture, Vitrerie, Dorure, Charpente, Serrurerie, Couverture, Plomberie, Marbrerie, Carrelage, Pavage, Poêlerie, Fumisterie, etc., par M. Lebossu. 1 vol. 2 fr. 50

— TONNELIER ET BOISSELIER, suivi de l'Art de faire les Cribles, Tamis, Soufflets, Formes et Sabots, par M. Désormeaux. 1 vol. avec figures. 3 fr.

— TOURNEUR, ou Traité complet et simplifié de cet Art, d'après les renseignements de plusieurs Tourneurs de la capitale, par M. De Valicourt. 2 vol. avec pl. 6 fr.

— Supplément à cet ouvrage (tome 3e), un joli volume avec Atlas. 3 fr. 50

— TREILLAGEUR ET MENUISIER DES JARDINS, par M. Désormeaux. 1 vol. avec planches. 3 fr.

— TYPOGRAPHIE, FONDERIE. (*Sous presse.*)

— TYPOGRAPHIE, IMPRIMERIE, par M. Frey, ancien prote. 2 vol. avec planches. 5 fr

— VERRIER ET FABRICANT DE GLACES, Cristaux, Pierres précieuses factices, Verres coloriés, Yeux artificiels, par M. Julia de Fontenelle. 1 gros vol. orné de planches. 3 fr.

— VÉTÉRINAIRE, contenant la connaissance des chevaux, la manière de les élever, les dresser et les conduire, la Description de leurs maladies, les meilleurs modes de traitement, etc., par M. Lebeau et un ancien professeur d'Alfort. 1 vol. avec planches. 3 fr.

— VIGNERON FRANÇAIS, ou l'Art de cultiver la Vigne, de faire les Vins, les Eaux-de-Vie et Vinaigres, par M. Thiébaut de Berneaud. 1 vol. avec Atlas. 3 fr. 50

— VINAIGRIER ET MOUTARDIER, par M. Julia de Fontenelle. 1 vol. avec planches. 3 fr.

— VINS (Marchand de), débitants de Boissons et Jaugeage, par M. Laudier. 1 vol. avec planches. 3 fr.

— ZOOPHILE, ou l'Art d'élever et de soigner les animaux domestiques (*voyez* Bouvier). 1 vol. 2 fr. 50

REPTILES (Serpents, Lézards, Grenouilles, Tortues, etc.), par M. DUMÉRIL, membre de l'Institut, professeur à la faculté de Médecine et au Muséum d'Histoire naturelle, et M. BIBRON, professeur d'Histoire naturelle, 9 vol. et 9 livraisons de planches, fig. noires. 85 fr. 50
Fig. coloriées. 112 fr. 50
— Les tomes 1 à 6 et 8 sont en vente; les tomes 7 et 9 paraîtront incessamment.

POISSONS, par M.

ENTOMOLOGIE (Introduction à l'), comprenant les principes généraux de l'Anatomie et de la Physiologie des Insectes, des détails sur leurs mœurs, et un résumé des principaux systèmes de classification, etc., par M. LACORDAIRE, doyen de la faculté des sciences à Liège (Ouvrage terminé, adopté et recommandé par l'Université pour être placé dans les bibliothèques des Facultés et des Collèges, et donné en prix aux élèves). 2 vol. in-8 et 24 planches, fig. noires. 19 fr.
Fig. coloriées. 22 fr.

INSECTES COLÉOPTÈRES (Cantharides, Charançons, Hannetons, Scarabées, etc.), par M. LACORDAIRE, doyen à l'Université de Liège.

— ORTHOPTÈRES (Grillons, Criquets, Sauterelles), par M. SERVILLE, ex-président de la Société entomologique de France. 1 vol. et 14 pl. (Ouvrage terminé). fig. noires. 9 fr. 50 c., et fig. coloriées. 12 fr. 50 c.

— HÉMIPTÈRES (Cigales, Punaises, Cochenilles, etc.), par MM. AMYOT et SERVILLE. 1 vol. et une livraison de pl. (Ouv. terminé.)
Fig. noires. 9 fr. 50c.
Et fig. coloriées. 12 fr. 50c.

— LÉPIDOPTÈRES (Papillons), par MM. BOISDUVAL et GUÉNÉE, tome 1er, avec 2 livraisons de pl.
Fig. noires. 12 fr. 50
Fig. coloriées. 18 fr. 50

— NÉVROPTÈRES (Demoiselles, Éphémères, etc.), par M. le docteur RAMBUR, 1 vol. avec une livraison de planches. (Ouvrage terminé). fig. noires 9 fr. 50 c., et fig. coloriées 12 fr. 50 c

— HYMÉNOPTÈRES (Abeilles, Guêpes, Fourmis, etc.), par M. le comte LEPELETIER DE SAINT-FARGEAU et M. BRULLÉ; 4 vol. avec 4 livraisons de planches. (Ouv. terminé.)
Fig. noires. 38 fr.
Fig. coloriées. 50 fr.

— DIPTÈRES (Mouches, Cousins, etc.), par M. MACQUART, directeur du Muséum d'Histoire naturelle

de Lille; 2 vol. in-8 et 24 planches. (*Ouv. terminé.*)
Fig. noires. 19 fr.
Fig. coloriées. 25 fr.
— APTÈRES (Araignées, Scorpions, etc.), par M. WALCKENAER et le docteur GERVAIS ; 4 vol. avec 5 cahiers de pl. (*Ouv. term.*) Fig. noires. 41 fr.
Fig. coloriées. 56 fr.
CRUSTACÉS (Écrevisses, Homards, Crabes, etc.), comprenant l'Anatomie, la Physiologie et la Classification de ces animaux, par M. MILNE-EDWARDS, membre de l'Institut, etc. (*Ouvrage terminé*), 3 vol. avec 4 livraisons de pl. fig. noires. 31 fr. 50
Fig. coloriées. 43 fr. 50
MOLLUSQUES (Moules, Huîtres, Escargots, Limaces, Coquilles, etc.), par M. DE BLAINVILLE, membre de l'Institut, professeur au Muséum d'Histoire naturelle, etc.
HELMINTHES, ou Vers intestinaux, par M. DUJARDIN, de la Faculté des Sciences de Rennes. 1 vol. avec une livraison de pl. (*Ouvrage terminé*). Prix : fig. noires, 9 fr. 50, et fig. coloriées, 12 fr. 50.
ANNÉLIDES (Sangsues, etc.), par M.
ZOOPHYTES ACALÈPHES (Physale, Béroé, Angèle, etc.) par M. LES-SON, correspondant de l'Institut, pharmacien en chef de la Marine, à Rochefort, 1 vol. avec 1 livraison de pl. (*Ouvrage terminé.*) fig. noires. 9 fr. 50
Fig. coloriées. 12 fr. 50
— ÉCHINODERMES (Oursins, Palmettes, etc.), par M.
— POLYPIERS (Coraux, Gorgones, Eponges, etc.), par M. MILNE-EDWARDS, membre de l'Institut, prof. d'Histoire naturelle, etc.
— INFUSOIRES (Animalcules microscopiques), par M. DUJARDIN, doyen de la Faculté des Sciences, à Rennes ; 1 vol. avec deux livraisons de pl. (*Ouvrage terminé.*) fig. noires. 12 fr. 50 c., et fig. coloriées, 18 fr. 50 c.
BOTANIQUE (Introduction à l'étude de la), ou Traité élémentaire de cette science, contenant l'Organographie, la Physiologie, etc., par ALPH. DE CANDOLLE, professeur d'Histoire naturelle à Genève (*Ouvrage terminé, autorisé par l'Université pour les collèges royaux et communaux*). 2 vol. et 8 pl. 16 fr.
VÉGÉTAUX PHANÉROGAMES (Organes sexuels apparents, Arbres, Arbrisseaux, Plantes d'agrément, etc.), par M. SPACH, aide-naturaliste au Muséum

d'Histoire naturelle; 14 v. et 15 livr. de pl., (*ouvrage terminé*) fig. noires 136 fr. Fig. coloriées. 181 fr.

— CRYPTOGAMES, à Organes sexuels peu apparents ou cachés, Mousses, Fougères, Lichens, Champignons, Truffes, etc., par M. BRÉBISSON, de Falaise.

GÉOLOGIE (Histoire, Formation et Disposition des Matériaux qui composent l'écorce du Globe terrestre), par M. HUOT, membre de plusieurs Sociétés savantes. 2 vol. ensemble de plus de 1500 pages, avec un atlas de 24 pl. (*Ouv. terminé.*) 19 fr.

MINÉRALOGIE (Pierres Sels, Métaux, etc.) par M. ALEX. BRONGNIART, membre de l'Institut, professeur au Muséum d'Histoire naturelle, etc., et M. DELAFOSSE, maître des conférences à l'Ecole Normale, aide-naturaliste, etc., au Muséum d'Histoire naturelle.

CONDITIONS DE LA SOUSCRIPTION.

Les SUITES à BUFFON formeront soixante-cinq volumes in-8 environ, imprimés avec le plus grand soin et sur beau papier ; ce nombre paraît suffisant pour donner à cet ensemble toute l'étendue convenable. Ainsi qu'il a été dit précédemment, chaque auteur s'occupant depuis longtemps de la partie qui lui est confiée, l'Editeur sera à même de publier en peu de temps la totalité des traités dont se composera cette utile collection.

En mars 1849, 49 volumes sont en vente, avec 55 livraisons de planches.

Les personnes qui voudront souscrire pour toute la Collection auront la liberté de prendre par portion jusqu'à ce qu'elles soient au courant de tout ce qui a paru.

POUR LES SOUSCRIPTEURS A TOUTE LA COLLECTION :

Prix du texte, chaque volume (1) d'environ 500 à 700 pages.   5 fr. 50

Prix de chaque livraison d'environ 10 pl. noires.   3 fr.
— coloriées. 6 fr.

Nota. les personnes qui souscriront pour des parties séparées, paieront chaque volume 6 fr. 50. Le prix des volumes papier vélin sera double du papier ordinaire.

(1) L'Éditeur ayant à payer pour cette collection des honoraires aux auteurs, le prix des volumes ne peut être comparé à celui des réimpressions d'ouvrages appartenant au domaine public et exempts de droits d'auteurs, tels que Buffon, Voltaire, etc.

ANCIENNE COLLECTION

DES

SUITES A BUFFON,

FORMAT IN-18;

Formant avec les OEuvres de cet Auteur

UN COURS COMPLET D'HISTOIRE NATURELLE,

CONTENANT

LES TROIS RÈGNES DE LA NATURE;

Par Messieurs

BOSC, BRONGNIART, BLOCH, CASTEL, GUÉRIN, DE LAMARCK, LATREILLE, DE MIRBEL, PATRIN, SONNINI et DE TIGNY;

La plupart Membres de l'Institut et professeurs au Jardin-du-Roi.

Cette Collection, primitivement publiée par les soins de M. Déterville, et qui est devenue la propriété de M. Rorel, ne peut être donnée par d'autres éditeurs, n'étant pas, comme les OEuvres de Buffon, dans le domaine public.

Les personnes qui auraient les suites de Lacépède, contenant seulement les Poissons et les Reptiles, auront la liberté de ne pas les prendre dans cette collection.

Cette Collection forme 54 volumes, ornés d'environ 600 planches, dessinées d'après nature par Desève, et précieusement terminées au burin. Elle se compose des ouvrages suivants:

HISTOIRE NATURELLE DES INSECTES, composée d'après Réaumur, Geoffroy, Degeer, Roesel, Linné, Fabricius, et les meilleurs ouvrages qui ont paru sur cette partie, rédigée suivant les méthodes d'Olivier, de Latreille, avec des notes, plusieurs observations nouvelles et des figures dessinées d'après nature : par F.-M.-G. DE TIGNY et BRONGNIART, pour les généralités. Edition ornée de beaucoup de figures, augmentée et mise au niveau des connaissances actuelles, par M. GUÉRIN. 10 vol. ornés de planches, figures noires. 23 fr. 40

Le même ouvrage, figures coloriées. 39 fr.

— NATURELLE DES VÉGÉTAUX classés par familles, avec la citation de la classe et de l'ordre de Linné, et l'indication de l'usage qu'on peut faire des plantes dans les arts, le commerce, l'agriculture, le jardinage, la médecine, etc.; des figures dessinées d'après nature, et un GENERA complet, selon le système de Linné, avec des renvois aux familles naturelles de Jussieu ; par J.-B. LAMARCK, membre de l'Institut, professeur au Muséum d'Histoire naturelle, et par C.-F.-B. MIRBEL, membre de l'Académie des Sciences, professeur de botanique. Edition ornée de 120 planches représentant plus de 1600 sujets. 15 volumes ornés de planches, figures noires.   30 fr. 90

Le même ouvrage, figures coloriées.   46 fr. 50

HISTOIRE NATURELLE DES COQUILLES, contenant leur description, leurs mœurs et leurs usages, par M. BOSC, membre de l'Institut. 5 vol. ornés de planches, figures noires.   10 fr. 65

Le même ouvrage, figures coloriées.   16 fr. 50

— NATURELLE DES VERS, contenant leur description, leurs mœurs et leurs usages, par M. BOSC. 3 vol. ornés de planches, figures noires.   6 fr. 50

Le même ouvrage, figures coloriées.   10 fr. 50

— NATURELLE DES CRUSTACÉS, contenant eur description, leurs mœurs et leurs usages, par M. BOSC. 2 vol. ornés de planches, figures noires.   4 fr. 75

Le même ouvrage, figures coloriées.   8 fr.

— NATURELLE DES MINÉRAUX, par M. E.-M. PATRIN, membre de l'Institut. Ouvrage orné de 40 planches, représentant un grand nombre de sujets dessinés d'après nature. 5 volumes ornés de planches, figures noires.   10 fr. 30

Le même ouvrage, figures coloriées.   16 fr. 50

— NATURELLE DES POISSONS, avec des figures dessinées d'après nature, par BLOCH. Ouvrage classé par ordres, genres et espèces, d'après le système de Linné, avec les caractères génériques, par RÉNÉ RICHARD CASTEL. Edition ornée de 160 planches représentant 600 espèces de poissons, 10 volumes.   26 fr. 20

Avec figures coloriées.   47 fr.

— NATURELLE DES REPTILES, avec des figures dessinées d'après nature, par SONNINI, homme de lettres et naturaliste, et LATREILLE, membre de l'Institut. Edition ornée de 54 planches, représentant environ 150 espèces différentes de serpents, vipères, couleuvres, lézards, grenouilles, tortues, etc. 4 vol. avec planches, figures noires.   9 fr. 85

Le même ouvrage, figures coloriées.   17 fr.

Cette collection de 54 volumes a été annoncée en 108 demi-volumes; on les enverra brochés de cette manière aux personnes qui en feront la demande.

Tous les ouvrages ci-dessus sont en vente.

BOTANIQUE ET HISTOIRE NATURELLE.

(Voir aussi la Collection de Manuels, page 3.)

ANNALES (NOUVELLES) DU MUSÉUM D'HISTOIRE NATURELLE, recueil de mémoires de MM. les professeurs administrateurs de cet établissement, et autres naturalistes célèbres, sur les branches des sciences naturelles et chimiques qui y sont enseignées. Années 1832 à 1835, 4 vol. in-4. Prix : 30 fr. chaque volume.

ARCHIVES DE LA FLORE DE FRANCE et D'ALLEMAGNE, par Schultz. 1842. In-8.

Il paraîtra plusieurs feuilles par an. Prix : 50 c. par feuille.

ARCHIVES DU MUSÉUM D'HISTOIRE NATURELLE, publiées par les professeurs administrateurs de cet établissement.

Cet ouvrage fait suite aux *Annales*, aux *Mémoires* et aux *Nouvelles Annales du Muséum*.

Il paraît par volumes in-4, sur papier grand-raisin, d'environ 60 feuilles d'impression, et orné de 30 à 40 planches gravées par les meilleurs artistes, et dont 15 à 20 sont coloriées avec le plus grand soin.

Il en paraît un volume par an, divisé en quatre livraisons.

Prix de chaque volume { Papier ordinaire.   40 fr.
{ Papier vélin.   80

Les tomes 1 à 4 sont en vente.

BOTANIQUE (la), de J.-J. Rousseau, contenant tout ce qu'il a écrit sur cette science, augmentée de l'exposition de la méthode de Tournefort et de Linné, suivie d'un Dictionnaire de botanique et de notes historiques; par M. Deville. 2e édition, 1 gros volume in-12, orné de 8 planches.   4 fr.

Figures coloriées.   5 fr.

BOTANOGRAPHIE BELGIQUE, ou Flore du nord de

la France et de la Belgique proprement dite, par TH. LES-
TIBOUDOIS. 2 vol. in-8.   14 fr.

BOTANOGRAPHIE ÉLÉMENTAIRE, ou Principes
de Botanique, d'Anatomie et de Physiologie végétale, par
TH. LESTIBOUDOIS. in-8.   7 fr.

CALENDRIER DE FLORE, ou Etudes de Fleurs d'a-
près nature. 3 vol. in-8.   10 fr.

CARTE GÉOGNOSTIQUE du nord du bassin tertiaire
parisien, par M. MELLEVILLE. Feuille in-plano.   4 fr.

CATALOGUE DE LA FAUNE DE L'AUBE, ou Liste
méthodique des animaux de cette partie de la Champagne,
par J. RAY. In-12.   2 fr. 50

— DES COLÉOPTÈRES de la Collection de M. le comte
DEJEAN. 3e édition, in-8.   15 fr.

— DES LÉPIDOPTÈRES du département du Var, par
L.-P. CANTENER. In-8.   2 fr.

— DES LÉPIDOPTÈRES, ou Papillons de la Belgique,
précédé du tableau des Libellulines de ce pays, par M. DE
SÉLIS-LONGCHAMPS. In-8.   2 fr.

CAVERNES (des), de leur origine et de leur mode de
formation, par TH. VIRLET. In-8.   1 fr.

COLLECTION ICONOGRAPHIQUE ET HISTORI-
QUE DES CHENILLES, ou Description et figures des
chenilles d'Europe, avec l'histoire de leurs métamorphoses,
et des applications à l'agriculture, par MM. BOISDUVAL,
RAMBUR et GRASLIN.

Cette collection se composera d'environ 70 livraisons, format grand in-8, et chaque livraison comprendra trois planches coloriées et le texte correspondant.

Le prix de chaque livraison est de 3 fr. sur papier vélin,
et franche de port 3 fr. 25 c. — 42 livraisons ont déjà paru.

Les dessins des espèces qui habitent les environs de Paris,
comme aussi ceux des chenilles que l'on a envoyées vivantes
à l'auteur, ont été exécutés avec autant de précision que de
talent. L'on continuera à dessiner toutes celles que l'on pourra
se procurer en nature. Quant aux espèces propres à l'Allemagne, la Russie, la Hongrie, etc., elles seront peintes par les
artistes les plus distingués de ces pays.

Le texte est imprimé sans pagination; chaque espèce aura
une page séparée, que l'on pourra classer comme on voudra.
Au commencement de chaque page se trouvera le même nu-
méro qu'à la figure qui s'y rapportera, et en titre le nom de
la tribu, comme en tête de la planche.

Cet ouvrage, avec l'Icônes des Lépidoptères de M. Boisduval,
de beaucoup supérieurs à tout ce qui a paru jusqu'à présent,

formeront un supplément et une suite indispensable aux ou-
vrages de Hübner, de Godart, etc. Tout ce que nous pouvons
dire en faveur de ces deux ouvrages remarquables peut se ré-
duire à cette expression employée par M. Dejean dans le cin-
quième volume de son Species : M. Boisduval est de tous nos
entomologistes celui qui connaît le mieux les lépidoptères.

CONFÉRENCES SUR LES APPLICATIONS DE
L'ENTOMOLOGIE A L'AGRICULTURE, précédées
d'un discours, par M. MACQUART. (Extrait des publications
agricoles de la Société des sciences, de l'agriculture et des
arts de Lille), br. in-8o. 75 c.

CONNAISSANCES (Des) CONSIGNÉES DANS LA
BIBLE, mises en parallèle avec les découvertes des sciences
modernes, par M. MARCEL DE SERRES. In-8. 1 fr. 50

COUPE THÉORIQUE DES DIVERS TERRAINS,
ROCHES ET MINÉRAUX qui entrent dans la composi-
tion du sol du Bassin de Paris, par MM. CUVIER et ALEXAN-
DRE BRONGNIART. Une feuille in-fol. 2 fr. 50

COURS D'ENTOMOLOGIE, ou de l'Histoire naturelle
des crustacés, des arachnides, des myriapodes et des insectes, à l'usage des élèves de l'Ecole du Muséum d'Histoire
naturelle, par M. LATREILLE, professeur, membre de l'Institut, etc., contenant le discours d'ouverture du cours.
— Tableau de l'histoire de l'entomologie. — Généralités de
la classe des crustacés et de celle des arachnides, des myriapodes et des insectes. — Exposition méthodique des ordres,
des familles, et des genres des trois premières classes.
1 gros vol. in-8, et un Atlas composé de 24 planches. 15 fr.

COURS D'HISTOIRE NATURELLE conforme au nouveau programme de l'Université, par M. FOURNEL. 1re partie. — *Règne animal.* In-8. 6 fr.

DESCRIPTION GÉOLOGIQUE DE LA PARTIE
MÉRIDIONALE DE LA CHAINE DES VOSGES, par
M. ROZET, capitaine au corps royal d'état-major. In-8
orné de planches et d'une jolie carte. 10 fr.

* — GÉOLOGIQUE DES ENVIRONS DE PARIS, par
MM. G. CUVIER et A. BRONGNIART. In-4, figures. 40 fr.

DESCRIPTION DES MOLLUSQUES FLUVIATILES
ET TERRESTRES DE LA FRANCE, et plus particulièrement du département de l'Isère, ouvrage orné de planches
représentant plus de 140 espèces, par M. ALBIN GRAS.
In-8. 5 fr.

DICTIONNAIRE DE BOTANIQUE MÉDICALE ET
HARMACEUTIQUE, contenant les principales proprié-

tés des minéraux, des végétaux et des animaux, avec les préparations de pharmacie, internes et externes, les plus usitées en médecine et en chirurgie, etc., par une Société de médecins, de pharmaciens et de naturalistes. Ouvrage utile à toutes les classes de la société, orné de 17 grandes planches représentant 278 figures de plantes gravées avec le plus grand soin, 3e *édition*, revue, corrigée et augmentée de beaucoup de préparations pharmaceutiques et de recettes nouvelles, par M. JULIA DE FONTENELLE et BARTHEZ. 2 gros vol. in-8, figures noires. 18 fr.

Le même, figures coloriées d'après nature. 25 fr.

Cet ouvrage est spécialement destiné aux personnes qui, sans s'occuper de la médecine, aiment à secourir les malheureux.

* DICTIONNAIRE (nouveau) D'HISTOIRE NATURELLE appliquée aux arts, à l'agriculture, à l'économie rurale et domestique, à la médecine, etc., par une Société de naturalistes et d'agriculteurs. 36 vol. in-8, fig. noires. 120fr.

Idem, figures coloriées. 250 fr.

* DICTIONNAIRE RAISONNÉ ET UNIVERSEL D'HISTOIRE NATURELLE, contenant l'histoire des animaux, des végétaux et des minéraux, par VALMONT BOMARE. 15 volumes in-8. 35 fr.

DILUVIUM (du). Recherches sur les dépôts auxquels on doit donner ce nom et sur les causes qui les ont produits, par M. MELLEVILLE; in-8. 2 fr. 50.

DIPTÈRES DU NORD DE LA FRANCE. Par M. J. MACQUART. 5 volumes in-8. 30 fr.

DIPTÈRES EXOTIQUES NOUVEAUX OU PEU CONNUS, par M. J. MACQUART, membre de plusieurs sociétés savantes; t. 1 et 2, et supplém., 6 livraisons in-8; prix, figures noires. 42 fr.

Le même ouvrage, fig. coloriées. 72 fr.
— Le Supplément-1846. In-8. 7 fr.
— *Idem*, figures coloriées. 12 fr.

DISCOURS SUR L'AVENIR PHYSIQUE DE LA TERRE, par MARCEL DE SERRES, professeur de minéralogie et de géologie à la Faculté des Sciences de Montpellier, in-8; prix 2 fr. 50.

ÉLÉMENTS DE MINÉRALOGIE appliquée aux sciences chimiques, d'après Berzélius, par MM. GIRARDIN et LECOCQ, 2 volumes in-8. 14 fr.

NOTA. Tous les articles portant cette marque * varient de prix, selon la beauté de l'exemplaire, la reliure, etc.

ÉLÉMENTS DES SCIENCES NATURELLES, par
A.-M. CONSTANT-DUMÉRIL. 5ᵉ édition, 1846, 2 vol. in-
12 ; fig. 8 fr.

ÉNUMÉRATION DES ENTOMOLOGISTES VI-
VANTS, suivie de notes sur les collections entomologistes
des musées d'Europe, etc., avec une table des résidences des
entomologistes. Par SILBERMANN, in-8. 3 fr.

ESQUISSES ORNITHOLOGIQUES, descriptions et fi-
gures d'oiseaux nouveaux ou peu connus, par le vicomte
BERNARD DU BUS. 1ʳᵉ livraison. Bruxelles, 1845, in-4.
Il paraîtra 20 livraisons, de 5 pl. col. à 12 fr. la liv.

ESSAI MONOGRAPHIQUE sur les Campagnols des
environs de Liège, par M. DE SÉLIS-LONGCHAMPS, in-8,
figures. 3 fr.

ESSAI SUR L'HISTOIRE NATURELLE DES SER-
PENTS de la Suisse, par J. F. WYDER. in-8, fig. 2 fr. 50

ESSAI SUR LES BASES ONTOLOGIQUES de la
Science de l'Homme, par P.-E. GARREAU 1846, in-8. 5 fr.

ESSAIS DE ZOOLOGIE GÉNÉRALE, ou Mémoires
et notices sur la Zoologie générale, l'anthropologie et l'histoire de la science, par M. ISIDORE GEOFFROY SAINT-HI-
LAIRE. 1 volume in-8, orné de planches noires. 8 fr. 50.
Figures coloriées. 12 fr.

ÉTAT (De l') DES MASSES MINÉRALES au moment
de leur soulèvement, par M. MARCEL DE SERRES. In-8,
fig. 2 fr. 50

ÉTUDES DE MICROMAMMALOGIE, revue des so-
rex, mus et arvicola d'Europe, suivies d'un index méthodique des mammifères européens, par M. EDM. DE SELYS
LONGCHAMPS. 1 volume in-8. 5 fr.

ÉTUDES PROGRESSIVES D'UN NATURALISTE,
pendant les années 1834 et 1835, par M. E. GEOFFROY
SAINT-HILAIRE. Paris, 1835, in-4. 15 fr.

ÉTUDES SUR L'ANATOMIE et la Physiologie des
Végétaux, par THEM. LESTIBOUDOIS. in-8, fig. 6 fr.

EUROPEORUM MICROLEPIDOPTERORUM Index
methodicus, sive Spirales, Tortrices, Tineæ et Alucitæ Linnæi.
Auct. A. GUÉNÉE. Pars prima, in-8. 3 fr. 75

FAUNA JAPONICA, sive descriptio animalium quæ in
itinere per Japoniam jussu et auspiciis superiorum, qui
summum in India Batava imperium tenent, suscepto annis
1823-1830, collegit, notis, observationibus et adumbra-

tionibus illustravit PH. FR. DE SIEBOLD. Prix de chaque livraison : 26 fr. L'ouvrage aura 25 livraisons.

*Cet ouvrage, auquel participent pour sa réduction MM. Tem-
minck, Schlegel et Dehaan, se continue avec activité. 17 livraisons
sont en vente; savoir : Mammalogie, 3 liv.; Reptiles, 3 liv.;
Crustacés, 5 liv.; Poissons, 6 liv.*

FAUNE BELGE, 1re partie, indication méthodique des
mammifères, oiseaux, reptiles et poissons observés jusqu'ici
en Belgique, par ED. DE SELYS-LONGCHAMPS. in-8. 7 fr.

FAUNE DE L'OCÉANIE, par le docteur BOISDUVAL.
Un gros vol. in-8, imprimé sur grand papier vélin.   10 fr.

FAUNE ENTOMOLOGIQUE DE MADAGASCAR,
BOURBON ET MAURICE. — *Lépidoptères*, par le docteur BOISDUVAL; avec des notes sur les métamorphoses,
par M. SGANZIN.

Huit livraisons, renfermant chacune 2 pl. coloriées, avec
le texte correspondant, sur papier vélin.   32 fr.

FAUNE PARISIENNE, ou Histoire abrégée des Insectes
des environs de Paris, par C. A. WALKENAER. 2 volumes
in-8, fig.   10 fr.

FILLE BICORPS de Prunay (sous Abli), connue dans
la science sous le nom de *Ischiopage* de Prunay, par
M. GEOFFROY SAINT-HILAIRE. In-4. Figures.   3 fr.

FLORA JAPONICA, sive Plantæ quas in imperio Japonico
collegit, descripsit, ex parte in ipsis locis pigendas curavit,
D. PH.-FR. DE SIEBOLD. Prix de chaque livraison 15 fr. coloriée, et 8 fr. noire. Il en paraît 23 livraisons.

FLORA JAVÆ nec non insularum adjacentium, auctore
BLUME. In-folio. Bruxelles. Livraisons 1 à 35. 15 fr. chacune.

FLORE DU CENTRE DE LA FRANCE et du bassin
de la Loire, par M. A. BOREAU, directeur du Jardin des
Plantes d'Angers, etc.; 2e édition. 2 vol. in-8; prix : 13 fr.

FRAGMENTS BIOGRAPHIQUES, précédés d'études
sur la vie, les ouvrages et les doctrines de Buffon, par
M. GEOFFROY SAINT-HILAIRE. In-8.   9 fr.

GENERA ET INDEX METHODICUS Europæorum
Lepidopterorum, pars prima sistens Papiliones sphinges,
Bombyces noctuas, auctore BOISDUVAL. 1 vol. in-8. 5 fr.

HERBARII TIMORENSIS DESCRIPTIS, cum ta-
bulis 6 æneis; auctore J. DECAISNE. 1 vol. in-4.   15 fr.

HERBIER GÉNÉRAL DES PLANTES DE FRANCE
ET D'ALLEMAGNE, par M. SCHULTZ. In-folio, livraisons
1 à 4.   20 fr. chacune.

*HISTOIRE ABRÉGÉE DES INSECTES, nouvelle
édition. Par M. GEOFFROY. 2 vol. in-4, figures. 25 fr.

HISTOIRE DES CONFERVES D'EAU DOUCE, par
VAUCHER. In-4, figures. 7 fr. 50

HISTOIRE DES MOEURS ET DE L'INSTINCT DES
ANIMAUX; distributions naturelles de toutes leurs classes,
par J. J. VIREY. 2 vol. in-8. 12 fr.

HISTOIRE DES PROGRÈS DES SCIENCES NA-
TURELLES, depuis 1789 jusqu'en 1831, par M. le baron
G. CUVIER. 5 vol. in-8. 22 fr. 50

Le tome 5 séparément. 7 fr.

*Le Conseil royal de l'Université a décidé que cet ouvrage
serait placé dans les bibliothèques des collèges et donné en prix
aux élèves.*

HISTOIRE D'UN PETIT CRUSTACÉ (*Artemia sa-
lina*, LEACH.), auquel on a faussement attribué la coloration
en rouge des marais salants méditerranéens, etc., par
N. JOLY. In-4, fig. 5 fr.

HISTOIRE NATURELLE DES LÉPIDOPTÈRES,
RHOPALOCÈRES, ou Papillons diurnes des départements
des Haut et Bas-Rhin, de la Moselle, de la Meurthe et des
Vosges, publiée par L. P. CANTENER. 13 livraisons in-8,
fig. col. 26 fr.

HISTOIRE NATURELLE ET MYTHOLOGIQUE
DE L'IBIS, par J.-C. SAVIGNY. In-8, avec 6 pl. 4 fr.

*HISTOIRE NATURELLE GÉNÉRALE ET PARTI-
CULIÈRE, par M. le comte de BUFFON; nouvelle édition
accompagnée de notes, etc.; rédigée par M. SONNINI.
Paris, Dufart, 127 vol. in-8. 500 fr.

HISTOIRE NATURELLE, ou Éléments de la Faune
française, par MM. BRAGUIER et MAURETTE. In-12,
cahiers 1 à 5, à 2 francs chaque. 10 fr.

ICONES HISTORIQUES DES LÉPIDOPTÈRES
NOUVEAUX OU PEU CONNUS, collection, avec figures
coloriées, des papillons d'Europe nouvellement découverts;
ouvrage formant le complément de tous les auteurs icono-
graphes; par le docteur BOISDUVAL.

Cet ouvrage se composera d'environ 50 livraisons grand
in-8, comprenant chacune deux planches coloriées et le texte
correspondant; prix, 3 francs la livraison sur papier vélin,
et franche de port, 3 fr. 25.

Comme il est probable que l'on découvrira encore des es-

cées nouvelles dans les contrées de l'Europe qui n'ont pas été bien explorées, l'on aura soin de publier, chaque année, une ou deux livraisons pour tenir les souscripteurs au courant des nouvelles découvertes. Ce sera en même temps un moyen très-avantageux et très-prompt pour MM. les entomologistes, qui auront trouvé un lépidoptère nouveau, de pouvoir les publier les premiers. C'est-à-dire que, si, après avoir subi un examen nécessaire, leur espèce est réellement nouvelle, leur description sera imprimée textuellement; ils pourront même en faire tirer quelques exemplaires à part. — 42 livraisons ont déjà paru.

ICONOGRAPHIA DELLA FAUNA ITALICA; di CARLO-LUCIANO BONAPARTE, principe di Musignano, 30 livraisons in-folio à 21 fr. 60 chaque.

ICONOGRAPHIE ET HISTOIRE DES LÉPIDOPTÈRES ET DES CHENILLES DE L'AMÉRIQUE SEPTENTRIONALE, par le docteur BOISDUVAL, et par le major JOHN LECONTE, de New-York.

Cet ouvrage, dont il n'avait paru que huit livraisons, et interrompu par suite de la révolution de 1830, va être continué avec rapidité. Les livraisons 1 à 26 sont en vente, et les suivantes paraîtront à des intervalles très-rapprochés.

L'ouvrage comprendra environ 50 livraisons. Chaque livraison contient 5 planches coloriées, et le texte correspondant. Prix pour les souscripteurs, 3 fr. la livraison.

ICONOGRAPHIE ET HISTOIRE NATURELLE DES COLÉOPTÈRES D'EUROPE, famille des *Carabiques*, par M. le comte DEJEAN et M. le docteur BOISDUVAL. 46 livraisons gr. in-8, fig. col. A 6 fr. la liv.   276 fr.

ILLUSTRATIONES PLANTARUM ORIENTALIUM, ou Choix de Plantes nouvelles ou peu connues de l'Asie occidentale, par M. le comte JAUBERT et M. SPACH. Cet ouvrage formera 5 vol. grand in-4, composés chacun de 100 planches et d'environ 30 feuilles de texte; il paraît par livraisons de 10 planches. Le prix de chacune est de   15 fr. Il en a paru 26 livraisons.

INSECTA SUECICA, descripta a Leonardo GYLLENHAL. Scaris, 1808 à 1827. 4 vol. in-8.   48 fr.

INTRODUCTION A L'ETUDE DE LA BOTANIQUE, par PHILIBERT. 3 vol. in-8º; fig. col.   18 fr.

ITER HISPANIENSE or a synopsis of plants collected in the Southern provinces of Spain and in Portugal, by P. B. WEBB. In-8º.   3 fr.

MÉMOIRE SUR LA FAMILLE DES COMBRÉTACÉES, par M. DE CANDOLLE. In-4º; fig.   3 fr.

4

MÉMOIRE SUR LES TERMITES observés à Rochefort et dans divers autres lieux du département de la Charente-Inférieure, par M. BOBE--MOREAU. In-8º.   3 fr.

MÉMOIRE DE LA SOCIÉTÉ DE PHYSIQUE DE GENÈVE, in-4º. — Divers Mémoires séparés sur les *Selaginées*, les *Lythraires*, les *Dypsacées*, le *Mont--Somma*, etc.

— **DE LA SOCIÉTÉ D'HISTOIRE NATURELLE** de Paris. 5 vol. in-4º avec planches. Prix : 20 fr. chaque volume. Prix total.   100 fr.

MÉMOIRES DE LA SOCIÉTÉ ROYALE DES SCIENCES DE LIÉGE. Tome 1, 1843, in-8º.   8 fr.

— Tome 2, 1845.   10 fr.

— Tome 3, 1845 (contenant la Monog. des Coléoptères subptentamères-phytophages, par LACORDAIRE, t. 1). 12 fr.

— Tome 4, 1re partie, in-8º et atlas.   10 fr.

— Tome 5, 1848. Monog. des Coléoptères subptentamères-phytophages, par M. LACORDAIRE, tome 2.   12 fr.

* **MÉMOIRES** pour servir à l'Histoire des Insectes, par DE RÉAUMUR. 6 vol. in-4º.   50 fr.

MÉMOIRES SUR LES ANIMAUX SANS VERTÉBRES, par J.-C. SAVIGNY. Paris, 1816, 1re partie, premier fascicule, avec 12 pl.   6 fr.

— 2e partie, premier fascicule, avec 24 pl. col.   24 fr.

— **SUR LES MÉTAMORPHOSES DES COLÉOPTERES**, par DE HAAN. In-4º; fig.   10 fr.

MONITEUR (Le) DES INDES orientales et occidentales, Recueil de Mémoires et de Notices scientifiques et industrielles, etc.; publié par F. DE SIÉBOLD et P. MELVILL DE CARNBÉE, 1846, nºs 1, 2, 3, un cahier in-4.

MONOGRAPHIE DES EROTYLIENS, famille de l'ordre des Coléoptères, par M. Th. LACORDAIRE. In-8. 9 fr.

— **DES LIBELLULIDÉES D'EUROPE**, par Edm. DE SELYS-LONGCHAMPS. 1 vol. gr. in-8, avec quatre planches représentant 44 figures. Prix :   5 fr.

NATURE (La) CONSIDÉRÉE comme force instinctive des organes, par J. GUISLAIN. In-8.   2 fr. 50

NOTES GÉOLOGIQUES sur la Provence, par M. MARCEL DE SERRES. In-8, fig.   3 fr.

NOTICE GÉOLOGIQUE sur le Département de l'Aveyron, par M. MARCEL DE SERRES. In-8.   3 fr. 50

NOTICE SUR LES DIFFÉRENCES SEXUELLES

des Diptères du genre Dolichopus, tirées des nervures des ailes ; par M. MACQUART. 1844, in-8. 1 fr.

NOTICE SUR L'HISTOIRE, les Mœurs et l'Organisation de la Girafe, par M. JOLY. In-8. 1 fr.

NOTICES SUR LES LIBELLULIDÉES, extraites des Bulletins de l'Académie de Bruxelles, par Edm. DE SÉLYS-LONGCHAMPS. In-8, fig. 2 fr.

OBSERVATIONS BOTANIQUES, par B.-C. DUMORTIER. In-8. 4 fr.

* PAPILLONS D'EUROPE peints d'après nature, par ERNST. 8 tomes en 4 vol. in-4, avec 342 pl. col. 200 fr.

*PAPILLONS EXOTIQUES DES TROIS PARTIES DU MONDE, l'Asie, l'Afrique et l'Amérique, par P. CRAMER. 4 vol. in-4, rel., avec 400 planches coloriées. 400 fr.

PLANTES (les), Poëme, par R. R. CASTEL ; nouvelle édition, ornée de 5 figures en taille douce. In-18. 3 fr.

PLANTES RARES DU JARDIN DE GENÈVE, par A. P. DE CANDOLLE ; livraisons 1 à 4, in-4, fig. col., à 15 fr. la livraison. Prix total. 60 fr.

RECHERCHES HISTORIQUES, ZOOLOGIQUES, ANATOMIQUES ET PALÉONTOLOGIQUES sur la Girafe, par MM. N. JOLY et A. LAVOCAT. In-4, fig. 10 fr.

RECHERCHES SUR LE DÉVELOPPEMENT et les Métamorphoses d'une petite Salicoque d'eau douce, par M. JOLY. In-8. 2 fr.

RECHERCHES SUR L'HISTOIRE NATURELLE ET L'ANATOMIE DES LIMULES, par J. VANDER HOEVEN. Leyde, 1838 ; in-folio, fig. 18 fr.

RÈGNE ANIMAL, d'après M. DE BLAINVILLE ; disposé en séries, en procédant de l'homme jusqu'à l'éponge, et divisé en trois sous-règnes ; tableau supérieurement gravé. Prix : 3 fr. 50

Et collé sur toile, avec gorge et rouleau. 8 fr.

REVUE ENTOMOLOGIQUE, publiée par G. SILBERMANN. Strasbourg, 1833 à 1837 ; 5 vol. in-8. 56 fr. par an. (2 vol.)

*RUMPHIUS (G. Ev.); Cabinet des raretés de l'île d'Amboine (en hollandais). Amsterdam, 1705 ; in-folio, fig. 50 fr.

* RUMPHII (G. Ev.) Herbarium Amboinense, Belgice et Lat., cura et studio J. BURMANNI. Amstelod., 1750 ; 7 vol. in-folio 200 fr.

RUMPHIA, sive Commentationes botanicæ imprimis de

plantis Indiæ Orientalis, tum penitus incognitis, tum quæ in libris Rheedii, Rumphii, Roxburghii, Gallichii, aliorum recensentur, auctore C.-L. BLUME, cognomine RUMPHIO. Le prix de chaque livraison est fixé, pour les souscripteurs, à 15 fr. Il en paraît 30 livraisons.

SINGULORUM GENERUM CURCULIONIDUM unam alteramve speciem, additis Iconibus a David LABRAM, illustravit L. IMHOF. Fascic. 1 à 7, in-12.   à 2 fr. chaque.

SYNONYMIA INSECTORUM.—GENERA ET SPECIES CURCULIONIDUM (ouvrage comprenant la synonymie et la description de tous les Curculionites connus), par M. SCHOENHER. 8 tomes en 16 parties. (*Ouvrage terminé.*) Prix :   144 fr.

CURCULIONIDUM DISPOSITIO methodica cum generum characteribus, descriptionibus atque observationibus variis, seu Prodromus ad Synonymiæ insectorum partem IV, auctore C.-J. SCHOENHERR. 1 vol. in-8. Lipsiæ, 1826.
7 fr.

L'éditeur vient de recevoir de Suède et de mettre en vente le petit nombre d'exemplaires restant de la Synonymia insectorum *du même auteur. Chaque volume qui compose ce dernier ouvrage est accompagné de planches coloriées, dans lesquelles l'auteur a fait représenter des espèces nouvelles.*

SYNONYMIA INSECTORUM. Oder Versach, etc. SCHOENHERR. Skara et Upsaliæ, 1817. 4 vol. in-8.   50 fr.

* SPECTACLE (le) DE LA NATURE, ou Entretiens sur l'Histoire naturelle, suivi de l'Histoire du Ciel, par PLUCHE. 11 vol. in-12.   20 fr.

STATISTIQUE GÉOLOGIQUE ET MINÉRALOGIQUE du Département de l'Aube, par A. LEYMERIE. Troyes, 1846, 1 vol. in-8 et Atlas in-4. Prix   15 fr.

TABLEAU DE LA DISTRIBUTION MÉTHODIQUE DES ESPÈCES MINÉRALES, suivie dans le cours de minéralogie fait au Muséum d'Histoire naturelle en 1833, par M. Alexandre BRONGNIART, professeur. Brochure in-8.   2 fr.

TABLEAU DU RÈGNE VÉGÉTAL, d'après la méthode de A.-L. DE JUSSIEU, modifiée par M. A. RICHARD, comprenant toutes les familles naturelles; par M. Ch. D'ORBIGNY. 2e édition; 1 feuille et quart in-plano.   4 fr.
Idem, coloriée.   5 fr.

THÉORIE ÉLÉMENTAIRE DE LA BOTANIQUE, ou Exposition des Principes de la Classification naturelle et de l'Art de décrire et d'étudier les végétaux, par M. DE CANDOLLE. 3ᵉ édition; 1 vol. in-8.   8 fr.

THÉORIE POSITIVE DE LA FÉCONDATION DES MAMMIFÈRES, basée sur l'observation de toute la série animale, par F.-A. POUCHET. In-8.   4 fr.

* **TRAITÉ ANATOMIQUE** de la Chenille qui ronge le bois de saule, par LIONNET. In-4. figures.   36 fr.

— ÉLÉMENTAIRE DE MINÉRALOGIE, par F.-S. BEUDANT, de l'Académie royale des Sciences, nouvelle édition considérablement augmentée. 2 vol. in-8, accompagnés de 24 planches.   21 fr.

TROIS CENTS ANIMALCULES INFUSOIRES dessinés à l'aide du microscope, par M. PRITCHARD, et publié par CH. CHEVALIER. In-8, figures.   3 fr.

ZEITSCHRIFT FUR DIE ENTOMOLOGIE herausgegeben von ERNST FRIEDRICH GERMAR. Leipzig, 1839 à 1844. 5 vol. in-8.   52 fr.

ZOOLOGIE CLASSIQUE, ou Histoire naturelle du Règne animal, par M. F.-A. POUCHET, professeur de zoologie au Muséum d'Histoire naturelle de Rouen, etc.: seconde édition, considérablement augmentée. 2 vol. in-8, contenant ensemble plus de 1,300 pages, et accompagnés d'un Atlas de 44 planches et de 5 grands tableaux gravés sur acier. Prix des 2 vol.   16 fr.

  Prix de l'Atlas, figures noires.   10 fr.
  —   figures coloriées.   30 fr.

NOTA. *Le Conseil royal de l'Université a décidé que cet ouvrage serait placé dans les bibliothèques des collèges.*

AGRICULTURE,

ECONOMIE RURALE ET JARDINAGE.

(Voir aussi la Collection de Manuels, page 3.)

ABRÉGÉ DE L'ART VÉTÉRINAIRE, ou Description raisonnée des Maladies du Cheval et de leur Traitement; suivi de l'anatomie et de la physiologie du pied et des principes de ferrure, avec des observations sur le régime et l'exercice du cheval, etc., par WHITE; traduit de l'anglais et annoté par M. V. DELAGUETTE, vétérinaire. 2ᵉ édition, in-12.   3 fr. 50

AGRICULTURE FRANÇAISE, par MM. les Inspecteurs de l'agriculture, publiée d'après les ordres de M. le Ministre de l'Agriculture et du Commerce, contenant la description géographique, le sol, le climat, la population, les exploitations rurales; instruments aratoires, engrais, assolements, etc., de chaque département. 5 vol., accompagnés chacun d'une belle carte, sont en vente, savoir :

Département de l'Isère. 1 vol. in-8.   5 fr.
— du Nord. In-8.   5
— des Hautes-Pyrénées. In-8.   5
— de la Haute-Garonne. In-8.   5
— des Côtes-du-Nord. In-8.   5
— du Tarn.   5

AGRICULTURE DES ANCIENS, par DICKSON; traduit de l'anglais. 2 vol. in-8.   10 fr.
— **PRATIQUE** des différentes parties de l'Angleterre, par MARSCHAL. 5 vol. in-8 et Atlas.   20 fr.
ALMANACH DU CULTIVATEUR pour l'année 1836. 2ᵉ année.   25 c
Le Calendrier seul.   10 c
AMATEUR DES FRUITS (l'), ou l'Art de les choisir, de les conserver, de les employer, principalement pour faire es compotes, gelées, marmelades, confitures, etc., par M. L. DUBOIS. in-12.   2 fr. 50
ANATOMIE DE LA VIGNE, par W. CAPPER, traduit de l'anglais par V. DE MOLÉON. In-8.   5 fr.

ANIMAUX (les) CÉLÈBRES, anecdotes historiques sur les traits d'intelligence, d'adresse, de courage, de bonté, d'attachement, de reconnaissance, etc., des animaux de toute espèce, ornés de gravures, par A. ANTOINE. 2 vol. in-12. 2° édition. 5 fr.

MM. Lebigre frères et Béchet, rue de la Harpe, *ont été condamnés* pour avoir vendu une *contrefaçon* de cet ouvrage.

ANNALES AGRICOLES DE ROVILLE, ou Mélanges Agriculture, d'Economie rurale et de Législation agricole, par M. C.-J.-A. MATHIEU DE DOMBASLE. 9 vol. in-8, figures. 61 fr. 50

Les volumes se vendent séparément, savoir :
Les tomes 1, 2, 3, 4, chacun 7 fr. 50
Et 5, 6, 8 et supplément, chacun 6 fr.

ANNUAIRE DU BON JARDINIER ET DE L'AGRONOME, renfermant la description et la culture de toutes les plantes utiles ou d'agrément qui ont paru pour la première fois.

Les années 1826, 27, 28, chacune 1 fr. 50
Les années 1829 et 1830, *idem* 3 fr.
Les années 1831 à 1842, *idem* 3 fr. 50

APPLICATION (De l') DE LA NOUVELLE LOI SUR LA POLICE DE LA CHASSE, en ce qui regarde l'agriculture et la reproduction des animaux; par L.-L. GADEBLED. In-8. 3 fr. 50

ART (l') DE COMPOSER ET DÉCORER LES JARDINS, par M. BOITARD ; ouvrage entièrement neuf, orné de 132 planches gravées sur acier. Prix de l'ouvrage complet, texte et planches. 15 fr.

Cette publication n'a rien de commun avec les autres ouvrages du même genre, portant même le nom de l'auteur. Le traité que nous annonçons est un travail tout neuf que M. Boitard vient de terminer après des travaux immenses; il est très-complet et à très-bas prix, quoiqu'il soit orné de 132 planches gravées sur acier. L'auteur et l'éditeur ont donc rendu un grand service aux amateurs de jardins en les mettant à même de tirer de leurs propriétés le meilleur parti possible.

ART (l') DE CRÉER LES JARDINS, contenant les préceptes généraux de cet art, leur application développée sur des vues perspectives, coupe et élévations, par des exemples choisis dans les jardins les plus célèbres de France et d'Angleterre; et le tracé pratique de toutes espèces de jar dins; par **M. N. VERGNAUD**, architecte à Paris. Ouvrage imprimé sur format in-fol., et orné de lithographies dessinées par nos meilleurs artistes.

Prix : rel. sur papier blanc. 45 fr.
— sur papier chine. 56
— colorié. 80

ART DE CULTIVER LES JARDINS, ou Annuaire du bon Jardinier et de l'Agronome, renfermant un calendrier indiquant, mois par mois, tous les travaux à faire tant en jardinage qu'en agriculture : les principes généraux du jardinage ; la culture et la description de toutes les espèces et variétés de plantes potagères, ainsi que toutes les espèces et variétés de plantes utiles ou d'agrément ; par *un Jardinier agronome.* 1 gros vol. in-18. 1843. Orné de figures. 3 fr. 50

ART (l') DE FAIRE LES VINS DE FRUITS, précédé d'une Esquisse historique de l'Art de faire le Vin de Raisin, de la manière de soigner une cave ; suivi de l'Art de faire le Cidre, le Poiré, les Aromes, le Sirop et le Sucre de Pommes de terre, etc.; traduit de l'anglais, de ACCUM, par MM. G*** et OL***. un vol. avec planches. 1 fr. 80

ASSOLEMENTS, JACHÈRES ET SUCCESSION DES CULTURES, par feu V. YVART, annoté par M. V. RENDU, inspecteur de l'agriculture. 3 vol. in-18. 10 fr. 50
Idem. Edition en 1 vol. in-4. 12 fr.
Ouvrage contenant les méthodes usitées en Angleterre, en Allemagne, en Italie, en Suisse et en France.

BOUVIER (le nouveau), ou Traité des Maladies des Bestiaux, Description raisonnée de leurs maladies et de leur traitement, par M. DELAGUETTE, médecin-vétérinaire. 1 vol. in-12. 3 fr. 50

CALENDRIER DU BON CULTIVATEUR, ou Manuel de l'Agriculteur-Praticien, par C.-J.-A. MATHIEU DE DOMBASLE. 8e édition. In-12, figures. 4 fr. 50

CHASSEUR-TAUPIER (le), ou l'Art de prendre les taupes par des moyens sûrs et faciles, précédé de leur histoire naturelle, par M. RÉDARÈS. in-12, fig. 1 fr. 25

CODE FORESTIER, conféré et mis en rapport avec la législation qui régit les différents propriétaires et usagers dans les bois, par M. CURASSON. 2 vol. in-8. 12 fr.

*COLLECTION DE NOUVEAUX BATIMENTS pour la décoration des grands jardins, avec 44 pl. in-fol. 50 fr.

CONSIDÉRATIONS SUR LES CÉRÉALES, et prin-

cipalement sur les froments, par M. LOISELEUR DESLONG-
CHAMPS. In-8.   4 fr. 50

CORRESPONDANCE RURALE, contenant des observations critiques et utiles, par DE LA BRETONNERIE. 3 vol.
in-12.   7 fr. 50

CORDON BLEU (le), nouvelle Cuisinière bourgeoise,
rédigée et mise par ordre alphabétique, par mademoiselle
MARGUERITE, 12e édition, considérablement augmentée.
1 vol. in-18.   1 fr.

COURS COMPLET D'AGRICULTURE (nouveau), du
19e siècle, contenant la grande et la petite culture, l'économie rurale domestique, la médecine vétérinaire, etc., par
les Membres de la section d'Agriculture de l'Institut royal
de France, etc. Nouvelle édition revue, corrigée et augmentée. Paris, Deterville. 16 vol. in-8, de près de 600 pages
chacun, ornés de planches en taille-douce.   56 fr.

— D'AGRICULTURE (petit), ou Encyclopédie agricole,
par M. MAUNY DE MORNAY, contenant les livres du Cultivateur, du Jardinier, du Forestier, du Vigneron, de l'Economie et Administration rurales, du Propriétaire et de
l'Eleveur d'animaux domestiques. 7 volumes grand in-18,
avec figures.   15 fr. 50

COURS COMPLET D'AGRICULTURE PRATIQUE,
par BURGER, PFEIL, ROHLWES et RUFFINY; trad. de
l'all. par N. NOIROT; suivi d'un Traité sur les Vers à Soie
et la Culture du Murier, par M. BONAFOUS, etc. In-4. 10 fr.

— D'HIPPIATRIQUE, ou Traité complet de la Médecine des Chevaux, par LAFOSSE. Paris, 1772. Grand in-fol.
Figures noires.   60 fr.

COURS PRATIQUE D'ARBORICULTURE, contenant
les parties ou organes qui constituent un arbre fruitier, etc.,
par L. GAUDRY, 1 vol. in-12 br.   2 fr.

— SIMPLIFIÉ D'AGRICULTURE, par L. DUBOIS
(Voyez Encyclopédie du Cultivateur). 9 vol. in-12.   20 fr.

* CULTIVATEUR (le) ANGLAIS, ou Œuvres choisies
d'Agriculture et d'Economie rurale et politique, par ARTHUR
YOUNG. 18 vol. in-8.   50 fr.

CULTURE DE LA VIGNE dans le Calvados et autres
pays qui ne sont pas trop froids pour la végétation de cet
intéressant arbrisseau, et pour que ses fruits y mûrissent,
par M. JEAN-FRANÇOIS NOGET. In-8.   75 c.

DICTIONNAIRE D'AGRICULTURE PRATIQUE,

contenant la grande et la petite culture, par M. le comte
FRANÇOIS DE NEUFCHATEAU. 2 vol. in-8.   12 fr.

*DICTIONNAIRE DES JARDINIERS, ouvrage traduit
de l'anglais de MILLER. 10 vol. in-4.   50 fr.

ÉCOLE DU JARDIN POTAGER, suivie du Traité de
la Culture des Pêchers, par M. DE COMBLES, 6e édition, revue par M. LOUIS DUBOIS. 3 vol. in-12.   4 fr. 50

ÉCONOMIE AGRICOLE, lait obtenu sans le secours de
la main. *Trayons artificiels;* par M. PARISOT.   75 c.

ÉCUSSON-GREFFE, ou nouvelle manière d'écussonner
les ligneux, par VERGNAUD ROMAGNÉSI. 1830. in-12. 1 fr.

ÉLÉMENTS D'AGRICULTURE, ou Leçons d'Agriculture appliquées au département d'Ille-et-Vilaine, et à
quelques départements voisins, par J. BODIN. 2e édition,
in-12 figures.   1 fr. 60

ELOGE HISTORIQUE de l'Abbé FRANÇOIS ROZIER,
restaurateur de l'Agriculture française, par A. THIÉBAUT
DE BERNEAUD. in-8.   1 fr. 50

ENCYCLOPÉDIE DU CULTIVATEUR, ou Cours com-
plet et simplifié d'agriculture, d'économie rurale et domestique, par M. LOUIS DUBOIS. 2e édition, 9 vol. in-12 ornés
de gravures.   20 fr.

Le vol. 9 se vend séparément   4 fr.

*Cet ouvrage, très-simplifié, est indispensable aux per-
sonnes qui ne voudraient pas acquérir le grand ouvrage intitulé :* Cours d'agriculture au XIXe siècle.

ESSAI SUR L'ÉDUCATION DES ANIMAUX, le
Chien pris pour type, par AD. LÉONARD. in-8.   5 fr.

FABRICATION DU FROMAGE, par le Dr F. GÉRA,
traduit de l'italien par V. RENDU. in-8, fig. (Couronné par
la Société royale et centrale d'agriculture.)   5 fr.

GREFFES (Des) ET DES BOUTURES FORCÉES
pour la rapide Multiplication des Roses rares et nouvelles,
par M. LOISELEUR DESLONGCHAMPS. In-8. (Extrait de
l'*Agriculteur praticien.*)   50 c.

HOMME (l') RIVAL DE LA NATURE, ou l'Art de
donner l'existence aux oiseaux et principalement à la vo-
laille, d'après RÉAUMUR. in-8, figures.   4 fr. 50

INSTRUCTION SUR LA CULTURE NATURELLE
ET FORCÉE DE L'ASPERGE, par ROUSSELON. In-8.
                                                        50 c.

JOURNAL D'AGRICULTURE, d'Economie rurale et

des Manufactures du royaume des Pays-Bas. La collection complète, jusqu'à la fin de 1823, se compose de 16 vol. in-8. Prix, à Paris. 75 fr.

JOURNAL DE MÉDECINE VÉTÉRINAIRE théorique et pratique, et Analyse raisonnée de tous les ouvrages français et étrangers qui ont du rapport avec la médecine des animaux domestiques; recueil publié par MM. BRACY-CLARK, CRÉPIN, CRUZEL, DELAGUETTE, DUPUY, GODINE jeune, LEBAS, PRINCE, RODET, médecins vétérinaires. 6 vol. in-8. (1830 à 1835.) 60 fr.

Chaque année séparée. 12 fr.

LAIT (Du) ET DE SES EMPLOIS en Bretagne, par GUSTAVE HEUZÉ. In-8. 1 fr. 50

LOIS RURALES DE LA FRANCE, rangées dans leur ordre naturel, par FOURNEL. 2 vol. in-12. 8 fr.

MAISON RUSTIQUE (la nouvelle), ou Économie rurale-pratique des biens de campagne. 3 vol. in-4. fig. 24 fr.

MANUEL POPULAIRE D'AGRICULTURE, d'après l'état actuel des progrès dans la culture des champs, des prairies, de la vigne, des arbres fruitiers; dans l'éducation du gros bétail, etc., par J. A. SCHLIPF; trad. de l'All. par NAPOLÉON NICKLÈS. 1844. In-8. 4 fr.

MANUEL DES INSTRUMENTS D'AGRICULTURE ET DE JARDINAGE les plus modernes, contenant la gravure et la description détaillée des Instruments nouvellement inventés ou perfectionnés, la plupart dessinés dans les meilleurs Ateliers de la capitale. Ouvrage orné de 121 planches et de gravures sur bois intercalés dans le texte, par M. BOITARD. 1 vol. grand in-8°. 12 fr.

MANUEL COMPLET DU JARDINIER, Maraîcher, Pépiniériste, Botaniste, Fleuriste et Paysagiste, par M. NOISETTE. 2e édition. 5 vol. in-8. 30 fr.

MANUEL DU FABRICANT D'ENGRAIS, ou de l'Influence du noir animal sur la végétation, par M. BARTIN. 1 vol. in-18. 4 fr. 50

MANUEL DU PLANTEUR. Du Reboisement, de sa nécessité et des méthodes pour l'opérer, par DE BAZELAIRE. In-12. 1 fr. 25

MÉMOIRE SUR L'ALTERNANCE DES ESSENCES FORESTIÈRES, par GUSTAVE GAND. In-8. 1 fr. 50

MÉMOIRE SUR LES DAHLIAS, leur culture, leurs propriétés économiques et leurs usages comme plantes d'orffement, par ARSÈNE THIÉBAUT DE BERNEAUD. Brochure in-8, 2e édition. 75 c.

MÉTHODE DE LA CULTURE DU MELON en pleine terre, par M. J.-F. NOGET. In-8. 1 fr. 25

NOTICE SUR LA PLEUROPNEUMONIE ÉPIZOO-TIQUE DE L'ESPÈCE BOVINE, régnant dans le départe-ment du Nord, par A. B. LOISET, 1 vol. in-8o. 2 fr.

OBSERVATIONS GÉNÉRALES sur les Plantes qui peuvent fournir des Couleurs Bleues à la Teinture, suivies de Recherches sur le Polygonum Tinctorium, etc.; par N. JOLY. In-4, fig. 5 fr.

ORDONNANCE DE LOUIS XIV, roi de France et de Navarre, indispensable à tous les marchands de bois flottés, de charbon, à tous autres marchands et à tous les proprié-taires de biens situés près des rivières navigables. in-18. 2 fr.

PATHOLOGIE CANINE, ou Traité des Maladies des Chiens, contenant aussi une dissertation très-détaillée sur la rage; la manière d'élever et de soigner les chiens; par M. DELABÈRE-BLAINE, traduit de l'anglais et annoté par M. V. DELAGUETTE, vétérinaire. Avec 2 planches repré-sentant 18 espèces de chiens. 1 vol. in-8. 6 fr.

PHARMACOPÉE VÉTÉRINAIRE, ou Nouvelle Phar-macie hippiatrique, contenant une classification des médi-caments, les moyens de les préparer et l'indication de leur em-ploi, etc., par M. BRACY-CLARK. 1 vol. in-12, planches. 2fr.

PRATIQUE DU JARDINAGE, par ROGER SCHABOL. 2 vol. in-12, fig. 7 fr. 50

PRATIQUE RAISONNÉE de la taille du pêcher en es-palier carré, par LEPÈRE. In-8. Figures. 4 fr.

PRATIQUE SIMPLIFIÉE DU JARDINAGE, à l'u-sage des personnes qui cultivent elles-mêmes un petit do-maine, contenant un potager, une pépinière, un verger, des espaliers, un jardin paysager, des serres, des orangeries et un parterre, etc.; 6e édition; par M. L. DUBOIS. 1 vol. in-18, orné de planches. 2 fr. 50

PRINCIPES D'AGRICULTURE et d'Hygiène-Vétéri-naire, par MAGNE. 1 vol. in-8. 10 fr.

QUATRE (les) JARDINS ROYAUX DE PARIS, ou Descriptions de ces quatre jardins. 3e édition, in-18. 1 fr. 50

RECUEIL DE MÉMOIRES, notices et procédés choisis sur l'agriculture, l'industrie, l'économie domestique, le mû-rier multicaule, etc. (ou l'Omnibus journal, année 1834.) 4 v( ).in-8. 3 fr.

SECRETS DE LA CHASSE AUX OISEAUX, contenant la manière de fabriquer les filets, les divers pièges, appeaux, etc.; l'art de les élever, de les soigner, de les guérir, etc.; par M. G..., amateur. 1 vol. in-12 avec figures. 3 fr. 50

SERRES CHAUDES, Galerie de Minéralogie et de Géologie, ou Notice sur les constructions du Muséum d'Histoire Naturelle, par M. ROHAULT (architecte). In-folio. 30 fr.

*SYSTEM OF AGRICULTURE, from the Encyclopedia britannica, seventh edition, by JAMES CLEGHORN. Edimburgh, 1831, in-4, fig. 15 fr. 50

TABLEAUX DE LA VIE RURALE, ou l'Agriculture enseignée d'une manière dramatique, par M. DESORMEAUX. 3 vol. in-8. 18 fr.

TARIF POUR CUBER LES BOIS en grume et équarris, par E. PRUGNEAUX. in-12. 2 fr. 50

*THÉATRE D'AGRICULTURE et ménage des champs, d'OLIVIER DE SERRES, nouv. édition. 2 vol. in-4. 25 fr.

— *Idem*, revue par GISORS, 4 vol. in-8. 10 fr.

TRAITÉ DES ARBRES ET ARBUSTES que l'on cultive en pleine terre en Europe et particulièrement en France, par *Duhamel du Monceau*, rédigé par MM. *Veillard*, *Jaume Saint-Hilaire*, *Mirbel*, *Poiret*, et continué par M. *Loiseleur-Deslonchamps*; ouvrage enrichi de 500 planches gravées par les plus habiles artistes, d'après les dessins de *Redouté* et *Bessa*, peintres du muséum d'histoire naturelle; 7 vol. in-fol., papier jésus vélin, figures coloriées. Au lieu de 3,300 francs, 450 fr.

— Le même, papier carré vélin, figures coloriées. Au lieu de 2,100 francs, 350 fr.

— Le même, papier carré fin, figures noires. Au lieu de 775 francs. 200 fr.

TRAITÉ COMPLET DE LA GREFFE ET DE LA TAILLE, par L. NOISETTE, in-8. 6 fr.

TRAITÉ DE CULTURE FORESTIÈRE, par HENRI COTTA, traduit de l'allemand par GUSTAVE GAND, garde général des forêts. 1 vol. in-8. 7 fr.

*TRAITÉ PARFAIT DES MOULINS, ou Recherches exactes de toutes sortes de moulins connus jusqu'à présent, par L.-V. NATERUS, J. POLLY et C.-V. VUNREN. Amsterdam, 1734 (en hollandais), grand in-folio, fig. 75 fr.

TRAITÉ DE LA COMPTABILITÉ AGRICOLE, par

5

l'application du système complet des écritures en parties doubles, par MM. PERRAULT DE JOTEMPS père et fils. 4 cahiers in-folio. 12 fr.

TRAITÉ DE LA FABRICATION ET DU RAFFINAGE DES SUCRES, par M. PAYEN. In-8, fig. 4 fr.

TRAITÉ DE L'AMÉNAGEMENT DES FORÊTS, enseigné à l'école royale forestière, par M. DE SALOMON. 2 vol. in-8 et Atlas in-4. 20 fr.

TRAITÉ DES MALADIES DES BESTIAUX, ou Description raisonnée de leurs maladies et de leur traitement; suivi d'un aperçu sur les moyens de tirer des bestiaux les produits les plus avantageux, par M. V. DELAGUETTE, vétérinaire. In-12. 3 fr. 50

TRAITÉ DU CHANVRE DU PIÉMONT, DE LA GRANDE ESPECE, sa culture, son rouissage et ses produits, par REY, in-12. 1 fr. 50

TRAITÉ RAISONNÉ SUR L'ÉDUCATION DU CHAT DOMESTIQUE, et du Traitement de ses Maladies, par M. R***. In-12. 1 fr. 50

TRAITÉ THÉORIQUE ET PRATIQUE sur la Culture des Grains, suivi de l'Art de faire le pain, par PARMENTIER, etc. 2 vol. in-8, fig. 12 fr.

TRÉSOR DU CULTIVATEUR, par LEMERCIER. Paris, 1819, in-12. 1 fr. 25

ÉDUCATION, MORALE, PIÉTÉ.

ABRÉGÉ CHRONOLOGIQUE DE L'HISTOIRE DE FRANCE, depuis les temps les plus anciens jusqu'à nos jours, par H. EUGELHARD. In-18, broché. 75 c.
Idem, cartonné. 90 c.

ABRÉGÉ DE LA FABLE ou de l'Histoire poétique, par le P. JOUVENCY, in-18. 1 fr. 50

ABRÉGÉ DE LA GRAMMAIRE ALLEMANDE, pour les élèves des cinquième et quatrième classes des collèges de France, par M. MARCUS. In-12, broché. 1 fr. 50

ABRÉGÉ DE LA GRAMMAIRE LATINE (ou Méthode brévidoctive de prompt enseignement), par B. JULLIEN. 1841, in-12. 2 fr.

ABRÉGÉ DE LA GRAMMAIRE DE WAILLY, In-12. 75 c.

de Dieu, tirés du Cantique des Cantiques, pour chaque jour
de l'année, par le Père Avrillon, in-12. 2 fr. 50

ARITHMÉTIQUE DES DEMOISELLES, ou Cours élément. d'arithm. en 12 leç., par M. Ventenac. In-12. 1 fr. 50
Cahier de questions pour le même ouvrage. 50 c.

ARITHMÉTIQUE DES ÉCOLES PRIMAIRES, en
22 leçons, par L.-J. George, In-8. 1 fr.

ARITHMÉTIQUE ÉLÉMENTAIRE, théorique et pratique, par M. Jouanno. In-8. 3 fr. 50

ARITHMÉTIQUE MÉTHODIQUE des Écoles primaires, par F. Moine. In-12. 2 fr.

ARITHMÉTIQUE (l') PRATIQUE, mise à la portée
des enfants, par A. Jeannin. In-8. 3 fr. 50

ART DE BRODER, ou Recueil de modèles coloriés,
analogues aux différentes parties de cet art, à l'usage des
demoiselles, par Augustin Legrand. 1 vol. oblong. 7 fr.

ART (l') D'ÉCRIRE DE LA MAIN GAUCHE enseigné, en quelques leçons, à toutes les personnes qui écrivent
selon l'usage, comme ressource en cas de perte ou d'infirmité
du bras droit ou de la main droite; par M. Pillon. 1 vol.
oblong avec une planche lithographiée. 1 fr.
— Modèles de minuscules anglaises, 1 cahier 1 fr.
— *Idem*, rondes. 50 c.
— *Idem*, gothique allemande. 50 c.
— Taille de la plume, 1 cahier. 1 fr. 50

ART (l') DE PEINTURE de C.-A. du Fresnoy,
traduit par de Piles. in-12. 2 fr 50

ASTRONOMIE DES DEMOISELLES, ou Entretiens,
entre un frère et sa sœur, sur la Mécanique céleste, démontrée et rendue sensible sans le secours des mathématiques,
suivie de problèmes dont la solution est aisée, par James
Fergusson et M. Quétrin. 1 vol. in-12. 3 fr. 50

ASTRONOMIE à la portée des enfants, suivie de quelques Eléments de Géologie, d'Hydrographie, d'Aérograpie et
de Météorologie, par Mlle H. Robillard. In-12. 2 fr. 50

ATLAS DE LA PETITE HISTOIRE NATURELLE
DES ÉCOLES. In-8, planches noires. 1 fr.
Planches coloriées. 2 fr.
— (NOUVEL) NATIONAL DE LA FRANCE, par
départements, divisés en arrondissements et cantons, avec
le tracé des routes royales et départementales, des canaux,
rivières, cours d'eau navigables, des chemins de fer construits et projetés, etc., dressé à l'échelle de 11,350,000, par

ABRÉGÉ DE LA GRAMMAIRE DU NOUVEAU MONDE, par F. MOINE, in-12. 1 fr.

ABRÉGÉ DE LA MYTHOLOGIE à l'usage de la jeunesse chrétienne, in-18. 1 fr.

ABRÉGÉ DE L'HISTOIRE DE FRANCE à l'usage de l'École-Militaire, par Ch. BATTEUX, revue par MASSELIN, 2 vol. in-12. 3 fr.

ABRÉGÉ DE L'HISTOIRE SAINTE, avec des preuves de la religion, par demandes et par réponses, in-12. 60 c.

ABRÉGÉ D'HISTOIRE UNIVERSELLE ; *première partie*, comprenant l'histoire des Juifs, des Assyriens, des Perses, des Egyptiens et des Grecs, jusqu'à la mort d'Alexandre-le-Grand, avec des tableaux de synchronismes, par M. BOURGON, professeur de l'Académie de Besançon. 2ᵉ édition. In-12. 2 fr.

— *Deuxième partie*, comprenant l'histoire des Romains, depuis la fondation de Rome, et celle de tous les peuples principaux, depuis la mort d'Alexandre-le-Grand jusqu'à l'avènement d'Auguste à l'empire, par M. BOURGON, etc. In-12. 3 fr. 50

— *Troisième partie*, comprenant un ABRÉGÉ DE L'HISTOIRE DE L'EMPIRE ROMAIN, depuis sa fondation jusqu'à la prise de Constantinople, par M. BOURGON. In-12. 2 fr. 50

Quatrième partie, comprenant l'histoire des Gaulois, les Gallo-Romains, les Francs et les Français jusqu'à nos jours, avec des tableaux de synchronismes, par M. J.-J. BOURGON. 2 vol. in-12. 6 fr.

ABRÉGÉ DU COURS DE LITTÉRATURE de DE LA HARPE, publié par RÉNÉ PÉRIN. 2 vol. in-12. 7 fr.

ALPHABET CHRÉTIEN, ou Règlement pour les enfants qui fréquentent les écoles chrétiennes. Paris, in-18.

ALPHABET COMPLET, composé de 5 feuilles. 50 c.

ALPHABET ENCYCLOPÉDIQUE DU XIXᵉ SIÈCLE, ou Résumé élémentaire des connaissances humaines, par VANDEREST. In-12. 3 fr. 75

ALPHABET INSTRUCTIF pour apprendre facilement à lire à la jeunesse. In-12. 30 c.

ANALYSE DES SERMONS du P. GUYON, précédée de l'Histoire de la mission du Mans, par GUYARD. 1 vol. in-12, 3ᵉ édition, au Mans, 1833. 2 fr.

ANALYSE DES TRADITIONS RELIGIEUSES des peuples indigènes de l'Amérique, in-8. 3 fr.

ANNÉE AFFECTIVE (l'), ou Sentiments sur l'amour

CHARLES, géographe, avec des augmentations, par DARMET, chargé des travaux topographiques au ministère des affaires étrangères. In-folio, grand-raisin des Vosges.

L'Atlas complet, avec titre et table, noir.　　　40 fr.

Idem, colorié, cartonné.　　　56 fr.

Le *Nouvel Atlas national* se compose de 80 planches (à cause de l'uniformité des échelles ; sept feuilles contiennent deux départements).

Chaque carte séparée, en noir.　　　40 c.

Idem, coloriée.　　　60 c.

AVENTURES DE ROBINSON CRUSOÉ, par DANIEL DE FOÉ, édition mignone, 4 vol. in-32.　　　5 fr.

— DE TÉLÉMAQUE, fils d'Ulysse, par FÉNÉLON, in-12, figures.　　　2 fr. 50

AVIS AUX PARENTS sur la nouvelle méthode de l'enseignement mutuel, par G. C. HERPIN. In-12. 2 fr. 50

BEAUTÉS (les) DE LA NATURE, ou Description des arbres, plantes, cataractes, fontaines, volcans, montagnes, mines, etc., les plus extraordinaires et les plus admirables qui se trouvent dans les quatre parties du monde ; par M. ANTOINE. In-12, orné de 6 grav. 2e édition.　2 fr. 50

BEAUX TRAITS DU JEUNE AGE, par A.-F.-J. FRE-VILLE. In-12.　　　5 fr.

CAHIERS DE CHIMIE, à l'usage des Écoles et des Gens du monde, par M. BURNOUF. Prix, l'ouvrage complet, 4 cahiers in-12.　　　5 fr.

CATÉCHISME du diocèse de Toul, qui doit être enseigné dans toutes les écoles. In-12.　　　1 fr. 25

— HISTORIQUE, par FLEURY. 1822, in-18.　50 c.

— HISTORIQUE (Petit), contenant, en abrégé, l'Histoire sainte, par M. FLEURY, in-18. Au Mans, 1838. 50 c.

— ou Abrégé de la Foi. In-18.　　　50 c.

CHIENS (les) CÉLÈBRES, par M. FRÉVILLE. 1 vol. in-12.　　　3 fr.

CHOIX (Nouveau) D'ANECDOTES ANCIENNES ET MODERNES, tirées des meilleurs auteurs, contenant les faits les plus intéressants de l'histoire en général ; les exploits des héros, traits d'esprit, saillies ingénieuses, bons mots, etc., etc. 5e édition, par Mme CELNART. 4 vol. in-18, ornés de jolies vignettes. (Même ouvrage que le *Manuel anecdotique*.)　　　7 fr.

CICERONIS (M. T.) ORATOR. Nova editio, ad usum h ol arum. Tulli-Leucorum, 1823 ; in-18.　75 c.

COLLECTION DE MODÈLES pour le Dessin linéaire, par M. BOUTEREAU. 40 tableaux in-4.   4 fr.

Cet ouv. est extrait de la Géométrie usuelle du même auteur.

COMMENTAIRES DE CÉSAR. Nouvelle édition, par M. DE WAILLY. 2 vol. in-12.   6 fr.

CORRIGÉ DES COURS DE THÈMES, par BONNAIRE. 5e édition, in-12.   1 fr. 75

COURS COMPLET, THÉORIQUE ET PRATIQUE, D'ARITHMÉTIQUE, par RIVAIL, 3e éd., in-12. 2 fr. 25

— Solutions. In-12.   80 c.

COURS D'ARITHMÉTIQUE ET D'ALGÈBRE, par P.-F. JOUANNO. In-8.   6 fr.

COURS D'ARITHMÉTIQUE PRATIQUE, à l'usage des écoles primaires des deux sexes et des pères de famille, par J. MOLLET. In-18. 1er cahier, Connaissance des chiffres.   40 c.

2e cahier, Multiplication, Division, etc.   40 c.

3e cahier, Fractions, Nombres, etc.   40 c.

Livret des solutions.   1 fr.

COURS DE CHIMIE ÉLÉMENTAIRE ET INDUSTRIELLE, à l'usage des gens du monde, par M. PAYEN. 2 vol. in-8.   14 fr.

— **DE DESSIN LINÉAIRE**, appliqué au dessin des machines, par C. ARMENGAUD. 4 livr., in-4 obl.   6 fr.

— **DE THÈMES**, pour l'enseignement de la traduction du français en allemand dans les collèges de France, renfermant un Guide de conversation, un Guide de correspondance, et des Thèmes pour les élèves des classes élémentaires supérieures. 1 vol. in-12 broché.   4 fr.

COURS DE THÈMES pour les sixième, cinquième, quatrième, troisième et deuxième classes, à l'usage des collèges, par M. PLANCHE, professeur de rhétorique au collège royal de Bourbon, et M. CARPENTIER. *Ouvrage recommandé pour les collèges par le Conseil royal de l'Université.* 2e éd., entièrement refondue et augmentée. 5 vol. in-12. 10 fr.

Avec les corrigés à l'usage des maîtres. 10 vol.   22 fr. 50

On vend séparément :

Cours de sixième à l'usage des élèves.   2 fr.

Le corrigé à l'usage des maîtres.   2 fr. 50.

Cours de 5e à l'usage des élèves. 2 fr. Le corrigé. 2 fr. 50

Cours de 4e à l'usage des élèves. 2 fr. Le corrigé. 2 fr. 50

Cours de 3e à l'usage des élèves. 2 fr. Le corrigé. 2 fr. 50

Cours de 2e à l'usage des élèves. 2 fr. Le corrigé. 2 fr. 50

COURS ÉLÉMENTAIRE DE DESSIN LINÉAIRE appliqué aux ornements, à l'usage des écoles d'arts et métiers, par M. A. GUETTIER. In-fol. obl. 6 fr.

COURS ÉLÉMENTAIRE DE GÉOMÉTRIE, par ZOËGA. In-8. 5 fr.

DÉVOTION PRATIQUE aux sept principaux mystères douloureux de la très-sainte Vierge, mère de Dieu. In-12. 2 fr.

DIALOGUES MORAUX, instructifs et amusants, à l'usage de la jeunesse chrétienne. In-18. 1 fr.

DICTIONNAIRE (Nouveau) **DE POCHE** français-anglais et anglais-français, par NUGENT; revu par L.-F. FAIN. 2 vol. in-12 carré. 4 fr.

— **FRANÇAIS-LATIN**, refait sur un plan entièrement neuf, par NOEL. In-8. 8 fr. 65

ÉDUCATION (De l') **DES JEUNES PERSONNES**, ou Indication de quelques améliorations importantes à introduire dans les pensionnats, par Mlle FAURE. In-12. 1 fr. 50

ÉLÉMENTS (Premiers) **D'ARITHMÉTIQUE**, suivis d'exemples raisonnés en forme d'anecdotes, à l'usage de la jeunesse, par un membre de l'Université. In-12. 1 fr. 50

— **DE LA GRAMMAIRE FRANÇAISE**, par LHOMOND. Edit. refondue, par L. GILBERT; 2° éd. in-12. 75 c.

— **DE LA GRAMMAIRE LATINE**, à l'usage des collèges; par LHOMOND. Paris, 1838; in-12. 75 c.

— (Nouveaux) **DE LA GRAMMAIRE FRANÇAISE**, par M. FELLENS. 1 vol. in-12. 1 fr. 25

ENSEIGNEMENT (l'), par MM. BERNARD-JULLIEN, docteur ès-lettres, licencié ès-sciences; et C. HIPPEAU, docteur ès-lettres, bachelier ès-sciences. 1 gros vol. in-8 de 500 pages. 6 fr.

Cet ouvrage est indispensable à tous ceux qui veulent s'occuper avec intelligence des questions d'éducation, traiter à fond les points les plus difficiles et les moins connus de cette science difficile.

ÉPITRES ET ÉVANGILES des dimanches et fêtes de l'année. In-12. 2 fr. 50

ESSAIS DE GÉOMÉTRIE APPLIQUÉE, par P. LEPELLETIER. In-8. 4 fr.

ESSAI D'UNITÉ LINGUISTIQUE; par Jos. BOUZERAN. In-8. 1 fr. 50

ÉTRENNES (Mes) **A LA JEUNESSE**, par Mlle Emilie R**. In-12. 1 fr. 50

ÉTUDES ANALYTIQUES SUR LES DIVERSES AC-
CEPTIONS DES MOTS FRANÇAIS, par Mlle FAURE.
1 vol. in-12. 2 fr. 50

ÉTUDE DE LA LANGUE ESPAGNOLE, à l'usage
des Français, d'après une nouvelle méthode; par SEGIS-
MUNDO MIR. Gr. in-8. 7 fr. 50

EXERCICES FRANÇAIS (Nouveaux) sur l'Orthographe, la Syntaxe et l'Ponctuation, par C.-F.-V. TROU-
TET. In-12. 75 c.

— SUR LES HOMONYMES FRANÇAIS, par A.
CHAMPALBERT. 2e édition, in-12. 1 fr.

EXERCICES SUR L'ORTHOGRAPHE ET LA
SYNTAXE, calqués sur toutes les règles de la grammaire
classique, par VILLEROY. In-12. 1 fr. 25

EXPLICATION DES ÉVANGILES DES DIMAN-
CHES, par DE LA LUZERNE. In-12, 5 vol. 6 fr.

FABLES DE FÉNÉLON. Nouv. édit. Clermont, 1839,
in-18. 50 c.

FABLES DE LESSING, adaptées à l'étude de la langue
allemande dans les cinquième et quatrième classes des collèges de France, moyennant un Vocabulaire allemand-fran-
çais, une Liste des formes irrégulières, l'indication de la construction, et les règles principales de la succession des mots,
par MARCUS. 1 vol. in-12. 2 fr. 50

FLÉCHIER. Morceaux choisis. In-18, avec portrait. 1 f. 80

FLEURY. Morceaux choisis. In-18, avec portrait. 1 f. 80

GÉOGRAPHIE CLASSIQUE, suivie d'un Dictionnaire
explicatif des lieux principaux de la géographie ancienne,
par VILLEROY. In-12. 1 fr. 25.

— DES ÉCOLES, par M. HUOT, continuateur de la
Géographie de Malte-Brun et Guibal, ancien élève de l'Ecole
polytechnique. 1 vol. 1 fr. 50

Atlas de la Géographie des Écoles. 2 fr. 50

GÉOMÉTRIE PERSPECTIVE, avec ses applications à
la recherche des ombres, par G.-H. DUFOUR, colonel du génie. In-8., avec un Atlas de 22 planches in-4. 4 fr.

— USUELLE. Dessin géométrique et dessin linéaire,
sans instruments, en 120 tableaux, par V. BOUTEREAU,
professeur des Cours publics et gratuits de géométrie, de
mécanique et de dessin linéaire, à Beauvais. In-4. 10 fr.

L'on vend séparément la Collection de modèles pour le
Dessin linéaire, par M. BOUTEREAU. 40 tableaux. (*Extrait
de l'ouvrage ci-dessus.*) 4 fr.

GRADUS AD PARNASSUM, ou Dictionnaire poé-
tique latin-français. In-8.   7 fr.

GRAMMAIRE DE L'ENFANCE. Clermont-Ferrand,
1839, in-12, cart.   1 fr. 25

**GRAMMAIRE, ou TRAITÉ COMPLET DE LA
LANGUE ANGLAISE**, par GIDOLPH. In-8.   5 fr.

GRAMMAIRE ABRÉGÉE de la Langue universelle,
par A. GROSSELIN. In-8.   2 fr.

GRAMMAIRE ALLEMANDE, à l'usage des commen
çants (1re partie), par C. T. RÜFFER. 4e éd., in-12. 3 fr. 50

— CLASSIQUE, ou Cours complet et simplifié de langue
française, par M. VILEROY. In-12.   1 fr. 25

Idem, Exercices.   1 fr. 25

— COMPLÈTE DE LA LANGUE ALLEMANDE,
pour les élèves des classes supérieures des collèges de France,
renfermant, *de plus que les autres grammaires*, un Traité
complet de la succession des mots ; un autre sur l'influence
qu'elle a exercée sur l'emploi de l'indicatif, du subjonctif,
de l'infinitif et des participes ; un Vocabulaire français-alle-
mand des conjonctions et des locutions conjonctives ; par
MARCUS. 1 vol. in-12 broché.   3 fr. 50

GRAMMAIRE DU NOUVEAU MONDE, par F.
MOINE. In-12.   2 fr.

— FRANÇAISE à l'usage des pensionnats de demoiselles, par Mme ROULLEAUX. In-12.   60 c.

— ITALIENNE, en 20 leçons ; avec des Thèmes, des
Dialogues, etc., par VERGANI. 10e édition, in-12. 1 fr. 50

GRAMMAIRE (Nouvelle) ITALIENNE, méthodique
et raisonnée, par le comte DE FRANCOLINI. In-8. 7 fr. 50

— POLYGLOTTE, ou Tableaux synoptiques comparés
des langues française, allemande, anglaise, italienne, etc.,
par S. JOST. In-8.   3 fr. 50

Thèmes anglais.   50 c.
—   allemands.   1 fr.
—   italiens.   1 fr.
—   espagnols.   1 fr.

GRAMMATICA ARABICA, breviter in usum scholarum academicarum conscripta, a T. ROORDA. Lugduni Ba-
tavorum, 1835 ; in-8.   20 fr.

GUIDE (Nouveau) DES MÈRES DE FAMILLE, ou
Éducation physique, morale et intellectuelle de l'Enfance
jusqu'à la 7e année, par le docteur MAIRE. In-8.   6 fr.

HISTOIRE ABRÉGÉE DU MOYEN-AGE, suivie d'un Tableau chronologique et ethnographique, par Henri ENGELHARDT. In-8. 5 fr.

HISTOIRE DE LA LANGUE ET DE LA LITTÉRATURE PROVENÇALES, par E. DE LAVELEYE. Gr. in-8. 6 fr.

HISTOIRE DE LA SAINTE BIBLE, contenant le Vieux et le Nouveau Testament, par DE ROYAUMONT. Au Mans, 1834; in-12. 1 fr.

— **DES CHEVAUX CÉLÈBRES.** 1 v. in-12, fig. 2 fr. 50

HISTOIRE DES FÊTES CIVILES ET RELIGIEUSES DE LA BELGIQUE MÉRIDIONALE, par Mme CLÉMENT, née HÉMERY. 1 vol. in-8, avec fig. 8 fr.

HISTOIRE DES VARIATIONS DES ÉGLISES PROTESTANTES, par BOSSUET. 4 vol. in-8. 18 fr.

IMITATION DE JÉSUS-CHRIST, avec une Pratique et une Prière à la fin de chaque chapitre; traduite par le P. GONNELIEU. In-18. 1 fr. 75

INSTRUCTION MATERNELLE, ou Direction morale de l'enfance, par mademoiselle A. FAURE. Paris, 1840, in-12. 3 fr.

INSTRUCTIONS POUR LA CONFIRMATION, à l'usage des jeunes gens qui se disposent à recevoir ce sacrement, par l'abbé REGNAULT. Toul, 1816, in-18. 75 c.

JARDIN (le) **DES RACINES GRECQUES**, recueillies par LANCELOT, et mis en vers par LE MAISTRE DE SACY, par C. BOBET. In-8. 5 fr.

JEUX DE CARTES HISTORIQUES, par M. JOUY; au nombre de 15, sur la Mythologie, la Géographie, la Chronologie, l'Astronomie, l'Histoire Sainte, l'Histoire Romaine, l'Histoire de France, d'Angleterre, etc. — A 2 fr. chaque. — La Géographie seule à 2 fr. 50.

JUSTINI HISTORIARUM, ex Trogo Pompeio, libri **XLIV**. Accedunt excerptiones chronologicæ ad usum scholarum. Tulli-Leucorum. 1823, in-18. 1 fr. 50

LEÇONS ÉLÉMENTAIRES de Philosophie, destinées aux élèves de l'Université de France qui aspirent au grade de bachelier-ès-lettres, par J.-S. FLOTTE. 5e édition. 3 v. in-12. 7 fr. 50

LEVÉS (des) **A VUE**, et du Dessin d'après nature, par M. LEBLANC. In-18, figures. 25 c.

MANUEL COMPLET ET MÉTHODIQUE D'ÉDU-

CATION. Livre de Lectures journalières à l'usage des Écoles primaires, par A. DUCASTEL. In-12. 2 fr.

MANUEL DE L'HISTOIRE DE FRANCE, par ACHMET D'HÉRICOURT. 2 vol. in-8. 15 fr.

MANUEL DES INSTITUTEURS ET DES INSPECTEURS D'ÉCOLES PRIMAIRES, par ***. In-12. 4 fr.

— DU STYLE, en 40 leçons, à l'usage des Maisons d'éducation, des jeunes littérateurs et des gens du monde. Édition augmentée d'un résumé des études parlementaires sur les orateurs de la Chambre des députés, par M. CORMENIN, sous le pseudonyme de TIMON, par RAYNAUD. 1 vol. in-8. 3 fr. 50

— POÉTIQUE ET LITTÉRAIRE, ou Modèles et Principes de tous les genres de composition en vers, par J.-B. FELLENS. 1 vol. in-18. 2 fr. 25

MAPPEMONDE (la) de l'Atlas, de LESAGE. 2 fr.

MÉTHODE COMPLÈTE DE CARSTAIRS, dite AMÉRICAINE, ou l'Art d'écrire en peu de leçons par des moyens prompts et faciles; traduit de l'anglais, sur la dernière édition, par M. TREMERY, professeur. 1 vol. oblong, accompagné d'un grand nombre de modèles mis en français. 3 fr.

MÉTHODE DE LECTURE, de CHARPENTIER, de Cosny (Aisne). 4 feuilles. 1 fr. 50

MODÈLES DE L'ENFANCE, par l'abbé TH. PERRIN. In-32. 50 c.

MORALE DE L'ENFANCE, ou Quatrains moraux, à la portée des Enfants, et rangés par ordre méthodique, par M. le vicomte de MOREL-VINDE, pair de France et membre de l'Institut de France. 1 vol. in-16. (Adopté par la Société élémentaire, la Société des méthodes, etc.) 1 fr.

— Le même ouvrage, papier vélin, format in-12. 2 fr.

— Le même, tout latin, traduction faite par M. VICTOR LECLERC. 1 fr.

— Le même, latin-français en regard. 2 fr.

MORALE (la) EN ACTION, ou Choix de faits mémorables et Anecdotes instructives. In-12. 2 fr.

MUSIQUE DES CANTIQUES RELIGIEUX ET MORAUX, pour le Cours d'éducation de M. AMOROS. In-18. 2 fr.

PARAFARAGARAMUS, ou Croquignole et sa famille. In-18. 1 fr. 25

PARFAIT MODÈLE (le), ou la Vie de Berchmans. In-18. 1 fr. 25

PARTICIPES RENDUS FACILES, surtout pour les jeunes intelligences, par M. COLLIN. In-12. 80 c.

PÈLERINAGE (le) DE DEUX SOEURS, COLOMBELLE ET VOLONTAIRETTE, vers Jérusalem. In-12, fig. 1 fr. 75

PENSÉES ET MAXIMES DE FÉNÉLON. 2 vol. in-18, portrait. 3 fr.

— DE J.-J. ROUSSEAU. 2 vol. in-18, portrait. 3 fr.

— DE VOLTAIRE. 2 vol. in-18, portrait. 3 fr.

PETITS PROVERBES DRAMATIQUES, à l'usage des jeunes gens, par VICTOR CHOLET. In-12. 2 fr. 50

PHRÉNOLOGIE DES GENS DU MONDE. Leçons publiques données à Mulhouse, par le dr A. PÉNOT. In-8. 7 fr. 50

PHYSIQUE USUELLE, présentant les phénomènes de la nature, etc., par G.-F. OLIVIER. 2e édition, in-12. 2 fr.

PREMIÈRES PAGES DE L'HISTOIRE DU MONDE. Leçons publiques, données à Mulhouse, par A. PÉNOT. In-8. 7 fr. 50

PRINCIPES DE LITTÉRATURE, mis en harmonie avec la morale chrétienne, par J.-B. PÉRENNES. In-8. 5 fr.

PRINCIPES DE PONCTUATION, fondés sur la nature du langage écrit, par M. FREY. (*Ouvrage approuvé par l'Université.*) 1 vol. in-12. 1 fr. 50

PRINCIPES GÉNÉRAUX ET RAISONNÉS DE LA GRAMMAIRE FRANÇAISE, par DE RESTAUT. In-12. 2 fr. 50

PROGRAMME D'UN COURS ÉLÉMENTAIRE DE GÉOMÉTRIE, par M. R.. In-8. 1 fr. 50

RECHERCHES SUR LA CONFESSION AURICULAIRE, par M. l'abbé GUILLOIS. In-12. 1 fr. 75

RECUEIL DE MOTS FRANÇAIS, rangés par ordre de matières, avec des notes sur les locutions vicieuses et des règles d'orthographe, par B. PAUTEX. 6e éd. in-8. 1 fr. 50

— Abrégé de l'ouvrage ci-dessus. 30 c.

— Exercices sur l'Abrégé ci-dessus. 1 fr.

RHÉTORIQUE FRANÇAISE, composée pour l'instruction de la jeunesse, par M. DOMAIRON. In-12. 3 fr.

SAINTE (la) BIBLE. Paris, 1819, 7 vol. in-18., sur papier coquille. 25 fr.

SAINTE BIBLE en Latin et en Français, contenant l'Ancien et le Nouveau Testament, par DE CARRIÈRES. 10 vol. in-8. 45 fr.

SCIENCE (la) ENSEIGNÉE PAR LES JEUX, ou Théorie scientifique des jeux les plus usuels, accompagnée de recherches historiques sur leur origine, servant d'Introduction à l'étude de la mécanique, de la physique, etc. ; imitée de l'anglais, par M. RICHARD, professeur de mathématiques. Ouvrage orné d'un grand nombre de vignettes gravées sur bois par M. GODARD. 2 jolis vol. in-18. (Même ouvrage que le *Manuel des Jeux enseignant la science.*)　　6 fr.

SELECTÆ E NOVO TESTAMENTO HISTORIÆ ex Erasmo desumptæ. Tulli-Leucorum, 1823, in-18. 1 fr. 40

SERMONS DU PÈRE LENFANT, Prédicateur du roi Louis XVI. 8 gros vol. in-12, ornés de son portrait. 2e édition.　　20 fr.

SIX (les) PREMIERS LIVRES DES FABLES DE LA FONTAINE, par VANDEREST. In-18.　　1 fr.

SUPPLÉMENT A L'ARITHMÉTIQUE ET A LA GÉOMÉTRIE USUELLES, par G.-F. OLIVIER. In-8. 4 fr.

SYNONYMES (Nouveaux) FRANÇAIS à l'usage des demoiselles, par mademoiselle FAURE. 1 vol. in-12. 3 fr.

SYSTÈME (Nouveau) D'ENSEIGNEMENT DU LATIN, par F.-G. POTTIER. In-8.　　5 fr.

TABLEAU DE LA MISÉRICORDE DIVINE, tirée de l'Écriture-Sainte, par l'abbé BERGIER. In-12. 1 fr.
Id. Édition in-8, papier fin,　　3 fr.

TABLEAU SYNOPTIQUE DE LA CONJUGAISON DES VERBES, par MILLOT. Une feuille in-folio. 1 fr. 50

TABLEAUX (35) DE GRAMMAIRE FRANÇAISE, applicables à tous les modes d'enseignement, par M. J.-F. WALEFF. In-folio.　　3 fr. 50

TABLES DE LOGARITHMES pour les Nombres et pour les Sciences, par DELALANDE. Paris, 1842. In-18. 2 fr.

TABLE DES VERBES IRRÉGULIERS de la langue allemande. Tours, in-8.　　1 fr. 50

TABLES SYNCHRONISTIQUES DE L'HISTOIRE ANCIENNE ET MODERNE, par MM. LAMP et ENGELHARDT, in-4.　　5 fr.

THE ELEMENTS OF ENGLISH CONVERSATION, by J. PERRIN, in-12.　　1 fr. 75

THE KEY, ou la traduction des thèmes de la grammaire anglaise de GIDOLPH. In-8.　　1 fr. 50

TRAITÉ D'ARITHMÉTIQUE ET D'ALGÈBRE, par A. RÉVILLE. In-8.　　5 fr.

TRAITÉ DE GÉOMÉTRIE, de Trigonométrie rectiligne, d'Arpentage et de Géodésie pratique, suivi de tables des Sinus et des Tangentes en nombres naturels, par M. JEANNET, considérablement augmenté par M. GIGAULT D'OLINCOURT, ingénieur civil et architecte. 2 vol. in-12. 7 fr.

TRAITÉ DE L'ORTHOGRAPHE des Verbes réguliers, irréguliers et défectueux, par V.-A. BOULENGER. Paris, 1831, in-18. 50 c.

TRAITÉ DES PARTICIPES, par E. SMITS. In-12. 30 c.

TRAITÉ DES VERTUS et des moyens de les acquérir, par DE PAZ, traduit du latin par BROUILLON. In-12. 1 fr. 50

USAGE DE LA RÈGLE LOGARITHMIQUE, ou Règle-calcul. In-18. 25 c.

VEILLÉES (les) **DE LA LORRAINE**, ou Lectures du soir, par F. D'OLINCOURT. 4 vol. in-12. 12 fr.

VOCABULAIRE USUEL DE LA LANGUE FRANÇAISE, par A. PETER. In-12. 2 fr. 50

VOYAGES DE GULLIVER. 4 vol. in-18, fig. 6 fr.

OUVRAGES DE MM. NOEL, CHAPSAL, PLANCHE ET FELLENS.

GRAMMAIRE LATINE (nouvelle) sur un plan très-méthodique, par M. NOEL, inspecteur-général à l'Université, et M. FELLENS. Ouvrage adopté par l'Université. 1 fr. 80

EXERCICES (latins-français). 1 fr. 80

THÈMES pour 7e et 8e. 1 fr. 50

CORRIGÉS. 1 fr. 50

ABRÉGÉ DE LA GRAMMAIRE FRANÇAISE, par MM. NOEL et CHAPSAL. 1 vol. in-12. 90 c.

EXERCICES ÉLÉMENTAIRES, adaptés à l'abrégé de la Grammaire française de MM. NOEL et CHAPSAL. 1 fr.

GRAMMAIRE FRANÇAISE (nouvelle) sur un plan très-méthodique, par MM. NOEL et CHAPSAL. 3 vol. in-12 qui se vendent séparément, savoir :

— LA GRAMMAIRE, 1 vol. 1 fr. 50

— LES EXERCICES. (Première année.) 1 vol. 1 fr. 50.

— LE CORRIGÉ DES EXERCICES. 2 fr.

EXERCICES FRANÇAIS SUPPLÉMENTAIRES, sur les difficultés qu'offre la syntaxe, par M. CHAPSAL. (*Seconde année.*) 1 fr. 50.

CORRIGÉ DES EXERCICES SUPPLÉMENTAIRES. 2 fr.

LEÇONS D'ANALYSE GRAMMATICALE, par MM. NOEL et CHAPSAL. 1 vol. in-12. 1 fr. 80.

LEÇONS D'ANALYSE LOGIQUE, par MM. NOEL et CHAPSAL. 1 vol. in-12. 1 fr. 80.

TRAITÉ (nouveau) DES PARTICIPES, suivi de dictées progressives, par MM. NOEL et CHAPSAL. 3 vol. in-12 qui se vendent séparément, savoir :
— THÉORIE DES PARTICIPES. 1 vol. 2 fr.
— EXERCICES SUR LES PARTICIPES. 1 vol. 2 fr.
— CORRIGÉ DES EXERCICES SUR LES PARTICIPES. 1 vol. 2 fr.

SYNTAXE FRANÇAISE, par M. CHAPSAL, à l'usage des classes supérieures. 1 vol. 2 fr. 75.

COURS DE MYTHOLOGIE. 1 vol. in-12. 2 fr.

DICTIONNAIRE (nouveau) DE LA LANGUE FRANÇAISE, 9e édition. 1 vol. in-8, grand papier. 8 fr.

OUVRAGES DE M. MORIN.

GÉOGRAPHIE ÉLÉMENTAIRE ancienne et moderne, précédée d'un Abrégé d'astronomie. In-12, cart. 1 fr. 80.

OEUVRES DE VIRGILE, traduction nouvelle, avec le texte en regard et des remarques. 3 vol. in-12. 7 fr. 50.

BUCOLIQUES ET GEORGIQUES. 1 vol. in-12. 2 fr. 50.

PRINCIPES RAISONNÉS DE LA LANGUE FRANÇAISE, à l'usage des collèges. Nouv. éd. In-12. 1 fr. 20

— DE LA LANGUE LATINE, suivant la méthode de Port-Royal, à l'usage des collèges. 1 vol. in-12. 1 fr. 25.

NOUVEAU SYLLABAIRE, ou Principes de lecture. Ouvrage adopté par l'Université, à l'usage des écoles primaires. 60 c.

TABLEAUX DE LECTURE destinés à l'enseignement mutuel et simultané, 50 feuilles. 4 fr.

OUVRAGES CLASSIQUES DES ÉCOLES CHRÉTIENNES.

PAR L. C. ET F. P. B.

TRAITÉ DES DEVOIRS DU CHRÉTIEN ENVERS DIEU. In-12.   1 fr. 50.
GRAMMAIRE FRANÇAISE ÉLÉMENTAIRE. In-12.   1 fr. 40.
ABRÉGÉ DE GÉOGRAPHIE COMMERCIALE ET HISTORIQUE. In-12.   1 fr. 35
EXERCICES ORTHOGRAPHIQUES. In-12. 1 fr. 80
DICTÉES ET CORRIGÉ DES EXERCICES OR-THOGRAPHIQUES.   2 fr.
TRAITÉ D'ARITHMÉTIQUE DÉCIMALE. In-12.   2 fr.
SOLUTIONS DES PROBLÈMES DU TRAITÉ D'A-RITHMÉTIQUE.   1 fr. 75
SYSTÈME MÉTRIQUE DÉCIMAL. In-12.   1 fr.
COURS D'HISTOIRE, contenant l'Histoire sainte et 'Histoire de France. In-12.   1 fr. 75
ABRÉGÉ DE GÉOMÉTRIE PRATIQUE. In-12.   2 fr. 50

OUVRAGES DIVERS.

ABUS (des) EN MATIÈRE ECCLÉSIASTIQUE, par M. BOYARD. 1 vol. in-8.   2 fr. 50
ALBUM DU COMPTOIR, ou la Pratique de la Tenue des Livres en partie double ordinaire, rendue plus facile même que la partie simple, par D. BERTRAND. 2e édition. In-4 obl.   5 fr.
ALLÉGORIE (de l'), ou Traité sur cette matière, par WINCKELMANN, ADDISON, SULZER, etc. 2 vol. in-8. 6 fr.
ANIMADVERSIONES in Musei antiquarii Lugduno-Batavi inscriptiones græcas et latinas, a L.-J.-F. JANSSEN editas. Scripsit CONRADUS LEEMANS. Lugduni-Batavorum, 1842, in-4, figures.   10 fr.
ANIMAUX (les) PARLANTS, poème épique en 26 chants, de CASTI, traduit de l'italien par MARÉCHAL. 2 vol. in-8.   6 fr.

ANNALES DE L'INDUSTRIE NATIONALE ET ÉTRANGÈRE, par MM. LENORMAND et DE MOLÉON. 1820 à 1826. 24 vol. in-8, demi-rel. 190 fr.

— RECUEIL INDUSTRIEL, Manufacturier, Agricole et Commercial, par M. DE MOLÉON. 1827 à 1831. 20 vol. in-8, cartonnés. 150 fr.

*ANNALES DES ARTS ET MANUFACTURES, par MM. OREILLY et BARBIER-VEMARS. 23 vol. in-8. 35 fr.

ANNÉE (L') DE L'ANCIENNE BELGIQUE, Mémoire, etc., par le docteur COREMANS. Bruxelles, 1844, in-8.

ANNÉE FRANÇAISE, ou Mémorial des Sciences, des Arts et des Lettres. 1825, 1re année. 1 vol. in-8. 7 fr.

— 1826, 2e année. 2 vol. in-8. 14 fr.

ANNUAIRE ENCYCLOPÉDIQUE Récréatif et Populaire, pour 1848. 1 vol. in-16, grand-raisin, orné de jolies gravures. 50 c.

Les années 1840 à 1847 se vendent chacune 50 c.

APPLICATION DE L'APPAREIL PAULIN aux Arts industriels, du doreur sur métaux, du broyeur de couleurs, fabrication du minium, étamage, etc. In-4, fig. 3 fr.

AQUARELLE-MINIATURE PERFECTIONNÉE, reflets métalliques et chatoyants, et peinture à l'huile sur velours, par M. SAINT-VICTOR. 1 vol. grand in-8, orné de 8 planches. 8 fr.

Le même ouvrage, augmenté de 6 planches peintes à la main. 12 fr.

ARCHÉOLOGIE DU DÉPARTEMENT DU LOIRET, et de quelques Localités voisines, avec des lithographies et des plans, par C.-F. VERGNAUD-ROMAGNÉSI. In-8. 15 fr.

On vend séparément les Mémoires suivants :

Eglise de Sainte-Croix, d'Orléans. 1f. »
Instruments antiques. 1 »
Médailles romaines. 1 »
Porte Saint-Jean, d'Orléans. 1 »
Sculptures antiques. 1 50
Fort des Tourelles, à Orléans. 2 50
Idem, réponse à M. Jollois. 1 »
Eglise Saint-Pierre, en Pont. 1 50
Mosaïque et antiquités romaines. 2 »
Bannière d'Orléans. 1 50
Porte Saint-Laurent, à Orléans. 1 50

Butte (tumulus), de Mézières. 1 »
Abbaye de Saint-Mesmin-de-Micé. 2 50
Monastère de Fleury-Saint-Benoît. 1 50

ARCHIVES DES DÉCOUVERTES ET DES IN-VENTIONS NOUVELLES faites dans les Sciences, les Arts et les Manufactures, en France et à l'Étranger. Paris, 1808 à 1838. 30 vol. in-8, rel. 210 fr.

ARCHIVES (nouvelles) HISTORIQUES DES PAYS-BAS, ou Recueil pour la Géographie, la Statistique, l'His-toire, etc., par le baron DE REIFFENBERG. Juillet 1829 à mai 1831. 9, numéros in-8. 18 fr.

ART (l') DE CONSERVER ET D'AUGMENTER LA BEAUTÉ, corriger et déguiser les imperfections de la na-ture, par LAMI. 2 jolis vol. in-18, ornés de gravures. 6 fr.

— DE LEVER LES PLANS, et nouveau Traité d'Ar-pentage et de Nivellement, par MASTAING. 1 vol. in-12. Nouvelle édition. 4 fr.

ARTISTE (l') EN BATIMENTS. Ordres d'architecture, consoles, cartouches, décors et attributs, etc.; par L. BER-THAUX. In-4 oblong. 6 fr.

ATLAS DU MÉMORIAL DE SAINTE-HÉLÈNE. In-4. 6 fr.

ATTENDS-MOI AU MONT-SAINT-MICHEL, par ANNE BEAULÈS. Paris, 1840, 2e édition, in-8. 75 c.

BARBARIE (La) FRANKE et la Civilisation Romaine, études historiques, par GÉRARD. In-18. 3 fr.

BARÈME DU LAYETIER, contenant le toisé par vo-liges de toutes les mesures de caisses, depuis 12-6-6, jus-qu'à 72-72-72, etc., par BIEN-AIMÉ. 1 vol. in-12. 1 fr. 25

BARÈME-MÉTRIQUE (Le nouveau), ou Guide complet du Marchand de Bois, par MM. L.-N. DESPERROIS et G.-F. FÉRON. In-12. 3 fr. 50

BESANÇON : DESCRIPTION HISTORIQUE des Mo-numents et Etablissements publics de cette ville, par A. GUÉNARD. In-18. 2 fr.

BIBLIOGRAPHIE ACADEMIQUE BELGE, ou Ré-pertoire systématique et analytique des mémoires, disserta-tions, etc., publiés jusqu'à ce jour par l'ancienne et la nouvelle Académie de Bruxelles, par P. NAMUR. 1 vol. in-8. 5 fr.

BIBLIOGRAPHIE-PALÉOGRAPHICO-DIPLOMA-TICO-BIBLIOLOGIQUE générale, ou Répertoire systé-matique indiquant 1° tous les ouvrages relatifs à la Paléographie, à la Diplomatie, à l'Histoire de l'Imprimerie et de la Librairie, et suivi d'un Répertoire alphabétique général, par M. P. NAMUR. 2 vol. in-8. 15 fr.

BIBLIOTHÈQUE CHOISIE DES PÈRES DE L'E-GLISE grecque et latine, ou Cours d'Eloquence sacrée, par M.-N.-S. GUILLON. Paris, 1824 à 1828. 26 vol. in-8. demi-rel. 80 fr.

BIBLIOTHÈQUE DES ARTS ET MÉTIERS,

Format in-18, grand papier.

LIVRE de l'ARPENTEUR-GÉOMÈTRE, par MM. PLACE et FOUCARD, 1 vol. 2 fr.
— du BRASSEUR, par M. DELESCHAMPS, 1 vol. 1 fr. 50
LIVRE de la COMPTABILITÉ DU BATIMENT, par M. DIGEON. 1 vol. 2 fr.
— du CULTIVATEUR, par M. MAUNY DE MORNAY. 1 vol. 2 fr. 50
— de l'ÉCONOMIE et de l'ADMINISTRATION RURALE, par M. DE MORNAY. 1 vol. 2 fr. 50
— du FORESTIER, par M. DE MORNAY. 1 vol. 2 fr.
— du JARDINIER, par M. DE MORNAY. 2 vol. 4 fr.
— des LOGEURS et TRAITEURS. 1 vol. 1 fr. 50
— du MEUNIER, par M. DE MORNAY. 1 vol. 2 fr. 50
— du PROPRIÉTAIRE et de l'ÉLEVEUR D'ANIMAUX DOMESTIQUES, par M. DE MORNAY. 1 vol. 2 fr. 50
— du FABRICANT DE SUCRE et du RAFFINEUR, par M. DE MORNAY. 1 vol. 2 fr. 50
— du TAILLEUR, par M. AUGUSTIN CANÉVA. 1 vol. 1 fr. 50
— du TOISEUR-VÉRIFICATEUR, par M. DIGEON. 1 vol. 2 fr.
— du VIGNERON et du FABRICANT DE CIDRE, par M. DE MORNAY. 1 vol. 2 fr.
Cette collection, publiée par les soins de M. *Pagnerre*, étant devenue la propriété de M. RORET, c'est à ce dernier que MM. les libraires dépositaires de ces ouvrages devront rendre compte des exemplaires envoyés en commission par M. *Pagnerre*.

BILAN EN PERSPECTIVE DES CHEMINS DE

FER en France ; Envahissement du travail national par le mécanisme, par DAGNEAU-SYMONSEN. In-8. 2 fr. 25

BONNE (la) COUSINE, ou Conseils de l'Amitié ; ouvrage destiné à la Jeunesse ; par Mme EL. CELNART. 2e édition, in-12. 2 fr. 50

BRITISH (the) CYCLOPOEDIA , of Arts and Sciences, Manufactures, Commerce, Litterature, etc., by CHARLS F. PARTINGTON. London, 1834-35. 8 vol. in-8 et Atlas, savoir :
— Littérature, Géographie, etc. 3 vol.et Atlas.
— Natural History. 3 vol et Atlas. } 225 fr.
— Sciences et Arts. 2 vol. in-8 et Atlas.

BULLETIN DE LA SOCIÉTÉ D'ENCOURAGE - MENT pour l'industrie nationale, publié avec l'approbation du Ministre de l'Intérieur. An XI à 1845. 44 vol. in-4, avec beaucoup de gravures. Prix de la collection. 536 fr.

On vend séparément les années 1 à 28 , 9 fr.; 29e à 45e, 15 fr.; table , 6 fr.; notice, 2 fr.

BULLETIN DU BIBLIOPHILE BELGE, sous la di- rection du baron DE REIFFENBERG. Tomes 1, 2 et 3, 1844-1846. 36 fr.

Il paraît par livraisons qui forment un vol. in-8 de 500 pages par an. 12 fr.

CALLIPÉDIE (la), ou la Manière d'avoir de beaux en- fants ; extrait du poème latin de Quillet. In-8. 1 fr. 50

CARACTÈRES POÉTIQUES, par ALLETS. In-8. 6 fr.

CARTE TOPOGRAPHIQUE DE L'ILE SAINTE- HÉLÈNE, dressée pour le Mémorial de Sainte-Hélène. In- plano. 1 fr. 50

CAUSES (des) DE LA DÉCADENCE DE LA PO- LOGNE, par D'HERBELOT. In-8. 1 fr.

CHANTS (les) DU TOMBEAU. Poésies, par ED. GRUET. In-18. 1 fr. 50

CHARTE (de la) D'UN PEUPLE LIBRE et digne de la liberté, par A.-D. VERGNAUD. In-8. 1 fr. 50

CHRIST , ou l'Affranchissement des Esclaves , Drame hu- manitaire en cinq actes, par M. H. CAVEL. In-8. 3 fr. 50

CHEMISE (la) SANGLANTE DE HENRY-LE- GRAND. In-8. 75 c.

CHIMIE APPLIQUÉE AUX ARTS, par CHAPTAL, membre de l'Institut. Nouvelle édition avec les additions de M. GUILLERY. 5 livraisons formant un gros volume in-8, grand papier. 20 fr.

CHINE (la), **L'OPIUM ET LES ANGLAIS**, contenant des documents historiques sur le commerce de la Grande-Bretagne en Chine, etc., par M. SAURIN.   5 fr.

CHOLÉRA (le) **A MARSEILLE**, en 1834-1835. In-8. Marseille, 1835.   4 fr.

CODE DES MAITRES DE POSTE, des Entrepreneurs de Diligences et de Roulage, et des Voitures en général par terre et par eau, ou Recueil général des Arrêts du Conseil, Arrêts de règlement, Lois, Décrets, Arrêtés, Ordonnances du roi et autres actes de l'autorité publique, etc., par M. LANOE, avocat à la Cour Royale de Paris. 2 vol. in-8.   12 fr.

COLLECTION DE MANUELS-RORET, *formant une Encyclopédie des* Sciences et des Arts. 295 vol. in-18, avec un grand nombre de planches gravées. (Voir le détail p. 3.)

COLLECTION UNIQUE de sujets peints à la main, à la manière dite aquarelle-miniature, par le chev. SAINT-VICTOR. 4 livraisons in-4.   40 fr.

COMPTES-FAITS des intérêts à 6 du cent par an, etc., par DUPONT aîné. In-12.   1 fr. 25

COMPTES-RENDUS HEBDOMADAIRES des séances de l'Académie des Sciences, par MM. les Secrétaires perpétuels. Paris, 1835 à 1842. 15 vol. in-4.   150 fr.

CONCORDANCE DE L'ÉCRITURE-SAINTE, avec les traditions de l'Inde, par AD. KARSTNER. In-8.   3 fr.

CONDUITE (la) **DE SAINT-IGNACE DE LOYOLA**, menant une âme à la perfection, par le P. ANT. VATIER. In-12.   1 fr. 75

CONGRÈS SCIENTIFIQUE de France. Première Session, tenue à Caen, en juillet 1833. In-8.   4 fr. 50

CONSEILS AUX ARTISTES et aux amateurs sur l'application de la Chambre claire à l'art du Dessin, par CH. CHEVALIER. In-8.   2 fr.

CONSIDÉRATIONS SUR LES TROIS SYSTÈMES DE COMMUNICATIONS INTÉRIEURES, au moyen des routes, des chemins de fer et des canaux, par M. NADAULT, ingénieur des Ponts-et-Chaussées. 1 vol. in-4.   6 fr.

CONSTRUCTION (de la) **DES ENGRENAGES**, et de la meilleure forme à donner à leur denture, par S. HAINDL. In-12. Fig.   4 fr. 50

CONSTRUCTION (De la) **ET DE L'EXPLOITATION DES CHEMINS DE FER** en France, par P. DENIEL. In-8.   4 fr.

COUP-D'OEIL GÉNÉRAL ET STATISTIQUE sur a Métallurgie considérée dans ses rapports avec l'Industrie et la richesse des peuples, etc., par TH. VIRLET. In-8. 3 fr.

COUP-D'OEIL GÉNÉRAL SUR LES POSSESSIONS NÉERLANDAISES dans l'Inde archipélagique, par C.-J. TEMMINCK. Tome 1, in-8. 12 fr.

COUR DE CASSATION, Lois et Règlements, par M. TARBÉ. 1 vol. in-8, grand format. 18 fr.

COURS COMPLET D'ÉCONOMIE POLITIQUE-PRATIQUE, par J.-B. SAY. 2 vol. grand in-8. 20 fr.

COURS DE CHIMIE, par M. GAY-LUSSAC. 2 v. in-8. 6 fr.

COURS DE DROIT CIVIL FRANÇAIS, traduit de l'all., de M. C.-S. ZACHARIÆ; par MM. C. AUBRY et C. RAU. 2e édition, 5 vol. in-8. 40 fr.

COURS DE PEINTURE A L'AQUARELLE, contenant des Notions générales sur le Dessin, les Couleurs, etc.; par DUMÉNIL. In-18. 1 fr. 50

COURS DE TENUE DE LIVRES en parties simple et double, par C.-F. REESS-LESTIENNE. 2 vol. in-8. 7 fr. 50

COUTUME DU BAILLAGE DE TROYES, avec es Commentaires de M. LOUIS-LE-GRAND. Paris, 1737, in-folio. Relié. 30 fr.

CULTE (du) MOSAIQUE au XIXe siècle, par P.-B. In-12. 2 fr.

DÉCOUVERTES DANS LA LUNE, au Cap de Bonne-Espérance, par sir JOHN HERSCHEL. In-8. 1 fr.

DERNIERS MOMENTS DE LA RÉVOLUTION DE POLOGNE, en 1831, par M. JANOWSKI. In-8. 3 fr.

*DESCRIPTION DES MACHINES** et procédés spécifiés dans les BREVETS D'INVENTION, de perfectionnement et d'importation, dont la durée est expirée, publiée d'après les ordres du Ministre de l'Intérieur, par MM. MOLARD; CHRISTIAN, etc. 63 vol. in-4, avec un grand nombre de planches gravées. Paris, 1812 à 1847. Les 63 vol. 900 fr.

Chaque volume se vend séparément : 1er à 5e à 15 fr.; 6e à 20e à 12 fr.; 21e à 63e à 15 fr.

— Table générale des matières contenues dans les 40 premiers volumes. In-4. 5 fr.

DESCRIPTION GÉNÉRALE DE LA CHINE, par l'abbé GROSIER. 2 vol. in-8. 12 fr.

*DICTIONNAIRE DES DÉCOUVERTES**, Inventions, Innovations, Perfectionnements, etc., en France, dans les

Sciences, la Littérature et les Arts, de 1789 à 1820. 17 vol. in-8. Demi-rel. 50 ft

DICTIONNAIRE DES GIROUETTES, ou nos Contemporains peints par eux-mêmes. Paris, 1815, in-8. 5 fr.

DICTIONNAIRE RAISONNÉ de la Législation usuelle des Prudhommes et leurs Justiciables, par A. DURUT. In-12. 2 fr.

* DICTIONNAIRE TECHNOLOGIQUE, ou Nouveau Dictionnaire universel des Arts et Métiers, et de l'économie industrielle et commerciale, par une Société de savants et d'artistes. Paris, 1822. 22 vol. in-8, et Atlas. In-4. 222 fr.

DICTIONNAIRE UNIVERSEL géographique, statistique, historique et politique de la France. 5 vol. in-4. 40 fr.

DICTIONNAIRE UNIVERSEL de la Géographie commerçante, par J. PEUCHET. 5 vol. in-4 reliés. 40 fr.

DZIETA KRASICKIEGO, dziesiec Tomow W Jednym. Barbezata, in-8. (OEuvres poétiques de Krasicki.) 19 fr.

ÉCLECTISME (de l') EN LITTÉRATURE, Mémoire auquel la médaille d'or de 1re classe a été décernée par la Société royale des Sciences de Clermond-Ferrand, par Mme CELNART, in-8. 1 fr. 25

ÉLECTIONS (des) SELON LA CHARTE et les lois du royaume, par M. BOYARD. In-8. 6 fr.

ELEMENTS OF ANATOMY GENERAL, special, and comparative, by DAVID CRAIGIE. Edimburgh, 1851; in-4. figures. 15 fr.

ÉLÉONORE DE FIORETTI, ou Malheurs d'une jeune Romaine sous le pontificat de ***. 2 vol. in-12. 5 fr.

ÉLOGE DE LA FOLIE, par ÉRASME, traduction nouvelle, par C. B. de PANALBE, in-8. 6 fr.

EMMELINE ET MARIE, suivies des Mémoires sur Madame BRUNTON; traduit de l'anglais, 4 vol. in-12. 6 fr.

EMPLOI (de l') DU REMÈDE CONTRE LES GLAIRES, et observations sur ses effets, in-8. 75 c.

EMPRISONNEMENT (de l') pour dettes. Considérations sur son origine, ses rapports avec la morale publique et les intérêts du commerce, des familles, de la société, suivies de la statistique générale de la contrainte par corps en France et en Angleterre, et de la statistique détaillée des prisons pour dettes de Paris et de Lyon, et de plusieurs autres grandes villes de France, par J.-B. BAYLE-MOUILLARD. *Ouvrage couronné en 1835 par l'Institut.* 1 vol. in-8. 7 fr. 50

ENCYCLOPEDIA BRITANNICA, or a Dictionnary of Arts, Sciences, and miscellaneous Litterature. Edimburgh, 1817, 20 vol. in-4, fig., cartonnés. 300 fr.

EPILEPSIE (de l') EN GÉNÉRAL, et particulièrement de celle qui est déterminée par des causes morales, par M. DOUSSIN-DUBREUIL. 1 vol. in-12, 2e édition. 3 fr.

ÉPITAPHE DES PARTIS; celui dit *juste-milieu*, son avenir; par H. CAVEL. in-8. 1 fr. 50

ESPAGNE (de l') ET DE SES RELATIONS COMMERCIALES, par F.-A. DE CH. in-8. 2 fr. 50

ESPRIT DE LA COMPTABILITÉ COMMERCIALE, ou Résumé des Principes généraux de Comptabilité, par VALENTIN MEYER-KOECHLIN. In-8. 2 fr. 50

ESPRIT DES LOIS, par MONTESQUIEU. 4 volumes in-12. 12 fr.

ESQUISSE D'UN TABLEAU HISTORIQUE des progrès de l'esprit humain, par CONDORCET. In-18. 3 fr.

ESSAI HISTORIQUE ET CRITIQUE SUR LES JOURNAUX BELGES, par A. WARZÉE. 1re partie, *Journaux politiques*, in-8. 3 fr.

ESSAI SUR L'ADMINISTRATION, par le Sous-Préfet de Béthune. In-8. 5 fr.

ESSAI SUR LE COMMERCE et les intérêts de l'Espagne et de ses colonies, par F.-A. DE CHRISTOPHORO D'AVALOS. In-8. 2 fr. 50

ESSAI SUR LES ARTS et les Manufactures de l'empire d'Autriche, par MARCEL DE SERRES. 3 vol. in-8. 12 fr.

ESSAI SUR LES MALADIES qui attaquent les gens de mer. In-12. 2 fr.

ESSAI SUR L'HISTOIRE GÉNÉRALE DES MATHÉMATIQUES, par Ch. BOSSUT. 2 vol. in-8. 15 fr.

ÉVÉNEMENTS DE BRUXELLES ET DES AUTRES VILLES DU ROYAUME DES PAYS-BAS, depuis le 25 août 1830, précédés du Catéchisme du citoyen belge et de chants patriotiques. 1 vol. in-18. 1 fr. 25

EXAMEN DE CE QUE RENFERME LA BIBLIOTHÈQUE DU MUSÉE BRITANNIQUE, par OCT. DELEPIERRE. In-12. 1 fr. 50

EXAMEN DU SALON DE 1827, avec cette épigraphe: *Rien n'est beau que le vrai.* 2 brochures in-8. 3 fr.

— Idem de 1834, par VERGNAUD. 1 fr. 50

EXAMEN HISTORIQUE DE LA RÉVOLUTION ESPAGNOLE, suivi d'Observations sur l'esprit public, la religion, etc., par Ed. BLAQUIÈRE; traduit de l'anglais par J.-C. P***. 2 vol. in-8. **10 fr.**

EXPÉDITIONS DE CONSTANTINE, accompagnées de réflexions sur nos possessions d'Afrique, par V. DEVOISINS. In-8, fig. **2 fr. 50**

EXPLICATIONS DU MARÉCHAL CLAUZEL. In-8. 1837. **3 fr.**

EXTRAIT D'UN DISCOURS sur l'Origine, les Progrès et la Décadence du Pouvoir temporel du Clergé, par S. E. Mgr l'ancien Archevêque de T.., In-8. **2 fr.**

EXTRAITS DES REGISTRES DES CONSAUX DE TOURNAY, 1472 à 1581; suivis de la Liste des Mayeurs de cette ville, depuis 1667 jusqu'en 1794; par M. GACHARD. In-8 **3 fr. 50**

EXTRAITS TIRÉS D'UN JOURNAL ALLEMAND destiné à rendre compte de la législation et du droit, dans toutes les contrées civilisées, par M. J.-J. DE SELLON. In-8. **1 fr. 50**

FASTES DE LA FRANCE, ou Tableaux chronologiques, synchroniques et géographiques de l'Histoire de France, par C. MULLIÉ. 1841, in-fol. **35 fr.**

FILLE (la) D'UNE FEMME DE GÉNIE, traduit de l'anglais de madame HOFLAND. 2 vol. in-12. **4 fr.**

FLEURS DE BRUYÈRE, par Mlle M. F. SÉGUIN. dédiées à M. A. DE LAMARTINE. in-8. **6 fr.**

FLEURS DE L'ARRIÈRE-SAISON (Poésies). In-8. Genève, 1840. **2 fr. 50**

FONCTIONS (des) DE LA PEAU, et des maladies graves qui résultent de leur dérangement, par J.-L. DOUSSIN-DUBREUIL. Paris, 1827. In-12. **2 fr. 50**

FRANCE (la) CONSTITUTIONNELLE, ou la Liberté reconquise; poème national, par M. BOYARD. In-8. **6 fr.**

FRANCE (la) MOURANTE, consultation historique à trois personnages. 1829. In-8. **2 fr.**

GÉNIE (Le) DE L'ORIENT, commenté par ses monuments monétaires, études historiques, numismatiques, etc.; par SAWASZKIEWICZ. In-12, fig. **7 fr.**

GÉOGRAPHIE ANCIENNE DES ÉTATS BARBARESQUES, d'après l'allemand de MANNERT, par MM. MARCUS et DUESBERG. In-8. **10 fr.**

GLAIRES (des), DE LEURS CAUSES, de leurs effets, et des indications à remplir pour les combattre. 8e édition, par DOUSSIN-DUBREUIL. Paris, in-8. **4 fr.**

7

GLOSSAIRE ROMAN-LATIN du XVe siècle, extrait de la bibliothèque de la ville de Lille, par E. GACHET. In-8. 1 f. 50

GRAISSINET (M.), ou Qu'est-il donc? Histoire comique satirique et véridique, publiée par DUVAL. 4 v. in-12. 10 fr.

Ce roman, écrit dans le genre de ceux de Pigault, est un des plus amusants que nous ayons.

GUIDE DE L'INVENTEUR dans les principaux États de l'Europe, ou Précis des lois sur les brevets d'invention, par CH. ARMENGAUD jeune. In-8. 2 fr. 50

GUIDE DES MAIRES (nouveau), ou Manuel des Officiers municipaux, dans leurs rapports avec l'ordre administratif et l'ordre judiciaire, les collèges électoraux, la garde nationale, l'armée, l'administration forestière, l'instruction publique et le clergé; par M. BOYARD, président à la Cour royale d'Orléans, etc. 1 gros vol. in-18 de 538 pages. 3 fr.

GUIDE DES MALADES. Manuel des personnes affectées de maladies chroniq., par le doct. BELLIOL. In-12. 6 fr.

GUIDE DU MÉCANICIEN, ou Principes fondamentaux de mécanique expérimentale et théorique, appliqués à la composition et à l'usage des machines, par M. SUZANNE, ancien professeur. 2e édition. 1 vol. in-8 orné d'un grand nombre de planches. 12 fr.

GUIDE (nouveau) EN AFFAIRES, ou Recueil complet des Actes sous seing-privé; mis en modèles d'écritures, par GIGAULT D'OLINCOURT. 3 cahiers obl. 3 fr.

GUIDE GÉNÉRAL EN AFFAIRES, ou recueil des modèles de tous les actes, par J.-B. NOELLAT. 4e édition. 1 vol. in-12. 4 fr.

HARPE HELVÉTIQUE, par CH.-M. DIDIER. In-8. 1 fr. 50

HISTOIRE AUTHENTIQUE du prisonnier d'État connu sous le nom du Masque-de-Fer, extraite des documents trouvés aux archives des affaires étrangères du Royaume; trad. de l'anglais de GEORGE AGAR ELLIS. In-8. 5 fr.

HISTOIRE CONSTITUTIONNELLE DE LA VILLE DE GAND et de la Châtellenie du Vieux-Bourg, jusqu'à l'année 1305, par WARNKŒNIG, trad. de l'all. par CHELDOLF. In-8. 5 fr.

HISTOIRE D'ANGLETERRE, de DAVID HUME. 20 vol. in-12.

— Plantagenet. 6 vol. 18 fr.
— Tudor. 6 vol. 18 fr.
— Stuart. 8 vol. 24 fr.

HISTOIRE DE LA LÉGISLATION NOBILIAIRE DE BELGIQUE, par P.-A.-F. GÉRARD. In-8, t. 1. 7 fr.
(L'ouvrage aura 2 vol.)

HISTOIRE DE LA MAISON DE SAXE-COBOURG-GOTHA, par A. SCHELER. Gr. in-8, fig. 7 fr.

HISTOIRE DE LA PEINTURE FLAMANDE ET HOLLANDAISE, par ALFRED MICHIELS. In-8, t. 1 et 2, chaque vol. 8 fr.
(L'ouvrage aura 4 vol.)

HISTOIRE DE JEAN BART, chef d'escadre sous Lou XIV, par VANDEREST. In-8. 3 fr. 75
— Deuxième édition. 1844. in-18. 1 fr. 50

HISTOIRE DE LA VILLE D'ORLÉANS, de ses édifices, monuments, etc., par VERGNAUD-ROMAGNÉSI. 2 vol. in-12. 7 fr.

HISTOIRE DE LA VILLE DE TOUL, et de ses évêques, suivie d'une Notice sur la cathédrale; ornée de 16 lithographies, par A.-D. THIÉRY. 2 vol. in-8. 10 fr.

HISTOIRE DES BELGES à la fin du XVIII⁰ siècle, par A. BORGNET. 2 vol. in-8. 10 fr.

— DES BIBLIOTHÈQUES publiques de la Belgique, par NAMUR. 3 vol in-8.

Tome 1ᵉʳ Bibl. de Bruxelles. 9 fr.
— 2⁰ Bibl. de Louvain. 6 fr. 50
— 3⁰ Bibl. de Liège. 6 fr. 50

— DES CAMPAGNES de 1814 et de 1815, par A. DE BEAUCHAMP. 2 vol. in-8. 12 fr.

— DES DOUZE CÉSARS, trad. du latin de Suétone, par DE LAHARPE. 3 vol. in-32. 6 fr. 50

— DES LÉGIONS POLONAISES EN ITALIE, sous le commandement du général Dombrowski, par LÉONARD CHODZKO. 2 vol. in-8. 17 fr.

— DES VANDALES, depuis leur première apparition sur la scène historique jusqu'à la destruction de leur empire en Afrique; accompagnée de recherches sur le commerce que les Etats barbaresques firent avec l'Etranger dans les six premiers siècles de l'ère chrétienne. 2⁰ éd. in-8. 7 fr. 50

HISTOIRE GÉNÉRALE DE POLOGNE, d'après les historiens polonais Naruszewicz, Albertrandy, Czacki, Lelewel, Bandtkie, Niemcewiez, Zielinskis, Kollontay, Oginski, Chodzko, Podzaszynski, Mochnacki, et autres écrivains nationaux. 2 vol. in-8. 7 fr.

— IMPARTIALE DE LA VACCINE, ou appréciation

du bien qu'on lui attribue et du mal qu'on lui impute; par C.-A. BARREY. In-8. 3 fr. 50

HISTOIRE NUMISMATIQUE DE LA RÉVOLUTION BELGE, par M. GUIOTH. In-4, liv. 1 à 10, à 2 fr. la livraison (l'ouvrage en aura 15).

HOMME (l') AUX PORTIONS, ou Conversations philosophiques et politiques, publiées par J.-J. FAZY. 1 vol. in-12. 3 fr.

I BACI DI GIOVANI SECONDO volgarizzati da Cesare L. BIXIO. Parigi, 1834, in-12. 1 fr. 50

INAUGURATION DU CANAL du duc d'Angoulême, à Amiens, le 31 août 1825. In-folio. 1 fr. 50

INDICATEUR GÉNÉRAL du Haut-Rhin pour 1841. In-12. 1 fr. 25

INFLUENCE (de l') DES ÉRUPTIONS ARTIFICIELLES DANS CERTAINES MALADIES, par JENNER, auteur de la découverte de la vaccine. Brochure in-8. 2 fr. 50

INSTRUCTIONS (Nouvelles) sur l'usage du Daguerréotype. Description d'un nouveau photographe, etc., par CH. CHEVALIER. In-8. 2 fr.

INTRODUCTION A L'ÉTUDE DE L'HARMONIE, ou Exposition d'une nouvelle théorie de cette science, par V. DERODE. In-8. 9 fr.

INVASION DES ARMÉES ÉTRANGÈRES dans le département de l'Aube, en 1814 et 1815; par F.-E. POUGIAT. In-8. 6 fr.

JEANNE HACHETTE, ou le Siège de Beauvais, poème, par madame FANNY DENOIX. In-8. 1 fr.

JOURNAL DES CONNAISSANCES USUELLES et pratiques, par MM. GILLET DE GRANDMONT et DE LASTEYRIE. Paris, 1832 à 1837. 26 t. en 13 vol. in-8. 65 fr.

— DES VOYAGES, Découvertes et Navigations modernes, novembre 1818 à déc. 1829. 44 vol. in-8, cart. 176 fr.

JOURNAL DU PALAIS, présentant la Jurisprudence de la Cour de Cassation et des Cours royales. Nouvelle édition, par M. BOURJOIS. (1791 à 1828.) Paris, 1823 à 1828. 42 vol. in-8. 100 fr.

JOURNALISME (du), ou Il est temps d'en finir avec la mauvaise presse, par D.-J. 1832. In-12. 50 c.

LANGUE (De la) ET DE LA POÉSIE PROVENÇALES, par le baron E. VAN BEMMEL. In-12, 3 fr. 50

LEÇONS D'ARCHITECTURE, par DURAND. 2 vol. in-4. 40 fr.

— La partie graphique, ou tome 3e du même. ouv. 20 fr.

LECONS DE DROIT DE LA NATURE ET DES GENS, par DE FÉLICE. 4 vol. in-12. 6 fr.

LETTRES DE JEAN DE MULLER à ses amis MM. De Bonstettin et Gleim. In-8. 6 fr.

— DE MADEMOISELLE AISSÉ. In-12. 2 fr. 50

— DE MESDAMES DE COULANGES et de NINON DE L'ENCLOS. In-12. 2 fr. 50

— DE MESDAMES DE VILLARS, DE LAFAYETTE et DE TENCIN. In-12. 2 fr. 50

— INÉDITES de Buffon, J.-J. Rousseau, Voltaire, Piron, de Lalande, Larcher, etc., avec *fac simile*, publiées par C.-X. GIRAULT. In-8. 3 fr.

— *Idem*, in-12. 3 fr.

— PERSANNES, par MONTESQUIEU. In-12. 3 fr.

— SUR LA MINIATURE, par M. MANSION. 1 vol. in-12, fig. 4 fr.

— SUR LA VALACHIE. 1 vol. in-12. 2 fr. 50

LIBERTÉS (des) GARANTIES PAR LA CHARTE, ou de la Magistrature dans ses rapports avec la liberté des cultes, de la presse, etc., par M. BOYARD. In-8. 6 fr.

LIVRE (le) DU COMMERÇANT EN DÉTAIL, ou tous les Créanciers et Débiteurs classés en un seul compte, par D. BERTRAND. In-8. 2 fr.

LOI (Nouvelle) SUR LES BREVETS D'INVENTION, du 5 juillet 1844. In-8. 60 c.

LOI SUR LES PATENTES, du 25 avril 1844. In-12. 50 c.

LOI SUR L'EXPROPRIATION pour cause d'utilité publique, du 3 mai 1841. In-12. 30 c.

LOI SUR L'ORGANISATION de la GARDE NATIONALE de France. Mars 1831. Édition officielle, in-18. 50 c.

LOIS (les) DES BATIMENTS, ou le Nouveau Desgodets, par LEPAGE. 2 vol. in-8. 10 fr.

— D'HOWEL-DDA mab Cadell, Brenin Cymru (fils de Cadell, chef du pays des Kimris), par M. A. DUCHATELLIER. In-8. 2 fr.

MACHINES ET INVENTIONS approuvées par l'Académie R. des Scien., par GALLON. 7 vol. in-4. 80 fr.

MAGISTRATURE (de la), dans ses rapports avec la liberté des cultes, par M. BOYARD. In-8. 6 fr.

MANUEL (Nouveau) COMPLET DES EXPERTS,

Traité des matières civiles, commerciales et administratives donnant lieu à des expertises, 7e édit., par CH. VASSEROT, avocat à la Cour Royale de Paris. 6 fr.

MANUEL (Nouveau) COMPLET DES MAIRES, Adjoints. Conseils municipaux, des Préfets, Conseils de Préfecture et Conseils généraux, Juges de paix, Commissaires de police, Prêtres, Instituteurs, et des Pères de famille, etc., par M. BOYARD, président à la Cour royale d'Orléans, 3e édition, 2 vol. in-8. 12 fr.

— DE GÉNÉALOGIE HISTORIQUE, ou Familles remarquables des peuples anciens et modernes, etc., par J.-B. FELLENS. 1 vol. in-18. 3 fr. 50

— DE L'ÉCARTÉ, contenant des notions générales sur ce jeu. 2e édition, Bordeaux. In-18. 1 fr.

MANUEL DE L'OCULISTE, ou Dictionnaire ophthalmologique, par DE WENZEL. 2 vol. in-8, 24 planches. 12 fr.

— DE PEINTURES ORIENTALES ET CHINOISES en relief, par SAINT-VICTOR. In-18, fig. noires. 3 fr.

— DES ARBITRES, ou Traité des principales connaissances nécessaires pour instruire et juger les affaires soumises aux décisions arbitrales, soit en matières civiles ou commerciales; contenant les principes, les lois nouvelles, les décisions intervenues depuis la publication de nos Codes, et les formules qui concernent l'arbitrage, etc., par M. CH., ancien jurisconsulte. Nouvelle édition. 8 fr.

— DES BAINS DE MER, leurs avantages et leurs inconvénients, par M. BLOT. 1 vol. in-18. 2 fr.

— DES CANDIDATS à l'emploi de Vérificateurs des poids et mesures, par P. RAVON. 2e édition, in-8. 5 fr.

— DES DROITS DE TIMBRE et d'Enregistrement, pour les maires, percepteurs, receveurs des hospices, etc., par H. de SAINT-GENIS. In-8. 3 fr. 50

— DES JUSTICES DE PAIX, ou Traité des fonctions et des attributions des Juges de Paix, des Greffiers et Huissiers attachés à leur tribunal, avec des formules et modèles de tous les actes qui dépendent de leur ministère, etc., par M. LEVASSEUR, ancien jurisconsulte. Nouvelle édition, entièrement refondue, par M. BIRET. 1 gros volume in-8. 1859. 6 fr.

— Idem, en 1 vol. in-18. 3 fr. 50

MANUEL DES MARINS, ou Dictionnaire des termes de marine, par BOURDÉ. 2 vol. in-8. 8 fr.

MANUEL DES MYOPES et des Presbytes, par Ch. Chevalier. in-8. 2 fr. 50

— DES NÉGOCIANTS, ou le Code commercial et maritime, commenté et démontré par principes, par P.-B. Boucher. 2 vol. in-8. 10 fr.

— DES NOURRICES, par Mme El. Celnart. In-18. 1 fr. 50

— DU BOTTIER, par A. Mourey. In-12. 1 fr. 50

— DU CAPITALISTE, par M. Bonnet. 1 vol. in-8. 11e édition. 6 fr.

— DU FABRICANT DE ROUENNERIES, comprenant tout ce qui a rapport à la fabrication, par un Fabricant. 1 vol. in-18. 2 fr. 50

— DU FABRICANT DES BLEUS et Carmins d'indigo, par F. Capron. In-18. 2 fr.

— DU NÉGOCIANT, dans ses rapports avec la douane, par M. Bauzon-Magnier. In-12. 4 fr.

— DU PEINTRE A LA CIRE, application des divers procédés propres à la peinture artistique et autres, par A.-M. Duroziez. In-8. 1 fr. 75

— DU POSEUR DE SONNETTES, Cordons de Portes cochères et Grilles, etc., par J. Cleff. In-4, fig. 3 fr.

— DU SAVONNIER, ou l'Art de fabriquer le Savon, vert ou noir, avec méthode, par G. de Croos. Paris, 1819. In-4. 12 fr.

— DU SYSTÈME MÉTRIQUE, ou Livre de Réduction de toutes les mesures et monnaies des quatre parties du monde, par P.-L. Lionet. 1 vol. in-8. 7 fr.

— DU TOURNEUR, ouvrage dans lequel on enseigne aux amateurs la manière d'exécuter tout ce que l'art peut produire d'utile et d'agréable, par M. Hamelin-Bergeron. 2 vol. in-4, avec Atlas et le Supplément. 40 fr.

MANUEL DU VOILIER, ou Traité pratique du Tracé, de la Coupe et de la Confection des Voiles, par J.-F.-M. Lelièvre. In-12. 3 fr.

— MÉTRIQUE DU MARCHAND DE BOIS, par M. Tremblay. 1 vol. in-12. 1840. 1 fr. 50

MATÉRIAUX POUR L'HISTOIRE DE GENÈVE, recueillis et publiés par J.-A. Galiffe. tome 1, in-8. 6 fr.

MÉCANIQUE USUELLE, contenant la théorie des ces appliquées à un même point, etc., par G.-F. Olivier. 2e édition, in-12. 1 fr. 50

MÉDECINE DOMESTIQUE, ou Traité complet des moyens de se conserver en santé, et de guérir les maladies par le régime et les remèdes simples, par BUCHAN; traduit par DUPLANIL. 5 vol. in-8. 20 fr.

MÉDECINE (la) POPULAIRE, ou l'Art de guérir, indiqué par la nature, par L. RIOND. 3e édition, in-8. 6 fr.

MÉDITATIONS LYRIQUES, par J.-J. GALLOIS. In-8. 1 fr. 50

MÉLANGES DE POÉSIE ET DE LITTÉRATURE, par FLORIAN. 3 vol. in-18. 4 fr. 50

MÉLANGES PHOTOGRAPHIQUES. Complément des nouvelles instructions sur l'usage du Daguerréotype, par CH. CHEVALIER. In-8. 2 fr.

MÉMOIRE SUR LA CONSTRUCTION DES INSTRUMENTS A CORDES ET A ARCHET, par FÉLIX SAVART. In-8. 3 fr.

MÉMOIRE SUR LES INSTITUTIONS CONTRACTUELLES entre Epoux, par GÉRARD. In-8. 1 fr. 50

MÉMOIRES DU CARDINAL DE RETZ, DE GUY-JOLI ET DE LA DUCHESSE DE NEMOURS. 6 vol. in-8. 36 fr.

MÉMOIRES DU COMTE DE GRAMMONT, par HAMILTON. 2 vol. in-32. 3 fr.

MÉMOIRES RÉCRÉATIFS, SCIENTIFIQUES ET ANECDOTIQUES, du physicien-aéronaute ROBERTSON. 2 vol. in-8, fig. 12 fr.

MÉMOIRES SUR LA GUERRE DE 1809 EN ALLEMAGNE, avec les opérations particulières des corps d'Italie, de Pologne, de Saxe, de Naples et de Walcheren, par le général PELET, d'après son journal fort détaillé de la campagne d'Allemagne, ses reconnaissances et ses divers travaux; la correspondance de Napoléon avec le major-général, les maréchaux, etc. 4 vol. in-8. 28 fr.

L'Auteur fera paraître bientôt un Atlas pour cet ouvrage.

MÉMOIRE SUR LE PARTI AVANTAGEUX que l'on peut tirer des bulbes de safran, par M. VERGNAUD-ROMAGNÉSI. In-8. 1 fr.

MÉMOIRE SUR LES OPÉRATIONS de l'avant-garde du 8e Corps de la Grande Armée, formé de troupes polonaises en 1813. In-8. 1 fr. 50

MÉMOIRES TIRÉS DES ARCHIVES DE LA POLICE DE PARIS, par PEUCHET. 6 vol. in-8. 24 fr.

MÉNESTREL (le), poème en deux chants, par JAMES BEATTIE; traduit de l'anglais, avec le texte en regard, par M. LOUET. 2º édition, in-18. 3 fr.

MENUISERIE DESCRIPTIVE, nouveau Vignole des menuisiers, utile aux ouvriers, maîtres et entrepreneurs, par COULON. 2 vol. in-4, dont un de planches. 20 fr.

MICROSCOPES (des) et de leur usage, par CH. CHEVALIER. In-8. 9 fr.

MILVIA, ou l'Héroïne de la Catalogne, Nouvelle historique, par D. FRICK. 2º édition, in-12. 2 fr.

MINISTRE DE WAKEFIELD, traduit en français par M. AIGNAN, de l'Académie française. Nouvelle édition. 1841, 1 vol. in-12, fig. 1 fr. 50

MONITEUR DE L'EXPOSITION DE 1839, ou Archives des produits de l'industrie. In-8. 5 fr.

MONNAIES DES ÉVÈQUES DE TOURNAI, par J. LELEWEL. In-8. 1 fr. 50

MON ONCLE LE CRÉDULE, ou Recueil des prédictions les plus remarquables qui ont paru dans le monde, etc., par DÉODAT DE BOISPRÉAUX. 3 vol. in-12, fig. 4 fr. 50

MORALE DE L'ÉVANGILE, comparée à la morale des philosophes anciens et modernes, par madame E. CELNART. In-8. 75 c.

MUSEI LUGDUNO-BATAVI Inscriptiones Etruscæ. Edidit L.-J.-F. JANSSEN. Lugduni-Batavorum, 1840. in-4. 12 fr.

MUSEI LUGDUNO-BATAVI Inscriptiones Græcæ et Latinæ. Edidit L.-J.-F. JANSSEN, accedunt tabulæ XXXIII. Lugduni-Batavorum. 1842. in-4. 32 fr.

NÉCESSITÉ (de la) **ET DE L'EXPÉRIENCE**, considérées comme critérium de la vérité, par G. M***. in-8. 7 fr. 50

NOSOGRAPHIE GÉNÉRALE ÉLÉMENTAIRE, ou Description et Traitement rationnel de toutes les maladies; par M. SEIGNEUR GENS, docteur de la Faculté de Paris. Nouvelle édition, 4 vol. in-8. 20 fr.

NOTES SUR LES PRISONS DE LA SUISSE, et sur quelques-unes du continent de l'Europe; moyen de les améliorer, par M. Fr. CUNINGHAM; suivies de la description des prisons améliorées de Gand, Philadelphie, Ilchester et Millbank, par M. BUXTON. In-8. 4 fr. 50

NOTICE DES ARCHIVES DE M. LE DUC DE CARAMAN, précédée de Recherches historiques sur les Princes de Chimay et les Comtes de Beaumont, par GACHARD. In-8. 3 fr. 50

NOTICE HISTORIQUE sur la Fête de Jeanne-d'Arc à Orléans, par VERGNAUD-ROMAGNÉSI. In-4. 1 fr. 50

— HISTORIQUE sur la ville de Toul, ses antiquités et ses célébrités, par C.-L. BATAILLE. In-8. 4 fr.

— SUR LA PROJECTION DES CARTES GÉO- GRAPHIQUES, par E.-A. LEYMONNERYE. In-18, fi- gures. 1 fr. 50

— SUR L'OEUVRE de François Girardon, de Troyes, sculpteur, avec un précis sur sa vie. In-8. 1 fr. 50

NOTIONS SYNTHÉTIQUES, historiques et physiologi- ques de philosophie naturelle, par M. GEOFFROY-ST-HI- LAIRE. In-8. 6 fr.

NOVELLE ITALIANE DI GIOVANNI LA CECILIA. In-8. 4 fr.

* OEUVRES CHOISIES de l'abbé PRÉVOST, avec fig. 39 vol. in-8, reliés. 100 fr.

OBSERVATIONS SUR LES PERTES DE SANG des femmes en couche et sur les moyens de les guérir, par M. LE- ROUX. 2e édition. In-8. 4 fr. 50

OBSERVATIONS SUR UN ARTICLE de la Revue En- cyclopédique relatif à la traduction du Talmud de Babylone, et à la théorie du judaïsme, par l'abbé CHIARINI. In-8. 2 fr.

OEUVRES COMPLÈTES DE CHAMFORT, recueillies et publiées par P.-A. AUGUIS. 5 vol. in-8. 15 fr.

OEUVRES DE BALLANCHE, de l'Académie de Lyon. 4 vol. in-18. 15 fr.

OEUVRES DE BOILEAU, nouvelle édition, accompa- gnées de Notes faites sur Boileau par les commentateurs ou littérateurs les plus distingués, par M. J. PLANCHE, pro- fesseur de rhétorique au collége royal de Bourbon, et M. NOEL, inspecteur général de l'Université. In-12. 1 fr. 50

— DE BOILEAU. Paris, Didot. 2 vol. in-folio. 30 fr.

— DE SERVAN, nouvelle édition, avec une notice, par X. DE PORTETS. 5 vol. in-8. 18 fr.

— DE VOLTAIRE, avec Préfaces, Avertissements, Notes, etc., par M. BEUCHOT, t. 71 et 72. TABLE ALPHA- BÉTIQUE ET ANALYTIQUE DES MATIÈRES, par MIGER. 2 vol. in-8. 24 fr.

Idem, papier vélin. 36 fr.

Idem, grand papier jésus. 48 fr.

OEUVRES D'EVARISTE PARNY. 5 vol. in-18. 12 fr. 50

— DIVERSES DE LAHARPE, de l'Académie française. 16 vol. in-8. 64 fr.

— DIVERSES. Économie politique; Instruction publique; Haras et Remontes, par C.-J.-A. MATHIEU DE DOMBASLE. In-8. 8 fr.

— DRAMATIQUES DE N. DESTOUCHES. Nouvelle édition. Paris. 6 vol. in-8. 24 fr.

— POÉTIQUES DE KRASICKI. 1 seul vol. in-8, à 2 col. grand papier vélin. 25 fr.

OLYMPIQUE (l') DE DION CHRYSOSTOME, Gr.-Lat., revue par J. GEELIUS. Lugduni-Batavorum. 1840. In-8. 12 fr.

OPUSCULES FINANCIERS sur l'effet des privilèges, des emprunts publics et des conversions sur le crédit de l'industrie en France, par J.-J. FAZY. 1 vol. in-8. 5 fr.

ORDONNANCE SUR L'EXERCICE ET LES MANOEUVRES D'INFANTERIE, du 4 mars 1831. (École du soldat et de peloton). 1 vol. in-18, orné de fig. 75 c.

OUVRIER (l') MÉCANICIEN, Guide de mécanique pratique, précédé de notions élémentaires d'arithmétique décimale, d'algèbre et de géométrie, par CH. ARMENGAUD eune. 2e édition, in-12. 4 fr.

OVER DE VATICAAUSCHE, groep van Laocoon, van L.-J.-F. JANSSEN. Te Leyden. 1840. in-8. 3 fr. 50

PARFAIT CHARRON-CARROSSIER, ou Traité complet des Ouvrages faits en Charronnage et Ferrure, par L. BERTHAUX. In-8. 10 fr.

— Le Parfait Charron, seul. 5 fr.

— Le Parfait Carrossier, seul. 5 fr.

PARFAIT (le) CUISINIER, ou le Bréviaire des Gourmands. 4e édition, par RAIMBAULT. In-12. 3 fr.

PARFAIT SERRURIER, ou Traité des ouvrages faits en fer, par LOUIS BERTHAUX, 1 vol. in-8, cartonné. 9 fr.

PASSÉ (DU), DU PRÉSENT ET DE L'AVENIR de l'Organisation municipale de la France, par E. CHAMPAGNAC, tome 1er. in-8. 4 fr.

PEINTRES BRUGEOIS (Les), par ALFRED MICHIELS. In-12. 2 fr.

PETIT (le) BARÊME DES CAISSES D'ÉPARGNE,

ou Méthode simple et facile pour calculer les intérêts depuis
1 jusqu'à 40 ans, par VAN-TENAC. In-32.   10 c.

PETIT PAMPHLET sur quelques tableaux du salon de
1835, par A.-D. VERGNAUD. In-8.   30 c.

PHILOSOPHIE ANTI-NEWTONIENNE, ou Essai sur
une nouvelle physique de l'univers, par J. BAUTÈS. Paris,
1835, 2 livraisons in-8.   3 fr.

POÉSIES DE CHARLES FROMENT. 2 vol. in-18. 7 fr.

— GENEVOISES. 3 vol. in-32.   3 fr.

POÈTES (les) FRANÇAIS depuis le XIIe siècle jusqu'à Malherbe, avec une Notice historique et littéraire sur
chaque poète. Paris, 1824, 6 vol. in-8.   48 fr.

POEZYE ADAMA MICKIEWICZA, tomes 3 et 4.
In-12. Prix, chacun   5 fr.

POLITIQUE POPULAIRE, ou Manuel des droits et
des devoirs du citoyen. In-18 carré.   50 c.

PRÉCIS DE L'HISTOIRE DES TRIBUNAUX SE-
CRETS DANS LE NORD DE L'ALLEMAGNE, par
A. LOÈVE VEIMARS. 1 vol. in-18.   1 fr. 25

— HISTORIQUE SUR LES RÉVOLUTIONS DES
ROYAUMES DE NAPLES ET DU PIÉMONT, en 1820
et 1821, suivi de documents authentiques sur ces évène-
ments, par M. le comte D..... 2e édition. In-8.   4 fr. 50

PROJET D'UN NOUVEAU SYSTÈME BIBLIO-
GRAPHIQUE des Connaissances humaines, par NAMUR.
In-8.   4 fr.

PRUYS (C.) VAN DER HOEVEN de arte medica libri
duo ad tirones. Liber primus, pars prior, de inflammationi-
bus. Lugduni-Batavorum, 1838. In-8.   12 fr.

— de historia medicinæ, liber singularis, auditorum in
usum editus. Lugduni-Batavorum, 1842. In-8.   7 fr. 50

QUELQUES MOTS SUR LA GRAVURE, au millé-
sime de 1418, par C. D. B. In-4, avec 7 planches.   4 fr.

QUELQUES RÉFLEXIONS sur la Législation commerciale, par A.-J. MENOT. Paris, 1823. In-8.   2 fr. 50

QUESTION DE L'ORIENT sous ses rapports généraux
et particuliers, par M. DE PRADT. In-8.   5 fr.

RAPPORT FAIT A LA CHAMBRE des Représen-
tants et au Sénat, par le Ministre des affaires étrangères, sur
l'état des négociations en 1831. Bruxelles, in-8.   6 fr.

RAPPORTS DES MONNAIES, POIDS ET ME-
SURES des principaux États de l'Europe (ce tarif est collé
sur bois).   3 fr.

RAYONS (les) DU MATIN, poésies par ELIE SAUVAGE. In-18. 2 fr. 50

RECHERCHES ANATOMIQUES, Physiologiques, Pathologiques et Séméiologiques, sur les glandes labiales, par A.-A. SEBASTIAN. In-4. 2 fr. 50

— SUR L'ANATOMIE et les Métamorphoses de différentes espèces d'insectes; ouvrage posthume, de PIERRE LYONNET, publié par M. W. DEHAAN; accompagnées de 54 planches. 1 vol. in-4. 40 fr.

— HISTORIQUES SUR LA VILLE DE SALINS, par M. BECHET. 2 vol. in-12. 5 fr.

RECHERCHES SUR LA VILLE DE MAESTRICHT et sur ses Monnaies, par A. PERREAU. In-8. 3 fr.

— (Nouvelles) sur les mouvements du camphre et de quelques autres corps placés à la surface de l'eau, par MM. JOLY et BOISGIRAUD aîné. In-8. 1 fr. 50

— SUR LE SYSTÈME LYMPHATICO-CHYLIFÈRE, par le docteur LIPPI; traduit de l'italien par JULIA DE FONTENELLE. In-8. 75 c.

RECUEIL ET PARALLÈLES D'ARCHITECTURE, par M. DURAND. Grand in-fol. 180 fr.

— GÉNÉRAL ET RAISONNÉ DE LA JURISPRUDENCE et des attributions des justices de paix, en toutes matières, civiles, criminelles, de police, de commerce, d'octroi, de douanes, de brevets d'invention, contentieuses et non contentieuses, etc., par M. BIRET. 4e éd. in-8. 2 vol. 14 fr.

RÉFORME (de la) ANGLAISE et de ses suites probables, par M. DE PRADT. In-8. 5 fr.

RÈGLES DE POINTAGE à bord des vaisseaux, par MONTGÉRY. In-8. 4 fr.

REGNICIDE ET RÉGICIDE, par M. DE PRADT. In-8. 75 c.

RELATION (nouvelle) DE LA BATAILLE DE FRIEDLAND (14 juin 1807), par M. DERODE. In-8. 2 fr. 25

— Idem, Papier vélin. 3 fr.

— DES FAITS qui se sont passés lors de la descente de la statue de Napoléon, etc., par J.-B. LAUNAY. In-8. 75 c.

— DU CAPITAINE MAITLAND, ex-commandant du Bellerophon, concernant l'embarquement et le séjour de l'empereur Napoléon à bord de ce vaisseau. Traduit de l'anglais par PARISOT. In-8. 3 fr.

— DU VOYAGE AU POLE SUD ET DANS L'O-

CÉANIE, sur les corvettes l'Astrolabe et la Zélée, exécuté par ordre du Roi pendant les années 1837, 1838, 1839 et 1840, sous le commandement de M. J. DUMONT-D'UR-VILLE, capitaine de vaisseau. 10 vol. in-8, avec cartes. 30 fr.

RELATIONS DE VOYAGES D'AUCHER-ELOY EN ORIENT, de 1830 à 1838, revues et annotées par M. le comte JAUBERT. 2 vol. in-8, avec carte. 12 fr.

RELIGION (de la), DU CLERGÉ ET DES JÉSUITES, par un Magistrat. 1844. In-8. 1 fr. 25.

RÉPERTOIRE ADMINISTRATIF DES PAR-QUETS, par L.-G. FAURE. 2 vol. in-8. 15 fr.

— (Nouveau) DE LA JURISPRUDENCE et de la Science du Notariat, par J.-J.-S. SERIEYS. In-8. 7 fr.

RÉPUBLIQUE (la) PARTHÉNOPÉENNE, épisode de l'histoire de la république française, par JEAN LA CÉCILIA. Traduit de l'italien par THIBAUD. In-8. 7 fr. 50.

RÉSERVE (De la) LÉGALE en Matière de Succession, et de ses conséquences, par J.-B. KUHLMANN. In-8. 1 fr. 50

RODRIGUE ET EUDOXIE, dialogue en vers et en prose, par A.-F. GÉRARD. In-12. 1 fr.

ROMAN COMIQUE, par SCARRON, nouvelle édition revue et augmentée. 4 vol. in-12. 8 fr.

RÉVOLUTIONS DE CONSTANTINOPLE en 1807 et 1808, précédées d'observations sur l'empire ottoman, par A. DE JUCHEREAU DE SAINT-DENIS. 2 vol. in-8. 9 fr.

— DE JUILLET 1830. Caractère légal et politique du nouvel établissement fondé par la Charte constitutionnelle. 1833. In-8. 1 fr. 50

SAVANT (le) DE SOCIÉTÉ, ou petite Encyclopédie des Jeux familiers. 2 vol. in-12, figures. 3 fr.

SCHOLICA HYPONMEMATA. Scripsit Joh. BAKINS, Lugduni-Batavorum, 1837. 2 vol. in-12. 13 fr.

SECRÉTISME (le) ANIMAL, nouvelle doctrine fondée sur la philosophie médicale, par A. CHRISTOPHE. In-8. 3 fr.

SIÈCLE (le), Revue critique de la littérature, des Sciences et des Arts. 2 vol. in-8. 20 fr.

SITES PITTORESQUES DU DAUPHINÉ, dessinés d'après nature et lithographiés, par DAGNAN. In-fol. 40 vues. 50 fr.

— Chaque vue séparément. 2 fr.

SOIRÉES DE MADRID, ou Recueil de nouvelles historiettes, etc., par Mme AMÉDÉE DE B***. 4 vol. in-12. 10 fr.

SOURCE (La) DE LA VIE, ou Choix d'Idées,

Axiomes, Sentences, Maximes, etc., contenus dans le *Talmud*, trad. par SAMSON LÉVY. 2 parties, in-12. 2 fr.

SOUVENIRS DE MADAME DE CAYLUS, suivis de quelques-unes de ses lettres. Nouv. édit. in-12. 2 fr. 50

STATISTIQUE DE LA SUISSE, par M. PICOT, de Genève. 1 gros vol. in-12 de plus de 600 pages. 7 fr.

SUÈDE (la) SOUS CHARLES XIV JEAN, par FR. SCHMIDT. In-8. 6 fr.

SUITE AU MÉMORIAL DE SAINTE-HÉLÈNE, ou Observations critiques et anecdotes inédites pour servir de supplément et de correctif à cet ouvrage, contenant un manuscrit inédit de Napoléon, etc. Orné du portrait de M. Las-Case. 1 vol. in-8. 7 fr.

SUITE DU RÉPERTOIRE DU THÉATRE FRANÇAIS, par LEPEINTRE. Paris, V° Dabo. 81 vol. in-18. 60 fr.

TABLE ALPHABÉTIQUE ET CHRONOLOGIQUE des instructions et circulaires émanées du Ministère de la justice, depuis 1795 jusqu'au 1er janvier 1857, par M. MASSABIAU. 1 vol. in-4. 5 fr. 50

TABLEAU DES PRINCIPAUX ÉVÉNEMENTS QUI SE SONT PASSÉS A REIMS, depuis Jules-César jusqu'à Louis XVI inclusivement, par M. CAMUS-DARAS. 2e édition, revue et augmentée. 1 vol. in-8. 10 fr.

TABLEAU SYNOPTIQUE DU SYSTÈME LÉGAL des Poids et Mesures de M. F.-G. D'OLINCOURT. 1 feuille in-plano. 1 fr.

TABLETTES BRUXELLOISES, ou Usages, mœurs et coutumes de Bruxelles, par MM. IMBERT et BELLET. In-18. 2 fr. 50

TARIF (Nouveau) DES PRIX COMPARATIFS des anciennes et nouvelles mesures, suivi d'un abrégé de géométrie graphique, par ROUSSEAU. In-12. 2 fr. 50

TEMPÉRAMENT (du) PITUITEUX ou glaireux, et de l'identité des vices goutteux et hémorrhoïdal, par J.-L. DOUSSIN-DUBREUIL. In-8. 2 fr.

TENUE (Nouvelle) DES LIVRES ABRÉGÉE, spécialement à l'usage du petit commerçant, système BERTRAND. In-8. 2 fr.

THÉORIE DE L'ART DU MINEUR, par GENSS. Traduit de l'all. par SMEETS. In-8. 4 fr.

THÉORIE DES SIGNES, ou Introduction à l'étude des langues, par l'abbé SICARD. 2 vol. in-8. 12 fr.

THÉORIE DU JUDAISME appliquée à la réforme des Israélites de toutes les parties de l'Europe, par l'abbé L.-A. CHIARINI. 2 vol. in-8. 10 fr.

THÉORIE MUSICALE, par V. MAGNIEN. In-8. 1 fr. 25

TOISE THÉORIQUE ET PRATIQUE, ou Art de mesurer les longueurs, les surfaces, etc., par G.-F. OLIVIER. 2e édition. in-8. 2 fr.

TOURNEUR (supplément à tous les ouvrages sur l'art du). Orné de planches. In-4. 5 fr.

TRAITÉ COMPLET DE LA FILATURE DU CHANVRE ET DU LIN, par MM. COQUELIN et DECOSTER. 1 gros vol. avec un bel Atlas in-folio, renfermant 57 planches gravées avec beaucoup de soin. Paris, 1846. Prix. 36 fr.

TRAITÉ DE CHIMIE APPLIQUÉE AUX ARTS ET MÉTIERS, et principalement à la fabrication des acides sulfurique, nitrique, muriatique ou hydro-chlorique; de la soude, de l'ammoniac, du cinabre, minium, céruse, alun, couperose, vitriol, verdet, bleu de cobalt, bleu de Prusse, jaune de chrôme, jaune de Naples, stéarine et autres produits chimiques; des eaux minérales, de l'éther, du sublimé, du kermès, de la morphine, de la quinine, et autres préparations pharmaceutiques; du sel, de l'acier, du fer-blanc, de la poudre fulminante, etc., etc., par M. J.-J. GUILLOUD, professeur de chimie et de physique; avec planches, représentant près de 60 figures. 2 forts vol. in-12. 10 fr.

TRAITÉ DE LA COMPTABILITÉ DU MENUISIER, applicable à tous les états de la bâtisse, par D. CLOUSIER. 1 vol. in-8. 2 fr. 50

TRAITÉ DES MANIPULATIONS ÉLECTRO-CHIMIQUES, appliquées aux arts et à l'industrie, par M. BRANDELY, ingénieur civil, in-8°, orné de 6 planches. 5 fr.

TRAITÉ DE LA MORT CIVILE en France, par A.-T. DESQUIRON. In-8. 7 fr.

TRAITÉ DE LA NATATION, d'après la découverte d'ORONCIO BERNARDI, napolitain. In-18. 1 fr. 50

— DE LA POUDRE LA PLUS CONVENABLE AUX ARMES A PISTON, par M. C.-F. VERGNAUD aîné. 1 vol. in-18. 75 c.

— DE L'ART DE FAIRE DES ARMES, par LA BUSSIÈRE. In-8. 4 fr. 50

— DE PHYSIQUE APPLIQUÉE AUX ARTS ET MÉTIERS, et principalement à la construction des fourneaux, des calorifères à air et à vapeur, des machines à vapeur, des pompes ; à l'art du fumiste, de l'opticien, du distillateur ; aux sécheries, artillerie à vapeur, éclairage, bélier et presses hydrauliques, aréomètres, lampes à niveau constant, etc., par J.-J. GUILLOUD, professeur de chimie et de physique; avec planches représentant 160 figures. 1 fort volume in-12.   5 fr. 50

TRAITÉ D'ÉQUITATION sur des bases géométriques, contenant 74 fig., par A.-C.-M. PARISOT. In-8.   10 fr.

TRAITÉ DES ABSENTS, contenant des Lois, Arrêtés, Décrets, etc., par M. TALANDIER. In-8.   7 fr.

TRAITÉ DES MOYENS DE RECONNAITRE LES FALSIFICATIONS des Drogues simples et composées, et d'en constater la pureté, par A. BUSSY et A.-F. BOUTRON-CHARLARD. In-8.   7 fr.

— DES PARAFOUDRES ET DES PARAGRÊLES, en cordes de paille, 3e suppl., par LAPOSTOLE. In-8. 1 fr. 50

— DES ODEURS, suite du Traité de la distillation, par DEJEAN. In 12.   3 fr.

— ÉLÉMENTAIRE DE LA FILATURE DU COTON, par M. OGER, directeur de filature. 1 vol. in-8 et Atlas.
                                                         16 fr.

— ÉLÉMENTAIRE DES RÉACTIFS, leurs préparations, leurs emplois spéciaux et leur application à l'analyse, par A. PAYEN et A. CHEVALIER. 3e éd. 2 vol. in-8. 15 fr.

TRAITÉ ÉLÉMENTAIRE DU PARAGE ET DU TISSAGE MÉCANIQUE DU COTON, par L. BEDEL et E. BOURCART. In-8, fig.   10 fr.

— PRATIQUE DE CHIMIE appliquée aux arts et manufactures, à l'hygiène et à l'économie domestique, par GRAY. Traduit par RICHARD. 3 vol. in-8 et Atlas.   30 fr.

TRAITÉ PRATIQUE DES NOUVELLES MESURES, ou Nouveaux Comptes faits pour les Métrés superficiels et cubes, par LANCELOT aîné. 22e édit., in-8.   4 fr.

— SUR LA NATURE ET LA GUÉRISON DES MALADIES DE LA PEAU, par le Dr BELLIOL. In-8. 5 fr.

— SUR LA NOUVELLE DÉCOUVERTE DU LEVIER VOLUTE, dit LEVIER-VINET. In-18.   1 fr. 50

TROIS RÈGNES de l'Histoire d'Angleterre, par M. SAUQUAIRE SOULIGNÉ. 2 vol. in-8.   10 fr.

TUILEUR (le) EXPERT des sept grades du rite français, ou rite moderne, etc. In-12.   3 fr.

9

UNE ANNÉE, ou la France depuis le 27 juillet 1830, jusqu'au 27 juillet 1831, par M. DE JAILLY. In-8.   7 fr.

VACCINE (de la) et ses heureux résultats, par MM. BRUNET, DOUSSIN-DUBREUIL et CHARMONT. In-8. 4 fr.

VÉRITABLE (le) **ESPRIT** de J.-J. ROUSSEAU, par l'abbé SABATIER DE CASTRES. 3 vol. in-8.   15 fr.

VICTOIRES, Conquêtes, Désastres, Revers et Guerres civiles des Français. Paris, 1817 à 1825. 29 vol. in-8. 175 fr.

VIEUX (le) **CÉVÉNOL**, ou Anecdotes de la vie d'Ambroise Borély, par RABAUD-SAINT-ETIENNE. In-18. 1 fr. 75

VIRGINIE, ou l'Enthousiasme de l'Honneur, tiré de l'histoire romaine, par Mme ELISABETH C**. 4 vol. in-12. 10 fr.

VISITE DE MADAME DE SÉVIGNÉ, à l'occasion de la révocation de l'édit de Nantes, ou le Rubis du Père-Lachaise. In-8.   1 fr.

VOCABULAIRE DU BERRY et de quelques cantons voisins, par un amateur du vieux langage. 1 vol. in-8.   3 fr.

VOYAGE DE DÉCOUVERTE AUTOUR DU MONDE, et à la recherche de La Pérouse, par M. J. DUMONT D'URVILLE, capitaine de vaisseau, exécuté sous son commandement et par ordre du gouvernement, sur la corvette l'Astrolabe, pendant les années 1826, 1827, 1828 et 1829. — Histoire du Voyage, 5 gros vol. in-8, avec des vignettes en bois, dessinées par MM. DE SAINSON et TONY JOHANNOT; gravées par PORRET, accompagnées d'un Atlas contenant 20 planches ou cartes grand in-fol.   60 fr.

Cet important ouvrage, *totalement terminé, qui a été exécuté par le gouvernement sous le commandement de M. Dumont-d'Urville et rédigé par lui, n'a rien de commun avec le voyage pittoresque publié sous sa direction.*

VOYAGE HISTORIQUE dans le département de l'Aube, en vers. In-8.   1 fr. 50

— MÉDICAL AUTOUR DU MONDE, exécuté sur la corvette du roi *la Coquille*, commandée par le capitaine Duperrey, pendant les années 1822, 1823, 1824 et 1825, suivi d'un Mémoire sur les Races humaines répandues dans l'Océanie, la Malaisie et l'Australie, par M. LESSON. 1 vol. in-8.   4 fr. 50

— AUX PRAIRIES OSAGES, Louisiane et Missouri, 1839-40, par VICTOR TIXIER. In-8.   3 fr.

* **— IMAGINAIRES**, Songes, Visions et Romans cabalistiques, ornés de fig. 39 vol. in-8, rel.   100 fr.

BAR-SUR-SEINE. — IMP. DE SAILLARD.

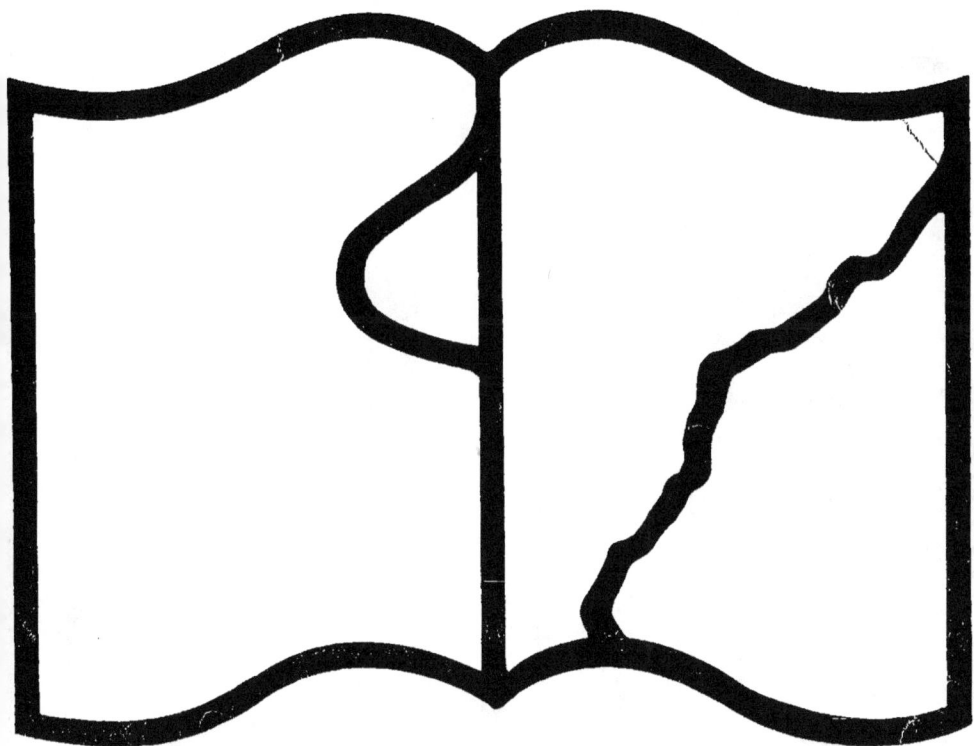

Texte détérioré — reliure défectueuse

NF Z 43-120-11

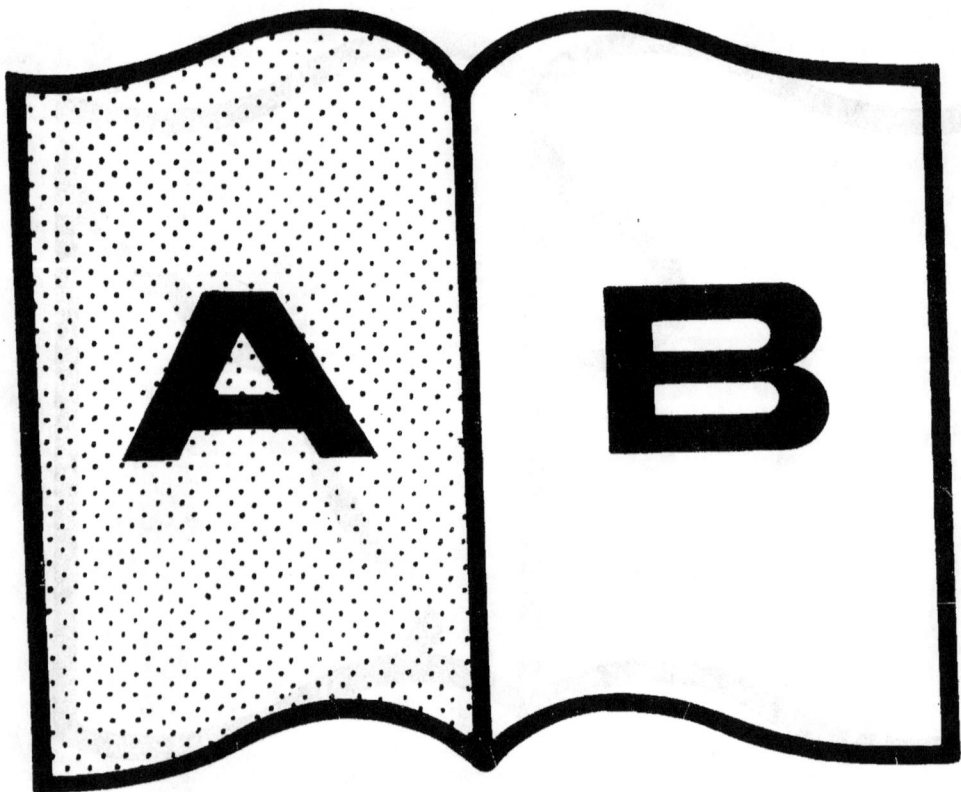

Contraste insuffisant

NF Z 43-120-14